编号:2018－1－107

"十二五"普通高等教育本科国家级规划教材 教育部卓越工程师教育培养计划纺织工程系列教材

"十三五"普通高等教育本科部委级规划教材 "十三五"江苏省高等学校重点教材

纺纱工程（上册）

（第3版）

谢春萍 王建坤 任家智 主编

国家一级出版社 中国纺织出版社 全国百佳图书出版单位

内 容 提 要

《纺纱工程(第3版)》分上、下两册。上册包括绪论、配棉与混棉、开清棉、梳棉、精梳、并条、粗纱、细纱、后加工、纺纱原理与工艺参数调节实验,共十章。系统介绍了纺纱基本原理,国产新型棉纺设备的机构特点、运动分析、工艺调节、优质高产的成熟经验,国外纺纱新技术的发展趋势,并对国产典型机械的传动和工艺计算、工艺调节做了介绍。纺纱原理与工艺参数调节实验主要包含每工序设备的结构、原理、传动系统、工艺参数调节等内容。

下册包括纱线质量控制、纺纱工艺设计、纱线产品开发、上机试纺实验,共四章。系统介绍和分析了纱线生产全过程中的质量控制问题,纱线工艺设计的一般原则、方法、步骤和典型产品的工艺设计,纱线产品开发的原则、方法、步骤。实验主要包含产品工艺设计,工艺参数变换并实施工艺上车,测试、分析半制品质量,纱线的质量评定等内容。

《纺纱工程(第3版)》可作为高等纺织院校纺织工程专业的教材,也可作为纺织企业工程技术人员和科研人员的参考书。

图书在版编目(CIP)数据

纺纱工程 . 上/谢春萍,王建坤,任家智主编. --3 版 . --北京:中国纺织出版社,2019.5(2024.9重印)
"十二五"普通高等教育本科国家级规划教材 "十三五"普通高等教育本科部委级规划教材 教育部卓越工程师教育培养计划纺织工程系列教材
ISBN 978 - 7 - 5180 - 5875 - 4

Ⅰ.①纺… Ⅱ.①谢… ②王… ③任… Ⅲ.①纺纱工艺—高等学校—教材 Ⅳ.①TS104.2

中国版本图书馆 CIP 数据核字(2019)第 004831 号

责任编辑:沈 靖 责任校对:寇晨晨 责任印制:何 建

中国纺织出版社出版发行
地址:北京市朝阳区百子湾东里 A407 号楼 邮政编码:100124
销售电话:010—67004422 传真:010—87155801
http://www.c-textilep.com
E-mail:faxing@ c-textilep.com
中国纺织出版社天猫旗舰店
官方微博 http://weibo.com/2119887771
北京虎彩文化传播有限公司印刷 各地新华书店经销
2024 年 9 月第 5 次印刷
开本:787×1092 1/16 印张:26.75 插页:1
字数:547 千字 定价:68.00 元

凡购本书,如有缺页、倒页、脱页,由本社图书营销中心调换

第 3 版前言

《纺纱工程(第 2 版)》是由教育部确定的"十二五"普通高等教育本科国家级规划教材,第 3 版在第 2 版的基础上修订,是中国纺织服装教育学会确定的"十三五"普通高等教育本科部委级规划教材。

为了适应新形势下纺织产业的发展和教育部"十二五"期间重点实施的"卓越工程师"培养计划的需求,纺织工程专业对学生的培养模式和教学方法进行了较大改革。"纺纱工程"作为纺织工程专业的平台课和专业课,在理论和实践教学方面也同步做出了较大改革。力求将理论和实践教学相融合,突出对学生工程能力的训练。

上册的关键点是:在讲清楚各工序设备结构、工艺原理的基础上,重点分析工艺参数的调节和调节后的影响,与后面学生上机进行工艺参数调节的试验内容相呼应。

下册的关键点是:如何控制纱线质量、如何进行纱线工艺设计、如何进行纱线品种开发。教学重点与学生制订详细工艺设计、进行工艺上车试纺、进行半制品和成品质量分析与评定的试验内容相呼应,将对学生工程能力的训练落到实处。

本书由江南大学联合天津工业大学等多所纺织类高等院校编写。编写前组织参编院校的教师对编写大纲进行了认真讨论,在重大内容改革方面达成共识,确定了编写大纲。

上册编写的具体分工如下:第一章,谢春萍、苏旭中;第二章,谢春萍、刘新金;第三章,吴敏、苏旭中;第四章,徐伯俊、苏旭中;第五章,谢春萍、任家智;第六章,李旭明;第七章,王建坤、张淑洁;第八章,王建坤、苏旭中、张美玲;第九章,谢春萍、喻红芹;第十章,赵博、谢春萍。本书数字资源由杨瑞华提供和整理。

下册编写的具体分工如下:第一章,王建坤、李凤艳;第二章,赵博、苏旭中、谢春萍;第三章,苏旭中、吴敏、喻红芹;第四章,谢春萍、赵博、苏旭中。

全书由谢春萍、苏旭中统稿,由谢春萍进行审定。以本书作为教材的国家级一流本科课程(线上)"纺纱工程"的网址为:https://www.icourse163.org/course/JIANGNAN-1001753343。

由于编者水平有限,书中难免存在缺点和不足,敬请读者批评指正。

谢春萍
2018 年 11 月

本书是由中国纺织服装教育学会确定的"十二五"部委级规划教材。

为了适应新形势下纺织产业的发展和教育部"十二五"期间重点实施的"卓越工程师"培养计划的需求,纺织工程专业的培养模式和教学方法进行了较大的改革。"纺纱工程"作为纺织工程专业的平台课程和专业课程理论和实践教学方面也同步做出了较大的改革,力求将理论和实践相融合,突出对学生工程能力的训练。

上册的关键点是:在讲述各工序设备结构、工艺原理基础上,重点分析工艺参数的调节及其影响,与后面学生上机进行工艺参数调节的试验内容相呼应。

下册的关键点是:如何控制纱线质量、如何进行纱线工艺设计、如何进行纱线品种开发。教学重点与学生制定详细工艺设计、进行工艺上车试纺、半制品和成品质量分析与评定的试验内容相呼应,将对学生工程能力的训练落到实处。

本书由江南大学联合天津工业大学等多所纺织类高校编著。编写前,参编院校的教师对编写大纲进行了认真讨论,在重大内容改革方面达成共识,制订了编写大纲。

上册编写的具体分工如下:第一章谢春萍,第二章谢春萍、刘新金,第三章吴敏,第四章徐伯俊,第五章谢春萍,第六章李旭明,第七章王建坤、张淑洁,第八章王建坤、张美玲,第九章谢春萍、喻红芹,第十章赵博、谢春萍。

下册编写的具体分工如下:第一章王建坤、李凤艳,第二章赵博、谢春萍,第三章吴敏、喻红芹,第四章谢春萍、赵博。

全书由谢春萍、徐伯俊和吴敏统稿,并由高卫东初审,谢春萍最后定稿。

由于编者水平有限,书中难免存在不少缺点和错误,敬请读者批评指正。

谢春萍

2012 年 6 月

本书是由中国纺织服装教育学会确定的"十二五"部委级规划教材。

为了适应新形势下纺织产业的发展和教育部"十二五"期间重点实施的"卓越工程师"培养计划的需求,纺织工程专业的培养模式和教学方法进行了较大的改革。"纺纱工程"作为纺织工程专业的平台课程和专业课程理论和实践教学方面也同步做出了较大的改革,力求将理论和实践相融合,突出对学生工程能力的训练。

上册的关键点是:在讲述各工序设备结构、工艺原理基础上,重点分析工艺参数的调节及其影响,与后面学生上机进行工艺参数调节的试验内容相呼应。

下册的关键点是:如何控制纱线质量、如何进行纱线工艺设计、如何进行纱线品种开发。教学重点与学生制定详细工艺设计、进行工艺上车试纺、半制品和成品质量分析与评定的试验内容相呼应,将对学生工程能力的训练落到实处。

本书由江南大学联合天津工业大学等多所纺织类高校编著。编写前,参编院校的教师对编写大纲进行了认真讨论,在重大内容改革方面达成共识,制订了编写大纲。

上册编写的具体分工如下:第一章谢春萍,第二章谢春萍、刘新金,第三章吴敏,第四章徐伯俊,第五章谢春萍,第六章李旭明,第七章王建坤、张淑洁,第八章王建坤、张美玲,第九章谢春萍、喻红芹,第十章赵博、谢春萍。

下册编写的具体分工如下:第一章王建坤、李凤艳,第二章赵博、谢春萍,第三章吴敏、喻红芹,第四章谢春萍、赵博。

全书由谢春萍、徐伯俊和吴敏统稿,并由高卫东初审,谢春萍最后定稿。

由于编者水平有限,书中难免存在不少缺点和错误,敬请读者批评指正。

谢春萍

2015 年 6 月

目 录

第一章　绪论

● 本章知识点 ●

1. 短纤维纺纱的基本作用、工序和原理。
2. 棉、毛、麻、丝等纤维及纤维混纺的纺纱系统及流程。
3. 棉纤维的初步加工的流程与方法。
4. 轧棉的基本要求。
5. 皮辊轧棉机和锯齿轧棉机工作原理。
6. 含糖棉预处理方法。

纺纱工程是研究将纺织短纤维加工成纱线的一门科学。

人类很早就利用纤维来制造纱、线和织物，最早被利用的纺织原料是丝和麻，毛起初主要用来制毡，而棉则由于纤维较短，直到出现了捻接技术后才被广泛应用。

新石器时代就有棉花种植及加工，手工纺纱、织布和成衣也逐渐发展起来。1748 年 5 月，首次出现罗拉梳理机的专利，同年 11 月，出现了盖板梳理机的专利。1766～1779 年，英国人普顿发明了用骡子推动的间歇运动的精纺机（走锭精纺机）。1825 年，英国人凯伊发明了亚麻翼锭精纺机，是亚麻纺纱的技术转折点。1828 年，美国人托普发明了环锭精纺机，此技术在 19 世纪末得到广泛应用，现在她仍是纺纱"女王"。

为将成千上万长度、细度和强力不均匀的、含有各种不同杂质的棉、毛、麻等短纤维，加工成相当细的、连续的、强力高的、均匀光洁的纱线，手工纺车发展为脚踏纺车，进而发展为现代精纺机。

18 世纪的英国工业革命首先是纺织工业的技术革命，纺织工业对商品生产的工业化影响很大，从根本上促进了资本主义机器技术的发展。19 世纪，纺织工业在工业化中占主导地位，后来逐步让位于迅速发展的重工业。

20 世纪，纺纱技术得到快速发展，纺织新工艺、新技术在纺织生产的各个环节得到应用，标志性的特征为优质、高速（单机高速化、自动化）、高效、减少用工、提高劳动生产率、改进产品质量。几种重大变化如下。

（1）20 世纪 60 年代开始应用的清梳联技术是棉纺生产中具有代表性的高速、高产、连续化、现代化生产线，清梳联的技术进步大大提高了条子的品质。

（2）粗纱机采用的多电动机变频传动，在简化传动系统的同时，能使粗纱在纺纱工程中基本保持恒张力状态,提高了成品质量。

（3）细络联使细纱和络筒两工序实现自动化、连续化生产,提高了产品质量和劳动生产率、大幅度减少了用工、解决了细纱卷装和纺纱速度的矛盾,提高了环锭纺纱的生产效率。

（4）电子和计算机技术在纺织生产中的应用,对生产水平的提高发挥了重要作用,使纺织生产过程向全面自动化迈进。

（5）各类新型纺纱技术层出不穷,先后涌现出转杯纺、喷气纺、静电纺、摩擦纺、涡流纺、自捻纺、紧密纺等技术。

21 世纪,纺织工业将彻底改变劳动密集型行业的面貌,向自动化、高速化的技术密集型方向发展。同时,纺织工业的可持续发展将受到重视,低能耗、短流程、无污染技术将成为趋势;各种纺纱设备更加自动化;信息网络技术将为纺织生产、销售提供先进的手段、新的渠道和更加广阔的市场空间,对现有的生产经营方式产生深远的影响。

一、短纤维纺纱的基本作用

（一）概述

棉、麻、毛纤维的物理性能差异很大,这使将它们加工成纱线的方法有所不同。

（1）在加工前,亚麻纤维的长度可达 900mm,而棉纤维长度只有 30mm 左右。

（2）天然纤维都含有杂质,但性质不同,棉纤维中含有棉籽和在生长采摘过程中混入的植物茎、叶、泥沙和灰尘等;毛纤维杂质主要来自于羊自身排泄的羊脂、羊汗等化学杂质和少量草和泥沙等。麻纤维则以胶杂质为主。化学纤维则可以不带有任何外来的物理和化学杂质。

（3）大部分的天然纤维都呈单纤维状态,而黄麻纤维通过一些分支纠缠在一起形成格子状结构,在纺纱加工中才被破坏。

（4）棉纤维相对比较伸直,而羊毛纤维既有弯钩又有卷曲。棉纤维弹性相对较差,一旦伸直总是趋向于停留在伸直状态,而毛纤维的弹性非常好,在加工过程中总是企图恢复原来的卷曲状态。

短纤维的这些不同特点影响到纺纱机器的设计,使棉纺机械与黄麻纺机械看起来十分不同,粗梳毛纺和精梳毛纺看起来的区别更大。其实,对于所有的短纤维,纺纱的基本原理是相同的。

（二）纺纱的基本作用

纺纱是把纤维原料制成具有一定线密度、捻度等的纱线的过程。无论各种纤维在加工中所使用的机器有何不同,纺纱过程均为:开松、除杂和均匀混合,成条,拉细条子（牵伸）,加捻成纱和卷绕五个基本工序。

纺纱过程必须使纱线具有足够的均匀度和强度,以满足商业要求,同时要尽可能降低加工成本。

在现代纺纱过程中,为了使纱线获得满意的均匀度,应该在纺纱加工的早期阶段采用自动匀整控制装置（自调匀整装置、伺服牵伸装置）,以有效控制加工过程中须条的线密度,减小长片段不匀率;此外,采取措施尽可能避免牵伸过程附加不必要的意外牵伸。

降低成本的经济生产意味着采用短生产流程,使用最少量机器,因为这直接影响到投资、占地面积、管理费用、机物料消耗和用工的数量。减少工序可能会影响成纱质量,但近年来随着新设备、新工艺、新技术的不断改善,生产流程已在确保纱线质量的前提下得以缩短。

(三)开松、除杂和均匀混合

开棉、清棉、混棉作用,通常在纺纱的开始阶段是同时进行和实现的。

进入棉纺厂的棉花被压成密度很高的棉包,棉花中含有的杂质(植物茎、叶、泥沙和灰尘)在纤维成纱以前必须被清除,由于棉包被压缩得很紧,必须将棉包开松到杂质能清除出去的程度,即开棉必须在清棉之前。

从羊身上剪下的羊毛含有大量的毛脂、草刺、泥沙等杂物,并被压缩打包。因此,羊毛在进行初步的开松后利用洗涤脱脂的方法来去除化学杂质和泥沙,然后再利用机械方式去除草刺等杂质。

用人造短纤维做原料时,由于其不含有外来杂质,因而不需要清棉。人造短纤维是由连续长丝切断成短纤维,在切割点处,纤维端有时粘连在一起,如不经过细致的开松,纺纱过程中纤维束的同时运动会造成粗节;为便于运输,人造短纤维也压缩包装。因此,对人造短纤维开松也是必须的。

开松是利用角钉、锯齿、刀片或钢针等机件对纤维进行撕扯和打击,解除纤维间的联系力而使其分解;除杂是依靠打击使纤维、杂质和疵点获得不同的冲量,利用纤维与杂质和疵点的比重、大小及形态的不同,借助气流、振荡等作用的配合,使纤维和杂质在加工过程中得以分离。

为使一根纱线的外观和强力尽可能均匀,不同长度、细度、产地、批次的纤维必须进行混合,并尽可能均匀分布在最后的产品中。人造纤维性质上的差异没有天然纤维那么大,但不同的批次间也存在差异。特别是不同种类的纤维混纺时,均匀地混合尤为至关重要。若纤维规格差异过大时则不能在一起混纺,否则无法找出最佳的机械隔距和定位来配合不同的成分。

如果纤维不能很好地彼此分解,混合就不可能非常有效;加工中,若一根纤维不能完全同它相邻的纤维分开,完善的混合是不可能达到的。在纺纱加工的开始阶段,纤维很乱地缠结在一起,为了能充分地混合,必须进行彻底的开松。这种最初的缠结状态和开松作用往往会导致纤维的损伤,甚至断裂。

因此,在短纤维纺纱过程中,最初的三个基本作用是不可分开的。一般专门设计用来实现其中某一个作用的机器,在一定程度上也能实现其他两个作用。例如:棉纺清梳联中开棉机的打手,最初是为开松、除杂设计的,当纤维通过打手加工后,不可避免进行了混合;羊毛加工中的洗毛工序,最初是为清毛而设计的,但洗毛的过程中不仅发生了很好的开松,而且还伴随着混合;原麻的脱胶既是除杂,也是一种特殊的开松。

无论纺什么纤维,在成条完成以前的工序均是为了完成开松、除杂、均匀混合这三个作用。评价所使用的设备工作的好坏取决于经济性和完成这三个作用的效果,并能使加工后的纤维损伤最小。

(四)成条

如果纤维能从蓬松状态连续抽出来(像手工纺车一样),集合成足够均匀的纤维条,并被准确加上捻度形成所需线密度的纱线,那么成条及后续的拉细工序也就不存在了。然而,现在还是不可能的。

在完全开松、除杂与混合之后,要在梳理机上制成一根条子。在棉纺、毛精纺、毛半精纺、毛粗纺、黄麻纺和短亚麻纺等系统上,无论纺天然纤维或人造纤维都使用梳理机,梳理工序是一个十分重要的工序。但在亚麻长麻和长羊毛纺纱这两种情况下没有梳理工序,否则这些长纤维将需要在梳理机上安装很大的工作辊和剥取辊,不然纤维会缠绕在罗拉上被拉长或拉断。这类纤维是将纤维束用手工连续喂入针梳机,经针梳后送出一根连续的条子。

要制成一根均匀的条子,喂入的纤维在梳理机上必须分解成几乎是单纤维状态,这一过程必须尽可能减少纤维损伤和断裂,控制短绒的增长,因为纤维长度是纺成均匀、光滑、强度较高纱线的一项重要品质。但韧皮纤维如黄麻:纤维长 3 ~ 4.5m,一根纤维通过伸展的分枝和邻近的纤维相互纠缠,形成格子状结构,梳理过程要扯断这些长纤维到 0.25m 左右,以便适合在后道并条上加工。

梳理过程实现了纤维几乎完全分离的效果,使梳理机能完成一个非常有效的除杂作用;同时也实现了非常好的单纤维间的细致混合。

纤维从梳理机上输出时是一层很薄的网,该网聚集在一起通过一个喇叭口后,形成一根绳状的条子。

(五)拉细条子(牵伸)

一般梳棉条横截面有无数根纤维,而大多数所要求的单纱的横截面上具有大约 100 根或更少的纤维。因而条子必须减薄拉细,这项任务是将条子通过罗拉牵伸来完成的。最简单的拉牵伸装置由两对罗拉组成:第一对喂入罗拉具有表面速度 v_f,第二对输出罗拉速度为 v_d,由于 $v_d > v_f$,条子的线密度按速度比例 v_d/v_f 减小,称之为牵伸。

前罗拉控制的快速纤维从后罗拉控制的慢速纤维中连续抽出时,原来相互接触缠连的纤维被彼此分开,这种彼此相互分离的运动使纤维伸直,彼此间更加平行。因此牵伸破坏了梳棉条子中纤维相互缠连的状态,使纤维平行伸直。当牵伸使纤维比较平行时,纤维间的黏合力减小;随着条子一道道拉细,纤维间的黏合力变得非常微弱,这时须采用加捻或搓捻给须条以附加黏合力,以防止在卷绕和退绕中产生意外伸长而影响产品质量。

由于在同一道工序上,不同时间内生产的条子可并合在一起,同时并排地喂入到下一台机器上去,因此,在并条机上有混合作用。在现代并条机上,混合并使纤维平行是其主要作用。

采用牵伸可拉细条子,平行伸直纤维;利用并合可混合纤维;但牵伸过程中纤维的随机运动会导致附加的牵伸不匀。因此,牵伸与成纱质量有密切关系。

(六)加捻成纱

当纤维束被拉细到规定的线密度时,必须赋予其足够的强力而纺成纱线,这一直是依靠加捻来实现的。加捻使纱条的相邻横截面间产生相对的角位移,一般将纱条的一端握持,而另一端则由于机械作用或气流作用绕本身轴线回转,结果使相邻截面间产生相对扭转。当依靠机械作用而实现加捻时,加捻器的最大转速常常成为提高产量的限制因素。

（七）卷绕

为了便于运输和储存，半制品和成纱都必须卷绕成一定的卷装形式。卷绕虽不影响成纱的结构因而也不明显影响成纱的质量，但是却在很大程度上影响生产效率，因为它影响着落纱、络筒的次数，并影响下道工序的接头次数。

（八）精梳

纺纱的基本工序不包含精梳。在环锭纺纱线成纱时的加捻过程中，纤维末端的张力最小，有向纱体表面转移和突出纱体的趋势。当纤维越短或短纤维比例越高，毛羽越多，光泽越差，这样的纱线强力和条干也往往较差。

由于这个原因，一些条子经过精梳，在精梳中一部分短纤维被去除。精梳是利用梳针对纤维进行更为细致、积极的梳理，使纤维须丛在握持状态下先梳理其前端，然后在握持梳理好的前端的情况下梳理其尾端。这种特有的握持梳理作用，能排除纤维须丛中短绒、棉结和杂质，显著提高纤维的伸直平行度。

是否采用精梳工序，主要根据经济性和产品质量的要求综合考虑。一般，精梳毛纱都经过精梳，但半精梳毛纺工艺主要特点是省略了精梳工序，多用于加工较长的人造纤维，其中没有大量的短绒，多用来加工对光泽、强力要求不高的地毯纱。细长而质量好的棉纤维采用精梳可以生产出细密、光亮和高档的纱线与织物，而较短的棉纤维采用精梳工序是不经济的，也是不可行的。人造纤维采用毛精梳工序加工时，梳理后要通过精梳工序，而采用棉纺加工则不经过精梳。长亚麻纺纱在并条前采用栉梳工序，纤维束两端都经过栉梳，栉梳清除下的短纤维，还可经过梳理、并合纺成亚麻短纤纱。

二、短纤维纺纱系统

为了获得具有不同品质标准的纱线，不同的纤维材料应采取不同的纺纱方法和纺纱系统。纺纱系统的选择与纤维材料的可纺性能、纤维的利用率、成纱质量及生产成本等有密切关系。

纤维材料的种类是选择纺纱系统的重要依据之一。由于纺纱生产中所用纤维的种类繁多，其纺纱性能差别较大，所采用的纺纱系统、纺纱机械和加工步骤也不尽相同。在纺纱系统上有棉纺、毛纺、麻纺、绢纺和化学纤维纺纱等区别；在工艺处理上有精梳、普梳和废纺之分。

即使是同一种类的纤维，也需根据纤维的物理性能和成纱结构不同，分别应用不同的纺纱设备和加工步骤，组成不同的纺纱生产流程。选用的纺纱机械及其作用和它们之间的组合必须适合加工纤维的性能和成纱用途的要求。

（一）棉型纺纱系统

棉纺生产所用原料有棉纤维和棉型化纤，其产品有纯棉纱、纯化纤纱和各种混纺纱等。在棉纺纺纱系统中，又根据原料品质和成纱质量要求，分为普梳系统、精梳系统和废纺系统。

1. 普梳系统　普梳系统在棉纺中应用最广泛，用以加工的纤维长度为 16 ~ 40mm，线密度为 1.3 ~ 1.7dtex。一般用于纺制粗特、中特纱，供织造普通织物。其流程及半制品、成品名称如图 1-1 所示。

2. 精梳系统　精梳系统用以纺制高档棉纱、特种用纱或棉与化纤混纺纱加工棉纤维时，由

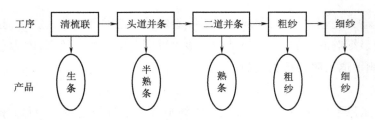

图 1-1 棉型普梳纺纱系统流程图

于对产品品质要求较高,在梳棉之后并条之前,加入精梳前准备和精梳工序,目的是去除一定长度以下的短纤维和细微杂质,进一步伸直、平行纤维,使成纱结构更加均匀、光洁。精梳系统的工艺流程及半制品、成品名称如图 1-2 所示。

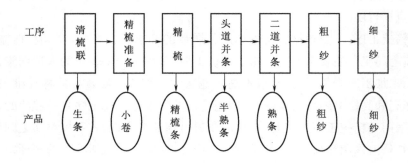

图 1-2 棉型精梳纺纱系统流程图

3. 废纺系统 在纺纱生产中,不断出现一些废料,如破籽、梳棉抄斩花、粗纱头及回丝。为了充分利用原料,降低成本,可采用废纺系统来加工价格低廉的粗特棉纱,其流程如图 1-3 所示。

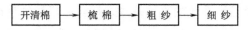

图 1-3 废纺纺纱系统流程图

上述流程中,有些原料需经预处理后方可使用,如破籽和粗纱头,需经过破籽机和粗纱头机处理。

4. 化纤与棉混纺系统 以涤纶和棉混纺为例,因涤纶与棉纤维的性能及含杂不同,不能在清梳工序混合加工,需各自制成条子后,再在头道并条机(混并)上进行混合,为保证混匀,需采用三道并条。其普梳与精梳纺纱工艺流程如图 1-4 所示。

棉纺系统在细纱以后的工序,视产品的用途而不同,如股线需经络筒、并纱、捻线等工序,售纱需经络筒、摇纱、成包等工序。

非环锭纺纱如转杯纺、喷气纺、摩擦纺等,则用棉条直接经梳理装置分梳成单纤维,输入纺纱器,因此,可以跳过粗纱工序。

精梳系统

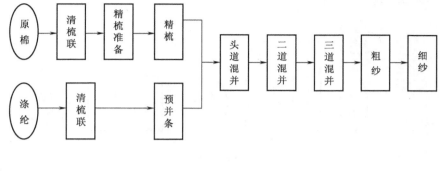

普梳系统

图 1-4　化纤与棉混纺系统流程图

(二)毛纺纺纱系统

毛纺纺纱系统是以羊毛纤维和毛型化纤为原料,在毛纺设备上纺制毛纱、毛与化纤混纺纱和化纤纯纺纱的生产全过程。在毛纺纺纱系统中,根据产品要求及加工工艺的不同,主要分为粗梳毛纺和精梳毛纺两种纺纱系统。

1. 粗梳毛纺系统　粗梳毛纺系统流程图如图 1-5 所示。其中粗纺梳毛机与棉纺梳棉机不同主要在于它附有成条机,把梳理机输出的毛网通过分割变细,再搓合成条,即成粗纱。因为牵伸只在细纱机上进行,纱中纤维的伸直度、整齐度较差,但却有利于缩绒。

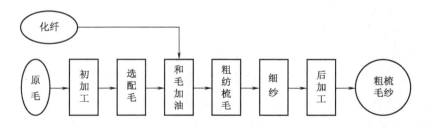

图 1-5　粗梳毛纺系统工艺流程图

粗梳毛纺系统纺制的纱线,主要用于织造呢类、毯类和工业用织物。其原料有羊毛、骆毛、兔毛、化纤和再生毛等。对纤维的线密度和长度无严格要求。所纺纱线较粗,纱中纤维的伸直度差,但缩绒性好。织物具有手感丰满、弹性好、保暖性强的特点。

2. 精梳毛纺系统 精梳毛纺工艺系统工序多,流程长,可分制条和纺纱两大部分,其纺纱系统工艺流程如图1-6所示。

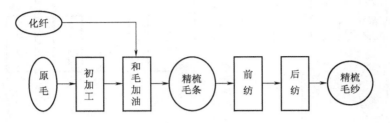

图1-6 精梳毛纺系统工艺流程图

制条也叫毛条制造,可单独设立工厂,产品——精梳毛条可作为商品出售。毛条制造工艺流程如图1-7所示。

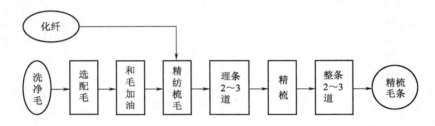

图1-7 制条工序工艺流程图

有些精梳毛纺厂没有制条工序,用商品精梳毛条作为原料,生产流程只包括前纺、后纺,有的设有毛条染色和复精梳工序,复精梳就是毛条染色后的第二次精梳,流程和制条工序相似。不带复精梳工序时的精梳毛纺系统流程如图1-8所示。

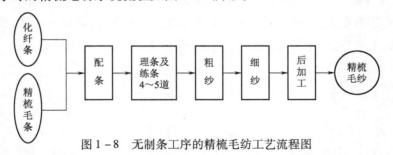

图1-8 无制条工序的精梳毛纺工艺流程图

精梳毛纱的质量要求高,一般都配有较完善的除草装置,以剔除草屑、粗腔毛等;精梳前通过针梳(理条),经多次牵伸、并合作用,提高纤维的平直度;整条是为了解决精梳后毛条呈周期性不匀、强力低的矛盾;毛条的复洗干燥是使纤维先充分湿润,然后在适当的张力下干燥,通过热湿处理进行热定型,改善羊毛的卷曲,固定纤维伸直度,消除纤维内应力和静电荷;由于精梳毛纱对混合要求高,染色产品多,所以除散毛混合外,一般还要在混条机上采用条子混合;粗纱牵伸区多为单、双列针排,而末道粗纱则趋向于采用胶圈式大牵伸装置;随着针梳机的高速化、胶圈式大牵伸和匀整技术的发展和应用,前纺道数可望由 6~7 道缩至 4~5 道;现代毛纺主要采用大牵伸环锭细纱机。其他如转杯纺纱、摩擦纺、喷气纺和自捻纺等亦正在应用和改进中。

近年来,还有一种介于精梳和粗梳之间的半精梳纺纱工艺系统,它与精梳系统不同之处是不用精梳机。生产的纱线比精梳纱蓬松、柔软,比粗梳纱光洁、均匀,产品风格介于精纺与粗纺毛纱之间。

绒线的生产一般采用精梳毛纺系统。地毯、毛毯用纱一般采用粗纱毛纺系统生产。特种动物纤维针织用纱目前也多采用粗纱毛纺系统进行生产。

(三)绢纺纺纱工艺系统

绢纺工艺包括绢丝纺和䌷丝纺两个纺纱系统。前者纺纱线密度小,用于织造薄型高档绢绸;后者纺纱线密度大,成纱疏松、毛茸、别具风格。

1. 绢丝纺系统

(1)精炼工程:利用不能缫丝的疵茧和废丝加工成绢丝,用于织造绢绸。由于疵茧和废丝都含有大量的丝胶、油脂和蜡等杂物,需用精炼工序除去丝纤维上的油脂和大部分丝胶,即去脂与脱胶,使丝纤维洁白并呈现出丝纤维固有的光泽,同时使纤维易于松解及以后的机械加工。经过精炼工程处理后的原料叫精干绵。

(2)制绵工程:制绵工程的工艺流程如图 1 - 9 所示。任务是对精干绵进行适当混合,细致开松,除去杂质、绵粒和短纤维,制成纤维伸直平行度好,分离度好且具有一定长度的精绵。绢丝纺制绵工程类似于精梳毛纺系统的毛条制造。

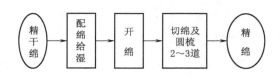

图 1 - 9 制棉工程工艺流程图

因丝纤维很长,需要采用切绵将丝纤维切成一定的长度,以便后续工序的梳理和牵伸;然后用圆梳或精梳工艺排除短纤维和杂质、疵点。

(3)绢丝纺纱系统:圆梳制绵以后的绢丝纺纱流程(图 1 - 10)由并条工程[配绵、两道延展、三道并条(练条)]、粗纱工程(延绞、粗纱)、细纱工程和并捻、整理等后加工工序组成。

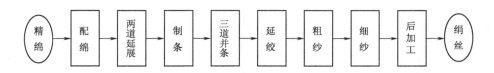

图 1 - 10 绢丝纺纱系统工艺流程图

①配绵:从各道圆梳机上获得的精绵片,其纤维长度有明显差异,故应将各道精绵片搭配使用。根据绢丝的线密度和品质要求以及各道精绵的数量和质量确定配绵方案。

②延展:将调合精绵片加工成一定长度的连续绵带,同时具有伸直平行纤维和混合均匀作用。

③制条:利用交叉针排牵伸,将绵带进一步抽长拉细,并伸直平行纤维。

④并条：经三道并条对绵条进行反复的并合与牵伸，以改善绵条的均匀度和纤维的伸直度。

⑤延绞与粗纱：延绞是将条子施以牵伸，并采用搓捻方法，以满足后道粗纱针辊牵伸的需要；粗纱多用 2～3 根并合，以改善均匀度。

⑥细纱：为环锭细纱机。

2. 紬丝纺系统　紬丝纺是利用制绵工程中末道圆梳机的落绵为原料，可采用棉纺普梳纺纱系统或棉纺转杯纺纱系统或粗梳毛纺设备纺纱。紬丝线密度高，手感松软，表面具有毛茸和绵结，其织物称绵绸。

（四）麻纺纺纱工艺系统

麻纺有苎麻、亚麻、黄麻三种纺纱系统。

1. 苎麻纺纱系统　一般借用精梳毛纺或绢纺系统，只在设备上作局部改进。原麻先要经预处理加工成精干麻。其纺纱工艺流程如图 1-11 所示。而短苎麻、落麻一般可在棉纺纺纱系统进行加工。

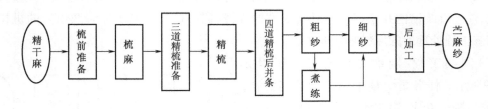

图 1-11　苎麻纺纱系统工艺流程图

2. 亚麻纺纱系统　亚麻纺纱的原料是打成麻，纺纱工艺流程如图 1-12 所示，这个过程是长麻纺。长麻纺的落麻、回麻则进入短麻纺纱系统，其工艺流程如图 1-13 所示。

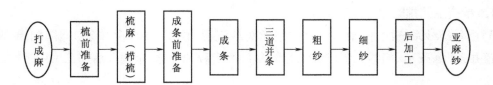

图 1-12　亚麻长麻纺纱系统工艺流程图

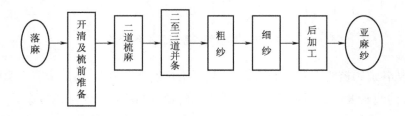

图 1-13　亚麻短麻纺纱系统工艺流程图

3. 黄麻纺纱系统　黄麻纺纱的工艺流程为：原料 —→ 原料准备 —→ 二道梳麻 —→ 二至三道

并条──→粗纱──→细纱。

综上所述,不同纺纱系统的加工设备各异,但所有的纺纱过程都需经过开松、除杂、混合、梳理、牵伸、加捻设备的加工。

三、棉纤维的初步加工

初加工是指在纺纱加工前对纤维原料进行初步加工,使其符合纺纱加工的要求。棉花的初步加工通常称为轧棉或轧花。从棉田中摘的籽棉,经过轧棉加工,除去棉籽后的棉纤维,称为"皮棉"。皮棉压紧成包,运往纺织厂作为原料,称为"原棉"。

通常将50kg籽棉经轧棉后所得的皮棉占籽棉的百分率称为该籽棉的衣分率,又称皮棉制成率。衣分率一般在31%~42%。

目前棉纺厂使用的原棉因为轧棉方法不同,分为锯齿棉和皮辊棉两种。轧棉的基本要求如下。

(1)保护纤维原有品质。棉纤维的自然特性和长度、强力、成熟度、色泽等,确定了相应的纺纱价值。因此,不同品种、不同品级、不同长度的籽棉,不能混合加工。轧棉时要尽量减少纤维的轧断、棉籽的轧碎和棉短绒的大量轧入皮棉之中,特别要防止产生和棉结等疵点。

(2)清除纤维中杂质。

(3)按照不同品种、等级,分别打包、编批。

(一)轧棉设备

轧棉设备有皮辊轧棉机和锯齿轧棉机两类,其原理即通过皮辊与刀片或者锯齿的作用,使棉籽和纤维相互分离,所得纤维分别称为锯齿棉和皮辊棉。

1. 锯齿棉　采用锯齿式轧棉机(图1-14)加工得到的皮棉称为锯齿棉。其原理为:籽棉由多滚筒清棉机初步开松除杂后喂入储棉箱,经喂棉罗拉、清棉滚筒沿趟棉板进入前箱。前箱中装有拨棉刺辊和阻壳肋条等机件,锯片滚筒的锯片伸出阻壳肋条的间隙并与前箱中的籽棉接触,籽棉依靠拨棉刺辊拨给锯片滚筒。当锯片滚筒回转时,锯片钩住纤维经阻壳肋条将籽棉带入中箱。由于籽棉不断被锯片带入中箱并随锯片滚筒回转,便在棉卷箱(由弧形抱合板和活络盖板组成)内形成棉卷运动。当籽棉被锯片滚筒的锯片带至轧棉肋条时,由于轧棉肋条的间隙比被轧光的棉籽小,棉籽不能通过,于是

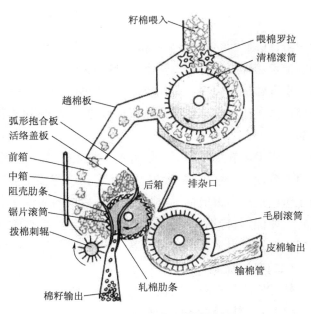

图1-14　锯齿式轧棉机示意图

纤维从棉籽上分离下来并被锯片带入后箱锯齿棉的加工原理下,经输棉管送到打包机压成一定规格的棉包。籽棉上的可纺纤维不是一次轧下的,而是随着棉卷的运动不断翻滚,受锯片多次抓取才被轧下。被轧去可纺纤维的棉籽经轧棉肋条和锯片空隙落下,输到剥绒机进行剥绒。在锯齿轧棉机上,表面较光的籽棉(如僵瓣等)不易被锯片钩住,在前箱内就从拨棉辊和阻壳肋条的空隙落下排出机外,一般不进入中箱。因此,锯齿轧棉机的皮棉中很少含有棉籽和僵瓣等杂质。锯齿对纤维的作用剧烈,容易轧断纤维和轧破棉籽,产生棉结的机会较多。当棉卷运动与锯片滚筒和轧棉肋条等机件调节不当时,便不易轧下棉籽上的残留纤维,以致毛头较多。工艺上把轧棉后残留在棉籽上的较长的纤维称为毛头。毛头量对棉籽量的百分比称为毛头率。毛头率高,衣分率就低,可纺纤维浪费多,毛头和棉结是锯齿轧棉在轧工方面的最大弊病。

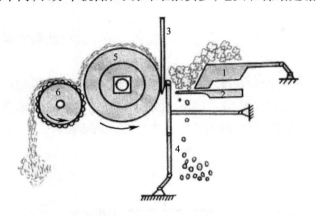

图 1-15　皮辊式轧棉机示意图

1—推花板　2—棉籽栅　3—定刀　4—动刀　5—皮辊　6—剥棉辊

2. 皮辊棉　采用皮辊式轧棉机(图 1-15)加工得到的皮棉,称为皮辊棉。

皮辊轧棉的工艺过程。先将松散的籽棉放置在推棉板和棉籽栅上。推棉板作前后往复运动,推棉板前沿将籽棉送至定刀(上刀)和动刀(下刀)之间的皮辊处,使籽棉上的纤维和皮辊表面接触。皮辊靠回转和对纤维的摩擦作用,牵引纤维在定刀刀口和皮辊表面之间通过。定刀刀面与皮辊表面靠得很紧,把棉籽挡在定刀的刀背。动刀作上下高速运动,连续对棉籽进行冲击,纤维便与棉籽分离。被轧下的纤维被皮辊带走,由剥棉辊剥下,送到打包机压成一定规格的棉包。棉籽经棉籽栅落下,被排出机外。

皮辊轧棉机轧棉作用比较缓和,所以皮辊棉含杂质较多,纤维损伤较小,包与包之间的质量差异较大。皮辊机比较适宜加工长绒棉;低级棉和留种棉如果轧工不良,原棉中短绒的含量会增加。

由于锯齿轧棉时僵瓣和棉籽不易混入纤维,所以锯齿棉的含杂率(皮棉中的含杂量对皮棉量的百分比)总是低于皮辊棉。锯齿容易将籽棉上强度较差的纤维拉断,这些被拉断的短纤维能在纺纱过程中被梳棉机排除,所以锯齿棉的成纱强度则高于皮辊棉。因为锯齿棉在纺纱性能上有上述优点,特别是锯齿轧棉机的劳动生产率高而且有利于实现连续化、自动化生产,各国在处理陆地棉时大多采用这种机器。皮辊轧棉机则日渐减少。

(二)轧工质量

轧工质量的判断主要通过"三观察"来完成。

(1)观察轧出原棉的外观形态。

(2)观察纤维的长度变化。

（3）皮辊棉着重观察黄根的多少，锯齿棉着重观察疵点的多少。

（三）原棉的打包

经轧棉机加工后的皮棉是松散的，为了便于贮存和运输，必须进行打包。

（四）含糖棉的处理

含糖棉预处理方法有如下几种。

1. 喷水给湿法 利用给湿将原棉中糖分水解，给湿堆放时间为在室温 20～25℃、原棉含水量 10% 左右的条件下放置 24h。

2. 汽蒸法 采用烘房或蒸锅蒸棉，利用高温蒸汽促使原棉中糖分加速水解，有一定的去糖效果。

3. 水洗法 采用天然水源或人工水池漂洗原棉，去糖较彻底。

4. 酶化法 采用糖化酶加鲜酵母溶液的方法，促使原棉中糖分分解，去糖效果好。

5. 防粘助剂法 也称消糖剂、乳化剂、油剂等，均主要由平滑剂、抗静电剂、柔软剂、稳定剂等组成，对纤维内在品质不会造成损伤。作用机理是使纤维表面生成一层极薄的隔离膜，并以纤维为载体不断地在纺纱通道上形成薄薄的油膜，起到隔离、平滑、减少摩擦，改善可纺性能的作用。

思考题

1. 短纤维纺纱一般经过哪几个步骤？

2. 棉型纺纱系统可分为哪几种类型？其产品有何特征？试述各种棉型纺纱系统的工艺流程。

3. 什么是粗梳毛纺系统及精梳毛纺系统？其产品风格有何区别？

4. 什么是精干棉及精绵？试述精绵纺纱的工艺流程。

5. 苎麻、亚麻及黄麻的纺纱工艺流程有何区别？

6. 什么是锯齿棉？什么是皮辊棉？两者有何区别？

参考文献

[1] 刘国涛. 现代棉纺技术基础[M]. 北京：中国纺织出版社，1999.

[2] 皮科夫斯基. 未来的纺织技术[M]. 上海纺织科学院，译. 北京：纺织工业出版社，1979.

[3] 胡发祥. 国际棉纺织工业现状及发展趋势[C]. 中国国际棉纺织大会，2001.

[4] 天津纺织工学院纺纱教研室. 纺纱系统与设备（讲义）. 天津纺织工学院，1998.

[5] 孔庆福. 中国纺织机械选用指南[M]. 北京：中国纺织出版社，1999.

[6] 吴俊年. 新型棉纺设备使用报告分析[C]. 江苏纺织工程学会 2002 年会论文，2002.

[7] B. C. 戈斯威密. 纱线的工艺结构与应用[M]. 邵礼宏，译. 北京：纺织工业出版社，1977.

[8] 中国纺织工程学会. 棉纺厂技术改造方案剖析[M]. 北京：中国纺织出版社，1994.

第二章　配棉与混棉

● 本章知识点 ●

1. 原棉选配的目的。
2. 唛头的概念,重点掌握原棉选配的方法和配棉的注意事项。
3. 混合棉性质差异的控制内容及回花、再用棉使用原则。
4. 麻、丝、毛的选配要点。
5. 原料混合的方法与计算。
6. 计算机配棉的原理。

第一节　配棉的目的与方法

一、配棉的目的

棉纺厂一般不采用单一原棉唛头纺纱,而是根据实际要求将几种唛头的原棉相互搭配后使用,这种搭配原棉的技术工作称为配棉。原棉的长度、线密度、成熟度、强力、含杂、含水等指标随棉花的品种、产地、生长条件、轧工质量不同而存在差异,这些差异与纺纱工艺、成纱质量、生产成本有着十分密切的关系。配棉的目的主要表现在以下几方面。

(一)合理使用原棉、满足产品的实际需要

不同品种、不同用途的纱线对原棉质量有着不同的要求,选用单一唛头的原棉纺纱,不可能照顾到纱线的各项具体要求。工厂掌握的原棉数量毕竟有限,配棉工作要在有限数量的各批原棉中取长补短、合理安排。既要达到稳定混合原棉的质量要求,又要满足不同品种、不同用途纱线的实际需要。

(二)保持生产过程和成纱质量的相对稳定

要保持生产的持续正常进行,必须保持生产的全过程和半制品质量的相对稳定,其中,保持原棉品质的相对稳定是一项重要条件。若采用单一唛头的原棉纺纱,当一批原棉在几天内用完后必须调换另一批原棉来接替使用。这样的调换幅度大、次数频繁,势必造成生产过程和成纱质量的相对波动。配棉工作要结合当前的生产状态和动态质量,把各原棉唛头按其品质情况实行分类排队,从稳定混合棉质量出发,减少生产和成纱质量的波动。

（三）降低原棉成本、节约用棉

各批原棉的品质不一、价格不一，但质量好的原棉并非所有指标都好，质量差的原棉也非所有指标都差。配棉工作要利用原棉的某些质量长处去抑制混合棉的短处。如混合棉中的纤维线密度较粗时，可搭用部分成熟度较低、较细的低级棉，使成纱强力有所提高，既改善了纱线品质又降低了原料成本。

二、配棉的分类排队法

（一）配棉方法

传统配棉采用分类排队法。所谓分类就是把适纺某种产品或某种线密度纱的原棉归为一类；所谓排队就是将接替原棉进行排队，即将每一类原棉中性质接近的唛头排队，以便接替使用。分类时必须具有原棉各批号的数量、原棉质量、产品品种和质量要求等资料，排队时必须具有产品的生产计划、各线密度纱的用棉量定额等资料。

（二）原棉分类时的注意事项

1. 资源情况 为了使混合棉的品质在较长时间内保持稳定，分类时要考虑棉季变动和到棉趋势，如某一唛头的原棉仓储虽少而到棉量即将增多，选用时应尽量多用些；反之，仓储虽多而到棉量逐渐减少的原棉应控制少用些。又如，采购新棉时要考虑市场变化，多唛搭配、瞻前顾后、保持合理库存。

2. 气候条件 单纯依靠原棉品质的稳定还不一定能使成纱质量保持稳定，有时因为气候条件的变化使产品质量发生波动。当气候条件急变而车间空调不能适应时，要从配棉的角度给予配合。如黄梅季节高温高湿，使用同样的配棉成分，成纱棉结杂质粒数多。又如在寒冷干燥季节，为使挡车工操作方便，需适当提高成纱强力。配棉时要注意调度，以便稳定生产。

3. 指标平衡 各种线密度纱都有不同的质量指标，各项指标之间有时会产生矛盾，原棉分类时必须加以考虑。此外，其他技术经济指标也常常产生矛盾，如某一时期产量、质量达不到指标，需选用品质稍好的原棉，而另一时期成本、用棉量又成了问题，需搭用部分低级棉、回花、再用棉。分类时要加以综合平衡，最大限度地全面达标。实际生产中，由于设备不同、机械状态不同、工艺条件不同，即使采用相同的配棉也会产生成纱质量的差异。

（三）原棉排队时的注意事项

1. 主体成分 配棉时要确定原棉的主体成分，使纺纱生产和成纱质量保持稳定。常以配棉成分中几队性质接近的唛头作为主体成分，如以产地为主体，也可以长度、线密度作为主体，一般主体成分需占70%左右。

2. 队数安排 配棉队数多少与配棉成分的百分比有关，队数多则混用百分比低，车间管理麻烦；队数少则混用百分比高，混合棉性质变化大。一般选用6～8队，每队原棉最大混用百分比不宜超过20%。

3. 交叉抵补 针对接批混合棉中某一唛头某项指标太差或太好，选择另一队对应质量较好或较差的唛头同时接批，以便互相弥补。但同一天调换唛头不宜超过2个，调换比例不宜超过25%。

4. 勤调少调 即接批时每次调动的比例小些,调动的次数多些,使混合棉质量稳定。如一批原棉混用25%,接近用完前,先将后批原棉用上15%左右,当前一批原棉用完后,再将后一批原棉增到25%,避免混合棉性质突变。

(四)原棉性质差异的控制(表2-1)

表2-1 原棉性质差异控制范围

控制内容	混合棉唛头间性质差异	接批原棉性质差异	混合棉平均性质差异
产地		相同或者相近	地区变动<25% 针织纱<15%
品种(级)	1~2	1	0.3
长度(mm)	2~4	2	0.2~0.3
含杂(%)	1~2	<1	0.5
线密度[tex(公支)]	2.00~1.25(500~800)	3.33~2.00(300~500)	20~6.66(50~150)
断裂长度(km)	1~2	1	0.5

注 混合棉平均性质指标可按混合棉中各原棉性质指标和混用重量百分比以加权平均计算。

(五)回花、再用棉的使用

生产过程中的回卷、回条、粗纱头、皮辊花等称为回花,与混合棉质量相比含杂率减少、棉结杂质粒数和短绒率增加,一般都要经过处理打包后回用,回用量不宜超过5%。再用棉包括开清棉车肚落棉、梳棉抄斩花、梳棉车肚落棍以及精梳落棉等。开清棉落棉中,可纺纤维只占20%~40%,纤维较短且含细小杂质较多,经处理后常混用于线密度较大的纱或副牌纱中;梳棉抄斩花中含可纺纤维65%~85%,且含棉结杂质粒数较多、短绒率较高。一般经处理后降级使用;精梳落棉中,纤维长度短、棉结杂质多而小,可在一般用途的纱中混用3%~5%,线密度较大的纱中混用5%~10%。

(六)配棉实例

配棉实例见表2-2。

第二节 非棉类棉纺原料的选配

一、常用化纤的选配

化学纤维工业的日益发展,丰富了纺织纤维的资源,增加了纺织品的花式品种,适应了织物的特种性能,降低了纺织品的生产成本。化纤原料的选配包括单一化纤品种纯纺、化纤之间混纺、化纤与棉纤维混纺等的选配。

1. 化纤品种的选配

(1)化纤的纯纺和混纺:化纤的纯纺和混纺有单唛和多唛之分,单唛纯纺不易产生色差,多唛混纺时必须进行染色试验,按色泽深浅程度排队,供选配时参考。衣着用主要品种有黏胶纤维纱、腈纶纱、涤黏纱、涤腈纱等。

（2）棉与化纤混纺：棉与化纤混纺的品种较多，如涤棉、腈棉、维棉、黏棉等。涤棉品种最为常见，涤棉织物不但具有滑、挺、爽的特点，而且具有较好的吸湿性和可纺性。

2. 化纤性质的选配

（1）长度和线密度：化学短纤维的长度和线密度相互配合构成棉型、中长型、毛型等不同规格，如线密度 1.1～1.7dtex 以及长度 32mm、35mm、38mm 的规格接近于棉纤维，常用于生产细特纱和质地较紧密的薄型织物，线密度 2.2～3.3dtex、长度 51～76mm 的中长纤维用于生产中特纱和质地较厚实的毛型风格织物。纤维长度长，成纱强力高且条干均匀、纱线毛羽少。但长度过长，纺纱过程困难，如产生绕罗拉、绕胶辊、绕胶圈现象，而且成纱棉结增多。纤维线密度细，成纱截面内纤维根数多，可纺纱线的线密度低。此外，化学短纤维的长度和线密度也有一定的联系，其长度 L（mm）和线密度 Tt（dtex）的比值一般为 23 左右，当 $L/Tt > 23$ 时，织物强度高、手感柔软，当 $L/Tt < 23$ 时，织物挺括并产生毛型风格。

（2）强度和伸长率：化纤的强伸度与成纱强力有密切的关系，当混纺纱线受拉伸时，组成纱线的两种纤维同时产生伸长，但负荷首先由初始模量较大的纤维承担，随着负荷增加，断裂伸长低的纤维开始断裂，负荷留给断裂伸长较大、强力较高的纤维承担。负荷继续增加，纤维逐渐全部断裂。另外，混纺纱的强力还与混纺比有关，在某一混纺比时出现强力最低值，此时的混纺比称为临界混纺比，其数值大小可通过试验决定。如涤棉混比为 50/50 时出现强力最低位，生产实际中应尽量避免使用临界混纺比。

二、非棉天然纤维的选配

在棉纺设备上，还可以加工苎麻、亚麻、䌷丝、羊毛、兔毛、山羊绒和牦牛绒毛等，它们在选配时的要点如下。

（一）麻纤维

麻的种类很多，但用于棉纺生产的主要是苎麻和亚麻纤维。麻针织产品触感凉爽，吸湿性好，强力高，湿态强力比干燥时增加 70%。

1. 苎麻纤维 以苎麻纤维为原料的面料，具有吸湿散湿快、光泽好、挺爽透气的特点，适宜制作夏季服饰、床单等。麻产品抗皱性与耐磨性差，面料表面毛绒较多，如果做服装，则需要进行烧毛、丝光，以减少毛绒对皮肤刺痒感觉。但因其独特的粗犷风格和凉爽透湿性能以及近年的回归自然潮流，使其产品日益丰富。

（1）棉纺用苎麻纤维的特点选配：苎麻纤维及其产品具有凉爽、吸湿、透气等特点，纤维长度在 60～250mm、宽度在 20～45μm、线密度在 5～6.7dtex 之间的称为精干麻。棉纺上可用切断精干麻为原料，但常常为了节省成本而采用麻纺精梳落麻与其他纤维进行混纺。

苎麻落麻的特点是：纤维长度整齐度差，超长、倍长纤维多，纺纱过程中需采取相应的措施。

苎麻纤维与棉相比，具有纤维弹性差、抱合力差、成纱强力低等特点。

（2）适用范围选配：苎麻纤维均可与其他纤维混纺交织，主要为低比例苎麻与化纤和天然纤维混纺。混纺比例如麻/涤 85/15，黏/麻 70/30，麻/棉 60/40 等。目的是集各类纤维之长，补其所短，使面料性能更加优良，成本降低，深受消费者欢迎。

2. 亚麻纤维

（1）棉纺用亚麻纤维的特点选配：亚麻纤维及其产品具有亚麻纤维惊人的吸湿散湿能力，夏季穿着亚麻衣料舒服、凉爽，冬季觉得温暖。亚麻织物具有调温、抗过敏、防静电、抗菌的功能，由于吸湿性好，能吸收相当于自身重量 20 倍的水分，所以亚麻织物手感干爽。如今，防皱、免烫亚麻制品的诞生和混纺产品的出现，使亚麻产品的市场进一步拓展。

亚麻经浸渍或沤麻等工序制成长度为 600～900mm，线密度在 2～3dtex。棉纺上一般用"打成麻"的落麻与其他纤维进行混纺。可纺性较差。

（2）适用范围选配：在棉纺设备上加工亚麻纤维时，主要将苎麻用于与棉、黏胶纤维、涤纶等进行混纺，生产中粗特纱线。

（二）紬丝纤维

紬丝是绢纺生产中的落绵，一般分 A 和 S 两种，A 的平均长度较长，20mm 以下的短绒率较低，整齐度好。紬丝含杂率为 6%～8%，最高达 10% 以上，质量比电阻高达 10^6～$10^8 \Omega/cm^2$，易产生静电，在生产中出现缠绕、堵塞现象，影响纤维抱合和成卷、成条。纺纱时需要加抗静电剂。

使用选配范围：一般多用于转杯纺纺制纯紬丝纱、紬丝/麻、紬丝/棉混纺纱，用于针织产品和牛仔布。

（三）羊毛纤维

（1）适应棉纺生产的羊毛是半细毛，羊毛直径为 25～75μm，毛丛长度为 30～75mm，可采用中长设备进行加工。由于羊毛整齐度差，宜采用滑溜牵伸。可与棉混纺生产棉/毛 50/50、45/55 混纺纱等。

（2）转杯纺常采用精梳落毛，长度为 15～35mm。落毛含杂多、毛粒多、含油脂，可纺性较差，可与黏胶纤维等可纺性好的纤维混纺。可用于生产 70tex 以上的粗特纱。

（四）兔毛纤维

适用于棉纺生产的兔毛为次兔毛（4 级以下），手扯长度为 22～25mm，含杂高，必须经过预处理加工。兔毛几乎没有天然卷曲，可纺性很差，必须采取相应措施。可用于转杯纺生产腈/兔毛、腈/涤/兔毛混纺纱，兔毛比例在 30% 左右为好。

（五）山羊绒

山羊绒是山羊身上的绒毛，十分珍贵，线密度细，手感柔软滑糯，吸湿透气，穿着舒适。山羊绒长度为 30～40mm，平均直径为 15～16μm，单强 4.5cN/tex。山羊绒含脂率高，静电大，卷曲少，可纺性差，会产生烂、黏、松、绕等现象，应严格控制回潮率，施加抗静电剂。

（六）牦牛绒毛

牦牛的皮由粗毛和绒毛构成，绒毛平均直径 20μm，长度约 30mm，鳞片呈环状，光泽柔和，弹性好；粗毛略有毛髓，平均直径 70μm，长度约 110mm，表面光滑，刚韧。适宜与化纤混纺，生产粗特纱。

第三节 计算机配棉

传统配棉由配棉工程师针对某一纱线品种从数百种原棉唛头中选择合适的原棉唛头并确定混纺比,这项工作面广量大且依赖较丰富的实践经验。计算机配棉应用人工智能模拟配棉全过程。通过对成纱质量进行科学预测及时指导配棉工作,并对库存原棉进行全面管理,准确地向配棉工作提供库存依据,保证了自动配棉的顺利完成。计算机配棉管理系统(主控制模块)包括三个子系统(分控制模块),即原棉库存管理子系统、自动配棉子系统和成纱质量分析子系统,主控制模块可根据操作者需要将工作分别交给三个子系统处理。

(一)原棉库存管理子系统

代替传统原棉仓库台账,为及时准确地了解库存情况提供方便。计算机配棉时,系统可自动向库存子系统索取数据,主要功能如下。

1. 原棉入库 通过键盘输入入库单并自动记账,把每一批原棉的等级、长度、产地、包重、包数等数据存入计算机。

2. 原棉指标输入 对已入库的原棉由棉检部门测出各项物理指标,将全部指标输入计算机以备分析使用。

3. 查询库存情况 当输入查询指令后,屏幕上显示有关库存情况以供查阅。

4. 原棉出库 根据开清棉车间生产计划,将出库情况输入计算机,计算机打印出原料出序单供核对查询。

5. 账目修改 如账目发生错误或原始单据需要更改时,计算机提供修改手段,可对入库情况、物理指标情况进行修改。

6. 月底结账 打印报表,包括原棉收入、付出、积存统计表和各种纱线耗用统计表。

7. 钉印库存表 可按等级、长度打印全部原棉库存清单。

(二)成纱质量分析子系统

根据配棉比例选用的原棉在规定工艺条件下生产的纱线,由试验部门进行质量检验。这些检验数据是衡量配棉工作优劣的依据之一,也是建立混合棉性能与成纱质量关系数学模型的依据。主要功能如下。

(1)把每天成纱检验的各项数据以及相应的工艺条件输入计算机,计算机将这些数据进行"学习""分析",以便改进自己的工作。

(2)查询混合棉的物理指标,了解各期混合棉的物理参数。

(3)查询成纱质量指标,了解成纱质量的变化。

(4)打印混合棉与成纱质量对照表。

(5)修改试验数据。

(6)自动预测成纱质量,对配棉方案进行成纱质量预测并打印结果以供查询。

(三)自动配棉子系统

该部分是整个系统的核心,是在前两个部分的支持下完成的。自动配棉分两个步骤:第一,采用矩阵筛选和综合评判的方法挑选接替棉;第二,采用多目标规划的方法进行用量调整。其具体功能如下。

(1)自动配棉:只要把配棉的纱线密度告诉计算机,计算机就开始配棉并自动打印出配棉表。

(2)修改配棉方案:遇特殊情况可按人的指令任意修改。

(3)特殊方案配棉:配棉中首要指定某一唛头或用量时,计算机可按指定条件进行配棉。

(4)打印配棉表。

(5)输入某特纱计划产量,打印配棉进度表。

(6)新特纱的建立:系统可随时加入新特纱。

第四节 原料的混合

(一)混合方法

混纺纱线的原料混合均匀与否不仅影响纱线的力学性能,还影响织物的染色均匀性,尤其是棉与化纤混纺、不同化纤之间的混纺。目前,生产上常用混合方法为棉包混合、棉条混合、称重混合三种。

1. 棉包混合 将棉包置于抓棉机的平台上经抓棉打手抓取的混合方法称为棉包混合,适用于纯棉纺纱、纯化纤纺纱、化纤混纺纱。由于棉包松紧差异、纤维品种差异、棉包规格差异等而导致打手抓取能力不同,这种混纺方法的混纺比不易控制,混合效果稍差。

2. 棉条混合 将不同种类的纤维分别经过开清棉、梳棉、精梳(化纤不需经过)工序加工后的条子在并条工序进行混合的方法称为条子混合,适用于棉与化纤混纺。这种方法有利于控制混比。为了混合均匀需经过多道并条机加工。

3. 称重混合 在开清棉车间将几种纤维成分按混合比例称重后混合的方法称为称重混合,适应于混比要求较高的化纤混纺。如一套开清棉流程中采用三台自动抓棉机、三台自动称量机,供应一台混棉机,既控制了混比又便于管理。

(二)混比计算

1. 棉包混合、称重混合时的混比计算 设各种纤维的实际回潮率分别为 W_1、W_2、W_3、$\cdots$、W_n,纤维干混比分别为 Y_1、Y_2、Y_3、$\cdots$、Y_n,则纤维湿混比 X_1、X_2、X_3、$\cdots$、X_n 为:

$$X_i = \frac{Y_i(1 + W_i)}{\sum_{i=1}^{n} Y_i(1 + W_i)} \qquad (2-1)$$

2. 条子混合时的干混比、混合根数、条子定量之间的关系 设各种纤维的干混比分别为 Y_1、Y_2、Y_3、$\cdots$、Y_n,条子的混合根数分别为 N_1、N_2、N_3、$\cdots$、N_n,条子的干定量分别为 G_1、G_2、G_3、$\cdots$、

G_n,则它们之间的关系可用下式表示：

$$\frac{Y_1}{N_1}:\frac{Y_2}{N_2}:\frac{Y_3}{N_3}:\cdots:\frac{Y_n}{N_n} = G_1:G_2:G_3:\cdots:G_n \qquad (2-2)$$

（三）混合棉各项性能指标计算

混合棉的各项性能指标以混合棉中各原棉性能指标和混用重量百分比加权平均计算,如各种纤维混用百分比分别为 A_1、A_2、A_3、$\cdots$、A_n,各纤维所检验的某项指标的平均值分别为 X_1、X_2、X_3、$\cdots$、X_n,则该指标的加权平均数 X 可按下式计算：

$$X = X_1A_1 + X_2A_2 + X_3A_3 + \cdots + X_nA_n = \sum_{i=1}^{n} X_iA_i \qquad (2-3)$$

思考题

1. 什么是配棉？其目的是什么？

2. 在原棉选配时,粗特纱与细特纱、机织用纱与针织用纱、经纱与纬纱、普梳纱与精梳纱、单纱与股线对原棉的性质要求有何不同？

3. 什么是配棉过程中的分类与排队？

4. 在分类排队时应控制原棉的哪些主要性质标？其控制范围如何？

5. 在配棉时,队数的确定应考虑哪些因素？队数多少一般如何掌握？

6. 什么是回花和再用棉？在配棉过程中如何掌握其使用比例？

7. 化纤原料选配的目的是什么？

8. 什么是混纺比？在确定混纺比时应考虑哪些因素？

9. 什么是临界混纺比？涤/棉、黏/棉的临界混纺比是多少？

10. 在化纤原料选配时,长度与细度之比以多少为宜？为什么？

11. 原料的混合方法有哪几种？各有什么优缺点？

12. 棉与化学纤维混纺一般采用哪种混合方法？化学纤维混纺一般采用哪种混合方法？为什么？

13. 涤/棉混纺时的干重比为55/45,若涤和棉的回潮率分别为0.4%和8%,求涤/棉混纺时的湿重比。

14. 某厂进行65/35涤棉混纺,涤条的设计干重为20.4g/5m;若涤条采用5根喂入,棉条采用3根喂入,求棉条的干定量。

15. 根据本章表2-2配棉实例完成下列各题。

（1）证明12月15日这一天所用混合棉的技术品级为2.66、技术长度为28.67mm、含杂率为2.64%。

（2）各队原棉的性能指标及各队接批原棉的性能指标是否超出了表2-1所规定的范围？

（3）12月5日与12月4日相比,混合棉的平均技术指标是否超出表2-1原棉性质差异控制范围中所规定的范围？

参考文献

［1］刘国涛．现代棉纺技术基础［M］．北京：中国纺织出版社，1999.

［2］上海纺织控股（集团）公司．棉纺手册［M］．北京：中国纺织出版社，2004.

［3］郁崇文．纺纱系统与设备［M］．北京：中国纺织出版社，2005.

［4］江苏凯宫机械股份有限公司．JSFA288 型精梳机使用说明书，2011.

第三章　开清棉

● 本章知识点 ●

1. 开清棉工序的任务及各任务实现的方式。
2. 开清棉机械的种类,各单机的机构组成,工艺原理和作用分析。
3. 原料开松、除杂、均匀、混合的原理、方法及分析。
4. 开清棉联合机的联接及联动控制原理。
5. 开清棉联合机组合要点和原则。
6. 开清棉质量评价方法及质量提高的措施。
7. 开清棉工序加工化纤的特点。

第一节　概　述

一、开清棉工序的任务

将原棉或化学短纤维加工成纱线需经过一系列纺纱工艺过程,开清棉是纺纱工艺过程的第一道工序。各种唛头的原料以棉包、化纤包的形式送入本工序,为满足成纱品质要求,开清棉工序应完成下列任务。

(一)开松

经过开清棉联合机各单机中角钉、打手的撕扯、打击,将原料中压紧的块状纤维松解成束状纤维,尽可能减少杂质碎裂和纤维损伤。

(二)除杂

在开松的同时,去除原棉中50%～60%的杂质及部分疵点、短绒,尤其是棉籽、籽棉、不孕籽、砂土等颗粒较大的杂质,在除杂的同时应尽量减少可纺纤维的下落,以利节约用棉。

(三)混合

按配棉成分将各种不同品质的原棉加以充分混合。

(四)均匀成卷或输送棉流

制成符合一定规格与质量要求的棉卷或化纤卷,供梳棉工序使用。当采用清梳联时,可将开清棉工序输出的纤维通过气流或电器配棉方法输送到梳棉工序各单机。

二、开清棉机械的种类

开清棉工序是由多种单机构成的联合机组,流程中的主要设备有重点地完成开松、除杂、混合、均匀等作用,各主要设备还要通过一些辅助设备进行连接,以形成具有一定适应性的开清棉流程。

(一)开清棉主要机械

1. 抓棉机械   如自动抓棉机。拆除外包装的棉包或化纤包以配棉成分按照一定比例堆放在棉包台上,抓棉机械从棉包或化纤包中抓取纤维,喂给前面的机械。在抓棉的同时具有扯松与混合作用。

2. 混棉机械   如自动混棉机、多仓混棉机、棉箱给棉机等。这些设备具有数量较多或体积较大的棉箱,并借助气流和不同规格的角钉,使原料在箱内进行比较充分的混合。混合的同时对原料进行扯松,并去除部分较大的杂质。

3. 开棉机械   如滚筒开棉机、豪猪开棉机、轴流式开棉机等。这些设备利用不同形式和规格的打手对原料进行打击、撕扯,使原料进一步松解并去除杂质。

4. 清棉、成卷机械   如单打手成卷机、单打手清棉机、多滚筒清棉机等。这些设备一般安排在开清棉工序的最后,可以对原料实施比较细致的开松,同时去除一些细小杂质。在成卷流程中,清棉机械要制成一定规格和质量要求的棉卷;在清梳联流程中,清棉机输出棉束较小、密度较为均匀的棉流(筵棉)。

(二)开清棉辅助机械

在开清棉流程中,除上述主要设备外还包括凝棉器、配棉器、除金属装置、异纤分离等辅助机械,各主机和辅机还需通过输棉管道按照一定的先后顺序进行连接。

三、典型的开清棉流程

开清棉流程可以分为成卷和清梳联两种形式,成卷流程可将混合原料制成一定规格和质量要求的棉卷,供梳棉机使用;清梳联流程则将混合原料经开松、除杂、混合等作用在气流的作用下形成均匀的筵棉输送至梳棉机。

(一)成卷流程

成卷流程是比较传统和成熟的开清棉技术,流程中一般包括抓棉机械、混棉机械、开棉机械和成卷机械,这些机械可以按照以下顺序组合:自动抓棉机——除金属杂质装置——普通混棉机——自由打击开棉机——多仓混棉机——握持打击开棉机(1~2道)——电气配棉器——双棉箱给棉机——单打手成卷机。

(二)清梳联流程

清梳联是在成卷流程的基础上发展起来的开清棉新技术,可以实现开清棉和梳棉两个工序的生产连续化。清梳联流程中的单机性能较好,其流程一般比传统的成卷流程短,生产效率高。清梳联中的各单机一般按照下列顺序组合:自动抓棉机——轴流开棉机——多仓混棉机——多滚筒清棉机——除微尘机——梳棉机。

在实际生产中可根据原料特点和产品要求,通过管道装置跳过某台单机,体现一定的适应性和灵活性。

第二节 开清棉的主要设备及工艺分析

一、开清棉的工艺原则

开清棉工序具有流程长、机台多、机构复杂、技术难度大的特点,其工艺处理的优劣不仅影响本工序半制品的质量,而且影响后道工序各机台作用的充分发挥。近年来,国内外对开清棉技术进行了大量的研究,一些性能优良的单机相继问世并日臻完善,同时也提出了新的工艺理论。"多包取用、精细抓棉、混合充分、渐进开松、早落少碎、以梳代打、少伤纤维"已成为现代开清棉作用遵循的工艺原则。

1. 多包取用 现代抓棉设备增加了堆放棉包的重量及包数,可以有效增加不同原料之间的混合机会,为后道设备发挥作用打下良好的基础。

2. 精细抓棉 抓棉设备已经不仅仅作为自动喂棉的手段,工艺上要求每次抓取的棉块尽可能小,为其他机台的开松、除杂、混合、均匀创造良好的条件。

3. 渐进开松 为了有效清除原棉中的各类杂质、避免开清棉过程中过多的纤维损伤及杂质破碎,流程中一般会安排打击程度不同的开松除杂设备,这类设备的设置要适合原料性状的变化,符合渐进开松的要求。

4. 早落少碎 原棉中含有各种不同类型和性状的杂质,开清棉流程中的开松除杂设备对不同杂质的去除效果也不一样,实际配置时应根据含杂情况合理配置相关设备和工艺,保证大杂质能尽早去除,避免过度的打击使杂质破碎而增加去除难度。

5. 以梳代打 为了尽量减少纤维的损伤及杂质的破碎,开松除杂设备中的打击部件应有适当的作用程度,以比较细致柔和的梳理作用取代剧烈的打击作用。

6. 少伤纤维 纤维的长度是影响纺纱过程和成纱质量的重要因素之一,开松除杂的同时势必造成纤维不同程度的损伤,开清棉的设备和工艺配置必须尽量减少纤维的损伤,保护纤维的长度。

二、开松除杂工艺原理

纺纱用的各种纤维原料大多以压紧成包的形式运进纺织厂,原料中的纤维紧密,集合体比较大,多以块状和束状形式存在,且相互纠缠、排列紊乱。原料中含有杂质和疵点,如原棉中的棉籽、土杂、茎叶、棉结、短绒等,化学纤维中的硬丝、并丝、超长纤维、倍长纤维等。要将这类原料顺利纺纱,并保证一定的成纱质量,必须先通过开松作用将紧压状态的原料进行逐步松解,降低纤维原料单位体积的重量,为梳理创造条件;并同时清除原料中的杂质、疵点,使原料具备较好的后道纺纱性能,保证成纱质量。

(一)开松基本原理和方法

开松是利用表面带有角钉、锯齿、梳针或刀片的运动机件对纤维块进行撕扯、打击、分割,将大的纤维块逐步松解成小的纤维块、纤维束的作用。开松过程的机械作用在松解纤维的同时会造成一定程度的纤维损伤和杂质碎裂,如何根据纤维的性状和含杂特点选择合理的开松方式以及调整相关工艺参数是对纺纱原料实施开松作用的关键。

1. 自由开松 原料在无握持状态下受到开松机件的作用称为自由开松,按对原料的作用方式分为自由撕扯和自由打击。

(1)自由撕扯。自由撕扯是指由一个运动着的角钉机件或两个相对运动着的角钉机件对处于自由状态下的纤维块进行撕扯。能否产生自由撕扯作用主要取决于角钉能否对纤维产生有效的抓取能力。

①一个角钉机件对原料的撕扯作用:这种撕扯作用的典型设计是在水平帘横向输送原料的同时由角钉帘对纤维进行纵向抓取。

图 3-1 所示为一个角钉抓取和撕扯棉块时的受力情况,图 3-1 中 P 为棉堆压向角钉的垂直压力,与植钉平面平行;A 为角钉帘向上运动时受到周围棉块的阻力,也与植钉平面平行;T 为水平帘输送的原料对角钉帘的水平推力,与植钉平面垂直。设力($P+A$)与力 T 的合力为 W,它可分解为沿着角钉工作面方向的分力 S 和垂直角钉工作面的分力 N,分力 S 指向钉内,称为抓取力,分力 N 与角钉及棉块的摩擦作用形成抓取阻力。若角钉工作面与植钉面间的夹角为角钉工作角 α,则有:

$$S = P\cos\alpha + A\cos\alpha + T\sin\alpha$$

$$N = P\sin\alpha + A\sin\alpha - T\cos\alpha$$

由以上两式可知:α 减小,则抓取力 S 增加,N 减小,有利于角钉植入棉堆抓取纤维块。

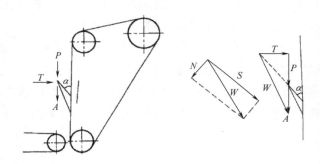

图 3-1 一个角钉抓取和撕扯棉块时的受力情况

②两个角钉机件对原料的撕扯作用:这种撕扯作用的典型设计是由角钉帘和角钉罗拉对处于中间的原料进行撕扯。

如图 3-2 所示角钉帘和角钉罗拉之间的作用情况。图 3-2 中 a、b 两点分别代表角钉帘与角钉罗拉对棉块的作用点。将角钉对棉块的撕扯力 F 分解,则可得到沿角钉方向的分力 S(抓取力)与垂直角钉方向的分力 N(正压力),其大小为:

$$S = F\cos\alpha$$

$$N = F\sin\alpha$$

式中:α——角钉与帘子平面间夹角,即角钉的工作角;

    S——使棉块沉入角钉根部的分力;

    N——棉块压向角钉的正压力;

    P——由 N 引起的摩擦阻力。

作用力 P 阻止棉块向角钉根部移动,其值为:

$$P = \mu N = \mu F \sin\alpha$$

式中:μ——棉块与角钉间的摩擦系数。

要使角钉具有抓取能力,则必须使 $S > P$,即:

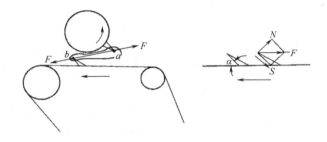

图 3 - 2　角钉帘与角钉罗拉之间的作用情况

$$F\cos\alpha > \mu F\sin\alpha \quad 或 \quad \cot\alpha > \mu \qquad (3-1)$$

由式(3-1)可见,减小角钉工作角 α,可使角钉抓取棉块的作用增强,但 α 过小,棉块被抓入钉内过深,则影响纤维脱离角钉帘,棉纺中,α 一般采用 30°～50°。在加工不同长度的纤维时,可以采用不同角钉帘子的 α 角,以保证对纤维的有效抓取。

(2)自由打击。原料在无握持状态下受到高速打击机件(如带有刀片、角钉等的回转机件)的打击作用而实现纤维块松解的过程,称为自由打击。通常情况是纤维块在气流中运动,由于打击机件的运动速度远远大于纤维块的运动速度,因而产生自由打击(撞击)作用,引起振荡,使纤维块松解。这种自由打击作用的典型设计是由高速回转的打手对无握持状态的原料进行打击。

图 3-3 所示为纤维块受到自由打击时的受力情况。设纤维块是由彼此相互联系着的两部分组成,质量中心分别在 A、B 处。P 为机件对纤维块的打击力,其方向是沿着打击机件运动轨迹的切线方向,可分解为 P_1 与 P_2,P_1 在 A 和 B 的连线上,对纤维块起到开松作用。当 P_1 大于纤维块 A、B 间的联系力时,纤维块被分解成两部分;当 P_1 小于纤维块 A、B 间联系力时,纤维块沿打手速度方向运动或在 P_1 作用下绕 B 点旋转。

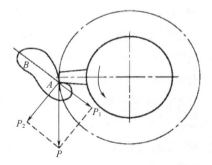

自由开松对原料的作用比较缓和,纤维损伤少,杂质也不容易破碎,一般适用于开松的初始阶段。

图 3-3　纤维块受自由打击时的受力情况

2. 握持开松 原料在被握持状态下,受到开松机件的作用称握持开松。这种开松作用的典型设计是原料在一对给棉罗拉的握持下,接受高速回转的打手的打击,如开棉机、清棉机的打手与给棉罗拉之间的作用均属于握持状态下的开松作用。按对原料的作用方式来分,握持开松可分为握持打击和握持分割。

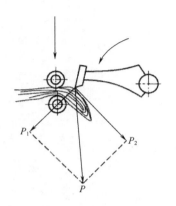

图 3 – 4　握持状态下打手打击力分析

（1）握持打击。采用高速回转的刀片打手对握持状态下的原料进行打击,使原料获得冲量而被开松,称为握持打击。

如图 3 – 4 所示,给棉罗拉慢速将棉层喂入机内,高速回转的打手打击给棉罗拉钳口外露的棉层,打击力 P 沿打手运动轨迹的切线方向。棉层受到打手的打击,使外露纤维须丛获得打击强度而被松解为较小的纤维束,一些杂质被分离出来。打击强度通常用打击次数来衡量。

打击次数是指单位重量纤维层上接受刀片的打击次数。打击次数越多,则开松作用越好。其计算式为:

$$S = \frac{K \times n}{v_n \times W}$$

式中:S——打击次数,次/g;

K——打手刀片数;

n——打手转速,r/min;

v_n——纤维层每分钟喂入长度,cm/min;

W——喂入纤维层每厘米重量,g/cm。

由上式可以看出,打击次数与打手转速、刀片数成正比,与纤维层每分钟喂入长度成反比。每次喂入的定量轻、长度短,则扯下的纤维束小,也有利于开松,但产量会降低。

握持打击对原料作用剧烈,开松与除杂作用比自由开松强,但纤维损伤与杂质破碎比自由开松严重。握持打击时,刀片不能深入纤维层内部,打击后纤维块重量差异较大,故握持打击后还需进行细致的开松。

（2）握持分割。握持分割是靠锯齿或梳针刺入被握持的纤维层内,对纤维层进行分割,使纤维束获得较细致的开松。分割机件常采用表面包有金属针布或植有梳针的打手或滚筒。

锯齿能否顺利刺入纤维层,是决定开松效果的首要条件。图 3 – 5 所示为锯齿刺入纤维层时的受力情况,当锯齿刺入纤维层时,纤维层对锯齿有沿滚筒圆周切向的反作用力 P,可分解为垂直于锯齿工作面的分力 N 和平行于锯齿工作面的分力 Q。

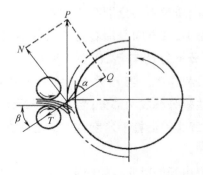

图 3 – 5　锯齿刺入纤维层时的受力情况

分力 Q 有使纤维沿锯齿工作面向针根运动的趋势。当纤维沿锯齿工作面运动时,分力 N 便会产生阻止纤维运动的摩擦阻力 T,方向与 Q 相反。若 $Q \geqslant T$ 时,纤维沿锯齿工作面向齿根运动,锯齿能刺入纤维层进行分割。锯齿刺入纤维层时的具体分析如下。

$$N = P\cos\beta$$

$$Q = P\sin\beta$$

$$T = \mu N$$

式中:β——锯齿工作角的余角,即锯齿工作面与锯齿顶点至锯齿滚筒轴心连线间夹角,$\alpha + \beta = 90°$;

μ——锯齿与纤维间的摩擦系数。

要使锯齿顺利刺入纤维层进行撕扯,必须满足 $Q \geqslant T$。即:

$$P\sin\beta \geqslant \mu P\cos\beta$$

$$\tan\beta \geqslant \mu$$

$$\tan\beta \geqslant \tan\phi$$

$$\beta \geqslant \phi$$

式中:ϕ——纤维与锯齿的摩擦角。

可见,减小工作角 α(即增大 β),对锯齿刺入纤维层进行开松有利;但 α 过小,对锯齿排杂和纤维转移不利,易造成返花(即纤维随着打手的回转又回到喂入处)。

要进行有效的握持分割,锯齿不仅要能对纤维层进行分割,而且还要求锯齿能携带纤维向前输送,避免纤维束脱离锯齿成为落纤。要实现锯齿携带纤维前进,锯齿必须满足握持纤维的条件。

锯齿握持的纤维束所受的力有沿锯齿滚筒半径方向的离心力 F、垂直于锯齿滚筒半径方向的空气阻力 R、锯齿对纤维的作用力 N 和阻止纤维被抛出的摩擦力 T(图 3 – 6)。

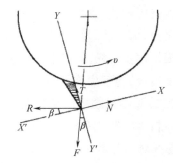

由力的平衡可知:

$$F\sin\beta + R\cos\beta = N$$

$$R\sin\beta + T = F\cos\beta$$

$$T = \mu N$$

图 3 – 6　锯齿握持纤维的受力情况

故锯齿能握持住纤维束的条件为:

$$R\sin\beta + T \geqslant F\cos\beta$$

$$R\sin\beta + \mu F\sin\beta + \mu R\cos\beta \geqslant F\cos\beta$$

又由于:

$$\mu = \tan\varphi$$

则:

$$\tan(\beta + \varphi) \geqslant \frac{F}{R}$$

$$\beta \geqslant \arctan\frac{F}{R} - \varphi$$

因此,当锯齿工作角 $\alpha \leqslant 90° - \arctan \dfrac{F}{R} + \varphi$ 时,有利于针齿握持住纤维束。

3. 影响开松作用的因素 影响开松作用的主要因素有开松机件的形式,开松机件的速度,工作机件之间的隔距,开松机件的角钉、刀片、梳针、锯齿等的配置。

(1)开松机件的形式。开松机件的形式有角钉滚筒式、刀片式、三翼梳针式、综合式、梳针滚筒式和锯齿滚筒式等。

不同形式的打击机件对纤维块(层)的作用类型不同。梳针、锯齿可以刺入纤维层内部,通过分割、梳理实现开松,松解作用细致、柔和,但打击作用力不足;角钉、刀片能对纤维块(层)施加较大的冲击力和分割力,作用较剧烈。

开松机件形式一般根据所加工原料的性质、紧密程度、含杂情况以及开松流程中开松机所处的位置等而定。

(2)开松机件的速度。开松机件的速度增加,喂入原料单位长度上受到开松作用(撕扯、打击等)的次数增加,开松作用力也相应增大,因而开松作用增强,同时除杂作用也加强,但纤维易受到损伤,杂质也可能被打碎。因此,当纤维块较大、开松阻力较大时,开松机件速度不宜过高。

(3)工作机件之间的隔距。喂给罗拉与开松机件之间隔距越小,角钉、锯齿、刀片等深入纤维层的作用越强烈,因而开松作用越强烈,但这样易损伤纤维。因此,当纤维层较厚、纤维间紧密、纤维较长时,喂给机件与开松机件间的隔距不宜过小。再者,随着纤维块的逐渐松解和蓬松,开松机件与尘棒之间的隔距由入口到出口应逐渐加大。

(4)开松机件的角钉、梳针、刀片、锯齿等的配置。角钉、梳针、刀片、锯齿等的植列方式对开松也有影响,合理的植列方式应能保证喂入纤维层在宽度方向上各处均匀地得到开松作用,并且角钉、梳针、刀片、锯齿等在滚筒表面应均匀分布。植列密度加大,开松作用加强。植列密度应根据逐步开松的原则来选择,纤维块大时植列密度小,且随着开松的进行,密度逐渐加大;但密度过大,易于损伤纤维。

(二)除杂基本原理和方法

原料内的杂质和疵点因纤维的种类而异,经过初步加工后的纤维内仍然含有不适宜纺纱加工和影响纱线质量的杂质及疵点。在开松过程中,原料除杂方法主要为物理法,即依靠机械部件的作用、气流的作用,或者两者相结合的作用除去原料中的杂质。

除杂作用是利用纤维和杂质的性质差异,且是在开松作用的基础上进行的。随着原料的不断松解,原来包裹在纤维块、束中的杂质逐渐暴露出来,并且随着松解作用的持续,纤维与杂质之间的联系力也不断减小,为杂质的去除提供了必要条件。因此,除杂作用是伴随着松解作用的实现而实现的,即松解作用是除杂作用的基础。

除杂过程中不可避免地会有纤维随杂质一起排出,因此,除杂过程中还要尽可能减少可纺纤维的损失,这就需要合理配置各机台的除杂工艺。

1. 机械除杂

(1)打手机械除杂作用分析。机械除杂是伴随着打手机械的开松作用同时进行的。杂质一般是黏附或包裹于纤维之中,纤维块的开松使纤维与杂质之间的联系力减弱。在打手打击力的作用下,杂质获得的冲量比纤维大,使杂质脱离纤维而逐渐分离出来,并通过打手周围的尘棒间隙或漏底的网眼落下,如图3-7(a)所示。被松解的纤维块在打手携带过程中受离心惯性力的作用而被抛向尘棒受到撞击,从而得到进一步的松解与除杂,因此,打手和尘棒是开松除杂的主要机件。

尘棒的形状和配置对除杂效果有着显著的影响。尘棒截面形状有三角形和圆形两种,前者大多用于棉纺,后者大多用于毛纺。三角形尘棒如图3-7(b)所示,图中平面 $abef$ 为尘棒顶面,起托持棉块的作用;平面 $acdf$ 为工作面,杂质撞击其上,因反射作用而被排出;平面 $bcde$ 为底面,与工作面构成排除尘杂的通道,α 角为尘棒清除角,一般为40°~50°,其大小与开松除杂作用有关,即当 α 角较小时,开松除杂作用好,但尘棒的顶面托持作用较差。尘棒顶面与底面的交线 be 至相邻尘棒工作面间的垂直距离称为尘棒间的隔距。尘棒工作面与打手径向的夹角 θ 称为尘棒的安装角,如图3-7(c)所示,调节 θ 则尘棒间的隔距改变,安装角 θ 的变化对落棉、除杂和开松作用都有影响,即在一定范围内,θ 增大,尘棒间隔距减小,顶面对棉块的托持作用好,尘棒对棉块的阻力小,则开松作用较差且落杂减少;反之,θ 减小,尘棒间隔距增大,顶面托持作用削弱,易落杂和落棉,但尘棒对棉块的阻力增大,开松作用加强。为了兼顾这两方面的作用,一般尘棒的安装要使尘棒顶面与打手对棉块的打击投射线接近重合,如图3-7(c)所示的 DE 线为打手打击的投射线,β 为投射线与打手中心和尘棒顶点连线的夹角,即要求 $\theta=\beta-\alpha$。

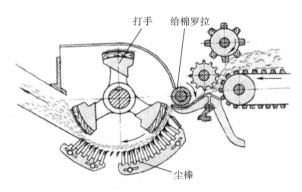

(a)打手与尘棒的配置关系

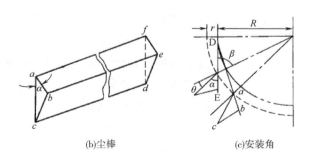

(b)尘棒　　　　　　　(c)安装角

图3-7　三角形尘棒及其配置

图 3 – 7(c) 中 R 为打手半径，r 为打手与尘棒间的平均隔距，则：

$$\beta = \sin^{-1} \frac{R}{R+r}$$

一般尘棒间隔距由原料入口到出口是由大到小，这是因为原料入口处棉块较大，当打手对原料开始打击时，原料向尘棒的冲击速度大，开松效果明显，排出的杂质较多且较大。随着对原料的逐步开松，大棉块逐步松解成小棉块（束），落杂量逐步减小，尘棒间的隔距应逐渐减小，以防止好纤维落出。

杂质在尘棒间的排除，有三种不同的情况。

①打击排杂。图 3 – 8 所示为打击排杂的情况。原料受到打手的打击开松而使杂质与纤维分离，杂质由于体积小、重量大，在打击力的作用下被抛向尘棒工作面，在其反射作用下被排除。

②冲击排杂。图 3 – 9 所示为冲击排杂的情况。若原料经打手打击开松后，杂质与纤维未被分离，则共同以速度 v 沿打手切向被抛向尘棒。当纤维块撞击到尘棒上时，杂质因较大冲击力的作用而冲破松散的纤维块，从尘棒间排出。有些尘棒在棉块撞击时还会产振动，如弹性扁钢尘棒，有利于杂质与棉块的分离而抖落。

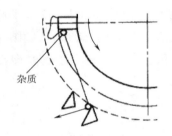

图 3 – 8　打击排杂

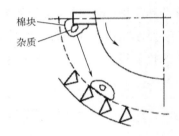

图 3 – 9　冲击排杂

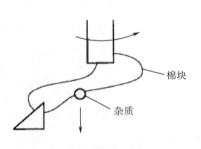

图 3 – 10　撕扯分离排杂

③撕扯分离排杂。当纤维块一端受到打手刀片打击，另一端接触尘棒而受到阻力时，受到两者的撕扯而被开松，使杂质与纤维分离，分离后的杂质靠本身重力由尘棒间落下，如图 3 – 10 所示。

（2）开松除杂机械的气流对除杂和落纤的影响。在开松除杂机械上，开松除杂作用除了取决于打手和尘棒的结构及工艺配置外，还在很大程度上受到打手室内气流的影响。开松机械大多利用风扇产生的气流吸引或吹送纤维，打手的高速回转产生的气流也会影响纤维的运动状态。由于气流对纤维块和杂质的阻力不同，促使纤维块和杂质分离。杂质的相对密度大、体积小，受气流阻力小，容易从尘棒间落出，而纤维块体积大、密度小，易受尘棒阻滞和气流的托持作用而不易落出，即使落出，也还有可能随流回打手室的气流再返回打手室，这种现象称为回收。理想的气流分布应能最大程度地使杂质下落而可纺纤维不会落出。因此，必须了解气流的基本规律，并对其加以控制，以便充分发挥机械效能，有效提高开松除杂作用，减少可纺纤维的损失,达到节约原料、降低成本的目的。

①打手室的气流和规律。图3-11为由实验测得的典型开棉机械的打手室纵向气流分布,在给棉罗拉附近的2~3根尘棒处,打手回转带动气流流动,但因有喂入棉层,形成封闭状态,形成负压区,在此处开设后进风补风口,气流由外向打手室补入。在死箱(呈封闭状态,与外界没有气流交换,即没有气流流入或流出)处,由于打手的高速回转带动气流流动,气压逐渐增加,并达到最大值,使得该区气压为正值,气流主要是沿尘棒工作面向外流动,也有少量气流沿尘棒底面补入。在靠近活箱处,因为前方凝棉器吸风的影响,压力逐渐降低,有些地方会出现负压,特别在死箱与活箱交界处,气流压力非常不稳定。在活箱区,由于凝棉器吸风的作用,越靠近出口处,负压越大,在该区开设补风口,气流将不断补入。

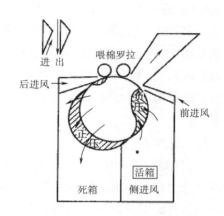

图3-11　豪猪式开棉机打手室纵向气流压力分布

②落物控制。在打手机械对原料的开松过程中,尘棒间既有气流流出又有气流流入,但在不同部位的流出量和流入量都是变化的,流出气流有助于除杂,而流入气流对纤维有托持、回收作用。根据打手室不同部位纤维杂质的分布和运动特点,合理控制流入和流出气流,可以达到比较理想的除杂效果。打手室气流对落物的影响因素主要有以下三个方面。

a.打手和凝棉器风扇速度。这两个机件的转速直接影响打手室的纵向气流分布。通常凝棉器风扇的吸风量应大于打手的剩余风量。风扇转速增大,吸风量大,使打手室回收区加长,尘棒间补风量增加,回收作用加强,落物减少,除杂作用减弱,特别是减弱了对细小杂疵的排除。打手转速增加,打手产生的气流量以及尘棒间流出的气流量都增加,落物增加。在棉块密度大、含杂多时,可适当提高打手转速。若打手转速不变,在原料正常输送的情况下,适当降低风扇转速,则落杂区加长,纤维在打手室内停留的时间延长,开松和除杂作用也会加强。

b.尘棒间的隔距。尘棒间隔距的大小,不但影响对原料的托持作用和对落物的排除,而且会使气流在尘棒间的流动阻力改变。根据除杂原则,尘棒间隔距从入口到出口应该是由大到小。在入口处,因气流补入作用强及迅速排杂的需要,可以按杂质的大小来调节隔距。因为在此处的纤维块较大且有气流补入,故隔距放大有利于大杂质的排除,而且气流易于补入,使以后尘棒间气流补入量减少而增加落杂。在进口补入区之下是主要落杂区,在此区尘棒间排出的气流较急,所以一些能落出的杂质多数由此区落出,而以后落下的杂质较少、较小,纤维块在此区已逐渐开松变小,因此,此处尘棒间隔距应收小,以减少纤维的损失。在出口回收区,纤维块更小,落下的杂质也更小,故此处尘棒间隔距可更小些;但也可以采用适当加大此处隔距的方法,使补入气流增多,以减弱主落杂区的气流补入,充分发挥主除杂区的除杂作用。如果将出口处尘棒反装,会使尘棒对纤维的托持作用加强,补入气流增加,纤维回收作用也增强。

c.各处进风方式和路线。根据流体的连续性原理,在保持流量不变的情况下,改变上、下进风量的比例或补风口位置,就会改变纵向气流分布,从而影响落棉。控制尘棒各区的补风量,可影响落棉,原则上应是落杂区少补,回收区多补。为此生产中通常将车肚用隔板分隔成两部分,在主要落杂区,其周围密封,很少有外界气流进入,做成"死箱",其中大多数尘棒间气流都由打手室流出,因而排出较多的杂质;靠近出棉部分,进风门开启,做成"活箱",其中有较强气流从尘棒间流入,能使落出的部分纤维和细小杂质又回入打手室,成为主要收回区,但仍有少量较大杂质落出。为了更好地排杂,可以再在箱内加装挡板、气流导板、开后进风门或前进风门加以调节。

2. 气流除杂

(1)尘笼的除杂作用。用于开清棉流程主机连接的凝棉器以及部分开清棉流程后端的清棉设备中都使用了尘笼,尘笼在进行气流凝棉的同时还兼有清除部分沙土和细小杂质的作用,其除杂方式利用了过滤原理。以清棉机为例,集棉尘笼是由冲孔的钢板或钢丝编结成网眼板卷成圆筒,圆筒两端开口并且与机架墙板相通,两侧机架墙板构成通道,与下风扇相连接,如图 3 – 12 所示。风扇回转时,尘笼表面形成一定的负压,吸引打手室中的气流向尘笼流动。纤维被吸附在尘笼表面形成纤维层,而沙土、细小杂质和短绒等则随气

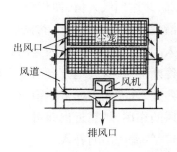

图 3 – 12　尘笼与风道的结构

流通过小孔或网眼进入尘笼,经风扇排入尘道。当滤网上凝聚纤维时,这些纤维层本身就是孔隙更小的过滤器,只有直径或尺寸比纤维层的孔隙小的尘杂和短绒,才可能透过孔隙而与可纺纤维分离。

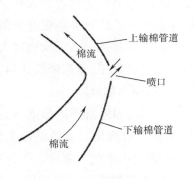

图 3 – 13　气流喷口除杂

(2)气流喷口的除杂作用。气流除杂机的作用原理是棉块经过一定形式打手的开松除杂后,在其向外输送的输棉管道中,设置一段气流喷嘴管道,其截面逐渐减小,使棉流逐渐加速,当流速加大到一定数值后,管道突然折转120°,使气流发生急转弯,管道在转弯处开有喷口,如图 3 – 13 所示。由于杂质密度大、惯性大,在高速气流中不易改变方向而从喷口中喷出,棉纤维因密度小、惯性小,而随高速气流继续向前输送,这样就完成了除杂作用。气流除杂机的加工特点是纤维散失较少,能除去较大杂质,如棉籽、籽棉、不孕籽等。气流除杂必须在棉块具有一定开松度的基础上才能较好地发挥作用,为减少杂质的破碎,多使用自由打击的打手处理。气流除杂机的落棉率一般为 0.2% ~ 0.4%,落棉含杂率为 70% ~ 80%。

三、清梳联流程主要开清设备及工艺分析

(一)抓棉机械

抓棉机是开清棉联合机的第一台单机,其主要作用是实现喂棉工作自动化并使原棉得以初

步开松、混合。国内外抓棉机械型号众多,按其结构特点分为抓棉小车环行式(简称圆盘式)和抓棉小车往复直行式(简称往复式)两类。清梳联流程一般采用往复式抓棉机。

1. 抓棉机的组成和工艺过程　往复式抓棉机主要由抓棉器、行走小车和转塔等组成,适于各种原棉和76mm以下的化学纤维,如图3-14所示。

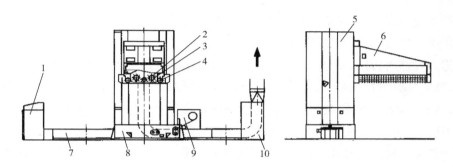

图3-14　新型往复抓棉机结构简图

1—操作台　2—抓棉打手　3—肋条　4—压棉罗拉　5—转塔　6—抓棉头
7—输棉风道及地轨　8—行走小车　9—覆盖带卷绕装置　10—出棉口

抓棉器内装有抓棉打手2和压棉罗拉4。抓棉打手直径为300mm,打手刀片为锯齿形,刀尖排列均匀。压棉罗拉共有三根,两打手外侧的两根直径均为130mm,在两打手之间的一根直径为116mm。三根罗拉的表面速度与行走小车8的速度同步,以保证棉包两侧不散花而且压棉均匀。在外侧面的一根压棉罗拉轴头处设有安全保护装置,抓棉器设有限位保险装置,使其升降到极限位置时自动停止。在其升降传动机构中还设有超负荷离合器,当抓棉器升降阻力超过一定限度时,便发出自动停车警报。行走小车8通过支撑的四个行走轮在地轨上作往复运动。由于抓棉头6和转塔5与小车联在一起,所以同样作往复运动。转塔由塔顶、塔底等组成。转塔底座与小车底座上的四点接触回转支撑相连接,并附有拔销机构。一般情况下,棉包堆放在轨道的两侧,当一侧抓棉时,另一侧可堆放新包。若抓棉器由地轨一侧转向另一侧抓棉时,需先将拔销机构的定位销拨起,人工将转塔旋转180°后,再将定位销插入另一销孔内定位,这样就完成了抓棉器的转向。两个抓棉打手,无论抓棉小车向前或向后运动,总有一个抓棉打手是顺向抓棉,而另一个抓棉打手则是逆向抓棉。由电动机驱动的打手悬挂装置将逆向抓棉打手抬高,抬高的高度可根据需要调节,防止该打手刺入棉层过深,使两个打手的工作负荷基本相当,减少皮带、轴承等机件的磨损。上下浮动的双锯片打手抓取棉束大小均匀,离散度小,达到细抓、小抓、匀抓的要求。抓棉打手与抓棉小车的运行方向如图3-15所示。

2. 抓棉机工艺作用分析

(1)撕扯、开松作用。籽棉经轧花加工成包

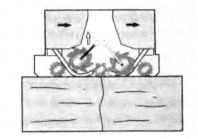

图3-15　抓棉打手与抓棉小车的运行方向

后,纤维紧密压缩成块。抓棉就是抓取和分离棉块。高速回转的抓棉打手抓取棉块时,受到肋条的阻滞,其工艺作用就是撕扯。抓棉机不仅要满足流程产量的要求,而且还要对原棉进行缓和、充分开松,并把不同成分的纤维按配棉比例进行混合。为达到这些目的,要求抓棉机抓取的棉束尽可能小,即实现精细抓棉。开清棉阶段,浮在棉束表面的杂质比包裹在棉束内的杂质容易清除;棉束小,纤维混合精确、充分;棉束小,其密度差异小,可避免在气流输送过程中因棉束重量悬殊产生分类现象;小棉束能形成细微均匀的棉层,有利于后续机械效率的发挥,提高棉卷均匀度。影响开松效果的工艺参数如下。

①锯齿刀片伸出肋条的距离。该距离小,锯齿刀片插入棉层浅,抓取棉块的平均重量轻,开松效果好;反之,锯齿刀片插入棉层较深,抓取的棉块较大,开松作用降低,刀片易损坏。为提高开松作用,体现"少抓"原则,锯齿刀片伸出肋条的距离不宜过大,一般在 1~6mm,根据原料情况偏小掌握。

②抓棉打手的转速。转速高时,刀片对棉块作用剧烈,刀片抓取的棉块小,棉块平均重量轻,开松作用好。但打手速度过高,抓取小车振动过大,易损伤纤维和刀片。打手速度高对打手的动平衡要求高。

③抓棉小车间歇下降的距离。该距离大时,有利于提高抓棉机产量,但对开松效果有影响,同时还会增加动力消耗。一般在 2~4mm/次,偏小掌握。

④抓棉小车的运行速度。运行速度高,抓棉机产量高、单位时间抓取的原料成分多,有利于提高混合作用,但开松效果差。

精细抓棉是当前开清棉技术的发展方向之一,它使缩短开清棉流程成为可能。在工艺流程一定时,精细抓棉可提高开清棉全流程的开松效果,并有利于混合、除杂和均匀成卷。

(2)混合作用。抓棉小车运行一个单程,按比例顺序抓取不同成分的原棉,实现原料的初步混合。影响抓棉机混合效果的工艺因素如下。

①抓棉小车的运转效率。

$$运转效率 = \frac{测定时间内小车运行的时间}{测定时间内成卷机运行的时间} \times 100\%$$

在满足前方机台产量供应的前提下,抓棉小车的运转效率高,单位时间抓取的原棉成分多、混合效果好。抓棉小车的运转效率一般不低于80%,提高运转效率必须掌握"勤抓少抓"的原则。"勤抓"就是单位时间内抓取的配棉成分多,"少抓"就是抓棉打手每一回转的抓棉量要少。

②排包和上包工作。不同型式的抓棉机,每台可堆放原棉的包数不同,实际生产时,应根据配棉成分编制排包图。编制排包图时,相同成分的棉包排列要做到周向分散、径向叉开(横向分散、纵向叉开),以保证抓棉小车每一瞬间能抓取不同成分的原棉。上包时要削高嵌缝、低包松高、平面看齐、一唛到底。使用回花、再用棉时,要用棉包夹紧,最好要打包后使用。

3. 新型往复自动抓棉机的特点 新型往复自动抓棉机具有高产量、多品种、自动化的效能。其堆放棉包数量比原来的往复抓棉机多,可以进行多包混棉;抓棉打手速度提高,在提高产量的同时加强了对原料的开松作用;配备了计算机控制系统,有效控制抓棉机的升降、往复、抓取原棉等动作。

　　新型往复自动抓棉机的全部动作均由操作台控制,操作台设有数字显示及多个功能键,可指令控制计算机系统,系统中存储了近百个调整信息,可随时调用查询,从而可以及时掌握运转过程中的抓棉深度、包组的起始位置、瞬时高度、抓棉机构的瞬时位置等,并可指令调整。在计算机控制下还可同时调整供应四个品种以内的生产。为了减少操作者的工作量,计算机系统能对保持不变批量数据进行存储,可以再次调用,其功能和精确程度是人工难以做到的。该计算机系统控制功能如下。

　　(1)棉包可以在轨道两侧配备,抓棉塔相应转向180°运转生产,即一侧正常抓棉时,另一侧放置备用棉包,避免等待,保持抓棉的连续性,提高效率。每一侧为一区,一区内可分别放置四组或四组以内不同组分的棉包,组分间棉包高度可以交错不一。抓棉机可同品种分别混抓,也可按品种分抓。

　　(2)在一个工作区配置了高度为1600mm、1200mm、800mm的三个包组。人工操作只需输入对最高包组计划抓取的高度即可。如输入为4mm,则其余两组由计算机系统自动计算出相应的抓取深度为3mm和2mm,在运行中执行。最终可使三组不同高度的包组同时抓取完,利于多包取用、成分一致。

　　(3)配置新包时,棉包上层较松,抓取上层时产量较低,此时输入一个补充增加倍数(一般为2~5倍),即可增加抓棉深度,但在抓取运行中每次行程后依序自动减少抓棉深度的10%,这样10次行程后即恢复原抓棉深度。对每个加工线、每一个工作区可分别设置增加倍数,控制准确无误。

　　(4)可以根据原棉成分的松紧状态、回潮情况、产量等因素调整抓棉深度。调整时不需做机械调整操作,只需通过计算机系统输入即可完成,非常简便。

　　(5)包组配置后,无论包组数多少,计算机系统经空程扫描,即可对各组起始、终止点位置存储记忆,运行中可分组存储各包组的起始、终止点,控制抓棉机构起始、终止抓程。

　　(6)在一个工作区内可配供四个以内的品种,在机组联动控制的信号指令下,通过抓棉机计算机系统控制及时抓取对应包组,准确无误。

　　(二)混棉机械

　　混棉机械的主要任务是混合作用,根据机型不同伴有扯松、开松、除杂、均匀给棉等作用。多仓混棉实质是应用大容量多仓并合混合,改变了传统的棉箱翻滚混合的弊端,是弥补前道混合不匀的主要方式。为了保证成纱质量,现代开清棉流程中必须使用多仓混棉机。

　　多仓混棉实质是应用大容量多仓并合混合,改变了传统的棉箱翻滚混合的弊端,是弥补前道混棉不匀的主要工序。

　　抓棉机顺序抓取的多包原棉,顺序输入多仓混棉机,用以储存棉量和混棉,因此,多仓混棉机的主要作用如下。

　　(1)调节作用。混棉机由多个棉仓组成,如6仓、8仓、10仓,棉仓容量大,储存棉量多,提供了为后部机台连续供棉的条件。尤其当前方机台坏车、换包等短暂停车,仓内储棉起调节作用,解决了后方机台停车待棉现象。抓棉机虽是间歇供棉的,但由于多仓混棉机可储存棉量,可保持连续供棉,减少波动,稳定生产。

（2）混合作用。多仓混棉机在棉流顺序喂入各仓时，舱内不发生混合作用，而在各仓输出棉流顺序迭加于输棉帘上或混棉通道时，形成6～10层的并合，才起混合作用。所以多仓混棉机的作用实质是并合，仓数越多，并合越多。

（3）开松作用。开松作用产生在各仓的输出端，由斜钉帘抓取或开棉辊开松成小棉束，输出时有轻微的开松作用。

1. 时差混合式多仓混棉机 该类多仓混棉机有6仓、8仓、10仓之分，如图3-16所示，经初步开松的原棉由输棉风机2喂入配棉道，并由活门4的开闭逐个进入储棉仓1。各棉仓前后隔板的上半部分均为网孔板5，当棉流入仓时，空气透过网孔板经回风道3进入混棉通道9。随着棉仓内原棉高度增加，网眼被逐步遮住，有效透气面积减小，仓内气压随之逐步升高，当气压升至一定值时，微压差开关发出换仓信号，通过换仓信号换仓，原料进入下一仓。如此顺序喂料直到最后一仓。在第2仓观察窗口装有光电管6，若最后一仓充满时而第2仓纤维存量低于光电管位置，则喂料转入第一仓，本机工作进入下一循环；若光电管仍被纤维遮住，则总活门关闭等待光电管发出信号。本机各仓底部均有一对给棉罗拉8和一只打手7，纤维经打手开松后落入混棉通道9内被下一台机器的凝棉器吸走。

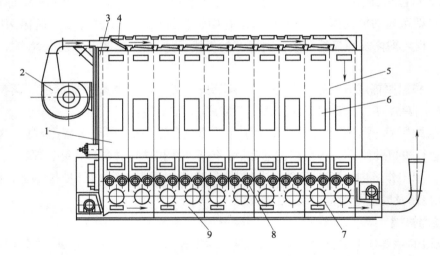

图3-16 时差混合式多仓混棉机

时差混合式多仓混棉机的工作特点是逐仓顺序喂入、阶梯储棉、同步输出、多仓混棉。采用气流输送原棉，纤维在棉仓内受气流压缩，纤维密度均匀、容量大、延时时间长、产量高。其原理如图3-17所示，A、B、C、D、E、F、G、H为按顺序逐仓喂入的不同成分的原棉。在成分数与仓数相等的理想情况下，同时输出A8、B7、C6、D5、E4、F3、G2、H1，实现"时差混合"。实际生产过程中，对棉仓高度差、光电管的高低位置还要作适当调整。时差混合式多仓混棉机的容量可以达到440～600kg，大约是自动混棉机的15倍，混合片段较长，是高效能的混棉机械。不同仓位数的多仓混棉机具有不同的容量，采用正压气流配棉，可使气流在仓内形成正压，仓内储棉密度提高，有利于储棉量的增加。

采用时差混合原理的多仓混棉机有多种型号,大体原理差不多,主要差异在原料的输出部分,经多仓混合后的原料可以棉流输出,也可多层棉层纵向叠合后输出。

2. 程差混合式多仓混棉机 如图3-18所示,上道机台输出的原棉由该机顶部的输棉风机吸入,经输棉管道1并在可调导向叶片作用下,同时均匀喂入六只棉仓2并产生瞬时混合,棉仓四壁由网眼孔板组成,气流由此排出。在一定气压作用下,密度均匀的各仓原棉由弯板转过90°导出,顺次叠加在水平导带7上,由水平导带输出的六层棉层受角钉帘5逐层抓取,分离成小棉束输出,过多的原料被均棉罗拉4回击落入小混棉箱3内,产生细致混合,而被角钉帘抓取的棉束经剥棉罗拉6剥取喂入下道工序。其主要工作特点是同时输入、多层并合、先后输出、多层混合。该机可根据工艺需要和原棉含杂情况加装带有除杂作用的开松机构,如加装鼻形打手的开松辊和除尘刀。

输入层顺序 ↓

H8							
G8	H7						
F8	G7	H6					
E8	F7	G6	H5				
D8	E7	F6	G5	H4			
C8	D7	E6	F5	G4	H3		
B8	C7	D6	E5	F4	G3	H2	
A8	B7	C6	D5	E4	F3	G2	H1
	A7	B6	C5	D4	E3	F2	G1
		A6	B5	C4	D3	E2	F1
阶			A5	B4	C3	D2	E1
梯			A4	B3	C2	D1	
存				A3	B2	C1	
棉					A2	B1	
						A1	

图3-17 时差混合的混合原理

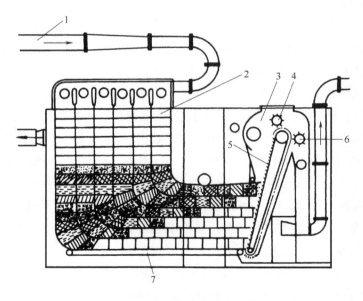

图3-18 程差混合式多仓混棉机

程差混合式多仓混棉机采用的混合原理是喂入机内的原料同时均匀分配给各个棉仓,每个棉仓在机内的长度不同,原料从进入到输出走过的路程不同,实现了不同原料之间的层状混合。同时,该机在水平输棉帘、角钉帘及小棉箱三处产生三重混合作用,混合效果较为细致。

3.提高开清棉系统混合效能的措施 混棉机械是保证开清棉系统混棉效能的主要设备,应充分发挥多仓混棉机的作用。

(1)加大仓位数,提高混合效果。采用不同仓位的混合方式,对生条混合不匀率有直接影响。仓位多,纤维密度大,容量多,混合效果好。

(2)多仓串联、增加混合次数,提高混合效果。为了提高混棉效果,也可采取2台多仓串联排列,如4×4或4×6组合,以增加混合次数,使混合更加均匀。两台4仓串联混合效果显然要比一台8仓好,但占地面积大,同时由于第二混棉机为4仓,储棉量最高为200kg,生产的稳定性不如1台8仓好,管理也比较麻烦。

(3)提高抓棉工序的混合质量,为多仓混棉机的作用打好基础。抓棉机采用宽幅抓臂、双抓辊,增加抓棉包数,提高瞬时混合效果;改进排包方式,采用"小单元混棉、按配棉成分组合排包"的方法,明显改善原料的混合效果;抓棉机的工艺设定遵循"勤抓""少抓"原则。

(三)开棉机械

开棉机械的主要任务是对原棉开松、除杂。开松是利用各种形式的打手对原料实施不同程度的打击,促使棉块松解成小棉束,使纤维杂质相互分离。开松的同时,应避免打击过度造成纤维损伤和杂质碎裂。除杂的同时,也会形成部分可纺纤维下落,要根据加工原料的品种、含杂、纤维状态、成纱质量要求合理配置工艺。在现代开清棉流程中,开棉机械也称为预清棉机,主要为后道清棉机的细致作用提供良好的基础。

1.轴流开棉机 轴流开棉机属无握持喂入自由打击式开棉机。主要特点是原棉经气流喂入打手室,反复经过角钉的自由打击,从而扯松,因此,作用柔和,对减少纤维损伤和短绒极为有利。轴流开棉机习惯上按打手数量分为单轴流开棉机、双轴流开棉机。

(1)单轴流(切向喂入)开棉机。

①组成机构和工艺过程。单轴流开棉机由机架、进棉口、开松打手、螺旋导板、尘棒、微尘分离网、排杂隔离罗拉、出棉口、排尘口等组成,机构如图3-19所示。往复抓棉机送来的棉块在气流作用下,沿开松打手切线方向通过进棉口进入打手室,由于气流和螺旋导板的控制,沿开松打手轴向作螺旋线前进,经充分开松后,显露在纤维表面的籽棉等大杂,沿打手切线方向,通过尘棒作用被剥离落下,部分微尘和短绒通过微尘分离网在负压的作用下被排出。开松除杂后的棉流,靠下一台设备风机的抽吸通过出棉门管道输送到下一机台。机器下方的排杂隔离罗拉能聚集尘杂,起稳定落杂室内气压的作用。

②开松打手。单轴流开松打手为一直径750mm的圆柱形滚筒,上按双螺旋曲线,用特殊紧固方法固装着角钉。角钉以圆弹簧钢弯制成形,直径6mm,高50mm,呈羊角形共16排,每排固装9对或10对"V"形羊角钉,间距40cm均匀分布。它的形状及固装方法使角钉富有弹性,因而开松除杂作用柔和、充分,避免了好纤维损伤和短纤维增加。

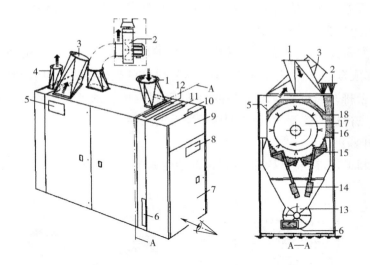

图 3-19 单轴流开棉机结构示意图

1—原棉入口 2—排尘出口 3—原棉出口 4—吸落棉出口 5—补风口 6—吸落棉补风口 7—电控箱
8—显示屏 9—电机室 10~12—通风口 13—排杂隔离罗拉(气锁罗拉) 14—隔距调节推拉杆
15—尘棒架 16—排尘网板 17—开松打手 18—螺旋导板

棉块在打手室内经受角钉弹打,螺旋导板的引导,输出气流的吸引,边走边打,在行进到打手室下部时因离心力作用,多次和三角尘棒碰撞接触,使杂质被清除,当棉块经过尘棒进入打手室上部时,也由于打手的离心力把棉块甩到螺旋导板后受阻下落,翻转,形成多次"开松中除杂,除杂中开松"的格局,使开松度和除杂效率逐步提高。打手的传动采用变频马达,工艺调整可在线进行,较为方便。

③尘棒结构和落棉控制。单打手轴流开棉机的尘棒有通用型和智能型两种方式。通用型单打手轴流开棉机由尘棒、托板、调节机构(手动)等组成。打手下方共有 4 组(前、后、左、右各一组)三角尘棒,每组 16 根共 64 根,通过调节尘棒的安装角度改变尘棒与打手及尘棒间的隔距,尘棒间逸出气流也随之变化,从而达到调节落棉和除杂的目的。智能型单打手轴流开棉机开松打手下有两组共 67 根尘棒,它既具有通用型的特点,同时可以分别在线自动调整尘棒安装角。根据设定的指令,通过两只电动推拉杆,经连杆机构调节尘棒安装角,从而改变尘棒与打手及尘棒间的隔距。由于智能型单打手轴流开棉机可以在线自动调节打手速度和尘棒隔距,当一台往复抓棉机生产两个品种,并且原料差异较大时,可以设定两种工艺,当抓棉机抓取原料 A 时,用 A 种工艺,当抓取原料 B 时,自动切换成 B 种工艺,做到不同原料,采用不同工艺处理。

④除尘系统和微尘短绒的排除。在开松打手的后上方配有不锈钢网眼板(即微尘分离网)及排尘管道。输入棉块时挟带的气流,一部分随棉流经多次开松后输出,另一部分随开松打手旋转所产生的气流,带着微尘、短绒通过网板管道进入滤尘室。打手室的空气流结合补风和进、出棉口压力的调整,可基本处于常压状态,有利于杂质顺利落下。该机还配有补风口及调节板,可根据机外滤尘系统风量大小来确定,用以调整机内风压。

⑤自动消除落棉。落棉输出系统由落棉小车、排杂隔离罗拉、落棉电动机及清除顺序控制程序组成,可采用间隙吸或连续吸来清除落棉。

间隙吸落棉方式,即在对单轴流开棉机的落棉进行处理时,将废棉输送通道上的气动活塞门打开,通道内形成真空,压力开关响应,该信号经电脑处理转换后驱动排杂隔离罗拉(也称气锁罗拉)电动机,使排杂隔离罗拉转动并推出落棉,送入废棉通道而吸走。每次吸落棉的时间由废棉输送系统进行程序控制,实现对开棉机落棉的周期性处理。

(2)双轴流开棉机。

①组成机构和工艺过程。双轴流开棉机的结构如图3-20所示。

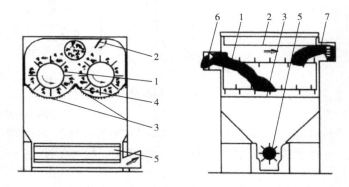

图3-20 双轴流开棉机结构示意图
1—开松打手 2—导向板 3—尘棒 4—分梳板 5—排杂隔离打手 6—进棉口 7—出棉口

双轴流开棉机由机架、进棉口、开松打手、棉流导向板、尘棒、分梳板、排杂隔离罗拉、出棉口等组成。棉流在气流的作用下,从一侧通过进棉口的控制进入打手室。在气流和棉流导向板控制下,沿开松打手轴向作螺旋线前进,开松打手与分梳板结合对棉块进行自由打击和撕扯,籽棉等大杂沿打手切线方向通过尘棒落下,开松除杂后的棉流在另一侧,靠下一台设备或凝棉器风机的抽吸,通过出棉口管道输送到下一台设备,机器下方的排杂隔离罗拉能聚拢尘杂,输送出去并起到稳定尘室内气压的作用。

②开松打手。双轴流开松打手为两个直径为605mm的圆形滚筒,每个滚筒安装有直径12mm,长104mm的针辊,共8排。打手作同向回转,第一打手速度为412r/min,第二打手速度为424r/min,棉块除了沿打手轴向行进时受到针辊的开松,还受到两个打手针辊的撕扯。在两个打手底部三角区有分梳板,既可理顺气流也使棉块受到分梳。棉块在打手室内受到针辊的弹打并在气流和导向板作用下,沿开松打手作螺旋线前进,约2圈。和单轴流开棉机相似,一边行走,一边弹打开松,多次和尘棒、分梳板接触,使开松、除杂作用逐渐深入。

③自动清除落棉。与单轴流基本相似,可以间隙吸,也可连续吸。

2. 单梳针辊筒开棉机 该机专为清梳联流程设计,对经过初步开松、混合、除杂的筵棉进行进一步开松、除杂。采用梳针辊筒来开松梳理,提高纤维的开松度,取消了传统的尘格装置,采用三把除尘刀、三块分梳板、两只调节板及三个吸风口控制开松、除杂,给棉罗拉采用双变频器控制进行无级调整,可在一定范围内根据清梳联喂棉箱的需要自动调整达到连续喂棉的目的(图3-21)。该机对原料的作用比较细致,适合于含杂率较低(0~2%)、较细的原棉及化纤。

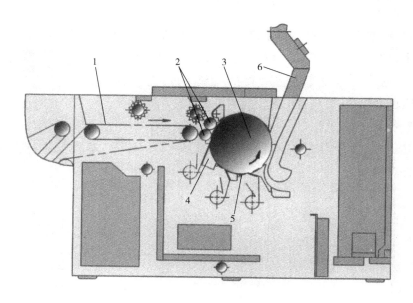

图3-21 单梳针辊筒开棉机简图

1—输棉帘 2—压棉罗拉 3—梳针辊筒打手 4—除尘刀、分梳板与吸风口组合 5—调节板 6—出棉口

3. 三辊筒开棉机 三辊筒开棉机一般可以和多仓混棉机连接在一起,原棉经抓棉机初步开松和多仓混合后,全幅水平方向喂入开棉机,经过输棉帘子进入一对包有锯齿条的喂棉罗拉,首先经第一打手握持开松,再经第二、第三辊筒依次自由开松,如图3-22所示。三辊筒开棉机兼有握持开松和自由开松两种开松作用。

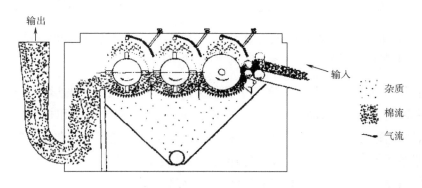

图3-22 三辊筒开棉机示意图

植有8排梳针的梳针辊筒和喂棉罗拉形成握持开松,与锯片辊筒相比,对纤维损伤有所减小。第二、第三辊筒各装呈螺旋线排列的四排打击刀片,各辊筒回转方向相同,辊筒间形成自由开松。

辊筒下都有可调节的尘棒,由于离心力使棉束和尘棒接触,棉束表面的杂质被分离并沿尘棒间间隙排入集尘室。

喂棉罗拉由变频电动机传动,以保持连续供棉。

(四)清棉机械

清棉机也称精细开棉,是开清棉工序中不可缺少的重要工序。清棉机实现进一步开松、除杂,既使棉花中含有的大、中杂基本清除,又使棉束进一步细化,一般在 1～1.5mg/个,供给梳棉机既清洁又松散的棉絮,为梳棉创造良好的梳理条件,它的除杂效率占开清棉总除杂效率的40%～80%,但也是棉结、短绒增长率较高的机台。

1. 单辊清棉机

(1)以打击开松、除杂为主的单辊清棉机。图 3－23～图 3－25 为几种打击开松型的单辊清棉机,主要特点如下。

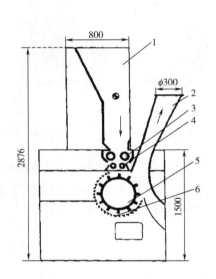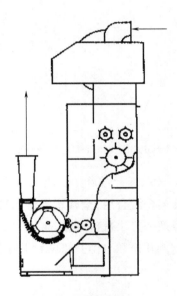

图 3－23　单辊清棉机(一)　　　　　　图 3－24　单辊清棉机(二)

1—储棉器　2—出棉口　3—木罗拉　4—给棉罗拉　5—打手　6—尘格

①打手直径大,速度低。图 3－23 打手直径为 600～610mm,打手的形式有豪猪、锯片及梳针板。图 3－24 为三翼打手,图 3－25 为六翼铝合金针板,不同的机型和打手形式对纤维的作用程度不同,实际使用中可以根据原料的含杂及成纱质量合理选择机型和相应的打手。根据原料及除杂要求的不同,打手速度也可以多档调节,以获得不同的开松度和除杂效果。

②除杂装置基本为三角尘棒组成的尘格,下方大多为落杂室,而图 3－25 为三个连续吸杂管。除杂作用主要是棉块经打手开松后,使包含在棉块中的杂质剥离出来,当经过尘格区时,由于离心力作用,杂质被三角尘棒剥离而甩出尘格,落入落杂室。

这些设备的落杂区都较大,打手下方二分之一到四分之三圆周均有尘棒。三角尘棒的隔距和安装角度可机外调节,以获得不同的除杂效果。此类清棉机的除杂效率在 20%～30%。

③采用排尘管道吸排尘杂。排尘管道一端与落杂室相连,另一端与滤尘管道连接,出杂口

的截面积可用可调活门调节,尘杂先落入落杂室再用管道抽吸,以连续吸的方式较好,如间隙吸。若补风不当,容易造成尘杂回流,影响除杂效率。

(2)以梳解开松、除杂为主的单辊清棉机。图3-26、图3-27为两种以梳解开松、除杂为主的单辊清棉机,主要特点如下。

①开松打手形式。打手形式一般采用粗、细锯齿型或者梳针辊筒型,实现以梳代打。由于锯齿齿密大,因此单位纤维量的打击点多,保证作用过的纤维有较好的开松度。一般梳针、粗锯齿辊筒用于头道(预)清棉机,细锯齿辊筒为二道(精)清棉机。此类机型打手直径较小,一般在400~406mm,但速度高,故开松除杂功能比打击开松型高。

②除杂装置。将一般采用的三角尘棒改用除尘刀、分梳板,提高了除杂效率。除杂装置采用除尘刀、吸风管及排杂调节板,连续吸风,被除尘刀剥离的杂质,立即被吸风管吸走,开松除杂效果较好。根据不同原料及生产要求,保养及工艺调整也比较方便。

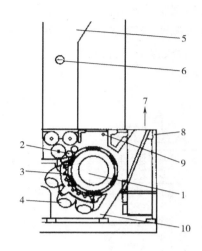

图3-25 单辊清棉机(三)

1—打手 2—喂棉罗拉 3—除尘刀 4—吸杂风管

5—集棉箱 6—光电控制 7—出棉口

8—下脚出口 9—安全开关 10—气流入口

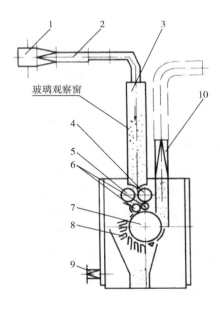

图3-26 单辊清棉机(四)

1—调节风管 2—气流匹配器 3—T形栅棉箱

4—尘笼 5—平辊筒 6—喂棉罗拉 7—开松打手

8—除尘刀 9—吸杂棉管 10—出棉口

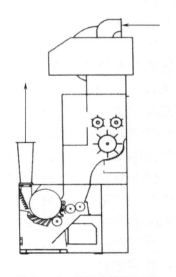

图3-27 单辊清棉机(五)

③给棉罗拉速度。在一定范围内,根据清梳联喂棉箱的需要自动调整,如采用变频器控制,进行无极调速,实现连续喂棉,调整方便。在机器的出棉口处增加一磁铁装置,有效排除棉束中的铁质杂物,保护下台设备。

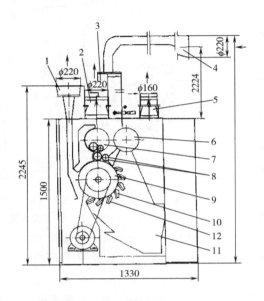

图3-28 精细清棉机的机构示意图

1—出棉口 2—排风除杂口 3—棉箱 4—进棉口

5—吸落棉出口 6—滚筒(预喂棉) 7—尘笼(预喂棉)

8—喂入辊 9—开松打手 10—除尘刀

11—落杂斗 12—分梳板

(3)精细清棉机。该类机型多结合国外先进技术,以梳解开松、除杂为主。精细清棉机的主要特点是在每根除尘刀靠打手一面反方向装有预分梳板,对纤维有一定梳理作用,并可将嵌在齿根的尘杂和短纤维转移到打手锯齿表面,便于下一除尘刀剥离和排除。除尘刀和预分梳板共有7~8组,因此,形成除杂——梳理——再除杂——再梳理的逐步开松、除杂、排短过程,提高了作用效果。预分梳板锯齿方向与打手锯齿的相对安装方式采用顺向设计时,对纤维损伤较小。根据加工原料和除杂要求,两者也可全部或部分逆向安装,以适度加强分梳功能,但短绒将有所增加。精细清棉机的机构示意如图3-28所示。

精细清棉机的开松打手有角钉、锯齿、梳针、齿盘等多种形式,根据原料和所纺品种选用;给棉罗拉采用二级喂棉,即预给棉罗拉和给棉罗拉,给棉顺畅,不拥堵,且喂入量稳定,喂入棉絮逐渐减薄,有利于实现柔和开松。精细清棉机除杂效率高,开松度好,在清梳联流程中采用一道即可满足工艺要求。

2. 多辊清棉机 在传统的开清棉流程中,采用多次开清,以达到渐进柔和开松的目的。传统开清棉流程,产量低,各机台都低速运行,所以多次开清作用对棉结短绒增长并不明显。而在清梳联流程中,流程越长棉结越多,因此,既要缩短流程,又要在高产量下提高纤维开松度和提高除杂效果,多辊筒组合打手能较好地满足这种需要。多辊筒组合打手一般由3~4个辊筒组成,第一辊筒为梳针辊筒或粗梳针辊筒,具有一个握持梳理点,其余辊筒为锯齿或细锯齿打手,起转移梳理作用,下部设有分梳板、除尘刀和吸风口,以排除尘杂及部分短绒。三个或四个辊筒表面速度依次递增,保证纤维在滚筒间良好地梳理和转移,使每个辊筒的纤维附面层越来越薄,杂质显露在附面层外层,由于离心力的作用,容易被除尘刀剥离,故除杂效率高。

根据打手的排列方式,三辊清棉机有以下几种形式。

(1)三个打手水平排列的三辊清棉机,如图3-29所示,主要特点如下。

①开松打手。三个打手依次为梳针辊筒、粗锯齿辊筒、细锯齿辊筒,打手直径250mm,适用于对各种原棉作精细开松。打手速度采用变频调整,相邻滚筒速比配置为1:1.7:1.7,实际使用中可根据原料性能和含杂进行调整,目前最低速比为1:1.4:1.4。

②顺向喂棉。该类设备可以直接和多仓混棉机联接,因第二、第三辊筒为自由打击,能够逐步有效地处理开松度较低的原棉,采用柔和抓取,有利于减少纤维损伤,减少短绒。

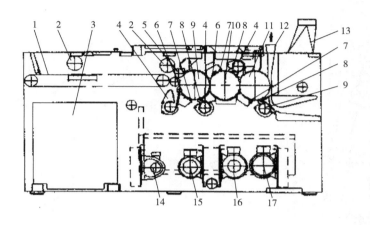

图 3－29　多辊清棉机(一)

1—输棉帘　2—压棉罗拉　3—电控箱　4—吸口　5—给棉罗拉　6—预分梳板

7—落棉调节板　8—除尘刀　9—第一辊筒　10—第二辊筒　11—第三辊筒

12—出棉口　13—排杂口　14—减速电动机　15、16、17—电动机

③除杂效率高。多个清棉点设计,每个清棉点都有预分梳板、除尘刀、连续吸口和落棉调节板,所以除杂效率高,分梳好,排微尘及短绒能力强。使用时可根据所纺原料及工艺除杂的要求不同,调整落棉调节板,以控制落棉量及落棉含杂率。该机在原棉含杂为1.8%左右时,单机实际除杂效率可达47%左右,同时还能去除一些带纤维籽屑,有利于减轻梳棉机工作压力。

(2)三个打手呈品字形排列的三辊清棉机,如图3－30所示,主要特点如下。

①开松打手。三个打手呈品字形排列,可以充分利用第二、第三辊筒的梳理面。第一辊筒为梳针辊筒,第二、第三辊筒为粗、细锯齿辊筒,齿密都低,速比为1:2.2:3～4,因此,到第三辊筒时,纤维层较薄。

②静电辅助除杂。辊筒下方没有分梳板,设有除尘刀和吸风口,同时在一、二辊筒和二、三辊筒三角区设有静电发生装置,由于静电的吸附作用,使纤维都浮在针尖,就很容易被下一辊筒的齿尖抓取而转移,同时使一部分埋在齿根内的杂质,也被静电吸到表面,较易被吸风口吸走。去除分梳板的设计可以降低纤维的损伤,控制棉结和短绒的增长。

③二级喂棉。预给棉罗拉为一组三个罗拉,使喂入筵棉厚度由第一对的30mm至第

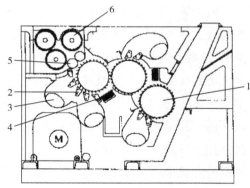

图 3－30　多辊清棉机(二)

1—开松辊筒　2—除尘刀　3—吸风口

4—静电辅助除杂装置　5—给棉罗拉　6—预给棉罗拉

二对时减薄为20mm,再进入给棉罗拉,可以顺畅无卡堵现象,并且实现薄喂轻打。

(3)辊筒倾斜排列的多辊清棉机,如图3-31所示。

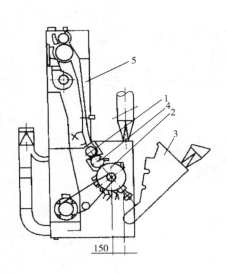 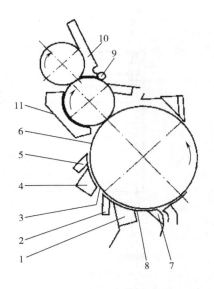

图3-31 多辊清棉机(三)　　　　　图3-32 分梳除杂机构简图

1—给棉罗拉 2—主除杂辊 3—分离吸罩　　1、4—分梳板 2、5、7—除尘刀 3、6、8—导棉板

4—转移辊 5—FA179棉箱　　　　　　9—导管 10—顺向给棉板 11—导板

该机有三个清棉辊筒依次为粗针、粗锯齿和细锯齿,能够有效地处理开松度较低的原棉。各个辊筒处均设有分梳板、除尘刀和连续吸口,并在除尘刀处设有调节板。可根据所纺原料和工艺除杂要求的不同,调节除杂开口的大小,以控制各自的落棉量和落棉含杂量。该机最主要的特点是具有较高的开松除杂性能,经过该机处理后,棉束平均重量减少67%,棉束重量离散减少75%,即使在原棉含杂1.8%左右,单机除杂效率也可达47%。该机尤其适合去除带纤维籽屑一类的杂质,使尘杂和短绒在开清棉时就得到有效的清除,减轻梳棉机的负担,为梳棉机实现高产创造条件。该机在开清棉流程中的使用可有效减少开清棉部分握持打击点的数量,防止纤维损伤,体现高效短流程的特点。

该机还装有金属探测装置及喂棉过厚保护措施,可防止损伤罗拉;给棉辊、转移辊及分梳辊均采用变频调速;机上装有安全防护装置;输棉通道处设有压力自动检测,一旦异常,机器自动停车;该机采用连续抽吸,尘杂自动吸入滤尘室;三辊筒盖罩采用开启式结构,检修维护非常方便;三辊筒上包有专用金属针布。

该机的分梳除杂机构主要由喂入部分、传送刺辊和主除杂刺辊三部分组成,如图3-32所示。

①喂入部分。主除杂机的棉层由给棉罗拉和给棉板喂入。包覆针布的给棉罗拉,可使蓬松的纤维顺利喂入,与沟槽式给棉罗拉相比,由直线握持变成多点弹性侧面握持,从而减少了纤维的损伤。该机可以保证喂入棉层形成均匀的棉片,分梳效果好。

②传送刺辊。传送刺辊也称转移罗拉,直径较小,转速较低。按设计除杂刺辊的直径是传送刺辊的 2.21 倍,转速是 1.45 倍,传送刺辊的针布经特殊设计,纵密小,横密大。较大的横向齿密有利于喂入棉层的分解,为主除杂刺辊的分梳除杂创造较好的条件,较好地体现薄喂轻梳、分解棉簇的特点,有效地把进一步开松的纤维均匀全面地传送给主除杂刺辊。

③主除杂刺辊。主除杂刺辊负担着主要分梳除杂功能,其上包卷着特殊设计的针布,齿密为传送刺辊的 1.875 倍。锯齿工作角比传送刺辊小,它与传送刺辊的线速度比为 3.2,以达到少伤纤维,少产生棉结的目的。由于除杂刺辊直径大,与其对应可设置三把除尘刀、两块分梳板,起到交替除杂和分梳作用,大大有利于棉簇的分解和尘杂的清除。除杂刺辊起自由分梳作用,作用较缓和,对纤维的损伤较小。经过主除杂刺辊的纤维被气流剥取而输送至下一机台。

(五)其他开清棉设备

1. 气流除杂 气流除杂在开清棉流程中能在不损伤纤维的前提下提高除杂效率,其机构简单、维修方便,符合开清棉"早落、少碎、有利除大杂"的要求。对含杂高,尤其棉籽及不孕籽含量高、纤维单强低的原棉较为适宜。

气流除杂的主要机理是:棉流由于输棉风机风力的作用,在输棉管道小加速喷射前进,在喷射过程中,受到两个力的作用,一是向下的自身重力,另一是沿气流方向前进的推力。杂质因重量较重,逐步从棉流中分离出来,沉向管道的底层,到喷口时,气流突然经 60°~90° 折弯而改变方向,纤维束在除尘刀或尘棒撞击后,因重量轻,易被后方风力吸走,而杂质因自重的惯性和离心力作用且处于管道底层与除尘刀撞击后,在喷口处被排除。

原棉含杂越高,气流除杂机的除杂效率越高,特别是原棉含大杂越多,气流除杂机的优势越能发挥,尤其对棉籽及不孕籽的清除更为明显。由于大部分较大的杂质由气流除杂机排除,避免和减少籽棉、棉籽及后部打手打击而造成杂质破碎的机会,从而使成纱质量有明显提高。

(1)多功能分离器。在开清棉流程中,多功能分离器紧接在全自动抓棉机后,可以将全自动抓棉机的吸风系统、重杂分离作用、火花探灭系统、金属探除系统、含尘分离系统等五项功能整合在一起。该设备不仅对生产和后道设备的运行起到保护作用,而且风机的排风量可以根据管道的长度进行调节,以保持良好的工作状态。结构如图 3-33 所示。

该机有两个除杂点,并和重杂分离及金属探除系统结合。多功能分离器也是利用气流在输棉过程中突然经 90° 转弯向上时,杂质由于利用自身较重的惯性和离心力而从纤维流中剥离,并在除杂口中排出,起到除杂作用。

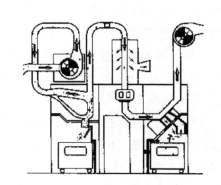

图 3-33 多功能分离器结构示意图

(2)重物分离除杂机。如图 3-34 所示,重物分离除杂机把气流除杂和金属探测系统结合在一起,安装在自动抓棉机后,以便有效地排除大杂,实现"大杂早落少碎"和清除金属异物,保护后工序安全生产。

该机由一组可调节尘棒组成的圆弧状输棉通道,上部装有输棉风机及桥式磁铁装置。当棉

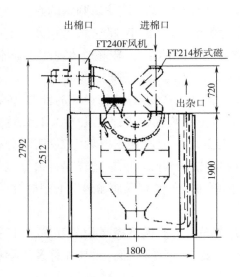

图 3 - 34　重物分离除杂机示意图

除微尘机是将充分开松的纤维流,在输棉风机吸引下,进入扁形的棉箱,以极高的速度水平进入棉箱与网板产生碰撞,使纤维束中的微尘、短绒和细小杂质与之分离,微尘、短绒和细小杂质穿过网板孔后,由排尘风机吸取送至滤尘设备,脱尘后的纤维则由出棉风机吸取送至前方机台。由于纤维束在与网板产生碰撞后,在系统气流的作用下,以自由状态沿网板作滑动运动,使得纤维束与网板孔接触相应增加,有效地提高了除尘效果,而纤维在气流推动的滑移过程中不受损伤。

除微尘机除微尘、短绒的效果好坏,还取决于出棉风机、出棉风机风量、风压的匹配。

流首先通过桥式磁铁,以探除金属杂质,然后进入弧形通道,气流作为纤维束的载体接触到尘棒时,由于分离作用,使杂质从纤维束中松开,并从尘棒间隙中排出,分离后的纤维经吸风管道输送到下一工序。机台下部配连续吸尘装置,杂质直接通过吸尘管道排除。

2. 气流除微尘　除微尘机的主要作用是排除原棉中所含的部分细小杂质、微尘和短绒,该机作为开清棉流程上的最后一个除杂点,可大大降低纤维中的含杂。

除微尘机是新型高效除微尘机械,它通过进棉扁形管道与精开棉机相联,由棉箱上半部的滤尘网板、尘杂出口、出棉风机和输棉管道等组成(图3 - 35)。

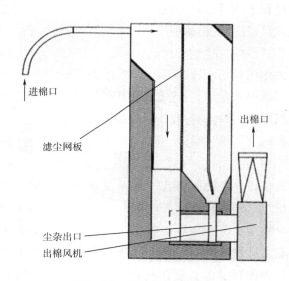

图 3 - 35　JWF1051 除微尘机

3. 异性纤维杂质检测清除装置　异性纤维是指与加工纤维不同类型、色泽、外形的异性物质,一般包括色纤维、丙纶丝、有色尼龙、塑料碎布、麻袋片、彩色布及毛发等,俗称“三丝”。

异性纤维检测清除装置是一种在线检测及自动去除原料中异性纤维的装置,所有与原棉性质不同或色泽不同的纤维、杂物都会被扫描(CCD)摄像机检测出后被特殊的气动系统排除。

异性纤维的检测装置是一个光、机、电一体化的系统,其检测原理如图3 - 36所示。开松后的原料经过一水平的矩形输送管道进入检测区,矩形管两面安装有高速、高分辨率的扫描摄像机,经过扫描摄像机检测通过的原棉,并将采集到的信号送到计算机中,利用图像处理技术和图像识别技术进行分析,检测出异性纤维并将其定位,然后经过一个计算设置好的延时系统,由控制装置上的一排高压喷嘴中相应位置的喷嘴系统将异性纤维吹落到收集箱中。

异性纤维在线检测清除装置,从基本原理上分为以下三种:一种为采用光学检测,即用 CCD 高速摄像机,对棉纤维进行扫描,扫描信号送计算机系统处理,如发现异常,发出指令,执行驱动机构清除;第二种为光电摄像,即采用光电二极管方阵光学扫描,经过特定的软件处理,确定为异纤、异类杂质后,发出指令通过排除机构排除;第三种采用传感器

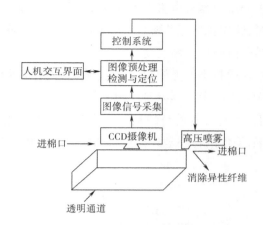

图 3 - 36　异性纤维检测清除装置控制系统框图

检测,当光源照射在原料上,因不同性质的原料(即异性)或受污染的原料(异色),反射亮度不同,传感器就会判断哪些是异性(色)纤维,而发出指令停车排除。这种形式有一定局限性,多用在棉条或纱线通道上检测,而普通用在开清棉流程的是前面两种形式,检测效果比较理想。

开清棉流程中的异纤检测设备可以安装在流程中的不同部位,检测效果有一定差异。

(1)安装在抓棉设备后。此方法产量高,可达 1000kg,因此,可节约投资,提高生产率。

异纤检出机安装在抓棉机出口部位,一般认为原棉已经初步开松,异纤杂物尚未被开清棉机打碎、扩散,因此清除较好。但实际上,由于初步开松的棉块还较大,杂物裹在棉块中,很难被摄像机检测出来,即便检测到棉块表面的异纤、杂物,经喷嘴吹出的棉块也较大,而异纤及杂物却很少,所以检出效果不很理想。

(2)安装在开棉机后,混棉机前或混棉机后。棉花经过开棉机经适度开松,异纤杂物比较容易暴露出来,能被有效地检测和排除,同时异纤又不至于被开松成太小的碎片和扩散,增加检测难度,所以安装在开棉机后,混棉机前后较好。此种方式,检出率可达 80%,一般已能满足质量要求。

(3)安装在清棉机后。即开清棉生产线最后的位置,此时纤维已经得到充分的开松,异纤基本上暴露在棉束表面,因此,特别有利于检测和清除,所以检出率较高,异纤清除效果相对比较理想。

四、成卷流程及设备简介

(一)圆盘式自动抓棉机

如图 3 - 37 所示,圆盘式自动抓棉机由抓棉小车 4、伸缩管 5、输棉管 6、内墙板 8、外墙板 3、地轨 1 等组成。抓棉小车包括抓棉打手 2、肋条 9 等机件,由支架联接并沿地轨作顺时针方向运行,它的运行与否受下一机台光电管的控制,抓棉小车每运行一周下降 3 ~ 6mm,下降的距离由单轮式行程开关控制。抓棉小车的升降由减速电动机通过链轮 7、链条、四只螺母、四根丝杆传动。抓棉小车运行时,肋条 9 压紧在棉包上,抓棉打手齿尖伸出肋条逐包抓取棉块,由下一台机

械上的凝棉器或风机产生的气流经输棉管道送至该机台。当抓棉机运转过程中遇打手绕花堵车时,装在机架上的速度继电器(离心开关)发出信号,打手和小车电动机立刻停转,待操作人员排除故障后重新启动。

抓棉打手是抓棉机上的关键开松抓取部件,由打手轴、隔盘、端盘、锯齿刀片等组成,如图 3 – 38 所示。锯齿刀片的齿数由内向外分为三组,第一组为 9 齿,第二组为 12 齿,第三组为 15 齿,这样配置的目的是为了减少打手抓棉时里外圈的开松差异,力求抓棉均衡。为提高混合效果,采用两台圆盘式抓棉机并联配置于开清棉流程中,使参与混合的棉包数增至 50 包左右。

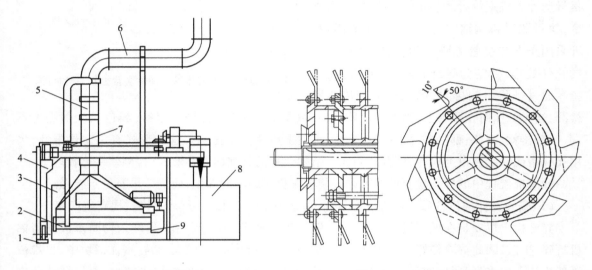

图 3 – 37 圆盘式自动抓棉机　　　　图 3 – 38 抓棉打手示意图

(二)自动混棉机

1. 机构和作用过程　　如图 3 – 39 所示,该机由摆斗 6、光电管 7、混棉比斜板 8、输棉帘 9、压棉帘 5、角钉帘 3、均棉罗拉 4、第一打手 2、第二打手 1、尘格 11、漏底 10、吸落棉装置等组成。依靠凝棉器的吸风,原料落入漏斗的两个金属翼片之间,由于翼片作左右摆动,棉块横向铺放在输棉帘上,成为多层混合棉堆。棉堆经输棉帘和压棉帘的夹持输送被角钉帘垂直抓取,由于角钉帘和压棉帘的速度差,棉块受到角钉的扯松。角钉帘带动棉块通过均棉罗拉时,棉块受到扯松和打击,并将多余棉块回击到压棉帘上,放回棉箱混合。角钉帘上的棉块经第一、第二打手和尘格的共同作用,形成一定的开松、除杂作用,落棉从尘格和漏底处

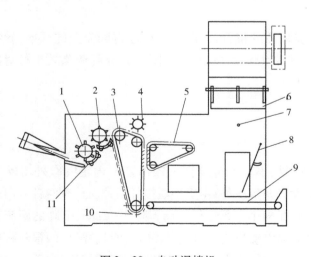

图 3 – 39 自动混棉机

落入尘箱,而纤维被下一机台的凝棉器吸走。

2. 自动混棉机工艺作用 自动混棉机主要利用"横铺直取、多层混合"的原理达到均匀混合的目的。这种方法,不仅可使角钉帘在同一时间内抓取的棉块能包含配棉成分中的各种原料组分,而且可使自动抓棉机喂入的各种成分原料之间在较长片段上得到并合和混合作用。

（1）混合作用。自动混棉机的混合作用主要是通过"横铺直取、多层混合"来实现的,混合效果主要取决于铺层数,摆斗的摆动速度和输棉帘的输送速度是影响混合作用的主要因素。提高摆斗的摆动速度及减小输棉帘速度,可以增加原料在输棉帘上的铺层数,有利于提高混合作用。为了使棉箱内的多层棉堆外形不被破坏,便于角钉帘抓取较多的配棉成分,在棉箱内后侧装有混棉比斜板。当输棉帘速度加快时,混棉比斜板的倾斜角度也增大。倾斜角一般在22.5°~40.0°范围内调整,倾斜角过大,则影响棉箱内的存棉量。保持棉箱内较小的存棉量,有利于均匀出棉。

（2）开松作用。自动混棉机的开松作用,主要是利用角钉等机件对棉块进行撕扯与自由打击来实现的,对纤维损伤小,杂质不易破碎,但只能对原料进行初步开松。开松作用主要表现在角钉帘对压棉帘与输棉帘夹持的棉层的加速抓取作用、角钉帘与压棉帘之间的撕扯作用、均棉罗拉与角钉帘之间的撕扯作用以及剥棉打手对角钉帘上棉块的剥取打击开松作用。这些作用可以是一个角钉机件的扯松作用,也可以是两个角钉机件之间的撕扯作用。影响开松作用的主要工艺参数如下。

①两角钉之间的隔距。主要是均棉罗拉与角钉帘间的隔距和压棉帘与角钉帘间的隔距。它们间的隔距小,开松作用好。减小隔距还可以使出棉稳定,有利于均匀给棉。在保证前方供应的情况下取隔距较小为宜。但小隔距后,通过的棉量少,机台产量低,所以在减小隔距的同时需增加角钉帘的速度。角钉帘与压棉帘的隔距一般为40~80mm,角钉帘与均棉罗拉的隔距一般为20~60mm。

②角钉帘和均棉罗拉的速度。提高角钉帘的速度,产量增加。但单位长度上受均棉罗拉的打击次数减少,开松作用有所减弱。一般通过变换角钉帘的运行速度来调节自动混棉机的产量。均棉罗拉加速后,棉块受打击的机会增多,同时,打击力增加,开松效率提高。角钉帘与均棉罗拉间的速比,称均棉比,为了兼顾机台的产量及对原料的开松作用,应使均棉比保持适当的关系。

③角钉倾斜角与角钉密度。减小角钉帘上角钉的倾角,角钉对棉块的抓取力增大,有利于角钉帘的抓取作用,棉块也不易被均棉罗拉击落。但角度过小,影响抓取量。角钉密度是指单位面积上的角钉数,常用角钉的纵向齿距与横向齿距的乘积表示。植钉密度过小,开松次数减少,棉块易嵌入钉隙之间;植钉密度过大,棉块易浮于钉尖表面而被均棉罗拉打落,影响开松与产量。

（3）除杂作用。自动混棉机的角钉帘及剥棉打手的下方均设有尘格,成为自动混棉机的主要除杂区域。根据结构特点,可以分析影响自动混棉机除杂作用的因素有以下几点。

①尘棒间的隔距。自动混棉机在开清棉流程中主要发挥的是初步混合作用,为了充分排除棉籽等大杂,尘棒间的隔距应大于棉籽的长直径,一般为10~12mm。适当增大此隔距,对提高

落棉率和排除杂质有利。

②剥棉打手与尘棒间的隔距。此处的隔距大小对开松、除杂作用均有影响,一般采用进口小、出口大的配置原则。进口小可增强棉块在进口处的开松作用,随着棉块逐渐松解,体积逐步增大,一般进口为8~15mm,出口为10~20mm,可随原料的含杂情况进行调整。

③剥棉打手的转速。打手转速的高低,直接影响棉块的剥取和棉块对尘格的撞击作用,对开松和除杂均有影响。转速过高,会出现返花,且因棉块在打手处受重复打击和过度打击,易形成索丝和棉团。剥棉打手的转速一般采用400~500r/min。

④尘格包围角与出棉形式。当采用上出棉时,尘棒包围角较大,由于棉流经剥棉打手输出形成急转弯,可利用惯性除去部分较大、较重的杂质,但同时需要增加出棉风力。当采用下出棉(即与六辊筒开棉机联接)时,尘格包围角较小,对除杂作用略有影响。

(三)六辊筒开棉机

如图3-40所示,原棉由凝棉器喂入棉箱,光电管1控制棉箱储棉高度,给棉罗拉2将原棉喂入第一辊筒4,原棉依次接受六只滚筒4的开松,杂质通过尘格5的间隙落入尘箱,纤维被下一机台凝棉器吸走。为防止辊筒返花,辊筒上部装有剥棉刀3。

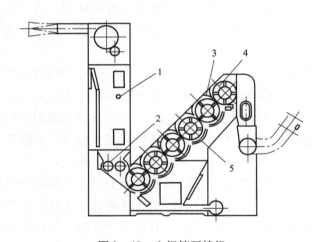

六辊筒开棉机的开松作用,主要是棉块在自由状态下,反复经过角钉以及角钉和尘棒的扯松和打击来实现。棉块在角钉作用下,由于辊筒高速回转产生离心力的作用,与尘棒撞击,迫使尘棒产生一定程度的震荡,棉块随之松解。棉块松解的过程中会分离出棉籽、籽棉等大杂,这些杂质在较于纤维间力更大的离心力的作用下被抛出辊筒作用区,落入杂质收集箱。六辊筒开棉机在第一至第五辊筒下方的尘格处进行除杂,除杂面积较大,具有较高的除杂效能。

图3-40 六辊筒开棉机

该机的主要工艺参数如下。

①辊筒转速。辊筒的转速增加,开松除杂作用增强。但转速过高,容易产生辊筒返花形成束丝。一般根据原棉品级、原棉含杂率而定。

②辊筒与尘棒的隔距。隔距小,开松除杂作用强;但隔距过小,容易阻塞打手通道造成尘棒损坏。由于尘棒的曲率半径大于打手半径,辊筒与尘棒的进出口隔距较中部大,故辊筒与尘棒隔距大小以中部最小处表示。为适应原棉逐渐松解的要求,此隔距从第一至第六辊筒逐渐增大。该辊筒可利用升降辊筒轴承座的方法调节。

③尘棒间的隔距。尘棒隔距增大,落棉率提高、除杂作用增强。该隔距可借助机外手轮改变。

（四）豪猪式开棉机

豪猪式开棉机是典型的握持打击开棉机,在成卷型的开清棉流程中作为主要的开棉机械,可根据原料的性状、种类及成纱的质量要求选用不同型式的打手。

如图3-41所示,机台上部附装凝棉器,调节板3可改变棉箱1内的出棉厚度,光电管2使棉箱保持一定的储棉量,木罗拉4使原棉初步压缩后输送给金属给棉罗拉5,给棉罗拉受弹簧加压紧握棉层接受豪猪打手6的打击、分割、撕扯,棉块以较高的速度多次撞击在尘格7上,杂质落入前后尘箱,经开松、除杂的原棉被下一机台即凝棉器吸引由出棉口输出。

1. 主要机构及作用

①豪猪打手。如图3-42所示,打手轴上装有19个圆盘,每一圆盘固装12把矩形刀片,刀片厚6mm,为使圆盘上的刀片对棉层整个宽度发生作用而不致遗漏,12把矩形刀片不在一个平面上,以不同的角度向圆盘两侧倾斜。倾斜的大小呈不规则排列,以免棉块受打击后产生横向串动。

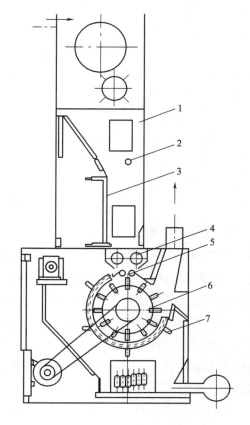

图3-41 豪猪式开棉机

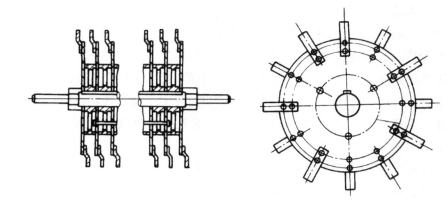

图3-42 FA106型的豪猪打手结构

②尘棒。打手周围3/4的圆周上装有尘格,其作用是协同打手对纤维开松、除杂并托持纤维。如图3-43所示,尘棒截面为三角形,acdf为工作面,abef为顶面,bcde为底面,α为清除角。当打手高速回转将纤维投射到尘棒工作面上时,杂质经反射落入尘箱。尘棒间隔距可借助机外手轮调节尘棒安装角θ,安装角减小,尘棒之间隔距增大。

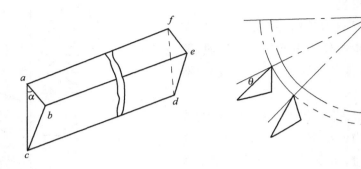

图 3 – 43　尘棒的结构

2. 主要工艺参数

①打手速度。打手速度的高低直接影响打手对棉层的打击强度,打手速度高,开松除杂作用好、落棉率高;但打手速度过高,杂质容易破碎、纤维容易损伤,甚至出现束丝等疵点。打手速度应根据加工纤维的长短、成熟度高低、含杂多少等因素综合考虑。

②尘棒之间的隔距。尘棒之间隔距的大小应根据原棉含杂高低和加工要求决定,一般规律是入口部分隔距较大,便于大杂先落,补入气流;然后中间部分可适当减小尘棒间隔距;出口部分的尘棒隔距放大,可回收纤维,节约用棉。如要求出口部分少回收时,可采用由入口至出口逐渐缩小的工艺。

③打手与给棉罗拉的隔距。该处隔距小,刀片进入棉层深,开松作用强。该隔距应根据纤维长度而定,配置不当容易损伤纤维。加工棉和 38mm 以下的化纤时,取 6～7mm;加工 38～51mm 的化纤,取 8～9mm;加工 51～76mm 的化纤,取 10～11mm。

④打手与尘棒的隔距。随着纤维的松解,其体积逐渐增大,打手与尘棒的隔距自进口至出口应逐渐增大。该隔距小,开松作用强、落棉率高。

⑤打手与剥棉刀的隔距。为防止打手返花,隔距以小为宜。

⑥"死箱""活箱"的采用。"死箱"是落棉箱与外界隔绝,成为落杂区;"活箱"是落棉箱与外界联通,成为回收区。当原料含杂率达 5%～6% 时,可采用前后死箱,开前后进风门。加工化纤时则可采用全活箱,以减少纤维下落。加工一般含杂原棉时,采用前活箱、后死箱。

(五)单打手成卷机

如图 3 – 44 所示,棉层经双棉箱给棉机输出后,均匀地喂入本机输棉帘上,经角钉罗拉 11 引导,在天平罗拉 10 和天平曲杆 12 的握持下接受高速回转综合打手 8 的撕扯、打击,纤维抛向尘格 9,部分杂质落入尘箱。风机 7 将棉流吸附在回转的双尘笼 6 表面,细小尘杂和短绒透过尘笼表面网眼由两侧风道排至滤尘设备,而上下尘笼凝聚的棉层经剥棉罗拉、凹凸防粘罗拉送至四只紧压罗拉 5 压紧后,再由导棉罗拉 4 送给棉卷罗拉 2、压卷罗拉 3 而卷成一定长度的棉卷。满卷后由自动落卷装置将棉卷落下,并由棉卷秤 1 进行称重。

1. 主要机构及作用

(1)综合打手。清棉机所采用的综合打手是由翼式打手和梳针打手发展而来的。翼式打

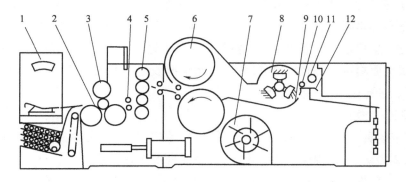

图 3-44　单打手成卷机

手的结构如图 3-45 所示,棉层在握持状态下接受翼式刀片的打击时,若作用力 P 的分力 P_2 大于纤维间的联系力,棉层被撕扯、开松。由于打击冲量大,能较好地去除不孕籽、破籽等较大的杂质。但翼式打手刀片只与棉层表面接触,不能深入棉层内部,因此,内外棉层开松不匀,棉束大小差异较大。梳针打手的结构如图 3-46 所示,将翼式打手的三只横向翼式刀片换成梳针板即构成梳针打手,它的开松、除杂作用是通过梳针刺入棉层内部进

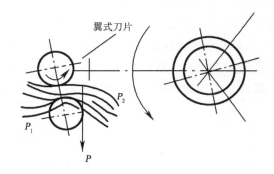

图 3-45　翼式打手

行分撕、梳理而产生的,所以,内外棉层开松差异小,棉束大小均匀且平均重量轻,能较好地去除籽屑、叶屑等细小杂质。综合打手的结构如图 3-47 所示,它是综合了翼式打手和梳针打手的优点而设计的。先利用翼式刀片对棉层施加较大的打击冲量,再利用梳针进行梳理、分撕。这样的打手形式在清棉机上是非常合适的。

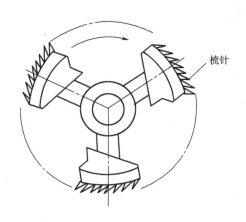

图 3-46　梳针打手

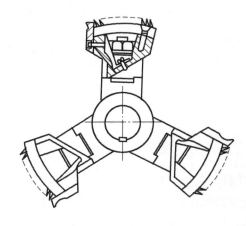

图 3-47　综合打手

（2）尘棒。综合打手下方约 1/4 的圆周外装有一组尘棒,尘棒的结构和作用与豪猪式开棉机相同,也是三角形尘棒,配合综合打手,在对原料实行细致开松的同时,去除部分细小杂质。尘棒的安装角度、尘棒之间的隔距以及尘棒与综合打手之间的隔距对开松除杂作用均会产生一定的影响,应根据原料特性、前道开棉设备的作用情况及成纱的质量要求合理设定。上述参数可通过机外手轮进行调节。

（3）均匀调节机构。

①天平调节装置。如图 3-48 所示,天平罗拉 1 的下方有 16 根并排的天平曲杆 3,天平曲杆以刀口支架 2 为支点,当棉层厚薄变化时,天平曲杆的尾端位置上下运动。由于喂入棉层横向各处厚度不一,各根天平曲杆的升降动程也不相同,通过连杆 4、5 自动取得平均动程,最终棉层的平均厚薄变化反映在总连杆 6 上。平衡杠杆 7 以 8 为支点,重锤 9 固定其上。调节螺杆 10、双臂杠杆 11、连杆 13 以 12 为支点摆动。总连杆 6 的上下运动被放大成为皮带叉 14、铁炮皮带 15 的左右运动。主动铁炮 16 的速度恒定,被动铁炮 17 的速度随铁炮皮带位置的变化而变化。被动铁炮的转速通过三组齿轮传动天平罗拉。如通过天平罗拉与天平曲杆的棉层过厚时,铁炮皮带向主动铁炮小半径处移动,天平罗拉的速度随之减慢,反之亦然。该装置的实质是,横向分段检测、纵向进行控制,对棉卷纵向不匀有一定的匀整作用。

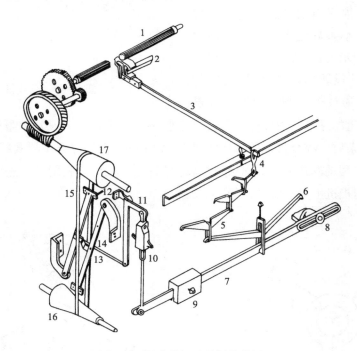

图 3-48　成卷机天平调节装置

②自调匀整装置。机械式铁炮变速机构进行匀整控制,由于制造精度和联动环节的因素,致使机构灵敏度差、匀整控制滞后。成卷机上采用的自调匀整装置结构原理如图 3-49 所示,天平曲杆尾端总连杆处挂有重锤 3,重锤上装有高精度的位移传感器,经放大了的棉层厚薄变化信号由位移传感器转化成电压信号送交匀整仪 2 处理,最后由调速电动机 1 改变天平罗拉的

转速达到匀整的目的。该装置具有反应灵敏、调速范围宽、变速控制有效的特点,是当前控制棉卷均匀度较为理想的技术。

（4）尘笼和风机。如图3-50所示,上、下尘笼1均由网眼钢板弯制而成,两端的出风口与风道2相连,风机4在尘笼下方,排风口5通过管道与滤尘设备相连。在调节板3的作用下打手室输出的棉流被均匀地吸附在上、下尘笼的表面,合并成一定厚度的棉层输出,部分短绒和尘杂随气流排出。尘笼与打手通道的横向气流速度分布直接影响棉层的横向均匀度,气流速度分布与打手的形式和速度、风机速度、吸风方式有关。气流

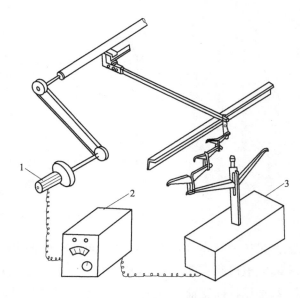

图3-49 成卷机自调匀整仪

的速度不等于风机和打手单独运转时速度的迭加(图3-51)。为了均匀输送棉流,要求通道内保持一定的负压,一般要保持-19.6～-49Pa的静压,在靠近风机的尘笼风道保持-196～-294Pa的静压。为使尘笼凝棉均匀,风机速度应大于综合打手速度的10%～25%,风机速度过大,通道横向两边气流速度高、中间低,棉层两边厚、中间薄;风机速度小,产生不了足够的静压,也会导致棉层横向不匀。加工化纤的成卷机,为了防止粘卷现象,可以采用单尘笼凝棉装置。

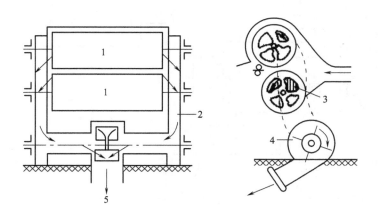

图3-50 尘笼与风机

（5）成卷机构。经过开清棉工序加工的原棉,需制成一定长度、一定重量、厚薄均匀及成形良好的棉卷,以供梳棉机的加工。如果采用清梳联工序,则无需成卷。

①紧压罗拉和棉卷罗拉加压系统。紧压罗拉、棉卷罗拉采用气动加压,如图3-52所示,空

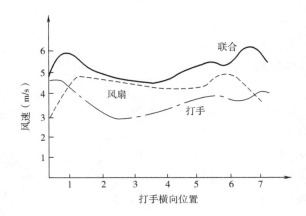

图 3 - 51　综合打手空车运转时尘笼通道气流横向分布图

气压缩机 10 产生的压缩空气经分水滤气器 9、调压阀 8、油雾器 7 后分成两路。第一路,气流经调压阀 6、电磁阀 4 进入左、右紧压罗拉加压气缸 2、3;如图 3 - 53 所示,气缸 3 内的活塞推动加压杆 2,加压杆以支轴 1 为支点,四只紧压罗拉 5 同时对棉层反复加压,4 为防轧接触开关,加压量可根据工艺要求调节,最大压力可达 40kN。第二路,如图 3 - 52 所示通过压卷罗拉对棉卷进行渐增加压;成卷时电磁阀 11 动作,气流经渐增加压阀 15 进入棉卷压钩升降气缸 1 的 A 腔,使活塞向 B 运动,棉卷压钩产生的压力通过压卷罗拉作用在棉卷上,5 为压力表,12 为节流阀,13 为调压阀,14 为单向阀,渐增加压阀的动作原理如图 3 - 54 所示,随棉卷直径的增大,棉卷压钩上升,固装在左压钩 1 上的导板 2 推动渐增加压气阀 3,压力随棉卷直径增大而逐渐增大,使制成的棉卷内外层松紧一致。

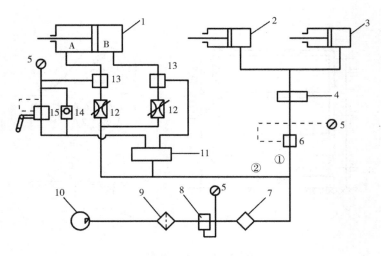

图 3 - 52　气动加压系统

有的成卷机,紧压罗拉采用气动油压缸加压,比杠杆气缸加压压力增加 50%,最大压力可达 60kN。

②自动落卷装置。当棉卷达到规定长度时,计数器发出满卷信号,清棉机依次发生下列动

作:棉卷压钩气缸活塞推动压钩积极上升,棉卷释压,棉卷罗拉开始加速,棉卷滚离棉卷罗拉;压钩上升到一定位置碰行程开关,棉卷压钩气缸活塞拉动压钩积极下降;棉卷罗拉停止加速,放棉卷杆,压钩落底,自动生头加压成卷;开秤称卷。棉卷称量精度达1/3000,由平板型荧光数码管动态扫描显示,既可显示棉卷实际重量,又可显示重量偏差。

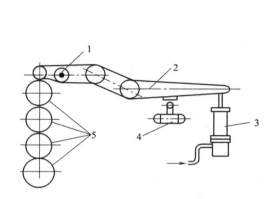 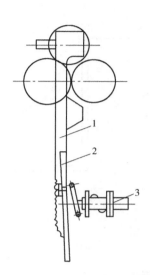

图 3 – 53　紧压罗拉加压系统　　　　图 3 – 54　棉卷渐增加压系统

2. 主要工艺参数

(1)综合打手的转速。打手转速高,开松除杂效果好;转速过高容易产生束丝。一般为800~1000r/min。

(2)综合打手和天平罗拉表面的隔距。该隔距影响梳针刺入棉层的深度,隔距小,开松效果好;但隔距过小,容易损伤纤维,应根据加工纤维的长短而定。一般为7~10mm。

(3)综合打手与尘棒的隔距。该隔距小,尘棒阻滞纤维的能力强,开松、除杂效果好;但隔距过小,容易阻塞通道,产生疵点。纤维开松后体积增大,为适应这一变化,此隔距自进口至出口应逐渐放大,一般进口为8~10mm,出口为16~18mm。

(4)尘棒之间的隔距。该隔距应根据纤维含杂情况而定,一般为5~8mm。

五、开清棉机械的联接、联动和组合

开清棉工序的设备是多机台构成的联合机组,在整个工艺流程中,凝棉器把每一台单机互相衔接起来,利用管道气流输棉,组成一套连续加工系统。为了达到产量平衡,原棉由开棉机输出后,在喂入清棉机前还要根据前后单机的产量进行分配,在开棉机与清棉机之间,要有一定形式的分配机械;为了适应加工原料性能的不同,开清棉各单机之间还要有一定的组合形式;为了使流程中各单机保持连续定量供应,还需要一套联动控制装置。

(一)开清棉机械的联接

开清棉联合机是依靠凝棉器、配棉器、输棉管道将各开清棉单机联接而发挥综合效能的加

工系统。

1. 凝棉器 凝棉器的结构如图3-55所示,其作用是借风机产生的气流将上一机台输出的棉流凝聚在尘笼1的表面,并去除部分短绒和细小尘杂,再由剥棉打手2剥下落入本机台储棉箱内。

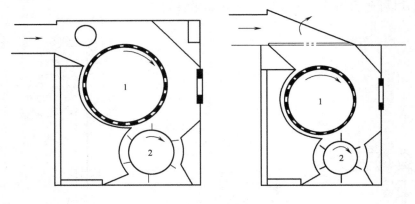

图3-55 凝棉器的结构
1—尘笼 2—剥棉打手

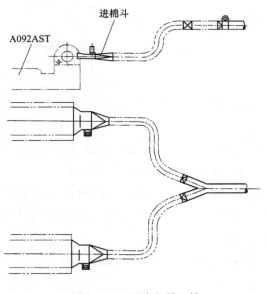

图3-56 两路电器配棉

2. 配棉器 配棉器的作用是将开棉机输出的棉流均匀地分配给2台棉箱给棉机(或开棉机),以保证生产的连续进行。电器配棉器的结构如图3-56所示。

(1)配棉头:采用三通或四通管道。两路电气配棉采用的配棉头为一Y形三通,三路电器配棉为"品字形"四通管道。管道内设有调节板,用以改变棉流的运动轨迹,可使2~3台双棉箱给棉机获得均匀的配棉量。

(2)进棉斗:由一个带有两节扩散管的管道、进棉活门和直流电磁吸铁组成,与棉箱给棉机上凝棉器相连,如图3-57所示。进箱活门由棉箱给棉机内的光电管通过电磁吸铁控制开、闭,当某一棉箱给棉机的后储棉箱存棉高度超过光电管高度时,电磁吸铁断电,活门受平衡重锤作用而关闭;当两台棉箱给棉机的后储棉箱都充满时,则先关闭前一台开棉机的给棉,再打开两只进棉活门让管道内的剩余纤维进入棉箱,最后关闭进棉活门。

3. 输棉管道 棉流依靠管道输送,为保证管道既不发生堵塞又节省动力,要合理选择管径、流速、重量浓度等参数。

(1)流速:在垂直输送管道中,棉块能在管道中悬浮的气流速度为1.5m/s左右,理论上讲,只要大于该速度便可输送,但由于棉块与管壁的摩擦、黏附,实际输送速度远大于此。在水平输送管道中,棉块除受气流作用向前运动外,还因自重而下降至管壁。因棉块上下气流速度不同,随气流速度增加,棉块呈跳跃式前进,如图 3 – 58 所示,此时的气流速度成为"腾空速度"。实际生产中,开清棉管道的输送速度为 10 ~ 12m/s。

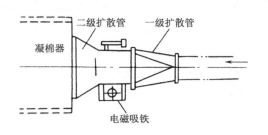
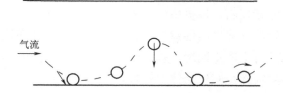

图 3 – 57 进棉斗的结构　　　　图 3 – 58 棉块在水平管道中的运动状态

(2)管径:当气流流量一定时,管径与流速成反比。管径过小容易堵塞,管径过大,动力消耗大。常用管径为 250 ~ 300mm。

(3)重量浓度:单位时间内输送纤维重量与单位时间内所需空气重量的比值为重量浓度。实践证明,重量浓度以取 0.1 ~ 0.2 为宜。

4. 除金属杂质装置 除金属杂质装置如图 3 – 59 所示,在输棉管的一段部位装有电子探测装置,当探测到棉流中含有金属杂质,由于金属对磁场起干扰作用,发出信号并通过放大系统使输棉管专门设置的活门 1 短暂打开(图中虚线部分),带有金属杂质的棉块便通过支管道 2,落入收集箱 3,活门 1 随即复位,恢复正常输棉位置,在此作用过程中,棉流仅中断 2 ~ 3s。经过收集箱的气流则透过筛网 4,进入另一支管道 2,汇入主棉流。该装置灵敏度较高,棉流中的金属杂质可基本得到排除,有效地防止了金属杂质进入后道机台可能造成的机器轧煞或引起火灾。

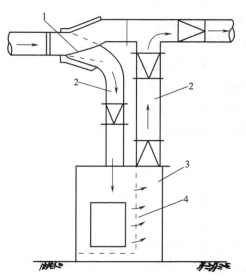

图 3 – 59 除金属杂质装置
1—活门 2—支管道 3—收集箱 4—筛网

(二)开清棉联合机的联动控制

为保证开清棉联合机生产的连续性,在该系统各单机之间设置了联动控制。联动控制的作用是将各单机的给棉动作时刻处于受控状态,防止因机台故障产生管道堵塞、机台轧煞或供应不足。典型的开清棉联合机实行自单打手成卷机向后逐台控制给棉,当单打手成卷机暂时不需要后方供棉时,紧压罗拉、尘笼、天平罗拉等停止回转,双棉箱给棉机中储棉箱的储棉高度增加,当超过棉箱容量的2/3时,摇板拉耙机构控制位于后储棉箱底部的出棉罗拉停止给棉。当后储棉箱储棉量超过一定高度时,光电管控制电器配棉器的电磁吸铁释放,进棉斗风门关闭,停止向该台双棉箱给棉机给棉,配棉器只向另一台双棉箱给棉机供棉。如两台双棉箱给棉机的后储棉箱都充满时,配棉器控制后方豪猪开棉机的给棉罗拉停止给棉。当豪猪开棉机的储棉箱充满时,光电管再控制其后方的豪猪开棉机的给棉罗拉停止给棉。同理,当开棉机的储棉箱充满时,光电管控制开棉机后面的多仓混棉机停止给棉。当多仓混棉机不需输棉时,总活门关闭并控制六辊筒开棉机给棉罗拉停止给棉。六滚筒开棉机的储棉箱充满时,光电管控制普通混棉机的混棉角钉帘停止回转。普通混棉机的棉箱充满时,光电管控制自动抓棉机抓棉小车停止回转。上述的联动控制针对以下流程:自动抓棉机──→除金属杂质装置──→普通混棉机──→自由打击开棉机(六滚筒开棉机)──→多仓混棉机──→握持打击开棉机(豪猪式开棉机)(1~2道)──→电气配棉器──→双棉箱给棉机──→单打手成卷机。

为了保证正常生产,开清棉联合机还必须按照一定的顺序开关机,以防止机器轧煞和管道堵塞。开机顺序:开凝棉器──→开打手──→开给棉罗拉,由前向后依次进行;关机顺序:关给棉罗拉──→关打手──→关凝棉器。

(三)开清棉联合机的组合

开清棉联合机是由各类单机组合而成的,围绕开松、除杂、混合、均匀四大任务发挥各自效能,但各类单机又各有侧重,因纺纱工艺流程不同、加工原料种类不同、产品质量要求不同,开清棉联合机的组合也各不相同。

1. 组合原则 流程配置要体现精细抓棉、充分混合、逐渐开松、早落少碎、以梳代打、少伤纤维的工艺路线,对不同产品的工艺,要求具有一定的适应性,要合理配置棉箱机械和开清点的数量。

2. 棉箱和开清点的数量 为保证纤维的充分混合、均匀输送,开清棉流程中一般配置2台混棉机。所谓开清点是对原料起开松、除杂作用的部件,即开棉机、清棉机的台数。原棉含杂率在3%左右时,配3~4个开清点;加工化纤时配2或3个开清点。

视纺纱线密度不同,流程中开清点的设置也不同,一般高线密度纱配置3~4个开清点,中线密度纱配置2~3个开清点,低线密度纱配置1~2个开清点。为使开清棉联合机具有一定的适应性、灵活性,系统中设有间道装置,必要时可跳过某一单机。

要合理选用混棉机械,配置合适的棉箱数,并保证棉箱内存棉密度稳定,在现代开清棉流程中一般均应配置多仓混棉机,以获得较好的混合均匀度。

现代清梳联技术中的开清棉流程普遍具有流程短、单机工艺性能好、对原料和产品具有较好的灵活性和适应性,为提高成条质量提供了较好的基础。

第三节 开清棉质量评价

一、棉卷质量测试

原料经过成卷型开清棉流程作用后形成棉卷,供后道梳棉机使用,棉卷的质量状况可以评价开清棉工序的作用效果。清梳联流程则将处理后的原料以筵棉方式直接喂入梳棉机,开清棉工序的作用效果一般可通过生条质量反映。

(一)棉卷回潮率

1. 试验目的 通过棉卷回潮率的测试,可以进行半制品干燥重量的计算,了解与工艺设计要求的差异,并加以控制。同时,棉卷回潮率数据还可以作为开清棉车间温湿度设定和调整的参考。

2. 试验周期 一般每天各品种至少测试一次,可结合棉卷重量不匀率试验进行。

3. 取样 多只(一般在 3 只以上)棉卷外层均匀取样,不少于 60g,取样后放在隔湿筒内。正式测试控制每个品种 1 份试样,每份试样 50g。

4. 试验仪器及工具

(1)烘箱法:恒温烘箱。

(2)电测法:棉花水分测定仪。

5. 计算公式

$$回潮率 = \frac{试样湿重 - 试样干重}{试样干重} \times 100\%$$

$$含水率 = \frac{试样湿重 - 试样干重}{试样湿重} \times 100\%$$

(二)棉卷重量差异

1. 试验目的 控制棉卷实际重量与设计重量的偏差,将重量超出控制范围的棉卷作为退卷。

2. 取样及试验 逐只称重。

3. 试验仪器及工具 棉卷专用磅秤或普通台秤,成卷机随机称重装置。

(三)棉卷重量不匀率及伸长率

1. 实验目的 了解棉卷纵向 1m 片段重量的均匀情况,同时测定棉卷的实际长度,根据成卷机的计算长度,核算棉卷伸长率,为改进工艺作参考。调整和降低同品种各机台棉卷伸长率差异,减低棉卷外不匀率,为细纱重量偏差和重量不匀率的控制打好基础。

2. 试验周期 每周每台至少试验 1 次,各品种每月至少试验 3 次。

3. 取样 任取重量合格的棉卷 1 只。

4. 试验仪器及工具 棉卷均匀度仪、钢卷尺和米尺。

5. 计算公式

$$每米平均重量 = \frac{\sum 试验总重量}{\sum 试验总米数}$$

$$\frac{重量}{不匀率} = \frac{2(每米平均重量 - 平均数以下的每米平均重量) \times 平均数以下试样数}{每米平均重量 \times 试样总数} \times 100\%$$

$$伸长率 = \frac{实际长度 - 计算长度}{计算长度} \times 100\%$$

(四)棉卷含杂率

1. 试验目的　测试棉卷含杂量,对照配棉成分的含杂情况,分析开清棉工序的除杂效果;通过杂质分析,为开清棉和梳棉工序的相关除杂工艺的设定及调整提供参考。

2. 试验周期　各品种、各机台每周至少试验1次。

3. 取样　每次取外层棉卷,略多于100g放入样筒,试验时称取试样100g。

4. 实验仪器及工具　原棉杂质分析机、天平等。

5. 计算公式

$$棉卷含杂率 = \frac{试样所含杂质重量}{试样重量} \times 100\%$$

(五)棉卷结构

1. 试验目的　定量地了解棉卷中束丝、不孕籽、破籽、棉结等疵点的多少,并与配棉成分相比较,为相关工艺的设定和调整提供参考。

2. 试验周期　一般在配棉成分及开清棉工艺改变前后进行对比试验。

3. 取样　每次任取棉卷1只,将棉卷约1m铺于试验台上,分别在6~8处取棉样10g。

4. 试验方法　采用手拣与灯光检验方法相结合,第一次手拣棉样中的棉束(紧棉束、紧棉团、钩形棉束、畸形棉束)、不孕籽、僵棉、破籽、带纤维破籽,并计算疵点粒数的百分率及疵点总重量;第二次将手拣后的净棉称1g作试样,用棉网检验器按生条棉结、杂质规定的方法检验,并按紧棉结、带纤维破籽及籽屑、杂质三项计数。

5. 试验数据计算

(1)将第一次手拣疵点的粒数乘以10,折合成100g棉样的疵点粒数及各类疵点的重量。

(2)将第二次灯光检验的疵点数乘以100,折合成100g棉样的疵点粒数。

(六)总除杂效率、总落棉率

1. 试验目的　了解开清棉机落棉的数量和落棉中杂质的多少,计算其除杂效率,由此分析开清棉机工艺处理和机械状态是否适当,以提高质量、节约用棉。

2. 试验周期　每月各机台、各品种棉卷至少轮试1次;配棉成分变动或工艺调整较大时,应随时增加试验。

3. 取样　试验开车后待做到一定数量棉卷(一般不少于10只)时,即停止喂棉,但继续开车,棉卷逐只称重,做好记录。停车,出清各机落棉,并逐一称重,然后取样作落棉分析。各种唛头的原棉、棉卷也分别取样。将落棉、原棉、棉卷试样经原棉杂质分析机处理分析。

4. 计算公式

$$喂入重量 = 试验棉卷总重量 + 落棉总重量 + 回花总重量$$

$$制成重量 = 试验棉卷总重量 + 回花总重量$$

$$原棉平均含杂率 = \sum （各唛头原棉含杂率 × 混用\%）$$

$$落棉率 = \frac{落棉重量}{喂入重量} × 100\%$$

$$落棉含杂率 = \frac{落棉中杂质重量}{落棉重量} × 100\%$$

$$落棉含纤维率 = \frac{落棉中纤维重量}{落棉重量} × 100\%$$

$$落杂率 = \frac{落棉中杂质重量}{喂入重量} × 100\% = 落棉率 × 落棉含杂率$$

$$总除杂效率 = \frac{\sum 各机落杂率}{原棉平均含杂率} × 100\%$$

$$单机（部分）除杂效率 = \frac{单机（部分）落杂率}{原棉平均含杂率} × 100\%$$

如有特殊需要,尚可计算下列指标,并手拣分析落棉中含杂内容。

$$制成率 = \frac{制成棉卷标准重量}{喂入原棉标准质量} × 100\% = \frac{制成棉卷干重}{喂入原棉干重} × 100\%$$

其中:

$$原棉（棉卷）标准重量 = 原棉（棉卷）实际重量 × \frac{100 - 实际含水率}{100 - 标准含水率}$$

$$总风耗率 = 1 - 制成率 - 总落棉率$$

$$落棉中可用纤维率 = \frac{可用纤维重量}{落棉中纤维重量} × 落棉含纤维率$$

（七）衡量开清棉作用效果的其他试验

1. 开松作用　衡量开松效果的方法有棉束称重法、气流仪称重法、比容法等,这里仅介绍比容法。

采用5000mL的容器为量具,量具四周标出刻度,随机取样并盛满量具,在试样上面放置250g有机玻璃盖,经20s后迅速读出量具四周刻度数,再将试样称重求比容,共实验10次,求比容平均数。

$$比容 = \frac{试样体积}{试样重量}$$

$$开松度 = 比容 \times 比重$$

2. 混合作用 混合效果的优劣对成纱内在质量和染色均匀性有很大影响,尤其是化纤混纺对混合要求更高,良好的混合应使半制品和成纱各截面中的原料成分符合混比要求。在开清棉工序中,衡量混合效果的方法常用混入色棉法。

为检验某一单机的混合效果,在喂入原料中混入一定比例的染色纤维,经机台加工后,取试样 20 份分别拣出染色纤维并称重,计算下列指标:

$$染色纤维含量百分率平均值 \ \bar{X} = \frac{X_1 + X_2 + \cdots + X_n}{N}$$

$$均方差 \ \sigma = \sqrt{\frac{\sum_{i=1}^{n}(X_i - \bar{X})^2}{N}}$$

$$变异系数 \ CV = \frac{\sigma}{X} \times 100\%$$

$$混合比偏差 \ E = \frac{设计混比 - 实际混比}{设计混比} \times 100\%$$

$$混合比极差 \ M = 最大实际混比 - 最小实际混比$$

式中:$X_1, \cdots, X_n$ —— 各试样中染色纤维的重量百分率;

$\qquad N$ —— 试样的总数;

$\qquad X_i$ —— 某一试样染色纤维的重量百分率。

二、棉卷质量指标

棉卷是纺纱过程的半制品,其质量控制指标一般由企业内部控制,各个企业因设备、工艺、管理等水平的不同而稍有差异,表 3 - 1 是棉卷常规质量检验项目和控制范围示例,表 3 - 2 是棉卷结构的各项参考指标,表 3 - 3 是棉卷伸长率控制指标。

表 3 - 1　棉卷常规检验项目和控制范围

检 验 项 目		质量控制范围
棉卷重量不匀率(%)	横向	目测棉卷无明显厚薄不匀
	纵向	棉卷:<1,化纤卷<1.4
棉卷含杂率(%)		视纱线品种而定,一般为 0.7 ~ 0.8
正卷率(%)		>98
除杂效率(%)		细特纱 >45,中特纱 >50,粗特纱 >55
总落棉率(%)		一般为原棉含杂率的 70% ~ 110%

注　正卷是指棉卷重量在标准重量 ±1% 范围内的棉卷,超过范围为回卷。

表3-2　棉卷结构的各项参考指标

棉卷结构指标		一般控制范围
棉卷手拣疵点	带纤维籽屑	中特纱18粒/g以下；细特纱15粒/g以下
	软籽及僵瓣	中特纱0.4%以下；细特纱0.3%以下
	棉束	紧棉束、紧棉团、钩形棉束、畸形棉束总和170只/100g以下,其中钩形棉束120只/100g以下
棉卷短纤维率		比混合棉增加1%以下
棉卷棉结		比混合棉增加50%以下
整片结构		各处均匀,无破洞、薄层
开松度		一般以目光检测时,要求纤维松散、平整,尽量避免紧棉束和钩形棉束。梳针打手,开松作用较好
化纤硬丝、并丝等手拣疵点		1mg/100g以下

表3-3　棉卷伸长率控制指标

种　类	伸长率指标
棉	2.5% ~3.5%
化纤	根据品种, -0.5% ~1.5%,其中涤纶<1%
台差	<1%

注　台差是指机台间的质量偏差。

三、提高棉卷及筵棉质量的主要措施

开清棉工序的棉卷质量直接影响后道工序半制品的质量,最终影响成纱质量。棉卷质量不仅与原棉品质有关,还与开清棉工序的机械、工艺、操作、温湿度、用棉量等关系密切,是车间管理水平的综合反映。

(一)棉卷(筵棉)含杂率的控制

原棉中的含杂疵点主要依靠开清棉和梳棉工序清除,要合理分工。开清棉工序去除棉籽、籽棉、不孕籽、尘屑、棉花枝叶等较大的杂质,梳棉工序去除带纤维籽屑、僵片、软籽表皮等与纤维结合较紧密及较细小杂质。对不同性状的原棉要采用不同的工艺处理。如对长绒棉应采用"多松、轻打、减少翻滚"的工艺原则,如仍采用细绒棉工艺,易造成纤维损伤和棉卷中束丝增多,影响棉卷质量;棉箱机械采用多扯多松工艺,减弱杂质与纤维间的附着力,第一台棉箱剥棉打手配置较大尘棒隔距,创造棉籽、籽棉、大破籽等大杂早落、多落、防碎的条件;含不孕籽较多的原棉应充分发挥各类打手机械的作用,减少其在棉卷中的残留量,防止梳棉工序因此而多增加生条杂质及短绒;含软籽表皮和带纤维籽屑较多的原棉,应充分发挥梳针打手作用,并对主要打手如豪猪、六滚筒打手,采用较小的尘棒隔距和少补风、全死箱等清除细杂工艺;对高含杂原棉、皮辊棉含杂率超过5%时,含大杂较多时,应单独先预处理后再混用。但对含细杂多的锯齿棉不能预处理,因锯齿棉棉结较多,预处理后更易产生棉结,对提高质量和节约

用棉不利;对含水过高的原棉应采用曝晒、烘棉和松解后自然散发的方法,干燥后再混用。对含水过低(低于7%)的原棉一般先给湿,放置24h后再混用;低级棉一般采用单独成条、并条混合,开清棉工艺采用"多松解、少打击、慢速度、少回收"工艺,豪猪打手选用400~450r/min,梳针打手选用700~900r/min,以减少纤维损伤。棉卷含杂率的控制应视原棉含杂率和成纱质量要求而定,尽量提高落棉含杂率、节约用棉。当原棉含杂在1.5%~2.5%时,落棉率为原棉含杂率的70%~85%;原棉含杂率在2.5%~3.5%时,落棉率为75%~90%;原棉含杂率为3.5%以上时,落棉率为90%~110%。棉卷含杂率控制在0.8%左右,全套开清棉机的总除杂效率为45%~55%。

(二)棉卷(筵棉)均匀度的控制

棉卷不匀包括纵向不匀和横向不匀,实际生产中以控制纵向不匀为主,纵向不匀率的大小直接影响梳棉生条和粗纱的重量不匀率。棉卷的纵向不匀反映棉卷每米片段的重量差异,经棉卷均匀度试验仪测试后求得。测试过程中,可借助灯光观察棉卷横向结构、有无破洞和厚薄差异。影响棉卷均匀度的主要因素如下。

(1)原料:原料中各成分的回潮率、含油率、密度差异过大以及回花搭用过多均会影响棉卷均匀度。

(2)工艺:充分开松是提高棉卷均匀度的先决条件。开清棉工序各单机的输出量应保持一定的关系,一般是喂入量略大于输出量,提高单机运转效率有利于棉卷的均匀度。要稳定棉箱内的储棉量,从而稳定原棉密度。要使清棉机的风机速度和综合打手速度相适应,使尘笼吸风均匀。

(3)机械状态:要加强天平调节装置的保养,使其动作灵敏,皮带张力适当并调整至铁炮中央位置,平衡杠杆支点位置正确。

(4)操作管理:加强操作管理,严格按棉包排列图和混用比例上包。

(三)棉卷回潮率控制

(1)原棉含水率规定标准为10%,含水率过高的原棉需经干燥后再混用。干燥可采用曝晒、烘棉和松解后自然散发的方法。对含水率过低的原棉,如低于7%,一般先给湿,再放置24h后混用。

(2)合理控制开清棉车间温湿度,见表3-4。

表3-4 开清棉工序温湿度范围

类 别	温度(℃)	相对湿度(%)
纯棉	冬季18~23 夏季30~32	冬季50~60 夏季50~65
涤棉	冬季20~22 夏季30~32	冬季60~65 夏季60~70

第四节 开清棉工序加工化纤的特点

开清棉工序加工化纤时,应根据化纤的特点合理选择工艺流程和参数。

一、化纤的特点及对开清棉工序的要求

随着棉纺设备对加工原料适应性的不断提高,长度在40mm以下的棉型化纤及长度在51～76mm的中长型化纤均可以在棉纺设备上加工。化纤无杂质、较蓬松,含有硬丝、并丝、束丝等少量疵点,加工时极易产生静电并发生粘卷现象。为提高化纤的可纺性,在混料时可适当给湿、加油以降低纤维表面摩擦因数。

化纤中的超长、倍长纤维极易缠绕打手,并在细纱工序形成橡皮纱,采购原料时要严格控制其含量,加工时要及时清理。

二、开清棉工序加工化纤的工艺流程及参数设置

1. 工艺流程 根据化纤原料的性能特点,一般加工化纤的工艺流程较加工棉的流程短,通常配置2个棉箱、2～3个开清点,工艺重点要体现减少纤维损伤、防止粘卷的要求。

2. 打手形式 化纤一般比较蓬松,基本没有杂质,在开松打击设备中,大都使用梳针滚筒、梳针打手等形式。

3. 参数设置

(1)打手速度:加工化纤时,一般采用比加工同样线密度的棉纤维低的打手速度,以防止过高的速度造成纤维的损伤,也可以避免纤维因过度开松产生疲劳而造成纤维层粘连。

(2)风扇速度:为了使纤维在加工过程中顺利输送,并控制棉卷横向均匀度,风机速度一般比纺棉时高20%,一般应达到1400r/min。

(3)给棉罗拉速度:采用较快的给棉罗拉速度,可以使喂入棉层的厚度减小,薄层快喂的加工方式更加适合较为蓬松的化纤。

(4)打手与给棉罗拉隔距:纤维长度是配置打手与给棉罗拉隔距时要考虑的主要因素,因化纤长度较棉纤维长,且与金属间的摩擦因数较大,此隔距因在加工棉纤维的基础上适当放大,一般为11mm。

(5)尘棒间隔距:因化纤含杂少,尘棒间的隔距因比棉小,以有效防止可纺纤维下落。当化纤中的疵点很少时,还应采用打手室落杂区尘棒反装的方法,以适当补风,减少可纺纤维的损失。

(6)打手与尘棒隔距:因化纤长度较长且较蓬松,打手与尘棒的隔距应适当放大,以减少纤维损伤或搓滚成团的现象。

4. 防止粘卷的措施 粘卷是加工化纤时较突出的问题,其主要原因是由于化纤之间的抱合力小、回弹性大、静电的产生,使退卷时分层不清,棉卷粘连。

(1)加装凹凸防粘罗拉:在尘笼输出的集棉罗拉前加装一对凹凸罗拉,把棉层上下压出印痕,起到防粘作用。

(2)增大紧压罗拉的压力:增大紧压罗拉的压力,使棉层内的纤维集聚更为紧凑,一般总压力比纺棉时大25%以上。

(3)采用棉卷渐增加压:随着棉卷直径的增大,棉卷压钩压力增加可防止外紧内松。

(4)其他防粘措施:采用较短的卷长和较重的定量可减少粘连。为了防粘也可在棉卷间加粗纱以分隔棉层。

思考题

1. 开清棉工序的任务及开清棉机械的分类。

2. 开清棉的工艺原则,在实际生产中如何体现。

3. 对原料的开松作用方式及影响因素。

4. 对原料的除杂作用方式及影响因素。

5. 抓棉机的工艺作用及影响因素。

6. 多仓混棉机的主要作用及混合原理。

7. 如何提高开清棉系统的混合效能。

8. 主要开棉机械(清梳联流程、成卷流程)的机构组成和作用过程。

9. 主要清棉机械(清梳联流程、成卷流程)的机构组成和作用过程。

10. 异性纤维检测清除装置的检测原理和安装位置对作用效果的影响。

11. 开清棉的联接装置由哪些机械组成。

12. 开清棉联合机的组合原则和方法。

13. 棉卷的主要质量指标及测试方法和控制范围。

14. 开清棉工序提高棉卷(筵棉)质量的主要措施。

15. 开清棉工序加工化纤的特点。

参考文献

[1] 刘国涛. 现代棉纺技术基础[M]. 北京:中国纺织出版社,1999.

[2] 郁崇文. 纺纱学[M]. 北京:中国纺织出版社,2009.

[3] 杨锁延. 现代纺纱技术[M]. 北京:中国纺织出版社,2004.

[4] 徐少范. 棉纺质量控制[M]. 北京:中国纺织出版社,2002.

[5] 秦贞俊. 现代棉纺纺纱新技术[M]. 上海:东华大学出版社,2008.

[6] 张曙光. 现代棉纺技术[M]. 上海:东华大学出版社,2007.

[7] 上海纺织控股(集团)公司. 棉纺手册[M]. 北京:中国纺织出版社,2004.

[8] 李妙福. 清梳联工艺设备与管理[M]. 上海:东华大学出版社,2006.

第四章　梳棉

● 本章知识点 ●

1. 梳棉工序的任务及各任务实现的方式。梳棉质量的评价及提高措施。
2. 梳棉机的机构组成,工艺原理和作用分析。
3. 梳棉机各部分工艺调节的参数与调整方法。
4. 影响刺辊分梳效果及后车肚落棉的因素。
5. 影响锡林、盖板和道夫部分的梳理、均匀混合与除杂作用的因素。
6. 针布的作用、类型及选用基本原则。
7. 剥棉、成条和圈条的基本原理。
8. 梳棉工序加工化纤的特点。
9. 梳棉自调匀整装置的型式与特点,无回棉清梳联系统组成、工艺过程、中间连接装置结构和作用原理

第一节　概　述

一、梳棉工序的任务

(一)梳理

原棉经开清棉工序制成的棉卷或棉层中,纤维多呈束、块状,其平均重量一般在数毫克至几十毫克之间。因此,要求进一步予以细致梳理,使束、块纤维分离成单纤维状态。

(二)除杂

原棉中的杂质、疵点在开清棉工序中只能除去60%左右,留存在棉卷或棉层中的多为细小的带纤维或黏附性较强的杂质,如带纤维籽屑、破籽、软籽表皮及棉结等,必须继续清除。

(三)混合与均匀

开清棉工序对不同性状和比例的原棉,仅具有初步的混合作用,而梳棉机可使单根纤维之间充分混合。同时梳棉机的梳理元件还具有一定的"吸""放"纤维性能,因而生条条干比较均匀。

(四)成条

为了便于下道工序继续加工,应使纤维集拢而呈条状,并有规则地圈放于棉条筒内。

梳棉机上棉束被分离成单纤维的程度与后道工序的牵伸、成纱强力和条干密切相关。梳棉机除杂作用的好坏,在很大程度上决定了成纱的结杂与条干。梳棉机的落棉率是各工序中最多的,且含有一定数量的可纺纤维,因而合理控制落棉的数量与质量,直接与每件纱的用棉量有关。

二、国产梳棉机的发展

新中国成立后,我国自行研制了 1181 型弹性针布梳棉机(英制),性能良好、质量稳定、台时产量达 5~7kg,改公制后定型为 A181 型梳棉机。随着生产技术的发展,制成以金属针布替代弹性针布的 A181E 型梳棉机,台时产量为 15~20kg。在此基础上,采取提高刺辊与锡林速度、加大卷装等措施,使台时产量又提高到最高 25kg,并定型为 A186 型梳棉机。之后再对传动机构、锯条和针布规格以及部分零件的改进基础上,生产了 A186C 型梳棉机。随后又在对吸尘装置以及主要部件和墙扳加固的基础上,生产了 A186D 型梳棉机,该机可加工棉、棉型化纤和中长纤维。为了提高国产梳棉机水平,在 A186D 型梳棉机基础上,吸取了部分引进设备的特点,又试制了 A186E 型梳棉机。近十多年来,又先后研制了 FA 系列梳棉机,如 FA201 型、FA231 型。采用抬高锡林中心位置、增加工作盖板根数、锡林前后加装固定盖板、刺辊下安装分梳板取代小漏底以及使用新型针布等项技术措施,使台时产量达到 20~35kg 甚至更高。21 世纪后吸收国外先进技术研制的 JWF1201 型、JWF1205 型等高产梳棉机,多处采用模块化设计,如皮圈导棉和集束器、单刺辊和三刺辊、固定盖板和棉网清洁器等多处使用了铝合金型材,提高制造精度和光洁度;滤尘系统采用流线形设计的吸塑式管道;电气控制方面采用了新型控制技术和伺服控制技术,提高了控制精度,解决了升降速过程中的棉条定量漂移问题。

三、国外高产梳棉机的发展

20 世纪 70 年代末 80 年代初,我国引进了当时国际水平的梳棉机,如瑞士立达公司的 C1/3 型、德国的 DK2 型、日本的 CK7C 型、英国的泼拉脱 600 型以及 CKW 型(日本)和 MK3/80 型(英国)双联梳棉机,这类梳棉机(如 C1/3 型等)的实际产量可达 25~30kg,20 世纪 80 年代中期又引进了 C4 型、DK715 型、DK740 型、MK4 型、C300 型梳棉机,这类梳棉机的实际产量为 35~50kg。至今国际各厂家新生产的高产量梳棉机有德国特吕茨勒公司的 DK903 型、TC-03 型高产梳棉机;瑞士立达公司 C51 型、C60 型高产梳棉机;英国克罗斯罗尔公司生产的 MK6 型高产梳棉机,在产量上均称 100kg/h 以上,但在国内用于纺粗支及转杯纺时,产量可高达 80kg/(台·h),细支普梳精梳时,产量为 40kg/(台·h)左右。大都采用锡林高速,扩大梳理面积,采用高性能金属针布,不同规格不同形式的分梳板及吸风尘刀、固定盖板、小踵趾面、铝合金新型盖板、盖板反转,提高部件加工精度及整机高装配精度等新技术措施。

四、梳棉机的工艺过程

图 4-1 为典型 FA 系列梳棉机的剖面图。采用双棉箱气压式无回棉喂棉箱 1,实现清花,梳棉连续化生产,进入给棉罗拉 2,棉层因给棉罗拉的顺转柔和地开松和转移,纤维损伤减少,

而后喂给刺辊 3（ϕ250mm,800~1011r/min,表面包金属锯条），接受开松与分梳。刺辊下设分梳板 20 和 2 个吸点 19、21,一方面托持纤维、排除尘杂与短绒,另一方面起附加分梳作用。被刺辊抓取的纤维经分梳板后,与锡林 8（ϕ1289mm,330r/min、360r/min、420r/min 表面包有金属针布）相遇,锡林前后各装两组固定盖板 26、27、23、24,底部设置板 25 及吸口和棉网清洁器 11、5,并前后各设一个杂质吸点 10、6。锡林将刺辊表面的纤维剥取下来,经后固定盖板 26、27 进入锡林、盖板工作区,在盖板 9（106 根,工作盖板 41 根,表面包有针布）与锡林的针齿共同作用下,将棉束梳理成单纤维,并充分混合及清除细小杂质。盖板针面上充塞的纤维和杂质在走出工作区时,被斩刀剥下成为斩刀棉。被剥取纤维的盖板经毛刷刷清后,由车后刺辊上方重新进入工作区,盖板上设有吸点 4、飞花吸点 7。被锡林针齿携带的纤维,离开锡林、盖板工作区,通过前上罩板、抄针门,被固定盖板 9 整理后,经过前下罩板与道夫 12（ϕ706mm,5.7~55.8r/min,变频调速,表面包有金属针布）相遇,部分纤维凝聚到道夫表面,而残留于锡林表面的纤维,经大漏底与新喂入的纤维一起,再进入锡林、盖板工作区。由道夫表面所凝聚的纤维层,被剥棉罗拉 14 剥下后,通过导棉装置 15 进入喇叭口集拢成条并通过大压辊 16,然后在圈条器 18 作用下,有规则地圈放在棉条筒中。

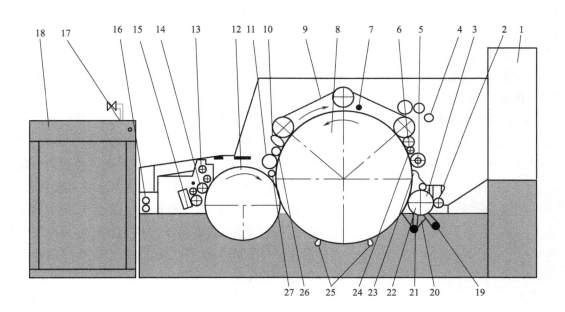

图 4-1 梳棉机剖面图

1—FA 给棉箱 2—给棉罗拉 3—刺辊 4—盖板花吸点 5—后棉网清洁器吸点 6—后盖板杂质吸点 7—盖板飞花吸点
8—锡林 9—盖板 10—前盖板杂质吸点 11—前棉网清洁器吸点 12—道夫 13—清洁辊吸点 14—剥棉罗拉
15—导棉器 16—大压辊 17—圈条器吸点 18—圈条器 19—刺辊下右吸点通道 20—刺辊分梳板
21—刺辊下左吸点 22—刺辊放气罩吸点 23—后下固定盖板 24—后上固定盖板 25—锡林底部罩板吸点
26—前上固定盖板 27—前下固定盖板

第二节　给棉、刺辊部分

给棉、刺辊部分主要由给棉罗拉、给棉板、刺辊、分梳板或小漏底、除尘刀等组成(图4-1局部)。给棉罗拉和给棉板用以喂给并握持棉层,由刺辊对棉层进行分梳除杂;除尘刀用以托持纤维,并切割气流而除杂;而分梳板则梳理由刺辊抓取的纤维尾端,起预分梳作用,以降低盖板区的梳理负荷。

一、给棉、刺辊部分的分梳作用

(一)棉层握持

棉层在给棉罗拉、给棉板间,要求握持牢靠,横向握持均匀,握持力适当,否则刺辊会较多地抓取未经充分分解的棉束,并造成横向分梳不匀。

1. 给棉罗拉加压及其挠度　给棉罗拉加压后,棉层变形,沿其前进方向密度逐渐加大,近出口处最大,以握牢棉层,有利于刺辊穿刺分梳。加压量大小须视棉层的定量和结构、刺辊速度以及罗拉直径等因素综合考虑。

直径较小的沟槽给棉罗拉两端加压的方式,虽然机构简单、作用有效,但还存在下列缺陷。

(1)由于罗拉的回转,罗拉齿峰、齿谷交替通过给棉板鼻尖,引起棉层纵向相邻片段握持力以及给棉板分梳工艺长度呈周期性变化。

(2)罗拉因加压而产生的挠度大,罗拉两端对棉层的握持力较中部大,加之棉层横向不匀形成棉层横向握持不匀。因此,新型梳棉机上在增大给棉罗拉直径(80～100mm)的同时,将表面改为小菱形结构可弥补上述缺点,为了加强和保证对喂入棉层的握持,在高产梳棉机一般都采取:增大加压,以保证对棉层有足够的握持力;加大给棉罗拉直径,增加给棉罗拉刚性,以减少给棉罗拉给棉板变形,使横向压力均匀。另外有些国外设备中给棉形式也作了改进,这些内容在后面新技术章节中介绍。

2. 给棉板圆弧面　给棉罗拉与给棉板间以圆弧面 AB 共同控制棉层,如图4-2所示。为使刺辊在分梳棉层中的棉束头端时,棉束尾端不至于过早滑脱,要求最强握持点在给棉板鼻尖 B 处,棉层在圆弧 AB 内逐渐被压缩和增强握持力。为此,设 e 为喂入棉层后给棉罗拉中心 O_1 与给棉板圆弧中心 O 的偏心距($OO_1 = e$),Q 为矢径 r 与 OO_1 间的夹角;R、r 分别为给棉板圆弧曲率半径和给棉罗拉半径;x 为一动点;a、b 为给棉板进、出口隔距;Q_0 为圆弧 AB 所对的

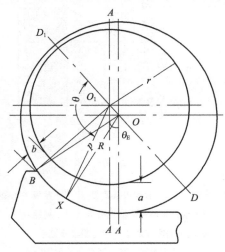

图4-2　给棉罗拉与给棉板
圆弧面间的隔距

中心角;h 为设计要求的收缩系数 $[h=(a-b)/Q_0]$。连接 OO_1 并延长交圆 O 于 D、D_1,并以此为 x 轴。则在 $\triangle xOO_1$ 中:

$$\rho^2 + 2e\rho\cos\theta + e^2 - R^2 = 0$$

$$\rho = \sqrt{R^2 - e^2\sin^2\theta} - e\cos\theta$$

$$\mathrm{d}\rho/\mathrm{d}\theta = e\sin\theta\left[1 - \frac{e\cos\theta}{\sqrt{R^2 - e^2\sin^2\theta}}\right]$$

一般 e^2 很小,所以:

$$\rho = R - e\cos\theta$$

$$\mathrm{d}\rho/\mathrm{d}\theta = e\sin\theta(1 - e\cos\theta/R) \tag{4-1}$$

令 $\mathrm{d}\rho^2/\mathrm{d}\theta^2 = 0$,可得拐点,并且该点附近的 $\mathrm{d}\rho/\mathrm{d}\theta$ 为常数。而 θ 以 θ_ρ 表示,则:

$$e\cos\theta_\rho - e^2(\cos^2\theta_\rho - \sin^2\theta_\rho)/R = 0$$

$$\theta_\rho = \arccos(R - \sqrt{R^2 + 8e^2})/4e \tag{4-2}$$

通常 e 的取值范围均小于 $R - r$,而在 $0.102 \sim 0.900\mathrm{mm}$ 之间。如果 $R = 35.95\mathrm{mm}$,取 $e = 0.102\mathrm{mm}$ 则 $\theta_\rho = 90.16°$;取 $e = 0.900\mathrm{mm}$,则 $\theta_\rho = 91.43°$。

可见当 θ_ρ 约等于 90°时,不同的偏心距均可使变化率 $\mathrm{d}\rho/\mathrm{d}\theta$ 接近常数值。

以 $\theta_\rho = 90°$代入式(4-1)得:

$$\mathrm{d}\rho/\mathrm{d}\theta = e = h$$

于是可作给棉板进出口隔距的计算:

(1)使拐点落在弧 AB 的中点,作 $\angle D_1O_1x = 90°$,得到 D_1O_1x 线。

(2)在 D_1O_1D 线上截取 O_1 点,使 $OO_1 = h$。

(3)用 $\theta_A = 90° + \theta_0/2$、$\theta_B = 90° - \theta_0/2$ 代入式 $r = R - e\cos\theta$ 求得在 A 和 B 点矢径 ρ_A 和 ρ_B。

(4)可得入口与出口隔距:

$$a = \rho_A - r$$

$$b = \rho_B - r$$

如用 $h = 0.381$,$\theta_0 = 50°$,$R = 35\mathrm{mm}$,则用上法计算可得:

$$a = 1.091\mathrm{mm}$$

$$b = 0.769\mathrm{mm}$$

再计算当给棉罗拉沿 15°斜面升降,进口隔距在 $0.251 \sim 1.261\mathrm{mm}$ 之间变化时,出口隔距均能满足 $a > b$ 的要求。

(二)刺辊的分梳作用

刺辊的主要作用是分梳、除杂。棉层也只有在受到充分分梳的条件下,才能有效地清除杂质疵点、梳直纤维。

刺辊的齿面对被握持纤维层进行的分梳,不仅直接影响锡林、盖板间的梳理质量,并与生条结杂、条干、后车肚落白以及纤维受损伤程度等有关。

影响刺辊分梳效果的因素除棉层结构、质量好坏外,尚有锯条规格、锯齿作用力、刺辊分梳度与速度、给棉板的几何形状、给棉板与刺辊的相对位置等。

1. 刺辊分梳过程　刺辊对棉层分梳时,在给棉板处形成自上而下逐渐变薄的棉须如图4-3所示,当给棉罗拉2与给棉板3喂入棉层,棉束尾端处于由给棉罗拉压力和相邻棉束共同形成的摩擦力界控制下,而头端在进入刺辊1作用弧内时,即受到锯齿的高速打击分梳,棉束被穿刺、分割。由于棉层的恒速喂入,该棉束受到的握持力逐渐减弱,棉束中被梳开的纤维,因其与锯齿的摩擦作用而逐渐被锯齿带走,被带走纤维的后端则在摩擦力界和相邻有关棉束的控制下滑移,受到分离与伸直。由于刺辊与给棉罗拉间有近千倍左右的牵伸,所以棉层中有70%~80%的棉束被刺辊分解成单纤维状态。

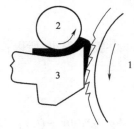

图4-3　刺辊分梳过程

2. 锯齿规格　锯齿的材料、规格及其技术状态,对刺辊的分梳作用影响甚大。为了提高锯齿对棉层的穿刺能力,近来大多采用薄齿。为了提高梳棉机产量而不过多地提高刺辊转速,目前有增加齿密的趋势。陶瓷涂层硬化高碳钢的自锁刺辊齿条可抗磨损和无毛刺,与普通齿条相比寿命可延长5~10倍。

3. 锯齿的作用力　锯齿对棉束的作用力,由锯齿两侧同棉束间的摩擦阻力与锯齿前工作面同被它分梳的棉束间的摩擦阻力共同组成。

刺辊分梳棉层,相邻两锯齿间的棉束,一方面受到压缩,另一方面因纤维的弹性而对锯齿两侧产生一定的压力,当锯齿通过棉束时,这一压力可使纤维与锯齿两侧产生摩擦力。它能使棉束改变位置,顺着锯齿的回转平面平行排列,并可能带动纤维。

4. 刺辊分梳度与速度　刺辊分梳度一般以每根纤维受到的平均作用齿数来表示。

$$C = \frac{n_t \times Z \times L \times Tt}{v \times W \times 1000} \qquad (4-3)$$

式中:C——每根纤维受到的平均作用齿数;

　　W——棉层定量,g/m;

　　n_t——刺辊转速,r/min;

　　v——给棉速度,m/min;

　　L——纤维的平均长度,m;

　　Tt——纤维平均线密度,tex;

　　Z——刺辊表面的总齿数。

$$Z = \frac{D_t \times \pi \times b}{\rho \times R} \qquad (4-4)$$

式中:D_t——刺辊直径,mm;

　　　b——刺辊长度,mm;

ρ——锯条的纵向齿距,mm;

R——锯条的条距,mm。

高产梳棉机的刺辊分梳度值一般为 0.5～1 齿/1 根纤维。它是一个平均值,没有考虑棉层结构、开松度以及横向均匀度的影响,也未反映喂入棉层的握持情况以及刺辊与给棉板隔距等因素。因此,刺辊分梳度值仅是用作衡量刺辊分梳质量的参考指标。

当梳棉机产量提高,为了保持一定刺辊分梳度值,可采用提高刺辊速度(齿密不变)或增大齿密(刺辊速度不变)的方法。还可以在刺辊下装一块铝合金孔状分梳板,使纤维在进入除尘刀小漏底之前起到预梳作用,包覆金属齿条的给棉罗拉能更好地握持棉束。

5. 给棉板　工艺要求在给棉罗拉与给棉板出口处形成强有力的钳口以保证刺辊能逐步刺入棉层,故给棉板设有鼻尖和斜面以及由斜面而产生的工作面角度。

(1)给棉板的有关长度:如图 4－4 所示,托持棉层的整个斜面长度 L 称为给棉板工作面长度;刺辊、给棉板隔距点 A 以上一段工作面长度 L_1 与鼻尖宽度 a 之和称为给棉板分梳工艺长度 L_a;给棉罗拉与给棉板最后握持点 D 与刺辊开始分梳点(始梳点) B 间的距离称为握持点与始梳点间长度 L_x;给棉板、刺辊隔距点以下一段工作面长度 L_2 称为托持面长度。

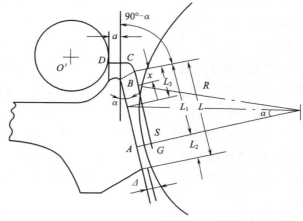

图 4－4　给棉板形状及有关长度

(2)给棉板分梳工艺长度:由图 4－4 可知,给棉板分梳工艺长度 L_a 应为:

$$L_a = a + L_1 = a + L_3 + (R + \Delta)\tan\alpha \tag{4-5}$$

式中: L_3——给棉板工作面高出刺辊轴心水平线以上的长度,mm;

　　　R——刺辊半径,mm;

　　　Δ——给棉板与刺辊间隔距,mm;

　　　α——给棉板工作面与垂直线的夹角。

结棉板分梳工艺长度与刺辊的分梳质量密切相关。如果给棉板、刺辊间的隔距不变,则由刺辊转移给锡林的棉束百分率,随着给棉板分梳工艺长度的缩短而减少,但短绒百分率则增加。之所以产生这种现象,可从给棉板分梳工艺长度同棉层始梳点至握持点距离间的关系予以分析。

(3)给棉板握持点至始梳点间长度:刺辊分梳棉层时,锯齿开始从棉层的 B 点刺入,沿着锯齿运动的圆弧逐渐深入到隔距点 A 处。如将棉层在厚度方向自外而内分为若干纤维薄层,则锯齿对各纤维薄层的始梳点位置均不相同,表层始梳点 B 位置最高,它与握持点间长度最短;下一层始梳点位置略低,它与握持点间长度略长;锯齿触及最里层时,始梳点下降至 G 点,它与握持点间长度最长。任意一纤维薄层的握持点至始梳点间的长度可用下式计算:

$$L_x = L_a + \frac{2\pi}{360°} \times (90° - \alpha) \times y_x - \sqrt{R^2 - (R + \Delta - y_x)^2} \qquad (4-6)$$

式中:y_x——任一纤维薄层至给棉板工作面的距离,mm。

L_a 值较小,当然有利于分梳,但 L_x 值过小,表面数层薄层的纤维容易被切断而变为短绒。

当 α、R、Δ、y_x 等参数不变时,L_x 值的大小取决于分梳工艺长度 L_a。L_x 值直接影响锯齿对棉束的开松和对纤维的梳理长度以及纤维的受损程度。一般 L_a 的选用应兼顾分梳效果与损伤纤维这一矛盾。因为:

①当 $L_x > L_m$(纤维主体长度)时,损伤纤维少,但未经梳开的棉束多,对分梳与除杂不利。

②当 $L_x \approx L_m$ 时,分梳较好,损伤纤维亦不显著。

③当 $L_x < L_m$ 时,对纤维有损伤,但分梳、除杂效果好。

根据生产实践经验,给棉板分梳工艺长度在纺棉时,按纤维主体长度选用较好。如分梳工艺长度与所加工纤维长度不相适应时,一般采用垫或刨的方法来抬高或降低给棉板。

(4)给棉板与刺辊的相对位置:给棉板与刺辊的相对位置包括给棉板高低、给棉板与刺辊隔距和由于高低而引起的分梳工艺长度和托持面长度的变化等。

决定给棉板高低的基准是刺辊中心位置。给棉板鼻尖有高出、平齐以及低于刺辊中心三种情况。抬高给棉板,分梳工艺长度增加,但托持面减短,落杂区长度加大,对梳理和除杂均有影响。

给棉板与刺辊间的隔距较小时,分梳作用强,棉束小,但短绒增加。在机械条件较好时,这一隔距在 0.18 ~ 0.305mm 范围内偏小掌握。如给棉板工作面长度偏短,或加工纤维强力较低时,为了减少短绒,可将这一隔距适当放大。

托持面的作用是托持纤维不过早地脱离锯齿,同时在给棉板需要垫高时,分梳工艺长度可借用其部分或全部长度。托持面使落杂空间减小,影响除杂。为了适应工艺上的机动性,给棉板一般有 5mm 上下的托持面,国外也有无托持面的。为了加强和改善棉层的握持,给棉罗拉给棉板采用倒置式。实验表明,内外层分梳程度的差异 1 倍以上,内层的纤维损伤也就小,弧形给棉板和双直线给棉板都能部分改善内外层分梳差异问题。

二、刺辊部分的气流与除杂

(一)刺辊部分的气流

经刺辊分梳后的棉束,绝大部分被分解为单纤维状态。因此,刺辊部分除予以必要的机械控制外,还必须十分重视气流的作用。生产中往往会发现后车肚落白、大量可纺纤维散失、小漏底网眼堵塞(采用小漏底时)、入口处挂"门帘"、落棉过多或过少以及落棉中含杂过少等现象,这些一般与气流控制有关。

如图 4 - 5 所示,高速刺辊携带纤维通过给棉板与刺辊隔距点 A 处,因该处隔距很小,且有棉须,气流受阻。在 A 点与除尘刀间,刺辊带动的气流,随着离 A 点距离的加大而增厚。气流的增厚,要求在给棉板下补入空气 a,这对刺辊上的纤维起一定的托持作用。增厚的气流至除尘刀处,部分气流 b 为除尘刀分割,沿刀背下流,被割气流层中的杂质及少量纤维,亦由刀背落下。通过除尘刀与刺辊隔距点的气流,又继续增厚,及至小漏底入口处,气流厚度超过小漏底入口隔距的气流 c′,被分割而折入后车肚,厚度小于小漏底入口隔距的气流 c,则进入小漏底。由于除尘刀与小漏底间气流增厚,产生刀下补入气流 d,因而由刀背流失的气流,有部分重新向小漏底入口处流动。形成回收区,使由刀背落下的部分纤维有可能随气流进入小漏底。进入小漏底的

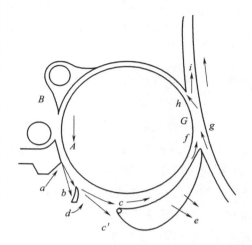

图 4 – 5 刺辊周围的气流运动

气流,因刺辊与小漏底间隔距逐渐收小而有部分气流 e 和短绒、尘屑一起溢出网眼。在小漏底出口处,气流 f 流向刺辊与锡林三角区,并在大漏底出口处与锡林所带动的气流 g 汇合,在通过锡林、刺辊隔距点 G 后又一分为二,气流 h 进入刺辊罩盖,为吸尘点 B 吸取,气流 i 进入后罩板流入锡林、盖板工作区。

通过实测刺辊部分的气流,有如下结论。

(1)无论刺辊、锡林高速与否,小漏底和刺辊间以及刺辊和刺辊罩盖间的静压由入口至出口都是增加的。这是因为小漏底与刺辊间隔距逐渐缩小以及气流在给棉罗拉与给棉板隔距点处受阻的缘故。

(2)如不用刺辊吸尘罩,刺辊周围各部位均随刺辊、锡林速度和产量的增加而形成高压气流,尤以刺辊罩盖处最为显著,此处气压过大,迫使气流从给棉罗拉、给棉板隔距点处加速向下喷射,使原来被锯齿抓牢的部分纤维,有可能脱离锯齿而下落成为落白。在无吸尘罩的老式梳棉机上,必须采用降压措施。

(3)使用刺辊吸尘罩后,各处静压均显著降低,避免了可纺纤维下落。由于落棉相应减少,落棉含杂率将提高。小漏底排除短绒虽有减少,但排除短绒总量反而增加。

(二)影响刺辊落棉的因素

生产上,当混棉成分发生较大变化或对成纱质量有不同要求时,必须及时调节刺辊落棉;如各机台机械状态存在较大差异,亦需对刺辊落棉作必要的调整,以便做到稳定生产、保证质量和节约用棉。

影响刺辊落棉的因素相当复杂,归纳起来有下列几种情况。

1. 刺辊速度 提高刺辊速度,有利于分解棉束、暴露杂质、加强落杂。这可从锯齿上纤维或杂质的受力情况加以说明。

设:F——纤维或杂质的离心力,沿刺辊的半径方向;

R——纤维或杂质所受的空气阻力,垂直于刺辊半径方向,并与刺辊的回转方向相反,

使纤维或杂质压向锯齿工作面。当其他条件不变,R 值越小,则杂物下落的机会越大。R 值与下列因素有关:

$$R = 0.5C_0\rho\ (U - U_y)^2A \qquad (4-7)$$

式中:C_0——空气阻力系数;

ρ——空气密度;

A——纤维或杂质的投影面积;

$(U - U_y)$——纤维或杂质与气流运动的相对速度。

锯齿上纤维、杂质的受力情况如图 4 – 6 所示,以齿尖为原点并选坐标。图中 N 为由于 R 产生的锯齿对纤维或杂质的反作用力,方向与锯齿垂直 T 为摩擦力,是纤维或杂质抛出时,在运动方向受到的摩擦阻力,其最大值为 mN(m 为纤维或杂质与锯齿的摩擦因数);α_1 为锯齿工作面角度,它与锯齿工作角 α 的关系为 $\alpha + \alpha_1 = 90°$。

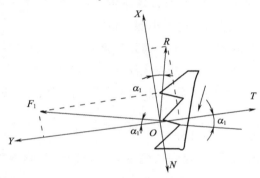

图 4 – 6　锯齿上纤维受力情况

由图 4 – 6 可知:

$$R\cos\alpha_1 + F\sin\alpha_1 = N$$

杂质脱离锯齿的条件是:

$$F\cos\alpha_1 > R\sin\alpha_1 + T$$
$$F > R\tan(\alpha_1 + \phi) \qquad (4-8)$$

式中:ϕ——摩擦角。

杂质因其体积小、密度大,所受空气阻力小,而离心力大,它与纤维的情况相反,就比较容易被抛出。

刺辊速度增加后,锯齿上纤维和杂质的离心力、空气阻力均相应增加,但对长纤维增加的离心力较小而空气阻力增加较大,杂质则相反。这样随着刺辊速度在一定范围内提高,刺辊抛落物增加,但同时回收作用也有增强。刺辊速度受到刺辊分割度的限制,不能过快,过快不但使纤维损伤多,还因抛落作用加强,易产生后车肚落白。刺辊速度增加后,应注意保持锡林、刺辊间一定的速比关系;防尘刀、分梳板或小漏底工艺应作必要的调整;给棉罗拉亦须适当增压。

由式(4-8)还可以看出,减小锯齿工作面角度 α_1(即加大工作角 α),对排杂有利。

近年来随着梳棉机的发展,刺辊部分由变频电动机单独传动,通过电脑设定速度,根据原料性能、质量要求选最佳刺辊速度。

2. 落杂区长度 梳棉机的落杂区由三部分组成,给棉板与刺辊隔距点到除尘刀与刺辊隔距点间的距离称为第一落杂区;除尘刀与刺辊隔距点到分梳板或小漏底入口间距离称第二落杂区;小漏底入口到出口间的距离称小漏底落杂区,如图4-7所示。若小漏底弦长不变,第一、第二落杂区长度随除尘刀位置高低而互为增减。

棉层中所含杂质大且数量较多时,应适当加大第一落杂区长度,以保证杂质抛出有必要的时间。通常第一落杂区长度在 35~50mm。第二落杂区为刺辊排杂的重点区域,少数大杂及大部分

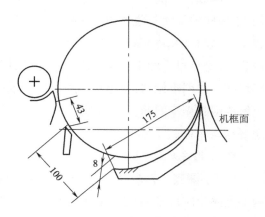

图4-7 梳棉机各落杂区长度

较小杂质均应在此落下。较小杂质在离开刺辊表面向外抛出的速度较小,因此,第二落杂区应比第一落杂区有较大的长度。第二落杂区较长,可纺纤维落下的机会亦增多,故在这一区域,还须注意气流的回收作用。通常这一长度在 89~114mm。在小漏底落杂区内,要求利用一定的气压排除短绒与尘屑。这一落杂区在 165~200mm。如排除短绒与尘屑的矛盾不突出或不需排除短绒(如化纤纯纺时),则小漏底可以是部分无网眼或全部无网眼。

3. 除尘刀位置 除尘刀不仅起着击落杂物、分配第一与第二落杂区长度以及对纤维具有一定的伸直与托持作用,而且还有击碎杂质与改变杂质运动轨迹的功能。除尘刀位置包括高低、安装角度及其与刺辊的隔距。除尘刀高低以车面为基准,一般在 ±6mm 范围内调节。如果此落杂区长度太长,即除尘刀太低,则易发生落白,其调整要根据落棉率和含杂情况而定。高于车面、与车面平齐以及低于车面者,分别称高刀、平刀、低刀工艺。除尘刀高低位置主要根据棉层含杂情况而定。除尘刀安装角度指刀背与机框水平面间的夹角,生产上一般在 70°~110° 调节。角度大小与刀背上气流流动情况以及气流向小漏底入口处的回收作用有关。除尘刀与刺辊间的隔距,生产上一般为 0.31~0.43mm。隔距过大,通过刀与刺辊隔距点的气流增多,第一落杂区落棉减少,第二落杂区负担相应加大。以前曾采用过弧形除尘刀和在除尘刀下接装挡板,前者制造、安装困难,生产中并未采用,而后者主要是增大下端回收时的离心力,使杂质下落增加,仅在试验中采用过。

4. 小漏底工艺 传统梳棉机大多采用小漏底。对小漏底的工艺要求是能顺利排除短绒和尘屑,避免漏底挂花、网眼堵塞或在入口处积留纤维。

小漏底与刺辊间的隔距自入口至出口逐渐递减,在漏底网眼处形成大于车肚的气流静压,使气流能均匀、缓和地流出网眼,有利排除短绒、尘屑。小漏底内部静压必须适当,过小则排除短绒效果不显著,过大则网眼排出气流过急,易使较长纤维随气流喷出时,勾挂或横跨于相邻网眼之间,随着纤维的不断堆积,而使网眼逐渐糊塞。同时,小漏底内部过高的气压,使纤维进入

小漏底的阻力相应增大,易使入口处积聚纤维甚至挂花。所积纤维或挂花会间断地带入小漏底或落入车肚,造成云斑棉网或入口落白。

小漏底入口隔距一般可在 4.76~9.53mm 调节。这一隔距加大,进入小漏底的气流量增加,小漏底的气流与落物的排除将有所增加,但因漏底入口处被分割掉的气流较薄,排除的落物较少,所以总的落棉率有所减少,而落棉含杂率则有所提高。当喂入棉层含杂较多时,入口隔距应收小,避免过多细小杂质回收。小漏底出口隔距一般为 0.4~1.6mm,这一隔距过大,会使网眼堵塞。如网眼糊塞,收小小漏底出口隔距可得到改善。放大后罩板入口隔距也可在一定程度上解决网眼糊塞问题。不锈钢光板小漏底保持内部气流稳定,通道光洁无堵塞现象,便于纤维顺畅均匀转移。

5. 小漏底规格

(1)小漏底圆弧半径:为使气流从小漏底逐渐地均匀排出,小漏底与刺辊间自入口至出口的 5 点隔距应逐渐收缩。令 e 为收缩率,即小漏底圆弧的圆心角每一度应使隔距收缩的量(mm),则收缩率为:

$$e = \frac{入口隔距 - 出口隔距}{小漏底圆弧的圆心角} \qquad (4-9)$$

(2)小漏底弦长:小漏底弦长是影响刺辊落棉的因素之一。当除尘刀高低位置不变,缩短小漏底弦长,即相当于增加第二落杂区长度,可使杂物在该区有较多机会下落。同时,由于气流增厚,在小漏底入口处挡落的杂物亦多。当提高产量时,因落棉并不随产量而成比例增加,为了保持一定的落棉率与除杂效率,小漏底弦长应比低产时短。

第三节　锡林、盖板和道夫部分

锡林、盖板和道夫部分主要由锡林、盖板、道夫、固定盖板、前后罩板和大漏底等组成(图 4-1 局部)。这部分的主要作用是:锡林和盖板对刺辊初步分梳后的棉束和松散纤维作进一步细致的分梳,并除去一部分细小杂质;道夫将锡林上经梳理的部分纤维凝聚成纤维层,纤维在梳理和凝聚过程中实现均匀与混合;前、后罩板和大漏底主要用于罩住或托附锡林上的纤维,以免飞散,有的大漏底还有排除杂质、短绒作用;前后固定盖板则起辅助分梳与整理作用。

一、锡林、盖板和道夫部分的梳理作用

(一)特点

(1)利用两个针面的针齿摩擦握持并分梳纤维,称之为"自由梳理"。这种梳理方式不仅可减少纤维损伤,且有调头梳理作用。

(2)由于针齿密度大,纤维在锡林、盖板较大弧面内接受锡林多转反复梳理,因而梳理作用比较细致。

（3）在锡林、盖板针齿间储有纤维量，具有一定的均匀、混合作用。

（二）作用条件

纤维在梳棉机两个针面向可以产生两个基本作用，即分梳作用和剥取作用。

两个针面间产生分梳作用的基本条件是：两个针面的针齿呈平行配置；两个针面具有相对速度，且一针面对另一针面的相对运动方向需对着针尖方向；具有较小隔距和一定的针齿密度。而两针面产生剥取作用的主要条件是针尖呈交叉配置。

如图4-8（a）所示，梳理力只使两针面均有向内的分力 P，力 P 可控制纤维，避免纤维轻易地脱离针尖，这是分梳的必要条件。图4-8（b）中一针面的分力向外，有促使纤维脱离针尖的作用，另一针面的分力向内，具有托持纤维的作用，这时后者剥取前者针面上的纤维。

（三）作用过程

1. 锡林与刺辊间　锡林与刺辊间因剥取作用而使纤维从刺辊向锡林转移，并要求绝大部分纤维能顺利转移且使转移到锡林表面的纤维层结构良好。刺辊返花会产生棉结和短绒。

影响转移的主要因素有锡林与刺辊的速比，纤维长度和性能，锡林与刺辊转移区的长度与隔距，纤维在刺辊上的离心力，转移区的气流和针齿的技术状态、规格等。

锡林与刺辊速比的大小对转移的影响很大，如图4-9所示，设 S 为转移区长度（mm）；为使较长纤维能获得充分转移，令 L 为纤维的品质长度（mm）；v_t 为刺辊1的表面速度（mm/min）；v_c 为锡林2表面速度（mm/min）。

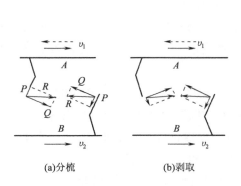
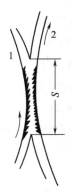

(a)分梳　　　(b)剥取

图4-8　梳理作用中纤维受力示意图　　　图4-9　纤维由刺辊向锡林转移

设纤维在转移区开始时即被锡林抓取其一端，并在接近后罩板底边以前转移，则当刺辊通过转移区 S 的距离时，锡林应通过 $S+L$ 的距离，在考虑纤维的弯钩成分和纤维在转移区并非等概率转移的实际情况下，速比为：

$$\frac{v_c}{v_t} = \frac{\eta_1 S + \eta_2 L}{\eta_1 S} \tag{4-10}$$

式中：η_1——转移区长度系数（0.5）；

　　　η_2——纤维平均伸直度系数（0.75）。

通常纺细绒棉时的速比在 1.5～1.8,纺长绒棉或棉型化纤时在 1.9～2.2,纺中长化纤时在 2.2～2.5。国外这一速比有高达 3 倍左右的。采用"刺辊低速,锡林高速"工艺,对提高生条质量比较有利。

2. 锡林与盖板间 刺辊转移给锡林的新纤维覆盖在锡林针面原有的纤维层上,在后罩板处纤维因离心力作用而浮升在针面上,由锡林带至锡林盖板工作区。因盖板与锡林的隔距较小,大部分棉束或纤维被开始几根盖板抓取,纤维在盖板上形成棉须状态。随后锡林又对抓取的棉束边梳理边抓取,在纤维和棉束分梳的地方,再次聚集新的纤维和棉束。纤维在盖板工作区两个针面间转移、交替。有的杂质随同纤维上下转移,有的被分离后因锡林离心力而抛向盖板纤维层上,在锡林与盖板的整个梳理区内都发生形成棉须、分梳棉须、纤维与抛射杂质的作用。国产梳棉机上盖板梳理区的工作盖板一般为 40 根或 41 根,其包围弧占锡林一周的 1/3。国外梳棉机的工作盖板有多至 43 根,少至 30 根或 20 根的。

盖板在离开工作区时,部分较长纤维被锡林与盖板同时握持,借助前上罩板和气流的会合优先转移给锡林而不成为盖板花。

为增加锡林预分梳作用,减轻锡林盖板梳理区负荷,提高梳棉机的产量和质量,在现代高产梳棉机上都采用在锡林后部加装固定盖板的方法,充分利用锡林梳理针面,增加预分梳作用,结构简单,安装维修方便。有些机型上后固定盖板为 90mm 宽的弧形梳理板,目前一般都采用由 2～6 根盖板条式直齿面组成的固定盖板,而有些机型后固定盖板更多(9～14 根)。安装后固定盖板,对喂入锡林针面的纤维和棉束进行预分梳作用,增加了梳理度。使进入盖板梳理区的棉束减小、减少,减轻锡林盖板的梳理负荷,提高锡林一次梳理能力。

盖板采用 0.56mm 小踵趾差和紧隔距强分梳工艺。锡林盖板的梳理质量与锡林盖板间的隔距有密切的关系,隔距减小,对分梳、除杂等作用都有利,它不仅有利于棉束阻滞在盖板上受锡林梳针的梳理,而且缩短了纤维、棉束的未梳长度。

3. 锡林与道夫间 锡林与道夫间的作用属分梳作用,亦有称为凝集作用的,这是因为道夫一个单位面积上的纤维是从快速锡林多个单位面积上转移、聚集得来的。当锡林与表面速度之比为 24 时,即道夫纵向 1m 长的面积上的纤维是从锡林 24m 长的面积上凝集的。因为道夫为清洁的针面,依靠分梳作用而取得锡林纤维层中的部分纤维。

如图 4-10 所示,锡林 1 针面上纤维在离开锡林盖板工作区后,在离心力作用下,部分浮升在针面上,当走到前下罩板的下口及锡林道夫的上三角区时,纤维在离心力和吹向道夫(或吸罩)气流的共同作用下,纤维 4 一端抛向道夫 2,被道夫针面抓取,随后纤维在隔距点下的弧段中进行分梳,部分纤维由锡林转移或凝集到道夫,也有少量纤维在分梳弧段间反复转移。纤维在两个针面的摩擦握持下,纤维与道夫针端间所夹的梳理动角 α_2,在上三角区至隔距点间,逐渐减小,使纤维与道夫针面的接触点增多,有利于转

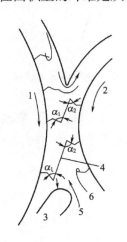

图 4-10 锡林至道夫的纤维转移

移。但在隔距点下方，因道夫直径较锡林小，α_2 则增大而锡林针齿梳理动角 α_1 反而减小，加之下三角区处有补入气流 5，增加了锡林针面对纤维的握持作用，所以下三角区对纤维由锡林向道夫转移是不利的。被道夫握牢的纤维，因锡林快速梳理其伸出的一端，且伸出一端在前，握持一端在后，这些纤维随道夫输出时就成为后弯钩纤维 6，所以在生条中以后弯钓较多，也就是说道夫表面以后弯钩纤维较多。图中 3 为大漏底。

锡林与道夫的梳理弧段在一般梳棉机上约为 30mm，这段长度虽远较盖板区短，但对部分在盖板区梳理不足即转移给道夫的纤维，再经一次梳理，也具有一定的作用。

二、纤维在针齿上的受力分析

梳理作用要求纤维既要握持在针齿尖上，避免浮于两针面向或沉入针齿隙，又要使其在针面间反复转移。

（一）针齿上纤维的受力

现以图 4-11 说明针齿对纤维的握持、分梳和转移的条件。图中：R 只为纤维（束）分梳时受到的拉力（梳理力，包括空气阻力）；U 为法向力（包括纤维因锡林高速回转受到的离心力 F 和两齿面作用于该纤维的弹性力 E_1、E_2）；T 为纤维在针齿上移动受到的摩擦力，其方向与纤维运动方向相反；α 为针齿上的工作角；$R\cos\alpha$ 为纤维向齿根移动的力；$U\sin\alpha$ 为纤维向齿尖移动的力。

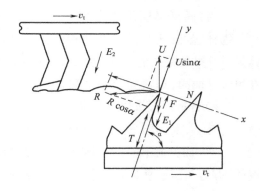

图 4-11　分梳时纤维的受力情况

由图 4-11 可知，纤维沿针齿运动有四种可能。

（1）若 $R\cos\alpha > U\sin\alpha$，同时 $R\cos\alpha - U\sin\alpha > T$，纤维向齿根移动的力能克服 T 力，则纤维向齿根移动，沉入齿隙，形成纤维层。

（2）若 $R\cos\alpha > U\sin\alpha$，同时 $R\cos\alpha - U\sin\alpha < T$，纤维虽有向齿根移动的趋势，但因不能克服 T 力，结果纤维只能停留在针面接受梳理。

（3）若 $U\sin\alpha > R\cos\alpha$，同时 $U\sin\alpha - R\cos\alpha < T$，纤维虽有向齿尖移动的趋势，但不足以克服 T 力，结果不能向齿尖滑出，只能停留在针面接受梳理。

（4）若 $U\sin\alpha > R\cos\alpha$，同时 $U\sin\alpha - R\cos\alpha > T$，纤维向齿尖移动的有效力能克服 T 力，结果纤维向针尖滑出，转移到盖板针面上。

显然，以（2）、（3）两种情况纤维接受梳理的条件最佳。出于锡林、盖板两针面的弹性层并非恒定，因此，纤维实际停留在齿面接受梳理的条件要复杂得多。

另外，齿面的工作角 α 与纤维的运动有关，角小，$R\cos\alpha$ 大，$U\sin\alpha$ 小，纤维容易沉入齿根；α 角过大，又容易产生纤维向齿尖滑出。故 α 角的大小与纤维是否能获得充分梳理关系密切。

（二）梳理力

作用在纤维上的各力中，梳理力是直接进行梳理的力，其大小可反映梳理的强弱，因而它和梳理、除杂、纤维伸直度均有一定关系。梳理力是由于纤维迂回在多根针齿之间,因针齿与纤维、纤维与纤维间的摩擦而形成的。当纤维或纤维束的一端被一个针面握持,而另一端与另一针面的针齿切向摩擦滑动时,受到总的阻力即形成梳理力。当纤维或纤维束与针齿的接触齿数较少或包围角较小,纤维长度较短;纤维与针齿、纤维与纤维间的摩擦系数较小以及纤维层的预开松程度较好时,梳理力均会减小。梳理力的数值,一般用功率测定法测得,折成单纤维的平均梳理力只有几毫克,因而梳理力大小并不是锡林盖板工作区中损伤纤维的主要因素。梳理力过小往往不能获得较好的梳理质量,但梳理力过大,也会局部地损伤纤维。

测定梳理功率,可测得机器运转时锡林、盖板间有纤维时的功率 $N(kW)$ 和空车时的功率 N_0,两者之差可作为消耗在梳理上的功率。然后用下式可近似求得锡林、盖板区总的梳理力 $\sum R$。

$$\sum R = |N - N_0| \times 102/v_c \qquad (4-11)$$

式中:v_c——锡林线速度,m/s。

三、针面纤维层及负荷

锡林、盖板、道夫在梳理过程中其针面上均有纤维层。纤维层的重量、密度、结构直接影响针齿对纤维的握持能力、纤维吸放性能和纤维受梳次数,因此,对梳理作用有重大影响。纤维层在单位针面面积上的重量称为针面负荷。

(一)各针面纤维层的特点

锡林、盖板、道夫针面上纤维层的重量、结构均有所不同。

(1)针面负荷不同:由于道夫以清洁针面进入梳理区,在梳理区的时间虽短,但棉膜具有一定的"并合"作用,所以,针面负荷大于锡林。盖板负荷因锡林上纤维离心力的作用而最重,即 $S_c < S_d < S_f$。

(2)纤维在针面上的位置不同:盖板上纤维层较厚,而且前区盖板上纤维层比后区沉入稍深(盖板顺转)。锡林上的纤维层,多处于针尖位置。因锡林针齿对道夫针面纤维有梳和拉的作用,所以,道夫纤维层多翘出针面而较蓬松。

(3)纤维层的结构不同:因盖板针齿握持纤维成棉须状态,每块盖板花头部厚、尾部薄,尾部有一部分纤维与下一块盖板花相连。锡林、盖板纤维层均因梳理而呈现方向性,锡林上纤维弯钩以前弯钩较多,盖板上、道夫上则以后弯钩较多。盖板纤维层的含杂率较锡林为高。

(二)几个纤维量

1. 锡林一周输出纤维量 g 它是机器产量在锡林一周上的体现,可用下式算出:

$$g = \frac{P \times 1000}{v_c \times 60} \qquad (4-12)$$

式中:P——梳棉机的产量,kg/h;

v_c——锡林转速,r/min;

g——锡林每转加工的纤维量。g 大表示梳理负荷大；g 小则表示梳理负荷小，若在其他条件相同情况下，梳理作用好。

2. 锡林负荷 S_c 与 Q_c　锡林走出盖板工作区带至道夫的锡林单位面积的纤维量称为锡林负荷 S_c，将 S_c 折算为锡林一周上的纤维量称为 Q_c。Q_c 大，表示锡林针面负荷重；Q_c 小，表示负荷轻，若在其他条件相同情况下，梳理作用好。

3. 工作区自由纤维量 Q_0　工作和自由纤维量是机器停止给棉后从锡林盖板针面上放出并经道夫输出的纤维量（不包括内层纤维）。Q_0 表示工作区间加工的纤维量。Q_0 大表示加工纤维的负荷重；Q_0 小表示负荷轻。轻负荷梳理质量好。

4. 锡林盖板工作区总负荷 Q　锡林盖板工作区总负荷是指在锡林盖板工作区两针面上内外层纤维的总重量。通过分析，可得 Q 的定量计算公式：

$$Q = \frac{P_v v}{n_c}(1-a)\left[\left(c_1\frac{1}{g_1}-1\right)+c_2+\frac{Ng_2 v_c HB}{Kv_f g_1(1-g_2)}\right] \quad (4-13)$$

式中：P_v——棉卷定量，g/m；

　　　v——给棉罗拉线速度，m/min；

　　　n_c——锡林转速，r/min；

　　　a——后车肚落棉率，%；

　　　g_1——道夫转移率，%；

　　　g_2——盖板转移率，%，可以单位时间内的盖板花总量与喂入棉层总量之比估算；

　　　N——工作区盖板根数；

　　　H——机台工作宽度，m；

　　　B——盖板表面的植针宽度，m；

　　　v_c——锡林线速度，m/min；

　　　v_f——盖板速度，m/min；

　　　K、c_1、c_2——由机台给定的常数。

在剔除特定机型上的非变参数后，可见影响 Q 值的有 v、P_v、g_1、g_2、v_f、$n_c(v_c)$ 等。n_c 单独增速其他各参数不变时，并不能使 Q 值降低，但可通过增大 g_1 而减小 Q 值。道夫速度加快或锡林道夫间隔距减小，同样增大 g_1，从而降低工作区的纤维负荷。Q 值的大小与分梳质量关系十分密切。

下面对影响分梳质量的主要因素作简要说明。

（1）在原有状态下增加产量时，会使锡林盖板的针面负荷增加而影响分梳，未经充分梳理而被迅速带出工作区的棉束和结集纤维增多，从而棉网中的棉束数量与重量均有增加。

（2）因锡林一周输出的纤维量 g 与锡林转速成反比，同时离心力随转速的平方比例增大，不仅增大了锡林至道夫间纤维的转移能力，可使自由纤维量与工作区针面负荷减轻，而且还可增强纤维和杂质向盖板转移，提高纤维反复受梳的机会和盖板除杂能力。

（3）针布针齿的工作角影响纤维受梳时的拉力 R。α 角过小，纤维易沉入齿隙，增大针布负荷甚至绕锡林(特别是加工化纤);α 角过大,针齿握持纤维的能力差,针面负荷则过小。为了增加纤维在锡林盖板间的反复相互转移,两针面的 α 角应接近。为了增加纤维从锡林向道夫的转移,一般道夫针齿的 α 角比锡林小 10°左右。针布的整齐度及锐利度等也是提高针齿穿刺能力,增强梳理和减少挂花和疵点的重要因素,要认真做好保养维修,定期抄车磨车。

(4)增大道夫转速与缩小锡林道夫间的隔距,两个技术措施分别或同时使用,均可提高道夫的转移能力、减小工作区的纤维负荷。

(5)锡林盖板间采用紧隔距,通常锡林盖板间的隔距分 5 点校正,一般配置为 0.25、0.23、0.2、0.2、0.23(mm),最好使用 0.2、0.17、0.15、0.15、0.17(mm)的紧隔距。

锡林和盖板间采用紧隔距,可使针齿刺入纤维层深、接触的纤维多,纤维被针齿分梳或握持的长度长、梳理力大,两针面间转移的纤维量多,浮于两针面间的纤维少而不易被搓成棉结。所以,紧隔距可以得到"强分梳"效果,使成纱棉结少而小,质量比较稳定。缩小隔距,要注意针布包卷后的平整度,各点隔距要校"准"。锡林与道夫隔距偏大或左右不一致,会影响纤维的顺利转移,严重时出现云斑或棉结增多,斩刀棉相应增多。进口隔距大些,可减少纤维充塞,出口一点隔距因处于盖板传动部分,盖板上下位置易走动,纤维走出工作区后容易上浮,为便于在前上罩板的作用下转移给锡林,隔距也应稍大。

四、梳理区纤维的转移

(一)锡林盖板工作区纤维转移的几种情况

锡林针面带着新纤维进入锡林盖板工作区,有如下几种情况。

(1)不转移给盖板,只受盖板梳理纤维一端,直接由锡林带出工作区而立即转移给道夫。

(2)转移给盖板,但在盖板上停留时间短,锡林与盖板间转移次数少,在锡林回转一周时间内进行梳理,返回锡林,并转移给道夫。

上面第(1)、(2)种情况,是在锡林一转的时间内进行梳理,可称为"锡林一转,一次工作区分梳",这种梳理是不充分的。

(3)转移给盖板,但在盖板上停留时间长,或多次停留和多次转移,在锡林几转或几十转时间内才随锡林第一次带出工作区并立即转移给道夫,梳理较多,称为"锡林多转,一次工作区分梳"。

(4)转移给盖板,由锡林带出的纤维第一次与道夫相遇时不转移给道夫,再返刺辊和盖板,经二次、三次或更多次的进入工作区反复梳理,然后再走出工作区转移给道夫。梳理较多,但多次返回纤维与新纤维增加搓擦,称"多次工作区分梳"。

(5)沉入齿隙成为盖板花或抄针花,不转移给道夫。

由于转移给道夫的纤维包含着以上(1)~(4)的几种纤维成分,即锡林某转中转移给道夫的纤维量中包括了同一转和前一转、前两转至前 n 转从刺辊转移给锡林各成分的量。各成分所占的比例是不同的。

(二)道夫转移率

锡林一转向道夫转移的纤维量 g,只决定于产量和锡林转速,同其他因素无关,因此,不能表示锡林向道夫的转移能力。为了表示锡林向道夫转移纤维的能力,通常用道夫转移率表示。道夫转移率是指锡林上道夫转移的纤维占参与梳理作用纤维的百分率。

$$\gamma_1 = g/Q_0 \times 100\% \qquad (4-14)$$
$$\gamma_2 = g/Q_c \times 100\% \qquad (4-15)$$

式中:g——锡林一转向道夫转移的纤维量,g;

Q_0——锡林盖板工作区自由纤维量,g;

Q_c——锡林走出盖板区带向道夫时针面负荷折算成锡林一周针面上的纤维量,g。

g_1 是 g 占锡林盖板工作区自由纤维量 Q_0 的百分率,Q_0 测定较方便。金属针布梳棉机通常均用 g_1,g_1 在高产梳棉机上为 6%~15%。g_2 是表示锡林至道夫转移能力的一个分配率,是锡林一周转移给道夫的纤维量占转移前锡林一周针面上全部纤维量的百分率,而要测得较精确的 Q_c 并不容易,故使用较少。

当 g 一定时(产量和锡林速度不变或其比值不变),g_1 的增加就是 Q_0 的降低,g_2 的增加就是 Q_f 的降低,所以在高产时提高转移率,往往是降低了锡林针面负荷,增强了针齿对纤维的握持能力。可见,道夫转移率大小直接影响锡林与盖板的梳理条件与梳理质量。

影响道夫转移率的因素有锡林、道夫针布的种类、规格、针齿形态以及两者的配合,锡林、道夫间的隔距,锡林速度及产量、生条定量和道夫速度等。道夫针布的工作角、齿高等技术参数均影响道夫转移率。如道夫针齿锋利度好、工作角小、齿高均可提高道夫转移率。锡林和道夫间隔距较小时,露出锡林针面上的纤维且和道夫针齿接触而转移,使锡林针面负荷减小而道夫转移率较高。当产量增加时,道夫转移率 g_1 加大。

当锡林转速提高,g_1 值大。梳棉机的产量高、生条定量重以及道夫速度快时,均会提高 g_1 值。如产量不变,则生条定量与道夫速度的乘积为一常数。生条定量重,道夫速度慢,棉网厚而有利于剥棉,且可改善生条均匀度。但在纺细特或超细特纱时,生条定量不可太重。

(三)平均梳理转数

在锡林某转从刺辊喂入的纤维经不同时间的梳理后转移给道夫,其梳理时间(以锡林转数表示)的差异较大,但具有一个平均值。为了比较并控制梳理时间而采用平均梳理转数,即在工作区经锡林梳理的平均转数 $\bar{t}_n$ 表示。可用下式近似计算:

$$\bar{t}_n \approx Q_0/g \approx \frac{1}{\gamma_1} \qquad (4-16)$$

在高产梳棉机上提高道夫转移率,可减轻锡林盖板针面负荷、增加针齿对纤维的握持作用、提高锡林的梳理质量、减少纤维损伤、减少弯钩与棉结的形成。但平均梳理转数 $\bar{t}_n$ 过于减少,会影响纤维分离程度和均匀作用。

五、锡林、盖板和道夫部分的混合、均匀作用

(一)混合作用

梳棉机的混合作用表现在输入产品同喂入原料相比,成分和色泽更加均匀一致,如前所述,

纤维在锡林和盖板间的反复梳理和转移,使这些部件上的纤维不断交换,从而产生了纤维层之间以至单纤维之间的细致混合。同时由于道夫从锡林上转移纤维的随机性,造成纤维在机内逗留时间上的差异,使同一时间喂入的纤维,分布在不同时间输出的纤维网内,而不同时间喂入的纤维,却凝聚在同时输出的纤维网上,结果使不同时间喂入的纤维之间得到混合,锡林、盖板、道夫部分的混合作用可以通过试验进行观察。在正常生产的白棉卷后整齐地接上染色棉卷(如红色),观察道夫输出的棉网,并不是立即改变颜色,而先是红白相混的淡红色棉网,随后颜色逐渐加深,输出 10～20m 长度后才变为红色。

产生混色棉网是纤维在锡林、盖扳、道夫部分受自由分梳和转移作用的结果。当红棉卷接着白棉卷喂入机器后,锡林从刺辊上剥取的红纤维,分布在锡林返回的纤维层上,并一起带至锡林盖板工作区进行分梳。在工作区,部分红纤维转移至盖板,盖板上原有的白纤维也转移给锡林,在锡林和盖板间红白纤维交替转移而先进行初步混合,而后在锡林和道夫作用时又获得进一步混合。由于锡林一转中从刺辊上取得的红纤维量,在锡林同一转中被锡林带出锡林盖板工作区的只有一部分,而这部分红纤维同锡林上原有的白纤维一起与道夫相遇时,转移给道夫的又只是其中的一部分。故在锡林从刺辊上取得红纤维后,由道夫输出的棉网中,开始时红纤维只占极少部分,以后随着红纤维的不断喂入,锡林和盖板的自由纤维量中红纤维的比例逐渐增多,直至白纤维完全由红纤维替代时,道夫输出的才是全部由红纤维组成的棉网。由于纤维在机内停留的时间不同,使同一时间喂入机内的纤维,分布在不同时间输出的棉网内,使先后喂入机内的纤维,凝聚在同时间输出的棉网内,这就是梳棉机的混合作用。

纤维在锡林、盖板、道夫部分混合作用的充分与否,可从两方面鉴别,一是混色棉网中红、白纤维混合的均匀细致程度;二是混色棉网的长度。前者表示纤维在短片段上的混合,其作用的好坏主要取决于锡林和盖板间的分梳转移能力;后者表示纤维在长片段上的混合,其作用的好坏主要取决于自由纤维量的多少或道夫转移率的大小,自由纤维量多或道夫转移率低时,混色棉条的长度比较长,长片段上的混合就比较好。

(二)均匀作用

如将正常生产的机器,突然停止给棉,发现棉网并不立即中断,生条只是逐渐变细,一般金属针布梳棉机可持续 3～7s。将变细的棉条逐段称重,即可得如图 4—12 所示的曲线 3—7—8;如在棉条变细的过程中恢复给棉,棉条也不会立即达到正常的重量,而是逐段增重,将此棉条逐段称重时,可得图示曲线 7—6。可见,在机器停止给棉和恢复给棉的过程中,棉条并不按图中1—3—4—5—6 那样中断,而是按 1—3—7—6 的重量变化,这表明在停止给棉时,机内放出纤维,放出量为 3—4—7 所围的面积;在恢复给棉后,机内吸收纤维,吸收量为 5—7—6 所围的面积。这种吸放纤维,使生条短片段不匀减小的作用,称为梳棉机的均匀作用。图中 T_1 为停止给棉时间。

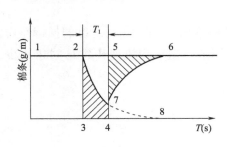

图 4—12 均匀作用试验

上述利用停止或恢复给棉使喂入纤维量发生突然变化,可认识到输出生条的重量因锡林和盖板吸放纤维的作用而没有作相应的突然变化。当喂入纤维量波动小而片段短时，梳棉机就有良好的均匀作用。同时，在锡林向道夫转移纤维的过程中，由于锡林表面速度远大于道夫若干倍，且锡林和道夫间发生转移分梳作用是发生在隔距点上下一个弧段内，这样道夫单位针面上获得较高的凝集倍数。因此，输出棉网在短片段上远较喂入棉层为均匀，且在棉网汇合成条时，棉网的横向和纵向又得到进一步的改善，这就是生条短片段均匀度较好的原因。但是，当喂入纤维量的波动足以引起锡林和盖板上针面负荷发生较大变化时，生条的重量也随之波动，梳棉机的均匀作用只是使其波动减缓一些罢了。为此，更换棉卷时，搭头要牢靠而平齐，斜搭头可减少由于棍卷搭头不良（如双卷、棉卷头尾脱接）而引起生条短片段的不匀。

六、锡林、盖板的除杂作用

因金属针布梳棉机 5～10 天才抄针一次，抄针花极少。所以，盖板除杂就显得十分重要。

（一）盖板工作区的除杂

观察盖板花，可发现其表层附有较多的杂质，说明锡林和盖板分梳时大部分杂质不是随纤维一起充塞针隙，而是随同纤维在锡林和盖板间上下转移分离后，因锡林回转的离心力而被抛向盖板纤维层的。根据盖板花的检验，其中大部分杂质为带纤维籽屑、软籽皮和僵瓣，还有一部分棉结；较短纤维不易被锡林针齿抓取而储存于盖板花中较多，特别是短于 16mm 的纤维约占盖板花的 40% 以上。盖板的含杂率和含杂粒数都随着盖板参与工作时间的延长而增加，后区盖板增加较快（盖板顺转），待盖板走出工作区时有饱和的趋势。目前高产梳棉机有些采用盖板反转，它有利于提高锡林～盖板间的梳理除杂作用，盖板反转后除后区头几根盖板充塞较多外，其余中前区盖板负荷均比正转时小，只有 1/3～1/2，这对分梳除杂有利。

（二）锡林、盖板、道夫处的气流情况

锡林、盖板、道夫处的气流对纤维转移、除杂和车间含尘量均有一定关系。锡林离开刺辊后带动气流流过后罩板，在后罩板弧面内的气压是正值，气流从后罩板处输出后气流增厚，然后遇后区第一块盖板，因隔距小，气流受阻，入口几块盖板处气压为正值，气流排出。在盖板工作区中间，大部分盖板间气压甚小而接近大气压，气流在盖板隙缝中有进有出。在接近盖板出口处，气流厚度增加，要求从出口盖板处补入气流，所以此处和前上罩板内的气压是负值。气流在锡林至锡林与道夫隔距点，除部分从针隙中泄出外，其他部分受阻而折转、逆对着道夫转向而沿道夫罩盖内壁输出，并带出含尘空气，如图 4-13 所示。锡林道夫上三角区处的气压为正值，当采用道夫吸尘后，该处气压随之下降，当该三角区较大时，纤维会在此打转，有时被带出而在棉网中成为疵点，至后续工序易产生纱疵。在过锡林与道夫隔距点后，锡林表面气流又增厚，在大漏底入口处有一股气流补入。当大漏底入口离道夫距离过近时，这股气流会吹

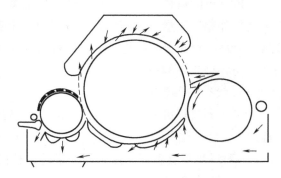

图 4-13　锡林周围空气

在道夫针面的棉网上,影响棉网的均匀。在锡林大漏底下常因后车肚吸斗独吸,空气从道夫棉网下和机框下向后车肚输送。如在道夫下机框下方开门,输入气流会将大漏底下落棉吹向后车肚吸斗。如在此处另加吹拭的气流就有自动清扫大漏底落棉的作用。

(三)除杂的控制

1. 盖板速度 当盖板速度较快时,盖板在工作区内停留的时间按比例减少,每块盖板针面负荷略有减少,盖板花含杂率也略有降低,但单位时间内,走出工作区的盖板数增加,所以总的盖板花和除杂效率反而有所增加。

2. 前上罩板上口和锡林间隔距 该隔距对盖板花的影响很大,尤其对长纤维的影响更为显著,当较长的纤维行进到工作区最前两块盖板上,由于受到前上罩板的机械作用和该处的气流作用,纤维易于脱离盖板而转向锡林。机械作用是因纤维遇到前上罩板时,其尾端被迫弯曲而贴于锡林针面,增加了锡林针齿对纤维的抓取;气流作用是当锡林走出盖板工作区时,由于锡林附面层的作用,使盖板上的纤维尾端易于吸入前上罩板,因此当此隔距减小时,纤维被前上罩板压下,使纤维与锡林针齿的接触数较隔距大时为多,锡林针齿对纤维的握持力增大,纤维易于被锡林针齿抓取,使盖板花减少;反之,隔距增大则盖板花增加。

3. 前上罩板高低位置 从机械因素分析,当前上罩板位置较高时,使盖板抓取的纤维尾端与锡林接触的齿数较罩板位置低时为多,纤维易从盖板上被锡林针齿抓取,盖板花减少,从气流因素分析,锡林附面层气流一部分进入前上罩板内,一部分被罩板入口切割自盖板与前上罩板的空隙流出。当前上罩板较高时,其效果和减小前上罩板上口和锡林间隔距相似,使盖板花减少;前上罩板较低时,盖板花增加。

4. 采用棉网清洁器和吸风尘刀 高产梳棉机由于提高了梳理速度,采用新型针布和各种附加分梳件后,梳理作用大大提高,生条棉结明显减少,但其杂质减少相对较少,采用在锡林前,后安装棉网清洁器,锡林底部采用罩板及2个吸风除尘管代替大漏底,形成封闭式,环绕锡林就有5个连续吸风的除尘管,能有效地排除尘杂、短绒,使棉网清洁,弥补了高产梳棉机排除杂质短绒的不足。

七、针布

在梳棉机的锡林、道夫、盖板表面上均包覆有各种不同规格型号的针布。针布的规格型号、工艺性能和制造质量,直接影响梳棉机分梳、除杂、转移以及混合均匀作用。针布是梳棉机的重要梳理元件。针布分金属针布和弹性针布两大类,但弹性针布已淘汰。金属针布能适应梳棉机高产和纺各种化纤的要求。

(一)针布的工艺性能

为了提高梳棉机的梳理效能,获得高产、优质、低耗的工艺效果,针布应具有良好的工艺性能。

(1)对纤维具有良好的穿刺和一定的握持能力,并能促使纤维经常处在针齿尖端,经受两个分梳针面的积极分梳。

(2)使纤维易于从一个滚筒针面向另一个滚筒针面转移。

（3）具有一定的针隙容量及良好的吸放纤维的能力,以提高梳棉机的匀混作用。

（4）针齿应锋利、光洁、耐磨、平整。针齿锋利,可使针齿的穿刺和抓取纤维能力强,梳理作用好。针齿光洁、不易挂花,纤维能顺利转移。针齿耐磨,使针尖锋利度持久耐用。针面平整,能保证隔距准、隔距紧、强分梳和易转移的工艺要求。

针布的规格和齿形设计应有利于分梳除杂混合均匀等作用的完成。针布的规格参数应与纺纱原料种类,纺纱性能和工艺相适应。

针布的选用和配置很重要,在选用针布时应考虑如下因素。

（1）被加工纤维的物理性能,如纤维的种类、长度、线密度、强力、摩擦性能以及加工前纤维的状态、含杂等。

（2）机台产量、定量、滚筒直径、速度等工艺参数。

（3）滚筒规格及相互配置。

（4）纺纱品种和线密度。

针布的规格参数之间是相互联系、相互制约的,因此,要根据以上影响因素合理配置。

（二）金属针布

1. 金属针布的性能特点

（1）金属针布的锯齿较短,齿隙上大下小,齿间不易充塞纤维。又因锯齿短而硬,分梳时不变形,并能保持紧隔距,有利于加强分梳作用,能较好地适应高速、重负荷、强分梳的要求。

（2）金属针布的齿形规格可根据加工不同类型的纤维、不同的工艺要求采用适当的规格参数和特殊的齿形设计,故适纺性强。

（3）由于金属针布的齿形特性,锡林针齿间残留的纤维且很少,抄针周期较长,只需定期清除破籽或僵丝块。

（4）金属针布自由纤维的抛出速度较弹性针布快,因而就能及时地、积极地参加均匀、混合作用。

（5）金属针布的纤维层趋向表面,而且充塞少,因此金属针布的空间较大（弹性针布虽高,但已充塞纤维）。这样当喂入量增加时,其积聚能力大。

（6）由于金属针布的纤维处在针布表面,全部纤维都能参加作用,以及深入针根的阻力大,故纤维向道夫转移的概率比弹性针布大。这就使锡林上的纤维比弹性针布更快的转移给道夫,因此其混合作用在生条长度方向较弹性针布短。

2. 金属针布的齿形与技术参数

（1）金属针布基本齿形、各部的名称与代号:金属针布齿条型号的标记方法由适梳纤维类别代号、总高、前角、齿距、基部宽及基部横截面代号顺序组成。棉的代号为A;被包卷部件代号,锡林为C,道夫为D,刺辊为T。总高 H 指底面到齿顶面的高度,前角 b 指齿前工作面与底面垂直线夹角,工作角 α 指齿前工作面与底面所成夹角,齿距 P 指相邻两齿对应点距离。如 AC2525×01560 是指加工棉的锡林齿条,总高2.5mm,前角25°,工作角65°,齿距1.5mm,基部宽0.6mm。其基本齿形及各部分名称代号如图4-14所示。

（2）锡林齿条参数。

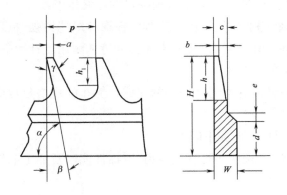

图 4-14　金属针布的基本齿形图

H—总齿高　h—齿尖高(齿深)　h₁—齿尖有效高　β—前角

α—工作角　γ—齿尖角　P—纵向齿距　W—基部厚度　a—齿尖宽度

b—齿尖厚度　c—齿根厚度　d—基部高度　e—台阶高度

①工作角:锡林齿条工作角 α_c 的大小,直接与齿尖握持和穿刺纤维的能力有关,关系到纤维的转移、匀混、除杂、伸直等作用。工作角小有利于对纤维层(束)的穿刺、抓取和握持分梳,生条棉结少,匀混作用好,棉网清晰度也较好,但影响纤维的转移能力。

a.锡林速度与工作角:由于锡林高速回转,在锡林针齿上的纤维,其尾端因离心力而抛向盖板,受到盖板的梳理。当盖板抓取纤维的能力增加到超过纤维与锡林针尖的摩擦力时,纤维头端又接受锡林针齿的梳理,这种交替梳理的形式,对提高纤维的分离度、清洁度十分有利,而且杂质随着锡林速度的增高更易抛向盖板。通常锡林速度低,工作角可大些。纺棉时,当锡林速度为 340~400r/min 时,α_c 多为 62°~70°。

b.纤维种类与工作角:化纤的摩擦因数和静电作用较棉纤维大,且接触的齿数多,摩擦力较大,握持力较强,因而锡林针布工作角 α_c 应大一些,一般为 75°~80°。加工纤维长度长时,锡林针布的工作角 α_c 也应大些,以减少对纤维的损伤。

c.工作角与齿深:金属针布各个参数之间是相互联系和相互制约的,加工作角 α_c 减小,增加了锡林针布对纤维的握持分梳能力,但纤维下沉针齿易充塞,锡林负荷加重。若齿深改浅后,锡林针齿充塞纤维少、负荷轻、转移率增加,因而齿尖高 h_c 改浅后可使 α_c 减小。

②齿深与总齿高:随着高产梳棉机的发展,锡林针布的总高 H_c 和齿深 h_c 在逐渐减小,因而形成矮齿、浅齿的特点。

加工棉纤维时,针布的 h_c 一般在 0.5~1.0mm;加工化纤时,因纤维不易转移,同时需结合产品类型予以考虑,h_c 一般在 0.35~0.6mm。总齿高 H_c,以前一般在 2.8~3.2mm,现已减小到 2.5~2.8mm,甚至在 1.5~2.0mm。

锡林针布采用浅齿、矮齿具有下列特点。

a.h_c 小,可使纤维处于针齿尖部,纤维露出齿面的长度增加,有利于纤维的交替分梳。

b.h_c 小,齿隙容量小、充塞纤维少、针布负荷轻,对减少棉结有利,且不易绕锡林。

c.h_c 小,总齿高也减小,提高了齿尖抗轧强度。

③齿尖密度。

a.齿尖密度 N_c 与梳理作用的关系:如以每根纤维的平均作用齿数来表示锡林梳理效能大小的话,N_c 增大能增加对纤维的握持抓取能力、增强分梳作用、减少棉结、提高生条质量。如锡林速度不变,为了保持必要的梳理度,必须提高齿尖密度。但齿尖密度还必须与工作角等相配合,否则会影响纤维的转移,并增多短绒。

b. 选用 N_c 应考虑被加工纤维的性能,如纤维线密度小、长度长、含杂低、纺纱线密度小,齿密可适当加大;如纤维粗而短,纺纱线密度大,可适当减小齿密。纺化纤齿密应比纺棉稀。

c. 齿密是由纵向齿密和横向齿密决定的。从对梳理质量的作用来看,横向齿密比纵向齿密更重要。横向密度的增加有利于把棉束分解成单根纤维、提高梳理质量,使生条棉结减少。纵向齿密由齿距 P_c 决定,P_c 越小,纵向密度越大。纵向齿密增加也能在一定程度上增强分梳效果,但分解棉束的效果不如提高横向齿密有利。一般横向与纵向齿密之比为1.5:1,国外有高达4:1的。

④齿顶角及齿顶面积。

a. 齿顶角 g（或称齿尖角）:齿顶角小,齿尖锋利、刺入纤维阻力小、对纤维层或棉束的穿刺能力强,且齿尖宽度随齿尖平磨后的变化小,可以延长针布使用寿命。但齿顶角过小,强度差,易擦伤轧坏,且淬火时易烧毁。一般齿顶角在15°~30°,也有小于15°的。

b. 齿顶面积:新型金属针布的齿尖,其棱边棱角清晰完整,在齿顶形成一个很小的长方形,齿顶面积[a(宽)×b(厚)]越小,齿尖越锋利,越有利于对纤维和棉束的握持、分梳。纺棉和化纤的 a 值为 0.05~0.1mm;纺棉的 b 值为 0.05~0.15mm,纺化纤的 b 值为 0.1~0.15mm。

⑤平整度、光洁度、耐磨度、锋利度是针布发挥工艺作用的基础,如果针布"四度"不好,那么再好的针布材质和规格也得不到理想的梳理效果。

新型锡林针布(棉型)的特点:采用小工作角,采用矮齿浅齿,采用薄齿、密齿,针布应具有尖齿、平整、锋利光洁、耐磨等特点。采用高碳低合金钢提高锡林针布齿齿尖的耐磨度。

3. 道夫齿条参数　道夫金属针布规格参数与锡林金属针布相似,生产上往往以一种道夫针布可配用多种锡林针布。

(1)工作角:工作角 α_d 小,转移率高、锡林盖板负荷轻、棉结少,但 α_d 过小,会使纤维转移率过高、纤维平均反复受梳次数减少,且对均匀度不利。工作角过大,不仅转移不顺利,且锡林盖板负荷增加,对生条质量不利。道夫金属针布工作角一般比锡林小10°左右。

(2)齿深和齿高:道夫针布的主要作用是转移和凝聚纤维,故道夫齿深 h_d 一般较大,可增大齿隙、增加齿内容纤量,有利于提高纤维的转移能力和凝聚作用。目前一般道夫针布齿深 h_d 为 2~2.5mm,总齿高 H_d 为 4~5mm,定量重时可高一些,目前 H_d 用4mm的较多。

(3)齿密:齿密 N_d 要比 N_c 小。由于道夫针布以凝聚和转移为主,道大工作角 α_d 小、齿又深,使道夫针布齿距减小受到限制,因此纵向齿密不能增加。齿基厚 W 因道夫离心力小,嵌破籽比锡林严重,所以也不能过小。

(4)齿顶面积:道夫针布同样要求针齿平齐锋利、光洁耐磨,为了增大齿尖的防轧刚性,齿顶面积应比锡林大,使道夫齿尖较厚实,避免轧伤。

道夫针布主要是解决梳棉机高速高产后,纤维的转移剥取问题。特别是锡林针布矮、浅、密、小工作角后的纤维转移和引导高速气流问题。为此,道夫针布采用小前角余角(工作角);增加齿高以增大齿间容量和引导高速气流;采用圆弧形齿尖和针齿侧面加横纹,另一种不加横纹,以加大道夫针布的转移剥取能力和提高针布的握持力。

4. 刺辊齿条参数　刺辊齿条的规格、齿形对纤维的梳理、除杂和使纤维完善地向锡林转移等均有影响。要求锯齿对纤维的损伤减至最小的程度。目前齿条在刺辊表面上的包卷方式有两种,一种是滚筒表面车螺旋槽,齿条就包嵌在槽内;另一种是表面不车槽采用无槽包卷法,引进设备 DK715 型、DK740 型、C4 型等均采用此种平面刺辊胎包以自锁齿条。当前刺辊齿条有向较大工作角、薄齿、浅齿、密齿发展的趋势。

(1)工作角:齿条的工作角小,抓取分梳作用强,但对纤维的损伤和转移不利,且易返花,生条短绒棉结增加;工作角大,杂质易于抛离锯齿、除杂作用好、对纤维损伤少、转移作用好,但分梳作用要弱些、落纤增加。目前纺棉刺辊锯条工作角一般在 75°~85°,纺化纤的工作角有增至 90°的。

(2)齿距:目前一般加工棉纤维时的齿距为 25.4mm 有 4.5~6 齿,纺化纤时多为 3~4 齿。

(3)齿形:齿形有直齿形、负角形和圆弧背角三种。齿形的选用主要从分梳、除杂、转移和锯齿强度等因素来考虑。老齿形一般是直齿形,而目前较多地采用圆弧背角齿形。圆弧负角握的设计,齿背为圆弧背形,可增加齿的强度,也便于纤维从刺辊转移到锅林;采用负角可达到握持纤维、防止纤维沉入齿根、加强转移的目的。

(4)齿厚:齿厚 b 原为 0.4mm,目前改为薄齿后 b 为 0.15~0.25mm,中薄型为 0.3mm。薄齿穿刺能力强、损伤纤维少、刺辊落棉率低、落棉含杂率高,但齿易轧伤、侧齿。

新型刺辊针布(锯条):适当加大锯齿的工作角,国内刺辊锯齿工作角一直采用 75°,新型锯条的锯齿工作角纺棉时应增加到 80°~85°,棉型化纤增加到 85°~90°,而中长化纤增加到 90°~95°;适当增加齿密,提高齿尖的锋利度,并应提高耐磨性(包括钢号、热处理等)。

(三)盖板针布

1. 增加钢针的抗弯性能

(1)缩短梳针针高:针高缩短可减少充塞、加强梳针抗弯性能。新型针布的针高大都缩到 7.5~8mm。经计算,当针高由 10mm 减至 8mm 时,其钢针最大挠度量为原来的 36.4%。为了减少充塞,还可以改变上下膝高分配,使上膝小于下膝。总针高 H 缩短,同时还能减轻盖板负荷、改善梳理条件。

(2)改变针齿截面形状:如由回形改为扁平形、三角形和双凸面形等,可提高针市抗弯性能。

(3)加大钢针直径和钢针截面积尺寸:从梳理作用力来看,主要应提高钢针纵向抗弯性能但钢针截面积增加后,单位面积的植针数就要减少,致使适应高速高产的半硬性或硬性针布的针尖数一般都有减少,因此,应兼顾这一矛盾。

(4)材料的选择:选用含碳、锰量较高的钢针,使针尖的锋利度能持久,碳量增加可以提高材料硬度,稀有元素的渗入,可以提高材料韧性和耐磨性能。

(5)底部结构的改变:多层向全塑形发展,并增加其胶合层次,过去大都采用三至四层,现采用六层、七层甚至八层,厚度由 2mm 增至 3.5mm,甚至达 4.5mm。瑞典 ABK 公司 SP 型防震底布,在底布上复 3~4mm 厚的泡沫橡胶面(底布总厚 4.2~4.5mm),既能使底布牢固地握持钢针,又能使钢针具有较大的弹性位移,回弹性好。

2. 植针排列和横向针尖距 盖板针布较多地采用斜纹和缎纹植针,横向针尖距、行数与针数成反比,减小横向针尖距可以加强梳理。还有采用稀密结合排列方式,以期改善对纤维的梳理。在趾端隔距较大处采用稀针,这样梳理缓和,充塞减少,而踵端隔距较小,有利于加强分梳。新型盖板针布都采用各种特殊排列,开发了"密植型,密型和多种花纹型"针布产品(包括稀密错位排列的稀密型),横向针尖距缩小到 $0.32 \sim 0.5 \mathrm{mm}$,纵向针尖由稀到密渐增,以改善分梳除杂效能,达到减少棉结、减少纤维损伤、提高产品质量的目的。

3. 工作角 盖板针齿工作角 α_f 小,盖板梳针抓取和握持纤维的能力增加、分梳作用强、纤维伸直度好,但盖板花增加、工作纤维负荷增加。随工作角增大,盖板花减少、锡林负荷减轻。目前新型盖板的工作角一般为 $72° \sim 78°$。

4. 齿密 盖板针尖密度增加,对纤维的握持分梳作用加强,梳理效果改善,从试验得知生条和成纱的棉结、杂质均有所减少,生条条干和成纱质量也有所改善,但盖板花增加。由于钢针截面尺寸的增加,一般针尖密度不能太大,只能在保证抗弯性能的条件下,适当提高齿密,约为 $290 \sim 520$ 针/$(25.4 \mathrm{mm})^2$。齿密大的针布用作纺细持或超细特纱,齿密小的适用于纺粗、中特或化纤。

5. 针布材质 改善盖板针布钢丝材质,提高直尖硬度、磨度。一般盖板针布采用 70 钢 70 Mn V 高碳低合金钢。

此外,提高针尖锋利度、光洁度、平整度和耐磨度,保证抗弯性能的情况下适当增加齿密,采用较小的盖板针布工作角。

6. 金属针布与弹性针布的比较 金属针布与弹性针布相比较具有如下优点。

(1)金属针布在梳理力作用下基本不变形,特别是可以保持隔距的稳定,从而为紧隔距、强分梳提供条件。

(2)金属针布的齿形与主要尺寸可以根据工艺要求进行合理设计。如根据针布要有良好穿刺能力和握持能力的要求,设计的针布结构上小下大,使纤维下沉时阻力大,容易使纤维浮在针面,以利梳理。

(3)采用金属针布的梳理机可以不用风轮,简化了机器结构,降低了机械振动。

(4)采用金属针布后,抄针周期长,节省劳力,提高了效率。但金属针布也有其不足,主要是针齿易被铁丝、硬杂物轧伤,且不易恢复,另外,由于齿形短,针面负荷小,所以混合均匀作用差,而且短纤尘埃亦飞扬,影响车间劳动环境。

第四节　剥棉、成条和圈条

一、剥棉装置

(一)对剥棉装置的要求

(1)从道夫上顺利剥离由锡林转移过来的纤维层,应保持其结构及均匀性,剥棉时不可增加棉结。

(2)当工艺条件如生条定量、道夫速度、温湿度、原料性能以及混纺比等因素变动时,剥棉机构应能稳定剥棉,不致发生断头或道夫返花等问题。

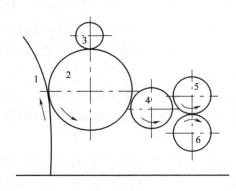

图 4 – 15　四罗拉剥棉装置

（3）剥棉装置应机构简单,便于使用和维修。

（二）连续回转剥棉

1. 罗拉剥棉机构　罗拉剥棉是利用表面包有一定规格锯条的剥棉罗拉作连续圆周运动来进行的。四罗拉剥棉装置由一个剥棉罗拉 2、一个转移罗拉 4 和一对轧辊 5、6 组成,如图 4 – 15 所示。剥棉罗拉和转移罗拉上均包有同样规格的"山"字形锯条,齿尖密度为 12 齿/cm²。这种锯条既要有效地从道夫上剥取棉网,又要有利于光滑轧辊从转移罗拉上拉剥棉网。剥棉罗拉上搁有一根绒辊 3,由剥棉罗拉摩擦传动。在绒辊两端各装一只限位开关,当绒辊上绕花达

某定量时,绒辊芯子上抬,通过控制杆将限位开关的电路闭合,使机器停转,保证安全生产。整个剥棉装置由罩盖盖住,以免飞花、杂质落入。图中 1 为道夫。

道夫棉网中的大部分纤维,被道夫针齿握持而浮于道夫表面,当其与定速回转的剥棉罗拉相遇时,由于道夫与剥棉罗拉的隔距很小（0.125～0.225mm）,罗拉与纤维接触产生摩擦力,加上纤维之间的黏附作用,因而纤维被剥棉罗拉剥离。剥棉罗拉的表面速度略高于道夫,这种牵伸倍数所引起的棉网张力,不致破坏棉网的结构,同时还可增加棉网在剥棉罗拉上的黏附力,所以棉网能连续地从道夫上剥下并转移到剥棉罗拉上去。转移罗拉和剥棉罗拉间的作用,与剥棉罗拉与道夫间的作用基本相似,但也有一些不同。上轧辊和转移罗拉间的隔距很小（0.125～0.225mm）,而下轧辊和转移罗拉间的隔距则有 10mm 左右;在生头时,转移罗拉上的棉网在上轧辊处受到轧辊的摩擦黏附而被剥离,并由轧辊输出。轧辊与转移罗拉间配以 1.123 倍左右的张力牵伸,因而棉网比较紧张。转移罗拉锯齿的后倾角（背角）的大小及棉网受力的方向,应有利于棉网脱离转移罗拉。上、下轧辊间隔距很小,轧辊本身的重量,对棉网中的杂质有压碎作用,便于后道工序清除。上、下轧辊各有清洁刀片一组,用以清除轧辊上的飞花、杂质,防止棉网断头后卷绕在轧辊上。

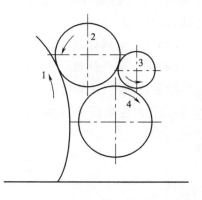

图 4 – 16　三罗拉剥棉装置

四罗拉剥棉装置虽具有较好的剥棉效能,但机构复杂、维修不便、占地面积大。因而又有三罗拉剥棉装置,如图 4 – 16 所示,它由一个剥棉罗拉 2 和一对轧辊 3、4 组

成。三罗拉剥棉装置的剥棉作用与四罗拉剥棉装置基本相同,其特点是机构较四罗拉剥棉装置简单,上轧辊直径较四罗拉式小,而下轧辊的直径则较大,且车有螺纹沟槽,对剥棉罗拉剥下的棉网起一定的托持作用,并使棉网以较小的下冲角输出,避免了棉网下坠而引起的断头。图中 1 为道夫。三罗拉剥棉的张力牵伸配置是:剥棉罗拉与道夫间 1.07 倍,轧辊与剥棉罗拉间为 1.14～1.23 倍。

2. 使用罗拉剥棉的注意点

(1)棉网要有一定的定量(14g/5m 以上),否则棉网强力过小,易形成破洞或绕罗拉。

(2)原棉性质不可过差,纤维短,棉网强力差,不易收拢成条而引起断头。

(3)道夫与轧辊输出线速度增加时,为使棉网能顺利向喇叭口集拢,应有较大的张力牵伸。

(4)车间温湿度要严格控制,温度 18~25℃,相对湿度 50%~60%。当温度低而道夫速度高时,车间相对湿度应偏高掌握。

除四、三罗拉剥棉外,还有皮圈剥棉等。现代高产梳棉机上多采用的是倾斜式三罗拉剥棉,以提高运转稳定性和剥去性能。近几年来,国内外高产梳棉机都在罗拉剥棉前加装棉网集束器,把棉网集束成条,不仅排除了气流的干扰飘动涌头等问题,而且增加了棉网自身输送能力,减少断头。此外,在剥棉罗拉上部加装包有直脚钢丝弹性针布高速回转的安全清洁辊和返花摇板自停装置,能有效地防止剥棉罗拉返花挤轧伤锡林道夫针布。

二、成条

棉网由剥棉机构剥离后,因大压辊的牵引而逐渐集拢,经喇叭口和压辊压缩成条而进入圈条器中。

棉网的运动

棉网在由剥离点进入喇叭口的一段行程中,其横向各点与喇叭口的距离是不等的,因而棉网横向各点虽由轧辊同时输出,却在不同时间到达喇叭口,即棉网横向各点进入喇叭口有一定的时间差。因而棉产生棉网纵向的混合作用,改善了生条条干。

如图 4-17 所示,在 y 轴左侧或右侧,棉网由剥离点进入喇叭口的一段行程中,其横向各点 (2、3、4、5、6)与喇叭口的距离是不等的,即在不同时间到达喇叭口。由图中可知:

$$H = a \left[(1/\sin \alpha_2) - 1 \right] \tag{4-17}$$

式中:H——喇叭口至道夫两侧剥离点(或轧辊输出点)与喇叭口至道夫垂直距离之差;

α_2——道夫(或轧辊)表面与喇叭口至两侧剥离点(或输出点)连线间的夹角。

由式可知,α_2 越小,H 越大,H 大对棉网纵向的混、匀作用有利。一般梳棉机上 α_2 角在 30°左右,即 $H \approx a$。

为了增加 H,国外有的新机上,喇叭口不在机中央而在一侧,以改善生条均匀度。

从轧辊输出的棉网,聚拢成棉条后是很松软的,经喇叭口和压辊的压缩后,才能成为紧密而光滑的棉条。这不仅是为了增加条筒的容量,而且可以减少下道工序引出棉条时所产生的意外牵伸和断头。棉条在通过喇叭口受到的密集程度首先与喇叭口末端截面到大压辊中心线间的距离有关,如图 4-18 所示。

$$\sin\alpha = b/D = d/(2b)$$
$$b^2 = Dd/2$$
$$S^2 = Dd/2 - (d/2)^2 \tag{4-18}$$
$$S = 0.5 \sqrt{2Dd - d^2}$$

式中:S——喇叭口末端截面到大压辊中心线的距离,mm;

　　D——大压辊直径,mm;

　　d——喇叭口末端截面外径,mm。

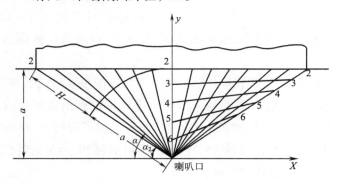

图4－17　棉网在轧辊钳口与喇叭口间的运动　　　图4－18　S、D、d间的关系

S值受D、d的限制,按工艺要求,S应随纤维长度的减短而减小,并尽量小些。S过大,特别在与纤维长度配合不当时,将恶化生条条干,且生头工作困难。在对喇叭口结构作了改进之后,S可缩小到10mm左右。新型喇叭口可使生条四面受压,增进其密集度。

棉条的紧密程度主要取决于喇叭口出口截面大小,喇叭口形状和压辊所加压力的大小等因素。

喇叭口直径应与使条定量配合。口径过小,棉条在喇叭口与大压辊间造成意外牵伸,影响均匀度;口径过大,达不到密集棉条的目的。新型喇叭口的出口截面是长方形的,它的长边与压辊钳口线垂直交叉,可使棉条四面受压,增加棉条的紧密度。压辊加压大小,同样会影响生条的密集程度。压辊的加压装置可以调节加压量的大小,一般纺化纤时压力应适当增加。国内外有用凹凸压辊、沟槽压辊、双压辊、双喇叭等增加条筒容量的措施。

在传统梳棉机上,棉网从上下轧辊钳口到达喇叭口的自由行程为30~50cm。高速梳棉机为了避免棉网下坠甚至破裂,采用导条板或导向罗拉输送棉网,也可采用一对横动皮圈贴着下轧辊表面移动,将棉网送到机器中央或一侧集拢而输出的。

三、圈条器

棉条自大压辊输出后,经小压辊牵引、压紧,内圈条斜管导入棉条筒内。

(一)纺纱工艺对圈条器的要求

(1)圈条斜管齿轮每一回转的圈条轨迹长度应为小压辊在同期送出的棉条长度与圈条牵伸之积。

(2)斜管齿轮一转,底盘齿轮应转过一个恰当的角度。这一角度要使底盘齿轮在以偏心距为半径的圆周上转过的弧长与棉条直径相等,这样方可一圈圈紧密铺放。

(3)圈条成形应圈层清晰,互不粘连,铺放平坦而不皱折,气孔正直并贯穿全高,筒壁间隙大小适当。

（4）在卷装尺寸（条筒高度与直径）确定的条件下，应有最大的生条容量，以提高设备利用率和劳动生产率。

（5）圈条器要能适应高速，运转时负荷轻、声响小、磨灭少、动力省，便于保养。

（二）圈条器结构形式与主要参数

1. 大小圈条　凡圈条直径大于条筒半径者，称为大圈条；圈条直径小于条筒半径者，称为小圈条（图4-19）。大圈条的相对圈条相互制压，而在交叉处留有气孔（d_0），每层圈条数比小圈条少、重叠密度比小圈条小、轨迹半径大、意外变形较小。国内外新型梳棉机大多采用大圈条。

2. 圈条器分类　按传动形式可分为传统式圈条器、行星式圈条器和RTC圈条器（即在传统式圈条器的基础上叠加底盘的往复运动）。

3. 圈条盘与底盘的转速比　圈条盘与底盘的转速比i，简称圈条速比。合理选用i值，可使圈条紧密排列、外形整齐，有利于增加条筒容量。根据圈条斜管一转，底盘转过θ角度，θ的大小应使圈条底盘在以偏心距为半径的圆周上转过的弧长ab恰好等于棉条直径d（图4-20），则：

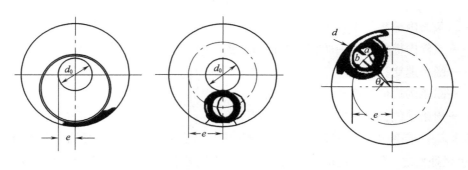

图4-19　大、小圈条　　　图4-20　圈条速比

$$2\pi/\omega_2 = d/(e\omega_1)$$
$$i = \omega_2/\omega_1 = 2\pi e/d \tag{4-19}$$

式中：ω_1——底盘的角速度；

ω_2——圈条盘的角速度。

当棉条直径一定时，i值随e值的增加而加大。生产中，实际的圈条速比最好略小于理论的圈条速比，目的为使相邻棉条圈与圈间出现一定空隙，减少棉条表面纤维的粘连。

4. 圈条盘与小压辊的转速比　根据工艺要求，圈条斜管一转，圈条轨迹长度应为小压辊同期内输出棉条长度与圈条牵伸之积，即：

圈条牵伸 = 一圈圈条长度（S）/圈条盘一转小压辊输出棉条长度（S'）

（1）圈条轨迹长度：因圈条斜管与棉条筒之间有偏心距，圈条斜管作等速回转运动，由斜管输出的棉条在空间的绝对轨迹呈正圆形，但因条筒相对慢速回转，棉条在条筒内的相对轨迹呈摆线形。通过数学分析，一圈圈条轨迹长度S可用下式近似计算：

$$S \approx 2\pi r(1 \pm 1/i) \tag{4-20}$$

棉条筒与圈条盘反方向回转时取"+"号,棉条筒与圈条盘同方向回转时取"-"号。

（2）圈条牵伸:因棉网或棉条在大压辊与道夫以及小压辊与大压辊之间均有张力牵伸,其中保持一定数量的弹性变形和弹性回缩力,在圈条过程中会自由回缩。因此,圈条牵伸,特别纺化纤时往往出现负值(即牵伸值小于1)。圈条牵伸过小,易堵塞斜管;过大,因小压辊输出长度小于圈条轨迹长度,已被圈入条筒的棉条被斜管拉动,圈层之间本来存在较大的摩擦力,圈条被拉动时将造成意外牵伸,棉条表面易拉毛。实践证明,纺棉圈条牵伸一般以控制在 1 ~ 1.03 之间为好。

（三）条筒容量

因条筒高度受到一定限制,故增加条筒容量的方法不外加大其直径以及合理设计有关参数等。棉条通过圈条盘而铺存于条筒内,成为一中心有气孔的圆柱体,其可容纳棉条的总重量可用下式计算:

$$Q = NiSW \tag{4-21}$$

式中:Q——条筒内棉条总重量;

　　　N——条筒内棉柱总高中所容纳的棉条层数;

　　　i——圈条速比;

　　　S——圈条的近似长度;

　　　W——棉条单位长度的重量。

实际生产中,条筒中圈存棉条的密度差异很大。气孔四周宽度为棉条直径的圆环内密度最大,条筒边缘处次之,其他部位的密度最小。密度"极差"越大,条筒容量越小。减小密度"极差"的方法之一就是合理解决条筒直径(D)、气孔直径(d_0)、偏心距(e)以及棉条直径(d)间的相互关系。大圈条若符合下两式之一者,条筒有最大容量。

$$d_0 = -D + \sqrt{2D^2 - 6Dd + 4d^2} \tag{4-22}$$

或

$$d_0 = 2(D/2 - 2e - d) \tag{4-23}$$

其中 $e = \left(1 - \dfrac{\sqrt{2}}{2}\right)\dfrac{D}{2} = 0.1465D$。

按上式设计气孔直径可望获得条筒的最大容量。国外有采用底盘往复装置,使条筒具有回转与前后往复运动,使条筒内的圈存密度差异减小,实测可增容10%以上。圈条速比与条筒容量和棉条在条筒中的圈存质量有关。圈条速比值大,条筒容量有所增加,但不显著。如圈条速比适当减小,不仅不会过多地影响容量,且能提高棉条的圈存质量,减少棉条发毛、粘连等毛病。

目前,先进的机台圈条机构都配有自动换筒装置,以减少人工换筒劳动和换筒停机时间。另外新型梳棉高产机采用行星式圈条器,由于大卷装的棉条筒随回转底盘回转,动力消耗大,行星式圈条器不采用回转底盘,圈条筒放在地面上静止不动,圈条盘在绕自身轴线的同时还绕条筒中心轴回转。当圈条盘自传一周时,条筒接受一圈条子,相应地圈条盘须同时公转一个角度,以便铺放下一圈条子。行星式圈条器可节省动力消耗,但设计、制造的要求较高。

第五节　梳棉工序的工艺计算与质量评价

一、传动

(一)对传动系统的要求

梳棉机的传动系统主要是根据机械和工艺两方面的要求来选定。从机械传动的要求来说,一般总是由电动机直接拖动负荷中心,功率由大到小,速度由快到慢。梳棉机的传动路线基本上是照此安排的。

从工艺的要求来说,对传动系统有如下要求。

(1)为了确保生条定量稳定,给棉的喂棉量与道夫输出量必须相对稳定,因此,给棉罗拉必须要由道夫用刚性传动件直接传动(有自调匀整除外)。

(2)在高产梳棉机上,由于锡林与盖板线速比高达万倍左右,传统的方式为了降低盖板速度,在盖板皮带轮传动盖板星形导盘轴之间,采用二级蜗轮、蜗杆机构,以达到盖板慢速的要求。

(3)梳棉机高速后,传动负荷增加,为了转速稳定、接头操作方便,梳棉机上除了齿轮用箱体结构、轴承用滚珠(柱)和含油轴承外,还采用了摩擦离合器倒向齿轮和无级变速器。

国外梳棉机已采用多电动机传动。

(二)梳棉机的传动系统

FA203A 型梳棉机的传动系统如图 4 – 21 所示。

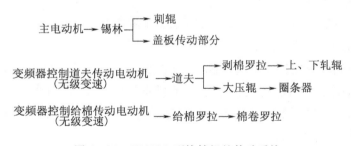

图 4 – 21　FA203A 型梳棉机的传动系统

(三)梳棉机各部分传动机构

1. 锡林的传动　电动机与锡林间传动比较大,以采用三角皮带传动为宜。但锡林转速高、惯性大,三角皮带在启动时打滑率极小,使电动机的启动电流和皮带负荷比正常运转时大几倍。为了保护电动机和传动带,电动机经过摩擦离合器后再传动锡林。摩擦离合器的结构如图4 – 22所示,顶撑螺钉1周向均布三只,压紧弹簧8周向均布三组,每组三只。三角皮带轮由电动机传动,活套在锡林轴4上,装摩擦片6的法兰用键与锡林轴连接。正常运转

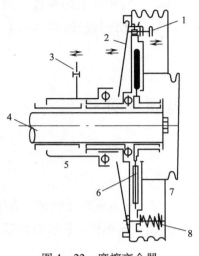

图 4－22　摩擦离合器

时、开关把压盘 5 推向左方，撑杆 2 对顶撑螺钉 1 不起作用，由几根压紧弹簧 8 把压板 7、摩擦片、三角皮带轮紧压在一起，因此三者压紧后，锡林就被电动机所带动。由于摩擦片与皮带盘靠摩擦传动，故启动时允许两者打滑，使启动电流较小。停车时手拉开关 3，将压辊推向右方，撑杆压向顶撑螺钉，后者克服压紧弹簧的压力，使压板与摩擦片、三角皮带盘分开，因而锡林停转。

2. 剌辊的传动　采用高强平皮带传动，避免倒向齿轮高速时存在的问题。

3. 道夫的传动　在工艺和操作上对道夫的变速有下述要求。

（1）要便于挡车工生头，生头时要求道夫慢速，约 10r/min。

（2）生头结束后，道夫应有一个逐步升速的过渡时间，约 15s，使生条不致因突然快速而产生细节。为此须采用变速装置传动道夫。主要有双速或三速电动机变速装置、双速电磁离合器变速装置、变频调速电动机变速等几种。FA203 型梳棉机采用两台变频控制器，控制道夫和给棉电动机无级调速和按比例运转。升降速平滑，运行稳定可靠，刹车性能好，同时机上配备 FT204 型自调匀整装置，根据检测到的喂入棉层厚度，控制给棉罗拉转速，按工艺要求向梳棉机喂入恒定的纤维量，以改善生条的均匀度，提高生条质量。

4. 安全自停装置　为保证安全生产，避免损伤针布，保证生条质量，FA203 型梳棉机设有多处自停装置。

（1）厚卷自停：当棉层过后或有硬杂物混入，给棉罗拉抬高，其两端加压杠杆上的螺钉触及自停装置的微动开关，控制道夫和给棉停止。

（2）刺辊速度降低自停：在运转过程中，当传动刺辊的皮带松弛或滑脱后，导致刺辊速度降低，电子速度开关动作，信号灯亮停车。

（3）返花自停：当剥棉罗拉返花时，绒辊花增加，绒辊芯子上抬，推动摇板动作，使触动开关常闭，故障继电器动作，道夫刹车。这可防止因剥棉不良而造成轧车事故。

（4）断条光电自停：在圈条器立柱上装有一套光电自停装置，正常运转时若出现断条，光电自停装置发出信号，控制道夫停车。

（5）圈条器内断条自停和堵管自停：在圈条器小压辊处装有一种微动开关，控制棉条堵塞斜管自停，另有一个机械触点控制断条自停。

（6）防护罩打开自停：防止正常运转时随意打开防护罩，或防止停车维护时误开车而造成事故。

二、工艺计算

以 FA203A 型梳棉机为例进行工艺计算（皮带滑移率均取 2%）。

1. 速度计算

(1)锡林转速 n_1(r/min):

$$n_1 = 1465 \times D_1/492 = 2.978D_1$$

式中:1465——主电动机转速,r/min;

　　　D_1——主电动机皮带直径,有 118mm、130mm、147mm、160mm 四档。

(2)刺辊转速 n_2(r/min):

$$n_2 = 1465 \times D_1/D_2$$

式中:D_2——刺辊皮带轮直径,有 224mm、242mm、262mm 三档。

(3)盖板速度 v_f(mm/min):盖板由星形倒盘传动,星形导盘有 14 齿,周节为 36.5mm,与相邻两块盖板间的距离相等。

$$v_f = n_1 \times 100 \times Z_1 \times 1 \times 1/134/Z_2/26/26 \times 14 \times 36.5 = 0.5641n_1Z_1/Z_2$$

式中:Z_1、Z_2——盖板变换齿轮齿数,Z_1 有 18^T、21^T、26^T、30^T、34^T;Z_2 有 42^T、39^T、34^T、30^T、26^T。

(4)道夫转速 n_3(r/min):

$$n_3 = (245 \sim 2450) \times 19 \times 16/84/96 \times 9.236 \sim 92.36(变频调速)$$

小压辊出条速度 v(m/min):

$$v = 60\pi n_3 \times (小压辊 \sim 道夫间牵伸)$$

2. 牵伸计算

(1)部分牵伸倍数:

$$剥棉罗拉 \sim 道夫\ e_1 = 120 \times 96/706/16 = 1.020$$
$$上轧辊 \sim 剥棉罗拉\ e_2 = 75 \times 30 \times 22/120/22/15 = 1.250$$
$$上轧辊 \sim 下轧辊\ e_3 = 75 \times 22/110/15 = 1.000$$
$$大压辊 \sim 道夫\ e_4 = 76 \times 48 \times 96/706/Z_3/Z_8 = 496.0/Z_3/Z_8$$

式中:Z_3——大压辊传动齿轮,有 $18^T \sim 20^T$ 三档;

　　　Z_8——道夫中介传动齿轮,有 16^T、18^T 两档。

$$大轧辊 \sim 下轧辊\ e_5 = 76 \times 22 \times 16 \times 48/110/30/Z_3/Z_8 = 389.12/Z_3/Z_8$$
$$小压辊 \sim 大压辊\ e_6 = 60 \times 103 \times 22/76/75/23 = 1.037$$
$$小压辊 \sim 道夫\ e_7 = 60 \times 103 \times 22 \times 48 \times 96/706/75/23/ = 514.1/Z_3/Z_8$$

总牵伸倍数:梳棉机的总牵伸倍数是指小压辊与棉卷罗拉之间的牵伸倍数。根据传动图 4-23 可得总的牵伸倍数 e:

$$e = 小压辊线速度/棉卷罗拉线速度 = 60\pi \times 道夫电动机转速 \times$$
$$e_7/152\pi/给棉罗拉电动机转速/(14 \times 25 \times 27 \times 24/40/36/44/25)$$
$$= 60 \times 道夫电动机转速 \times 514.4 \times 40 \times 36 \times 44 \times 25/152/给棉电动机转速/$$
$$Z_3/Z_8/14/25/27/24 = 1418.1 \times 道夫电动机转速/Z_3Z_8/给棉电动机转速$$

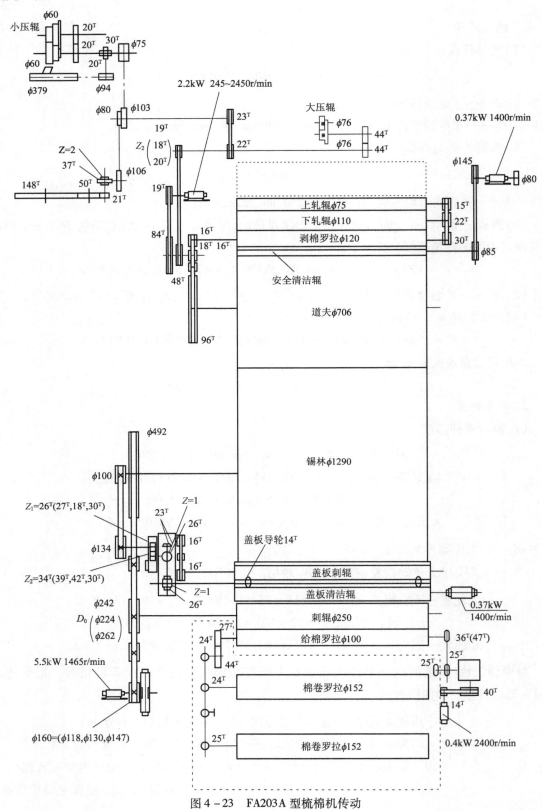

图4-23 FA203A型梳棉机传动

（2）实际牵伸倍数：

$$实际牵伸倍数 = 计算牵伸倍数/（1 - 落棉率）$$
$$理论产量\ Q = n_3 \times g \times 706\pi \times e_7/5/1000$$

式中：g——棉条定量，g/5m。

三、质量评价

（一）生条质量指标

在普梳系统中，梳棉以后的工序基本不再具有开松、分梳和清除杂质的作用，所以生条的质量，特别是结杂含量直接影响成纱的质量。因此，对生条的质量控制尤为重要。

生条的质量指标可分为运转生产中的经常性检验指标和参考指标两大类。

1. 经常性检验指标

（1）生条条干不匀率：生条条干不匀率反映生条每米片段上的粗细不匀情况，检验指标有萨氏条干与乌斯特条干两种。一般萨氏条干应控制在14%～18%范围内，乌斯特条干 CV 值控制范围在4%以下。

（2）生条重量不匀率：反映生条5m片段的粗细不匀情况，重量不匀率应控制在4.0%以下。

（3）生条棉结杂质：反映每克生条中所含的棉结杂质粒数。该指标由企业根据产品要求自定，其参考范围见表4-1。

表4-1　生条棉结杂质的控制范围

棉纱		棉结数/结杂总数		
线密度（tex）	英支	优	良	中
18 以下	32 以上	25～40/110～160	35～50/150～200	45～60/180～220
19～29	20～30	20～38/100～135	38～45/135～150	45～60/150～180
30～50	19～29	10～20/75～100	20～30/100～120	30～40/120～150
51 以上	11 以下	6～12/55～75	12～15/75～90	15～18/90～120

（4）生条短绒率：指生条中16mm以下纤维所占的百分率。梳棉工序在一定程度上既排除短绒，又会产生短绒。普通梳棉机的短绒生产量大于排除量，所以生条中短绒含量一般较棉卷多。采用多吸点吸风以后，大大增加了梳棉机对短绒、尘屑的排除量，可使生条中的短绒含量小于棉卷。一般生条短绒率控制在4%以内。

2. 参考指标　棉网清晰度是反映棉网结构状态的一个综合性指标，通过目测观察棉网中纤维的伸直度、分离度及均匀分布状况，能快速了解梳棉机的机械状态及工艺配置是否合理。

（二）提高生条质量的主要措施

1. 生条棉结杂质的控制　生条中的棉结杂质，直接影响到普梳纱线的结杂和布面疵点，并影响到并、粗、细各工序牵伸时纤维的正常运动以及细纱加捻卷绕时钢丝圈的正常运动，易造成条干恶化、纱疵和断头增加。因此,必须控制并减少生条中的结杂粒数。在生产中要加强控制、管理和整顿落后机台,尽可能缩小机台间棉结杂质粒数的离散性。

由于在清棉、梳棉工序中纤维要接受强烈打击和细致分梳,棉结粒数均有所增加,尤其在梳棉工序,未成熟纤维在经过刺辊锯齿的打击、摩擦作用,并在锡林、盖板工作区反复搓转,易扭结成棉结;另外,部分带纤维杂质、僵瓣棉或清棉中产生的纤维团、束丝也易转化为棉结。所以,从原棉到生条,含杂重量百分率迅速降低,但杂质的颗粒逐渐增多,每粒杂质的质量减轻。生条经并粗工序加工后,结杂粒数均有所增加,但在细纱工序由于部分棉结杂质被包卷在纱条内部,所以成纱结杂粒数较生条少20% ~40%。

控制棉结杂质应根据原料性状、棉卷质量和成纱质量要求,从工艺调配入手,充分发挥后车肚及盖板处的除尘作用。

(1)配置好分梳工艺:配置好分梳工艺与"四锋一准""紧隔距"相结合,可提高棉网中单纤维的百分率,促使纤维伸直平行,使纤维与杂质充分分离,提高梳棉机排除棉结杂质的能力。

(2)早而适时落杂:对清、梳工序的除杂要合理分工,梳棉机本身各部分除杂也要合理分工。对一般较大且已分离的杂质,应贯彻早落少碎的原则;对黏附力较大的杂质,尤其是带长纤维的杂质,在它和纤维未分离时,不应早落,应在梳棉机上经充分分梳后加以清除比较有利。当原棉成熟度较差、带纤维杂质较多时,应适当增加梳棉机的落棉和除杂作用。

梳棉机的刺辊部分是重点落杂区,应使破籽、僵瓣棉和带有短纤维的杂质在该区排落掉,以免杂质被击碎或嵌塞锡林针齿间而影响分梳作用。因此,除少量黏附性杂质外,刺辊部分应早落和多落。合理配置刺辊转速及后车肚工艺,对提高刺辊部分的除杂效率、减少生条结杂有明显的效果。锡林和盖板部分易于排出带不同长度纤维的细小杂质、棉结和短绒等。锡林和盖板针布的规格及两针面间的隔距,前上罩板上口位置、前上罩板与锡林间的隔距以及盖板速度等,也都影响生条中棉结杂质的数量。对于成熟度较差、含有害疵点较多的原棉,尤应注意发挥盖板工作区排除结杂的作用。

(3)减少搓转纤维:根据棉结中纤维组成的松紧,分为松棉结和紧棉结,紧棉结大多带有杂质。一粒棉结一般由数十根纤维组成,其中大多是成熟度系数低的薄壁纤维。此类纤维的刚性小、回潮率高,在梳棉机上由于刺辊的打击摩擦作用和锡林盖板间的反复搓转,易扭结形成棉结。另外,当锡林、盖板和道夫针齿较钝或有毛刺时,纤维不能在两针面间反复转移,易浮在两针面之间,受到其他纤维搓转,形成较多的棉结。刺辊与锡林间的隔距过大、锯齿不光洁,易造成锡林刺辊间剥取不良、刺辊返花而使棉结明显增加。锡林针面因轧伤而毛糙、针面有油渍锈斑以及锡林和道夫间隔距偏大,易使锡林产生绕花而使棉结增加。

(4)加强温湿度控制:温湿度对棉结杂质也有很大的影响。原棉和棉卷回潮率较低时,杂质容易下落,棉结和束丝也可减少,其回潮率控制范围:棉卷为8% ~8.5%,原棉为10% ~11%。梳棉车间应控制在较低的相对湿度,一般为55% ~60%,使纤维放出水分,增加纤维的刚性和弹性,减少纤维与针齿间的摩擦和齿隙间的充塞。但相对湿度过低,一方面易产生静电,棉网易破损或断裂,尤其在纺化纤时,这种现象更为明显;另一方面会降低生条的回潮率,对后道工序的牵伸不利。

2. 生条均匀度的控制　生条不匀率分为生条重量不匀率和生条条干不匀率两种,前者表示生条长片段间(5m)的质量差异情况,后者表示生条每米片断的不匀情况。

(1)生条条干不匀率的控制:生条条干不匀率影响成纱的重量不匀率、条干和强力。影响生条条干不匀率的主要因素有分梳质量、纤维由锡林向道夫转移的均匀程度、机械状态以及棉网云斑、破洞和破边等。

分梳质量差时,残留的纤维束较多,或在棉网中呈现一簇簇大小不同的聚集纤维,而形成云斑或鱼鳞状的疵病。机械状态不良,如隔距不准,刺辊、锡林和道夫振动而引起隔距周期性地变化,圈条器部分齿轮啮合不良等,均会增加条干不匀率。另外,如剥棉罗拉隔距不准,道夫至圈条器间各个部分牵伸和棉网张力牵伸过大,生条定量过轻等也会增加条干不匀。

(2)生条重量不匀率的控制:生条重量不匀率和细纱重量不匀率及重量偏差有一定的关系。对生条重量不匀率应从内不匀率和外不匀率两个方面加以控制。影响生条重量不匀率的主要因素有棉卷重量不匀、梳棉机各机台间落棉率的差异、机械状态不良等。控制生条重量的内不匀率,应控制棉卷重量不匀率,消除棉卷粘层、破洞和换卷接头不良。而降低生条质量的外不匀率,则要求纺同线密度纱的各台梳棉机隔距和落棉率统一,防止牵伸变换齿轮用错,做好设备的维修工作,以确保机械状态的良好。

3. 梳棉质量控制的测试方法　采取必要的测试手段对生条质量状况作出正确的判断,在生条质量控制中具有十分重要的意义。对工艺参数的调整、工艺部件的改进、管理或技术改进措施的上车等,都需要做出准确及时的判断,以便为改进措施或技改方案的实施提供决策依据。

(1)判定方式:一种是梳棉本间质量判定方式,简单快捷,但与成纱质量联系不够紧密,目前尚难以找出梳棉本间质量指标与成纱质量指标间的直接相关关系;另一种是本间与成纱质量相结合的判定方式,一般需要采用快速试纺或从梳棉开始形成专用对比生产线,同时检测梳棉与成纱质量指标。这种方法能准确分析梳理质量对成纱质量的影响,但用工用时较多,并需注意排除原料、后工序工艺变化及后工序机台非正常状况等造成的影响。

(2)生条梳理质量测试方法及指标:目视棉网清晰度。判定梳理状况(近似反映分离度),通常用合格率衡量。优点是判定迅速,可准确找到梳棉落后机台。

①生条棉网棉结、杂质测定。目光法简单易行,在人员稳定的条件下,在本单位有快速、较准确、可比性较强等特点。但单位之间由于目光差异,可比性较差。这种方法在缺少现代测试仪器条件下时是必要的,关键是要配备工作认真、责任心强、相对稳定的测试人员。以某工厂为例,生条棉网棉结控制指标如下:纯棉很好为 10 粒/g 以内;较好为 10 ~ 15 粒/g;较差为 15 ~ 17 粒/g;化纤 ≤0.3 ~ 0.5 粒/g;梳棉结杂落后机台判定标准为高于平均数的 30%。

②生条短绒率测定。采用 Y111 型罗拉长度分析仪或手扯棉束梳去短绒简易方法,长度仪法耗时较长,每个试样约 40min,简易法也需 20min 左右。通常用短绒增量作为衡量指标,其控制标准应与开清棉通盘考虑,其控制指标较过去有较大的提高。开清棉短绒增量过去为 1% ~ 3%,现在为 1% 以内;梳棉短绒增量过去为 3% ~ 5%,现在为 −1% ~ 2%。

(3)成纱后衡量结杂去除效果的质量指标:黑板棉结/棉结杂质总数。棉纱标准中的优等品为较好水平,一般棉纱杂质通过印染加工后可基本消除,但棉结对印染表面质量影响较大,尤其是深色坯,棉结造成的白星影响尤为显著。因此要求高的品种棉结应控制在优等品指标的一半左右。根据生产实践,黑板结杂与布面结杂相关性较强,可通过制定黑板棉结及布面结杂绝对粒数的内控指标对成纱棉结杂质状况进行严格监控,以达到用户较高的要求。

乌斯特检验中的千米棉结粒数。乌斯特检验中的千米棉结粒数实质上是一种小于 4 mm 的短粗节,它是一种电容意义上的棉结,包括纤维缠结形成的棉结,也包括杂质,甚至一些很短的粗节。其数量波动较大,黑板结杂数量接近的纱,其千米棉结数可能有较大的差异。应根据纤维特性,布面结杂反映,做出合理判断,制定控制标准。

(4)采用先进测试仪器测试生条质量:目前,国内外一些质量控制较严、经济实力较强的企业已经普遍采用了 AFIS 测试仪器,它的英语全称是"Advanced Fiber Information System"即"高级纤维信息系统"。由于该仪器将纤维或半制品开松后利用光电传感器对单纤维进行长度、细度、棉结、杂质、成熟度测试,因此测试的精度和重现性较强,可用于原棉、棉卷或筵棉、棉条、粗纱等半制品质量测试。与之类似的仪器还有印度普瑞美公司(Premier)的 aQura 棉结和纤维测试仪以及陕西长岭纺织机电科技有限公司的 XJ129 型棉结和短绒测试仪。由于 AFIS 测试仪能够在很短的时间里提供棉花及各类半制品纤维长度分布、短绒率、棉结及杂质数量及尺寸大小、纤维细度、成熟度及未成熟纤维含量,这些指标对于迅速判断半制品质量状况及各项改进措施的效果具有重要的意义,因此在半制品质量控制中发挥着重要的作用,得到越来越广泛的应用。各类纺织技术期刊也有越来越多的文章介绍这方面的内容。在学习借鉴外单位技术经验的时候,有必要了解一些关于 AFIS 测试方面的知识,主要应注意以下几个问题。

①注意区别以重量计(w)与以根数(n)计,如平均长度 $L(w、n)$、短绒率 SFC($w、n$)、上四分位长度 UQL(w)。以重量计的平均长度 $L(w)$ 大于根数计的平均长度 $L(n)$,而以根数计的短绒率 SFC(n)远大于以重量计的短绒率 SFC(w)。

②对短绒率国外使用≤12.7mm 的标准,可以通过纤维拜氏排列图得到 16mm 及以下的短绒率。通常 12.7mm 以下短纤维约占 16mm 以下短纤维的 50% ~ 60% ,比较时应注意。

③上四分位长度是指纤维拜氏排列图中自长至短占试样总重量 25% 时的那一组纤维的重量平均值。与 HVI 检验中上半部平均长度 UHML、我国罗拉长度分析仪测得的主体长度、手扯长度比较接近,但并无具体的数学相关关系。各测试方法所得的长度指标依纤维品种不同有所差异。

④SCN 为英语"Seed CoatNep"的缩写,意为"带籽屑棉结",乌斯特公报解释为棉籽壳碎片,有的文章中解释为带籽屑棉结。按我国黑板检验方法应归为杂质粒。实际就是我们通常所说的带纤维籽屑。这类杂质,特别是较小的带纤维籽屑在纺纱过程中很难去除,对成纱质量危害较大。

4. 梳棉质量控制中的几个问题

(1)树立正确的质量理念:以用户为关注焦点,根据用户质量要求分层次合理配置梳棉工艺。生条质量控制是提高成纱质量的关键环节,梳棉工艺与产量和质量都密切相关,往往成为纺纱工艺设计的重点。在市场经济条件下,应以充分满足用户需求为目的,明确用户质量要求,从企业实际出发,找准企业市场定位,分层次区分不同质量特性要求及下游用户产品用途,合理配置梳理工艺,达到质量与产量、质量与效益间较佳的平衡,以求得效益的最大化。

(2)良好的机械状态是控制梳棉质量的基础:做好"四锋一准"(即锡林、道夫、盖板及刺辊锋利,机台高速运转的条件下,相邻针面间的隔距紧而准确),或称"七锋一准"(增加前固定盖板、后固定盖板、分梳板)。针齿锋利和隔距准确是最重要的基础工作。主要应做好以下几项工作:一是选择锐度好、耐磨性好,加工精度高的针布;二是精心操作,确保包卷质量;三是针对新型针布特点,要少磨轻磨或不磨;四是加强管理,减少针布轧伤,发现损伤及时修补或更换;五是严格按照工艺要求做好隔距调校工作。通过以上各项工作可以确保针布"三度"(锋利度、平整度、粗糙度)及隔距符合要求。

(3)注重工艺上车:做好工艺上车检查,坚持动态工艺管理。实际工作中常常发现,原料、设备、工艺设计相差无几的企业间,实际成纱质量却相差较大,其根本原因就在于工艺上车实际状况相差较大。由于管理不到位,实际上车工艺会出现较大偏离。例如,中夜班挡车工私自将道夫速度加快、将质量要求较高的品种改在要求较低品种梳棉机台上加工、针布包卷质量差、锡林动平衡校正不认真、轴承磨损使锡林径向跳动过大等,结果使实际上车隔距与设计隔距出入较大。凡此种种,都会对梳理质量产生较大的影响。因此,必须严格工艺纪律,坚持工艺动态管理,认真扎实地做好工艺上车检查工作,及时发现并采取措施解决机台长期运转中存在的问题,确保机台机械状态长期保持良好状态。

(4)解决好落后梳棉机台:在实际生产中,落后梳棉机台是造成梳理质量波动的重要原因。应通过周期性的棉网清晰度检查和生条棉网结杂试验发现落后机台,对于棉网清晰度差的机台或超出当日该品种棉网结杂试验平均数据30%的机台,立即进行复试,确认落后机台后,及时组织人员检修,直至复试合格。

(5)注意棉花质量对梳理质量的影响:梳理工序在保证成纱质量方面起着重要作用,在梳理工艺配置中一定要充分注意到原棉质量的影响,主要应做到以下几点。

①必须控制好配棉的短绒率。配棉短绒率的高低直接影响半制品短绒率,即便采取"多落"措施,也会严重影响制成率。近年来,有些棉花经过皮清机加工,可提高棉花品级0.5～1级,但棉花内在质量下降了,短绒率和棉结增高,对配棉的负面影响较大。因此在棉花选择中应充分注意这个问题。一般应将配棉短绒率控制在10%～13%,要求高的品种应控制在10%以内。

②充分注意原棉的疵点构成。原棉进厂后,棉检室除了评定品级外,还要对棉花中破籽、不孕籽、索丝、软籽表皮、僵片、带纤维籽屑、棉结等7类有害疵点进行手拣疵点检验。对生条质量影响最大的疵点是棉结和带纤维籽屑,这两类疵点与棉花比重十分接近,很难利用附面层加以清除,故应严格控制此类疵点较高的唛头使用比例。

③充分注意生条结杂的构成。国家标准规定锯齿棉含杂率2.5%,皮辊棉含杂率3%,配棉含杂率一般在1.3%～1.8%,棉卷含杂率应控制在0.8%～1.2%,生条含杂率在0.04%～0.06%,从除杂数字分析,除杂效率较好时可达到95%～97%,但实际上对成纱结杂的影响因结杂构成不同,却大相径庭,生条含杂率往往不能正确反映生条结杂对成纱质量的影响。例如有的配棉含杂仅为1.3%,生条结杂仅为0.05%,但细小的带纤维籽屑很多,成纱结杂总粒数较

多,甚至达到降二等的边缘。严格控制原棉成熟度及未成熟纤维含量。未成熟纤维经过开清棉和梳棉加工,是产生短绒、棉结的主要原因,也是形成布面白星疵点的主要原因,一些企业为降低配棉成本,在正常配棉成分中加入过多低等级棉花。因而使棉结和白星问题长期得不到解决。

(6)关于重定量工艺:所谓"高效工艺"的确切的说法应为"前纺重定量、细纱大牵伸"。目前推广的"高效工艺"与提出者的试验模式仍有较大差异。"高效工艺"提出的典型试验模式为:棉卷定量800g/m,生条定量32g/5m,粗纱定量8g/10m,CJ 9.7tex纱牵伸倍数86倍。目前,真正实现这一模式的厂家还很少,大多是粗纱定量提高30%～50%。目前实施"前纺重定量、细纱大牵伸"主要有两种模式。

第一种是"粗纱重定量、细纱大牵伸"。这种模式由于粗纱半制品结构(纤维长度分布、短绒率、结杂状况、纤维分离度、平行伸直度等)没有大的变化,加上采用高精度无机械波罗拉、性能优良胶辊胶圈、压力棒隔距块等技术措施,加强了对纤维的控制,在增大牵伸倍数30%～50%的条件下,质量水平持平或稍有下降,但仍在控制范围以内,一些还有所提高,是比较成功的。

第二种是"全流程增加定量、细纱大牵伸",即从梳棉甚至棉卷增加定量,并条、粗纱均实现重定量,细纱实现大牵伸。这种模式由于生条定量增加30%～50%,对生条质量有较大的影响,推广结果是多数成纱质量有所下降,一些还有较大幅度的下降。因此,多数工厂梳棉生条加重的幅度较小,特别是纺细特纱时定量一般很少超过25g/5m,一般仍在20g/5m左右,生条定量上调幅度多在30%以下。主要原因是生条定量的调整对半制品内在结构影响较大,受到成纱质量的制约增幅不能过高。重定量工艺对工厂各项管理提出了更高的要求。

重定量工艺可以有效地减少前纺开台数,减少用工、用电和机物料消耗,在提高经济效益方面带来的好处是显而易见的。但定量加重后,纺纱专件的磨损增加,出现问题的概率相对增加,对机械状态、纺纱专件质量、温湿度及吸风状态、运转管理及机台清洁的要求都提高了,如不加强管理,很可能会出现质量波动。如梳棉的针布,其正常使用寿命是由加工的纤维量决定的。实行重定量后,梳棉机产量提高,针布磨损加快,针布的更换周期应做相应调整,以免产生质量波动。

第六节　梳棉工序加工化纤

一、化纤对梳理工艺的要求

采用与棉纺完全相同的梳理工艺和分梳元件去梳理化纤,就会发生以下一些问题。

(1)化纤与分梳元件摩擦会产生静电,且不易导去,所以化纤容易吸附在分梳元件上,造成缠绕锡林、道夫、盖板的针齿。

(2)化纤尤其是合成纤维回弹性好、条子蓬松,不易通过喇叭口及圈条斜管而造成通道堵塞。因此,纺化纤时多采用曲线斜管。

(3)化纤的回潮率各异,黏胶纤维大于棉,合成纤维大大小于棉,合成纤维之间的摩擦因数小,而与金属的摩擦因数又较大,所以容易产生棉条发毛、棉网破边。

（4）化纤较长,特别是中长化纤,若不相应的调整工艺,就可能损伤纤维,并使纤维的转移失常。

（5）化纤一般只含少量的粗硬丝、并丝、胶块及超长纤维,长度整齐度较好,短绒含量极少。所以采用通常的棉纺工艺就会造成过多的落棉损失。

因此,为了获得良好的梳理效果,加工化纤时,应根据化纤的工艺特性,恰当地选择分梳元件,并适当地调整梳理工艺。

二、分梳元件的选用

分梳元件的选用十分重要,梳理合成纤维时必须采用化纤型或棉与化纤通用型的金属针布,否则容易发生充塞针隙和缠绕锡林的现象。选择纺化纤的金属针布应以化纤不缠绕锡林、生条棉结少、棉网清晰度好为主要依据。

合成纤维与金属针齿的摩擦因数大,纤维进入齿间后不易上浮,故纺化纤用的锡林针齿工作角宜适当增大、齿深宜浅、齿密适当、齿形宜采用负角弧背。这种"大角度""浅齿""弧背"锡林针齿,增强了对化纤的释放和转移能力,能够有效地防止化纤缠绕锡林,并有利于纤维向道夫转移。道夫针布应与锡林针布配套选用。道夫转移率适当大些,有利于降低锡林盖板工作区针面负荷、减少棉结。为此,纺化纤用的道夫与锡林的金属针布,两者针齿工作角的差值比纺棉时为大,以利于提高转移率。盖板针布针齿密度要稀,梳针直径略粗,且针高适当矮些,能适应高产强分梳的要求。刺辊锯条目前一般都选用 $80° \times 4.5$ 齿$/25.4\text{mm}$ 的规格,效果较好。尤其是薄形锯条,对棉须的穿刺和分梳能力较强。有的工厂为了避免刺辊绕花,选用较大的锯齿工作角如 $95° \times 3.5$ 齿$/25.4\text{mm}$,但分梳作用减弱,梳理效果较差。

三、梳理工艺的调整

（一）锡林与刺辊线速比

锡林与刺辊线速比的确定,要确保良好分梳和顺利转移、获得清晰度较好的棉网、结杂和短绒较少的生条。由于化学纤维较棉纤维为长,所以锡林与刺辊的线速比应该比纺棉时较大些,一般为 $1.8 \sim 1.94$。当加工中长化纤时,为了防止长纤维缠绕刺辊、达到顺利的转移,所以其间的线速比应更大些,通常采用 $2 \sim 2.45$。

锡林与刺辊线速比的调整,通常是改变刺辊的速度。若要增大其间的线速比,一般是减慢刺辊的转速。但刺辊过分降速,会造成分梳不足,影响梳理质量。

（二）锡林、盖板速度

当加工黏胶纤维时,由于黏胶纤维的强力比棉低,为了防止损伤纤维、减少短绒,锡林速度可适当降低。由于化纤含疵率较棉为少,为了节约原料,纺化纤时盖板速度宜适当降低,一般掌握在纺棉时的一半左右。

（三）大压辊和轧辊间的线速比

大压辊和扎辊间的线速比决定棉网的张力牵伸,而张力牵伸的大小直接影响生条条干。由于化学纤维之间的摩擦因数较小,棉网中纤维间的抱合力小,试验证明,生条条干随着张力牵伸的增加而恶化。为此,在棉网不松坠的前提下,张力牵伸以偏小掌握为宜。

(四)合理确定生条定量

国外有人主张纺化纤时采用轻定量、慢速度工艺。国内生产实践证明,生条定量过轻易使棉网漂浮,造成剥棉困难,影响成条;若定量过重,由于合成纤维的弹性较好,条子变得粗而蓬松,容易堵塞喇叭口和圈条斜管。因此,一般认为将合成纤维生条定量控制在 20 ~ 22g/5m 为宜。

(五)梳理隔距的调整

1. 锡林至盖板间的隔距　即使采用了化纤型金属针布,若锡林至盖板间隔距过小,仍可能发生化纤缠绕锡林的现象。为了解决绕花问题,有些厂采用适当放大锡林盖板隔距的措施,这是对的。但过分放大锡林盖板间隔距,必将影响梳理质量。同时,还应控制纤维的含油率和车间温湿度,改善锡林、盖板、道夫针面的平整度、锋利度和光洁度;缩小锡林至道夫间隔距,减轻锡林针面负荷等。采取积极措施为锡林盖板间尽量采用较小隔距创造条件,达到针齿既不缠绕纤维又可提高梳理质量。

2. 前上罩板上口隔距　加工合成纤维时选用双列盖板。当采用纺棉的隔距时,盖板花很少,甚至不出盖板花,为了使之正常出盖板花,通常此间隔距要比纺棉时适当放大。

(六)给棉工艺

因棉型化纤的切断长度比棉略长,可酌量垫高给棉板,以利于减少纤维的损伤和提高成纱强力,在加工中长化纤时,必须接长给棉板的工作面长度。化学纤维之间的抱合力差,压缩回弹性大,棉层内的纤维很容易离散,必须增强给棉罗拉和给棉板对棉层的握持力,以利于刺辊对棉层的穿刺,加强分梳作用,增强给棉握持的方法就是增大给棉罗拉加压,一般比在纺棉时加大20%左右,由于刺辊分梳效能的提高,棉网质量有所改善。

(七)后车肚工艺

1. 小漏底弦长和形式　小漏底弦长直接影响后车肚落棉区的范围。化纤仅有硬丝、饼块等少量疵点,含疵率远较棉低,可采用较长的小漏底弦长,以减少后车肚落棉。如所加工的化纤含疵率特别低时,可考虑将小漏底的尘棒、网眼封死,减少落棉,达到低耗的目的。

2. 除尘刀的高低位置和安装角度　加工棉型化纤时可调节至高出机框平面6mm,加工中长纤维时,可拆去除尘刀。除尘刀的安装角度调大至 90° ~ 100°,以利回收,以减少落棉或不落棉。

第七节　清梳联与自调匀整

近30 年来,由于金属针布、高产梳棉机的大量推广和合成纤维产量剧增急需解决难以成卷和退卷粘卷等问题,急需采用清梳联合机。清梳联技术已成为当代棉纺技术的重中之重。

取消成卷并以逐步开松的工艺取代"开松—压紧—再开松"的不合理工艺,有利于发挥梳理、除杂等效能和提高生条质量、降低生条短绒率;避免了退卷时粘层(特别是化纤)和换卷时接头不良等引起的梳棉喂棉不匀问题;消除了破卷与换卷撕头的回花,减少了开清棉的回花量,避免了对原料的重复处理;取消落卷、运卷、上卷、换卷等操作,提高了劳动生产率、降低劳动强度;不需储备棉卷,可节省占地面积;有利于提高生条、成纱质量和减少细纱断头;缩短了工艺流程,有利于实现生产的自动化、连续化。

根据近十多年引进设备的使用经验表明,清梳联在正常生产中,成纱质量的重量不匀率、条干 CV 值、棉结杂质、单强不匀率等,均有较大幅度改善。采用清梳联是取得棉纱高质量水平的重要保证。具体方法如下。

(1)自动抓棉机多包取用、棉束小,有利于保持配棉成分稳定,为提高开清流程的开松、均匀混合除杂效率打下良好基础。

(2)采用多仓混棉机或交叉混棉机,棉仓容量大,利用时差或程差混合,有利开清棉机组的连续均匀喂棉。

(3)采用角钉、鼻形、锯齿多种形式打手(或辊筒),在抓棉机细抓、精抓、棉束小、重量轻的基础上,采用自由打击,作用缓和、大杂早落少碎。在清棉机上利用刺辊分梳除杂原理,使分梳、除杂效率有较大的提高,适应清梳联对除杂、开松度(类似雪花飘)的高要求。

(4)开清流程中采用磁桥、金属探除、硬物排除、火星排除(火焰报警)等安全保证措施。

(5)有完善的吸落棉、吸尘滤尘系统。

(6)采用先进的电子计算机监控系统,自动调节各机的产量、工艺参数,有的可以人机对话。但清梳联使用的好坏,在很大程度上取决于开清棉机组的技术进步。

一、清梳联喂棉箱

(一)立达公司的 Aerofeed – U 形棉箱

(1)U 形为无回花双节棉箱,可顺、逆两个方向喂棉,借助加速/分隔板的作用,可同时喂入一个或两个品种,并可灵活调节每个品种的配台数。

(2)在第一台梳棉机上棉箱输入侧的管道处,装有一只压差开关,控制前方(末台清棉机)喂棉机构的停和开。由人工设定的逐级电位计配合,使喂棉量与梳棉机台数相适应。

(3)上棉箱中网眼板逸出的气流汇集在上棉箱后面的排气稳压箱内,稳压箱侧面出口处的摆式活门可通过调节以确保气流在恒定的各种压力下通过各上棉箱均匀排出,从而保证了每只上棉箱所需的下落分配率,使各上棉箱配棉头的下落量相等。

(4)上棉箱的纤维经由一对喂棉罗拉、中间开松装置进入下棉箱,由两只上、下光电管控制喂棉罗拉的停和转(A7/C 型棉箱有上、下共 8 只紧排光电管组成的高度检测器控制喂棉罗拉多级调速),以调节下棉箱的纤维充满高度,只要充棉高度恒定,在纤维自重和打手气流作用下,下棉箱的棉容量及其密度就能恒定,因而输送系统向梳棉机输送的纤维层就能均匀一致。

(二)特吕茨勒公司的 FBK 型棉箱

(1)为无回花双节棉箱,下棉箱采用风机循环式连续吹风。

(2)无级调速的输棉风机从最末一台清棉机连续吸取纤维,通过输棉管道分配给 FBK533

的上棉箱,空气由滤网逸出,经吸尘管引向滤尘系统,纤维则落入上棉箱。

(3)在首台上棉箱输入侧管道上装有压力传感器;最末一台清棉机的喂棉罗拉由变频电动机传动。在正常生产中,给控制器输入一个输棉管道额定压力值和电动机基本转速值,控制器便可根据压力传感器传来的管道压力值自动调节变频电动机的转速,使喂棉罗拉变速,实现了清梳联无回花连续均匀喂棉的目的。由于输棉管道内压力值及上棉箱纤维充满高度波动小,上棉箱内纤维密度较恒定。

(4)由变速电动机传动喂棉罗拉,把上棉箱的纤维连续喂向开棉打手,经再次开松后送入下棉箱,在打手和上方风机循环风的连续吹送下,使纤维受到一定的压力,并保持一定密度。下棉箱压力传感器的压力信号通过控制器使喂棉罗拉无级变速喂棉,实际上,这也是一个自匀系统。喂棉罗拉的速度同时还受控于梳棉机的出条速度,使其与梳棉机产量相匹配。

(三)吹气式喂棉箱

吹气式喂棉箱一般由上棉箱,下棉箱两部分组成。上棉箱用于接纳由输入管道送来的棉丛,并能保持一定储棉高度。在喂棉罗拉和给棉板握持下,棉丛受到角钉打手梳理后被抛入下棉箱。

在上棉箱侧壁某位置上有一只用锦纶过滤布遮盖的排气口,装在箱外的盖板可将该处的排气口部分或全部关闭。当排气口畅通时,管道中的棉流便进入该箱,其中气流经排气口进入滤尘系统后排放到大气里,而棉丛则下落箱内。当上棉箱的储棉高度增加到遮没排气口时,箱内即停止进棉,梳棉管压力变化,当其中的气压传感器打到一定值时控制开清棉减少喂入量。

在上棉箱侧壁的下方装有一只离心风机,其气流通过扩散管产生600~700Pa的静压,紧压在下棉箱的棉丛表面,使储棉密度均匀稳定。然后气流从下棉箱前后板的排气口逸出,重新返回风机。当下棉箱中的储棉量达到一定程度后,在排气口出排气不畅,棉箱内气压增加,通过压力开关控制喂棉罗拉无级变速减速给棉,使下棉箱进棉量减少。反之,使进棉量增加,保持下棉箱储棉高度稳定。输出棉层经出棉罗拉直接喂入梳棉机的给棉罗拉。

二、清梳联无回棉系统组成和工艺过程

清梳联由开清联合机与多台梳棉机通过中间连接装置组成,最后一台清棉机输出的棉丛直接通过一台风机和输送管道组成的气力输送装置,分送给各台梳棉机的喂棉箱,完成开清棉与梳棉机器生产连接,这种给棉方式可称为梳棉机的连续给棉系统。连续给棉系统原本有无回棉形式和有回棉形式,由于前者无重复输送给棉结少,并且现代技术有能适应"多品种,小批量"的纺纱生产要求,故现在只用无回棉形式。

无回棉形式自调系统不仅可以保证各上箱的充棉要求,维持各箱储棉高度恒定;也可维持管道内气压恒定,这样就能增进各梳棉机喂棉箱的上箱储棉密度的一致性,进而提高各下箱输出棉丛的均匀度。由于管道内气压最大的恒定值与喂棉箱的工作台数无关,因此无论梳棉机开出几台,联合机及连续喂给系统都能正常地工作。这也说明,清梳联合机能适应小批量纺纱生产的工艺要求。

三、清梳联中间连接装置结构和作用

（一）输棉风机

采用清梳联后，清棉机原有的成卷部分被取消，从清棉机打手部分输出的原料，由输棉风机经输棉管道送入梳棉机机后的喂棉箱。

（二）配棉头

输棉管和梳棉机后部喂棉箱连接处起分配原棉作用的部分称为配棉头，有回棉清梳联和无回棉清梳联喂棉装置的配棉头相同，可分为高流速迫降式配棉头和低流速沉降式配棉头。高速迫降式配棉头，内有挡棉板、调节板和插入板三者相配合，迫使输棉管内水平运动的棉块向下落入喂棉箱内。当适当调整挡棉板的高度调节板的角度和插入板的插入深度，可以控制落入喂棉箱的棉量。而低速沉降式配棉头，其上方的输棉管在临近配棉头处，有一扩散角的斜面，使输棉管截面扩大，气流扩散，棉流速度降低，在挡棉板的配合下，使棉块落入喂棉箱内。改变挡棉板的倾斜角和扩散角的大小，可调整落入喂棉箱的棉量，扩散角一般在30°~45°之间调节。

四、自调匀整装置

（一）自调匀整的基本原理

所谓自调匀整就是根据喂入或纺出半制品的单位长度重量（在密度均匀一致时也可用纱条粗细表示）的差异，自动调节机器的牵伸倍数，使纺出半制品的单位长度重量（或粗细）保持一个较稳定的数值。根据匀整原理，单位时间内喂入半制品的重量和纺出半制品的重量应相等，即：

$$v_1 G_1 = v_2 G_2 \qquad\qquad (4-24)$$

式中：v_1——喂入线速度；

　　G_1——喂入半制品的单位长度重量；

　　v_2——输出线速度；

　　G_2——纺出半制品的单位长度重量。

设：
$$G_1 = G_0 + \Delta G$$

由式（4-24）得：
$$G_2/v_1 = G_1/v_2 = (G_0 + \Delta G)/v_2$$

上式两端各乘以 v_1 后得：
$$G_2 = (G_0 + \Delta G)/E \qquad\qquad (4-25)$$

式中：G_0——喂入半制品的额定重量；

　　ΔG——喂入半制品的额定重量 G_0 和喂入半制品实际重量 G_1 之差，即喂入重量之差；

　　E——牵伸倍数。

式（4-25）中，G_2 和 G_0 是常数，ΔG 和 E 是变量，显然 G_2 是 ΔG 和 E 的函数，如果 G_2 要保持不变，则变量 ΔG 和 E 之间的关系必须符合下式：

$$E = \bar{E}(G_0 + \Delta G)/G_0 \qquad (4-26)$$

上式即为匀整的基本方程。

清梳联生条和卷喂生条相比,其不匀结构主要问题是长片段不匀率高、平均定量偏差大。采用自匀器后,能较好地解决这两个问题。

(二)梳棉机自调匀整的形式与特点

梳棉自调匀整装置一般可分成四个部分。

1. 检测 对喂入或输出品在运转中测定其不匀的变化。

2. 转换 对检测所得的信号(如位移或压力的波动),转变成其他的信号(如电量的变化)。在检测信号传至变速机构时应延迟一段时间,使半制品从检测点走到变速点时才开始变速,因而需有延时机构。

3. 调节 将信号进行比例放大或再加以积分累计并和标准值比较。

4. 执行 对调节对象实行校正工作,即变速机构。

自调匀整装置的类型,根据检测与控制的位置可分为闭环、开环、混合环三种。根据自调匀整装置各组成部分的结构可分为机械式、液压机械式、电气电子式、机电式和气动电子式等。

开环自匀器的检测点在变速(匀整)点之后,控制回路非封闭的。其特点是:必须严格符合调节基本方程式;控制系统的延时与从检测点到变速点间的时间必须配合得当,否则,将超前或滞后变速;只能按调节方程式调节,不能核实调节结果,并无法修正各环节或元件变化引起的偏差和零点漂移,缺乏自检能力;匀整片段短,可改善中、短片段的均匀度。闭环自匀器检测点在变速(匀整)点之前,如图4-24所示,其特点是:有自检能力,能修正各环节元件变化和外界干扰所引起的偏差,比开环稳定;由于滞后时差的存在,影响中、短片段的匀整。混合环是开环

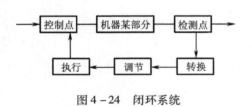

图4-24 闭环系统

和闭环两个系统的结合,兼有开环和闭环的优点,既能有长、中、短片段的匀整效果,又能修正各种因素波动所引起的偏差,调节性能较为完善,但机构复杂。

(三)典型自调匀整装置

1. 立达梳棉机的RR自匀器 其为两检一控式混合环自匀器。采用两个检测点,共控给棉罗拉变速。其原理是机前采用阶梯罗拉检测,机后由给棉板检测,共同通过微机处理后发出信号给"移相触发控制电路",调节给棉电动机转速,改变喂棉量,改善生条长、中、短片段均匀度。

检测装置检测喂入棉层体积,经喂入转换器将喂入棉层体积信号输入微电脑,与微电脑中平均值比较,其差异值立即送到控制器,改变给棉罗拉变速电动机,从而改变给棉罗拉转速,使喂入棉层尽可能均匀。棉网进入喇叭口后再进入阶梯检测罗拉中,下检测罗拉固定,上检测罗拉以弹簧垂直压向下检测罗拉,其位移与棉条断面成正比,断面信号不断输入微电脑中并与微电脑中设定的平均值比较,其差值以电压信号传到控制器,变化给棉电动机速度,改变喂入棉层

速度,从而达到均匀条子的目的。

这种自匀器属于长、中、短片段自调匀整装置。

2. 特吕茨勒梳棉机的 CFD—CCD 自匀器　特吕茨勒 DK 系列梳棉机上装有 CFD 短片段和 CCD 长片段结合的两检一控式混合环自匀器。CFD 检测点位于给棉罗拉与给棉板间,检测喂入棉层厚度的变化;CCD 检测点位于机前喇叭口处,检测输出棉条粗细的变化。微电脑根据 CFD、DCCD 检测点反馈来的信号,分析计算后输出信号来调节给棉罗拉的速度,达到匀整长、短片段的目的。

3. 国产混合环微机自匀器　本系统由传感器、给棉电动机及驱动线路、微机控制器等组成,其中传感器包括棉条输出部分的阶梯罗拉棉条厚度传感器和喂入部分的棉层厚度传感器。在正常运行时,微机控制器将上述的两路信号进行处理,得出给棉罗拉转速的控制电压,经交流调压驱动电路控制给棉罗拉转速,从而保持输出生条定量,达到降低生条重量偏差、减少不匀的目的。

4. SLJ－4 型的机后开环自匀器　瑞士洛菲公司生产,由装在给棉罗拉轴承座上的两只位移传感器检测喂入棉层厚度变化,传感器输出的信号以整流、检波、放大、比较、模数转换,并通过计算机运算分析后,控制永磁直流电动机,调整给棉罗拉速度,保证恒定的喂入量,达到匀整的目的。检测点、变速匀整点都在给棉罗拉处。

5. 霍林斯沃思 Platt2000 型梳棉机自匀器　为机前开环式,机前设有二上三下罗拉的 1.5 倍牵伸装置,棉条由凹凸罗拉检测后进入牵伸装置,由位移传感器把检测罗拉测得的棉条粗细转换成电信号,并通过计算机按需要的牵伸比使直流电动机调速,经速度耦合器(恒速与变速耦合)使前罗拉调速,即通过改变牵伸而达到匀整棉条重量的目的。

马佐利公司 CX 系列梳棉机配置的 MST 自匀器亦配有机前牵伸变速的混合环系统。

采用自匀器,不仅生条重量不匀率改善、重量偏差减小,而且可以改善台间不匀率和班间不匀率。但自匀器的匀整能力是有一定限度的,不可能把各种喂入不匀匀整到同一水平,只能在原有清梳联重不匀率的基础上得到一定的改善。因此,采用自匀器后,生条重不匀率的改善要依靠清梳联设备的精度、工艺合理性和自匀器的共同效果,才能获得理想的生条。

第八节　梳棉工序新技术

现代梳棉机梳理技术的发展包括新型针布的开发和应用,锡林速度的提高,梳棉机喂入部分的改进,固定盖板的应用,梳棉机除尘技术的发展,在线自动监控技术的应用发展和提高,锡林位置及加宽,在线自动磨针,在线自调锡林盖板隔距,电子计算机自动控制及人机对话等,在高速高效节能机电一体化及自动控制自动化方面都已经达到很高的水平。由于以上高科技技术的发展,使现代梳棉机梳理技术走向更加成熟,为进一步提高纺纱质量奠定了坚实的基础。

一、棉层的顺向喂入机构

梳棉机由给棉罗拉与给棉板对棉层的喂入,有逆向喂入、顺向喂入两种形式,其剖面形状如图4-25所示。如图4-25(b)采用顺向喂入时,棉层喂入方向与刺辊分梳方向相同,刺辊分梳时锯齿抓取的纤维可较顺利地从给棉罗拉与给棉板的握持钳口中抽出,可减少纤维的损伤。而棉层逆向喂入时,给棉罗拉与给棉板喂入棉层的方向与刺辊分梳的方向相反,握持纤维能力强,但刺辊锯齿抓取纤维时尾端所受的阻力大,纤维易断裂。

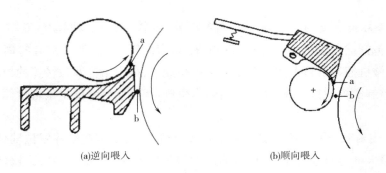

(a)逆向喂入　　　　　　　　(b)顺向喂入

图4-25　给棉罗拉与给棉板

二、新型针布的开发和应用

(1)20世纪后30年国内外新型针布的开发与应用取得很大的发展,如瑞士Graf公司的锡林盖板道夫针布,刺辊锯条等都成套生产。英国ECC,德国Holl等公司的针布也占有一定市场。一般认为Graf针布较好。国内青岛纺机厂上海金属针布厂引进Graf生产线生产的针布性能较好,无锡、天津、常州、南通等均有生产新型针布的工厂。在梳理技术引用新型针布增加固定盖板提高锡林位置盖板踵趾由0.90mm减少为0.56mm和盖板反向回转等措施对增加梳理度,减少生条结杂作用明显。

(2)除搞好梳棉机针布配套外,针布保养维护十分重要。

(3)新型针布的设计及选用针对性强,金属针布厂根据纤维种类,长度,细度,含杂单强,梳棉机的产量,锡林速度,生条定量,纺纱号数,纯棉,化纤混纺及一些特种纱线,设计了许多种类的针布:如高产针布,纺高支纱针布等。而道夫针布,刺辊针布也有相应的规格型号。

(4)新型针布在国内应用以来使生条质量,成纱质量大大提高,棉结杂质降低,也带来了一些困难,尤其在市场的需要使纺织企业品种翻改频率很高,企业在许多情况下不能正确对号使用针布,造成针布使用的混乱,不能很好发挥新型针布的作用。国内外开发了"通用性金属针布"。其中针布工作角的设计兼顾化纤与棉花的要求,适应性比较灵活,在一定程度上可是满足翻改品种的需要。

(5)梳棉机是纺纱工程的心脏,针布又是梳棉机的重要器材,在提高纺纱质量的生产技术活动中,必须高度重视,要选好、配套好、用好、修好梳棉机的各针布,尤其要高度重视锡林与盖板针布的管理与使用,充分发挥针布的梳理除杂作用。

三、固定盖板的应用

现代高产梳棉机都普遍在锡林上部,回转盖板前后方加固定盖板及其配套装置,以加强分梳除杂作用,可以增加高产梳棉机锡林高速后的梳理度,提高排除籽壳屑,细微尘杂,短绒等功能,一般为了提高固定盖板的自洁功能,保障分梳质量的稳定。总的趋势是增加除尘刀及负压吸管棉网清洁系统,如国产 FA221 高产梳棉机的回转盖板根数 80 根,工作盖板 30 根,机前机后分别加装了 3 根固定盖板,除尘刀及负压管;瑞士 C50,德国 DK903 高产梳棉机上机前机后分别加装 6 根固定盖板,配除尘刀及负压管;瑞士 C51 高产梳棉机机后加装 9 块固定盖板、除尘刀及负压吸管。高产梳棉机上加装固定盖板后,形成固定盖板,负压吸风,控制板等除杂系统,使固定盖板系统具备三个作用。

(1)比普通梳棉机清除结杂有所提高,使细纱断头率降低。

(2)后固定盖板起预分梳作用,前固定盖板既起梳理又对纤维有定向整理的功能。

(3)固定盖板体系上配备的棉网清洁系统,负压吸风口可及时吸走被除尘刀排出的杂质,短绒及细微尘屑,吸口和固定盖板还能调节锡林与盖板分梳区的气流,使锡林在高速回转情况下,纤维能够较好地保留在锡林针面上使纤维容易向道夫转移,有利于道夫成网,并可改善生条中纤维长度的分布。

随着梳理技术的发展,高产梳棉机的固定盖板根数逐步增加,回转盖板根数继续减少。将有 40 根回转工作区盖板的普通梳棉机与后固定盖板 14 根,回转工作区盖板 24 根,前固定盖板 4 根的高产梳棉机进行对比,高产梳棉机比普通梳棉机的棉结减少 31%,细纱条干 CV 值得到改善。表明增加固定盖板根数减少回转工作盖板根数对于清除棉杂,提高生条质量十分有利。据推测,随着高产梳棉机技术的不断发展,可能会出现无回转盖板而全部是固定盖板的新型高产梳棉机。

四、三刺辊开松除杂系统

为了提高梳棉机的产量和质量,德国公司成功地推出了拥有三刺辊系统的 DK803 型、DK903 型高产梳棉机。这种三刺辊系统具有独特的优点。

(1)三个刺辊直径小,均为 172.5mm。一般单刺辊直径为 250mm,传统多刺辊直径为 248 ~ 350mm,刺辊直径越小,运动速度越快,其分离和梳理纤维的效果愈好。这样可使分数线速度下降,从而减少对纤维的打击力,保持纤维不受损伤。同时由于离心力加大,有利于杂质的去除,锡林和刺辊间线速度进一步提高。

(2)第一刺辊配有梳针,加工纤维时,其作用使纤维在最小损伤状态下被开松,分梳。

(3)特吕茨勒 DK 系列三刺辊系统针齿间的配置和 CVT - 3 型精细开棉机一样,均为剥取配置。齿密逐只加大,如纺超细纤维时,其三刺辊之间的密度配置分别为 32 齿、161 齿、205 齿。工作角逐渐变小,速度逐渐变快,实现了渐增性开松与除杂。

(4)在三刺辊系统中每个刺辊都配有一块分梳板,除尘刀和负压吸口,以帮助进一步除杂,这种新型三刺辊系统清除棉结功能比传统设备有所提高,在一定程度上减轻了锡林盖板工作区分梳负担。配置除杂口是三刺辊系统取得成功的组成部分,可缓解高速刺辊运转时所带动的气流在刺辊周围产生高压,从而造成气流运动紊乱,影响纤维分梳和除杂。

(5)DK系列三刺辊系统的最大优点在于:它喂给锡林—盖板工作区的是一个均匀精细开松良好的纤维网。在这个纤维网中,纤维基本上是以分离状态存在的。将DK903型和DK760型相比较,纱疵总数可减少50%,梳棉机产量可增加50%~90%。

(6)三刺辊开松梳理及除杂体系是开清棉任务在梳棉机的延伸,并担负着梳棉机的预梳理任务,但DK系列三刺辊系统的最大缺点是对纤维的损伤大,易产生较多的短绒及棉结。

五、高产梳棉机在线监控监测技术

(1)生条自调匀整技术已很成熟,有短片段开环式,长片段闭环式及混合环式。无论哪种都对生条不匀有显著匀整效果。从实践中对比,混合环对长短片段匀整效果好。有DK760型、DK803型、DK903型等属于混合环匀整系统,兼有开闭环的优点,可匀整长短片段。混合环有两种形式:一种是两个检测点一个控制点,控制给棉罗拉速度;另一种是两个检测点两个控制点,机前检测同时控制机后给棉罗拉及牵伸区的前罗拉速度,是闭环和机前短片段开闭环相结合。

乌斯特匀整器的检测点在生条引出处,控制点在给棉罗拉处,属于长片段闭环型。对短片段不匀控制差,但可以很好地解决班与班的生条重量的波动。100m以上生条重量偏差可控制在正负2%以内。

(2)为了精确调节给棉罗拉棉层横向不匀,在喂入板下加装传感器,将棉层引入到喂棉罗拉及转移点在经过10~12个带弹簧传感器的原件,可瞬间调节横向棉层喂入量,解决给棉罗拉横向喂入不匀问题,德国的DK803型、DK903型就有类似装置。

(3)现代高产梳棉机在线监控技术及检测技术已有较大的发展,除自调匀整整体系列外,如DK803型、DK903型、C60型等高产梳棉机在道夫下方安装了在线棉结含量监控系统,可准确及时通过计算机荧屏显示瞬间棉结含量的变化情况。

(4)在线调整盖板隔距的功能是电子计算机控制的,在8/1000范围内精确快速地调节,精度为0.0001。

(5)新型梳棉机各主要回转件都是由变频调速系统控制的电动机分别单独传动的,相互间能保持正确的传动比,这也是由电子计算机控制的。

(6)现代梳棉机可以在线不停地监测30多种生产工艺信号并在计算机荧屏上自动显示工艺参数如棉条重量,线密度及各部速度等。

棉层厚度监测传感器可检测喂入棉层中大颗粒杂质及超厚的棉层,以防止轧伤针布。还可不停地监控纤维在锡林、盖板及刺辊的负荷,出现超负荷会自动报警停车。

(7)高产梳棉机将增加对锡林预梳区及主梳区中纤维的分布、梳理力大小的检测并提供纤维在梳理过程中的应力变化情况。

(8)未来智能型梳棉机上将进一步地发展和应用智能型微电子技术,根据纤维在梳理区的变化、生条结杂含量情况,及时分析并自动调整速比、隔距和指挥在线自动磨针,监测梳棉机运转中随时发生的机械、火警及工艺质量故障并自动分析排除,如果超限会自动指令停车等待处理。

梳棉机自动监控、检测技术将对发展智能型专家管理体系,使高产梳棉机步入全新的高速运转阶段。

六、梳棉机除尘技术的发展

(1)高产梳棉机吸尘风量和风压对生条质量影响很大,生产过程中产生的尘屑、短绒不仅影响生条质量还影响生产环境,为此随着产量的提高,机上负压吸点已发展到包括道夫三角区、刺辊分梳板、锡林前后固定盖板、盖板倒转剥取的盖板花等 10 多个,并已普遍实现机台全封闭。一般高产梳棉机排尘的连续吸风量要达到单产 $\times(60\sim80)$ 的千克数,即台时 50kg 梳棉机吸风量达到 3600m³/h,机内连续吸风量才能保证每个吸点的负压到位。

(2)确保吸风均匀,减少机台之间的差异,当前高产梳棉机都配装单独吸尘风机和滤网,对本机内各吸点实现连续吸,排风经地道排出;循环机外间歇吸,经空中管道进入滤尘系统。

间歇吸时间仅为 $2\sim3s$,风量 3600m³/h,静压达到 2000Pa 左右。间歇吸有风量大、风压高、清除效果好、节能等优点。是国外主要梳棉机由程序控制系统控制的新技术,我国的 FA201B 型、FA203 型、FA218 型、FA221B 型等高产梳棉机都已经应用了这项新技术。

(3)随着梳棉机单产水平、车速进一步的提高,除尘技术尤其应该加强,周围空气清洁度达到 3mg/m³ 以下水平,使设备及周围环境得到净化。

(4)现代梳棉机的锡林速度都是相当高的,而锡林本身的自重又很大。在梳棉机上锡林、道夫及刺辊上都包覆有针布或锯齿等,其表面速度高达 50m/s,转体本身的重要要在 150kg 以上,其运行动能很大,要使其立即停车下来是困难的,一般的刹车方法需 15min 的时间,即使机械上配有安全罩和安全门及电磁锁和速度监测装置,机器还需要几分钟甚至多达 15min 才能完全停下。由于在梳棉工序中,梳棉机台很多,假如都为了保证安全而采取以上措施,生产效率不会太高。现代化梳棉机应用了电子刹车技术实践达到最短,而传动元件不会损伤,另外保证了高速运行的锡林,在 60s 内即可全部停下来,既保证了安全,又提高了生产效率。

思考题

1. 梳棉工序的任务是什么?叙述梳棉机的机件组成及其作用?
2. 给棉罗拉与给棉板的握持性能与哪些因素有关?
3. 刺辊对棉层的分梳效果与哪些因素有关?
4. 什么是刺辊分梳度?影响刺辊分梳度的因素有哪些?
5. 什么是给棉板的分梳工艺长度?其大小对分梳效果有何影响?在生产中如何选择?
6. 试分析梳棉机刺辊周围的气流流动规律。
7. 刺辊落棉的多少与哪些因素有关?如何进行控制?
8. 什么是除尘刀的安装位置、安装角度?其对刺辊落棉有何影响?当棉层中大杂较多时,除尘刀应采用何种工艺?

9. 小漏底与刺辊间的隔距是如何配置的？为什么？

10. 试分析锡林与刺辊、锡林与盖板、锡林与道夫针齿的配置方式及作用类别。

11. 刺辊与锡林间纤维转移情况对分梳质量有何影响？哪些因素影响刺辊与锡林之间纤维的良好转移？

12. 试分析锡林与盖板之间针齿对纤维的握持、梳理及纤维运动情况；影响锡林与盖板之间梳理效果的因素有哪些？

13. 在梳棉机输出的棉网上，后弯钩纤维是如何形成的？

14. 什么是针面纤维层及针面负荷？锡林、盖板及道夫的针面负荷有何不同？

15. 什么是道夫转移率？其大小与哪些因素有关？

16. 什么是梳棉机的混合、均匀作用？产生的原因是什么？

17. 什么是盖板花？盖板花的多少与哪些因素有关？

18. 为保证对纤维的良好梳理，对梳棉机针布的工艺性能有何要求？

19. 试述锡林、盖板、刺辊及道夫针布的主要工艺参数对梳理效果的影响？

20. 对剥棉装置的工艺要求是什么？试分析比较四罗拉剥棉及三罗拉剥棉装置的优缺点。

21. 棉网由道夫向喇叭口运动时均匀混合作用是如何产生的？喇叭口的位置对混合均匀效果有何影响？

22. 什么是大圈条与小圈条？试比较两者的特点。

23. 对圈条器有何工艺要求？圈条器正确圈放棉条的条件是什么？

24. 试分析 FA203A 型梳棉机传动系统的特点。

25. 已知喂入梳棉机的棉卷定量为 300g/m，梳棉机输出生条的定量为 22g/5m，梳棉机的落棉率为 4%，试计算梳棉机的机械牵伸倍数。

26. 生条有哪些质量指标？其控制范围如何？

27. 如何控制生条的结杂及生条的均匀度？

28. 试述清梳联的工艺流程及清梳联的意义。

29. 梳棉机自调匀整装置的意义何在？试述梳棉机自调匀整装置的组成、类型及其特点。

参考文献

[1] 杨锁延. 纺纱学[M]. 北京:中国纺织出版社,2004.

[2] 郁崇文. 纺纱系统与设备[M]. 北京:中国纺织出版社,2005.

[3] 郁崇文. 纺纱工艺设计与质量控制[M]. 北京:中国纺织出版社,2005.

[4] 费青. 简要回顾我国精梳机的研究和开发[J]. 纺织科学研究,2009(3):47-54.

[5] 费青. 金属针布规格参数对各种纤维试纺性能的影响分析[J]. 纺织器材,2007(9):437-439.

[6] 费青. 高产梳棉机的"梳理理论"[J]. 辽东学院学报,2008(3):55-60.

[7] 费青. 高产梳棉机的"梳理理论"[J]. 辽东学院学报,2008(9):121-127.

[8] 费青. 高产梳棉机的"梳理理论"[J]. 辽东学院学报,2008(12):197-202.

［9］费青.高产梳棉机的"梳理理论"［J］.辽东学院学报,2007(9):166-172.

［10］费青.高产梳棉机提高除杂作用的研究分析［J］.上海纺织科技,2009(1):7-9.

［11］费青.国内为高产梳棉机特征和发展分析研究［J］.现代纺织技术,2009(4):46-50.

［12］费青.清梳联和自调匀整:提高纺织品质量和保证［J］.湖北纺织职业技术学院学报,2008(12):1-6.

［13］费青.新型针布工艺特性［J］.纺织机械,2007(4):6-13.

［14］费青.高产梳棉机提高除杂作用的研究分析［J］.上海纺织科技,2009(5):14-16.

［15］费青.国外高产梳棉机主要梳理技术的研究分析［J］.纺织机械,2008(4):3-8.

第五章　精梳

● 本章知识点 ●

1. 精梳工序、精梳准备工序的任务及各任务实现的方式，精梳质量的评价指标。
2. 精梳准备工序的偶数准则，精梳准备的工艺流程特点比较。
3. 精梳机的工作原理、精梳机一个工作循环四个阶段的定义及各阶段各部件运动配合。
4. 精梳机给棉机构结构和工作原理，给棉方式、给棉长度调节方法和工艺影响。
5. 精梳机钳板机构的结构、作用和工作原理；钳板运动的工艺要求和运动规律的影响分析；钳板开闭口定时、落棉隔距、梳理隔距的调节方法和工艺影响。
6. 精梳机锡林、顶梳梳理机构的结构和工作原理；梳针的规格参数的工艺影响；弓形板定位、顶梳高低/进出的调节方法和工艺影响。
7. 分离接合机构的结构、作用和工作原理，分离罗拉顺转定时的调节方法和工艺影响；分离丛长度、分离工作长度、有效输出长度、结合率、继续顺转量、前段倒转量的定义和工艺影响。
8. 落棉排除及车面输出机构的作用和工作原理。

第一节　概　述

一、精梳工序的任务

在棉纺系统中，纱线生产主要有普梳制和精梳制两种工艺流程。当纺制高质量或特种纱线时，由于梳棉生条中含有的短纤维、杂质、疵点较多，纤维的伸直度、平行度、分离度不够，因此，需在梳棉与并条工序间加入精梳工序。精梳工序的主要任务为：

（1）排除生条中一定长度以下的短纤维。

（2）排出生条中残留的棉结、杂质、疵点。

（3）使纤维进一步伸直、平行和分离，并制成均匀的精梳棉条。

精梳机工作是周期性的,每一周期梳理一个须丛。梳理方式是先以钳板钳持喂入须丛的后端,由锡林梳理前端;再由分离钳口钳持梳理后的须丛前端,由顶梳梳理后端。由于精梳过程的特点,使精梳加工后的产品与同线密度梳棉纱相比,具有强力高、条干匀、结杂少、光泽好的特点。所以在纺制 7.3tex(80 英支)以下的超细特纱和强力大、光泽好的 19.4~9.7tex(30~60 英支)细特针织用纱以及具有特种要求的轮胎帘子线、缝纫线、牛仔织物的纱线时,均应采用精梳加工。

二、精梳机的发展

自 20 世纪 50 年代我国第一台 A201 型精梳机问世以来,经过 40 多年的发展,国产精梳机的技术水平有了巨大进步。机器生产速度已由原来的 A201A 型机的 116 钳次/min 提高到了 450 钳次/min,生产量提高 4 倍。自 2005 年以来,通过消化吸收及研发创新,开发了多种高速精梳机,生产速度达到 400~450 钳次/min,如昆山凯宫生产的 JSFA588 型精梳机、上海昊昌机电设备有限公司生产的 HC500 型精梳机、上海二纺机生产的 CJ60S 型精梳机以及由经纬纺机生产的 JWF1278 型精梳机等。目前形成了普通型、中速型、高速型三大系列精梳机。国产精梳机的速度、综合质量指标和自动化程度与世界先进水平相比差距正在缩小。

国外精梳机已有 100 多年发展历史,在 20 世纪的 80 年代和 90 年代,精梳技术吸收了许多先进的科学技术,获得了巨大的发展。国际先进水平的精梳机主要有:瑞士立达公司的 E60 型、E62 型;德国青泽公司的 VC-300 型;日本丰田公司的 CM100 型;意大利马佐利公司的 PX2 型,意大利沃克公司的 CM400 型,此时,精梳质量、精梳机的产量和机电一体化水平大大提高。近年来,立达公司又推出最新型 E66、E76 及 E80 型精梳机。E66 型为半自动,E76 型为全自动,E80 型精梳机采用了 130°锡林,增强了梳理效果,同时配置了棉卷自动换卷、自动接头装置和自动运卷系统,速度达到 500 钳次/min。

第二节 精梳的准备

一、精梳准备的任务

(一)伸直平行纤维

梳棉棉条中的纤维排列混乱,且多呈弯钩状态,利用精梳准备机械的作用以提高纤维的伸直平行度,减少纤维的损伤,降低精梳落棉中长纤维的含量。

(二)制成均匀的小卷

制成容量大、定量正确、卷绕紧密、边缘整齐、纵横向均匀的小卷。

二、精梳准备工序的流程与机械

(一)精梳准备的工艺流程

精梳准备流程的配置必须遵循偶数准则:因梳棉棉条中约 50% 的纤维为后弯钩状态,以后每经过一道工序弯钩方向就改变一次(图5-1),如喂入精梳机小卷中的纤维多数为前弯钩状态,可经锡林梳理伸直后进入棉网;如多数为后弯钩状态,纤维因没有被锡林梳直,有可能与短纤维一起进入落棉。因此,为保证喂入精梳机的小卷中纤维大多数呈前弯钩,准备工序应符合偶数准则。

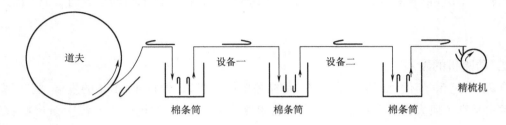

图5-1 生条中弯钩方向的变化

目前按偶数准则配置的精梳准备工艺流程有以下三种。

(1)条卷准备工艺:并条机——→条卷机。

(2)并卷准备工艺:条卷机——→并卷机。

(3)条并卷准备工艺:并条机——→条并卷联合机。

(二)精梳准备机械

精梳准备的机械有并条机、条卷机、并卷机、条并卷联合机四种,除并条机为并条工序通用机械外,其余三种均为精梳准备专用机械。

1. 条卷机 与A201C型、A201D型精梳机配套的是A191B型条卷机;与FA251B型精梳机配套的是FA331型条卷机,它们用在第一类准备工艺流程中。FA334型条卷机和JSFA288型精梳机配套,用于第二类准备工艺流程中。

FA331型条卷机工艺过程如图5-2所示,24只棉条筒1中的棉条2在导条辊5与导条压辊3的引导下,在导条平台4上转过90°成平行排列,然后在导条罗拉6的引导下进入两对罗拉和胶辊组成的牵伸装置7,牵伸倍数为1.1~1.4倍。经牵伸后的棉层再经一列气动紧压辊8压紧,以防粘卷。最后棉层由棉卷罗拉10带动卷成小卷9。

(1)喂入部分:采用高架与低架平台相结合的方式,使挡车操作方便,同时也可直接用平台喂入,最大喂入根数为24根。

(2)牵伸机构:采用简单的二上二下单区牵伸,前、后下罗拉均为直径38mm的沟槽金属罗拉,前、后上罗拉均为直径42mm的丁腈胶辊;罗拉中心距为43~52mm;前后胶辊用气囊加压,压力为300N/锭,且加压稳定。为减少牵伸不匀,一般不宜配置过大的牵伸倍数。

(3)压卷与成卷:一对紧压辊直径均为125mm,在上压辊上装有加压气缸,空压机产生的压缩空气经减压阀进入气缸,推动活塞对棉层加压。压力大小由减压阀调节,通常加压压力为800N/锭。一对棉卷罗拉直径均为410mm,其中前罗拉为沟槽罗拉,后罗拉则为光面罗拉。小卷最大直径为450mm,宽度为230mm、270mm、300mm,机前配有棉卷小车接放刚落下的小卷。

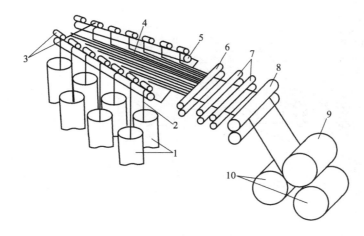

图 5-2　FA331 型条卷机工艺过程

（4）自动落卷：以压缩空气为动力自动落卷。当小卷做到规定长度时,定长计数器发出第一个信号,主电动机断电,棉卷罗拉轴端的超越离合器动作,使棉卷罗拉与传动系统脱开;断头气缸的活塞运动,拉动成卷罗拉转动一定长度（约 1.3m）使棉卷断开。当拉到这个长度时,计数器发出第二个信号,小卷加压气缸活塞上升,小卷释压;推卷气缸动作,拉动筒管库前的推卷转子推出小卷,并放入空管,然后棉卷小车横向移动一个棉卷宽度的距离。筒管放入后自动生头是利用筒管外包覆的一层有黏附力的布,在启动慢速时直接卷绕生头。

FA334 型条卷机与 FA331 型的主要区别如下。

①采用两对直径为 128mm 的紧压罗拉压紧棉层,以防退解时粘连。

②采用四上六下牵伸形式,1~2 罗拉间为主牵伸区,3~4 罗拉间为过渡区,4~5 为后牵伸区。牵伸机构总牵伸倍数为 1.3~1.7 倍,后牵伸倍数有 1.3、1.22、1.15、1.05 四档。当总牵伸倍数小于 1.5 时,后牵伸倍数采用 1.05 为宜;当总牵伸倍数大于 1.5 时,后牵伸倍数可配用前三档。

2. 并卷机　FA344 型并卷机工艺过程如图 5-3 所示,六个小卷 1 分别放在六对直径为 70mm 的喂卷罗拉 2 上,出喂卷罗拉退绕后的小卷经喂棉板和直径为 42mm 的导卷罗拉 3 的引导而分别进入各自的牵伸装置 4;牵伸后的棉网,绕过光滑的棉网曲面导板 5 转过 90°,在输棉平台上实现六层棉网叠合,并经输棉罗拉 6 输送到两对直径为 128mm 的紧压罗拉 7 将棉层压紧,再由一对直径为 410mm 的成卷罗拉 8 将棉层卷成小卷 9。

该机采用三上四下曲线牵伸装置,总牵伸倍数 5.4~7.1 倍,后区牵伸倍数常用 1.34 倍或 1.025 倍。气动加压的三根气囊贯穿六个牵伸区,通过拉杆机构使六个牵伸区同时加压、卸压,操作方便。三对罗拉上的供气压力常用 $6×10^5$ Pa。

此外,该机采用自动落卷和自动生头以及缺条、断条、罗拉绕花、管库无筒管、储卷架满卷等自停机构。车速常用 50~70m/min。

3. 条并卷联合机　FA355 型条并卷联合机喂入部分分成三组,如图 5-4 所示,各有 16~20 根棉条喂入。采用支架滑轮和高架平台结合式导条,可减少阻力、方便操作。牵伸装置采用

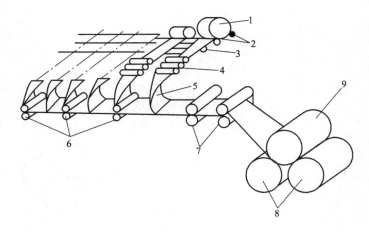

图 5－3　FA344 型并卷机工艺过程

二上二下压力棒式牵伸,罗拉直径为 32mm×35mm,胶辊直径为 40mm×40mm,牵伸倍数为 2～5 倍,常用牵伸倍数为 2～3.5 倍,罗拉采用摇架弹簧加压,压力为 350N×60N×50N。牵伸后的棉片经曲面导棉板转过 90°在输棉平台上实现三层棉网的叠合,然后经两对直径为 125mm 的紧压罗拉压紧并由成卷机构制成小卷。该机的成卷加压及自动落卷和生头的过程均采用气动控制。

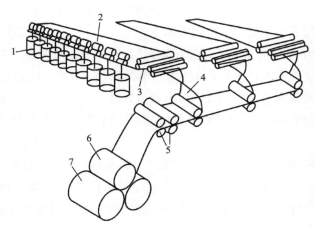

图 5－4　FA355 型条并卷联合机工艺过程

1—棉条筒　2—导条辊　3—牵伸罗拉　4—棉层　5—紧压罗拉　6—小卷　7—成卷罗拉

(三)精梳准备工艺的分析

1. 并条条卷工艺　这是目前国内普遍采用的准备工艺。该流程机台结构简单,总并合数为 120～180,总牵伸倍数为 7～12 倍。由于牵伸倍数小,纤维伸直平行不够,在精梳机上往往会引起好纤维进入落棉而使落棉率增加;出于准备质量不高,小卷定量不宜太重。

2. 条卷并卷工艺　该准备工艺的总并合数为 120～160,总牵伸倍数为 7～12 倍,与第一种工艺相当。但由于经过六层棉网的叠合,小卷横向均匀较第一种工艺好,有利于精梳时的可靠握持,精梳落棉少于第一种工艺且落棉均匀。

3. 条并卷工艺 该准备工艺的总并合数为 180~380,总牵伸倍数为 10~40 倍。由于其牵伸倍数和并合数较大,改善了纤维伸直度和小卷均匀度,可减轻精梳机梳理负担,提高产量和质量,并大大减少了可纺纤维进入落棉的数量。但小卷易粘连,且占地面积较大。

总之,准备工序对精梳机的产、质量影响较大,应注意掌握以下两点。

(1)若精梳准备牵伸倍数大、并合数多,精梳落棉可以减少,但牵伸倍数太大效果就不明显,且过大的牵伸倍数与并合数会引起小卷粘连。

(2)准备工序机台数应符合偶数准则。因梳棉棉条中约50%的纤维为后弯钩状态,以后每经过一道工序弯钩方向就改变一次,如喂入精梳机小卷中的纤维多数为前弯钩状态,可锡林梳理伸直后进入棉网;如多数为后弯钩状态,纤维因没有被锡林梳直,有可能与短纤维一起进入落棉。因此,为保证喂入精梳机的小卷中纤维大多数呈前弯钩,准备工序应符合偶数准则。

第三节 精梳机的工艺过程及运动配合

一、精梳机的工艺过程

精梳机虽有很多型号,但它们的工艺过程都是周期性地分别梳理棉层的两端,再依次接合成棉网连续输出。现以 JSFA288 型精梳机为例说明如下。

如图 5-5 所示,因承卷罗拉 2 的带动使小卷 1 退解,棉层经偏心张力辊 3 导向送入下钳板上的给棉罗拉 4,给棉罗拉间歇转动,每次给出的棉层长度称给棉长度。给出的棉层被导向上、下钳板 5、6 的钳口间,当钳口闭合时,上、下钳扳的钳唇能钳持棉层。钳扳能作周期性的前后摆动。当钳板后摆钳口闭合时,精梳锡林 7 的针面也到达钳门下方,梳针逐步刺入悬垂在钳口外的须丛中,梳理须丛前端,使纤维伸直平行,并梳去未被钳板钳持的短纤维、结杂和疵点。在锡林梳理结束后钳板前摆,逐步靠近由分离罗拉 8 和分离胶辊 9 组成的分离钳口。在钳板前摆途中,上钳板逐步开启,梳理好的须丛依靠本身的弹性向前挺直。同时,被分离钳口握持的上一周期的棉网,因分离罗拉先作倒转而被倒入机内一定长度,准备与梳理过前端的须丛接合。分离罗拉在规定的时刻由倒转变为正转,当正转加速到一定程度时,钳板外的须丛头端也恰好到达分离钳口。这样,梳理后的须丛头端就同上一周期的棉网尾端接合,一起进入分离钳口。随着须丛被牵引紧张,顶梳 10 插入须丛,发生作用。当分离钳口握持的纤维随分离罗拉正转前移时,被抽出的纤维尾端就从顶梳针排中拉过,使尾端受到顶梳的梳理。部分短纤维,结杂、疵点被阻留于顶梳片后面的须丛中,由下一周期锡林梳理时除去。在整个分离接合过程中,顶梳逐步前摆,逐步将纤维送入分离钳口。因此,被锡林梳理过的须丛前端逐步分离成为棉网,直到顶梳到达最前位置,分离钳口中不再有新纤维进入,分离接合工作亦基本结束。以后,钳板、顶梳开始后退,给棉罗拉给棉,为新的梳理周期做准备。结合的棉网,经棉网托板 11 处的松弛区可减少意外牵伸,松弛后,棉网经引导罗拉 12 到达集束托棉板,穿过一侧垂直向下的集合器 13 集束成条,棉条经一对导向压辊 15 输送至台面上。各眼输出的棉条绕过导条钉作直角转向,在台

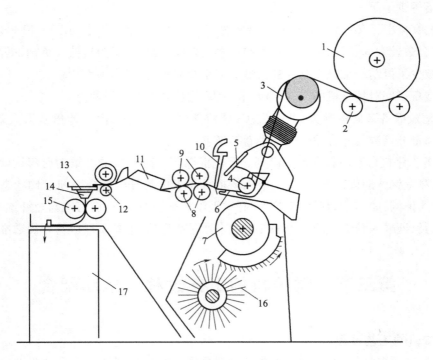

图 5 - 5　精梳机工艺过程

面上平行排列,八根棉条汇成一组,进入与水平线呈 60°倾斜角的牵伸装置进行并合牵伸。然后棉条由一根小传送带托着经一对圈条压辊及圈条斜管齿轮进入棉条筒 17 中。筒中棉条到设定长度时,机器自动停车,推筒气缸推出满筒,接着空筒被推到工作位置,并由定中心转子确保空筒位置的准确,然后机器自动启动。被精梳锡林梳下嵌在梳针间的短纤维、结杂、疵点,随着针齿转向机台下方位置,被高速回转的圆毛刷 16 刷下,再由气流吸附到尘笼表面并被出棉罗拉剥下进入落棉箱内,定期由人工掏尽,如采用自动吸落棉装置,则落棉直接由气流吸走。图中14 为喇叭口。

由于精梳机的给棉、梳理和分离接合过程是间歇的,因此,为了连续进行生产,精梳机上各运动机件相互间必须密切配合。

二、精梳机主要机件的运动配合

在精梳机上各运动机件的正确配合关系,是由装在精梳机上的一个刻度盘来指示的,该刻度盘称为分度指示盘,盘上沿圆周分为 40 等份,每一等份为 9°,表示一分度。当锡林回转一转,精梳过程完成一个工作循环,一般称一钳次。精梳机的每一钳次可分为互相连续的四个阶段(图 5 -6)。

(一)精梳锡林分梳阶段

如图 5 -6(a)所示,在此阶段中,上、下钳板闭合,钳持喂入的棉层,棉层的前端在上钳唇的压制下向下弯曲,被锡林梳针梳理。在梳理过程中,钳板先后退再前进,因此使梳理速度由快到

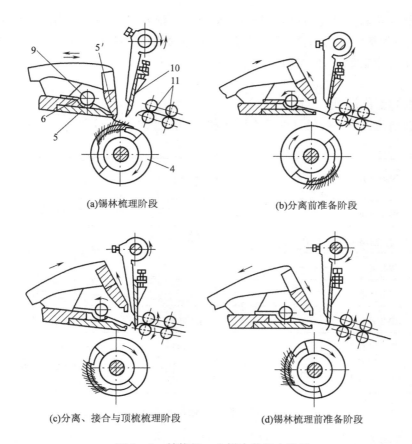

(a)锡林梳理阶段　　　　　　　　　　　(b)分离前准备阶段

(c)分离、接合与顶梳梳理阶段　　　　　(d)锡林梳理前准备阶段

图5-6　精梳机一个钳次的四个阶段

慢地改变着。锡林针面约占锡林圆周的1/4,因此,梳理阶段也约占每一循环的1/4。在锡林梳理阶段,给棉罗拉不转,分离罗拉处于静止状态,顶梳不与须丛接触。

(二)分离前的准备阶段

如图5-6(b)所示,在此阶段分离罗拉倒转开始前,锡林梳理结束,钳板继续向前摆动,逐渐接近分离罗拉。分离罗拉倒转,将上一钳次输出的棉网尾端倒入机内,准备与锡林梳理后的须丛接合,随后正转输出。给棉罗拉如要求在钳板前进时给棉则产生给棉动作,此时顶梳仍作向前摆动,未参与梳理。

(三)分离接合与顶杭梳理阶段

如图5-6(c)所示,在此阶段中,钳板前摆,使钳口外最长纤维首先到达分离罗拉钳口。分离罗拉的正转,使倒入机内的棉网与新的须丛前端相叠合而输出,完成分离接合。须丛进入分离罗拉钳口后被抽引张紧,挺起成直线状态,并顺势嵌入顶梳的梳针之间,被分离的纤维慢速向前运动,从顶梳针隙抽过而被梳理。钳板、顶梳前摆时,不断有纤维进入分离罗拉钳口而形成逐次分离,须丛被牵伸拉簿成为棉网,直到前摆至最前位置,不再有纤维进入分离罗拉钳口而分离结束。若采用前进给棉,则给棉罗拉继续给棉。

(四)锡林梳理准备阶段

如图5-6(d)所示,在此阶段中,钳板后退,给棉罗拉若要求钳板后退时给棉,则产生给棉动作。分离罗拉从正转至停止,顶梳在开始后退时,仍有须丛留在针内,当上钳板下降时,将须丛下压,使其脱离顶梳针尖,针后阻留的结杂、短绒亦随须丛脱离顶梳针片。此后,锡林梳针亦逐步转向钳唇下方准备梳理,开始新的工作循环。

三、精梳机的工作周期

JSFA288 型精梳机各主要机件的工作周期和运动配合如图 5 - 7 所示。

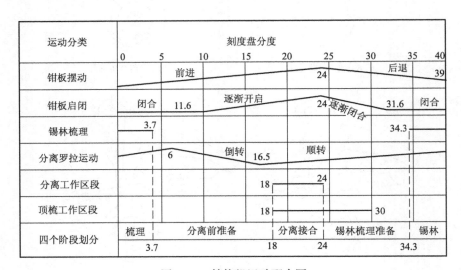

图 5 - 7 精梳机运动配合图

在图 5 - 7 给定条件下,第一阶段为 34.3 ~ 37 分度,第二阶段为 3.7 ~ 18 分度,第三阶段为 18 ~ 24 分度,第四阶段 24 ~ 34.3 分度。各阶段分度的划分随机台采用不同的工艺定时而改变。

第四节　精梳机的机构及作用

精梳机的主要机构包括给棉机构、钳板机构、梳理机构、分离结合机构、落棉排除、牵伸及圈条机构等。

一、给棉机构

精梳机给棉部分的机构,包括承卷罗拉喂结机构和给棉罗拉喂给机构。

在精梳机的每一工作循环中,给棉与钳扳机构的作用是:定时喂给一定长度的棉层;钳持正确及时嵌持棉层供锡林梳理并及时地松开钳口,使钳口外纤维丛回挺伸直;正确地将纤维丛向前输送,参与须丛的分离、接合工作。

(一)承卷罗拉

JSFA288 型精梳机为了适应高速运转,避免承卷罗拉间隙撑动引起的机器振动和小卷张力波动较大的问题,采用了慢速连续回转机构,如图 5 – 8 所示。承卷罗拉由锡林轴端的齿轮传动,由图 5 – 8 可得每钳次承卷罗拉的喂给长度 L_1:

$$L_1 = \pi \times 70 \times \frac{22 \times 37 \times 40 \times 40 \times 35 \times 40 \times 143}{22 \times F_1 \times 138 \times 138 \times 144 \times 138 \times 29} = \frac{237.48}{F_1}$$

对应于不同的给棉齿轮 F_1,可得承卷罗拉的不同喂给长度 L_1(表 5 – 1)。因承卷罗拉连续回转,在一钳次中,当给棉罗拉不给棉时,承卷罗拉仍在回转给棉,并因钳板摆动引起给棉罗拉与承卷罗拉间的距离变化往往会引起小卷张力的波动。所以,JSFA288 型精梳机在承卷罗拉与导卷板间增设一只直径为 50mm 的偏心张力辊,张力辊由钳板摆袖传动,并随钳板摆轴前后摆动。当给棉罗拉不给棉时,偏心张力辊存储承卷罗拉喂入的棉层;当需要给棉时,偏心张力辊释放出棉层,使棉层保持较均匀的喂给张力。若采用后退给棉,应在分度盘 15 分度时将张力辊的紧固螺钉在垂直方向拧紧;若采用前进给棉,应在 13 分度将紧固螺钉在垂直方向拧紧。

表 5 – 1　承卷罗拉的不同喂给长度

给棉方式	F_1	F_2	L_1	A	棉网张力牵伸倍数 E_1
前进给棉	43、44	16	5.52、5.40	5.89	1.07、1.09
	49、50	18	4.85、4.75	5.24	1.08、1.10
后退给棉	43、44	16	5.52、5.40	5.89	1.07、1.09
	49、50	18	4.85、4.75	5.24	1.08、1.10
	54、55	20	4.40、4.32	4.71	1.07、1.09
	61	22	3.89	4.28	1.10

(二)给棉罗拉

JSFA288 型精梳机采用单给棉罗拉机构,给棉罗拉直径为 30mm,与双给棉罗拉机构相比,对须丛的抬头和棉网的分离接合有利。

JSFA288 型精梳机配有前进给棉机构(图 5 – 9)和后退给棉机构(图 5 – 10)供工厂选用。采用前进给棉机构,当钳板前进时上钳板逐渐开启,带动装于上钳板上的棘爪将固装于给棉罗拉轴端的给棉棘轮 F_2 拉过一齿,使给棉罗拉转过了 $1/F_2$ 转而产生给棉动作。当给棉罗拉随钳板后摆时,棘爪在棘轮上滑过,不产生给棉动作。如要采用后

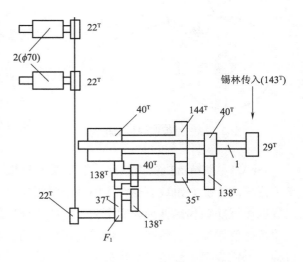

图 5 – 8　承卷罗拉传动机构

退给棉,可换上后退给棉机构,在给棉罗拉轴上固装一只内棘轮(齿数为 F_2),同时活套有一只齿轮,其卜铰接着棘爪。而齿轮与同装于上钳板上的扇形齿轮啮合,当钳板后退、上钳板逐渐闭合时,带动扇形齿轮顺时针回转,通过齿轮上的棘爪将内棘轮撑过一齿而产生给棉动作;当钳板前进时,上钳板逐渐开启,带动扇形齿轮逆时针回转,使齿轮上的棘爪在内棘轮上滑过而不产生给棉动作。

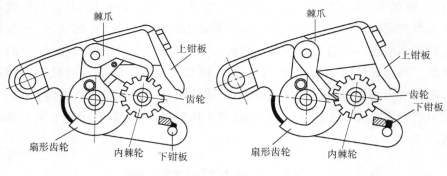

图 5 - 9　前进给棉机构　　　　图 5 - 10　后退给棉机构

显然,给棉罗拉每钳次的给棉长度 $A = 30\pi/F_2$,对应于不同的 F,可得不同的喂给长度 A,见表 5 - 1。给棉罗拉与承卷罗拉间的张力牵伸约为 $E_1 = A/L_1$。

二、钳板机构

精梳机的钳板机构包括钳板摆轴传动机构、钳板传动机构和上、下钳板等钳持棉层供锡林梳理并将梳理过的须丛送向分离接合机构。

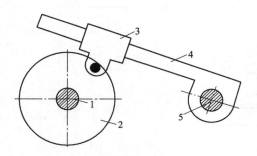

图 5 - 11　钳板摆轴传动机构

(一)钳板摆轴的传动机构

JSFA288 型精梳机钳板摆轴的运动来源于锡林轴,其传动机构如图 5 - 11 所示。在锡林轴 1 上固装有法兰盘 2,在离锡林轴中心 77.5mm 处装有滑套 3,钳板摆轴 5 上固装有 L 形滑杆 4,滑杆的中心偏离钳板摆轴中心 38mm,且滑杆套在滑套内。当锡林轴带动法兰盘转过一周时,通过滑套和滑杆使钳板摆轴来回摆动一次。

(二)钳板摆动机构

JSFA288 型精梳机的钳板前后摆动及上钳板开闭口机构如图 5 - 12 所示。下钳板 3 因装于下钳板座 4 上。钳板后摆臂 5 因装于钳板摆轴 6 上,钳板前摆臂 2 以锡林轴 1 为支点,它们组成以钳板摆轴和锡林轴为固定支点的四连杆机构。当钳扳摆轴作正反向摆动时,通过摆臂和下钳板座使钳板作前后摆动。由于钳板摆动的支点在锡林的中心,故称之为中支点式摆动钳扳机构。上钳板架 7 铰接于下钳板座 4 上。其上因装有上钳板 8,张力轴 12 上装有偏心轮 11,导杆 10 上装有钳板钳口加压弹簧 9,导杆下端与上钳扳架 7 铰接,上端连于偏心轮上的轴套上。

当钳板摆轴 6 逆时针回转时,钳板前摆,而同时由钳板摆轴传动的张力轴 12 也作逆时针方向转动,再加上导杆 10 的牵吊,使上钳板 8 逐渐开口;而当钳板摆轴 6 作顺时针方向转动时,钳板后退,张力轴也作顺时针回转,在导杆和下钳板座的共同作用下,上钳板逐渐闭口。钳板闭口后,下钳板继续后退,导杆中的弹簧受压使导杆缩短而对钳板钳口施加压力,使钳板能有效地钳持须丛受梳。

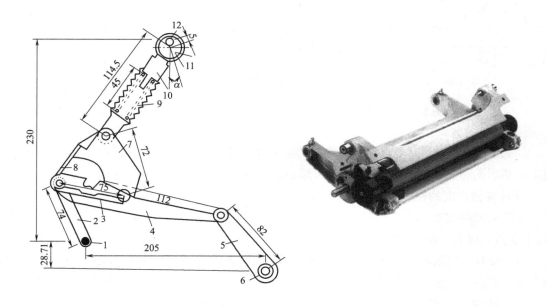

图 5 – 12 钳板传动机构

(三)上下钳唇

JSFA288 型、A201D 型精梳机钳唇结构如图 5 – 13 所示。钳唇的咬合状况会直接影响进入落棉的可纺纤维数量和锡林的梳理,因此,在钳唇结构设计时应注意以下几点。

(1)为防止可纺纤维被梳进落棉,上、下钳唇必须提持牢靠,A201D 型精梳机的钳唇在闭合后呈面捏持状态握持须丛,钳口上的加压平均值约 150N。JSFA288 型精梳机的上钳唇为内凹圆弧面,而下钳唇有三个钝角组成几个窄面,咬合时形成两条牢靠捏持线,使钳口加压集中在握持线上,钳口加压大(约为 500N),有利于提高对须丛的握持能力。

(2)上钳唇启闭时,应防止使棉层受到搓揉而造成纤维混乱或损伤。A201D 型因下钳唇前缘为直线,钳板闭口时,上钳唇里侧与下钳唇前线留有 0.55mm 的间隙;JSFA288 型因下钳唇下部内切,上钳唇启闭时不会搓揉棉层,但这种钳唇加工困难,需专门的工具和机床。

(3)上钳扳钳唇对下钳板下压一定深度,有利于锡林梳针刺入须丛梳理,但这个与钳唇形状有关的下压深度同锡林梳理时的死隙长度 a(图 5 – 14)有关。A201D 型的下压深度为 2.4mm,死隙长度约为 7.4mm;JSFA288 型的下压深度缩小到 0.9mm,使死隙长度明显减小。

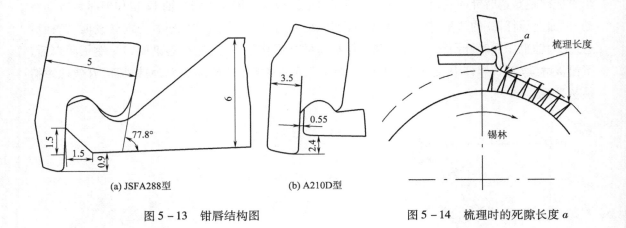

<table>
<tr><td>(a) JSFA288型</td><td>(b) A210D型</td></tr>
</table>

图 5 - 13　钳唇结构图　　　　　　图 5 - 14　梳理时的死隙长度 a

（4）钳板闭合时的撞击声响是精梳机的主要噪声源，有些新型精梳机使用在下钳板两侧开两个长圆形孔和两条缝的弹性下钳板，可增加钳板的弹性，减小闭合时的声响。

（四）其他类型的钳板传动机构

国产精梳机钳扳机构根据钳板摆动支点相对于锡林中心的位置不同主要分为中支点、上支点、下支点式钳板摆动机构三种形式。

（1）A201D 型精梳机为下支点式钳板机构，如图 5 - 15 所示。钳板摆动支点位于锡林轴的下方，通过摆臂推动连杆，使钳板摇架以支点为中心带动固装在钳板摇架上的钳板前后摆动。该机梳理隔距变化较大，当锡林中心和支点在一直线时，梳理隔距最小，称为最紧点隔距。梳理区域选在最紧点附近，其梳理隔距的变化如图 5 - 16 所示。梳理隔距开始较大，以

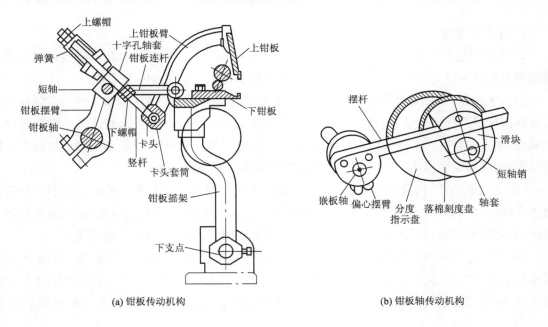

（a）钳板传动机构　　　　　　（b）钳板轴传动机构

图 5 - 15　下支点式钳板传动机构

后急剧地减小,最后又稍增大,梳理负荷多集中在中排偏后的针排上,梳理负荷不均匀,影响锡林的梳理效能。

(2)FA251型精梳机为上支点式钳板机构,钳板摆动的支点位于锡林轴的上方,如图5-17所示,钳板摆臂2随同钳板摆轴1前后摆动,推动下钳板座3,通过吊杆6使钳板以上支点7为中心摆动。上钳板的加压采用固定支点式,可以简化机构。上支点式摆动钳板机构的梳理隔距变化较小(图5-16),梳理效果优于下支点式。此外,钳板摆动动程较小,有利于精梳机高速。上支点的位置可适当调节,以改变钳板的运动轨迹,适应不同原棉的加工。

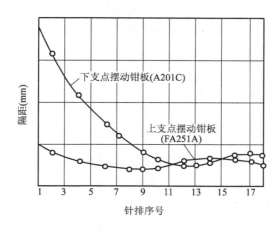

图5-16 上、下支点钳板分梳隔距

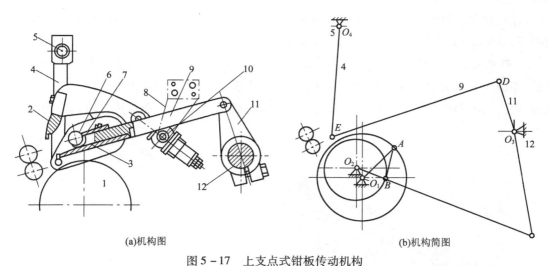

| (a)机构图 | (b)机构简图 |

图5-17 上支点式钳板传动机构

1—锡林 2—上钳板 3—下钳板 4—吊杆 5—上支点 6—给棉罗拉 7—弧形给棉板
8—总轴托座 9—钳板连杆 10—摆动总轴 11—钳板摆臂 12—钳板摆轴

(3)JSFA288型精梳机采用中支点式钳板机构,锡林梳理阶段的梳理隔距变化很小,有利于梳理效能的提高。该钳板机构能适应高速的关键在于减轻钳板组件的重量和运动惯量,因上下钳板均采用轻质铝合金,给棉罗拉为中空,给棉棘轮组件为塑料件,使整个钳板组

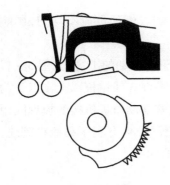

图 5-18 PP 辅助钳板

件的重量仅为 3.62kg。此外,上钳板利用偏心轴和吊杆实现启闭和加压,使整个上钳板始终受到吊杆的牵吊,减小了钳板的运动惯量。

(4)辅助钳板机构:在某些新型精梳机钳板机构中增设一辅助钳板(又称 PP 辅助钳板),如图 5-18 所示。在分离接合时辅助钳板能轻轻地压住分离罗拉与给棉罗拉间未被控制的纤维,一方面加强了分离罗拉与给棉罗拉间形成的牵伸区中部的摩擦力界强度,提高精梳条质量;另一方面能防止短纤维被分离罗拉带走,提高锡林排除短纤维的能力。但由于重量加重,不利于高速。

三、梳理机构

梳理部分是精梳机最重要的工作部分,精梳作用的优劣主要取决于梳理部分的工作效果,它包括精梳锡林和顶梳两个部分。

(一)精梳锡林

精梳锡林梳理每个须丛前端的大部分长度,去除须丛中的短绒、杂质和疵点,并使纤维伸直平行,其作用的好坏与精梳条和成纱质量密切相关。

精梳锡林主要有植针式针片锡林和锯齿式整体锡林两大类,锯齿式整体锡林因不易损伤、寿命长、不易嵌花衣、不须植针、梳理稳定,已逐步稳定取代传统的植针式锡林。国产 FA 系列精梳机上均采用锯齿式整体锡林。

目前,锡林直径大致有 125mm 和 150mm 两种。高速精梳机多采用小锡林,其重量轻,梳理效能好。JSFA288 型精梳机的锡林直径为 125.4mm。

1. 锡林的结构 锯齿式整体锡林是由装有几组锯齿齿片的弧形基座、锡林体(弓形板)等组成,如图 5-19 所示。锯齿齿片采用薄钢片冲压而成,下部带有燕尾槽,齿片间装有薄钢片冲成而隔片,其上部是圆弧形并与齿片齿尖基部圆弧一致,选用不同厚薄的隔片可调节横向齿距。

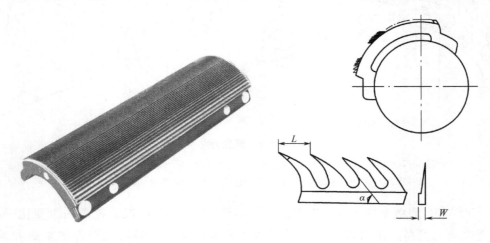

图 5-19 整体锡林的结构

整个锡林齿面可由 3~5 组齿片组成。锡林体表面光滑,比针面低,以减少毛刷的接触阻力,并合理利用毛刷气流。

2. 锯齿齿形及规格 现代精梳机中配用的中川 Unicomb – 1449 型和其他几种锯齿整体锡林的规格参数见表 5 – 2。

表 5 – 2 锯齿锡林的规格

锡林型号	针齿弧面角(°)	齿片组序号	工作角 α(°)	针排数	横向齿距(mm)	纵向齿距(mm)	梳针总数
中川 1449 型	90	1 组	58	5	0.6	5	20167
		2 组	45	7	0.6	3.5	
		3 组	45	8	0.6	2.8	
		4 组	45	18	0.4	1.8	
格拉夫 5014 型	90	1 组	60	5	0.8	5	21870
		2 组	50	7	0.6	3.4	
		3 组	50	7	0.6	3.2	
		4 组	42	20	0.5	1.8	
JZX – Ⅲ (E7/5)	90	1 组	58	4	0.9	5.04	21792
		2 组	54	6	0.8	3.16	
		3 组	53	8	0.64	2.42	
		4 组	52	10	0.54	1.95	
		5 组	50	12	0.49	1.68	

(二)顶梳

顶梳的作用是梳理须丛的后端,阻止夹杂在须丛中的短纤维、杂质进入棉网。在分离接合过程中,分离罗拉从顶梳中抽出的只是一层薄薄的棉网,当薄棉网快速抽出时,顶梳梳针中数量占绝对优势的慢纤维对其尾部起摩擦"过滤"作用,把短纤维、棉结、杂质拦截下来。如抽去顶梳,精梳落棉率将下降 4%~7%。

1. 顶梳的规格、结构与传动 JSFA288 型精梳机的顶梳不采用单独的传动机构,顶梳以特制的弹簧卡固定于上钳板的侧部,与钳板同步运动。顶梳的规格与结构如图 5 – 20 所示。

图中梳针与针板成 18°角,使梳针内弯以便于有效地梳理。梳针在针板上的植针密度为 26 根/cm。梳针托脚,采用铝合金制成,针板就装于其上。

2. 顶梳梳理工艺 顶梳梳针刺入须丛(或者说须丛嵌入流针间)是对纤维后端进行梳理的必要条件。一般认为,当须丛头端到达分离钳口开始分离时,顶梳刚接触须丛比较恰当。如顶梳过早与须丛接触,将会影响须丛抬头而影响须丛的正常接合,甚至使须丛头端出现弯钩。但如顶梳与须丛接触过迟,须丛头端已进入分离钳门开始分离,将会影响顶梳及时发挥梳理作用。影响顶梳梳理作用的因素主要有以下几点。

(1)顶梳植针密度:JSFA288 型的顶梳植针密度常用 26 根/cm,适当提高植针密度(如 28

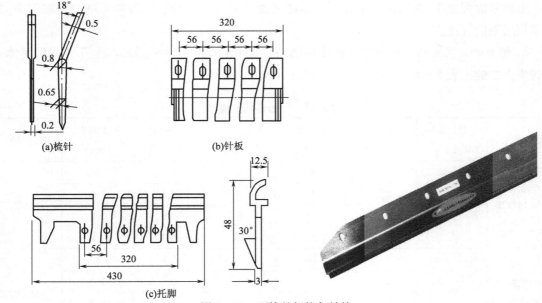

(a)梳针　　　　　　　　(b)针板

(c)托脚

图5-20　顶梳的规格与结构

根/cm或30根/cm),有利于提高顶梳梳理及阻留短纤维与结杂的作用。

(2)顶梳的进出和高低:JSFA288型精梳机顶梳进出的调整方法如图5-21所示,在24分度钳板与顶梳到达最前位置时,用定位工具1的下段与前分离罗拉2靠紧,调整顶梳3位置使顶梳与工具靠紧,此时顶梳与后分离罗拉2表面距离为1.5mm,以防止顶梳与分离罗拉相碰。当落棉隔距改变时,须重新调整顶梳进出。

顶梳高低影响顶梳插入须丛的深度,如顶梳插入较深,梳理作用好,精梳落棉率会增加,但过低会妨碍须丛抬头。顶梳高低用偏心旋钮来调节如图5-22所示,松开图中螺丝3,转动偏心钮1到所需的标值后,再拧紧螺丝3,即可确定顶梳2的高低。JSFA288型精梳机顶梳高低共有5档,分别标以-1、-0.5、0、+0.5、+1。标值越大,顶梳插入须丛越深。顶梳插入深度的标值增加一档,可使落棉率增加1%左右。顶梳高低一般选用+0.5。调整顶梳以后,要在39分度检查,顶梳与锡林针尖间的隔距应为0.7mm,最小为0.5mm。

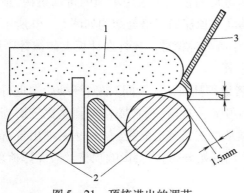

图5-21　顶梳进出的调节

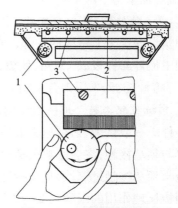

图5-22　顶梳高低的调节

四、分离结合机构

分离接合机构的作用是将被锡林和顶梳梳理后的须丛进行分离接合。在每个工作循环中，分离接合机构先将上一工作循环的棉网倒入机内，及时据持由钳板送来的须丛前端，叠合在倒入的棉网上面实现接合；以后因分离钳口速度大于顶梳（钳板）喂入须丛的速度，由分离钳口握持的纤维从喂入须丛中抽引分离出来，其尾端受到顶梳梳针的梳理。

（一）分离罗拉

1. 分离罗拉传动机构 JSFA288 型精梳机的分离罗拉传动机构，由平面多连杆机构和外差动轮系组成。动力分配轴上固装的 29^T 齿轮传动固装于锡林轴 O 上的齿轮，在 134^T 上用螺栓连接着分离罗拉定时调节盘，锡林轴通过 134^T 上的定时调节盘，使定时调节盘上的曲柄销 A 以 77mm 为半径绕锡林轴均速回转，如图 5 - 23 所示。在锡林轴上活套一固装于墙板上的偏心轮座，其中心 O_1 偏离锡林中心 28mm，两中心的相对位置如图 5 - 23（b）所示。偏心轮座上套有偏心轮，偏心轮中心 C 偏离 O_1 点 25mm。定时调节盘的曲柄销通过 105mm 长的连杆，带动偏心轮上的一个铰接销 D，铰接销偏离偏心轮座中心 O_1 点 77mm，这样，$OABO_1$ 组成一个双曲柄机构，当 OA 随锡林轴匀速回转一周，使偏心轮上的铰接销月绕偏心轮座中心 O_1 变速运动一周。此时，偏心轮中心 C 也绕偏心轮座中心 O_1 变速运动一周。在偏心盘上又活套着转体，其左端铰接销 D，与活套在钳板摆轴 O_2 上的摆杆铰接，当转体随偏心轮回转一周时，摆杆 DO_2 绕钳板摆轴中心左右摆动一次。转体的左端正可看作是刚体上的一个延伸点，当 C 与 D 点的运动确定时，E 点的运动也随之确定。与 E 点铰接的连杆 EF，带动首轮摆臂 FO_3，使外差动轮系中的 33^T 的首轮随之前后转动。

传动分离罗拉的外差动轮系如图 5 - 23（c）所示，锡林轴上固装的 15^T 齿轮经 56^T 过桥传给 95^T 的系杆（差动臂）一个恒速，这个恒速总是使分离罗拉产生顺转；而由平面双曲柄多杆机构通过首轮摆臂 FO_3；传给 32^T 首轮的一个变速，在一钳次中，多杆机构使 FO_3 左右摆动一次，首轮也随之正反向转动一次，使分离罗拉产生倒转和顺转。差动轮系将恒速与变速合成，最终使分离罗拉产生"倒转—顺转—基本静止"的运动。一钳次中，分离罗拉的顺转量大于倒转量，以满足分离接合的工艺要求，顺转量与倒转量的差值称为有效输出长度。

调节 143^T 上的定时调节盘，使 143^T 一个齿上的槽口对准调节盘上的刻度，可改变定时调节盘上的曲柄稍 A 相对于 143^T 的相位，因分度盘与 143^T 同轴，也就改变了多杆机构相对于分度盘的相位，从而改变了分离罗拉的顺转定时。

JSFA288 型精梳机分离胶辊直径最大为 25mm，最小为 23mm。分离胶辊采用气动加压，当压力表调至 250 ~ 400 kPa 时，胶辊上的加压量为 35 ~ 50kg，加压稳定准确，调压方便。分离胶辊的运动由分离罗拉依靠摩擦力带动而不采用单独传动机构。

2. 分离罗拉运动曲线 在图 5 - 23（c）中，设首轮、末轮、系杆（臂）的速度分别为 n_1、n_2、n_H，则根据行星轮系的计算公式，可得：

$$\frac{n_2 - n_H}{n_1 - n_H} = \frac{33 \times 28}{21 \times 26} \tag{5 - 1}$$

不同机型的行星轮系配置及有效输出长度如表 5 - 3 所示。

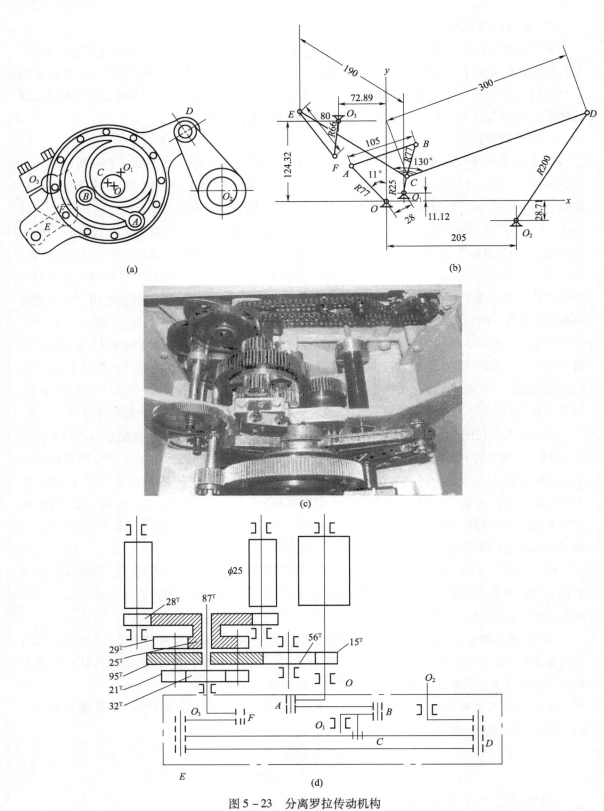

图 5 - 23　分离罗拉传动机构

表5-3 不同机型行星轮系配置

机 型	首轮/行星轮	末轮/行星轮	有效输出长度 S
FA266	33/21	25/29	31.77
SXF1269A	32/21	25/29	29.58
JSFA288	33/21	26/28	26.68
FA269、F1268A	33/22	25/29	26.48

设锡林的转速为 n_c（与系杆的转向相反），则由式（5-1）经整理得：

$$n_2 = \frac{154}{91}n_1 + \left(1 - \frac{154}{91}\right)n_H$$

$$= \frac{154}{91}n_1 + \frac{63}{91} \times \frac{15}{95}n_c$$

$$= 1.6923n_1 + 0.1093n_c$$

若对应的分离罗拉（直径 $d = 25$mm）的表面位移（输出长度）为 S，则：

$$S = n_2 \times \frac{87}{28} \times \pi d$$

$$= (1.6923n_1 + 0.1093n_c) \times \frac{87}{28} \times 25\pi$$

$$= 234.911n_1 + 26.68n_c \qquad (5-2)$$

由式（5-2）可见，分离罗拉的表面位移 S 是由锡林轴传入的恒速 n_c 部分和多杆机构中的首轮摆臂 PO_3 传入的变速 n_1 部分叠加合成的。

在 JSFA288 型精梳机上，把5分度作为一钳次的起点，对应一钳次，每个分度的分离罗拉表面位移量 S 可以先分别计算恒速部分与变速部分的位移量 S_1 与 S_2，然后再将二者叠加合成。

恒速部分：

$$S_1 = 26.68n_c = 26.68 \times \frac{I}{40}$$

式中：I——钳次中锡林自分离罗拉倒转分度（5分度）开始转过的分度值（5分度时 $I = 0$；6分度时 $I = 1$；…4分度时 $I = 39$；再到5分度时 $I = 40$）。

变速部分：

$$S_2 = 234.911 \times \frac{\angle FO_3}{360°}$$

式中：$\angle FO_3$——钳次中某分度首轮摆臂 FO_3 相对于5分度转过的角度值。

合成：一钳次中各个分度分离罗拉表面相对于5分度的位移 S 为：

$$S = S_1 + S_2 = 26.68 \times \frac{I}{40} + 234.911 \times \frac{\angle FO_3}{360°} \qquad (5-3)$$

表5-4列出了根据计算得到的JSFA288型、FA251型、A201D型精梳机分离罗拉在每个分度的位移量,相应的分离罗拉运动曲线如图5-24所示。

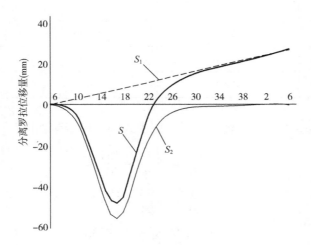

图5-24　JSFA288精梳机分离罗拉运动曲线

表5-4　分离罗拉位移量

JSFA288 型				FA251B 型		A201D 型	
分度	S_1	S_2	S	分度	S	分度	S
5	0	0	0	18	0	37	0
6	0.67	-0.8	-0.13	19	-0.39	38	-0.61
7	1.34	-1.59	-0.26	20	-1.95	39	-2.29
8	2.01	-3.53	-1.53	21	-5.11	40	-5.47
9	2.68	-6.92	-4.25	22	-10.26	1	-10.39
10	3.34	-12.34	-9.00	23	-17.51	2	-17.05
11	4.01	-19.96	-15.96	24	-26.52	3	-25.08
12	4.68	-29.19	-24.52	25	-36.26	4	-33.86
13	5.34	-38.82	-33.48	26	-45.25	5	-42.62
14	6.01	-47.36	-41.31	27	-52.16	6	-50.57
15	6.68	-53.36	-46.69	28	-56.28	7	-56.97
16	7.34	-55.47	-48.13	29	-57.61	8	-61.16
17	8.01	-52.76	-44.76	30	-56.50	9	-62.60
18	8.68	-45.55	-36.88	31	-53.42	10	-60.91
19	9.34	-35.89	-26.55	32	-48.81	11	-56.01
20	10.01	-26.38	-16.38	33	-43.02	12	-48.37

续表

JSFA288 型				FA251B 型		A201D 型	
分度	S_1	S_2	S	分度	S	分度	S
21	10.68	−18.59	7.92	34	−36.34	13	−38.98
22	11.34	−12.82	−1.48	35	−29.00	14	−29.05
23	12.01	−8.75	3.25	36	−21.19	15	−19.43
24	12.68	−5.99	6.68	37	−13.07	16	−10.51
25	13.34	−4.14	9.2	38	−4.84	17	−2.33
26	14.01	−2.92	11.08	39	−3.31	18	5.12
27	14.68	−2.13	12.54	40	11.06	19	11.88
28	15.34	−1.62	13.72	1	17.99	20	17.92
29	16.01	−1.27	14.73	2	23.59	21	23.18
30	16.68	−1.05	15.62	3	27.43	22	27.57
31	17.34	−0.89	16.45	4	29.54	23	31.06
32	18.01	−0.76	17.25	5	30.34	24	33.64
33	18.68	−0.64	18.03	6	30.36	25	35.37
34	19.34	−0.53	18.81	7	30.01	26	36.37
35	20.01	−0.41	19.59	8	29.56	27	36.81
36	20.68	−0.29	20.38	9	29.17	28	36.86
37	21.34	−0.17	21.17	10	28.96	29	36.67
38	22.01	−0.04	21.96	11	28.99	30	36.41
39	22.68	0.06	22.75	12	29.28	31	36.19
40	23.34	0.19	23.53	13	29.85	32	36.11
1	24.01	0.29	24.29	14	30.65	33	36.21
2	24.68	0.35	25.02	15	31.60	34	36.49
3	25.34	0.34	25.69	16	32.58	35	36.87
4	26.01	0.25	26.26	17	33.40	36	37.20
5	26.68	0	26.68	18	33.78	37	37.24

3. 有效输出长度 S_{40} 在一钳次中,首轮摆臂 FO_3 左右摆动一次,正反向的总摆角相等,使首轮一钳次中正向转过的齿数正好等于反向转过的齿数,因此,变速部分引起的分离罗拉正向输出位移量正好等于反向输出位移量,故不会产生有效输出。而锡林轴是始终向一个

方向回转的,它使分离罗拉也始终向一个方向(向前)回转,一钳次 $n_c = 1$($I = 40$ 分度),其引起的分离罗拉表面位移 $S_{40} = 0 + 26.68 \times l = 26.68$mm,即为一钳次中分离罗拉的有效输出长度。

(二)其他分离接合机构

A201D 型精梳机分离罗拉采用六连杆机构和内差动行星轮系传动,如图 5 – 25 所示。分离

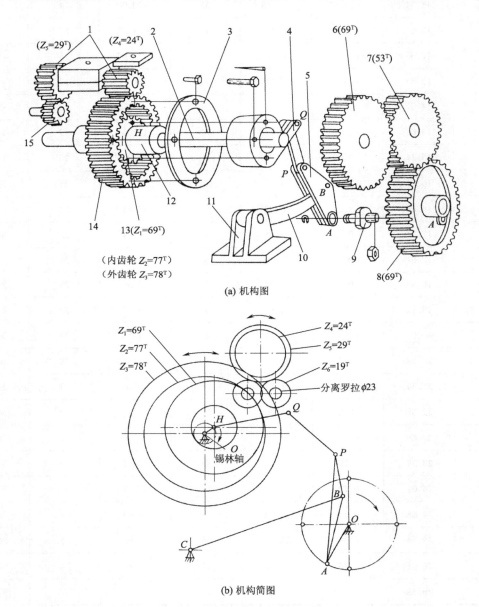

图 5 – 25　A201D 型精梳机分离罗拉传动机构

1—分离罗拉传动齿轮　2—动力分配轴　3—拦油圈　4—连杆　5—三角连杆　6—曲柄传动齿轮
7—曲柄介轮　8—曲柄齿轮　9—曲柄轴　10—摆杆　11—摆杆托脚　12—偏心轮
13—差动齿轮　14—分离齿轮　15—分离罗拉齿轮

罗拉传动的恒速部分是在动力分配轴（锡林轴）11 上偏心为 8mm 的凸轮 H 完成的，凸轮 H 是行星轮系的系杆，与锡林轴同步回转；变速部分是由动力分配轴上的 94^T 大齿轮．通过螺栓带动 69^T 的曲柄传动齿轮 1。经齿轮 2 过桥，使 69^T 的曲柄齿轮 3 与锡林轴同步回转。曲柄齿轮 3 用曲柄轴 4 与三角连杆 5 上的 B 点相连，$ABED$ 为一四连杆机构，P 点可视为连杆 BE 的延伸点，通过连杆 6（PG）带动差动臂 DO，使得用螺钉与差动臂 7 连为一体的行星轮系的差动齿轮（行星轮）13 作正、反向自转；差动轮系将锡林传给系杆 H 的恒速与六杆机构传给行星轮的变速合成经分离齿圈 12 和齿轮 8、9 传给分离罗拉轴端齿轮 10。

五、落棉排除及输出机构

（一）车面输出部分

JSFA288 型精梳机的车面输出部分如图 5-26 所示。棉网由分离罗拉 1 输出后，由于引导罗拉 3 的引导，使棉网由棉网托板 2 到达集束棉网托板 4，此棉网向下经托板集合器 4 和喇叭口 5 集合成棉条，再由一对导向压辊 6 输出，绕过导条凸钉 90°转弯后，在车面上八根棉条并列进入牵伸装置。从棉网输出到进入牵伸装置的部分称为车面输出部分。

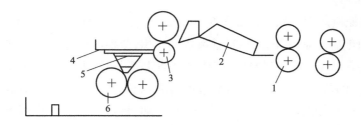

图 5-26　车面输出部分

由于分离须丛周期性的接合，叠合处常有厚薄不匀，使输出棉网出现周期性的不匀波。棉网在集束棉托板上向集合器集束时有一定的均匀混合作用和"均匀补偿作用"。在车面上八根棉条的并合可改善周期性的接合不匀，如能合理调节导条凸钉的位置，使八根车面条的接合处均匀地错开，对进一步改善精梳条的均匀度有一定作用。

该车面输出机构中的引导罗拉使分离罗拉输出棉网不立即成条，经一段松弛区可使棉网正反向快速输送时不破坏棉网成形，有利于改善精梳条的结构和均匀度。

集合器的口径有 4mm、4.5mm、5mm、5.5mm、6mm、6.5mm 几种，可根据车面条粗细选用。

（二）牵伸机构

国产新型精梳机的牵伸机构有了很大的改进，牵伸区斜置，牵伸装置由原来的单区直线牵伸改为双区曲线牵伸，改善了牵伸区对纤维运动的控制，提高牵伸能力及牵伸后精梳条的质量。

1. 三上五下牵伸形式　JSFA288 型精梳机采用倾斜布置的三上五下牵伸形式，如图 5-27 所示。直径为 45mm 的中、后胶辊分别骑跨在两个直径为 27mm 的罗拉上形成一上二下结构，使后牵伸区与主牵伸区均为曲线牵伸，加强了对牵伸区纤维运动的控制。后区牵伸倍数有 1.14 倍、1.36 倍、1.5 倍，总牵伸倍数为 9~19.3 倍。

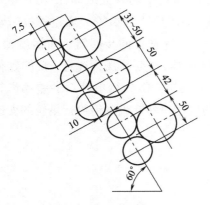

图 5 - 27 3/5 牵伸机构

2. 三上三下压力棒牵伸形式 FA251B 型、FA252 型精梳机均采用三上三下压力棒曲线牵伸形式,罗拉直径均为 35mm。FA251B 型的后区牵伸倍数固定为 1.16 倍,总牵伸倍数为 7～17 倍。

(三)圈条机构

为防止出牵伸区的棉条产生意外牵伸,采用输送带将棉条送入圈条器。

JSFA288 型精梳机采用单筒单圈条,随着精梳机产量的提高,条筒规格较大,为直径 600mm×高 1200mm,且配有自动增容装置和自动换筒装置。该机增容装置的增容方法是使圈条底盘往复移动,移动距离为 40mm 和 50mm 两种,这样可使气孔硬心区棉条圈的重叠部分错开而达到增加容量的效果。其容量约可增加 15%～20%。圈条器的传动参见图 5 - 38,圈条盘和底盘均由牵伸齿轮中 H 齿轮传动,一路传动圈条盘,另一路经万向轮轴系统传动底盘。

(四)落棉排除部分

JSFA288 型精梳机落棉排除机构如图 5 - 28(a)所示,当锡林 3 针面转到下方时,被锡林梳下的短绒和结杂由毛刷 4 刷下,因车头吸棉风机的作用,落棉经风道 C 被吸到图 5 - 28(b)中尘笼 7 上形成废棉层。1 号压差控制器 8 用于控制废棉层的厚度,其负压管接在尘笼 7 内,正压管接在尘笼外,尘笼上的落棉厚度增大时,压差随之增大,当压差到达一定值时,启动气缸推动尘笼及由一只钢辊和一只橡胶辊组成的剥棉装置 10 转动,将落棉剥下一段,落棉可由人工掏走或采用间歇吸装置吸入纤维分离器。一般当废棉层厚度达到 30～40mm 时应产生剥棉动作,此时 U 形管 11 应为 120～180Pa,否则须调节 1 号压差控制器上的螺丝。2 号压差控制器 9 是用于控制风道 C 的真空度。如开车时拉开机口的风量控制门,U 形管 11 约为 100Pa,此时机器必须停止,否则须调节压差控制器上的螺丝。

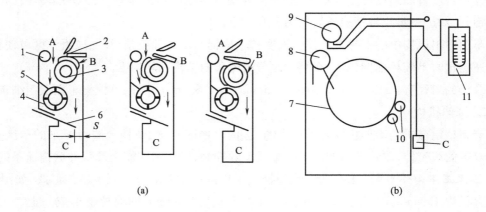

(a)   (b)

图 5 - 28 精梳机落棉排除机构

JSFA288 型精梳机上落棉率采用如下方法测定:机上测落棉率时间继电器可按要求设定好延时时间,一般落棉率为 15% ~ 38%,测定时间为 10s。如落棉率较高,测定时间可适当缩短。测定时推动试验手柄,打开风量控制门,按动落棉率测定按钮,这时压差控制器旁路,机器按时间继电器设定好的时间运行。停车后拉开观察门,取出废棉,同时拉下相应的棉条,分别称重后计算落棉率即可。

高速后精梳机的气流对棉网质量和机台清洁等有较大的影响。JSFA288 型精梳机的气流情况参见图 5 - 28。图 5 - 28(a)为锡林梳理阶段,分离罗拉 1 在继续顺转,钳板 2 闭合向前摆动。因钳板与锡林隔距很小、B 处的补风无法从此经过,A 处的补风便成了主要的补风口,由锡林与毛刷的间距进入风道 C。这时受梳的须丛受 A 处负压补风作用,紧贴在锡林上进行有效梳理。同时这股气流还可将顶梳梳针内的短绒、结杂经风道吸走,有助于顶梳的清洁。图 5 - 28(b)为锡林梳理结束后,分离罗拉由静止到倒转,钳板前摆并逐渐开口,因受 B 处补风影响,A 处的补风量逐渐减小,有利于须丛随钳板开口逐渐拾起,倒入机内的棉网贴在分离罗拉表面上。图 5 - 28(c)为锡林清洁阶段,分离罗拉由倒转变为顺转,钳板前摆参与分离结合。此时 B 处的补风直接经过风斗的后侧进入风道 C,A 处补风几乎为零。毛刷高速回转形成的气流经三角气流板 5 的间隙向 A 处微量溢出,有利于须丛抬起叠合在倒入机内的棉网上完成分离结合。因此补风量的大小及时间关系到棉网的结合质量,如配置不当会造成破边、破洞。一般风道的压力控制在 -160 ~ -180Pa,每眼风斗内压力控制在 -50 ~ -70Pa,为此,各眼的调节板 6 与风道后壁的距离 S 见表 5 - 5。

表 5 - 5 风量调节板隔距

眼 号	1	2	3	4	5	6	7	8
S(mm)	47	42	37	33	29	27	24	22

第五节 精梳机工艺分析

一、给棉方式与给棉工艺分析

精梳机给棉工艺包括给棉方式、给棉长度、喂给系数、小卷定量、小卷宽度和小卷张力等,它们和精梳机梳理质量及落棉率等密切相关。

(一)给棉方式和给棉工艺

A201 系列型精梳机只采用前进给棉方式。为了适应更广泛的产品加工要求和落棉控制要求,FA 系列型精梳机都配备前进和后退两种给棉方式。一般前进给棉配备较长的给棉长度,而后退给相配备较短的给棉长度;当产品质量要求较高时采用后退给棉,但后退给棉的落棉率较高,机器产量较低。

(二)前进给棉分析

1. 喂给系数 钳板在前进过程中逐渐开启时给棉罗拉开始给棉,增长了位于钳口外的须丛长度,使须丛头端更进一步接近分离罗拉钳口。当分离按合工作开始以后,给棉仍继续进行,此时,顶梳已插入须丛,阻碍了须丛向前伸展,给出的棉层会涌皱在顶梳的后方,直至顶梳离开,再行伸直。在前进给相中,给棉的迟早、顶梳插入的迟早以及给棉量的大小都会影响顶梳后须丛的涌皱程度和对须丛的梳理质量与落棉的多少,它们的影响程度可用喂给系数次表示:

$$K = \frac{x}{A} \qquad\qquad (5-4)$$

式中:x——顶梳插入前已喂给的须丛长度,mm;

A——总喂给长度,mm。

如顶梳插入越早或给棉开始越迟,则 x 越小,K 亦越小,表示涌皱较多;反之,x 越大,K 亦越大,须丛涌皱较少。x 和 K 的数值范围为:$0 \leqslant x \leqslant A, 0 \leqslant K \leqslant 1$。

2. 给棉分析　引入喂给系数后,锡林对须丛的梳理情况可由图 5-29 进行分析。

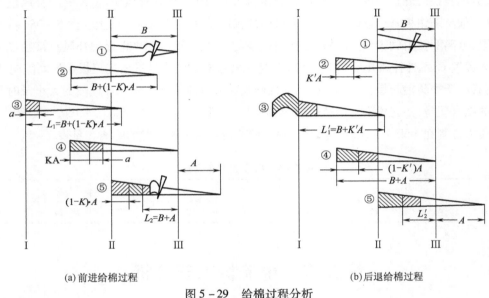

(a)前进给棉过程　　　　　　　　(b)后退给棉过程

图 5-29　给棉过程分析

图中:Ⅰ—Ⅰ为钳板在最后位置时的钳唇钳口线,此时钳口闭合;Ⅱ—Ⅱ为钳板在最前位置时的钳唇钳口线,此时钳口开启;Ⅲ—Ⅲ为分离罗拉钳口线;B 为钳板最前位置时,钳板钳口和分离钳口间的距离,它和落棉隔距成正比。图中前进给棉的情况可分析如下。

(1)分离结束时,钳板位于Ⅱ—Ⅱ线,钳板钳口外须丛的垂直投影长度为 B,而在顶梳后涌皱的须丛长度为 $A - x = (1 - K)A$。

(2)钳板由最前后退,上钳板逐渐闭口而迫使须丛离开顶梳,顶梳后涌皱的须丛挺直,故钳板闭口时钳口外的须丛长度为 $B + (1 - K)A$。

(3)锡林梳针到达钳口下方插入须丛进行梳理,未被钳口握持而被锡林梳入落棉的最长纤维长度为 $L = B + (1 - K)A$。

(4)$B + (1 - K)A$ 是钳口外握持的有可能受锡林梳理的须丛长度。由于钳板的特殊结构,钳板咬合线与锡林针尖间有一段锡林梳理不到的须丛长度,称为死隙长度 a,如图 5-30 所示。

因此,钳口外实际受梳须丛长度为 $H = B + (1-K)A - a$。

(5)钳板向前逐渐开启,当须丛到达分离罗拉钳口时开始分离,此时顶梳插入须丛。在顶梳插入前又喂入了长度为 KA 的须丛,此时钳口外的须丛长度为 $B + (1-K)A + KA = B + A$。又因为分离罗拉每钳次部分离出长度为 A 的须丛,故进入棉网的最短纤维长度为 $L_2 = L_1 - A = B + (1-K)A - A = B - KA$。图中的虚线部分表示被分离的纤维。

(6)分离时给棉罗拉仍在给棉,给棉量为 $A - x = (1-K)A$,因受到顶梳的阻碍,棉层再一次涌皱在顶梳的后面而回复到过程(1)。以后每一循环重复以上过程。

以上给棉过程的理论分析未考虑锡林梳理后须丛长度变长,分离罗拉分离时对顶梳后涌皱纤维的拉伸作用等因素。但还是能说明落棉和重复梳理的情况。

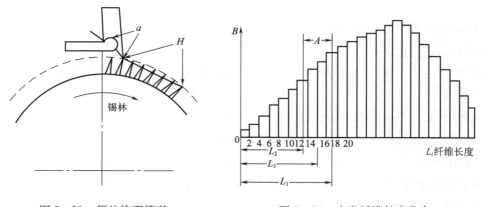

图 5-30 须丛梳理情况   图 5-31 小卷纤维长度分布

3. 理论落棉率   从给棉过程分析和图 5-31 可见,长于 L_1 的纤维均进入棉网,短于 L_2 的纤维均进入落棉,而介于 L_1 与 L_2 之间的纤维可能进入棉网也可能进入落棉,为计算方便,采用它们的中间值 L_3 为分界纤维长度。

$$L_3 = \frac{L_1 + L_2}{2} = \frac{B + (1-K)A + B - KA}{2} = B + \left(\frac{1-2K}{2}\right)A \qquad (5-5)$$

(1)B 大,即落棉隔距大、L_3 大,落棉多。

(2)K 大,即开始给棉早,顶梳插入迟,L_3 小,落棉少。

(3)A 和落棉的关系与 K 值有关。当 $K < 0.5$ 时,$\frac{1-2K}{2}$ 为正值,即 A 值大,L_3 大,落棉多;当 $K = 0.5$ 时,$L_3 = B$,即 A 的大小对落棉无影响;当 $K > 0.5$ 时,$\frac{1-2K}{2}$ 为负值,即 A 值大,则 L_3 小,落棉少。在前进给棉中,一般 $K > 0.5$。

4. 重复梳理次数   根据给棉的分析可见,每钳次锡林的梳理长度为 H,而每钳次的喂给长度 A 小于 H,因此钳口外的须丛要经过多次重复梳理才被分离。重复梳理的次数 N 为:

$$N = \frac{B + (1-K) - a}{A} = \frac{L_3 - a}{A} + 0.5 \qquad (5-6)$$

由上式可见,影响重复梳理次数 N 的因素有以下几个。

(1)L_3 大,即落棉多,则 N 大,梳理质量好。

(2)A 小,即给棉长度短,则 N 大,梳理质量好。

(3)a 小,即死隙长度短,则 N 大,梳理质量好。

(三)后退给棉分析

1. 喂给系数　后退给棉是钳板在后退中给棉,须丛的涌皱不受顶梳插入的影响,而受钳板闭口的影响。在钳板闭合后给出的棉层将涌皱在钳口的后方,它的影响程度可用喂给系数 K' 表示:

$$K' = \frac{x'}{A} \tag{5-7}$$

式中:x'——钳板闭合前已喂给的须丛长度,mm;

　　 A——给棉长度,mm。

钳板闭口越早,x' 越小,K' 也越小,在钳板后退时受锡林梳理的长度越短,梳理效果较差,排除的落棉较少。

2. 给棉分析　后退给棉的给棉过程如图 5-29 所示,其作用情况可分析如下。

(1)分离结束时,钳板钳口外的须丛长度为 B,无涌皱现象。

(2)钳板到钳口闭合前的喂给长度为 $x' = K'A$,此时钳口外的须丛长度为 $b + K'A$。而未被钳口握持的纤维将被锡林梳理,故进入落棉的最长纤维长度为 $L'_1 = B + K'A$,受到锡林梳理的须丛长度为 $H' = B + K'A$。

(3)钳板闭口后继续后退,在此过程中喂给的须丛长度 $(1 - K')A$ 将会涌皱在钳口后方。

(4)钳板向前摆动,逐渐开启,涌皱的须丛回挺伸直。当须丛的头端到达分离钳口时,钳口外的须丛长度为 $B + (1 - K')A = B + A$。

(5)因分离钳口每次分离出长度为 A 的须丛,故进入棉网的最短纤维长度 $L'_2 = L'_1 - A = B + K'A - A = B - (1 - K')A$。此时又回复到过程(1),以后重复循环。

3. 理论落棉率　与前进给棉同理,其分界纤维长度 L'_3 为:

$$L'_3 = \frac{L'_1 + L'_2}{2} = \frac{B + K'A + B - (1 - K'A)}{2} \tag{5-8}$$

由上式可知:

(1)B 大,即落棉隔距大,L'_3 大,落棉多。

(2)K' 大,即开始给棉早,钳板闭合迟,L'_3 大,落棉多。

(3)A 和落棉的关系要视 K' 的大小而定。在 $K' < 0.5$ 时,$(1 - 2K')$ 成为正值,即 A 大,则小,落棉少。但当 $K' = 0.5$ 时,$L'_3 = B$,即 A 值的大小对落棉无影响。而在 $K' > 0.5$ 时,$1 - 2K'$ 成为负值,即 A 大,则 L'_3 大,落棉多。一般后退给棉的 $K' > 0.5$。在 JSFA288 型精梳机上若选用后退给棉,因给棉动作是因上钳板的闭合动作带动的,故在钳板闭口时,长度为 A 的须丛基本上已全部给出,故 $K' \approx 10$。

4. 重复梳理次数 与前进给棉类似,后退给棉的重复梳理次数 N' 为:

$$N' = \frac{H'}{A} = \frac{B + K'A - a}{A} = \frac{L'_3 - a}{A} + 0.5 \qquad (5-9)$$

由上式可知,落棉多、给棉长度和死隙长度短时,N' 大,梳理质量好。

(四)前进给棉与后退给棉的比较

(1)实际生产中,K 和 $K' > 0.5$。在前进给棉中,顶梳插入后,被涌皱的须丛在分离中仍有受力伸直的作用,因此,它的实际喂给系数是接近于1的。比较式(5-5)和式(5-8)的 L_3 与 L'_3 以及式(5-6)式(5-9)的 N 与 N' 可知,即使在 B、A、a 都相同的情况下,后退给棉与前进给棉相比,其落棉多,梳理好,适用于加工质量要求较高的精梳纱。

(2)影响落棉率的主要因素是与落棉距离成正比的 B 值,其次是喂给长度 A。在前进给棉中,A 大,落棉少;而在后退给棉中,A 大,落棉多。因给棉长度影响产量和梳理质量,故一般不用它来调节落棉率。调节落棉的主要手段是改变落棉隔距。

(3)由式(5-5)和式(5-8)可知,不论是前进还是后退给棉 L_3 和 L'_3 即落棉时梳理好;给棉长度 A 小时,梳理也好。

(五)给棉工艺的选择

1. 给棉方式 在同样落棉隔距条件下,后退给棉落棉率(15% ~ 25%)较前进给棉落棉率(13% ~ 18%)大,这意味着生产成本较高。后退给棉的给棉长度一般较短,速度相同时产量降低。但锡林重复梳理次数大,梳理质量好。因此,一般当产品的质量要求较高(如纺长绒棉或超细特纱)时采用后退给棉。

2. 给棉长度 要考虑纤维长度、小卷准备工艺、小卷定量和喂给方式等因素。喂给长度长时,产量可以增加,但梳理负担加重。一般当纤维长度长、小卷定量轻和准备工艺良好时,才加大给棉长度。此外,给棉长度变化还会引起落棉率变化。

3. 小卷定量 也与精梳的产量和质量有关。小卷定量轻,棉层薄,梳理好,但产量低。一般给棉长度长时,定量宜轻些。考虑后道工序的牵伸能力,当纺纱线密度小时,定量也应轻些。

4. 小卷结构 除要求成形良好、重量不匀率低以外,还应注意小卷的横向均匀度和纤维的伸直度。小卷横向不匀,导致钳板对棉层握持不匀,锡林易把长纤维梳入落棉,严重时会出现绕锡林现象;纤维伸直度差时,长纤维弯曲在棉层内,也易被锡林梳入落棉。因此,良好的精梳准备工艺,对提高梳理质量、减少好纤维散失十分重要。

二、钳板机构的运动规律和作用分析

精梳机钳板机构的主要工艺有钳板运动的速度、梳理隔距、落棉隔距、钳板开闭口定时、钳口加压等,它们与精梳机的梳理质量、落棉率和分离接合质量密切相关。

(一)钳板运动的工艺要求

为了更好地发挥锡林的梳理作用并使纤维更好的分离接合,钳板运动必须满足以下工艺要求。

（1）梳理隔距及其变化要小，使各排针都能充分发挥梳理作用。

（2）锡林达到钳口下方时，钳唇应握牢须丛，防止长纤维被梳入落棉。

（3）当新须丛的头端达到分离钳口开始分离接合时，钳板开口要充分，防止须丛抬头受上钳唇阻碍，不能顺利达到分离钳口而影响分离接合。

（4）分离接合阶段，钳板速度慢，可以增加分离牵伸和分离接合时间，使分离丛的长度增加，以提高分离接合质量。

（5）钳板机构运动惯量小，闭口时撞击声响小，以利高速与降低噪声。

（二）钳板的运动规律

钳板前后摆动的规律主要取决于钳板摆轴的摆动规律。如前所述，钳板摆轴是由锡林轴通过滑杆滑套机构传动的，其工作原理如图 5-32 所示。主动摆臂（锡林轴上的法兰）OA 作逆时针方向匀速转动，当 OA 与滑套 AB 重叠时，钳板达到最前位置（JSFA288 型为 24 分度）或称前死心位置，此时前死心位置角为 α_1：

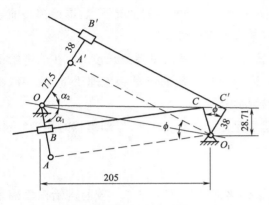

图 5-32　钳板摆轴传动机构工作原理

$$\alpha_1 = \arccos \frac{OA}{OO_1} = \arccos \frac{77.5}{\sqrt{205^2 + 28.71^2}}$$

而当主动摆臂 OA 与滑套 AB 处于一直线上时，钳板达到最后位置或称后死心位置，此时，后死心位置角 $\alpha_2 = \alpha_1 = 68.013°$，由此可知：

（1）在一钳次中，钳板后退时，OA 的回转角 $\alpha_H = \alpha_2 + \alpha_1 = 136°$，钳板前进时，OA 的回转角 $\alpha_Q = 360° - \alpha_H \approx 224°$，即钳板后退约占一钳次的 2/5 时间，前进约占一钳次的 3/5 时间，符合前进慢后退快的工艺要求。

（2）钳板在 24 分度到达前死心，然后 OA 转过 136°，即经过了 136°÷9° = 15.1 分度，钳板到达后死心，其分度值为（24 分度 + 15.1 分度）= 39.1 分度。

（三）滑杆结合件的调节

分度盘在 24 分度时，滑杆应该在最低位置，如果位置不对，必须找出原因重新调整。

（四）钳唇的启闭与加压

由钳板摆轴传动的张力轴与钳板摆轴作反方向的往复摆动（图 5-12），在 24 分度钳板前死心时，由定位工具确定的偏心位置角为 17.3°；到 39.1 分度钳板后退到后死心时，钳板摆轴顺时针转动了 43.97°，根据传动图可求得偏心轮反时针转动了（128/8）×43.97° = 148.1°。导杆中装有原始长度 80.5mm、弹性系数 6.47N/mm、预压缩长度为（80.5-45）= 35.5mm 的加压弹簧，施加在钳口两边的初始压力为 2×35.5×6.47 = 459N。在钳板后退中，上钳板在偏心轮及导杆作用下逐渐闭口，经计算机计算可知：在钳板闭口后，弹簧进一步被压缩，钳口加压很快达到最大值（约 500N）。巧妙的偏心轮运动配合，使整个梳理阶段能基本保持这个较大的钳口压力。当落棉刻度为 8 时，梳理中各分度的钳口加压值见表 5-6。

表5-6　梳理中钳口加压的变化

分　度	35	36	37	38	39	40	1	2	3	4	5
钳口加压(N)	496	493	489	486	484	485	487	490	493	496	497

(五)落棉隔距和梳理隔距

1. 落棉隔距的调节　JSFA288型精梳机上,当钳板摆动到最前位置(24分度)时,下钳板钳唇前线与后分离罗拉表面间的距离称为落棉隔距。落棉隔距的调节方法如下。

(1)调节最小落棉隔距:如图5-33所示,取下顶梳,将托脚调到最后位置,并将分度盘调到24分度,拧开所有的螺丝3(不能拧得太松),在分离罗拉2与下钳板1间插入7mm隔距块,用塑料锤轻敲重锤盖4,使钳板前摆,最后将螺丝拧紧。

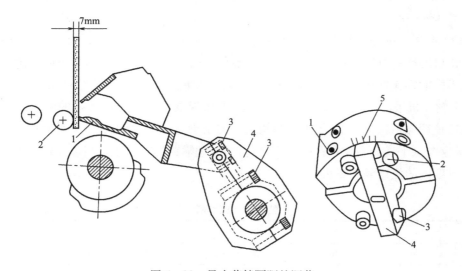

图5-33　最小落棉隔距的调节

(2)调节落棉刻度盘:在精梳机钳板摆轴上装有一直径为132mm的落棉刻度盘,落棉刻度标尺厚度为1mm,如图5-33所示。标尺5上落棉刻度调节范围为7~15,相邻两刻度间的圆心角为1°。在落棉刻度为7时调节落棉隔距的最小值为7mm以后,松开螺丝1后,调节螺丝2和3,使钳板摆轴及后摆臂随之摆动,从而使落棉隔距也随之改变。落棉刻度每增大1,后摆臂向后摆动过1°,使落棉隔距增大。在JSFA288型精梳机上刻度7落棉隔距为7mm,适用于低落棉;刻度15落棉隔距即为15mm,适用于高落棉。

一般情况下,落棉隔距的调节不要超过刻线,特别是不要小于刻线7,以免造成设备损伤。

落棉率随落棉隔距、喂给长度、给棉方式和顶梳插入深度的改变而改变,当上述任意一项改变时必须对各参数进行检查。

2. 落棉隔距的工艺影响　生产上调节精梳落棉率的主要手段是调节落棉隔距的大小,一般落棉隔距每增减1,落棉率增减2%~25%。

落棉刻度不同意味着钳板到最前位置后开始后退的起点位置不同,钳板后退途中与锡林头排针相遇的时间(分度)和位置也不同。落棉隔距小,钳板开始后退的起点靠前,钳板与锡林头排针相遇的分度迟,位置靠前;落棉隔距大,钳板开始后退的起点靠后,与锡林相遇的分度早,位置靠后。当弓形板定位为37分度时,落棉刻度由7到15,钳板与锡林相遇的分度会提早0.7个分度;当弓形板定位改为38分度时,相遇的分度也会提早0.6个分度左右。此时应注意使钳板及时闭口,防止长纤维因握持力不足而被锡林前排针梳进落棉。

在下支点和上支点钳板摆动机构中,落棉隔距的变化将影响钳板通过梳理隔距最紧点的分度,如落棉隔距小,钳板通过梳理最紧点的分度迟,此时对应的锡林上的针排数靠后,应重新校准最紧点梳理隔距对应的针排数。

3. 落棉控制 工艺上不应仅把改变落棉隔距作为调节落棉率的唯一手段,当落棉率调节较大时,可考虑采用不同的给棉方式。因为在同样落棉隔距时,后退给棉的落棉率较前进给棉的落棉率高4% ~6%。

4. 梳理隔距 在锡林梳理过程中,上钳板钳唇下缘与锡林梳针间的距离称为梳理隔距。随着钳板钳口的摆动及锡林针排的转动,梳理点位置时刻在变化,这使得梳理隔距随之变化。

采用不同的四连杆机构传动钳板摆动,结果引起梳理隔距的变化幅度会有较大的差异。JSFA288型精梳机采用中支点式钳板摆动机构,即钳板摆动的支点在锡林的中心,理论上可使梳理阶段的梳理隔距保持不变,梳理负荷均匀。但由于上、下钳扳均装于下钳板座上,在梳理阶段,下钳板座与水平线的夹角存在一定的变化,使梳理隔距稍有变化。当落棉到度为7时,对应于34~5分度间的梳理隔距见表5-7。

表5-7 梳理隔距

分 度	34	35	36	37	38	39	40	1	2	3	4	5
梳理隔距(mm)	0.76	0.59	0.49	0.45	0.43	0.42	0.42	0.44	0.46	0.49	0.55	0.62

(六)钳板开闭口定时

从工艺上来说,当钳板后退到与锡林头排针相遇时,钳板应处于闭口状态,即钳板闭口定时应早于或等于与锡林头排针相遇时的分度,以防长纤维因握持不牢而进入落棉;在梳理结束后,钳板应及时开口,以便新须丛头端上抬而顺利进入分离钳口。由图5-12可知,JSFA288型精梳机钳板的开闭口动作是由于钳板座摆动及导杆与偏心轴牵制作用的共同结果,钳板的开闭口定时通常不可调节,其迟早受落棉刻度大小的影响。

1. 闭口定时 因JSFA288型采用中支点式钳板,始梳隔座较小,始梳力较大,工艺上必须保证锡林始梳时钳口应闭合握牢须丛。表5-8中闭口定时均较始梳定时早2~3个分度,即钳板机构已在设计上保证了始梳时,钳板已闭口并已基本达到最大加压值,防止可纺纤维被梳进落棉。生产上为保证有效的钳口加压,减小各眼及钳板两侧的加压差异,关键需做到以下两条。

(1)在24分度仔细反复调节,使各眼偏心轮定位保持一致,防止走动。

(2)定期检测加压弹簧,防止衰退。

表 5 – 8　落棉刻度与钳板开闭口定时（锡林定位 38 分度）

落棉刻度	闭口定时	始梳分度	开口定时	结束梳理分度	18 分度开始分离时开口量（mm）	24 分度最大开口量（mm）
7	31.9	35.0	12	5.2	7.1	15.2
8	31.6	34.9	12.5	5.0	5.7	13.5
9	31.3	34.8	13	4.8	4.4	12.0
10	31.1	34.7	14	4.6	3.1	10.4
11	30.7	34.7	14.5	4.4	1.8	8.9
12	30.3	34.6	15	4.2	0.6	7.5

2. 开口定时　表 5 – 7 中钳板开口定时比结束梳理定时迟 4 ~ 10 个分度，即开口较迟是该机构设计中的不足。特别当落棉刻度增大时，开口更迟，使开始分离时的钳板开口量和 24 分度钳板的最大开口量太小而妨碍须丛顺利进入分离钳口，使棉网清晰度不良，甚至产生破洞。这在加工长绒棉时尤应注意。

三、锡林梳理工艺分析

（一）锯齿的规格

锡林针面上有 3 ~ 5 组齿片，每组中各齿片上的齿形参数均相同，而各组间由前向后，针齿工作角 α 和齿尖角 γ 均由大到小，纵向（周向）齿密和横向齿密由稀到密（参见表 5 – 2）。

在开始梳理时，钳口处须丛呈悬垂状态，且棉层中纤维伸直不够，排列较乱。锡林前几排针采用工作角为 58° ~ 60° 和较大齿距的金属锯齿，起带住须丛并进行初步梳理的作用，若此时采用较密及较小工作角的锯齿，势必会造成纤维的损伤。随着针排组后移，齿密增大，工作角减小，齿尖角减小，可使针齿穿刺梳理能力逐步加强，有利于对针面握持力较小的棉结、杂质和短纤维的排除。但工作角较小、密度较大的锯齿，在生产中易出现塞花现象面影响梳理作用。

（二）齿形参数

锯齿齿形采用负角弧背形，在加强握持、穿刺分梳的同时，能防止纤维下沉及塞花现象。为防止后排因针齿密度增大和工作角减小而产生塞花，由前向后各组齿片的齿深逐渐减小。

（三）针齿弧面角

随锡林速度的提高，梳针在锡林上所占的弧面角有增大的趋势。因为高速后，纤维受梳时间缩短，快速受梳后易产生回缩。

（四）锡林弓形板定位

锡林针面与钳板及分离罗拉间的相对关系，可用弓形板定位规加以规定。JSFA288 型精梳机的弓形板定位如图 5 – 34 所示，方法是在 37 ~ 38 分度，用弓形板定位规使锡林头排针到分离罗拉表面距离为 27.5mm，然后将弓形板夹钳螺钉拧紧。

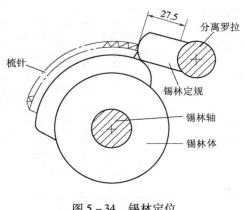

图 5 - 34　锡林定位

1. 弓形板定位与锡林梳理作用　弓形板定位改变,锡林头排与末排针与钳板钳口相遇的分度会随之改变,计算出的 JSFA288 型精梳机有关分度值见表 5 - 9。当弓形板定位迟(38 分度),锡林头排针与钳口相通始梳及末排针与钳口相通结束梳理的分度均迟,且梳理时间较弓形板定位为 37 分度延长,对梳理有利。此外,JSFA288 型精梳机因采用中支点式钳板摆动机构,针排与钳口相遇分度(位置)的改变,对梳理隔距影响不大。

表 5 - 9　弓形板定位的工艺影响

落棉刻度	7			9		
弓形板定位	始梳分度	结束梳理分度	梳理时间(分度)	始梳分度	结束梳理分度	梳理时间(分度)
37	34.46	4.04	9.58	34.28	3.67	9.39
38	35.13	5.40	10.27	35.93	5.01	10.08

2. 弓形板定位对锡林末排针抓走棉网的影响　弓形板定位的改变,影响锡林末排针通过锡林与分离罗拉最紧点的分度,影响梳针是否会抓走分离罗拉倒入机内的棉网尾部纤维。由图 5 - 34 可以推出,锡林末排针通过最紧点时间比弓形板定位迟 13.5 分度(表 5 - 10)。弓形板定位迟,锡林末排针通过最紧点也迟,此时分离罗拉倒入的须丛较长,而易被末排梳针抓走带入落棉。从这个角度看,弓形板定位以早些为好。

表 5 - 10　锡林末排针过最紧点时间

弓形板定位/分度	36	37	38
锡林末排针过最紧点/分度	9.5	10.5	11.5

(五)针面状态

锡林针面状态与梳理质量关系很大,当梳针有毛刺、倾倒、折断或塞花时,棉网质量会明显下降。影响针面状态的因素很多,如小卷定量过重、纤维扭结、小卷接头时搭头过厚、车速过高、毛刷质量及工作不良等,均会使针面状态恶化,生产上应及时找出原因并加以解决。

(六)毛刷质量

精梳机利用毛刷将嵌在锡林针齿间的短纤维刷下成为落棉,因此,毛刷质量与锡林齿针间的嵌花关系很大。国内早期使用的黄棕毛刷,由于棕丝较粗且粗细不匀,弹性不足,洁刷效果较差。JSFA288 型精梳机采用棕丝较细且粗细均匀、弹性好的白棕毛刷,清刷效果大大改善。为刷清锡林,毛刷速度一般高达 1000 ~ 1200r/min,线速度约比锡林快 6 倍左右,毛刷棕尖插入锡林针内约 2 ~ 2.5mm。JSFA288 型精梳机采用毛刷单独电动机传动,并配置自动减速装置,每隔一定时间使主电动机减速,减速比为1:17。减速时,锡林降速,而毛刷仍以高速转动,可以更充分地清刷锡林。降速的间隔时间每5min为一个等级,清刷的时间每5s为一个等级,以便根据针面的实际状态加以调整。

四、分离接合作用分析

(一)分离接合过程和分离丛长度

经精梳锡林梳理后的纤维丛头端不在一直线上。当钳板、顶梳将分离丛逐渐送向分离钳口时,头端在前面的纤维先到达分离钳口,被分离罗拉以较快的表面速度带动前进,以后各根纤维的头端陆续到达分离钳口,使前后纤维间产生移距变化,分离罗拉逐步从纤维丛中抽出部分纤维,形成一个分离纤维丛,叠合在上一工作循环的棉网尾部上实现分离接合。分离丛的长度可以从分离罗拉运动曲线上推算,如图5-35所示。图中a为倒转点,b为末排针过最紧点,c为顺转点,d为开始分离点,e为结束分离点,f为a点。

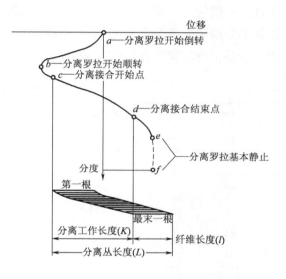

图 5-35　分离须丛长度

在JSFA288型精梳机第一根纤维头端到达分离钳口开始分离的时间约为17.5~19分度,最末一根纤维头端进入分离钳口结束分离的时间为24分度。因此,第一根和最末一根纤维在分离丛中的头端区离必然是分离罗拉运动曲线上开始分离和结束分离时的位移差值,称为"分离工作长度K",再加上纤维长度即为"分离丛长度L",即:

$$L = K + l = S_e - S_d + l$$

式中:$S_e - S_d$——结束分离与开始分离时分离罗拉表面位移值之差;

　　　　l——纤维主体长度。

例1　JSFA288型精梳机上,设$l=30$mm,开始分离为18分度,结束分离为24分度,求K和L。

查表5-3得:

$$K = S_e - S_d = 6.68 - (-36.88) = 43.56(\text{mm})$$

$$L = K + l = 73.56(\text{mm})$$

例2　A201D型精梳机,开始分离为12分度,结束分离为19分度。

查表5-3得:

$$K = S_{19} - S_{12} = 60.25(\text{mm})$$

$$L = K + l = 90.25(\text{mm})$$

由此可见,分离丛长度L与开始分离时间、结束分离时间、分离罗拉运动曲线形态、加工的纤维长度等因素有关。

以上的分析仅是理想状况,实际分离接合过程要复杂很多。例如采用原棉品种不同、前道加工的不同、原棉及小卷中纤维长度分布不同和不均匀以及纤维在分离运动中的不规律性等因素,用计算分离丛长度的方法只是大致地表示分离丛的情况。

(二)分离过程在变化的牵伸值

在分离接合阶段,由于分离罗拉的输出速度 v_f 大于顶梳对须丛的输入速度 v_d,所以,分离过程也是一种牵伸过程。因分离罗拉和顶梳的位移速度在分离过程中是变化的,所以分离过程不同于一般的牵伸过程,它的牵伸值是变化的。计算得到的 JSFA288 型精梳机在 18~23.5 分度间的分离牵伸值 E 见表 5-11。E 的大小和变化情况与分离纤维丛的形态和棉网的接合状态以及条干均匀度等有着密切的关系。

表 5-11 分离牵伸值

分度	顶梳速度(mm/s)	分离罗拉速度(mm/s)	分离牵伸 E
18	519.3	2223.1	4.28
19	460.8	2472.1	5.36
20	406.3	2197.7	5.41
21	315.8	1728.3	5.47
22	226.1	1282.6	5.67
23	121.6	932.7	7.67
23.5	60.8	805.7	13.25

整个分离丛的平均牵伸倍数 E_p 是分离过程中总输出长度(即分离工作长度 K)与总输入长度(即给棉长度 A)的比值。一钳次的分离牵伸 E_2 是有效输出长度 S 与给棉长度 A 的比值。

(三)有效输出长度、接合长度和接合率

由于精梳机周期性分离接合的特点,精梳机台面条的质量和接合牢度与棉网的接合长度、接合率等密切相关。接合长度 G 取决于分离丛长度 L 和有效输出长度 S,它们之间的关系如图 5-36 所示。

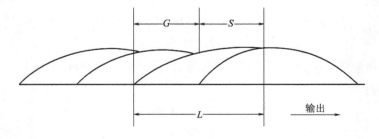

图 5-36 分离纤维丛结合形态

$$L = G + S \quad 或 \quad G = L - S$$

在上例中,JSFA288 型精梳机的有效输出长度为 31.71mm,则 $G = 73.56 - 26.68 = 46.88$(mm)。A201D 型精梳机的有效输出长度为 37.24mm,则 $G = 90.25 - 37.24 = 53.01$(mm)。可见,有效输出长度减短,可使接合长度增加,对提高棉网的接合质量有利。

分离纤维丛的重叠程度可用接合率 η 表示,即:

$$\eta = \frac{G}{S} \times 100\%$$

接合率越大,棉网的重叠情况越好,使棉网的厚度增加,接合阴影减少,接合条干质量提高。

精梳机高速后,输出棉网受到往复牵引抖动较低速时剧烈,为保证棉网接合良好,以减少意外牵伸,要求棉网有较好的接合牢度;同时高速后空气阻力随之增加,会使钳板钳口外两侧纤维呈"八字"形向外倾斜,导致棉网两侧的接合长度减短。因此,现代精梳机的接合率一般可高达 190% 或以上。

新型精梳机为有利于高速,分离罗拉的总顺转量和总倒转量有所降低,这使分离丛长度 L 也随之减小,但新型精梳机采用了缩小有效输出长度 S 的方法,来使接合率 η 有所提高,更进一步增强了新型精梳机的高速性能。

(四)继续顺转量

分离罗拉在分离工作结束后,还要继续顺转向前输出棉网。在图 5-35 中,继续顺转量为:

$$S_{fe} = S_f - S_e \tag{5-10}$$

式中:S_f——顺转结束点即开始倒转点的位移值,mm;

S_e——分离结束点的位移值,mm。

JSFA288 型:$S_{fe} = S_5 - S_{24} = 26.68 - 6.68 = 20$(mm)

A201D 型:$S_{fe} = S_{37} - S_{19} = 37.24 - 11.88 = 25.36$(mm)

分离工作结束时,分离钳口外的须丛长度约为纤维的主体长度,如图 5-37 所示,随着分离罗拉继续倒转使钳口内须丛长度缩短,到分离罗拉开始倒转时,钳口内的须丛长度约为 $\Delta l =$(纤维主体长度 $l - S_{fe}$)。若 $S_{fe} > l$,须丛会全部倒出分离钳口而使以后无法倒入,在加工细绒棉时,A201D 型因 S_{fe} 较大,加上分离皮辊的向后摆动,在机台上可以看到分离罗拉开始倒转时,钳口内的棉网稀薄,边缘纤维容易在两个分离罗拉间拱起而不随分离罗拉倒入机内,引起棉网毛边破边。JSFA288 型的继续倒转量较小,再加上分离胶辊不摆动,因此对棉网尾端的握持情况良好。

(五)前段倒转量

当锡林上末排针通过锡林与分离罗拉的最紧点时,分离罗拉的前段倒转量 S_b 不能太大,以免分离罗拉倒入的棉网尾部纤维被锡林梳针抓走,造成长纤维进入落棉,严重时棉网出现漏洞,甚至不能正常生产。

进一步分析可知,棉网尾部纤维是否会被锡林末排针抓走,不仅和前段倒转量 S_b 有关,还与分离罗拉倒转时分离钳口内须丛长度 Δl 有关。由图 5-37 中的 3 可见,当锡林末排针通过其与

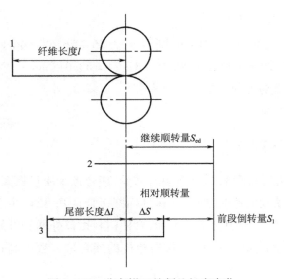

图 5-37 分离钳口的须丛长度变化

1—分离结束时　2—开始倒转时

3—末排针过最紧点时

分离罗拉最紧点时,钳口内的须丛长度 S_x 为:

$$S_x = S_b + \Delta l = S_b + l - S_{fe}$$

前段倒转量 S_b:末排针通过最紧点的分度取决于弓形板定位。在分离罗拉准转定时一定时,倒转定时也一定;若弓形板定位迟,末排针过最紧点也迟,前段倒转量 S_b 大。

JSFA288 型机:弓形板定位 37 分度,锡林末排针过最紧点 10.5 分度,由表 6-3 查得:

$$S_b = (12.48 + 9.45) / 2 = 10.98 (mm)$$

则:$S_x = 2.48 + 30 - 20 = 22.48 (mm)$

A201 型机:弓形板定位 2 分度,锡林末排针过最紧点 2.1 分度,由表 5-3 查得:

$$S_b = 17.05 + 0.1 \times (25.08 - 17.05)/2$$
$$= 17.85 (mm)$$

则:
$$S_x = 17.85 + 30 - 25.36 = 22.49 (mm)$$

由此可见,JSFA288 型精梳机因前段倒转量较小,使末排针过最紧点时机内棉网长度 S_x 较短;A201 型精梳机因前段倒转量较大,使末排针过最紧点时机内棉网长度 S_x 较长,使 S_x 较长,若纺长绒棉时 S_x 更长,棉网尾端长纤维容易被末排梳针抓走而进入落棉。

末排针是否抓走棉网尾部长纤维,不仅和前段倒转量 S_b、纤维长度 l、继续顺转量 S_{fe} 有关,还和分离罗拉运动曲线形态有关。要求分离运动曲线中的继续顺转量和前段倒转量不要太大,以免对精梳工艺带来不利影响,即从分离结束到开始倒转及刚开始倒转的几个分度中,运动曲线变化要缓慢,有一个相对静止或微量蠕动的阶段。JSFA288 型精梳机在这方面较好地满足了工艺要求。特别在纺长绒棉时更为有利。

(六)分离罗拉顺转定时和开始顺转量

1. 开始顺转量　分离罗拉顺转定时是指分离罗拉开始顺转时的分度值,它必须早于开始分离的时间,且提早的分度不能随意缩短,反应在分离罗拉运动曲线上的开始顺转量 S_{dc} 不能任意压缩,以使分离罗拉能有足够的时间由速度为零的开始顺转点逐步加速。当钳板输送的须丛到达分离钳口时应保证分离钳口的速度大于须丛的速度,否则须丛头端就会撞在分离罗拉上造成弯钩,在棉网整个幅度上出现横条弯钩;或者出于分离罗拉表面速度略大于钳板前移速度,虽不致造成弯钩,但因牵伸太小,使牵伸力较大,新须丛前端没有被充分牵开使须丛较厚。而前一循环的棉网尾端又较薄,接合时由于两者厚度差异过大使结合力较弱,在棉网张力影响下,新须丛的前端容易翘起,在棉网上形成"鱼鳞斑"。此时,应适当提早分离罗拉顺转时,以延长分离罗拉自顺转至开始分离间的加速时间,保证开始分离时分离罗拉有较大的表面速度。

生产上如某种原因时，新须从到达分离钳口时间提早，即开始分离时间早，使 S_{dc} 缩短，应相应提早分离罗拉顺转定时；纺长绒棉，因其细长柔软头端容易下垂，开始分离时碰到分离罗拉表面的位置较低，容易产生前弯钩，分离罗拉顺转定时应提早些；另外，机器高速后，空气阻力增加，钳板开口后须丛抬头时间也缩短，棉网中易出现前弯钩，分离罗拉顺转定时也应适当提早些。

2. 分离罗拉顺转定时的工艺影响 调节顺转定时时，分离罗拉运动曲线基本不变，但改变了运动曲线中横坐标的分度数。例如图 5 - 24 及表 5 - 3 中 JSFA288 型原来设计的顺转定时为 16 分度，现将顺转定时推迟为 17 分度，在计算分离接合各项工艺性能时，可在图、表中均把 16 分度改为 17 分度，其他分度数也依次推迟一个分度，倒转定时也由 5 分度改为 6 分度，由此计算出的各项工艺性能见表 5 - 12。

表 5 - 12　分离罗拉顺转定时的工艺影响

项　目	顺转定时 16	顺转定时 17
有效输出长度 S	26.48	26.48
18～24 分度分离工作长度 K	43.56	48.01
接合长度 G	46.88	51.33
继续顺转量 S_{fe}	20	23.43
10.5 分度时前段倒转量 S_b	12.48	6.65
倒入机内须丛长度 S_x	22.48	13.12

由表 5 - 12 可见，改变顺转定时，有效输出长度 S 不变，分离工作长度 K 和接合长度 G 差异较大，对分离接合质量有较大影响。顺转定时迟 1 分度，继续顺转量明显增大，有可能影响棉网尾端的提持；而前段倒转量和倒入机内的棉网长度明显减小，使末排针通过其与分离罗拉最紧点处时不易抓走棉网尾部纤维。

（七）总顺转量和总倒转量

分离机构的运动量决定于分离罗拉的总顺转量和总倒转量，而有效输出长度即为总顺转量与总倒转量的差值。几种机型的分离罗拉总顺转量和总倒转量列于表 5 - 13。设计新机时，在缩短有效输出长度的同时应设法减小总顺转量和总倒转量，有利于提高车速。

表 5 - 13　分离罗拉的运动量

机　型	总顺转量	总倒转量	有效输出长度
JSFA288	74.81	48.13	26.68
FA251B	92.2	58.42	33.78
A2101D	99.84	62.60	37.24

从表中可见，JSFA288 型精梳机总顺转量和总倒转量最小，FA251B 型次之，这对机台高速有利。

五、精梳机的传动与工艺计算

(一)传动

JSFA288 型精梳机的传动系统如图 5 - 38 所示。

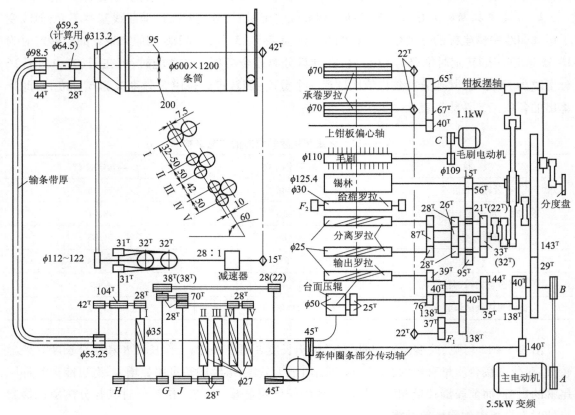

图 5 - 38　JSFA288 型精梳机的传动图

(二)工艺计算

1. 速度

(1)锡林速度 n_1(r/min):在触摸屏直接输入所需的速度数值即可。

A—变频电动机皮带盘直径,200mm;

B—输入轴皮带盘直径,234mm。

机器启动4s 内速度为57r/min,4s 后加速至设定速度,JSFA288 最佳工作速度区间为280 ~ 360(r/min)。

(2)毛刷速度 n_2(r/min):

$$n_2 = 950 \times \frac{C}{109} = 8.716 \times C$$

式中:C——毛刷电动机皮带盘直径,有 109mm、137mm、153mm 三种。

2. 每钳次喂给长度和输出长度

(1)承卷罗拉喂给长度 L_1(mm/钳次):

$$L_1 = \frac{22 \times 37 \times 40 \times 40 \times 35 \times 40 \times 143}{22 \times F_1 \times 138 \times 138 \times 144 \times 138 \times 29} \times 70\pi = \frac{237.48}{F_1}$$

式中:F_1——成卷罗拉变换齿轮,其齿数有 43、44、49、50、54、55 共 6 种。

(2)给棉罗拉给棉长度 A(mm/钳次):

$$A = \frac{30\pi}{F_2} = \frac{94.2}{F_2}$$

式中:F_2——给棉棘轮齿数,前进给棉有 16、18 共 2 种;后退给棉有 16、18、20、22 共 4 种。

(3)分离罗拉有效输出长度 S(mm/钳次):

$$S = \frac{15}{95} \times \left(1 - \frac{33 \times 28}{21 \times 26}\right) \times \frac{87}{28} \times 25\pi = 26.68$$

(三)牵伸

1. 部分牵伸倍数

(1)承卷罗拉和给棉罗拉间张力牵伸倍数 E_1:

$$E_1 = \frac{A}{L_1} = \frac{94.2 \times F_1}{237.48 \times F_2} = 0.397 \times \frac{F_1}{F_2}$$

(2)给棉罗拉和分离罗拉间分离牵伸倍数 E_2:

$$E_2 = \frac{S}{A} = \frac{26.68}{94.2 \div F_2} = 0.283 \times F_2$$

(3)分离罗拉和输出罗拉间棉网张力牵伸倍数 E_3:

$$E_3 = \frac{25\pi \times \dfrac{143 \times 40 \times 35 \times 40}{29 \times 138 \times 144 \times 39}}{26.68} = 1.0498$$

(4)车面压辊与输出罗拉间的张力牵伸倍数 E_4:

$$E_4 = \frac{39 \times 50\pi}{76 \times 25\pi} = 1.0263$$

(5)后罗拉与车面压辊间的张力牵伸倍数 E_5:

$$E_5 = \frac{76 \times 144 \times 138 \times 45 \times 22 \times 28 \times 28 \times 27\pi}{40 \times 35 \times 140 \times 45 \times 36 \times 70 \times 28 \times 50\pi} = 1.0171$$

(6)后区牵伸倍数 E_6:

$$E_6 = \frac{J}{28}$$

式中:J——后牵伸变换齿形带轮:有 32、38、42 共 3 种。

（7）牵伸区总牵伸倍数 E_7：

$$E_7 = \frac{104 \times G \times 70 \times 35\pi}{28 \times H \times 28 \times 27\pi} = 12.037 \times \frac{G}{H}$$

式中：G/H——成对牵伸变换齿轮有 30/40、30/38、33/40、33/38、30/33、38/40、38/38、40/38、33/30、38/33、40/33、38/30、40/30、40/28、45/30、45/28 数种。

（8）圈条压辊与前罗拉间的张力牵伸倍数 E_8：

$$E_8 = \frac{28 \times 53.25 \times 44 \times 59.5}{42 \times 98.5 \times 28 \times 35} \times 1.1 = 1.056$$

其中，1.1 为圈条压辊表面沟槽系数，需在实践中验证确定。

2. 总牵伸倍数 E

（1）机械总牵伸 E_0：指圈条压辊与承卷罗拉间的牵伸倍数。

$$E_0 = E_1 \times E_2 \times E_3 \times E_4 \times E_5 \times E_6 \times E_7 \times E_8$$

（2）实际总牵伸倍数 E：指喂入小卷定量与纺出精梳条定量的比值。

$$E = \frac{g_1 \times 5}{g_2} \times n$$

式中：g_1——小卷定量，g/m；

g_2——精梳条定量，g/5m；

n——并合数。

设精梳机落棉率为 P，实际牵伸倍数与机械牵伸倍数的关系一般可用下式表示：

$$E = E_0(1 + P)$$

(四)产量

1. 理论产量 G　精梳机的理论产量 G 由锡林转速 n_1、小卷定量 g_1、每钳次给棉长度 A、每台眼数和落棉率 P 决定。

$$G = \frac{n_1 \times 60 \times g_1 \times A \times 8 \times (1 - P)}{1000 \times 1000} = 0.00048 \times n_1 \times g_1 \times A \times (1 - P)$$

2. 定额产量

$$定额产量 = 理论产量 \times 时间效率$$

精梳机的时间效率一般为 90% 左右。

第六节　精梳工序质量评价

一、精梳棉条质量

由于各厂品种、原料和生产条件不同，对精梳棉条的质量控制范围也不同，一般的控制参考指标见表 5 − 14。

表 5 − 14　精梳棉条质量

线密度(tex)	重量不匀率(%)	Uster 条干不匀率	Y331 型条干不匀率(%)	精梳棉条短绒率(%)	棉结杂质清除率(比生条)
> 10	<1.0	<4	16	<9	棉结 >10%
5 ~ 10			18		杂质 >6%

注　精梳条含短绒率应按品种、原料、生条短绒率情况制订。

在正常配棉条件下,使用新型高效能精梳机应达到六项质量指标:精梳条 uster 条干 CV 值在 3.8% 以下;精梳条含短绒率在 8% 以下;精梳条重量不匀率在 0.6% 以下,机台间的精梳条重量不匀率在 0.9% 以下;精梳后棉结清除率不低于 17%;精梳后杂质清除率在 50% 以上;精梳落棉中含短绒率在 70% 以上。

二、精梳落棉率参考指标

精梳工序的作用,以去除短线为主,并清除结杂和使条子中的纤维伸直平行。Uster97 公报对精梳条的质量要求从纤维分析的角度提到了六个方面:每克所含棉结数;$12.7\text{mm}\left(\frac{1}{2}\text{英寸}\right)$长度以下的短绒含量;$12.7\text{mm}\left(\frac{1}{2}\text{英寸}\right)$长度以下的短绒重量;每克所含杂质数;每克所含尘杂数;每克所含其他可见外来物。以上六项指标中最主要的是短绒含量与结杂含量。

如按国内目前通用的 16mm 以下长度纤维作短绒,如精梳条中 16mm 以下的短绒含量高于 10%,成纱缺乏光泽只能视作半精梳纱。生产实践证实,采用新型高效能精梳机后精梳条中 16mm 以下短绒合理可控制在 8% 以下;精梳落棉中含短绒率可达到 75% 以上;精梳工序杂质清除率在 50% 以上;棉结清除率在 10% ~20%。而用 A201 系列精梳机由于工艺上缺陷,精梳条中含短绒率在 10% 左右;精梳落棉中含短绒只能达到 50% ~60%;即有 40% ~50% 有效纤维作为落棉中排除,既浪费了原料也影响了精梳纱的风格。因此从提高精梳纱的质量与风格分析,必须要用新型高效能精梳机来取代 A201 系列精梳设备。

精梳落棉率应根据生条中含短绒率及成纱质量的要求来设定,一般参考指标见表 5 − 15。单机平均落棉率应控制在设定指标的 ±1% 的范围内,落棉率眼差应控制在小于 2% 范围内。

表 5 − 15　精梳落棉率参考指标

纱线线密度(tex)	参考落棉率(%)	落棉含短绒率(%)
30 ~ 14	14 ~ 16	
14 ~ 10	15 ~ 18	
10 ~ 6	17 ~ 20	> 60
< 6	> 19	

三、提高精梳棉条质量的主要措施

应研究改进准备工艺,改善纤维伸直度和小卷横向均匀度,加强精梳锡林与顶梳的分梳效能,最大限度地排除短绒、棉结、杂质;调整设备状态和优选工艺,降低条干不匀率,控制环境温湿度。

1. 精梳落棉率控制

(1)调节落棉隔距,控制精梳落棉率,稳定成纱质量,降低落棉,降低成本。

(2)改变给棉长度:给棉长度长,则落棉率增大。

(3)改变顶梳插入深度,改变一档,落棉率可改变2%。

(4)给棉方式,根据精梳产品、纤维性能定。后退给棉比前进给棉落棉率高。

2. 精梳条重量不匀率控制 精梳条重量不匀率影响到精梳条干不匀和成纱的条干不匀以及重量偏差的稳定,影响到棉纱的降等。此外,会恶化成纱强力、强力不匀率和捻度不匀率,增加纱线断头,影响生产率。精梳条重量不匀率控制措施主要有:

(1)定期测试精梳落棉率,及时对眼差、台差进行控制(台差<1%,眼差<2%)。

(2)同品种同机型统一工艺,各部隔距、齿轮与锡林、顶梳型号规格一致,并应完整,无缺齿、倒齿等。

(3)定期做好平揩车工作,确保机械状态良好,保证工艺上车。

(4)严格运转操作规程,防止在换卷与棉条接头时造成接头不良。

(5)控制好车间温湿度,防止粘卷、棉网破边或破洞等。

(6)按时清刷顶梳与锡林,定期校正毛刷对锡林的插入深度(一般为2.5~3mm),必要时可适当延长毛刷清洁锡林的时间,缩短清刷的间隔时间,以增强锡林的梳理效果。

3. 精梳条条干CV值控制 造成条干CV值不好的原因大多是牵伸机构不良和摩擦力界分布不合理,提高精梳条CV值的有效措施主要有以下几种。

(1)改善半制品结构:半制品结构包括纤维分离、纤维伸直度、平行度、乱纤维团及短纤维含量和棉结杂质的粒数。在纤维的伸直过程中,纤维弯钩对纤维运动作用的影响很大,因此从梳棉条喂入精梳机之前要强调工艺的偶数配置,以改变弯钩方向。如棉条中小棉束、棉结杂质的增多,影响正常纤维的运动,从而影响牵伸过程中纤维的正常运动,以致条干急剧恶化。

(2)精梳条定量与乌氏条干CV值关系密切:随着精梳条定量增大,乌氏条干CV值明显下降。在精梳机机械状态良好的前提下,只要精梳条定量控制在19g/5m以上,就可使精梳条乌氏条干CV值保持在4.0或以下。

(3)分离罗拉顺转开始时间的调整:所谓搭头刻度,即分离接合开始时间的调节:要依据纺纱品种和纤维长度不同实时调节该工艺参数,这是影响精梳条条干CV值的十分重要的参数。

(4)其他,准备工序的并合根数与牵伸比的配置、准备工序的重量不匀率的控制以及胶辊与加压机构的状态改善,温湿度的合理控制等方面都会影响精梳条乌氏条干CV值水平。

4. 精梳条棉结杂质的控制 精梳机的一个主要任务是清除生条中残留的棉结杂质和疵点,提高纤维的光洁度。降低精梳条棉结杂质的主要措施有:

(1)严格控制梳棉生条的短绒率。实践中发现,16mm以下短绒形成棉结的数量占棉结总数的 60% ~70% 。生产中要多排除短绒,少产生短绒。

(2)加强温湿度管理。加强车间温湿度管理,减少粘卷等因素,以减少棉结与杂质(精梳车间相对湿度以 57% ~60% 为宜)。

(3)应根据不同品种、不同纤维物理特性采用不同规格的金属齿整体锡林。

(4)合理调整毛刷定期清刷锡林的时间。根据产品质量要求确定清刷时间。

(5)调整毛刷插入锡林的深度。毛刷插入锡林针齿的合理深度为 2.5mm,当毛刷使用时间长了,因磨损变短,要及时调整毛刷插入锡林针齿的深度。毛齿插入锡林针齿深度太深,反而不利于梳理,易增多小棉结。

(6)适当调节给棉量。给棉长度短,纤维接受梳理次数多,排除的棉结也多。

第七节　精梳新技术

现代新型精梳机、条并卷机作为集机、电、气、仪等高新技术综合应用于一体的纺织机械设备,在提高纺织产品档次与产品质量中发挥着不可替代的重要作用。现以瑞士立达公司的 E35 型条并卷机及 E66、E76 型精梳机为例介绍精梳机工序的新技术。

一、带式成卷机构

E35 型条并卷联合机及并卷机多采用图 5-39 所示的传统成卷方式。此种成卷机构存在以下问题。

(1)并合后的棉层成卷经过三次连续牵伸后被卷绕成精梳小卷,成卷过程中的三次牵伸,易使小卷的纵向均匀度恶化。

(2)在成卷过程中,随着精梳小卷直径逐渐增大,小卷实际承受的压力逐渐减小,易出现内紧外松的现象。

(3)成卷过程中,精梳小卷与两只承卷罗拉始终为两点接触,接触点的摩擦力会对精梳小卷结构产生局部破坏,从而影响小卷的均匀度,难以大幅度地提高成卷速度。

新型成卷机构由一个专用的皮带张紧压力机构组成,如图 5-40 所示。在成卷过程中,卷绕皮带始终以 Ω 方式紧紧包围精梳小卷,并对小卷产生周向压力。卷绕过程中皮带与棉卷的位置关系如图 5-40 所示,在开始成卷时,皮带与小卷的包围角为 180°,满卷时为 270°。此种卷绕工艺的特点如下。

(1)从成卷开始到成卷结束,皮带始终以柔和的方式控制纤维的运动。

(2)成卷压力均匀地分布在 75% 的小卷的圆周上,不会对小卷结构产生局部的破坏;可完全避免精梳小卷在退绕过程产生的粘卷现象。

(3)成卷过程中没有牵伸,保证了小卷质量的稳定。

(4)成卷速度高,可达 180m/min,成卷机的有效产量可达 520kg/h,一套 Ω 成卷的精梳准备机械可供应 7 台精梳机工作。

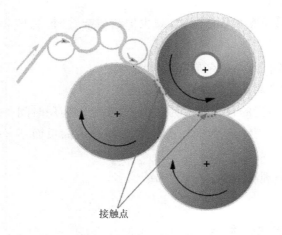

接触点

图 5 - 39 传统成卷机构

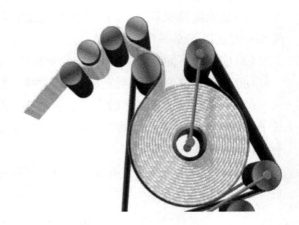

图 5 - 40 带式成卷机构

二、钳板传动及钳板机构新技术

1. 钳板摆轴的传动优化 钳板摆轴传动采用曲柄摇杆机构,与 E7/6 型精梳机相比 E66 优化了曲柄长度,使钳板运动动程及最大角加速度值减小,有利于减小高速时的振动与冲击。E7/5 钳轴摆动角为 43.98°,单程摆幅(摆动动程)为 62.94mm,E7/6 将偏心滑块摇杆机构中的偏心距,由 E7/5 的 77.5mm 改为 70mm,钳轴摆角缩小为 39.53°,摆动动程降为 56.57mm,E62/E66 将偏心距再缩至 65mm,钳轴摆角为 36.6°,摆动动程降为 52.38mm,大大地降低了钳板组件摆动的加速度,为其高速运转创造了条件。

2. 钳板组件采用轻质的合金 钳板机构采用四连杆传动,具有传动精度高、耐磨损、寿命长的优点,两侧四支点支撑,提高了钳板摆动的稳定性;改进钳板组件的材质与几何造型,尽量减轻钳板组件重量,降低其摆动惯量;上钳板加压机构从原钳床组件中脱离出来,由固定于机架上的偏心轮传动,进行加压、释压和前进后退给棉,减轻了钳床组件的重量;减少了钳板组件的摆动惯量。

3. 优化钳板压力轴的偏心距,增加钳板开口调节机构 偏心距由 E7/5 的 5mm 加大至 9mm,利用压力轴定位角度的变化,会产生不同压力的特点,将原来不可调的上钳板加压压力,变为在一定幅度内为可调,用户可根据小卷定量进行调整。与 E7/6 型精梳机相比,增加了钳板开启定时调整机构,钳板开启定时可根据给棉方式及落棉隔距的不同进行调整。从而避免了落棉刻度过大时给棉罗拉不给棉现象的发生,同时也解决了接合分离开始前钳口开启过晚而影响棉丛抬头的问题。

三、锡林变速梳理技术

精梳机的一个工作周期分四个阶段,即锡林梳理阶段、分离前准备阶段、分离接合阶段及梳理前准备阶段。随着精梳机速度的提高,精梳机完成一个工作循环的时间缩短,使锡林梳理后钳板钳口中棉丛的抬头时间较短,易造成新、旧棉丛的搭接不良。此外,当精梳产品的质量要求较高需采用110°的锡林时,锡林末排针通过分离罗拉最紧隔点时易将分离罗拉倒入机内的棉网抓走而形成精梳落棉。解决上述问题的办法是采用锡林变速梳理,使锡林在梳理时速度加快,梳理过程提前结束,从而避免锡林末排针对分离罗拉运动的干扰,并使锡林梳理过的棉丛有充分的抬头时间。目前国内外新型精梳机锡林变速梳理机构均采用非圆齿传动方式,E65型精梳机锡林变速机构如图5-41所示。

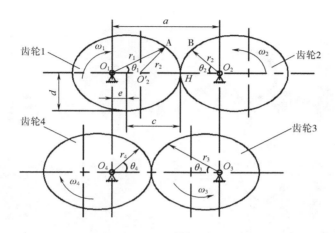

图5-41　锡林变速梳理机构

锡林传动轴 $O_1(O_4)$ 上加装两对齿数相等的非圆齿轮,如图5-41所示。齿轮1由车头143ᵀ齿轮轴传动,以恒速回转;齿轮2、3同轴传动,转速相同;通过齿轮4传向锡林。在回转过程中,由于两对非圆齿轮的传动半径不等,因此两齿轮的转速不同;但由于两非圆齿轮的齿数相同,故回转一周所需的时间相同。从而实现齿轮1恒速回转,齿轮4变速回转,齿轮1与齿轮4回转一周的时间相同,即实现锡林变速梳理。

四、计算机控制系统的运用和自动化

1. 计算机模块化控制　E66是通过CAPD(Comper Aided Process Design)计算机辅助工程优化设计,通过几十亿次的运算,优化组合的结果。SCU机器控制,机电一体化水平大有提高,E7/5型使用了数量多达60余个继电器控制,E7/6型改为PLC(Programmable Logic Controller)可编程序控制器控制,前进了一步,E66型的SCU则是计算机的模块控制,SCU是立达自行开发的应用于纺纱各机的计算机控制系统,模块根据机器类型选定,E66型的菜单、数据显示计有产量、质量、生产信息、参数调整、班次安排、机器功能自检、质量检测系统(UQM)、故障、维修等总计74项,其中仅故障显示说明一项就有148条之多,上述各项都可通过菜单、显示屏快速地显示出来。

2. 小卷的自动换卷及自动接头技术　随着精梳机速度的提高,精梳小卷的换卷及接头的次数增加,因而会影响挡车工的看台能力及机器的生产效率;另外因挡车接头质量的差异,将引起成纱质量的波动,对生产高档纱线产生影响,因此,研发精梳机的自动换卷及自动接头装置对进一步提高机器的生产效率、纱线质量及挡车工的看台能力具有重要意义。瑞士立达的 E76 型精梳机即采用了自动换卷及小卷自动接头装置,其自动换卷及自动接头过程如图 5 − 42 所示。小卷的自动换卷及自动接头共分为四步:第一,由吸风装置将剩余的小卷吸走,即清洁小卷;第二,将清洁的筒管推出后换新棉卷;第三,吸风装置接近棉卷找头,进行接头准备;第四,接头。E76 型精梳机自动接头与普通手动接头相比,机器的停台时间、接头时间缩短,机器的运转效率显著提高,自动接头的熟条 $CV_m\%$ 与手动接头的熟条 $CV_m\%$ 减小。

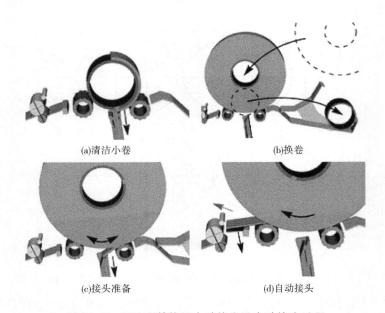

(a)清洁小卷 　　　　　　　　　　 (b)换卷

(c)接头准备 　　　　　　　　　　 (d)自动接头

图 5 − 42　E76 型精梳机自动换卷及自动接头过程

3. 全自动棉卷运输系统　在瑞士立达公司的 E35 型条并卷机与 E75 型精梳之间采用自动 SERVOlap 运卷机 E25,如图 5 − 43 所示,其中自动上卷机构如图 5 − 44 所示。

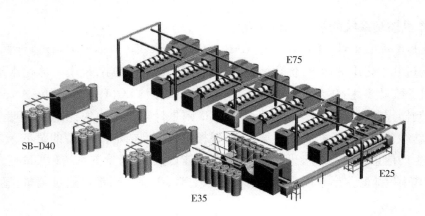

图 5 − 43　立达自动运卷系统

图 5 – 44　自动上卷机构

思考题

1. 精梳工序的任务是什么？精梳纱与普梳纱相比具有哪些特点？

2. 精梳准备的任务是什么？由哪些机械完成？什么是精梳准备工序道数的偶数准则？

3. 精梳准备的工艺流程有哪几种？各有什么特点？

4. 试述精梳机的工作原理及工作过程。

5. 什么是精梳机的钳次、工作循环、分度盘及分度？精梳机一个工作周期可分为哪四个阶段？各阶段主要机件的运动特点如何？

6. 什么是前进给棉？什么是后退给棉？什么是给棉长度？JSFA288 型精梳机每钳次给棉罗拉的给棉是如何实现的？

7. 精梳机钳板摆动机构有哪几种类型？各有什么特点？

8. 简述锯齿式整体锡林的结构、锯齿分组特点及锯齿的规格参数。

9. 顶梳的梳理作用是如何实现的？顶梳的高低隔距对梳理效果有何影响？如何进行调整？

10. 为完成分离接合工作,精梳机的分离罗拉应按何种规律运动？

11. 试分析 JSFA288 型精梳机与 A201D 型精梳机分离罗拉传动机构的特点。

12. 精梳机的牵伸机构有哪几种类型？各有什么特点？

13. 给棉长度对精梳机的产量、质量有何影响？在生产中如何进行选择？

14. 试解释喂棉系数、分离隔距。钳板钳口外棉丛的梳理长度与哪些因素有关？

15. 什么是重复梳次？什么是分界纤维长度？它们对梳理效果及精梳落棉率有何影响？

16. 精梳机的给棉方式对梳理效果及精梳落棉率有何影响？在生产中如何选择？

17. 什么是落棉隔距？它对精梳落棉率有何影响？如何进行调整？

18. 什么是钳板的开、闭口定时？在确定钳板的开、闭口定时时应考虑哪些因素？

19. 在精梳机上，提高锡林对棉丛的梳理效果应采用哪些措施？

20. 什么是锡林定位？锡林定位过早、过晚有何不好？锡林定位的主要依据是什么？

21. 什么是分离罗拉的分离工作长度、分离丛长度、接合长度及有效输出长度？

22. 什么是分离罗拉的继续顺转量、前段倒转量？继续顺转量、前段倒转量过大有何不好？

23. 在 JSFA288 型精梳机上，已知开始分离定时为 18 分度、分离结束定时为 24 分度，分离罗拉的有效输出长度为 26.68mm，根据本章表 5 -3 计算：

（1）若所纺纤维长度为 29mm，计算精梳机的分离工作长度、分离丛长度、新旧棉丛的接合长度及接合率。

（2）计算分离罗拉的继续顺转量。若所纺纤维长度小于 20mm，将会出什么现象？

24. 试述带式成卷机构的特点。

参考文献

[1] 刘国涛. 现代棉纺技术基础[M]. 北京:中国纺织出版社,1999.

[2] 上海纺织控股(集团)公司. 棉纺手册[M]. 北京:中国纺织出版社,2004.

[3] 郁崇文. 纺纱系统与设备[M]. 北京:中国纺织出版社.2005.

[4] 江苏凯宫机械股份有限公司. JSFA288 型精梳机使用说明书.

第六章　并条

● 本章知识点 ●

1. 并条工序的任务及各任务实现的方式。并条质量的评价及提高的措施。
2. 并合的作用原理;牵伸的基本条件和定义。
3. 牵伸过程中引导力与控制力、牵伸力与握持力的定义、作用原理特点及影响因素。
4. 牵伸产生不匀的根源及减少不匀的根本,罗拉牵伸区影响牵伸附加不匀的因素。
5. 摩擦力界的定义及理想分布特点,影响牵伸区摩擦力界布置的因素。
6. 前纤维、后纤维、浮游纤维的定义、分布特点和控制。
7. 牵伸过程中纤维伸直的基本条件及牵伸对前、后弯钩的伸直效果。
8. 并条机的机构组成,工艺原理、牵伸形式及特点、各部分工艺调节的参数与调整方法。
9. 并条的工艺道数及并条工序加工化纤的特点。

第一节　概　述

一、并条工序的任务

在各种纤维的粗梳纺纱系统及精梳纺纱系统中,纤维材料经粗梳或精梳之后,都必须经过并条工序加工,以保证成纱质量。而在废纺系统和粗梳毛纺系统中,由粗梳机制成的纤维条,则是直接进行纺纱的,而不再经过并条工序。

纤维材料经前道工序的开松、梳理,已制成了连续的条状半成品,即条子,又称生条。梳棉机制成的生条,长片段不匀率很大,纤维排列紊乱,大部分纤维成弯钩状态,而且还有束纤维存在。要制成质量合乎要求的细纱,需要将生条经过并条工序进一步加工,以提高棉条质量。并条工序的任务如下。

1. 并合　将 6~8 根条子并合,使不同条子的粗细段能够随机的叠合,改善棉条的长片段不匀。生条的重量不匀率约为 4.0%,熟条的重量不匀率降到 1% 以下。

2. 牵伸　利用罗拉牵伸将并合后的棉条抽长拉细,改善纤维伸直平行度,并使小棉束分离为单纤维。通过调整并条机的牵伸倍数还可以将熟条定量有效地控制在一定范围内。

3. 均匀混合 通过各道并条机的并合与牵伸，可使各种不同性能的纤维得到充分混合，以防止产生"色差"。在染色性能差异较大的纤维混纺时，如化纤与棉混纺，并条的均匀混合作用显得尤为重要。

4. 成条 将并条机制成的棉条，有规则地圈放在棉条筒内，以便储存、运输，供下道工序使用。

二、并条机的工艺流程

并条机由喂入、牵伸和成形卷绕三个部分组成。棉型并条机的工作过程如图6-1所示。并条机机后导条架的左右两侧各放6~8个条筒，排成两行。喂入条筒1中引出的条子经过导条板2和导条罗拉3及导条柱4后在导条台上并列向前输送，进入牵伸装置。牵伸后的纤维网经集束器12初步收拢后由集束罗拉14输出，进入导条管15，再经喇叭头16凝聚成条，被紧压罗拉17压紧后，由圈条器将纤维条有规律地圈放在机前的输出条筒18内。条子在机后（喂入）部分断头时，光电自停装置（也有采用机械自停与光电自停相结合）使用自停电路接通，机器停车；当条子在机前（输出）部分断头时，通过装在喇叭口和紧压罗拉处的电气自停装置，使机器自动停车。在高速并条机上，为了防止在牵伸过程中短纤维和小杂质黏附在罗拉、胶辊表面而引起缠罗拉断头，都采用上下吸风式自动清洁装置；为了对输出条子的中长片段不匀及短片段不匀实施匀整，一般都设有自调匀整装置；为了减少换筒时间，减轻劳动强度，设有自动换筒装置。

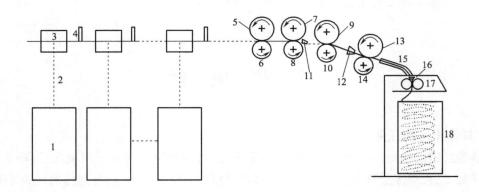

图6-1 并条机的工艺流程

1—喂入条筒 2—导条板 3—导条罗拉 4—导条柱 5、7、9—胶辊 6、8、10—后、中、前罗拉 11—压力棒
12—集束器 13、14—集束罗拉及其胶辊 15—导条管 16—喇叭头 17—紧压罗拉 18—输出条筒

并条机一般每台两眼。由6根或8根条子并合喂入，经牵伸后制成一根条子，这样一个单位称为一眼。生产中，一般生条要通过2道或3道并条机并合、牵伸，根据其先后顺序，依次称为头并、二并、三并。制成的条子分别称为半熟条和熟条（最后一道并条机制成的条称为熟条）。

三、并条机的发展

从并条机的出现到现在,并条技术在优质、高产和自动化水平方面取得了较大的进步和发展。20 世纪 50 年代初期,我国设计制造出第一代并条机——1242 型、1243 型并条机,牵伸形式为四上四下渐增牵伸和四上四下双区牵伸,出条速度为 30～70m/min。60 年代中期,设计制造出第二代并条机——A272 系列并条机,出条速度提高到 120～250m/min,牵伸形式改为三上四下曲线牵伸,并在 A272F 型并条机上发展成压力棒曲线牵伸。80 年代中期开始,研制使用第三代并条机——FA 系列并条机,牵伸形式均采用压力棒曲线牵伸,出条速度大幅度提高。目前生产的 FA 系列并条机在优质、高产方面有了更进一步的保证和提高。如湖北天门纺织机械有限公司制造的 FA317 型、FA319 型等型号双眼并条机,最高出条速度可达 700m/min;个别机型,如陕西宝成新型纺织机械有限公司制造的 FA371 型、湖北天门纺织机械有限公司制造的 FA318 型单眼并条机,出条速度可达 1000m/min;沈阳宏大纺织有限责任公司制造的 FA327 型并条机也具有很高的出条速度。

改革开放以来,我国分别从瑞士、德国、日本、意大利等国引进了多种新型并条机,如 SH800、青泽 720 系列等并条机,出条速度一般在 400～800m/min,最高达到 1000m/min。随着并条工序对成纱质量重要性认识的深化,国内外新型并条机已采用了各种新技术,使并条工序在高速化的条件下,进一步提高了熟条的质量,并具有加工纯纺和混纺、短纤维和中长纤维通用化的特点。

第二节 并合与罗拉牵伸基本原理

一、并合原理

(一)并合的基本概念

所谓并合,就是将两根或两根以上的须条,沿其轴向平行地叠合起来成一整体的过程。并合后须条集合体的均匀度不论是短片段或长片段均会得到改善。同时也使须条中不同种类的纤维得到混合。在纺纱流程中,并合作用主要在并条机上完成。

如图 6-2(a)所示为最简单的两根条子 a、b 并合成为条子 c。把每根条子划为 6 个有粗有细、也有粗细适中的片段。当 a、b 两根条子并合时,当粗段同细段并合(如片段 5 和片段 6)时,有着明显的均匀作用;当粗段同粗段(如片段 1)或细段同细段(如片段 3)相并合,不匀虽没有改善,但也没有恶化。然而这两种情况是小概率情况,因为并合是随机性的,多数情况是粗段与较细段或粗细适中的条子(片段 2 和片段 4)相并合,致使并合后条子的单位长度重量或粗细的差异有所减少。这种差异减少的程度与并合数有关。根据数理统计原理,n 根条子随机并合时,若它们的不匀率相等,都为 C_0,则条子并合前后不匀的关系可用下式表达。

$$C = \frac{C_0}{\sqrt{n}}$$

式中:C——并合后的条子不匀率;

　　C_0——并合前的条子不匀率;

　　n——并合根数。

并合数与不匀的关系如图 6-2(b)所示,图中曲线表示并合后的不匀率随着并合倍数的增加而降低,但从曲线的斜率可以看出,当并合数 n 较小时,增加 n 可显著地减少不匀,而当 n 增加到一定值时,不匀的减少就不显著了。另外,并合数越多,以后的牵伸负担越重,而牵伸倍数的增加又会使纤维条均匀度变差,故并合数不宜过多。

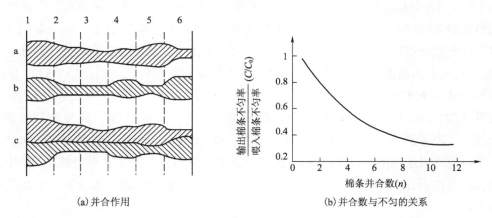

(a)并合作用　　　　　　　　　　(b)并合数与不匀的关系

图 6-2　并合作用及其与须条不匀的关系

(二)并合与牵伸的关系

并合在一定程度上会改善须条不匀的效果,但并合后纱条变粗,又必须施加一定的牵伸使之变细,从而又附加了不匀。牵伸与并合对纱条不匀来说是彼此联系而又相互制约的。

在纺纱过程中,对某台设备而言,牵伸与并合不是同时进行的。可以先牵伸后并合,也可以先并合后牵伸。如并条机的喂入方式,大多采用平行喂入,从表面上看纱条在进入牵伸机构前就已经并在一起,但从实际上看,由于喂入的各根条子是平行的,而不是叠合成一束喂入的,故这种牵伸对各根纱条是单独起作用的,属于先牵伸后并合。牵伸与并合的次序对纱条均匀度的影响可推导如下。

设将 n 根不匀均为 C_0 的须条分别经过并合与牵伸,牵伸中产生的附加不匀均为 $C_{附}$。

(1)先牵伸后并合时,最终须条的不匀为:

$$C^2 = \frac{C_0^2 + C_{附}^2}{n}$$

(2)先并合后牵伸时,最终须条的不匀为:

$$C^2 = \frac{C_0^2}{n} + C_{附}^2$$

可见,采用先牵伸后并合所纺出纱条的不匀率要小于先并合后牵伸所纺出纱条的不匀率。即采用先牵伸后并合的工艺可以得到不匀率更小的产品。

二、罗拉牵伸基本原理

（一）牵伸的基本概念

所谓牵伸即将须条抽长拉细的过程，其实质是须条中纤维沿长度方向有相对位移，使纤维分布在更长的片段上。在纺纱过程中，只要产品的输出速度大于喂入速度，产品即得到牵伸。

广义地讲，牵伸的实质是须条方向上纤维在长度方向上的重新分布，输出产品的长度可以相对输入产品有伸长，也可缩短。如锡林向道夫转移纤维的过程看做牵伸过程的话，该牵伸是将纤维分布在更短的片段上，类似于转杯纺中分梳辊到纺杯之间的牵伸。人们常见的最古老牵伸形式为罗拉牵伸，其是一个借助表面速度不同的回转罗拉的系统，将须条抽长拉细的过程。

牵伸的程度用牵伸倍数 E 表示。根据牵伸的意义，牵伸倍数就是产品抽长拉细的程度。在罗拉牵伸中，若不考虑纤维在牵伸过程中的散失，则有：

$$E = \frac{W_2}{W_1} = \frac{Tt_2}{Tt_1} = \frac{n_2}{n_1} = \frac{v_1}{v_2}$$

式中：W_1——牵伸后输出须条单位长度的重量；

$\quad W_2$——喂入须条单位长度的重量；

$\quad Tt_1$——牵伸后输出须条的线密度；

$\quad Tt_2$——喂入须条的线密度；

$\quad n_1$——牵伸后输出须条横截面内纤维根数；

$\quad n_2$——喂入须条横截面内纤维根数；

$\quad v_1$——须条的输出速度；

$\quad v_2$——须条的喂入速度。

实际上，牵伸时须条会受到纤维散失及罗拉滑溜等因素影响，使实际牵伸倍数与机械配置的牵伸倍数常常不相符。实际牵伸倍数与机械牵伸倍数之比称为牵伸效率（η）。

$$机械牵伸倍数\ E_m = \frac{v_1}{v_2}$$

$$实际牵伸倍数\ E_p = \frac{W_2}{W_1} = \frac{Tt_2}{Tt_1}$$

$$牵伸效率\ \eta = \frac{实际牵伸倍数}{机械牵伸倍数} \times 100\%$$

一般牵伸效率的倒数称为牵伸效率，它们是工艺设计与管理中常用的参数。如纤维散失是主要影响，则实际牵伸倍数大于机械牵伸倍数如梳棉和精梳工序。生产中，牵伸效率和牵伸配合率要经过长期的测试与积累，找出实际牵伸与机械牵伸倍数之间的差异规律，没有固定或可循的数值。

要实现罗拉牵伸，必须具备下列条件。

（1）至少有两个积极握持的钳口；

（2）每两个钳口之间要有一定的距离；

（3）每两个钳口要有相对运动。

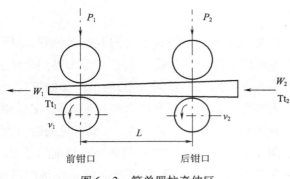

图6-3 简单罗拉牵伸区

图6-3所示为两对罗拉组成的一个牵伸区。上下一对罗拉构成一个钳口,在上罗拉上施加一定的压力,才能使上下罗拉构成强有力的握持,其输出罗拉表面速度大于喂入罗拉表面速度才能形成牵伸,两钳口间的距离一般大于纺织纤维的品质长度,以避免纤维同时被两钳口握持而被拉断。因此,罗拉的加压、隔距和表面速比构成了罗拉牵伸的三要素。在生产上因喂入半制品或输出半制品质量的变化,常要调节这三个基本参数。

罗拉牵伸可使须条单位长度的重量减轻,即须条横截面内的纤维根数减少,由粗变细;同时,须条内的纤维更加平行伸直。罗拉牵伸的这些作用是通过使须条中纤维与纤维间产生相对位移而达到的。

如果前、后两对罗拉表面线速度相差很小,须条中的纤维只是从弯曲、膨松状态伸直平行,绝大多数纤维彼此间未发生轴向的相对位移,这种没有引起纤维间相对位移的牵伸,称为弹性牵伸或张力牵伸。张力牵伸能使须条张紧,防止其在输送过程中松坠。若前、后两对罗拉表面线速度相差较大,须条中的纤维彼此间产生了相对运动,须条产生明显地抽长拉细,此种牵伸称为位移牵伸。

在棉纺中,牵伸装置大多是由速度不同的两对以上的罗拉所组成,形成两个或两个以上的多牵伸区。而毛麻绢等长纤维纺纱中,则是采用由前后两对速度不同的罗拉所组成的

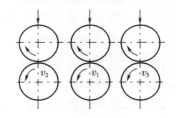

图6-4 三对罗拉组成的牵伸区

单区牵伸装置。如图6-4所示为由三对罗拉所组成的牵伸装置,由于$v_1 > v_2 > v_3$,故构成了两个牵伸区。每一个牵伸区的牵伸倍数称为部分牵伸,而最后一对喂入罗拉到最前一对输出罗拉间的牵伸倍数称为总牵伸。

后罗拉与中罗拉之间的部分牵伸为:

$$e_1 = \frac{v_2}{v_3}$$

中罗拉与前罗拉之间的部分牵伸为:

$$e_2 = \frac{v_1}{v_2}$$

后罗拉与前罗拉之间的总牵伸为:

$$E = \frac{v_1}{v_3} = \frac{v_2}{v_3} \times \frac{v_1}{v_2} = e_1 \times e_2$$

即牵伸装置的总牵伸等于各部分牵伸的乘积。同理,当须条经过若干台机器的牵伸装置牵

伸时,须条所受到的总牵伸等于各台机器牵伸倍数的乘积。而整个纺纱过程的总牵伸等于各工序牵伸倍数的乘积。

(二)牵伸过程中纤维的运动与纱条不匀

1. 牵伸区中纤维的类型　牵伸区内的纤维按控制情况可分为被控制纤维和浮游纤维两类。凡被某一罗拉控制并以该罗拉表面速度运动的纤维称为被控制纤维,如被后罗拉钳口所握持并按后罗拉表面速度运动的纤维称为后纤维;被前罗拉钳口握持并按前罗拉表面速度运动的纤维称为前纤维。这两种纤维都属于被控制纤维,纤维越长,被控制的时间就越长。当纤维的两端在某瞬时即不被前罗拉控制,又不被后罗拉控制,处于浮游状态时称为浮游纤维。

牵伸区内的纤维按运动速度可分为快速纤维和慢速纤维两类。凡以前罗拉表面速度运动的纤维,包括前纤维和已经变为前罗拉表面速度的浮游纤维称为快速纤维;凡以后罗拉表面速度运动的纤维,包括后纤维以及未变速的浮游纤维称为慢速纤维。

2. 牵伸区中纤维的运动与纱条不匀　牵伸的实质是纤维的相对运动。显然,纤维的运动必然会影响到纤维在须条长度方向上排列的均匀性,形成所谓纱条的条干不匀。例如,若喂入的生条条干不匀率为17%左右,通过并条工序,棉条经两次并合与牵伸,棉条的长片段不匀有很大改善,但是它的条干均匀度(短片段不匀)比喂入的生条一般要差些,可能在19%左右,或更高一些。这说明罗拉牵伸对纱条的条干或多或少总有些恶化。随着牵伸形式以及拟定的工艺参数不同,熟条的条干均匀度也会有显著差异。这就促使人们对牵伸过程的研究,逐步深入到对牵伸区中纤维运动的研究。由于实际的牵伸过程十分复杂,故一般都是通过对理想牵伸的讨论,来揭示实际牵伸的一般规律。

所谓理想牵伸,是指假设须条中纤维都是平行、伸直、等长的,并且每根纤维都是到达前罗拉钳口线或是某一固定位置 x 时变速,即所有纤维都在同一截面变速。纤维头端的变速位置称为变速点。

设在牵伸区须条中的两根纤维 A、B,如图 6 – 5 所示为其在原须条中的排列位置,若两者之间的头端距离为 a_0,这个距离称为这两根纤维的头端"移距",当纤维 A 的头端达到前罗拉钳口时则 A 变速,即以快速(前罗拉速度)v_1 运动,而此时纤维 B 仍然以慢速(后罗拉的速度)v_2 运动,于是 A、B 两根纤维发生相对运动,移距开始变化。而当纤维 B 在 t 时间到达钳口时,也以 v_1 速度运动,两根纤维间不再有相对运动,此时,A、B 两根纤维的头端移距为 a,可计算如下:

$$t = \frac{a_0}{v_2}$$

则:

$$a = v_1 t = a_0 \cdot \frac{v_1}{v_2} = a_0 E$$

式中:a_0、a——牵伸前、后两根纤维间的头端移距;

　　　　E——牵伸倍数。

由以上公式可以看出,在理想牵伸条件下,须条中任意两根纤维的移距都是按照牵伸倍数放大了 E 倍,须条的条干不匀率没有因为牵伸而变化,即理想牵伸能够使须条按规定的倍数抽长拉细,而不会使须条因牵伸而产生附加的不匀。

事实上,喂入须条并非理想状态。所以,实际牵伸过程中,纤维运动很不规则,各根纤维并非都在同一个变速截面变速,变速点也不在前罗拉。图 6 - 6 所示为通过移距实验得到的简单罗拉牵伸区中纤维变速点的分布曲线。由于牵伸过程中纤维头端的变速位置有前有后,每个变速位置上纤维变速的数量不相等,因而形成了一种分布,即变速点分布,如图 6 - 6 中曲线 1。应该指出,纤维变速点的分布与牵伸区中摩擦力界的分布和纤维的长度均匀度等因素有关。纤维的长度均匀度好,则变速位置比较集中,其变速位置靠近前钳口,如图 6 - 6 中的曲线 2 所示;反之,则变速点位置比较分散,其变速位置离前钳口较远,如图 6 - 6 中的曲线 3 所示。变速点的分布愈集中、愈靠近前钳口,则牵伸后须条的不匀就愈小。

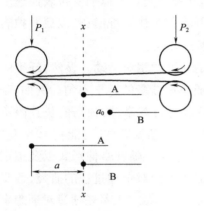

图 6 - 5　理想牵伸时纤维的头端移距

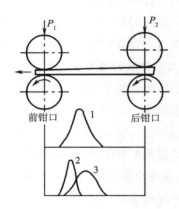

图 6 - 6　简单罗拉牵伸区内纤维的
变速点分布

如图 6 - 7 所示,可得两根原始头端距离为 a_0 的纤维 A、B,分别在牵伸区中相距 X 的不同截面 X_1—X_1 和 X_2—X_2 处变速。

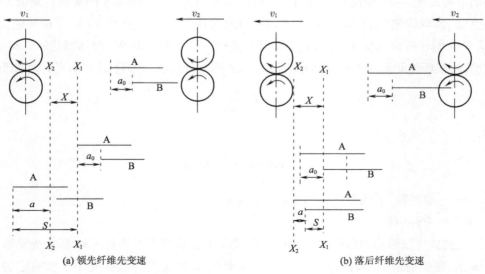

(a) 领先纤维先变速　　　　　　　　　(b) 落后纤维先变速

图 6 - 7　纤维头端在不同位置上变速时的移距

（1）当领先纤维先变速。即 A 在 X_1—X_1 处由原来的慢速 v_2 变成快速 v_1，纤维 B 经过 t 时间后，达到 X_2—X_2 处才由慢速 v_2 变成快速 v_1。则牵伸后 A 与 B 的头端距离 a 可计算如下。

A 到达变速点后，B 到达其变速点（X_2—X_2）所需的时间为：

$$t = \frac{a_0 + X}{v_2}$$

而在 t 时间内，A 又由 X_1—X_1 向前运动了 s 距离，则：

$$s = v_1 t = v_1 \frac{a_0 + X}{v_2} = E(a_0 + X)$$

因此，A 与 B 的距离变为：

$$a = s - X = E(a_0 + X) - X = Ea_0 + (E-1)X$$

（2）当落后的纤维先变速。即 B 在 X_1—X_1 处由原来的慢速 v_2 变成快速 v_1，而纤维 A 经过 t 时间后，到达 X_2—X_2 处也由慢速 v_2 变成快速 v_1。此时，两者的头端距离可计算如下。

B 到达变速点后，A 到达其变速点（X_2—X_2）所需的时间为：

$$t = \frac{X - a_0}{v_2}$$

而在 t 时间内，B 又由 X_1—X_1 向前运动了 s 距离，则：

$$s = v_1 t = v_1 \frac{X - a_0}{v_2} = E(X - a_0)$$

因此，A 与 B 的距离变为：

$$a = X - s = X - E(X - a_0) = Ea_0 - (E-1)X$$

由以上可知，任意两根初始头端距离为 a_0 的纤维经牵伸后，形成的新的头端移距可归纳为：

$$a = Ea_0 \pm (E-1)X$$

Ea_0 称为正常移距，$(E-1)X$ 称为移距偏差。此移距偏差即牵伸引起附加不匀的根源，而产生移距偏差的原因是纤维的头端不在同一位置上变速，或者说是由于纤维运动的不规则。当移距偏差为"正"时，表示领先的纤维先变速，且牵伸后纤维的头端移距进一步拉大（比理想牵伸时大），且牵伸后的须条比正常值细；反之，当移距偏差为"负"时，表示落后的纤维先变速，则牵伸后纤维的头端移距有所缩小（比理想牵伸时小），且牵伸后的须条比正常值粗。

在实际牵伸中，由于纤维长度呈一定分布，各种长度的浮游区长度也不相同，则浮游纤维的变速点分布较广，其移距偏差也呈一定分布，且很散。因此纤维牵伸后，其排列比原来有所恶化，即条子的不匀率增加。故要想得到牵伸输出产品的条干均匀，则在牵伸过程中，应加强对浮游纤维的运动控制，使纤维变速点分布集中，尽可能呈靠向前钳口的偏态分布。在实际生产中，通过降低原料长度的 CV 值，或经过精梳工艺，合理牵伸工艺，可以降低输出产品的不匀率。

（三）牵伸区内摩擦力界及其布置

1. 摩擦力界的形成及定义 在牵伸区中，纤维产生相对移动时，由于压力的作用而使纤维间产生了摩擦力，这种摩擦力作用的空间（场），常称为摩擦力界。在牵伸过程中，通过合理设置摩擦力界，可以实现对牵伸中纤维运动的良好控制，从而减少输出条的均匀度恶化。牵伸区中，各截面上纤维间摩擦力强弱的分布称为摩擦力界强度分布，简称摩擦力界分布。摩擦力界具有一定的长度、宽度与高度，其分布是一个三维空间，一般将其分解为两个平面分布，把沿须条长度方向的分布称为纵向摩擦力界分布，把罗拉钳口下垂直于须条方向的分布称为横向摩擦力界分布。

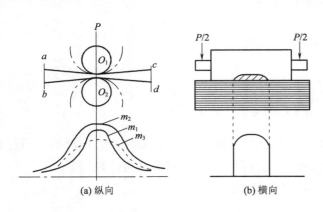

图6-8 罗拉钳口下摩擦力界分布曲线

罗拉钳口握持下须条的纵向压力分布曲线如图6-8（a）所示，下罗拉为钢制罗拉，上罗拉为弹性包覆胶辊，胶辊对须条加上压力 P 后，如上罗拉与下罗拉垂直接触，则沿上、下罗拉中心线 O_1O_2 上纤维间的压力最大，纤维做相对移动时产生的摩擦力或摩擦力强度也最大，然后向两侧逐渐减小。在 ab 线左方或 cd 线右方，胶辊对须条的压力趋近于零，但由于纤维间存在一定的抱合力，因而仍有一定的摩擦力，如曲线 m_1 所示。

在须条横断面上，由于胶辊表面具有弹性，胶辊受压后，其表面变形，包围须条，须条内各部分纤维较均匀地分担受到的压力，故它的横向摩擦力界分布较为均匀，如图6-8（b）所示。因此，一般讨论的摩擦力界分布是指纵向摩擦力界分布。因为摩擦力界的分布是否合理，直接关系到牵伸区中纤维的运动状况，所以生产中必须十分重视牵伸区中摩擦力界的布置。

影响摩擦力界分布的因素有以下几个。

（1）压力：上罗拉压力 P 增加时，钳口内的纤维被压得更紧，由于胶辊的变形以及须条本身的变形，使须条和上、下罗拉接触的边缘点外移，摩擦力界的空间扩展，而且摩擦力界分布的峰值也增大，如图6-8（a）中曲线 m_2 所示。若减小压力，则得到相反的效果。

（2）罗拉直径：罗拉直径增大时，因为同样的压力 P 分配在较大的面积上，所以摩擦力界分布曲线的峰值减小，但分布的长度扩大，如图6-8（a）中曲线 m_3 所示。

（3）须条定量：须条定量加重，则加压后须条的厚度与宽度都有所增加，这时摩擦力界的空间宜扩展，但由于须条单位面积上的压力减小，因而使摩擦力界分布的峰值降低。

牵伸区内须条中部摩擦力界的强度随着罗拉隔距的大小而有所不同，隔距小时，摩擦力界强度较强。此外，纤维的表面性能、抗弯刚度及纤维的长度、细度等因素都影响着远离钳口过程中摩擦力界分布扩展的态势。

2. 合理布置摩擦力界　摩擦力界布置应该使其既能满足作用于个别纤维上的力的要求，同时又能满足作用于整个牵伸须条上力的要求。

牵伸区中纤维的运动决定于纤维上所受之力，而其受力又与须条的摩擦力界分布有关，所以合理分布摩擦力界，对控制纤维运动，改善纱条均匀度有重要的意义。图6-9所示的实线为理想的摩擦力界分布曲线。前钳口摩擦力界强度较后钳口大，但其作用范围较后钳口小，可增加纤维运动的稳定性；后罗拉钳口的摩擦力界强度向前钳口逐渐减小。随着向前钳口逐渐靠近，快速纤维的数量逐渐增多，慢速纤维的数量逐渐减少，在快速纤维数量和慢速纤维数量接近相等的地方，为了便于快速纤维顺利地从慢速纤维中抽出，摩擦力界应减弱到一定程度，但前钳口附近的摩擦力界仍应保持适当的数值，以保证一定数量的纤维变速。

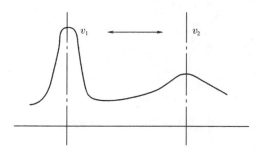

图6-9　摩擦力界的理想分布曲线

简单的罗拉牵伸难以满足以上要求，为了控制牵伸区内纤维的运动，特别是控制短纤维的运动，只能采用缩小前后钳口间隔距和加大胶辊的压力，即用"紧隔距，重加压"的工艺加以改进。进一步的办法是改变简单罗拉牵伸中各罗拉和胶辊的几何配置关系，或者在牵伸区增设如压力棒等柔性控制部件，使须条在牵伸区中按曲线轨迹运动，利用须条在罗拉、胶辊或者柔性控制部件所形成的包围弧，产生附加摩擦力界，使牵伸区须条的中后部摩擦力界分布得以加强和向前扩展，从而使牵伸过程中，浮游纤维的运动的以更好地控制，达到提高产品质量的目的，同时解决了加大罗拉直径和缩小罗拉握持距之间的矛盾。所谓附加摩擦力界是除了罗拉所造成的摩擦力界以外，依靠其他机件与其他因素所形成的摩擦力界。附加摩擦力界机构应满足以下要求。

（1）应适当加强牵伸区内须条的中后部摩擦力界强度和扩展幅度，防止纤维提早变速。

（2）形成"弹性"控制，既能够对浮游纤维运动进行有效控制，又能够使快速纤维从这种钳口中顺利的滑出。

（3）附加摩擦力界分布要求稳定，而且在一定程度上允许须条通过它传递适当的张力。

（4）使纤维变速点尽量向前钳口靠近，且分布稳定。如果采用的是运动的中间机构，则其运动速度（引导浮游纤维向前运动的速度）应该和后罗拉的表面速度接近。

（5）在牵伸过程中有助于保持须条的紧密度，防止纤维的扩散，以使纤维的运动保持稳定。

目前，常使用的附加摩擦力界机构有轻质辊、胶圈、针板、曲面罗拉、气泡罗拉、压力棒等。

如图6-10所示，利用须条在罗拉表面形成的包围弧来扩展并增强其中后部摩擦力界；或在前牵伸区加装一根能间歇回转（或固定）的压力棒构成压力棒曲线牵伸，如图6-11所示，使前牵伸区中后部摩擦力界有明显的增强。

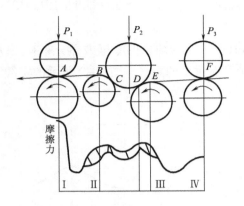

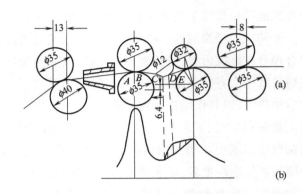

图6-10　三上四下曲线牵伸的摩擦力界分布　　　图6-11　压力棒曲线牵伸摩擦力界分布

（四）牵伸区内纤维的数量分布

若牵伸区只由前后两对罗拉组成,而未采取任何其他控制纤维运动的措施,则称为简单罗拉牵伸。图6-12为简单罗拉牵伸区内的纤维分布。Ⅰ—Ⅰ′表示前钳口,Ⅱ—Ⅱ′表示后钳口,R为前、后钳口间的距离。图6-12(a)中$N(x)$是钳口间须条各截面的纤维数量分布曲线,$N_2(x)$是后钳口握持的纤维数量分布曲线,$N_1(x)$是前钳口握持的纤维数量分布曲线。

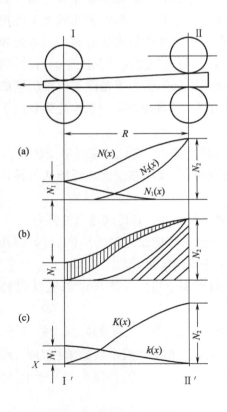

把前后钳口间的须条取出后用切断称重法可求的$N(x)$。将两钳口间的须条沿前钳口线和后钳口线分别用两个夹子夹住,用梳子分别梳去这$N(x)$两撮须条中未被夹住的纤维,同样用切断称重法可以求得和$N_2(x)$。后钳口位置线上的纤维数量N_2等于喂入须条横截面内平均纤维根数,前钳口位置线上的纤维数量N_1等于输出须条横截面内的平均纤维根数,则牵伸倍数$E = N_2/N_1$。

为便于分析,以$N(x)$曲线为基准,将前纤维数量分布曲线$N_1(x)$离底线的垂直距离相应地移至$N(x)$之下,这样直线阴影部分即表示前纤维在牵伸区内的数量分布,斜线阴影部分为后纤维在牵伸区内的数量分布,介于两者之间的空白部分则表示牵伸区内浮游纤维的数量分布[图6-12(b)]。由图可见,牵伸区中部浮游纤维数量最多,向两端逐渐减少。为便于对牵伸区中纤维运动进行分析,可以将上述三种纤维数量分布归结为快速纤维曲线$k(X)$和慢速纤维曲线$K(X)$分布[图6-12(c)]。由图可知,牵伸区中由后向前慢速纤维逐渐减少至零,而快速纤维由零逐渐增加,这主要是牵伸区

图6-12　牵伸区内的纤维数量分布

中浮游纤维受力变化而由慢速纤维变为快速纤维的结果。

影响纤维数量分布的因素很多,如喂入须条的均匀度、纤维长度的整齐度、纤维伸直度、牵伸倍数、罗拉隔距以及牵伸机构的性能等。如果 N_2 和 E 不变,而增大罗拉中心距 R 时,则前、后钳口下纤维的数量不变,但浮游纤维数量增加;当 N_2 和 R 不变,而增加 E,则前钳口握持的纤维数量减少;当 R 不变,N_2 和 E 按同比例增加时,则前罗拉钳口握持的纤维数量不变,而后罗拉钳口握持的纤维数量增加。

(五)牵伸区内浮游纤维的运动控制

1. 控制力和引导力 纤维的运动取决于其受力情况。在牵伸过程中,对于一根运动的浮游纤维来说,要受到周围纤维的作用。通常,把快速纤维作用于牵伸区内某一根浮游纤维整个长度上引导其加速或保持快速状态的力称为引导力;把慢速纤维作用于牵伸区内某一根浮游纤维整个长度上阻碍其加速或保持慢速运动状态的力称为控制力。浮游纤维所受引导力与控制力的大小与牵伸区中须条的摩擦力界分布以及快慢纤维数量分布有关。纤维刚脱离后罗拉钳口的握持时,由于此后部摩擦力界强度大,慢速纤维多,故控制力大于引导力,该纤维继续以后罗拉速度向前运动。之后,随着该纤维的向前移动,其周围接触的慢速纤维数量逐渐减少,而快速纤维数量逐渐增多,同时后部摩擦力界强度也逐渐减弱,相反,前部摩擦力界强度在逐渐增强,因此,随着该纤维的前进,引导力逐步增大而控制力逐步减小,直至引导力大于控制力,该纤维便由慢速转变为快速。所以,浮游纤维的运动状态主要取决于作用于该纤维上引导力和控制力的大小。影响引导力和控制力的因素为:牵伸区内摩擦力界分布,浮游纤维的长度及其表面性能及各类纤维的分布。

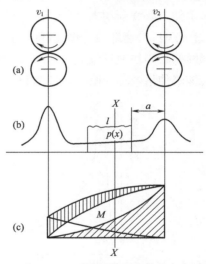

图 6 – 13 浮游纤维在牵伸区内的
受力分析

图 6 – 13 为浮游纤维在牵伸区内的受力情况,其中图 6 – 13(b)为牵伸区内摩擦力界分布图,图 6 – 13(c)为快慢速纤维分布图。

设在 X—X 截面上的摩擦力界强度为 $P(x)$,则作用在一根纤维单位长度上的摩擦力为 $\mu P(x)$(μ 为纤维间的摩擦因素)。设快、慢速纤维对浮游纤维的接触概率分别为 $k(x)/N(x)$ 和 $K(x)/N(x)$,则作用在浮游纤维整个长度上的引导力 F_A 与控制力 F_R 分别为:

$$F_A = \int_a^{a+l} \frac{k(x)}{N(x)} \mu_v P(x) \, \mathrm{d}x$$

$$F_R = \int_a^{a+l} \frac{K(x)}{N(x)} \mu_0 P(x) \, \mathrm{d}x$$

式中:μ_v——纤维间相对速度为 v 时的动摩擦因素;

　　μ_0——纤维间相对速度为 0 时的动摩擦因素;

　　a——纤维后端到后罗拉钳口间的距离;

l——纤维长度。

显然,该浮游纤维由慢速转变为快速的条件为$F_A > F_R$,而当$F_R > F_A$时,纤维则保持慢速。

2. 牵伸力和握持力 对于牵伸区中整根须条而言,受这样一对作用的力:受到前罗拉钳口握持下抽拔快速纤维而对须条施加的摩擦力,即为握持力;在牵伸过程中所有快速纤维从慢速纤维中抽拔出来而受到的阻力的总和,即为牵伸力。牵伸力实质是须条牵伸时受到的张力。牵伸力与控制力、引导力有区别,牵伸力是指整个须条在牵伸过程中用于克服摩擦阻力的力,而控制力和引导力是对一根纤维而言。为保证牵伸顺利进行,握持力必须大于牵伸力。否则,须条就发生牵伸不开、在前钳口打滑、造成牵伸效率下降、输出条不匀率增大,甚至出"硬头"等不良后果。

(1)影响牵伸力的因素。

①牵伸倍数:当喂入须条密度不变时,牵伸力与牵伸倍数的关系如图6-14(a)所示。当牵伸倍数小于临界牵伸E_c时,在此区域内主要是须条的弹性伸长或纤维伸直,随着牵伸倍数的增加,牵伸力亦逐渐增大;当牵伸倍数接近E_c时,快、慢速纤维间产生微量相对位移;当牵伸倍数超过E_c时,快速纤维与慢速纤维间产生相对位移,快、慢速纤维的数量比取决于牵伸倍数,牵伸倍数越大,则快速纤维数量越小,即前钳口下纤维数量减少,牵伸力越小。在E_c处,牵伸力最大,该牵伸倍数称为临界牵伸倍数。

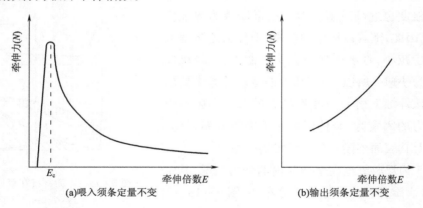

图6-14 牵伸力与牵伸倍数的关系

在临界牵伸附近牵伸过程较复杂,波动大。在此区域中由于浮游纤维开始不规则运动以及快、慢速纤维数量的变化,从而使在牵伸过程中纤维运动处于滑动与不滑动的转变过程,因此该部分的牵伸力波动较大。在实际的牵伸中,应避开此区域以免影响浮游纤维运动,而导致须条不匀率增加。临界牵伸倍数的大小与纤维种类、纤维长度和细度、须条线密度、罗拉隔距和纤维平行伸直等因素有关。

当须条输出定量不变而喂入须条的定量变化时,则牵伸力与牵伸倍数的关系如图6-14(b)所示。若牵伸倍数增大,即意味着喂入须条定量增加,慢速纤维增加,后钳口对须条的摩擦力界向前扩展,虽然前罗拉握持的纤维数量不变,但每根快速纤维抽出时受到的阻力增加,牵伸力亦相应增加。当牵伸倍数一定,而增加喂入须条量时,同样由于慢速纤维数量的增加以及摩擦力界的扩展,而使牵伸力增大。

②摩擦力界:牵伸区中摩擦力界分布对牵伸力的大小有着很大影响,包括罗拉隔距、胶辊加压以及喂入须条的厚度等。

罗拉隔距的大小与牵伸力有密切的关系,如图6-15所示。在隔距很大时,隔距稍减小对牵伸力影响很小。随着隔距继续减小,牵伸力逐渐增大。当隔距减小到一定程度以后,因有部分快速纤维的尾端还未能脱离后钳口,所以前罗拉钳口不仅要克服纤维之间的摩擦阻力,还要将部分纤维从后钳口抽出,引起牵伸力急剧上升。从而导致纤维被拉断或牵伸不开而出现"硬头",恶化输出须条的均匀度,严重的甚至无法开车。

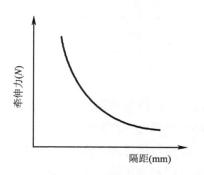

图6-15　隔距与牵伸力的关系

当胶辊上加压增加时,摩擦力界的强度和幅度都相应增加,因而牵伸力也增大。

当喂入须条厚度增加时,摩擦力界分布长度扩展,牵伸力增大。牵伸区中带附加摩擦力界时,牵伸力增大。

③其他因素:纤维的长度、细度、平行伸直程度以及车间温湿度,都影响纤维之间的接触情况,因而也影响牵伸力。纤维细而长,则同样粗细的须条截面内纤维数量多,且纤维在较大长度上受到摩擦阻力,牵伸力大。纤维的平行伸直度愈差,则纤维相互交叉纠缠,摩擦力较大,牵伸力亦较大。

由于影响牵伸力的因素较多,因此,在实际生产中,牵伸力是波动的,一般说来,牵伸力不匀率越高,纱条不匀率也越高。所以,应设法使牵伸力保持稳定。

(2)影响握持力的因素:握持力是指罗拉钳口对须条的摩擦力。对前罗拉来说,握持力太小,会使胶辊打滑,须条产生不匀。对后罗拉而言,握持力太小,纤维有可能从钳口抽出而提前变速,或者胶辊打滑,同样影响须条不匀。

胶辊上加压大小是决定握持力的主要因素。此外,还有胶辊的硬度、罗拉表面沟槽形状及槽数,同时胶辊磨损中凹、胶辊芯子缺油而回转不灵活、罗拉沟槽棱角磨光等,对握持力亦有很大影响。牵伸装置对罗拉所加压力的大小是通过实际试验确定的,一般应使钳口的握持力比最大牵伸力大2~3倍。

(六)牵伸过程对纤维的平行伸直作用

1. 纤维伸直的概念　生条中存在着前弯钩纤维、后弯钩纤维及无弯钩纤维三类纤维形态,弯钩纤维占了绝大多数。如图6-16所示,通常将弯钩纤维的较长部分($\overset{\frown}{bc}$)称为"主体",较短部分($\overset{\frown}{ab}$和$\overset{\frown}{cd}$)称为"弯钩"。弯钩位于牵伸行进方向前端的称为前弯钩[图6-16(c)],位于牵伸行进方向后端的称为后弯钩[图6-16(b)]。弯钩纤维的伸直过程实质上是主体与弯钩产生相对运动的过程。

2. 牵伸过程中纤维伸直的基本条件　纤维伸直必须具备三个条件,即速度差、延续时间和

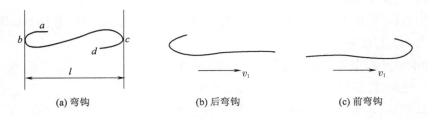

图 6 - 16　纤维的弯钩

作用力。主体与弯钩之间产生速度差的根本原因是作用在主体与弯钩上的作用力不同,其速度差还必须具有一定的延续时间,才能使纤维完全伸直。

　　以前弯钩纤维为例,首先要求弯钩部分比主体部分早变速,二者产生速度差,才能在主体与弯钩之间产生位移。其次,必须把相对运动维持充分的时间,而产生这一相对运动的关键就在于作用在弯钩部分和主体部分的作用力能够满足快速或慢速的要求。只有这三者都满足要求才能使纤维伸直。

　　3. 牵伸对弯钩伸直的效果　　由于牵伸倍数大小不同,其变速点位置不同,则在图 6 - 17 中,M 点位牵伸倍数小时的变速点,其距前钳口的距离 R 大,而 M' 点位牵伸倍数大时的变速点,其距前钳口的距离 R' 小。当前弯钩纤维的弯钩部分的中点到达变速点 M 时(此时牵伸倍数较小),弯钩部分即开始变速,从而与仍保持慢速的主体部分产生相对速度,实现弯钩的伸直(即正常伸直);而在牵伸倍数很大(即变速点为 M' 点)时,前弯钩的中点还没有达到变速点 M',但前弯钩的头端已达到前钳口,此时弯钩和主体部分一起被前钳口握持而同时变为快速,无法实现纤维的伸直。

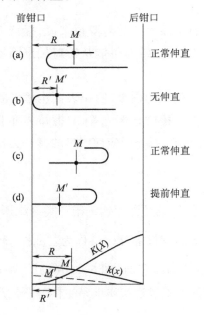

图 6 - 17　牵伸过程中纤维的伸直

对于后弯钩纤维,如图 6 - 17 所示,在牵伸倍数较小时,当主体部分的中点到达变速点 M 时,其就开始以快速运动(弯钩部分仍以慢速运动)而实现纤维的伸直;当牵伸倍数很大时,主体部分的中点虽然还未达到变速点 M',但主体部分的头端已经达到前钳口,使主体部分提前变为快速,即开始伸直的时间提前,从而有利于纤维的伸直。

　　牵伸时,快速纤维从慢速纤维中抽出,其后端受到了慢速纤维的摩擦而得以伸直。同样,慢速纤维的前端受到快速纤维的摩擦,也有机会伸直。但是,牵伸区中慢速纤维的数量总是比快速纤维多,所以,牵伸过程中纤维的后弯钩比较容易消除和伸直。牵伸倍数愈大,后弯钩纤维的伸直作用愈好,但前弯钩纤维的伸直作用却愈差。

　　伸直效果可用牵伸后纤维的"结果伸直系数

（η'）"与牵伸前纤维的"原始伸直系数（η）"的比较来分析。牵伸倍数不同，导致纤维变速点位置变化，从而使弯钩纤维的伸直效果有较大差异。通过对前后弯钩纤维伸直效果的分析，可以找出 η'、η 及 E 三者之间关系，然后绘制出函数图形。

（1）后弯钩纤维的伸直效果：后弯钩纤维较易伸直，在牵伸过程中的伸直效果基本上是随牵伸倍数的加大而有不同程度的提高。

如图 6-18（a）所示为后弯钩纤维牵伸前后的伸直系数 η 与 η' 的函数图形。图中①区域，牵伸倍数较小，其伸直效果随牵伸倍数的增大而稍有提高。图中②区域，牵伸倍数较大，其伸直效果随着牵伸倍数的增大，伸直效果有明显提高。图中③区域，牵伸倍数更大，其伸直效果随着牵伸倍数的进一步增大，伸直效果提高的幅度比②区域缓慢。

（2）前弯钩纤维的伸直效果：前弯钩纤维在牵伸过程中不容易伸直，其与牵伸倍数的关系较为复杂。

如图 6-18（b）所示为前弯钩纤维牵伸前后的伸直系数 η 与 η' 的函数图形。图中①区域，牵伸倍数较小，有一定的伸直效果，其伸直效果随着牵伸倍数的增大而相应增大。图中②区域，牵伸倍数较大，其伸直效果并不始终随牵伸倍数的增大而提高，而是先增后减。图中③区域，牵伸倍数更大，因为延续时间 $t=0$，所以 $\eta'=\eta$，无伸直效果。

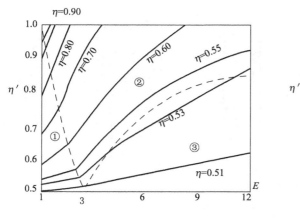
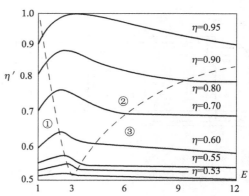

(a) 牵伸对后弯钩的伸直效果　　　　　　　　(b) 牵伸对前弯钩的伸直效果

图 6-18　牵伸倍数对弯钩伸直的影响

梳棉机上输出的生条中纤维大部分呈后弯钩状态，当条子从条筒中引出喂入下一道工序时，产生一次弯钩倒向，如图 6-19 所示。所以，在喂入头道并条机的生条中前弯钩纤维居多，喂入二道并条机的条子中后弯钩纤维居多。从前面的分析可知，只有当牵伸倍数在 1~2.5 倍时，前弯钩才有一定的伸直效果。因此，头道并条机的后区牵伸倍数须配置在 2.5 倍以下，以有利于消除纤维的前弯钩；二道并条机的前区可用较大的牵伸倍数，以有利于消除纤维的后弯钩。

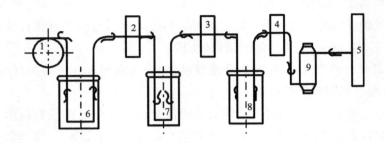

图6-19　各道半制品的纤维弯钩状态(纯棉普梳)
1—梳棉机　2—头并　3—末并　4—粗纱机　5—细纱机　6、7、8—条筒　9—粗纱

第三节　并条机的机构及作用

一、喂入机构

并条机的喂入机构一般由分条叉1、导条辊2、弧形导架和导条板组成,如图6-20所示。

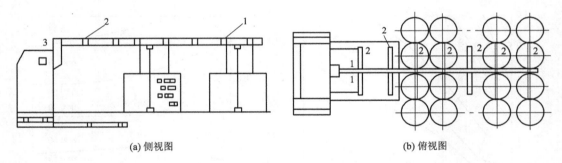

(a) 侧视图　　　　　　　　　　　　　　　　(b) 俯视图

图6-20　并条机喂入机构
1—分条叉　2—导条辊　3—光电管

　　分条叉引导棉条有秩序地进入导条辊,防止棉条自棉条筒中引出后纠缠成结。导条辊的作用是把棉条从棉条筒内引出,减少意外牵伸。在导条辊到后罗拉之间有微小的张力牵伸,可使棉条在未进入牵伸机构前保持伸直状态。弧形导架的作用是使高位位移的棉条换向,并按一定的排列次序经导条板进入牵伸机构。

　　并条机的喂入机构的形式通常有平台式和高架式两种。

　　平台式喂入机构由导条台、导条罗拉、导条压辊、导条柱和一对给棉罗拉组成。其特点是清洁、机器振动小,但棉条离开条筒后距导条罗拉长度短,伸直度差;最远处棉条筒离给棉罗拉距离远,摩擦大;棉条易交叉拉毛;占地面积大,巡回路线长。

　　高架式喂入机构主要由导条罗拉、导条支杆、分条叉和一对给棉罗拉组成。其特点是条筒直接放在导条架下,占地面积小,巡回路线短;棉条离开条筒直接上升至导条罗拉,须条不易粘连。但喂入架体振动较大,不适应高速,同时当停车时间较长时,条子易下垂,造成意外伸长。FA311 型、FA306 型并条机等采用高架式顺向喂入机构。

二、牵伸机构

并条机的牵伸一般由罗拉牵伸装置完成,牵伸机构主要由罗拉、胶辊、加压机构组成。目前,并条机的牵伸形式均为曲线牵伸。曲线牵伸有三上四下、四上五下、三上五下、五上四下、四上三下、五上三下和压力棒牵伸等形式。

一般并条机多采用三上三下压力棒加导向上罗拉牵伸形式,该机构如图 6-21 所示,它由罗拉、胶辊、压力棒、加压装置、集束器、喇叭头等组成。棉条先经过后区预牵伸,然后进入前区进行牵伸,前区为主牵伸区。压力棒为一根不回转的扇形金属棒,铣扁后放置在罗拉滑座内,在主牵伸区内形成附加摩擦力界,以加强对慢速纤维的控制。前罗拉上方的第一根胶辊将棉网转向送入集束器集合成束状后送入喇叭头和压辊。

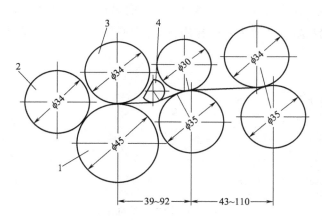

图 6-21　三上三下压力棒加导向上罗拉的牵伸机构
1—前罗拉　2—导向辊　3—前胶辊　4—压力棒

1. 罗拉　罗拉是牵伸机构的重要部件。通常,罗拉系指钢质下罗拉与上罗拉(一般是胶辊),二者组成牵伸的握持钳口。为了增加握持作用,减少胶辊在罗拉上的滑溜,罗拉表面开有沟槽(图 6-22)。罗拉是若干短节由螺纹结合而成,由导孔、导柱控制同轴度。下罗拉由齿轮积极传动,罗拉与罗拉座的接触部分采用滚针轴承,设有油嘴,以便定期加油。

罗拉直径应与加工纤维长度相适应,一般来说,采用较大的直径有利于高速,因为在一定的线速度之下,增大罗拉直径,可使罗拉的回转速度降低。同时,还可减少牵伸过程中纤维缠罗拉的现象。但是,较大的罗拉直径会妨碍罗拉钳口间距离的缩小,而后者有需要与加工纤维长度相适应。因此,棉纺牵伸罗拉的直径一般为 28mm 左右,而毛、麻、绢等长纤维却远大于此。

2. 胶辊　胶辊是上罗拉的一种。为避免罗拉沟槽部分与胶辊表面因周期性会合造成胶辊起槽,故胶辊直径不等于罗拉直径。在加压作用下,胶辊具有握持纤维的能力,使纤维能

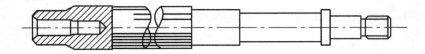

图 6 - 22　并条机罗拉

按一定的线速度运动,发挥罗拉的牵伸作用。胶辊质量和使用状态对纱条质量有很大影响。
实践证明,纱条出现粗细不匀及规律性条干不匀与胶辊损坏有较大关系,故应注意胶辊保养
工作。

　　并条机上使用的胶辊是单节式的。胶辊一般由胶辊铁壳、弹性包覆物以及胶辊轴心和滚针
轴承组成。胶辊要有一定的弹性和硬度。此外,胶辊还应耐磨损、耐老化、圆整度好,还应具有
一定的吸湿、放湿及抗静电性能,以防止牵伸时产生绕胶辊现象。

　　3. 压力棒　压力棒是一根不回转的扇形金属棒,其截面形状如图6-23所示。图中 b 为截
面厚度、r 为曲率半径。压力棒装在主牵伸区内,它的弧形边缘与须条接触并迫使须条的通道
成为曲线。压力棒起到附加摩擦力界的作用,这种牵伸装置是高速并条机上采用最广泛的一种
牵伸形式。

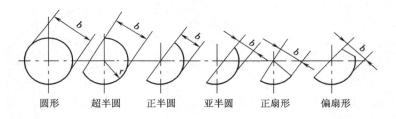

圆形　　　超半圆　　　正半圆　　　亚半圆　　　正扇形　　　偏扇形

图 6 - 23　压力棒截面形状

　　压力棒曲线牵伸有上压式和下托式两种形式,上压式控制作用强,故一般多采用上压式,如
图 6 - 24 所示。压力棒 1 的两端用一个鞍架 5 套在中胶辊 2 的轴承套上,使压力棒和中胶辊连
接成一个整体,并可一起绕中胶辊的中心摆动。牵伸过程中,为了防止压力棒受须条 3 托持而
向上抬起,在加压的摇架上加装弹簧片,当摇架放下时,弹簧片施加于鞍架肩部,由于力矩作用
使压力棒对须条也产生压力,以形成力的瞬时平衡。在鞍架的两边还装有限位螺钉,以防止断

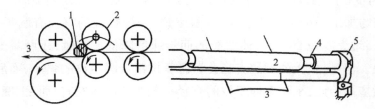

图 6 - 24　压力棒的安装形式

1—压力棒　2—中胶辊　3—须条　4—胶辊轴承　5—鞍架

条时压力棒失去须条的托持而与中罗拉发生碰撞。限位螺钉既能保证安全又能控制压力棒与中罗拉的隔距。

4. 加压机构　胶辊和罗拉组成的钳口必须对纤维有足够的握持能力,才能克服纤维间的摩擦阻力,从而使纤维间发生相对位移而形成牵伸。这种握持力是依靠对胶辊的加压而获得的。

并条机上采用的加压方式有重锤加压、弹簧摇架加压和气动摇架加压三种。现在多用弹簧摇架加压和气动摇架加压两种方式,即通过摇架将弹簧产生的压力或压缩空气产生的压力施于胶辊的两端。

(1)弹簧摇架加压:弹簧摇架加压结构轻巧、加压量大且较准确、吸震作用好、加压卸压方便,但使用日久弹簧会疲劳变形,影响压力大小和加压的稳定性。

并条机的弹簧摇架加压机构如图 6−25 所示。

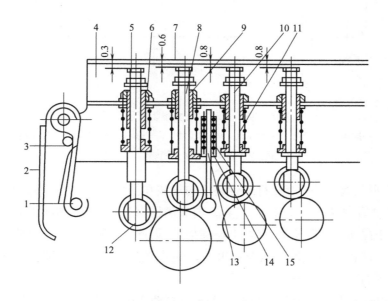

图 6−25　弹簧摇架加压机构

1—加压钩轴　2—加压手柄　3—加压钩　4—摇架　5—自停螺钉　6—导向套　7—自停臂
8—加压轴　9—导向套螺母　10—垫圈　11—加压弹簧　12—胶辊轴承
13—压力棒加压轴　14—压力棒加压套　15—压力棒加压簧

卸压时将加压手柄 2 向前扳动,到加压钩 3 脱离加压轴 1 时,整个摇架自动向上抬起,并在碟形弹簧的作用下,使摇架臂停留在空中任意位置。加压时,将摇架轻轻压下,使加压钩 3 钩在加压轴 1,能将加压手柄 2 揿下即可。

加压弹簧出厂时均经过校正,安装使用时只要摇架体固紧不松动,各导向套、螺母、垫圈等安装正确,静态初始压力已接近设计工艺压力,无需进行调节。如用弹簧加压测力仪发现所加压力量不符时,可通过不同厚度的压力调节片改变加压弹簧的压缩高度,调整加压力。

当工艺要求罗拉隔距变化时,必须相应变动导向套6的位置,使加压轴下端垂直地处于被加压胶辊头的上方。

(2)气动加压:气动加压是利用压缩空气的压力,通过稳压弹性气囊和一套传递机构对胶辊施加压力的一种加压形式。气动加压克服了弹簧摇架加压使用日久弹簧疲劳压力衰退的缺点,压力稳定,数值可读,大小可无级调节,但气动加压需要增设气源、气缸和气囊,还需要有良好的密封性,所以费用高。

图6-26为一种气动摇架加压装置示意图。

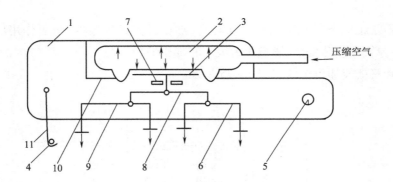

图6-26 气动摇架加压装置示意图

1—摇架 2—气囊 3—加压板 4—加压轴 5—摇架轴 6—后杠杆 7—导板
8—总杠杆 9—前杠杆 10—定位板 11—加压钩

该装置的瓶形气囊2及一套杠杆式传递机构均装在摇架1体内,可随摇架一起掀起,加压时,压钩11挂在加压轴4上。加压时,气囊2内充满压缩气体,产生的膨胀力施加到摇架1及加压板3上,由于摇架1受限于加压钩11与摇架轴,因此,气囊的膨胀力迫使加压板3向下运动,通过杠杆机构使膨胀力施加到四个胶辊上。调节总压力只需旋动调压阀来改变气囊内气压,各胶辊上的压力可通过调节杠杆比来完成。

气动摇架加压需用专用的供气系统,开关车时自动充压和释压。气路系统中配有欠压和过压保护装置,以保证工艺要求的加压量。

三、成条机构

成条机构的作用是将弧形导管输出的束状棉带凝聚成条,并有规律地圈放在棉条筒内,便于下道工序加工使用。成条机构主要由集束器、喇叭头、压辊、圈条器、棉条筒及条筒地盘等部件组成。

(一)喇叭头

喇叭头的作用是将弧形导管输出的束状棉带集束成条,增加棉条紧密度。喇叭头的结构如图6-27所示,喇叭头下端距压辊握持点距离 S 的大小对棉条品质有影响。S 大,棉条意外牵伸大,特别在停车时喇叭头易上抬。喇叭头口径较小时,通过棉条的阻力增大,更易造成意外牵伸。一般应使 S 小于纤维主体长度。喇叭头的下端呈一定弧度,使喇叭头尽可能伸向压辊握持点,加大对棉条的压缩程度,有利于提高棉条的均匀度。

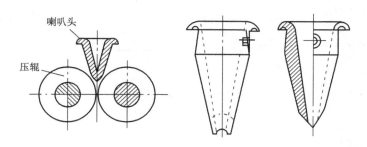

图 6 - 27　喇叭头

喇叭头的口径应与棉条定量相适应。口径小,棉条紧密度大,但棉条不易通过,易堵塞断头并增加不必要的停车,从而影响质量;口径大,棉条易通过,但对棉条压缩不足,紧密度小,棉条易松软发毛。并条机常用喇叭头口径为 2.4mm、2.6mm、2.8mm、3.0mm、3.2mm、3.4mm、3.6mm、3.8mm、4.0mm、4.2mm。

(二)压辊

压辊又称紧压罗拉,其作用是将喇叭头凝聚的棉条压缩,使棉条截面积变小、结构紧密,以增加棉条的强力和条筒的容量,并增加棉条强力,有利于下工序引出、加工。

(三)圈条器

圈条器包括圈条盘 4、圈条底盘 6、斜管 1 和齿形带 3 等部分组成。如图 6 - 28 所示,棉条由压辊 2 输出后经圈条盘 4 引导进入棉条筒 5,棉条筒随圈条底盘缓慢回转,将棉条有规律地圈放在棉条筒中。并条机的成形与梳棉机的成形相同,按圈条直径相对于条筒直径的不同分为大圈条、小圈条两种形式,两种形式各有其特点。

高速并条机圈条盘多用曲线斜管,取代了以前的直线斜管,如图 6 - 29 所示,曲线斜管符合条子的空间运动轨迹,更适合于高速,且条子成形良好。纺化纤时,为防止条子堵塞,还应该采用压缩喇叭、定期清洁斜管、保持通道光洁等措施。

合理选择圈条器结构参数,保证圈条牵伸恒定,从而防止圈条拉毛或堵塞斜管。同时,在不增加条筒直径的情况下,让条筒容量达到最大,以满足高速生产的要求,这是圈条器结构设计的两个核心问题。

为了节能及减少条筒转动的惯性,也可以使用行星式圈条器。行星式圈条器取消了条筒的转动,利用行星轮的公转和自转完成圈条成形。该装置运行平稳,适应高速,又因为其没有圈条斜管,故可以适应不同纤维原料。但其机构较复杂,齿轮较多,对机械精度要求较高。

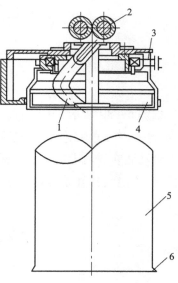

图 6 - 28　圈条盘及圈条成形

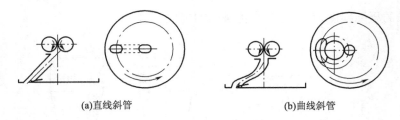

(a)直线斜管　　　　　　　　　(b)曲线斜管

图 6 – 29　圈条斜管

四、自动换筒机构

并条机出条速度提高以后,满筒时间缩短、换筒次数增多、工人劳动强度增加,所以高速并条机大多配备自动换筒装置。自动换筒装置的形式有前进前出式与后进前出式两种形式。

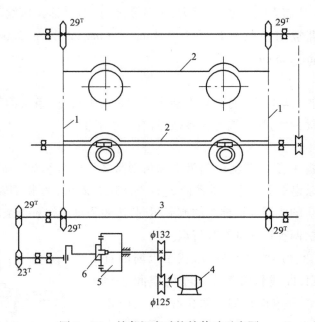

图 6 – 30　并条机自动换筒传动示意图

如图 6 – 30 所示,为后进前出式自动换筒装置。满筒时主电动机断路刹车,换筒电动机 4 启动,经一对三角带轮、减速轮系 5、万向联轴节 6、链轮和链条轴 3 传动左右两根循环链条 1,链条 1 带动装在导轨上的前后推板 2。前后推板向前运动将满筒推出,同时输入空筒,换筒电动机停止,主电动机开始运转,完成一次换筒动作。

第四节　并条机工艺分析

一、并条机牵伸形式及特点

并条机的牵伸形式经历了从渐增牵伸,双区牵伸到曲线牵伸的发展过程,从渐增牵伸至双区牵伸形式的改变,使半制品的质量有了提高。曲线牵伸形式的研制成功,突破了简单罗拉牵伸形式,使条子质量进一步提高。为适应纺纱工艺进一步高产、优质的要求,又产生了各种新型牵伸形式的并条机。这些新型并条机除了高速、优质外,还具有以下特点。

(1)在加大输出罗拉直径条件下,通过上、下罗拉位置的不同组合,或采用压力棒等附加摩擦力界装置,以缩小主牵伸区的罗拉握持距,适应较短纤维的加工。

(2)在主牵伸区中,须条沿着上下罗拉的公切线方向进入前钳口,尽可能避免在前一对罗拉上出现反包围弧。防止前钳口处的摩擦力界向牵伸区中扩展、变速点分散、纤维提前变速,以至于条干不匀率增加。后牵伸区的反包围弧与前牵伸区有所不同,由于后区的须条速度低,牵伸倍数小,反包围弧的影响小得多。

1. 三上四下型　三上四下曲线牵伸主要用于并条机上,如图 6 – 31 所示,它是用一根大胶辊代替原四罗拉双区牵伸的第Ⅱ、第Ⅲ两根胶辊,骑跨在第Ⅱ、第Ⅲ罗拉上,组成前后两个独立的牵伸区。大胶辊与第Ⅱ、第Ⅲ罗拉所组成的两个钳口之间是无牵伸的中间区,由于此处的距离较小,加上中区须条紧贴于胶辊表面$\overset{\frown}{CD}$弧上,使摩擦力界加强,进一步发挥了双区牵伸第Ⅱ、Ⅲ罗拉共同握持须条,减少胶辊打滑的优点;另一方面又克服了简单罗拉牵伸区的弱点,它通过上、下罗拉几何配置上的改革,改善了对牵伸区中纤维运动的控制,在主牵伸区内,由于第Ⅱ罗拉位置的适当抬高(一般高于前罗拉表面 3 ~ 6mm),所以后钳口 C 低于第Ⅱ罗拉表面的最高点,使须条在第Ⅱ罗拉上形成曲线包围弧$\overset{\frown}{BC}$,迫使纤维经过弯曲通道,增加了第Ⅱ罗拉对纤维的接触面和压力,增大了该处的须条密度和纤维的摩擦力强度,起到扩展后钳口摩擦力界的作用。因而能有效地控制纤维运动,并有利于纤维的伸直与平行。这种靠调整罗拉的几何配置方式而获得的附加摩擦力界装置,使熟条的条干不匀率比四罗拉双区牵伸又进一步改善,纤维束在牵伸过程中也易于分解,有利于成纱的强力与条干,在三上四下曲线牵伸的后牵伸区,须条在进入前钳口之前先和第Ⅲ罗拉的表面接触一小段,形成"反包围弧"。这样配置对牵伸的影响也是一分为二的,对条干不匀率而言,由于增强了前钳口附近的摩擦力界,反而是纤维的变速点后移,容易扩大移距偏差,破坏条干,但对于纤维的伸直度而言,由于增大了纤维的张力,特别对前弯钩纤维而言,反而容易伸直,是个有利因素。

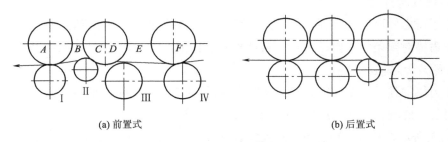

(a) 前置式　　　　　　　　　　　　　　　　(b) 后置式

图 6 – 31　三上四下牵伸装置

三上四下牵伸装置采用双区牵伸工艺,有前置式[图 6 – 31(a)]和后置式[图 6 – 31(b)]两种,其中罗拉钳口的打滑率比简单罗拉连续牵伸的小,但小罗拉易绕棉,不适合高速和轻定量,

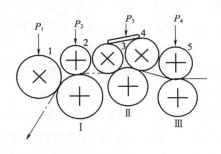

图6-32 五上三下牵伸装置

另外常用的前置式的后区有反包围弧$\overset{\frown}{DE}$,不利于纤维变速点的集中向前,但有利于前弯钩的伸直。

2. 五上三下型 图6-32所示为五上三下曲线牵伸装置示意图。这种装置由于胶辊列数多于罗拉列数,故又称为多胶辊曲线牵伸。该装置有如下特点。

(1)罗拉列数较少,简化了结构,能满足并条机高速化的要求。工艺调整方便,简化了机构的传动系统。

(2)罗拉的几何配置合理。前、后牵伸区都是曲线牵伸,利用后一对罗拉对须条的曲线包围弧来改善后部的摩擦力界,有利于须条的牵伸及条子的质量。同时,将第Ⅱ罗拉位置抬高,第Ⅲ罗拉位置降低,三根罗拉呈扇形配置,使须条在前、后两个牵伸区都能直接进入前钳口,使罗拉反包围弧的长度减少到最小限度,对于提高出条速度及牵伸质量都有利。

(3)前胶辊1只起导向作用,不起牵伸作用,使须条一离开牵伸装置后,就倾斜地顺着压辊和喇叭口的方向运动,避免输出棉网在水平方向到喇叭口和压辊处折转90°而易发生的堵塞喇叭口和棉网破裂的现象,利于高速。

(4)对加工不同长度和不同品种纤维的适应性强。由于采用多列胶辊,并缩小了中间两个胶辊的直径,使罗拉钳口间的距离缩小,减少了胶辊打滑,易实现"紧隔距、重加压"的工艺原则要求,适于短纤维的加工。另外,利用扩大第Ⅰ至第Ⅲ罗拉间中心距,使前后两牵伸区握持距增大,可适应较长纤维的加工。

3. 压力棒曲线牵伸 这种牵伸装置是当前高速并条机上采用最广泛的一种牵伸形式。它是在主牵伸区中装一根压力棒,其弧形边缘与被牵伸的须条接触,并迫使须条的通道成为曲线。在压力棒曲线牵伸中,根据牵伸区中罗拉列数、压力棒在牵伸区中放入方式及压力棒截面形状的不同,压力棒曲线牵伸一般有三上三下压力棒牵伸加导向胶辊(如FA302型)和四上四下压力棒牵伸加导向辊(如FA322型)两种。

压力棒曲线牵伸的特点如下。

(1)由于压力棒可以调节,所以很容易做到须条沿前罗拉的握持点切向喂入。

(2)压力棒对须条的法向压力具有自调作用,相当于一个弹性钳口,从而减少牵伸力的波动幅度,避免条干恶化。

(3)压力棒加强了主牵伸区后部的摩擦力界,是变速点向前钳口集中。

(4)对加工纤维长度的适应性较强,适纺长度为25~80mm。

图6-33所示为FA322型高速并条机的牵伸形式。该牵伸机构为四上四下附导向辊、压力棒式双区曲线牵伸。该牵伸形式突出的特点是中区的牵伸倍数为接近于1的略有张力的固定牵伸($E=1.018$)。这种设置改善了前区的后胶辊和后区的前胶辊的工作条件,使前区的后胶辊主要起握持作用,后区的前胶辊主要起牵伸作用,改善了牵伸过程中的受力状态。因此,在相同的牵伸系

统制造精度条件下,对须条可获得较好的握持效果。另一方面,须条经过后区牵伸后,进入牵伸倍数接近于 1 的中区,可起到稳定作用,为进入更大倍数的前区牵伸做好准备,利于稳定条干质量。

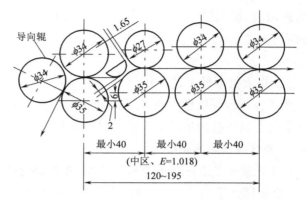

图 6-33　附有导向辊四上四下压力棒
双区曲线牵伸

　　根据压力棒位置,又有下压式(如 FA322 型)和上托式(如 FA319 型)之分。上托式压力棒曲线牵伸是指在主牵伸区内,棉网在上、压力棒在下。这种牵伸形式压力棒不容易积短绒而形成纱疵,但当棉网高速运动时,产生向上的冲力,使压力棒对棉网的控制作用减小。

下压式压力棒曲线牵伸是指在主牵伸区内,棉网在下,压力棒在上。这种牵伸形式对棉网的控制作用较好,但容易积短绒而形成纱疵。

　　在生产中,下压式压力棒应用较为广泛,主要有固定插入式和悬挂式两种。悬挂式压力棒故障多,生产中很少使用。固定插入式压力棒的插口有前后两个位置,可根据所纺纤维的长短,将压力棒放在不同的位置。当纺中长化纤时,压力棒放在前插口;纺棉和棉型化纤时,将压力棒从前插口拆下,放入后插口,来改变罗拉握持距,以增强对纤维的控制。压力棒的高低位置也可通过调节环来调整,调节环直径越小,压力棒位置越低,对须条的包围弧越大,对纤维的控制力越强;调节环直径越大,压力棒位置越高,对纤维控制力较弱。压力棒调节环的直径有 12mm、13mm、14mm、15mm、16mm 几种。

　　如图 6-34 所示,为三上三下上托式压力棒曲线牵伸,这种牵伸形式有两个牵伸区。在主牵伸区内有压力棒作为附加摩擦力界,能有效地控制纤维的运动,使纤维变速点向前钳口靠近且集中,所以所纺须条的条干比较好。但第二钳口即是主牵伸区的后钳口,又是后牵伸区的前钳口,容易打滑,所以这种牵伸装置适合纺中、粗特纱。

　　如图 6-35 所示,为三上三下附有导向辊下压式压力棒曲线牵伸,这种牵伸形式在三上三下下压式压力棒曲线牵伸的基础上,在前钳口的前方加了一个导向辊,使前钳口输出的须

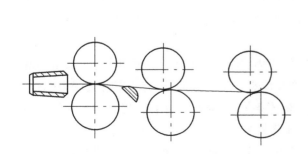

图 6-34　上托式压力棒曲线牵伸

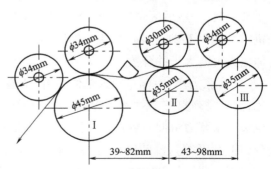

图 6-35　附有导向辊下压式压力棒曲线牵伸

条方向改变,顺利进入弧形导管,克服了三上三下压力棒曲线牵伸棉网受空气干扰容易散失的缺点。

二、并条机牵伸工艺分析

为了获得较好质量的条子,在并条机机型及加工品种确定后,合理选用并条机的牵伸倍数、罗拉握持距及罗拉加压量等工艺参数极为重要。

1. 牵伸倍数及其分配

(1)头道和二道并条机的牵伸分配:并条机的总牵伸倍数应与并合数及纺纱线密度相适应,一般应稍大于或接近并合数,为并合数的0.9~1.2倍。在纺细特纱时,为减轻后续工序的牵伸负担,可取上限;对均匀度要求较高时,可取下限。同时,应结合各种牵伸形式及不同的牵伸张力综合考虑,合理配置。并条工序的牵伸分配主要与牵伸形式及喂入须条的结构有关。

牵伸分配是指当并条机的总牵伸倍数已定时,配置各牵伸区牵伸倍数或配置头道、二道并条机总牵伸倍数。头道、二道间的牵伸分配有两种:一种方法是倒牵伸,即头道牵伸倍数大于二道。这种方法一般采用头道牵伸倍数大于并合数,二道牵伸倍数稍小于或等于并合数。其出发点是头道牵伸倍数大,即使条干不匀率稍高,在二并上还有并合改善的机会,对熟条质量影响较小,而二道牵伸倍数小,有利熟条的条干均匀度。但由于头道定量轻,二道定量重,为了平衡头、二道产量供应,需适当加快头道并条机的出条速度。另一种方法是顺牵伸,即头道牵伸倍数小于二道。这种方法一般采用头道牵伸倍数稍小于或等于并合数,二道牵伸倍数大于并合数。其依据是二道牵伸倍数大,有利于后弯钩纤维的伸直,从而改善纤维的伸直度,提高纱线的品质。但须加强对二道并条机的工艺管理,防止由于提高牵伸倍数而使熟条条干恶化。

实际生产中,牵伸分配应结合牵伸形式和喂入须条的结构状况来考虑。一般采用顺牵伸较多。头道并条喂入的生条中前弯钩纤维居多,且排列紊乱、平行伸直度差。因此,头并的主要着眼点要放在伸直前弯钩和避免因牵伸分配不当而可能增多棉结。根据生产经验,一般头并的后牵伸在1.6~2.1倍之间选用,总牵伸倍数小于并合数较为适宜。二并喂入条子的内在结构得到较大改善,为实施较大牵伸提供了条件,且喂入条子中多为后弯钩纤维,所以,二并以8根条子喂入时,一般后区牵伸倍数为1.06~1.21倍,新型高速并条机可以略高一些(FA319型并条机推荐使用1.21~1.47),主牵伸区为6~8倍,这样可集中发挥伸直后弯钩纤维的作用,总牵伸倍数可略大于并合数。

(2)张力牵伸:棉条喂入牵伸装置,要有一定的张力,这样才能避免意外伸长,使棉条不起毛,而且排列整齐,不重叠。因此,从导条辊到后罗拉应有一定的牵伸,即有一定的后张力牵伸,也称导条张力牵伸。后张力牵伸与生条、半熟条、精梳条等不同棉条的结构、棉条的不同纤维成分(棉、化纤等)、圈装质量(松散、压实等)以及导条形式有关。

紧压罗拉与前罗拉间的张力牵伸,也影响到条子质量。前张力牵伸是指从前罗拉到压紧罗拉配置的牵伸。有一定的前张力牵伸,能保证从前罗拉输出的棉网不下坠、不涌筒、没有破边,顺利集束成条并引入棉条筒。前张力牵伸的大小应考虑加工的纤维品种、出条速度及相对湿度等因素。根据相对湿度高低,纺纯棉时,前张力牵伸倍数可取 1 ~ 1.03,相对湿度高,前张力牵伸倍数宜大。相对湿度较低,前张力牵伸倍数宜略小。纺精梳棉,前张力牵伸倍数可以比纺普梳棉略大。采用集束器成条,前张力牵伸倍数可略小,采用压缩喇叭成条,前张力牵伸倍数应略大。

2. 罗拉握持距　牵伸装置中相邻罗拉间的距离有中心距、表面距及握持距三种表示方法。罗拉中心距是表示相邻两对罗拉中心线之间的距离;罗拉表面距表示相邻两对罗拉表面间的距离;罗拉握持距表示前后两个钳口须条间的长度,它是纺纱主要工艺参数之一。在直线牵伸区中,罗拉握持距等于罗拉中心距,但在曲线牵伸区中,罗拉握持距大于罗拉中心距。为了既不损伤长纤维,又能控制绝大部分纤维的运动,罗拉握持距必须大于纤维的品质长度。这是各种牵伸形式的共同原则。

为了保全保养工作的方便,罗拉握持距可简化为罗拉中心距加上中心距与握持距的关系系数(或转化为罗拉隔距加上隔距与握持距的关系系数)来表示,通过确定罗拉中心距或罗拉隔距来达到确定罗拉握持距的目的。罗拉握持距的大小应适应牵伸区内牵伸力的要求,全面衡量机械工艺条件及原料性能而定。

$$S = L_p + K$$

式中:S——罗拉握持距;

　　L_p——纤维品质长度;

　　K——根据牵伸力的差异而确定的系数

若罗拉握持力充分,或牵伸倍数较大、纤维长度短、整齐度好、须条定量轻时,握持距可偏小掌握,即应用"紧隔距"工艺,以有利于改善输出须条的条干均匀度。反之,握持距过小,反而导致胶辊滑溜、牵伸不开或拉断纤维而增加短绒等不良后果。对于后区罗拉握持距,宜偏大掌握,以利于纤维的伸直平行。

三上四下曲线牵伸的前区握持距比原棉品质长度大 3 ~ 5mm,而压力棒曲线牵伸的前区握持距比原棉品质长度大 4 ~ 10mm。因为压力棒牵伸装置中主牵伸区的罗拉加压量比三上四下曲线牵伸大,所以钳口摩擦力界向前伸展,增强了中后部分的摩擦力界,须条的牵伸力增大,故前区的握持距相对于三上四下曲线牵伸装置增大。后区握持距一般无多大差别,因为都是简单罗拉牵伸,但由于压力棒牵伸装置罗拉加压较大,罗拉钳口有足够的握持能力,后区的握持距可以稍微缩小。三上四下曲线牵伸装置的中区是无牵伸区,中区握持距一般可稍小于纤维的品质长度,使两个钳口能共同握持须条;四上四下压力棒曲线牵伸中,中区牵伸倍数为略有张力的固定牵伸(1.018 倍),是前区的预备和整理区,罗拉握持距稍大于纤维品质长度。

生产实践表明,压力棒牵伸装置的前区握持距对条干均匀度影响较大,在前罗拉钳口握持力充分的情况下,握持距越小,则条干不匀率越小。由于压力棒能起到扩展后钳口和缩短纤维浮游区长度的作用,所以一般主牵伸区的握持距为[L_p + (6 ~ 10)]mm,后牵伸区的罗拉握持距

为 $[L_p + (11 \sim 14)]$ mm。

3. 罗拉加压 罗拉加压是为了保证罗拉钳口有足够的握持力,以克服牵伸力,防止须条在罗拉钳口下打滑及速度分层现象。为了保证罗拉牵伸的正常进行,前罗拉钳口的握持力必须大于后罗拉。罗拉钳口的握持力与罗拉加压直接有关外,还与其间的摩擦因数有关。

罗拉加压主要根据牵伸形式、罗拉速度、须条定量、牵伸倍数、罗拉握持距以及原料性能等因素而定,一般为 200 ~ 400N。压力的大小应保证罗拉钳口的握持力与牵伸力相适应,使须条不在罗拉钳口打滑,以免产生条干不匀。罗拉速度快、须条定量重、牵伸倍数高时,加压宜重。牵伸形式不同,摩擦力界分布有很大差异,因此加压各不相同。如三上四下曲线牵伸的前区,因为喂入的纤维量较多,而且后部摩擦力界强并向前延伸,牵伸力比较大,所以前罗拉加压相应要重一些。中区大胶辊的加压,由于它与两个罗拉接触,须条包围在胶辊上,摩擦力界较强,所以由大胶辊加压分配给第二、第三罗拉钳口的实际压力就小一些。因此,大胶辊的加压量不宜过重,比前罗拉增加 30% ~ 50% 即可满足要求。过重反而会缩短胶辊及罗拉轴承的使用寿命。压力棒曲线牵伸区的牵伸力比一般曲线牵伸的牵伸力大,所以需要增加胶辊上的压力。从四罗拉双区牵伸、三上四下曲线牵伸到压力棒曲线牵伸,由于牵伸机构的变化,牵伸区的摩擦力界不断增强,纱条所受的牵伸力增大,因此胶辊的加压量相应增大。棉与化学纤维混纺时,加压量应较纺纯棉时提高 20% 左右,加工纯化学纤维则应增压30% 左右。

三、FA326A 型并条机传动与工艺计算

随着并条机的高速、大卷装及化纤原料的采用,对传动系统提出了新的要求。传动路线要短或传动级数要少,减少各机件启动时间的差异,以避免开车时纤维网断裂。同时,并条机启动和制动时的速度变化要平稳,以提高机械运转状态和产品质量。

制订并条机传动路线时,要使牵伸罗拉只承担牵伸纤维条的作用,不应当作传动轴传递动力的扭矩,以避免产生罗拉扭矩变形和罗拉接头松动等对牵伸不利的弊病。并条机的传动应满足下列工艺要求。

(1)传动齿轮的配置应满足各罗拉转向正确、达到所需牵伸倍数、适应罗拉握持距变化等要求。

(2)一般通过调节后罗拉转速来调节总牵伸倍数,故总牵伸变换齿轮设置在前罗拉和后罗拉(或第三罗拉)之间,改变前区牵伸倍数不应影响总牵伸倍数。

(3)牵伸变换齿轮应安装在摇臂或托架上,以利于调节啮合。

(4)为了使纤维条定量达到工艺要求,需调节总牵伸倍数,一般通过调换牵伸变换齿轮(轻重牙)和牵伸微调齿轮(冠牙)的齿数来实现。轻重牙调节作用较大,改变一个齿数即可使牵伸倍数改变 0.2 ~ 0.3,而改变一个冠牙齿数,可使总牵伸倍数改变 0.05 ~ 0.07。因此,轻重牙作为粗调使用,冠牙作为微调使用,以适应条子定量的微量调节。

(一)FA326A型并条机的传动图(图6-36)

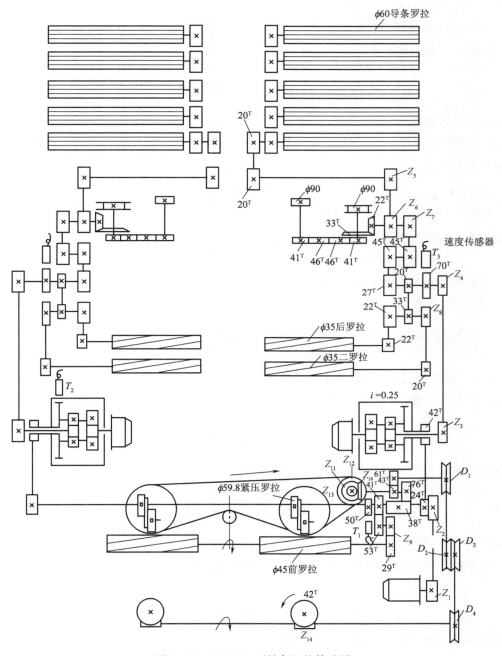

图6-36 FA326A型并条机的传动图

(二)FA326A型并条机传动计算

(1)紧压罗拉转速 N_1(r/min):

$$N_1 = N \times \frac{Z_1}{Z_2}$$

式中:N——变频电动机转速;

　Z_1——电动机同步带轮齿数;

　Z_2——紧压罗拉同步带轮齿数。

(2)紧压罗拉输出速度 v(m/min):

$$v = \frac{n \times \pi \times d}{1000} = 0.1879 \times n$$

式中:d——紧压罗拉直径,59.8mm。

(3)牵伸倍数计算:

①总牵伸倍数 e_1:

$$e_1 = \frac{紧压罗拉输出线速度}{导条罗拉喂入线速度} = \frac{20 \times Z_5 \times Z_7 \times Z_4 \times 42 \times 59.8}{20 \times Z_6 \times 27 \times Z_3 \times (1-0.25) \times 24 \times 60} = 0.08613 \times \frac{Z_5 \times Z_7 \times Z_4}{Z_6 \times Z_3}$$

式中:Z_3、Z_4——牵伸变换齿轮齿数;

　Z_5、Z_6——导条张力变换齿轮齿数;

　　Z_7——检测张力变换齿轮齿数。

②牵伸区牵伸倍数 e_2:

$$e_2 = \frac{前罗拉输出线速度}{后罗拉喂入线速度} = \frac{33 \times Z_4 \times 42 \times 41 \times Z_9 \times 45}{20 \times Z_3 \times (1-0.25) \times 24 \times 53 \times 29 \times 35} = 0.132 \times \frac{Z_4 \times Z_9}{Z_3}$$

式中:Z_9——前张力变换齿轮齿数。

③紧压罗拉和第一罗拉间牵伸倍数(前张力牵伸)e_3:

$$e_3 = \frac{29 \times 53 \times 59.8}{Z_9 \times 41 \times 45} = \frac{49.817}{Z_9}$$

④第二罗拉和后罗拉间牵伸倍数(后牵伸)Q:

$$Q = Q_0 \times (1-\eta)e_4 = \frac{Z_8}{20}$$

式中:Z_8——后牵伸变换齿轮齿数。

⑤后罗拉和检测罗拉(凹凸罗拉)间张力牵伸倍数 e_5:

$$e_5 = \frac{33 \times Z_7 \times 20 \times 35}{22 \times 27 \times 33 \times 22 \times 90} = 0.0131 Z_7$$

⑥检测罗拉和导条罗拉间张力牵伸倍数 e_6:

$$e_6 = \frac{90 \times 22 \times Z_5}{60 \times 33 \times Z_6} = \frac{Z_5}{Z_6}$$

(4)并条机的理论产量 Q_0[kg/(台·h)]与实际产量 Q[kg/(台·h)]:

$$Q_0 = \frac{pqv}{5 \times 1000} \times 60$$

$$Q = Q_0 \times (1 - \eta)$$

式中: p——并条机的眼数;

　　q——纤维条定量, g/5m;

　　v——紧压罗拉输出速度, m/min;

　　η——机器停台率, % 。

第五节　并条工序质量评价

一、熟条的主要质量指标

熟条的质量指标主要有条干不匀率、重量不匀率及重量偏差、条子的内在质量(条子中纤维的分离度、伸直度、短绒含量等)等项指标,其中前三项为工厂常规检验项目,最后一项为机械、工艺实验及其他科学研究时的附加检验指标。熟条的一般质量控制指标见表 6 - 1。表 6 - 2 为2007 年乌斯特熟条质量水平的公报。

表 6 -1　熟条质量参考指标

纺纱类别	质量指标	回潮率（%）	萨氏条干均匀度（%）	条干不匀 CV 值（%）	重量不匀率（%）
纯棉	细特纱	6 ~ 7	≤18	3.5 ~ 3.6	≤0.9
	中、粗特纱	6.3 ~ 7.3	≤21	4.1 ~ 4.3	≤1
涤棉		2.4 ± 0.15	≤13	3.2 ~ 3.8	≤0.8

表 6 - 2　乌斯特熟条条干不匀 2007 年公报水平

熟条 \ 水平	5%	25%	50%	75%	95%
普梳熟条	2.02 ~ 2.54	2.52 ~ 2.90	2.76 ~ 3.09	3.00 ~ 3.31	3.58 ~ 3.99
精梳熟条	1.46 ~ 2.20	—	2.02 ~ 2.38	—	2.44 ~ 2.59
涤棉熟条	2.6 ~ 2.82	2.82 ~ 3.12	3.07 ~ 3.61	3.36 ~ 4.17	3.50 ~ 4.80
化纤熟条	2.19 ~ 2.73	—	2.70 ~ 3.39	—	3.37 ~ 4.20

二、提高熟条质量的主要措施

(一)降低熟条的重量不匀与重量偏差的措施

除了要求前工序有较好的半制品供应以及本工序的合理工艺配置和良好的机械状态外,还应切实做好以下两方面的工作。

1. 轻重条搭配　各台梳棉机生产的条子有轻有重,以并条机眼为单位划定若干台梳棉机固定供应,各眼应同样以轻条、重条和轻重适中的条子相互搭配喂入,以降低输出条的不匀率。

在半熟条喂入二道并条机时,同样必须遵循轻重条搭配的原则,将头道各眼生产的条子均匀地搭配喂入二道各眼或采用"巡回换筒"的方法,使二道并条机同台各眼间生产的条子轻重差异控制在较小的范围内。同一品种各台末道并条机之间的熟条轻重差异,可以分别调整各台并条机的牵伸倍数,采用定量控制的办法来解决。但为了确保质量跟踪,必须采取定台供应。

2. 满浅筒搭配　当棉条自筒中引出时,浅筒较满筒引出的棉条自重大,所以采用分段换筒,使浅筒、满筒均匀搭配,有利于出条均匀。

3. 远近筒搭配　不管采用高架式还是平台式喂入装置,在操作时应注意里外条筒和远近条筒的搭配,并尽量减少喂入过程中的意外伸长。

4. 断头自停装置　断头自停装置的作用是防止漏条,保证正确的喂入根数。

5. 采用有弹簧底盘的棉条筒　采用有弹簧底盘的棉条筒,不管是浅筒还是满筒,条子从条筒中的引出点基本上都是在条筒口附近,这样棉条自重伸长差异小。

6. 控制熟条重量偏差　条子的定量控制和调整范围有两种,一种是单机台各眼条子定量的控制。单机台的定量控制能及时消除并条机各台间纺出条子重量的差异,既有利于降低条子和细纱的重量不匀率,又有利于降低细纱的重量偏差。另一种是同一品种全部机台条子定量的控制。全机台的定量控制是为了控制细纱的重量偏差,使细纱在少调或不调牵伸齿轮的情况下,纺出纱的线密度符合国家规定的标准。条子的重量控制范围,可根据细纱重量偏差的允许波动范围 ±2.5% 作为参考。生产实践证明,如果单机台条子干重的差异百分率控制在 ±1% 左右,则全机台条子干重(即各单机台的平均干重)的差异百分率就有把握稳定在国家规定的范围之内。细特纱则应更严一些,控制范围可根据实际情况给予确定。

(二)条干均匀度控制

条干不匀包括有规律性和无规律性的条干不匀两类。有规律性的条干不匀是指由于牵伸部分的回转件发生故障而形成的周期性节粗细节,也称机械波。经常发生的有罗拉、胶辊的弯曲、偏心,胶辊中凹、磨灭、缺油,齿轮偏心、缺齿、齿顶磨灭等。无规律的条干不匀主要是指纱条在牵伸过程中由浮游纤维不规则运动而引起的粗节、细节,也称牵伸波。常见的产生原因有工艺设计不当、罗拉隔距走动、胶辊直径变化、胶辊加压不足或两端压力不一致、罗拉或胶辊缠花、胶辊回转不灵、上下清洁器作用不良、吸棉风道堵塞或漏风、压力棒积灰带入条子等。

1. 规律性条干不匀的控制　针对规律性条干不匀产生的原因,除了要加强日常设备维修和运转管理,提高操作水平外,还可通过以下方法对产生的原因进行分析、推断与校正。

(1)利用条干曲线分析规律性条干不匀的原因:利用萨氏(国产 Y311 型条干均匀度仪)条干不匀曲线的波形可以判断产生条子条干不匀的原因和发生不匀的机件部位。该仪器通过上下游凹凸槽的一对导论压缩条子,连续测定条子受压后的截面(厚度),来反映试样的短片段均匀度。由于回转部件的机械性疵病形成的条子周期性条干不匀具有固定的波长。因此,我们可以在了解并条机传动图,各列罗拉、胶辊直径、牵伸倍数等工艺参数的情况下,假定某一部件有疵病而计算出该部件疵病形成的周期波的波长,对照条干曲线的周期波波长而得到验证,推断出机械性疵病发生的部位。

(2)利用波谱图分析条子不匀率及其原因:应用乌斯特波谱仪给出的波谱图形,既能分析条子短片段的条干不匀率,又能分析其长片段的重量不匀率。它的主要特点是能较清楚地反映纱条不匀的结构性质,分析造成纱条不匀的工艺原因,便于改进熟条质量。

2. 无规律性条干不匀的控制 无规律性条干不匀的原因很多,应用牵伸基本理论可以分析。实际生产中无规律条干不匀产生的原因,主要是由于牵伸力和握持力不适应以及摩擦力界分布改变,使纤维变速点不稳定而造成的。

(1)工艺设计不当:罗拉握持距、胶辊压力、后区牵伸倍数等工艺参数配置不当都可能出现牵伸力与握持力不相适应的情况。当条子定量较重而后牵伸倍数过小时,常出现牵伸不开的现象,说明握持力不足,牵伸力过大。此时可以适当放大后区隔距或增加后牵伸倍数使牵伸力适当减小。在纤维平均长度长、细度细,或喂入条子的线密度粗的情况下,应适当增加罗拉握持距,以减小牵伸力,稳定产品质量。

(2)罗拉隔距走动:由于罗拉滑座螺丝松动或罗拉缠花严重导致罗拉隔距走动,这会使应有的纤维握持状态改变,引起变速点变化,从而引起无规律的条干不匀。因此,平时应加强隔距的检查和校正。

(3)胶辊直径变化:实际生产中由于使用日久或管理不善,胶辊直径往往与规定的标准有较大的差异,使摩擦力界发生变化,从而引起纤维变速点的改变,造成条干不匀。因此,要加强胶辊的管理,严格规定各档胶辊的标准直径及允许的公差范围。生产上也有通过调整胶辊加压来校正的。

(4)胶辊加压不足或两端压力不一致:摇架弹簧使用日久会产生弹性疲劳,引起压力不足,使牵伸力与握持力不相适应,造成条干不匀。胶辊两端压力不一致,所造成的影响更大。

(5)罗拉或胶辊缠花:由于车间温湿度高,罗拉、胶辊表面有油污或胶辊表面毛糙,都易缠花。机器缠花后继续运转,会产生条干不匀。因此,应加强车间温湿度的管理及胶辊的保养工作。此外,如果喂入条子通道挂花重叠或跑出胶辊两侧,胶辊中凹、回转不灵,上下清洁器作用不良,吸棉风道堵塞或漏风,压力棒积灰附入条子等,也会产生无规律的条干不匀。因此对无规律条干不匀的产生原因必须仔细查找,平时应加强对机械状态的整顿。

第六节 并条工序加工化纤的特点

一、加工化纤时并条的工艺道数

并条的工艺道数取决于原料的混合方式是在开清工序采用棉块混合,还是在并条工序采用条子混合。纯棉纺、化纤纯纺或化纤与化纤混纺,因在开清工序开始混合,混合比较充分,所以并条机一般采用两道。

涤纶(或其他化纤)与原棉混纺时,因涤纶和原棉的纤维特性和含杂不同,不能在开清工序混合,需各自做成条子后,在并条机上进行混合。与纯棉纺相比,涤棉混纺更需要充分的混合以保证染色的均匀。因此,涤棉混纺并条机的工艺道数需多于纯棉纺。根据实际观察,二道混并中的涤棉两种纤维的黄色和白色仍很明显,但在三道混并条中,则"色差"基本消失。超过三道对混合不匀率的降低不再有明显效果。由此可知,为了保证成纱各片段物理性能一致,质量稳定和染色均匀,一般需要三道混并机即可。

在生产精梳涤棉混纺纱时,涤纶在进行条子混合之前,先经过一道预并,这样有两点好处。一是降低生条的重量不匀率和控制生条的定量,使以后涤纶和棉混并时,两种纤维的混合比比较正确,这是保证成纱中纤维分布均匀,改善染色均匀性的重要条件。尤其在涤纶和棉分别染不同颜色,织造闪色织物时,一预并三混并的工艺道数更显出其优越性。另一点是使化纤条子中纤维的伸直、平行度能和精梳棉条的情况相适应,在以后的混并机上可使化纤与棉之间的张力差异减小到最低程度,有利于混并条子的条干均匀度。

纤维的混合比在产品设计或生产任务下达时已有规定。这个比例须从混并头道开始,利用两种条子的干定量和并合根数搭配进行控制。两种条子的定量不应相差太大,否则罗拉钳口对各根条子的握持力不一致,影响正常牵伸。为了提高混合效果,喂入头道并条机上的 6 根条子中,2 根棉条应排在二、五位置。

从纤维的混合效果来看,混并机上条子的径向混合效果较差,这也是增加混并道数的一个原因。近年来国内采用由多层棉网叠合的纵向混合方式的复并机,可以用一道复并,再经一道混并的工艺过程,代替一预并三混并或三道混并的工艺过程。由于新工艺并合数少,为了保证混合比的正确性,对生条的重量不匀率要求严格。

二、加工化纤的并条机工艺特点

由于化纤具有整齐度好,长度较长,卷曲数比棉纤维多,纤维与金属之间摩擦因数较大等特点,所以牵伸过程中牵伸力较大。因此,工艺上要采取"重加压、大隔距、通道光洁、防缠防堵"等措施,以保证纤维条质量。

1. 罗拉握持距 化纤混纺时,确定罗拉握持距应以较大成分的纤维长度为基础,适当考虑混合纤维的加权平均长度。化纤与棉混纺时,主要考虑化纤长度。罗拉握持距大于纤维长度 L 的数值应比纺纯棉时适当放大,三上四下曲线牵伸区握持距等于 $[L+(3\sim6)]$ mm,后区牵伸区握持距等于 $[L+(12\sim16)]$ mm,L 为化纤的平均长度。后区牵伸区隔距偏大掌握,对条干有利,特别是当温湿度高时,牵伸力剧增,如隔距偏小,容易出硬头,或产生突发性条干不匀。

2. 胶辊加压 并条机的胶辊加压,一般约比纺纯棉时增加 20% ~30% 。如果压力不足,遇到原料或温度突然变化时,就有可能产生突发性条干不匀纱疵,造成棉布粗纬疵点。但加压也不能过重,过重时不但增加动力消耗,且对机械要求也高,在开关车时甚至在运转时也会出现顿挫现象,容易缠胶辊。

3. 牵伸分配 为了减低牵伸力,提高半制品质量,可适当加大后牵伸区牵伸倍数。前张力牵伸必须适应纤维的回弹性大,纤维经牵伸后被拉伸变形,走出牵伸区后有回缩现象,故前张力牵伸倍数宜小一些,防止产生意外牵伸,可用 1 倍或小于 1 倍。而在混并机上,精梳棉条会因张力牵伸过小而起皱,前张力牵伸倍数应大于 1,一般采用 1.03 倍左右。

4. 出条速度 纺化纤时,并条机速度过高容易产生静电,引起缠胶辊和缠罗拉,机后部分也产生意外牵伸,因此,出条速度比纺纯棉时稍低。

三、圈条斜管的形式

由于化纤与金属间的摩擦因数大,而且化纤条子蓬松,当化纤纯纺或与棉混纺时,如果并条机圈条器采用直线斜管,条子通过时,摩擦阻力较大,在斜管进、出口处容易堵塞。化纤纯纺比化纤与棉混纺易堵,高速比低速易堵。堵塞现象多发生在空筒生头后或条子满筒时。

直线斜管进口容易堵塞,是由于条子从压辊输出后,高速冲向斜管管壁,冲击力增加了进口处的摩擦阻力,斜管倾角越大所增加的摩擦阻力越大。空管生头时,棉条只靠自重下垂,下滑的作用力小,因而更容易堵塞。满筒时,条子与圈条盘底面接触,条子走出斜管进行圈条时,要转折90°,条子与斜口出口包围弧增大,使摩擦阻力增大,因而也容易堵塞。经研究分析,发现圈条过程中,条子自直线斜管入口至出口的运动轨迹,是近似螺旋线的空间曲线,条子随直线斜管回转时,总是贴在斜管的一侧,摩擦阻力较大。针对这一特点,改进了斜管形状,采用圆锥螺旋线斜管,这种曲线斜管自斜管入口至出口的形状接近条子运动轨迹,因而可以顺势而下,减少了对管壁的摩擦阻力,并将斜管入口倾角减小25°,摩擦阻力因而减少。斜管出口与底盘出口折角为20°,减少了满管时条子对斜管出口的摩擦阻力。这种斜管在生产上已普遍采用,对解决条子堵塞问题有显著效果。

此外,减轻条子定量,采用压缩喇叭口,使进入斜管的条子细而结构紧密,定期清洁斜管,保持通道光洁,对防止条子堵塞也有一定效果。

第七节　并条机新技术

一、国产并条机的技术进步

(一)机械制造技术

以 FA321 型单眼并条机和 FA329 型并条机为例,FA321 型并条机纺出速度为 800m/min,配有自调匀整装置,是单眼高速并条机。FA329 型并条机机械速度为 1000m/min,单眼传动配自调匀整装置,是国内技术领先的高速并条机之一。为使机器能高速运转,生产厂在其机械设计和加工精度上采取了一定措施。例如,并条机的上圈条机构位置较高,属重心偏上的悬臂梁,而高速对机械的动平衡有更高的要求。因此,对机架整体浇铸后再进行精加工,同时加大下圈条盘,提高了整机刚度,使安装机器不再需要地脚。

国内并条机的主要生产厂都非常重视牵伸元件质量的提高,做了不少改进。对牵伸罗拉:改进材质,提高其韧性和刚度,提高其抗扭振、抗弯曲的能力;提高其表面的硬度、光洁度;提高对其偏心度的要求;适当加大轴径,配用较大的滚针轴承。对于胶辊:提高其芯轴材料的性能;配用较大的滚针轴承;大多数厂均配有气动和弹簧两种加压形式供选择。

(二)电子应用技术

高速并条机均配有自调匀整装置。分三种型号:一是 BYD 型自调匀整装置,其适纺速度为 600~800m/min;二是 THD−901AL 型自调匀整装置,其适纺速度为 650m/min;三是 USC 型自调匀整装置,适纺速度可达 1000m/min。由计算机控制的自调匀整系统,通过操作面板,可设定棉条质量界限(线密度偏差、1m 条干 CV 值、3m 条干 CV 值、5m 条干 CV 值)并超限自停,设定满筒棉条长度及自动换筒,记录显示各班实时产量、效率、运转时间,连续实时显示线密度偏差、条干 CV 值,并在工艺流程图上即时显示故障部位。对电气系统中关键元件的工况有自检功能。

(三)传动技术

1. 伺服电动机与变频电动机的应用 自调匀整系统的执行机构几乎都是伺服电动机传动系统。高速并条机的功耗并不大,匀整系统功耗更小,但却要求能准确检测棉条重量的变化并自动作出快速而精确的响应,不仅要求性能稳定,还要求少维修甚至不维修。国外厂家使用的是无刷、无维护电动机,系统中采用的似为永磁式无刷直流电动机(BLD CM),因其具有大的过载能力,小的转动惯量,小的转矩脉动,转矩—电流具有线性特性,控制系统有较高的通频带和放大系数,使整个伺服系统具有良好的动静态性能,且体积小、重量轻、效率高、转子不发热。

普通鼠笼式交流感应电动机,采用变频调速逆变器驱动等计算机控制系统后,便是变频调速电动机,这一技术在国产机上得到广泛应用。一套控制系统可多台控制,且频率的稳定度在0.1% 以下。该系统借助位移传感器和直流控制的组合,可高精度、高速运行,调速方便,不用更换齿轮。该系统能软启动,且启动扭矩不过大,故可进行频繁的开关车和快速的加减速运动,电动机可实现电动、制动、正转、反转四象限运转,且少维修,对开关频繁的并条机而言,这些优点是至关重要的。平稳启动的实现,可消除启动时牵伸区中罗拉转动时差引起的细节以及条干恶化,还可消除频繁开关车引发的故障源头。可以说高精度伺服电动机与变频电动机的推广使用是并条机传动技术的一大进步。

2. 单眼传动 FA321 型单眼并条机和 FA329 型并条机均为单眼传动,其优点是能够解决传动双眼并条机上所不能解决的眼差问题。因为喂入各独立牵伸区中棉条的条干及单位重量有差异的,而这两个独立牵伸区却是由同一传动系统传动的,显而易见,两眼各纺出条子的重量肯定会有差异,是工艺管理上利用末并调控条子的线密度偏差困难。单眼并条机或单眼传动的并条机却能分眼进行精确控制,这是传统双眼并条机所不可及的。

3. 同步齿型带的广泛应用 同步齿型带在各机上均得到广泛应用,其特点:一是传动级数少,几乎可做到无间隙传动;二是噪声小;三是调换各种变换齿轮方便、快捷;四是频繁开关车时,传动元件间为软接触,故障性冲量对转动件造成的损耗小,配以变频传动,其损耗可趋于零。

(四)密封技术

在高速并条机上,前罗拉速度往往高达 8000r/min 以上,甚至达到 10000r/min,且又加大了钳口压力,在高速重压下成倍增加的运转负荷,都由罗拉两端的滚针轴承承受。为使设备长期在良好的润滑条件下运转,完善的密封技术非常必要。FA329 型并条机采用的是引进的唇式密封套,能适应线速度 10 ~ 15m/s 的运动。FA322 型并条机采用的是迷宫式密封,该机罗拉轴头两端设有凹凸槽形迷宫,罗拉高速回转时,带起的油膜封闭了间隙很小的迷宫通路,阻止了细小尘绒的侵入。此法成本较低,但对机械的加工精度及组件的安装水平提出了较严格的要求。

(五)环保技术

环保技术的提高主要表现在清洁滤尘系统的改进与噪声的降低。

1. 清洁滤尘系统的改进 牵伸区中上下罗拉的清洁方式均沿用原方法,所不同的一是加大了风机的风压、风量。并条机高速后,气流的影响加剧,提高风机的吸附力度确实是很有必要的。二是有些机型专门配置了滤尘箱,为设备气流的循环提供了较好的条件。

2. 噪声的降低　以下三方面的改进有利于并条机高速后噪声的降低。一是随着自动化程度的提高,电子技术的应用越来越多,许多硬性接触的传动件、控制件被无接触的电子元件所代替。二是大量齿型带的应用,不仅减少了传动级数,也将齿轮的直接啮合传动变为胶带与钢齿间的柔性传动,消除了金属间直接撞击的噪声。三是各传动和回转件制造精度的提高,减少了累积间隙产生的冲击力。

二、国外并条机的现状

国外的并条机,除 DX7A 型、DHF 型和 DHF－HDC 型(HDC 型带有自调匀整)纺出速度为 800m/min 外,其他各机最高均达到 1000m/min,如 RSB－D30 型、SH1000 型和 HSR－1000 型。新型并条机具有优良的特性,下面从其性能看国外并条机的发展。

(一)伺服传动系统

特吕茨勒 TD 8 并条机配有数控伺服电动机,通过齿形带以最短的距离驱动牵伸罗拉。这些电动机无需差速齿轮和转换轮即可完成整个牵伸和出条速度的控制。取消齿轮而采用直接驱动对并条机的电力消耗有积极的影响:根据应用情况的不同,每生产 1kg 并条棉条的耗电量为 0.200～0.300kW·h。

1. 牵伸系统的传动(选配 AUTO DRAFT 装置)　TD8 进一步改善了四上三下的压力棒牵伸系统:第四根上胶辊保证了棉条在牵伸系统的输出端轻柔地导向,同时主牵伸区域的可调节压力棒使包括短纤维在内的所有纤维的导向受到控制。标准配置的并条机前罗拉由伺服电动机直接传动,中后罗拉及后部喂入部分由另一伺服电动机通过齿型带传动。

2. 伺服导条架(SERVO CREEL)　伺服导条架是一项真正的技术改革。此导条架首次采用了独立驱动,其优势有:与并条机无机械连接;导条架与并条机的张力可以更加精确地调整从而得到最佳值(显示屏上进行无级调节);匀整电动机不再受导条架加速和制动限制,从而使匀整效果更好。

(二)短片段匀整系统

SERVO DRAFT 伺服系统拥有独立驱动,精确地确定实际值,准确无故障地处理信号,并直接转换匀整信号,因此能够获得传统方式无法达到的短片段匀整效果。该系统采用的传感器能够无摩擦并轻柔地对纤维进行测试。由于原料厚度的偏差必须与实际质量的偏差保持一致,这就要求测试点处必须存在极高且可调节的压力。SERVO DRAFT 可以将这些信号转换成牵伸的变化,从而保证棉条实现自调匀整,以及棉条线密度的持续稳定。

带凹凸罗拉和传感器的喂入匀整装置 DISC LEVELLER 配置了新型永久性润滑的轴承,其设计坚固性明显优于传统结构;此外,在批次转换过程中,凹罗拉和感应罗拉可以简便快捷地更换。理论上说,SERVO DRAFT 的短片段自调匀整功能能存在于并条机的整个速度范围内,即使是换筒前的减速以及换筒后的加速过程中。这样,与使用非精确控制主电动机的并条机相比,每一米条子的质量都更优越。

(三)自动换筒系统

特吕茨勒并条机通常都配备自动换筒装置。满筒经由一个平缓的斜坡送入存放处,直径小于500mm的条筒可选择放置于运输小车上。当使用直径为1000mm的条筒时,换筒装置可安装在地下,这样可以在水平地面上移动条筒。除了标准送筒装置,还可选择电动机驱动送筒装置。条筒由两根平皮带送至圈条位置。针对自调匀整并条机更换条筒时的条子断条,特吕茨勒研发了一套简单的解决方案:牵伸系统的电动机有选择地生成一段细节,更换条筒时,条子准确地在这个细节处断开。这样,以前需要进行大量维护的机械断条装置就被智能的免维护电子方法所取代了。特吕茨勒自调匀整并条机设计的条子圈条几何路径,可确保后道工序生产的顺利进行。圈条通过触摸屏控制。由于圈条盘独立驱动,所以可实现无级变速调节。

(四)控制系统

1. 后区牵伸优化系统　后区牵伸是纱线质量的决定性因素。后区牵伸程度对纱线的匀整度、强力、疵点数量以及纺纱设备的运转性能都有显著影响。TD8并条机上开发了 AUTO DRAFT 系统。该系统可在一分钟内针对原料全自动地做出对后区牵伸的最优化建议,仅需一触按键,并条机就会沿着整个后区牵伸区域测量牵伸力。只需60秒,即可收集到所有必要的信息并确定最佳的后区牵伸倍数。操作人员认可显示器上的数值后,并条机就可以进行生产。AUTO DRAFT 将所有重要的因素均考虑在内,包括原料、喂入的纤维量、纤维特性、纤维间的摩擦因数、纤维与金属间的摩擦因数和环境温度等。

2. OPTI SET 优化系统　确定自调匀整并条机的牵伸点需要对条子进行大量的实验室试验,而对于TD8来说则不必要,该设备带有的 OPTI SET 自我优化功能可轻松得到牵伸点的位置,并条传感器扫描喂入条子,当原料经过1000mm的距离到达主牵伸区时,进行相对延时的匀整动作。测试点和匀整动作之间的时间滞后决定了主牵伸点的准确位置,此外,主牵伸点的位置还取决于机器设置,原料和周围环境等因素。操作者进行输入之后,并条机以标准值(如1000)开始运行,并可灵敏地测量出轻微偏差。在这个过程中,对喂入条子的 CV 值和并条机输出条子的 CV 值进行测试并对比。这样最佳主牵伸点得以确定,并推荐给操作人员,操作人员就可以在触摸屏上确认。整个设定过程十分快捷,无需任何常规的条子测试以及实验室测试。

3. DISC MONITOR 系统　DISC MONITOR 是依靠功能强大且可靠的新型质量传感器对条子质量进行在线检测。当出现不良条子时,DISC MONITOR 就会报警或自动停车。客户可根据实际情况设置系统报警或自动停车的条件。由于 DISC MONITOR 持续地监控当前的生产情况,大大地减少了常规例行的实验室检测。

思考题

1. 并条工序的任务是什么?为什么不直接利用生条纺纱?
2. 什么是并合?为什么并合有均匀作用?并合前后条子的不匀率有何关系?
3. 为什么在并条上采用 6 或 8 根并合?
4. 实现牵伸的基本条件是什么?

5. 什么是机械牵伸、实际牵伸及牵伸效率？

6. 什么是总牵伸与部分牵伸？

7. 什么正常移距？什么是移距偏差？什么是变速点？为什么牵伸过程中会产生附加不匀？

8. 什么是摩擦力界及摩擦力界分布？哪些因素影响摩擦力界的分布？为使牵伸过程中的附加不匀较小，牵伸区内的摩擦力界分布应如何布置？

9. 什么是前纤维、后纤维及浮游纤维？

10. 什么是快速纤维？什么是慢速纤维？

11. 牵伸区中纤维的数量是如何分布的？牵伸倍数及罗拉隔距的改变对牵伸区中纤维的数量分布有何影响？

12. 什么是引导力？什么是牵伸力？浮游纤维变速的条件是什么？

13. 为什么牵伸过程中会产生不匀？消除这种不匀的方法有哪些？

14. 什么是牵伸力？它与哪些因素有关？

15. 什么是握持力？它与哪些因素有关？

16. 正常牵伸的条件是什么？

17. 前、后弯钩纤维伸直的条件是什么？牵伸倍数对前、后弯钩的伸直效果有何影响？

18. 并条机有哪几种牵伸形式？各有何特点？

19. 确定并条机的道数应考虑哪些因素？

20. 在普梳纺纱系统中，如何确定头道与二道并条机的总牵伸倍数及后区牵伸倍数？

21. 什么是罗拉握持距？在确定并条机罗拉握持距时应考虑哪些因素？

22. 确定牵伸区内罗拉钳口加压量大小的依据是什么？

23. 已知并条机有前、后两个牵伸区，喂入每眼的棉条根数为 6 根，喂入棉条的线密度为 4200，并条机输出棉条的线密度为 3800，试计算：

（1）并条机的实际牵伸倍数；

（2）若并条机牵伸效率为 0.99，求机械牵伸倍数；

（3）若并条机后区牵伸倍数为 1.72，求前区牵伸倍数。

24. 熟条有哪些质量指标？其控制范围如何？

25. 降低熟条的重量不匀率及重量偏差的主要技术措施有哪些？

26. 如何提高熟条的条干均匀度？

参考文献

[1] 郁崇文. 纺纱学[M]. 北京:中国纺织出版社,2009.

[2] 郁崇文. 纺纱实验教程[M]. 上海:东华大学出版社,2009.

[3] 杨锁廷. 纺纱学[M]. 北京:中国纺织出版社,2004.

[4] 徐少范. 棉纺质量控制[M]. 北京:中国纺织出版社,2002.

［5］秦贞俊．现代棉纺纺纱新技术［M］．上海：东华大学出版社,2008.

［6］陆再生．棉纺工艺原理［M］．北京：中国纺织出版社,1995.

［7］郁崇文．纺纱系统与设备［M］．北京：中国纺织出版社,2005.

［8］郁崇文．纺纱工艺设计与质量控制［M］．北京：中国纺织出版社,2005.

第七章 粗纱

● 本章知识点 ●

1. 粗纱工序的任务及各任务实现的方式。粗纱质量的评价及提高的措施。
2. 粗纱机的机构组成,工艺原理、牵伸形式及特点、各部分工艺调节的参数与调整方法。
3. 粗纱加捻的目的、要求、加捻的实质和度量,真捻与加捻,捻回的传递与阻捻。
4. 粗纱机加捻机构的原理、形式和特点。
5. 粗纱卷绕的目的、要求、实现卷绕的条件和卷绕方程。
6. 粗纱机变速机构、差动装置、摆动机构、升降机构及成形机构作用和原理。
7. 合理设置粗纱张力及粗纱张力的控制。
8. 粗纱工序加工化纤的特点。

第一节 概 述

一、粗纱工序的任务

在传统纺纱体系中,由熟条纺制细纱需 150 倍以上的牵伸,目前普通的环锭细纱机牵伸倍数一般在 60 倍以下,难以实现。另外,纺纱过程中,经过加捻的粗纱具有一定的抱合力,使粗纱在纺制细纱时粗纱须条有一个自身的握持作用,使粗纱在整个细纱牵伸区内起到一个很好的受控作用,从而提高了细纱机的成纱质量。尽管德国绪森公司在 20 世纪 80 年代研制开发了熟条直纺细纱的超大牵伸环锭细纱机,但在纺纱支数及品种适应性、纱线品质等方面都远不如传统的具有粗纱工序的普通环锭细纱机。因此,粗纱机对改善半制品结构,提高成纱质量起着至关重要的作用,粗纱工序仍是传统纺纱体系中不可缺少的工序。粗纱工序的任务如下。

(一)牵伸

将熟条抽长拉细,使之适应细纱机的牵伸能力,并进一步改善纤维的平行伸直度与分离度。牵伸倍数一般控制在 5 ~ 12 倍。

(二)加捻

熟条经过粗纱机牵伸后,须条截面内的纤维根数减少,粗纱强力下降。将牵伸后的须条加上适当的捻度,使其具有一定的强力,以承受粗纱卷绕和在细纱机上退绕时的张力,防止意外牵伸或拉断。

(三)卷绕与成形

将加捻后的粗纱卷绕在筒管上,制成一定形状和大小的卷装,便于储存、搬运和退绕等,并适应细纱机的喂入。

二、粗纱机的工艺流程

图7-1所示为棉型粗纱机的工艺过程。熟条从条筒中引出,由导条罗拉积极输送,经导条辊、导条器和喇叭口进入三罗拉双胶圈摇架加压牵伸机构。后罗拉钳口握持条子,上、下胶圈靠一对中罗拉和胶圈销张紧,使纤维在牵伸过程中受到良好的弹性控制,牵伸后的须条由前罗拉钳口送出,再通过锭翼集合器的聚合穿入空心翼臂,随后在压掌处绕圈后卷绕到筒管上。锭翼套在锭杆上随锭杆回转,每转一圈就给粗纱加上一个捻回。筒管固定在上龙筋的筒管轴上并随之回转,同时依靠成形机构的作用,随上龙筋按一定的规律做升降运动,锭翼的回转运动和筒管的回转及升降运动相配合,完成符合规格的粗纱成形与卷绕。

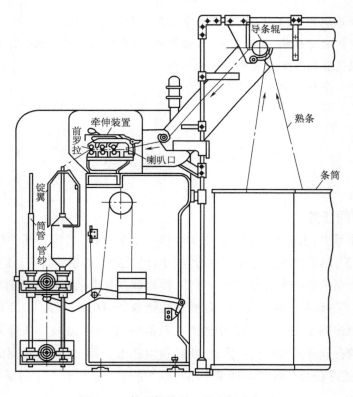

图7-1 棉型粗纱机工艺流程示意图

三、国产粗纱机的发展

我国粗纱机的批量生产始于20世纪50年代,先后开发出50年代的1251型和1252型粗纱机,60 年代的 A453 型粗纱机,70 年代的 A456 型粗纱机,80 年代的 A454 型粗纱机以及 80 年代中后期至今的各种型号的悬锭粗纱机。20 世纪 90 年代,随着日本丰田 FL16 型、德国青泽 Zinser 660 型粗纱机的引进,我国在吸收消化其先进技术的基础上,先后又研制出了 FA413、FA422、TJFA458、FA431 型等新一代粗纱机。此时粗纱机主要技术特征为:采用开式或闭式悬锭锭翼,锭翼最高转速为 1200r/min;粗纱卷装最大为 $\phi152 \times 406mm$;采用四罗拉或三罗拉双短胶圈牵伸,弹簧摇架加压,积极回转绒清洁装置和下吸风;有半自动落纱(落纱三定及锥轮三自动);有电抗式慢速启动及红外光电自停等装置。基本与 20 世纪 80 年代国际粗纱机水平相当。

20 世纪后期,由于计算机技术、变频调整技术及传感技术等在粗纱机的应用,以及粗纱机牵伸、加捻、卷绕成形等纺纱技术的不断改进,国内相继推出了高速、高质、高产和高效的现代化粗纱机,如国产的 JWF1418、HY – Auto493、FA467/468 型等粗纱机。现代国产粗纱机技术创新主要表现在:四罗拉双短胶圈牵伸机构的普及;悬锭闭式锭翼逐渐取代开式锭翼;现代控制技术取代了变速机构、成形机构和工艺变换齿轮,实现粗纱机多电动机驱动、触摸屏人机对话和粗纱张力在线监测与控制。进入 21 世纪,国内粗纱机加快了技术进步的步伐,不仅实现了传动系统的简化,还从根本上消除了粗纱细节,实现卷绕张力微调,提高了纺纱质量;同时粗纱机全自动落纱、粗细联及长车等应用,使现代粗纱机自动化水平大幅度提升,代表机型有 JWF1418A、HY – Auto498、THFA4461、FA469、FA4981、TH498,其主要技术特征如表 7 – 1 所示。

表 7 – 1　几种国产新型粗纱机主要技术特征

机型	天津宏大 JWF1418A 型	无锡宏源 HY – Auto498 型	河北太行 FA469 型
适纺纤维长度(mm)	22 ~ 51	22 ~ 51	22 ~ 51
粗纱线密度(tex)	200 ~ 1000	200 ~ 1250	238 ~ 1250
锭距(mm)	216	220	220
锭翼转速(r·min⁻¹)	1800	1600	1500
牵伸形式	四上四下双短胶圈	四上四下双短胶圈	四上四下双短胶圈
牵伸倍数	4.2 ~ 12.0	4.13 ~ 13.2	4.68 ~ 12.77
捻度范围(捻·m⁻¹)	18.5 ~ 100	10 ~ 100	10 ~ 100
罗拉直径(mm)	28,28,28,28	31.7,31.7,31.7,31.7	28.5,28.5,28.5,28.5
卷装直径(mm)×高度(mm)	150 ×400	150 ×400	150 ×400
差动行星机构(差速箱)	无	无	无
张力控制方式	软件	CCD 检测	CCD 检测
防细节方式	软件	软件	软件
离心力控制方式	软件	软件	软件
落纱方式	内置式 自动落纱系统	外置式 自动落纱系统	外置式 自动落纱系统

第二节　粗纱机的机构及作用

棉型粗纱机主要由喂入、牵伸、加捻、卷绕和成形等部分组成。另外为了保证产品的产量和质量,粗纱机还有一些辅助机构,如清洁装置、光电自停装置、防细节装置及张力补偿装置等。

一、喂入机构

并条机实现了大卷装后,为便于工人在机后操作,粗纱机采用高架喂入方式。粗纱机的喂入机构由分条器、导条辊、导条喇叭和横动装置等组成,如图7-2所示。其主要作用是从棉条筒中引出熟条,使须条在一定的张力情况下,以一定的方向准确喂入牵伸机构,在熟条输送的过程中防止须条扩散或尽可能减少意外牵伸。

(一)分条器

分条器一般由铝或胶木制成。分条器的作用是隔离喂入的棉条,防止其相互纠缠。

(二)导条辊

现代粗纱机以高架喂入,导条辊为铝合金结构,后罗拉通过链条依次积极传动,防止须条发生意外牵伸。导条辊的表面速度略慢于后罗拉的表面速度,使棉条在输送中不致松垂,每段导条辊连接处均有滚动轴承

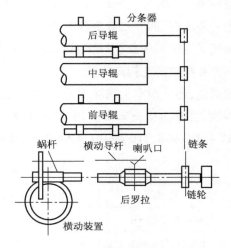

图7-2　粗纱机喂入机构

以消除意外牵伸。但在采用高架喂入时,因棉条经过的路线长,应尽量减少意外伸长,以保证粗纱质量。通常采取的措施包括:增加并条机上的压辊压力,以提高棉条紧密度;用有弹簧底的棉条筒,以减少棉条引出的自重伸长;在保证操作方便的条件下,导条辊离地高度不宜过高,导条辊间的距离不宜过大;前导条辊与后罗拉间的速比、距离应视熟条规格和质量来调整。粗纱机导条部分的改进对于提高粗纱质量和生产效率,具有较好的实用性。

(三)导条喇叭

喇叭口又称后区集合器,装在横动导杆上,由胶木或尼龙等材料制成,主要作用是正确引导棉条进入牵伸机构,使棉条经过整理和压缩后,以扁平形截面且横向压力分布均匀地喂入后钳口。喇叭口开口大小用宽×高表示,应按喂入熟条定量的轻重适当选用。

(四)横动装置

横动装置由后罗拉尾端的蜗杆传动,采用周转轮系结构,运动缓慢且稳定。当喇叭口随横动导杆往复运动时,使须条在胶辊和罗拉间缓慢移动,防止须条固定在一处喂入,避免胶辊磨成凹槽,以起到保护胶辊的作用。

二、牵伸机构

粗纱机的牵伸形式经历了由四上四下的渐增牵伸到双区牵伸和三上四下曲线牵伸,目前,新型粗纱机已普遍采用双胶圈牵伸形式,牵伸机构主要由罗拉、胶辊、胶圈、胶圈销、集合器、加压装置、清洁装置及胶圈控制元件(上下胶圈或上下胶圈架、胶圈张力装置及隔距块)等组成,共同完成对须条的牵伸。一般双胶圈牵伸形式包括三罗拉双短胶圈牵伸形式、三罗拉长短胶圈牵伸形式与四罗拉双短胶圈牵伸形式等,如图 7-3 所示。三罗拉双短胶圈牵伸装置如图 7-3(a)所示,三对罗拉组成两个牵伸区,前区为主牵伸区,下胶圈套在中罗拉上,随中罗拉回转,上胶圈套在活芯小铁辊上,靠摩擦回转。须条被上下胶圈夹持,随上下胶圈运动输出纱条。上下两销前端组成胶圈钳口,受弹簧紧压,形成摆动销钳口。三列罗拉后均设置集合器,起到收拢纤维、提高纤维紧密度并减少飞花和粗纱毛羽的作用。也有的粗纱机采用三罗拉长短胶圈牵伸,如图 7-3(b)所示,在维护保养上,双短胶圈较为简单,长胶圈有时会发生吊胶圈现象。许多新型粗纱机均采用四罗拉双短胶圈牵伸形式,如图 7-3(c)所示。这种牵伸形式是在三罗拉双短胶圈的基础上,在主牵伸区前罗拉前增加一对罗拉和喇叭口,形成一装有集合器的集束区,而主牵伸区在二、三罗拉之间,其间不装集合器,这种牵伸形式又称 D 型牵伸。其将集合与牵伸分开,有利于使主牵伸区中的纤维运动稳定,改善粗纱质量,尤其是改善条干均匀度。

(一)罗拉

罗拉是牵伸机构的主要元件之一,由多节组成,每节 4~6 锭,逐节用螺纹联接来满足机台所需要的锭数,有左右手机台之分。连接处包括螺纹 2 和导柱 1 两部分,如图 7-4 所示,其中导柱起定中心的作用,螺纹起连接作用。螺纹旋紧的旋向,须与罗拉的回转方向一致,保证罗拉在运转中越转越紧,防止罗拉连接处发生松脱。前后罗拉表面有倾斜或平行沟槽,中罗拉表面有滚花,同档罗拉分别采用左右旋向的沟槽,使其与胶辊表面组成的钳口线在任一瞬间至少有一点接触,形成对纤维连续而均匀的握持钳口,并能防止胶辊快速回转时的跳动。

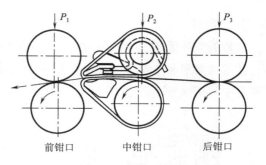

(a)三罗拉双短胶圈牵伸形式

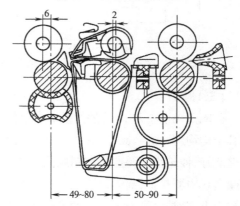

(b)三罗拉长短胶圈牵伸形式

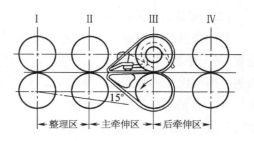

(c)四罗拉双短胶圈牵伸形式

图 7-3 粗纱机牵伸形式

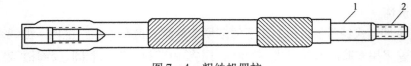

图7-4　粗纱机罗拉

（二）胶辊

胶辊为双节活芯式，两节组成一套，如图7-5所示，其中间加压，两侧受压。胶辊包覆丁腈橡胶。胶辊表面要求光洁、滑爽、耐磨、耐油、耐老化、富有弹性并具有适当的硬度。粗纱机的胶辊芯子都是中间支撑，胶辊与罗拉必须保持平行，它依靠零件的制造精度来保证胶辊对罗拉的平行度。

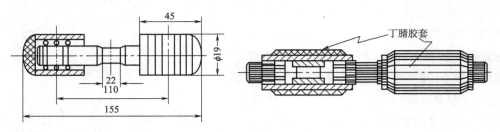

图7-5　粗纱机胶辊结构

（三）胶圈

胶圈是控制纤维运动的主要元件，用丁腈橡胶制成，要求其结构均匀，光洁、圆整，弹性好，耐磨、耐油、耐老化，吸放湿性能好，伸长小。要严格控制胶圈的长、宽、厚及内径。下胶圈套在中罗拉上，前端由固定下销支持。上胶圈套在活芯小铁辊上，前端由可上下摆动的弹簧销支持。下胶圈由罗拉带动，上胶圈由下胶圈的摩擦力带动。

（四）胶圈销与隔距块

胶圈销分为上胶圈销与下胶圈销，其作用是固定胶圈位置，把上下胶圈引至前钳口。并在片簧作用下，在上下胶圈销处形成胶圈弹性钳口。粗纱机普遍采用阶梯形下销和弹性摆动上销，如图7-6和图7-7所示。隔距块一般由塑料制成，作用是使上、下销弹性钳口间的最小间距保持统一而准确，如图7-8所示。

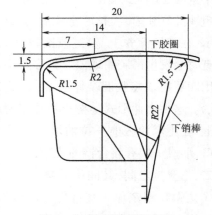

图7-6　曲面阶梯形下销

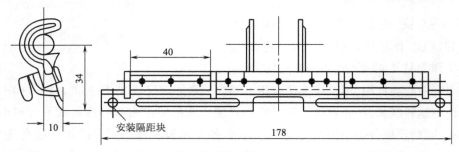

图7-7　弹簧摆动上销

(五)加压装置

为保证各钳口对须条的可靠握持,加压装置须对胶辊加上足够的压力。目前,国产新型粗纱机多采用弹簧摇架加压,随着粗纱机技术的进步,一些新机型也采用气动摇架加压和板簧摇架加压两种形式。它们的工作原理与并条机加压原理基本相同,而规格则根据具体牵伸形式而选用。

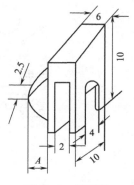

图7-8　隔距块

1. 弹簧摇架加压　弹簧摇架加压装置如图7-9所示主要由摇架体、手柄、加压杆、加压弹簧、钳爪和锁紧片等组成。这种加压装置通过弹簧的压缩反力对胶辊施压,对机面负荷小,加压的大小不受罗拉座倾角和罗拉隔距的影响。弹簧摇架加压的优点在于其结构轻巧,支承简单,加压卸压方便,加压机构趋于系列化,通用性和互换性很强。但弹簧摇架加压在使用一段时间后,弹簧的弹性变形将转换为缓弹性变形及塑性变形,加压力减少,造成锭间加压的差异大,并恶化条干。因此,使用一段时间后的弹簧应及时予以更换,避免牵伸不匀率的增加。

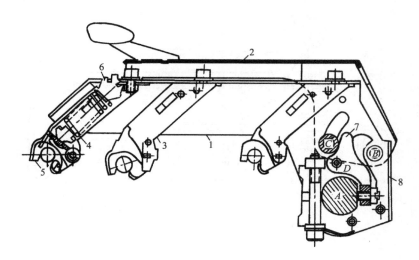

图7-9　弹簧摇架加压装置

1—摇架体　2—手柄　3—加压杆　4—加压弹簧　5—钳爪
6—压力调节块　7—锁紧机构　8—托座

2. 气动摇架加压　气动摇架加压装置如图7-10所示主要由手柄、气囊、支撑管、压力板、传递杠杆、前分配杆、后分配杆以及销子等组成。气动摇架加压装置分为直接气动式及杠杆气动式,其中直接气动加压式无内摩擦能量损耗,锭差小,是粗纱机上常用的气动摇架加压形式。气动摇架的外形与弹簧摇架外形相似,不同的是压力来源是内充压缩空气的气囊。气动加压的特点是:加压稳定,锭与锭之间压差小,在停车时有半释压作用等,但对摇架,特别是对气囊材质和制造精度有较高的要求。

3. 板簧摇架加压　板簧摇架加压装置如图7-11所示主要由板簧、压力调节器、自锁器、支架以及加压杆等组成。板簧形成压力源,一端与摇架臂固装定位,另一端的前方装有弹簧及

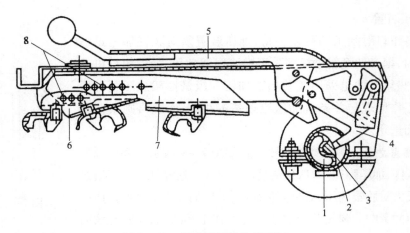

图 7 - 10　气动摇架结构示意图

1—气囊　2—支撑管　3—压力板　4—传递杠杆　5—手柄

6—前分配杆　7—后分配杆　8—销子

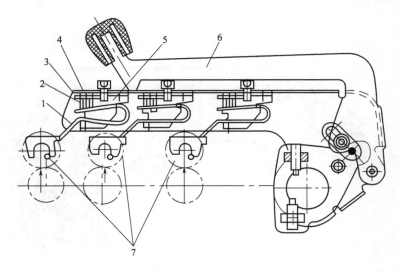

图 7 - 11　板簧摇架加压装置

1—板簧　2—压力调节器　3—自锁器　4—调节螺钉　5—支架

6—加压杆　7—上胶辊握持爪

铝合金的上胶辊握持爪,形成握持加压的组合件。板簧摇架加压的特点在于较宽的握持区可以保证上胶辊有可靠的平行度和良好的定向性。加压组合件和板簧可防止胶辊侧间运动,加工,以保证上胶辊与下罗拉的平行,而且不需要调整。在摇架加压的情况下,只要松开固定螺丝,就能把加压件调到所需要的位置。此外,全部上胶辊均可进行部分卸压,只要将加压杆打开到一半位置即可实现半卸压,半卸压可防止胶辊在长时间停车时产生变形。

　　与圈式弹簧加压比较,板簧摇架加压的压力稳定,不易产生衰退;弹性比圈式弹簧经久耐用,长时间使用不会产生缓弹性或塑性变形。因此,板簧摇架加压实现了重加压、强控制、控制精确的要求,纺纱质量好。

与气动加压相比较,板簧加压系统的加压机构比较简单,机面易清洁,且每个摇架的压力比气动加压稳定,锭与锭之间的压力不相互干扰。

三、加捻机构

(一)加捻的基本原理

1. 加捻的基本概念

(1)加捻的目的:纱线是由短纤维条或长丝束沿纤维或长丝的整个长度方向或某区段产生摩擦力,使纤维与纤维间或单丝与单丝间相互抱合或缠结后不致松散或滑脱,并具有一定物理力学性质(如强度、伸长、弹性等)和外观特征(如光泽、毛羽、手感等),适于纺织加工的单根或多股的线形集合体。加捻是使纤维条成为纱线的必要手段。加捻前一般需将散纤维凝聚成纤维条,加捻后可使纤维条的外层纤维向内层挤压产生向心压力,从而使须条沿纤维的长度方向获得摩擦力。通过加捻,可将纤维条或长丝束捻合成单纱或有捻丝;可将两根或两根以上的单纱或有捻丝捻合成股线等。概括地说,加捻的目的是将纤维条或长丝束捻合成具有一定物理力学性质和不同结构形态的单纱或股线。

(2)加捻的要求:加捻既然是成纱的必要手段,那么,对加捻手段的要求,一是应使成纱获得最佳的强度、伸长、弹性、柔性、光泽和手感等性质;二是要使成纱的结构形态多样化;三是要能提高成纱的加捻效率。总之,加捻手段应能满足保证质量、增加品种和提高劳动生产率等三个方面的要求。

传统的成纱方法是给须条以真捻加捻,随着各种新型纺纱方法的开发,采用了多种的加捻手段。例如,自捻成纱、包缠成纱、粘合成纱和交络成纱等。不同的加捻手段和成纱方法,可以获得不同结构、不同特性和不同劳动生产率的纱线。

(3)加捻的实质:须条上获得真捻后,其外层纤维便产生倾斜的螺旋线捻回,纤维扭转变形,纱条紧密抱合,改变了纤维集合体的结构形态和机械力学性质,如图7－12(a)所示。设加捻后的纱条近似圆柱体,如图7－12(b)所示,AB 为加捻前基本平行于纱条轴线的表层纤

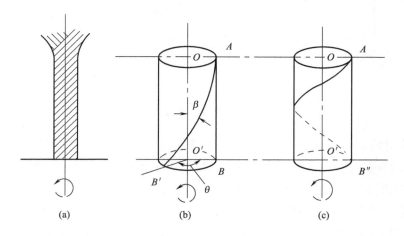

图7－12　纱条加捻时外层纤维的变形

维,当 O 端被握持,O' 端如矢向回转,则纤维 AB 形成螺旋线转到 AB' 的位置时,在截面 O' 上便产生角位移 θ。此时,螺旋线 AB' 和纱条轴线构成倾斜角 β,此倾角称为捻回角。可见,捻回的获得是由于纱条圆柱体的各截面间产生角位移的结果。当 $\theta = 360°$,即须条绕本身轴线自转一周时,纱条上便获得一个捻回,如图 7-12(c) 的螺旋线 AB'' 所示。螺旋线的倾斜方向称为捻向。当螺旋线的倾斜方向与字母 Z 的中段倾斜方向相同时,称为 Z 捻,也称右捻,成纱为顺手纱;当螺旋线的倾斜方向与字母 S 的中段倾斜方向相同时,称为 S 捻,也称左捻,成纱为反手纱。股线的捻向以 ZS 或 SZ 表示,两次合股的股线捻向以 ZZS 或 ZSZ 或 SZS 表示,第一个字母表示单纱捻向,第二个字母表示初捻线捻向,第三个字母表示复捻线捻向。捻向由加捻器的回转方向决定,就单纱而言,它与成纱的机械性质无关,但对织物的光泽、纹路以及手感影响较大。

为了简要说明真捻加捻的实质,现取纱条中一小段纤维 l 作分析。如图 7-13 所示,设 ϕ 为 l 对纱条的包围角,当纱条受轴向拉伸时,如不计 l 段产生的摩擦力,则 l 两端存在张力 t。令 q 为两端张力 t 在纱条 l 中央法线方向的投影之和,即 $q = 2t\sin\dfrac{\phi}{2}$,$q$ 为纤维 l 对纱条的向心压力。当 ϕ 很小时,$\sin\dfrac{\phi}{2} = \dfrac{\phi}{2}$,则:

$$q = t\phi \qquad\qquad (7-1)$$

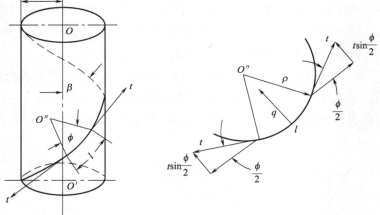

图 7-13 外层纤维对纱心的压力分解

可见,当 l 对纱条存在包围角时,纤维对纱条便有向心压力,包围角越大,向心压力越大。由于向心压力的存在,使外层纤维向内层挤压,增加了纱条的紧密度和纤维间的摩擦力,从而改变了纱条的结构形态及其物理机械性质,这就是真捻成纱的实质。向心压力 q 反映了加捻程度的大小,包围角 ϕ 增加,加捻程度增加。在生产工艺上,对纱条的加捻分析,一般不用包围角而用捻回角。在图 7-13 中,r 为纱条半径,β 为捻回角,ρ 为螺旋线的曲率半径,向心压力与捻回角的关系为:

$$q = t\theta\sin\beta \tag{7-2}$$

式中,t 和 θ 可视作常量,因 $0 < \beta < \dfrac{\pi}{2}$,故 q 与 β 成正比。可见,捻回角的大小能够代表纱线加捻程度的大小,它对成纱的结构形态和物理机械性质起着重要的作用。

(4)真捻的度量:在实际生产中,衡量纱线加捻程度的大小并不直接采用捻回角,而用捻度、捻系数和捻幅三个指标。

①捻度:纱条相邻截面间相对回转一周称为一个捻回。单位长度纱条上的捻回数称为捻度,当采用特克斯制时,以捻回数/10cm 表示。捻回数越多,捻度越大。虽然捻度的意义很明确,但在应用上有明显的局限性。

捻度可以用来衡量线密度相同纱线的加捻程度如图 7－14 所示,截取同样长度的 A、B 两段纱条。为分析问题方便起见,将 A、B 两段纱条重叠在一起,设 A、B 两段纱条的线密度相同,即 $r_A = r_B$。由图知,$\beta_A > \beta_B$,按式(7－2)知,$q_A > q_B$,故 A 纱条比 B 纱条的加捻程度大。从图中又知,在相同长度内,A 纱条有两个捻回,B 纱条有一个捻回,同样表明 A 纱条比 B 纱条的加捻程度大,故捻度可以用来衡量相同线密度纱线的加捻程度。但是,捻度不能用来衡量线密度不同纱线的加捻程度如图 7－15 所示,设 A、C 为两段线密度不同、长度相同的纱段,即 $r_A > r_C$,但都有两个捻回,即捻度相同。由图中知,$\beta_A > \beta_C$,即粗的加捻程度大,细的加捻程度小。可见,用捻度来衡量不同线密度纱线的加捻程度是不合适的。

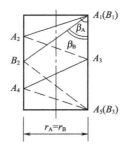

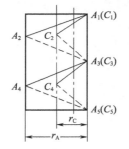

图 7－14　相同线密度纱条的加捻　　　　图 7－15　不同线密度纱条的加捻

②捻系数:从加捻的实质来看,最能反映加捻程度的是捻回角 β。捻回角既能反映相同线密度纱线的加捻程度,又能反映不同线密度纱线的加捻程度。如图 7－16 所示,Z 为纱条轴向位置,θ 为以弧度表示的螺旋线在 Z 段截面上的位移角。把纱条中的一个捻回螺旋线 AB 展开成三角形 ABC,假设此段纱条的捻度为 T_t(捻/10cm),纱条半径为 r,则:

$$\tan\beta = \frac{2\pi r}{h} \tag{7-3}$$

其中,h 为捻回螺旋线的一个螺距,因 $h = \dfrac{10}{T_t}$,代入式(7－3)得:

$$\tan\beta = \frac{2\pi r T_t}{10} \tag{7-4}$$

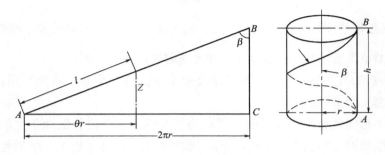

图 7 − 16　圆柱螺旋线的展开

式(7 − 4)表示捻回角与纱条捻度以及纱条直径间的关系。如果纱条线密度相同,即半径 r 不变,则捻回角随捻度的改变而改变;如果纱条捻度相同,则捻回角又随纱条线密度的改变而改变。因此,捻回角既可反映相同线密度纱条的加捻程度,又可反映不同线密度纱条的加捻程度。但由于纱条半径不易测量,捻回角的运算又较繁琐,因此在实用上又将其转化为与捻回角具有同等物理意义的另一个参数,即捻系数。下面推导纱条线密度、捻度与捻系数之间的关系式。线密度的定义为 1000m 长纱线的克重数,即 $Tt = 1000\dfrac{G}{L}$。因 $G = \pi r^2 \cdot L \cdot \delta$,式中 δ 为纱条单位体积重 (g/m^3),消去 L,则 $r = \sqrt{\dfrac{Tt}{\pi\delta \times 10^5}}$,以此代入式(7 − 4),得:

$$T_t = \frac{\tan\beta\ \sqrt{\delta \times 10^7}}{2\ \sqrt{\pi}} \times \frac{1}{\sqrt{Tt}} \tag{7 − 5}$$

令

$$\alpha_t = \frac{\tan\beta\ \sqrt{\delta \times 10^7}}{2\ \sqrt{\pi}}$$

则

$$T_t = \frac{\alpha_t}{\sqrt{Tt}} \tag{7 − 6}$$

式(7 − 6)称为捻度公式,α_t 称为捻系数。因 δ 可视作常量,由式(7 − 5)知,捻系数 α_t 只随 $\tan\beta$ 的增减而增减。因此,采用 α_t 度量纱条的加捻程度和用捻回角 β 具有同等的意义,而且运算简便,线密度也容易直接测量。

当采用公制或英制时,同样可以导出捻度公式如下:

$$T_m = \alpha_m\ \sqrt{N_m} \tag{7 − 7}$$

$$T_e = \alpha_e\ \sqrt{N_e} \tag{7 − 8}$$

式中,T_m 和 T_e 分别表示公制捻度和英制捻度,α_m 和 α_e 分别表示两者相应的捻系数,N_m 和 N_e 分别表示两者相应的支数。

③捻幅:单位长度的纱线加捻时,截面上任意一点在该截面上相对转动的弧长,称为捻幅。

设单纱内的纤维都是平行的,如图 7 – 17 所示,纤维 AA_1 因加捻而倾斜至 AB_1 位置,纤维 AB_1 与纱条轴线构成捻回角 β,截取一段长度为 h 的纱条,则 A_1B_1 就是该纤维 A_1 点在截面上的相对位移。若截取的纱段为单位长度时,则 $\widehat{A_1B_1}$ 称为 A_1 点在截面上的捻幅,以 P_0 表示。为计算方便起见,使 $\widehat{A_1B_1} \approx \overline{A_1B_1}$,则:

$$\tan\beta = \frac{\overline{A_1B_1}}{h} = P_0 \qquad (7 - 9)$$

式中,β 为捻回角,如前所述,捻回角可以表示加捻程度,此处 $P_0 = \tan\beta$,故捻幅 P_0 同样可以表示加捻程度。并且,纱线截面内任一点的加捻程度,都可用捻幅表示。如图 7 – 17 中的纤维 $A'A_1'$,加捻后的捻幅为 $A_1'B_1'$。因 $A_1'B_1' < A_1B_1$,可见,在同一截面上,当各点离纱心的距离不同时,捻幅亦不同。图 7 – 18 为截取纱的某一横断面,则截面中任意一点的捻幅 P_x 为:

$$\frac{P_x}{r_x} = \frac{P_0}{r_0}$$

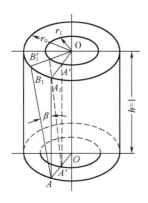

图 7 – 17　捻幅

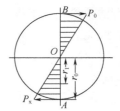

图 7 – 18　单纱任意一点的捻幅

$$P_x = P_0 \frac{r_x}{r_0} \qquad (7 - 10)$$

可见,捻幅 P_x 与该点距纱的中心距离 r_x 成正比。捻幅的物理意义可以理解为纤维与轴线的倾斜程度,表示纤维变形和应力的大小。因此,捻幅的大小表示纱线截面内捻度与应力的分布状态。

2. 捻度的获得

(1)真捻的获得。

①真捻的获得方法:当须条一端被握持,另一端绕本身轴线自转时,须条的外层纤维便产生倾斜的螺旋线捻回,这是形成真捻的基本条件。外层纤维的螺旋线倾斜方向在纱条全长上和整个加捻过程中是一致的,这是纱条上存在真捻的基本特征。

纱条上获得真捻的方法,一般有以下三种情况。

a. 如图 7－19(a)所示,A 为须条喂入点,B 为加捻点并以转速 n 如矢向回转,则 AB 段纱条便产生倾斜螺旋线捻回,AB 段获得的捻度 $T = \dfrac{nt}{L}$,式中 L 为喂入点至加捻点的距离,t 为加捻时间。这种方法如手摇纺纱和走锭纺纱等,加捻时不卷绕,卷绕时不加捻,属于间隙式的真捻成纱方法,生产率低。

b. 如图 7－19(b)所示,A、B、C 分别为喂入点、加捻点和卷绕点,纱条以速度 v 自 A 向 C 运动,A、C 在同一轴线上,B、C 同向但不同速回转,当 B 以转速 n 如矢向绕 C 回转时,则 AB 段纱条上便产生倾斜螺旋线捻回,AB 段获得的捻度 $T_1 = \dfrac{n}{v}$。由于 B 和 C 在同一平面内同向回转,其转速差只起卷绕作用,BC 段的纱条只绕 AC 公转,不绕本身轴线自转,没有获得捻回,故由 C 点卷绕的成纱捻度 T_2 等于由 AB 段输出的捻度 T_1,即 $T_2 = T_1 = \dfrac{n}{v}$。这种方法,加捻和卷绕是同时进行的,能进行连续纺纱,又因在喂入点 A 至加捻点 B 的须条没有断开,属于连续式的非自由端真捻成纱方法,生产率高,如翼锭纺纱和环锭纺纱等。

c. 如图 7－19(c)所示,A、B、C 分别为喂入点、加捻点和卷绕点,A 点和 B 点之间的须条是断开的,B 端一侧的纱尾呈自由状态,当 B 以转速 n 如矢向回转时,B 端一侧呈自由状态的须条在理论上也随 n 回转,没有加上捻回,只在 BC 段的纱条上产生倾斜螺旋线捻回,BC 段获得的捻度 $T = \dfrac{n}{v}$,即为成纱捻度。在这种方法中,卷绕时也不需停止加捻,只要保证在 B 的一侧不断喂入呈自由状态的须条或纤维流,就能连续纺纱,属于连续式的自由端真捻成纱方法,生产率更高,例如转杯纺纱、无芯摩擦纺纱、静电纺纱和涡流纺纱等。

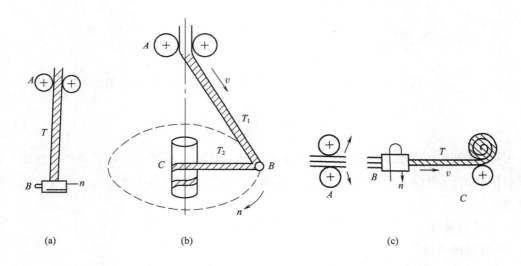

图 7－19　真捻的获得

②真捻的形成过程:将图 7－19(b)展开成如图 7－20 所示。图中 A 为喂入点,须条以速度 v 自 A 向 B 运动,B 为加捻点,并以转速 n 如矢向回转,A 与 B 间的距离为 L。

根据理论推导,在稳定状态下获得的纱条最终捻度与加捻时间和加捻区的长度无关,称为稳定捻度。稳定捻度可定义为:加捻器单位时间内加给纱条某区段的捻回数等于同一时间内自该区带出的捻回数,通常称此为稳定捻度定理。它的表达式为:

$$T = \frac{n}{v} \qquad (7-11)$$

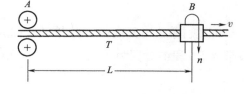

图 7-20　真捻的形成过程

(2)假捻的获得。

①静态假捻过程:如图 7-21 所示,须条无轴向运动且两端分别被 A 和 C 握持,若在中间 B 处施加外力,使须条按转速 n 绕本身轴线自转,则 B 的两侧产生大小相等、方向相反的扭矩 M_1 和 M_2,B 的两侧获得数量相等、捻向相反的捻回,一旦外力除去,在一定的张力下,两侧的捻回便相互抵消,这种暂时存在于 B 点两侧的反向捻回,称为假捻,B 为假捻器。可见,形成假捻的基本条件是纱条两端握持,中间加捻。假捻的基本特征是纱条上存在数量相等、捻向相反的捻回。

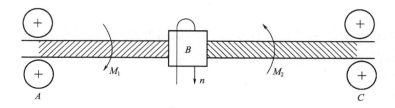

图 7-21　静态加捻过程

②纱条沿轴向运动时的假捻过程:如图 7-22(a)所示 AC 为加捻区,加捻区内有一个假捻器 B。设须条以速度 v 自 A 向 C 运动,B 以转速 n 如矢向回转,L_1 和 L_2 表示 AB 段和 BC 段的长度,T_1 和 T_2 表示加捻过程中任一时刻 t 时 AB 段和 BC 段的捻度,令 T_1 为正,T_2 为负。经时间 dt 后,AB 段和 BC 段的捻回变化如下。

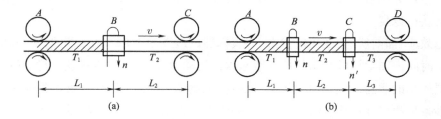

图 7-22　动态假捻过程

AB 段:单位时间内由 B 加给的捻回为 n,同一时间内自 AB 带出的捻回为 $T_1 v$,则 $n = T_1 v$,得:

$$T_1 = \frac{n}{v} \qquad\qquad (7-12)$$

BC 段:单位时间内由 B 加给的捻回为 $-n$(与加给 AB 段的捻回相反),同一时间内,由 AB 段带入 BC 段的捻回为 $T_1 v$,自 BC 段带出的捻回为 $T_2 v$,则 $-n + T_1 v = T_2 v$,得:

$$T_2 = \frac{T_1 v - n}{v} = T_1 - T_1 = 0 \qquad\qquad (7-13)$$

式(7-12)和式(7-13)的结果可知,在稳定状态下,假捻器的纱条喂入端 AB 段存在捻度 $\frac{n}{v}$,输出端 BC 段没有捻度。

在图 7-22(b)中,加捻区内有两个假捻器 B 和 C。须条以速度 v 自 A 向 D 运动,B 和 C 分别以转速 n 和 n',如矢向回转,即同向不同速,T_1、T_2 和 T_3 分别表示 AB 段、BC 段和 CD 段的捻度。

单位时间内,由 B 加给 AB 的捻回为 n,同一时间内,自 AB 段经 B 带出的捻回为 $T_1 v$。根据稳定捻度定理,则 $n = T_1 v$,得:

$$T_1 = \frac{n}{v} \qquad\qquad (7-14)$$

单位时间内,由 B 加给 BC 段的捻回为 $-n$,同一时间内,由 AB 段带入 BC 段的捻回为 $T_1 v$,由 C 加给 BC 段的捻回为 n',自 BC 段经 C 带出的捻回为 $T_2 v$。根据稳定捻度定理,则 $-n + T_1 v + n' = T_2 v$,得:

$$T_2 = T_1 + \frac{n'}{v} - \frac{n}{v} = \frac{n'}{v} \qquad\qquad (7-15)$$

单位时间内,由 C 加给 CD 段的捻回为 $-n'$,同一时间内,BC 段带入 CD 段的捻回为 $T_2 v$,自 CD 段经 D 带出的捻回为 $T_3 v$。根据稳定捻度定理,则 $-n' + T_2 v = T_3 v$,得:

$$T_3 = \frac{T_2 v}{v} - \frac{n'}{v} = T_2 - T_2 = 0 \qquad\qquad (7-16)$$

由式(7-16)知,在稳定状态下,不管中间假捻器有多少个,仅起到假捻的作用,输出的纱条上均不会获得捻度。

③假捻效应:如前所述,在稳定状态下,假捻器的纱条喂入端存在稳定捻度,其值等于该假捻器在单位时间内加给该段纱条的捻回数与纱条运动速度之比,通常称这个稳定捻度值为假捻器给纱条喂入端的假捻效应。但应指出,推导稳定捻度时,假设 B 对纱条呈积极握持状态。当假捻器对纱条呈积极握持状态时,式中的 n 等于假捻器的转速;当假捻器对纱条呈消极握持状态时,式中的 n 仅指假捻器加给纱条喂入端的实际捻回数。如转杯纺纱机的阻捻盘和粗纱机的锭翼顶孔的边缘对纱条所起的假捻作用均为消极握持。

在实际应用中,应使假捻效应的捻向和真捻传递的捻向相同,这样才能起到增加喂入端纱条强力的作用,而加捻区内的中间假捻器,虽然对纱条起假捻作用,但对输出纱条的最终捻度没有影响。

假捻效应可使纺纱过程中纺纱段的捻度增加,可使牵伸区内的松散须条集合紧密,还可增强牵伸区的摩擦力界强度等。但是,由于从假捻区输出的纱条捻度为零,所以不能成纱。假捻不能成纱是传统的技术观念。近代的成纱技术,可以采用固捻措施或转化技术使假捻也能成纱。假捻效应在纺织生产中有着具体的应用。

粗纱假捻器:如图7-23所示,在粗纱机上,为了提高假捻效果,在锭翼顶端采用齿形假捻器来充分发挥其助捻作用,使锭翼顶端至前罗拉的一段纱条捻度增大,提高了纺纱段的动态强力,达到了改善产品质量和降低断头的目的。

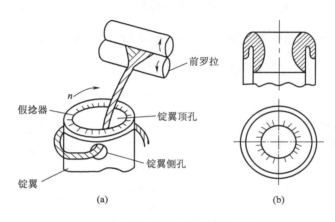

图7-23　粗纱锭翼假捻器

影响粗纱机纺纱段上假捻效应的因素有以下几个。

a. 锭翼顶孔直径大,锭翼回转一周,纱条沿顶孔滚动的附加转数增加,假捻效应大。

b. 顶孔边缘对纱条的摩擦力大,例如顶孔边缘刻槽或加装假捻器等,则纱条在顶孔边缘的滑动减少,滚动转数增加。

c. 假捻器的类型不同,对纱条的摩擦力也不同。实践证明,橡胶假捻器比塑料假捻器的假捻效果好,粗纱伸长率也小。

假捻集合器:利用假捻原理设计的各种假捻集合器,可使须条通过这样的集合器时,形成一定的假捻捻回,并可以提高牵伸区内须条的紧密度,使牵伸区能有较好的摩擦力界分布,来更好地控制浮游纤维的运动,减小牵伸附加不匀。

3. 捻回的传递、捻陷和阻捻

(1)捻回的传递:在实际生产中可以观察到,纱条加捻时,靠近加捻点的捻回数较多,远离加捻点的捻回数较少。如图7-24所示,A为纱条喂入点,纱条以速度v自A向C运动,C为加捻点。加捻时,C以转速n绕纱条自身回转,因纱条为非杆件的松散介质,则纱条AC上各截面的加捻扭矩随离加捻点的距离增加而减小。因此,加捻过程中,纱条上的捻回数靠近C处较多,靠近A处较少,说明捻回是由C向A传递的,这种现象称为捻回的传递。实验证明,捻回的传递方向总是与纱条的运动方向相反,且总是由纱条的加捻点传向纱条的喂入点。当加捻区的纱条受到外界阻力时,则扭矩的损失更大,捻回的传递更难。

(2)捻陷:若在图7-24中须条的喂入点 A 与加捻点 C 之间有一机件 B 与纱条接触,由于 B 对纱条有摩擦阻力,在一定程度上阻止了捻回自 C 向 A 的正常传递,结果使 $T_1 < T_2$,B 点的阻力越大,AB 段的捻回越少,这种现象称为捻陷,B 为捻陷点。设 ε 为捻陷程度,η 为捻回传递效率,则 $\varepsilon = \dfrac{T_2 - T_1}{T_2}$,$\eta = \dfrac{T_1}{T_2} = 1 - \varepsilon$。$\varepsilon$ 越大,阻止捻回的传递越严重,η 越大,对捻回的传递越有利。

(3)阻捻:在实际生产中,还可发现纱条上的捻回随纱条输出时将会受到滞留的情况。如图7-25所示,加捻点 C 与输出点 D 之间存在机件 B,当纱条自 C 向 D 运动时,纱条上的捻回没有完全随纱条经 B 带出,一定程度上被 B 阻止而滞留在 BC 段内,即 $T_1 > T_2$,B 点的阻力越大,BD 段的捻回越少,这种现象称为阻捻,B 为阻捻点。设 λ 为阻捻系数,则 $\lambda = \dfrac{T_2}{T_1}$,$\lambda < 1$。$\lambda$ 越大,捻回的滞留越少,即随纱条带出阻捻点的捻回越多。

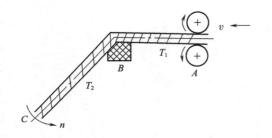

图7-24 捻回的传递和捻陷现象

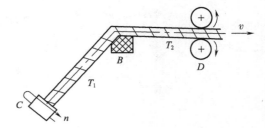

图7-25 阻捻现象

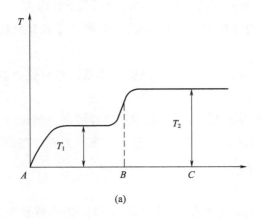

(a)

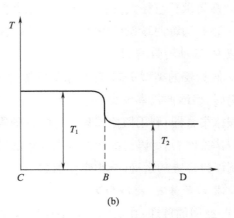

(b)

图7-26 捻线和阻捻对加捻区捻度分布的影响

(4)捻陷与阻捻对加捻区内捻度分布的影响:研究加捻区内的捻度分布,可找出弱捻区域及其形成原因,以便采取必要的技术措施。在图7-26中,AB 段获得的捻回为由 C 加给的 $n\eta$,输出的捻回为 $T_1 v$,根据稳定捻度定理及捻陷的影响,则 $n\eta = T_1 v$,得:

$$T_1 = \frac{n}{v}\eta \qquad\qquad (7-17)$$

BC 段获得的捻回为由 C 加给的 $n(1-\eta)$ 和由 AB 段经 B 带来的 T_1v 之和,输出的捻回为 T_2v,则 $n(1-\eta)+T_1v = T_2v$,因 $T_1v = n\eta$,则:

$$T_2 = \frac{n}{v} \qquad\qquad (7-18)$$

因 $\eta < 1$,则比较式(7-17)和式(7-18)知,$T_2 > T_1$,其加捻区内的捻度分布如图 7-26(a)所示。

在图 7-25 中,BC 段的捻回为由 C 加给的 n,因受 B 处阻捻影响,经 B 带出的捻回为 λT_1v,根据稳定捻度定理,则 $n = \lambda T_1v$,得:

$$T_1 = \frac{n}{v\lambda} \qquad\qquad (7-19)$$

BD 段的捻回为由 BC 段带来的 λT_1v,经 D 输出的捻回为 T_2v,则 $\lambda T_1v = T_2v$,得:

$$T_2 = \frac{n}{v} \qquad\qquad (7-20)$$

因 $\lambda < 1$,则比较式(7-19)和式(7-20)知,$T_1 > T_2$,其加捻区内的捻度分布如图 7-26(b)所示。

由式(7-17)和式(7-19)知,捻陷使进入捻陷点之前的一段纱条上的捻度减少,阻捻使输出阻捻点之前的一段纱条上的捻度增加;由式(7-18)和式(7-20)可知,无论捻陷还是阻捻,对输出的成纱最终捻度均无影响。

4. 粗纱的加捻

(1)粗纱机的加捻过程:前罗拉输出的须条,结构疏松,抱合力很差,很难卷绕成形,故需对粗纱进行加捻。粗纱加捻的作用有:加捻使粗纱强力增加,减少卷绕和退绕过程中的意外伸长和断头;加捻粗纱绕成的管纱,层次清楚,不互相粘连,搬运和贮存也不易损坏;适量的粗纱捻度,有利于细纱机牵伸过程中对纤维运动的控制,从而改善成纱质量。粗纱机是靠锭翼回转对纱条进行加捻的。如图 7-27 所示,须条的一端被前罗拉钳口握持,另一端经锭翼顶孔穿入,再由侧孔引出,然后顺锭翼空心臂绕过压掌卷绕到筒管上。这样,当锭翼每转一周时,由锭翼侧孔带动粗纱绕其本身轴线自转一周,使锭翼侧孔至前罗拉钳口的一段纱条上获得一个捻回。侧孔以下的纱条,只绕锭子中心线公转,而不绕本身轴线自转,因此没有加捻。粗纱最终获得的捻度 $T = \frac{n}{v}$,式中 n 为锭子回转速度,v 为前罗拉输出纱条的速度。

(2)粗纱加捻区的捻度分布:将图 7-27 展开成图 7-28,前罗拉钳口 A 为纱条的喂入点,纱条以速度 v 自 A 向 E 运动,锭翼侧孔 C 为加捻点,以转速 n 回转,锭翼顶孔边缘 B 为捻陷点,又是假捻点,D 为空心臂下端至压掌的转折处,E 为压掌上纱条的绕扣,F 为管纱卷绕点,C、D 和 E 均可视作阻捻点。

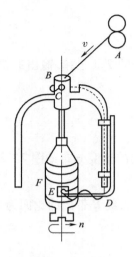

图 7 - 27　锭翼加捻

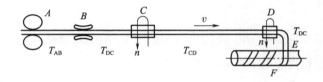

图 7 - 28　粗纱过程加捻示意图

根据稳定捻度定理及捻陷、阻捻和假捻效应概念,可以求得图中各段纱条上的捻度。

AB 段:由 *C* 加给的捻回 n,因受捻陷 *B* 的影响,实际上 *C* 给 *AB* 段加上的捻回为 $n\eta$,由 *B* 给 *AB* 段的假捻捻回为 n',而 *AB* 段自 *B* 点带出的捻回为 $T_{AB}v$,则 $n\eta + n' = T_{AB}v$,得:

$$T_{AB} = \frac{n}{v}\eta + \frac{n'}{v} \qquad (7-21)$$

式中:η——顶孔的捻度传递效率;

　　　n'——顶孔给 *AB* 段纱条的假捻捻回。

BC 段:由 *C* 加给的捻回 n,因受捻陷 *B* 和阻捻 *C* 的影响,实际上 *C* 给 *BC* 段加上的捻回为 $n(1-\eta)$,由 *B* 加给的假捻为 $-n'$,由 *AB* 段带入的捻回为 $T_{AB}v$,而自 *C* 带出的捻回为 $\lambda_1 T_{BC}v$,根据稳定捻度定理,则 $n(1-\eta) - n' + T_{AB}v = \lambda_1 T_{BC}v$,因 $T_{AB}v = n\eta + n'$,则:

$$T_{BC} = \frac{n}{v\lambda_1} \qquad (7-22)$$

式中:λ_1——侧孔的阻捻系数。

CD 段:*CD* 段无自转,不加捻,因受 *C* 和 *D* 的阻捻影响,只有由 *BC* 段带入的捻回 $\lambda_1 T_{BC}v$ 而自 *D* 带出的捻回为 $\lambda_2 T_{CD}v$,根据稳定捻度定理,则 $\lambda_1 T_{BC}v = \lambda_2 T_{CD}v$,得:

$$T_{CD} = \frac{n}{v\lambda_2} \qquad (7-23)$$

式中:λ_2——空心臂下端纱条转折处的阻捻系数。

DE 段:*DE* 段无自转不加捻,因受 *D* 和 *E* 的阻捻影响,只有由 *CD* 段带入的捻回 $\lambda_2 T_{CD}v$ 而自 *E* 带出的捻回为 $\lambda_3 T_{DE}v$,则 $\lambda_2 T_{CD}v = \lambda_3 T_{DE}v$,得:

$$T_{DE} = \frac{n}{v\lambda_3} \qquad (7-24)$$

式中:λ_3——压掌绕扣的阻捻系数。

EF 段:由 DE 段带入的捻回为 $\lambda_3 T_{DE} v$,而自 F 带出的捻回为 Tv,则 $\lambda_3 T_{DE} v = Tv$,得:

$$T = \frac{n}{v} \qquad\qquad (7-25)$$

式中:T——EF 段的捻度,即为成纱的捻度。

将式(7-22)~式(7-25)作比较,并令 $\lambda_1 > \lambda_2 > \lambda_3$,则 $T_{DE} > T_{CD} > T_{BC}$,各段的捻度分布如图 7-29 所示。至于式(7-21)中的 T_{AB},要视假捻效应的大小而定,因 $\eta < 1$,故 AB 段捻度比其他各段少,图中的虚线表示假捻效应较小时的 AB 段捻度。

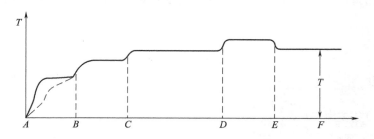

图 7-29　粗纱加捻区内的捻度分布

可见,影响纺纱段捻度 T_{AB} 的因素有锭翼顶孔边缘的捻度传递效率 η 及锭翼顶孔的假捻效应 $\frac{n'}{v}$。设法增加 AB 段的捻度是技术措施的重要内容。

(二)加捻机构

粗纱机的加捻机构主要由锭子、锭翼以及假捻器等组成,根据锭翼的设置形式不同,粗纱机加捻机构可分为托锭式、悬锭式和封闭式三类。

托锭式加捻机构如图 7-30 所示,锭子上端单侧受粗纱条的牵拉作用易摆动,从而导致粗纱伸长率不稳定,不适宜高速运行,并且锭翼一般由销钉嵌入锭子的凹槽内,和锭子一起回转,在落纱时需将锭翼拔出,费时又费工,易损坏锭翼,难以实现自动落纱。随着现代粗纱机运行速度和卷装容量的不断增加,托锭式加捻机构已经逐渐被淘汰。

悬锭式加捻结构如图 7-31 所示,从前罗拉 1 输出的纱条,穿过锭翼顶空 2,由锭翼测孔 3 穿出,在锭翼顶端绕 1/4 或 3/4 圈后,进入锭翼空心臂 4,从其下端穿出的粗纱在压掌 5 上绕 2~3 圈,经压掌导纱孔绕向粗纱筒管 6。悬锭式加捻结构的特

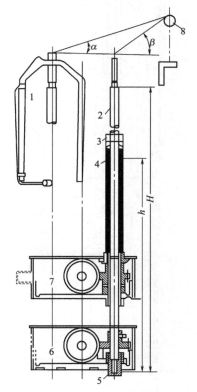

图 7-30　托锭式加捻机构示意图

1—锭翼　2—锭子　3—筒管　4—锭管　5—锭脚油杯
6—下龙筋(固定)　7—上龙筋(运动)　8—前罗拉

点有:落纱时,可以不拔锭翼,便于实现自动化操作,利于清洁;由于取消了落纱时拔插锭翼的动作,可对锭翼加厚、加固,有利于减少两臂的弹性变形;上龙筋位于锭翼顶端与前罗拉吐出须条之间,阻隔了锭翼高速时所引起的气流对纱条的干扰,减少了纱条飘动与飞花。悬锭式粗纱机的生产为粗纱机实现自动落纱和连续生产创造了条件,现代许多新型粗纱机都是采用悬锭式配置的加捻机构。

封闭式加捻机构的锭翼双臂封闭,顶部和底部均有轴承支持,如图7-32所示。锭翼5由上部锭翼罩壳7内的螺旋齿轮2和转动轴9传动,压掌6位于空心臂的中部。导向轴1和锭套筒9由各自配套的螺旋齿轮传动。锭套筒9外套纱管8,内侧通过双键7与锭子相连,并带动

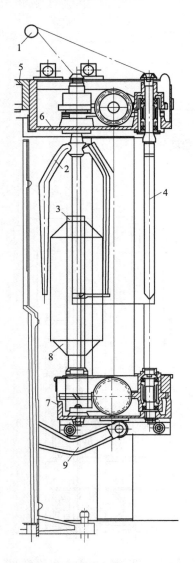

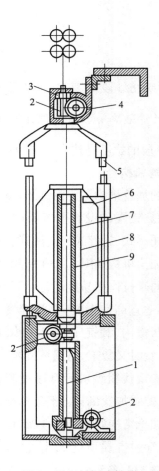

图7-31　悬锭式加捻结构示意图　　　　　　图7-32　封闭式锭翼

1—前罗拉　2—锭翼　3—筒管　4—锭子　5—机面　　　1—导向轴　2—螺旋齿轮　3—锭翼罩壳　4—转动轴　5—锭翼

6—上龙筋　7—下龙筋　8—粗纱　9—摆臂　　　　　　6—压掌　7—双键　8—外套纱管　9—锭套筒

锭子同向回转。锭子为空心,顶部紧固一塑料六角形正齿轮以支承筒管,使其随锭子一起运动。锭子下部内壁有螺纹,与导向轴的螺纹相吻合,当导向轴与锭子间同向等速转动时,锭子无升降运动;若导向轴转速快,则锭子向上运动;若导向轴转速慢,则锭子向下运动,从而达到纱管升降卷绕的目的。封闭式加捻机构有两种传动形式,即锭翼的传动轴在锭翼的上方或下方,两种传动方式各有利弊,锭翼传动在下方时,生头比较方便,且锭翼传动轴与锭子传动轴在同一箱体(龙筋)内,车上机构较为简单;锭翼传动轴在上方时,上龙筋位于锭翼与前罗拉之间,阻隔了锭翼高速引起的气流对纱条的干扰,减少了纱条飘动和飞花,且发生断头时,须条堆落在龙筋上,相邻锭子上的粗纱不会因飘头而断头。封闭式加捻机构取消了龙筋升降机构,且在高速时锭翼的变形量极小,运行平稳,故特别适应于高速大卷装。

1. 锭翼 锭翼主要由空心臂、实心臂、中管和压掌组成,其作用是对粗纱进行加捻,并将粗纱引导到筒管上。传统的粗纱锭翼为托锭锭翼,一般由销钉嵌入锭杆的凹槽内,和锭子一起回转,落纱时需要拔下锭翼。近年来,由于卷装尺寸的不断增大和锭速的不断提高,传统的锭端支撑方式,已经不能适应需要。目前,锭翼已逐步发展为悬吊式锭翼结构。悬吊式锭翼有锭杆式锭翼与无锭杆式锭翼两种。锭翼的结构如图7-33所示。新型粗纱机采用有锭杆式锭翼,锭翼中央有锭杆,其长度与锭翼臂相当,用以支撑筒管上部,亦称其为上锭杆式吊锭。无锭杆式锭翼,锭翼中央没有锭杆,锭翼不给筒管提供支撑,而在下龙筋采用长支撑杆,用以支撑整个筒管,亦称其为下锭杆式吊锭。

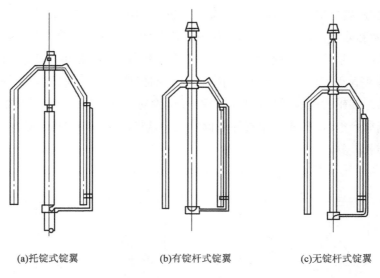

(a)托锭式锭翼　　　　　(b)有锭杆式锭翼　　　　　(c)无锭杆式锭翼

图7-33 锭翼的结构

压掌由压掌叶、压掌杆、上圆环、下圆环等组成。上、下圆环活套在空心臂上,当锭翼回转时,压掌可以绕空心臂在一定角度范围内灵活转动。因压掌杆较压掌叶略重,以空心臂为轴心,两者产生离心力矩差,使压掌叶产生一定的压力压向纱管,将粗纱紧密地卷绕在筒管上。由于压掌叶的离心力随卷绕直径的增加而增加,压掌杆的离心力随卷绕直径的增加而减小,所以压掌叶的压力(两者的离心力矩之差)随卷绕直径的增加而减小,这样,内层粗纱不致被挤出卷装的两端。

2. 锭子　锭子也称锭杆。悬吊式锭翼结构的上部称上轴,其下部为锭杆(也称下轴)。锭子与锭翼同速回转。锭子从上部插入筒管内,用以稳定筒管上部。

3. 假捻器　粗纱机的加捻作用发生在锭翼顶孔至侧孔之间,由于加捻力矩的作用,使捻回向前罗拉方向传递,由于锭翼顶孔对纱条的轴向摩擦,阻止了捻回顺利向上传递,形成捻陷,锭

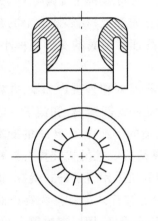

图 7 – 34　锭翼顶孔刻槽式假捻器

翼顶孔视为捻陷点。前排因纱条长,导纱角小,摩擦阻力大于后排,捻陷现象较后排严重,形成前、后排纱条的伸长差异。锭速越高,纱条抖动越激烈,粗纱伸长差异就越大。为减少因捻陷带来的不良影响,粗纱机上都采用假捻器暂时增加纺纱段的捻度,以提高其纺纱段强力。粗纱假捻器形式很多,主要有锭翼顶孔刻槽和锭帽式假捻器。

如图 7 – 34 所示,在锭翼中管顶端冲制若干均匀分布的放射形凹槽,为了弥补前、后排导纱角不等及纺纱段长度不同而引起的纱条松紧不一,前排由于纱条在锭翼顶端的包围弧大而更易伸长或断头,故一般前排刻槽较后排多。

随着粗纱机不断向高速、大卷装及高质量方向发展,当前国内外许多新型粗纱机都采用锭帽式假捻器,锭帽所用材料有塑料、尼龙、橡胶、聚氨酯等,塑料假捻器摩擦因数小,不耐磨,使用寿命短,假捻效果较差,已逐渐被淘汰;尼龙和橡胶假捻器的增捻效果接近,尼龙假捻器使用寿命较长,橡胶假捻器摩擦因数大,假捻效果好,但是使用寿命较短,在生产重定量粗纱时,需更换为改进型橡胶假捻器,如图 7 – 35所示;聚氨酯假捻器体积大,摩擦因数大,齿的握持作用大,假捻效果好,是目前粗纱机上常用的假捻器。锭帽式假捻器优点是假捻器可作为易损件定期调换,还可在假捻器的材料、结构上有充分选择余地,以提高假捻器的假捻效果。这样也可以减少由于前排与后排导纱角不同引起的纱条伸长差异。

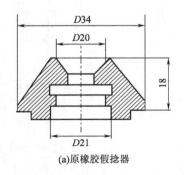

(a)原橡胶假捻器

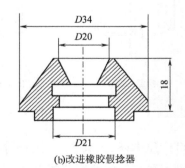

(b)改进橡胶假捻器

图 7 – 35　橡胶假捻器改进示意图

为了减少由于前后排导纱角不同引起纱条伸长差异的问题,所用锭子普遍采用了前排低后排高、前后排等导纱角的设计,如图 7 – 36 所示。这样的设计有助于改善前后排粗纱的假捻效

率、伸长率和条干不匀。

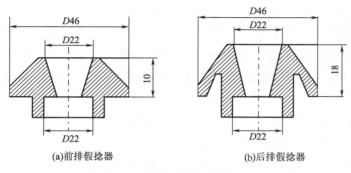

(a)前排假捻器   (b)后排假捻器

图7-36 改进后的前后排假捻器

四、卷绕机构

(一)卷绕的基本原理

1. 卷绕的目的与要求

（1）卷绕的目的：目前，纺纱工程分成若干工序。这样，生产过程中必须将各工序的半成品或成品卷绕成一定形式的卷装，以便于储运和继续加工。

（2）卷绕要求：不同机台的产品有不同的卷装形式，一方面要适应本工序产品结构的要求，另一方面也要适应继续加工的退绕需要。所以，不同机台以及不同工序的卷绕有不同的具体要求，但应具有下述共同特点。

①应有较大的卷装容量，以减少落纱和下道工序换管或换筒的次数，提高生产率。卷装尺寸要与机台规模相匹配，并利于储运。

②卷绕应对半成品或成品的内在质量、外观、均匀度等无损伤，使产品的性能不降低，不增加疵点。

③应便于继续加工与退绕，防止粘连，扭结或脱圈。

2. 卷绕的类型与规律

（1）卷绕的基本类型：纺纱过程中，各机台的产品形状、性质不同，卷装的结构和类型亦各异。目前的卷装主要有下列几种类型。

①近似阿基米德螺旋线的卷装：用于宽而厚的产品，卷绕时不用横动或升降，如棉纺的清棉机生产的棉卷，条卷机和并卷机生产的筵棉也采用此种形式。

②摆线式卷装（圈条卷绕）：用于粗大而其强力较小的半制品，一般以摆线的形式圈放在条筒内，以免纱条中的纤维结构发生变化。如梳理机、针梳机、并条机和精梳机等生产出来的纱条。

③平行螺旋线卷绕（圆柱形卷装）：属于圆柱形卷装的有粗纱机和并纱机等。

④交叉螺旋线卷绕（圆锥形卷装）：这种卷绕适合高速卷绕和退绕，而且卷绕张力较大，细纱，捻线和络筒属这种卷装。

（2）卷绕运动的基本规律。

①卷绕速度与输出速度相适应:在纺纱过程中卷绕速度与输出速度应始终协调一致,否则,将使产品卷绕松紧不一致。一般情况下,卷绕线速度应比输出线速度略大些,以保持一定的张力。但因产品与结构不同,也有输出线速度略大于卷绕线速度,如细纱加捻便产生了捻缩,使输出线速度略大于卷绕线速度。不过其差异很小,两者保持一致是基本的条件。

②卷绕节距是可变的:绕纱节距是可以变化的,这样才能在卷装内卷绕足够的产品,便于退绕。

3. 粗纱的卷绕 粗纱加捻后还必须卷绕成适当的卷装形式,以便搬运、存储及后道工序的顺利退绕。粗纱管以圆柱形卷绕的方式进行卷绕。

(1)粗纱的成形:粗纱锭翼围绕筒管作相对运动,从而引导粗纱的径向一层挨一层地进行卷绕,并由里向外一层一层地增大管纱直径;同时,由于上龙筋带着筒管相对锭翼作上下移动而引导粗纱在筒管的轴向一圈紧挨一圈地紧密排列。为了防止在卷绕和运输过程中因脱圈或两端崩塌而造成坏纱,卷绕动程应逐层缩短,最后制成两端为截头圆锥体、中间为圆柱体的卷装形式,如图7-37所示。

(2)实现卷绕的条件:实现粗纱卷绕,只要筒管与锭翼间有相对转动,即能实现粗纱卷绕。筒管与锭翼可以同向回转,也可以反向回转,一般多采用前者。当筒管转速大于锭翼转速时,称为管导;反之,称为翼导。无论采用管导还是翼导,因粗纱捻向一定,故其转向不变。但因压掌位置不同,其绕法亦异。纺纱中多采用管导,在生产上有如下优点。

当粗纱断头时,筒管上的纱尾在回转气流作用下,紧贴于管纱上,不致乱飞;随着卷绕直径的增加,管纱重量随之增大。采用管导式,筒管直径越大,其转速越低,动力消耗较均衡,回转亦较稳定;传向锭子的轮系中齿轮个数较少,开车启动时锭子总是略先转动,使压掌时至筒管间纱段松弛,而翼导式开车瞬间该段张力增加,容易引起伸长或断头。

在管导式或翼导式中,筒管和锭翼的回转方向相同,只是压掌的位置不同,绕线的方向相反,如图7-38所示。

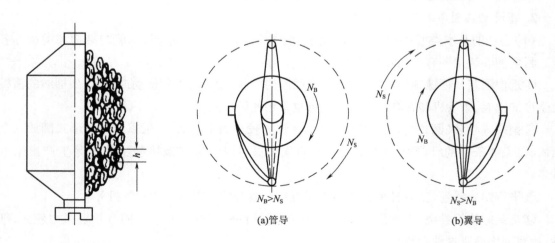

图7-37 粗纱管纱   图7-38   管导、翼导式卷绕方法

（3）卷绕的基本要求：管导式如图 7 - 38 所示。在管导式中筒管转速与锭翼转速之差，称为卷绕速度，即：

$$n_{\mathrm{W}} = n_{\mathrm{B}} - n_{\mathrm{S}} \quad 或 \quad n_{\mathrm{B}} = n_{\mathrm{S}} + n_{\mathrm{W}} \tag{7 - 26}$$

式中：n_{W}——卷绕速度，$\mathrm{r/min}$；

　　n_{B}——筒管速度，$\mathrm{r/min}$；

　　n_{S}——锭翼（子）速度，$\mathrm{r/min}$。

①卷绕速度方程：为了实现正常卷绕，必须保证任一时间内前罗拉输出的实际长度应等于筒管的卷绕长度，即：

$$v_{\mathrm{F}} = \pi D_{\mathrm{X}} n_{\mathrm{W}} \quad 或 \quad n_{\mathrm{W}} = v_{\mathrm{F}} / \pi D_{\mathrm{X}} \tag{7 - 27}$$

式中：D_{X}——粗纱管纱卷绕直径，mm；

　　v_{F}——前罗拉输出的线速度，$\mathrm{mm/min}$。

式（7 - 26）表示了卷绕速度与卷绕直径的关系，称卷绕速度方程。将式（7 - 27）代入式（7 - 26），得：

$$n_{\mathrm{B}} = n_{\mathrm{S}} + v_{\mathrm{F}} / \pi D_{\mathrm{X}} \tag{7 - 28}$$

式（7 - 28）称为筒管速度方程（卷绕速度方程）。在一落纱的过程中，粗纱的捻度是不变的，式（7 - 28）中的 n_{S} 和 v_{F} 不变，但 D_{X} 在一落纱时间内逐层由小变大，所以筒管转速 n_{B} 将随粗纱卷绕直径 D_{X} 的增大而逐层减小。由此可见，筒管转速 n_{B} 是由恒速的锭速 n_{S} 和变速的卷绕速度 $v_{\mathrm{F}} / n\,D_{\mathrm{X}}$ 两部分速度合成的，而合成的结果仍是变速。如图 7 - 39 所示为筒管转速 N_{B}、锭翼转速 n_{S}、卷绕转速 n_{W} 与卷绕直径 D_{X} 的关系。

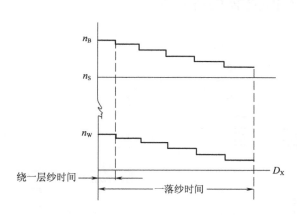

图 7 - 39　n_{B}、n_{W}、n_{S} 与 D_{X} 的关系

从图中可以看出：在一落纱时间内，锭翼转速不变，筒管转速和卷绕转速随卷绕直径的逐层增大而逐层减小；同一层纱里，筒管转速和卷绕转速不变。另外，从生产中可知，绕一层纱所需时间逐层增加，而其速度变化梯度逐层增大。

②升降速度方程：粗纱在筒管轴向的紧密排列，在 FA401 型系列粗纱机上是由下龙筋作升降运动来实现的。为了实现正常卷绕，必须保证任一时间内下龙筋的升降高度和筒管的轴向卷绕高度相等，即：

$$v_{\mathrm{L}} = h v_{\mathrm{F}} / \pi D_{\mathrm{X}} \tag{7 - 29}$$

式中：v_{L}——下龙筋（筒管）升降速度，$\mathrm{mm/min}$；

　　h——粗纱轴向卷绕圈距，mm。

式(7-29)表示下龙筋升降速度和卷绕直径的关系,被称为粗纱机的升降速度方程。在一落纱时间内,粗纱直径不变,即式(7-29)中的 h 不变,因而升降速度 v_L 随卷绕直径 D_X 的逐层增大而减小如图7-40所示为下龙筋升降速度与卷绕直径的关系。

从图中可以看出:在一落纱时间内,下龙筋升降速度随卷绕直径的逐层增大而逐层减小;在同一纱层内,龙筋的升降速度不变。实践表明,龙筋升降一单程所需时间,随卷绕直径的逐层增加而增加。

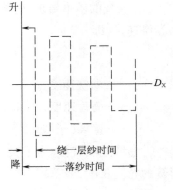

图7-40　v_L 与 D_X 的关系

(二)卷绕机构

粗纱机的卷绕成形是靠粗纱机的变速机构、差动装置、摆动机构、升降机构及成形机构等协同实现的,如图7-41所示。主轴由电动机传动,它一方面传向锭子,另一方面经捻度变换齿轮和捻度阶段变换齿轮传向上锥轮(俗称上铁炮)和前罗拉。上、下锥轮由小皮带传动,下锥轮经卷绕齿轮传向差动装置和升降齿轮,前者经摆动装置传向筒管,而后者经换向齿轮、升降轴传动下龙筋。锥轮皮带受成形装置的控制,沿锥轮轴向移动。由于锥轮为一圆锥体,各截面的直径不等(上、下锥轮任一截面的直径之和为常数 C),当移动锥轮皮带时,便改变了上下锥轮的传动比,从而改变了筒管和下龙筋的速度。

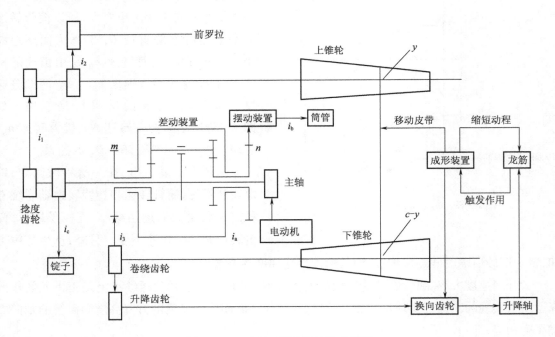

图7-41　FA401型粗纱机传动简图

1. 变速机构　粗纱机变速机构的作用是传动和控制筒管卷绕和龙筋升降速度,使其运动速度都随卷绕直径的增加而逐层递减。在传统的粗纱机上采用一对锥轮(俗称铁炮)作变速机

构。上锥轮为主动轮是恒速的,下锥轮为被动轮是变速的。筒管每绕完一层纱,锥轮皮带受成
形装置棘轮的传动,向主动轮小头(或被动轮大头)方向
移动一小段距离,使下锥轮转速降低,从而筒管的卷绕转
速和龙筋的升降速度都相应降低。锥轮按外廓形状分有
曲线锥轮和直线锥轮两种。有锥轮粗纱机普遍采用曲线
锥轮,如图7-42所示。曲线锥轮的母线是双曲线,每绕
完一层粗纱,皮带在锥轮上的移动量恒定相等。

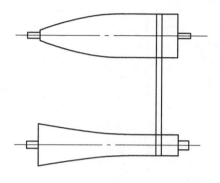

目前,国内外新型粗纱机的变速机构正逐步取消铁炮
装置,有单独电动机传动卷装,在电动机上安装的速度变
换器由微电脑进行同步控制,只要输入平均锭翼转数和粗
纱定量等基本参数,电脑便可根据卷绕直径的变化自动改

图7-42　曲线锥轮

变卷绕速度;还可通过粗纱机上设置的 CCD 张力传感器测得纺纱段纱条下坠的位置信号,对卷绕
速度作必要的修正,使卷绕速度和前罗拉线速度适应。由于取消了铁炮,机器速度可进一步提高,
可对卷装速度进行有效的控制,机器后部整齐,结构简单,有利于保养。

2. 差动装置　差动装置位于粗纱机的主轴上,其结构为一周转轮系,由首轮、末轮及转臂
组成。根据转臂传动方式的不同,可分为主轴传动转臂式、下锥轮传动转臂式和转臂传动筒管
式三种类型,粗纱机一般采用前两种差动装置。

差动装置的作用有以下几个。

(1)减轻变速机构的功率负担:筒管功率的大部分来自主轴,减轻锥轮皮带的传递力,减少
皮带的滑溜,可提高变速机构传动比的准确性。

(2)便于调整捻度:当工艺上改变粗纱捻度需要调整捻度齿轮时,前罗拉的输出速度、筒管
的卷绕速度以及升降龙筋的升降速度同步改变,保证了粗纱的正常卷绕。

(3)落纱后生头方便:落纱生头时,只需抬起下锥轮,使卷绕速度等于零,不需要另外的生
头机构。

(4)简化机构:采用差动装置后,通过一对锥轮同时实现筒管和龙筋升降的变速运动,实现
粗纱机等螺距平行卷绕。

3. 摆动机构　摆动机构位于差动装置输出合成速度齿轮和筒管轴端齿轮之间,其作用是
将差动装置的输出转速传递给随龙筋升降的筒管。

目前,新型粗纱机普遍采用万向联轴节式摆动机构。如图7-43所示,该装置由花键轴、花
键套筒、万向十字头和筒管轴组成。装置两端各有一套万向十字轴节,输入轴节中心位置不变,
而输出轴节随龙筋做升降运动。两个轴节用花键轴套相连,可以伸缩,以补偿龙筋升降时距离
的变化。当万向联轴节输出轴和输入轴的角速度相等时,可消除附加转速的产生。为了保证万
向联轴节输出轴和输入轴的角速度相等,安装时必须满足两个条件:三轴(输入轴、输出轴及花
键轴)和两头(两个十字头)在同一平面内运动;输出轴和输入轴平行(即两个夹角相等 $\theta_1 =
\theta_2$)。虽然万向联轴节的摆动装置可以使 a、b 轴同速回转,但在两轴处会产生附加弯矩,容易损
坏轴承,所以应尽可能减小 θ 值。

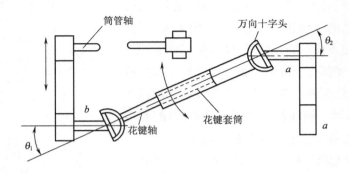

图 7 - 43 万向联轴节式摆动机构

4. 升降机构 升降机构的作用是使升降龙筋作有规律的运动。为使粗纱纱条沿着筒管长度方向一圈挨一圈地卷绕在纱管上，纱管除转动外，还需要随龙筋作升降运动；为了逐层卷绕粗纱，每绕完一层后，升降龙筋需换向一次；为了使管纱两端呈截头圆锥体形状，升降龙筋的升降的动程应逐层缩短。升降龙筋的换向及动程的缩短由成形机构控制升降机构来完成的。升降机构由龙筋、升降轴、换向齿轮和平衡重锤等机件组成。升降机构的形式很多，主要有链条动滑轮式和齿条式两种。

链条动滑轮式升降机构如图 7 - 44 所示，由变速机构传来的速度使升降平衡轴 3 作正反向交替运动。升降平衡轴上固装有升降链轮 2，通过链条 4，链轮 6 与摆臂 5（升降杆）的中部相连，摆臂以 a 为支点，另一端托持升降龙筋 c。当升降轴往复回转时，升降龙筋在摆臂的放大作用下完成升降运动。为了减轻负荷，降低功率消耗，在升降平衡轴上与摆臂对应的方向挂有平衡重锤 6。当升降龙筋上升时，平衡重锤下降，借重锤的重量托扶升降龙筋上升。但因升降龙筋全靠本身自重而下降，所以平衡重锤的自重不能太大，以保证升降龙筋的重力矩略大于平衡重力矩。否则，一旦链条伸长或升降槽内积花，就可能造成升降龙筋下降呆滞或打顿现象。升降龙筋的垂直下降是靠各机架上的导向滑槽来保证的。链条动滑轮式升降机构的升降平衡轴可设在升降龙筋上升的最高位置上方，升降轮的重锤链轮 1 均装在升降平衡轴上，可使升降龙筋的最低位置很低，为增加卷装高度创造了条件。

齿条式升降机构如图 7 - 45 所示，由变速机构传来的速度通过轮系及换向齿轮传至升降轴 7，通过固装在升降轴上的升降齿轮 8 传动固装在升降龙筋 2 上的升降齿条 1，从而实现升降龙筋的升降运动。当升降龙筋处于最低位置时，为了保证升降齿条的下降，升降轴离地高度应大于龙筋的升降高度，为了减轻传动负荷，升降装置设有平衡轴 4，图中 3 为升降链轮，5 为平衡链轮，6 为平衡重锤，9 为升降杠杆，a 为升降杠杆支点。

5. 成形机构 成形机构为一机电式或机械式自动控制机构。为了满足成形的要求，每当粗纱卷绕一层至筒管两端时，成形机构应迅速而准确地同时完成三项动作：使锥轮皮带向主动锥轮（上铁炮）的小头端移动一小段距离，以降低筒管的卷绕速度和龙筋的升降速度；移动换向机构的拨叉，切换锥齿轮的啮合传动，以改变龙筋升降运动的方向；使成形角度齿轮转动一定角度，圆齿杆移动一小段距离，缩短龙筋升降动程，制成两端截头圆锥形的卷装。

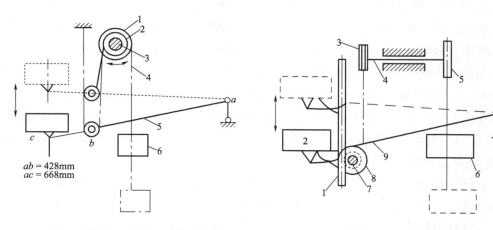

图 7 – 44　链条动滑轮式升降机构　　　　图 7 – 45　齿条式升降机构

上述三项动作需要在卷绕纱层至两端的同时发生，且要求瞬间完成。粗纱机成形机构所发生的动作，都是由升降龙筋的运动触发所致。为了使粗纱机正常运转，要求成形机构动作灵活、机构简单、调节方便。成形机构的类型较多，有机电式（即机械和电器结合式）、压簧式和摇架式三种。新型粗纱机普遍采用机电式成形机构，如图 7 – 46 所示，其中缩短下龙筋的升降动程、

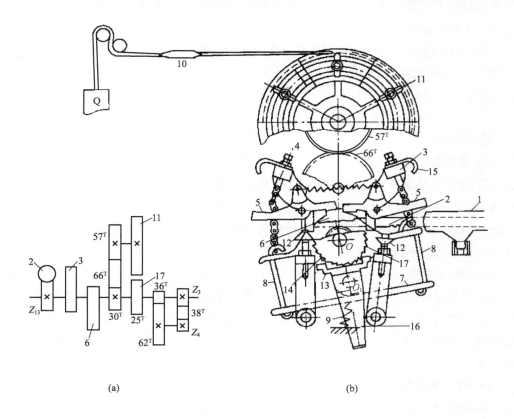

(a)　　　　　　　　　　　　(b)

图 7 – 46　粗纱机的机电式成形机构

锥轮皮带的移动和降低筒管卷绕速度由机械装置完成,改变下龙筋的升降方向由电气控制完成。图中所示位置为龙筋正处于下降过程,滑座 1 随龙筋下降,通过圆齿杆 2 带动上摇架 3 绕 O 轴作顺时针方向摆动,装于上摇架臂上左右两根链条与链条铁钩 8 相连,横杆 7 在链条铁钩的作用下左端被逐渐拉起,而右端在横杆下弹簧 9 的配合下逐渐被拉下。右侧铁钩施加于下摇架 6 上,使其具有绕 O 轴作顺时针方向摆动的趋势。当龙筋下降到一定高度时,上摇架臂上的右调节螺丝 4 下压下方的燕尾掣子 5,从而使下摇架解脱了燕尾掣子的控制,下摇架立即顺时针摆动,而左机侧掣子因连接弹簧的作用而下压,对摇架起控制作用。在下摇架摆动的这一瞬间,成形机构完成下述三项动作。

(1)移动铁炮皮带:重锤 Q 始终有使铁炮皮带叉 10 向主动铁炮小直径端移动的趋势,但由于圆盘张力调节齿轮 11 通过一组齿轮(57^T、66^T、30^T、Z_5、38^T、Z_4、62^T、36^T)同成形棘轮 17(25^T)相连,成形棘轮因受两侧伞形掣子的控制而阻止圆盘式张力调节轮转动。当短轴 O_1 带动撞块 13 使左侧伞形掣子 12 脱开棘轮的同时,右侧的伞形掣子又被弹簧 14 拉向成形棘轮 17。在此过程中,成形棘轮因瞬时脱离控制而顺时针转过半个齿,通过上述轮系使圆盘式张力调节轮转动一个角度,从而使皮带叉带动皮带向主动铁炮的小直径端移动一小段距离,使管纱的卷绕速度和龙筋的升降速度变慢。图中 15 为弯板。

(2)升降龙筋换向:在下摇架 O 轴顺时针摆动时,与其为一体的短轴 O_1 带动换向感应片 16 一起左摆而接近龙筋换向传感器,从而使双向磁铁动作,经连杆使锯齿离合器与一伞形齿轮脱开而与另一伞形齿轮啮合,使升降龙筋运动方向改变。

(3)升降动程缩短:当成形棘轮 17 转过半个齿时,通过轮系使升降渐减齿轮 Z_{13} 绕 O 轴转过一个角度,并使与之啮合的固齿杆 2 向左移动一段距离,从而缩短了圆齿杆的摆动半径和龙筋升降动程。

五、辅助机构

(一)清洁装置

在生产过程中,粗纱机的罗拉、胶辊、胶圈等处将积聚大量的短绒和杂质,导致纤维缠绕机件形成疵点,同时产生的大量飞花和挂花还会影响到车间工作环境。因此,粗纱机上必须安装清洁装置,并且随着现代粗纱机车速的不断提高,清洁工作更加需要加强,以保证产品质量的稳定提高,减轻挡车工的劳动强度。

粗纱机的清洁装置主要由采用积极式回转绒带的上下罗拉清洁盖板装置、巡回式吹吸风清洁器及吸风风道等组成,如图 7-47 所示。巡回式清洁器吹风嘴将车面和上龙筋盖板上的飞花以及下清洁盖板落下的废花等杂质吹到安装在车面后侧的吸风管道吸口处被吸走。吸风嘴吸除上清洁盖板的废花,避免棉杂落入粗纱,防止纱疵产生,保证产品质量,同时减少了操作工人的清洁工作。

(二)光电自停装置

为了提高纱线质量和挡车工的操作安全,在粗纱机上还装有光电自停装置,包括一个光电控制箱和 8 组光束的发射接收头,其中光源位于车尾部分,光源接收器位于车头机架上。8 组

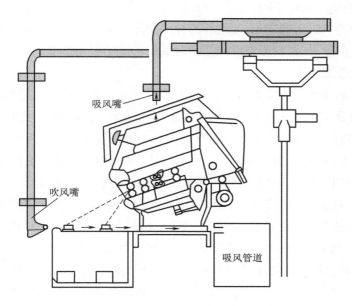

图 7－47　粗纱机清洁系统示意图

接收头从功能上可分为三种。

1. 光电断头自动控制装置　1～3 组为光电断头自动控制装置,其中 1～2 为粗纱检测头,位于前罗拉与锭翼顶端处,第 3 组为棉条检测头,位于后罗拉喂入处,它们的作用是控制机前、机后的断头。

2. 连锁保护自停控制装置　4～5 组在落纱生头过程中的龙筋上升操作程序连锁保护光电控制装置,当龙筋从最低位置到插管位置时,光电控制保证粗纱不落完,龙筋不能上升,光照则通,当龙筋从插管位置到生头位置时,光电控制保证空管不插好,龙筋不准上升,光照则通。

3. 安全保护光电控制装置　6～8 组安全保护光电控制装置,其目的在于防止工艺操作时(处理断头时,手臂伸入锭翼间),由于他人开车造成的人身事故。

以上三路光必须在光通时才能开车,挡光时即使开车,设备也不启动。

(三) 防细节装置

在实际生产中,为使粗纱卷绕有一定的紧密度,实际卷绕速度一般稍大于前罗拉的输出速度。当停机时,由于管纱的惯性大于牵伸罗拉,所以在前罗拉至锭翼间的这段纱条上,会因张力增大而产生细节,严重时甚至断裂,对后道工序加工不利。粗纱机纱机可配置防细节装置。

防细节装置采用电磁离合器,装在被动铁炮至差动装置的传动路线中。该离合器在机器运转时啮合,而在切断主电源至机器完全停止这一段时间内脱开,使输入装置的变速为零,从而使此时的筒管和锭翼同转而不产生卷绕,于是前钳口至锭翼顶端间的粗纱呈松弛并略有微量下垂状态,从而避免了细节的产生。

(四) 张力补偿装置

粗纱卷绕时,影响粗纱张力变比的因素很多,如内外层卷绕直径的增量不同;一落纱中铁炮皮带的松紧不同,铁炮的负荷不同,皮带的滑溜率也不同;车间温湿度的变化、纺纱原料的变化,都会引起一落纱中卷绕张力的变化,使粗纱的伸长率不一致,造成粗纱重量不匀增大。为减少一落纱中卷绕张力的差异,在新型粗纱机上普遍采用了张力补偿装置,以调节一落纱的张力或控制大、中、小纱的卷绕张力。

1. 有锥轮粗纱机张力补偿装置 有锥轮粗纱机张力补偿装置的实质是铁炮皮带每次除正常移距 S 外,还有一个附加移距 ΔS,即每次总位移量为 $S \pm \Delta S$。通过补偿装置微调 ΔS 的大小,以减少张力波动,使粗纱在一落纱中张力基本保持稳定。张力补偿装置的种类很多,从调节的原理可分为分段式和连续式两大类。分段式张力补偿装置是将一落纱分成若干阶段,各阶段铁炮皮带每次位移量不相等,但同一阶段内铁炮皮带位移量相等。连续式张力补偿装置是在一落纱中进行连续调节,使铁炮皮带每次移动距离发生连续变化。齿轮连续调节式张力补偿装置如图 7 - 48 所示,成形齿轮 1 与齿轮 5 之间配置了一对偏心齿轮 4 和 3,上、下偏心齿轮绕各自的轴心旋转,齿轮 4 上有一销钉深入下齿轮 3 的滑槽中,使两齿轮中心距可以调节,从而形成可变的偏心距。下偏心齿轮由成形棘轮 2 通过轮系转动,在龙筋每次换向时,成形棘轮转过的角度是一定的,故下偏心齿轮每次转过的角度也是一致的。上偏心齿轮由下偏心齿轮通过销钉带动,因存在一个偏心距和一个起始位置,则使上偏心齿轮在每次龙筋换向时转过的角度是个变量,并通过齿轮 5、6、7、8 使长齿杆 9 或绳轮获得一个变化的位移量,从而达到张力补偿的目的。偏心齿轮连续调节式张力补偿装置的关键在于对偏心齿轮起始角位移的确定和对偏心齿轮的调节。

2. 无锥轮粗纱张力补偿装置 新的智能型粗纱机采用 CCD 张力自动检测如图 7 - 49 所示,以 CCD 光电全景图像摄像系统作为张力自动监控,在粗纱机通道侧面方向判别粗纱条通过时所处位置线,是上位、中位或下位来反应张力大小。在 CCD 功能配置时,可以设定基准线,然后在运转时连续摄取计算实测值,并比较判定粗纱张力状态,再由电控装置在线调节,数据可在屏幕上显示。在更换新品种时,一般可自动选择最佳张力状态,不必重新手动设置。

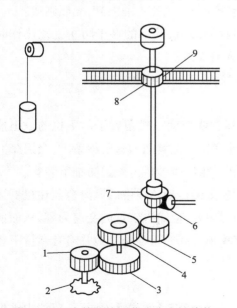

图 7 - 48　齿轮连续调节式张力补偿装置

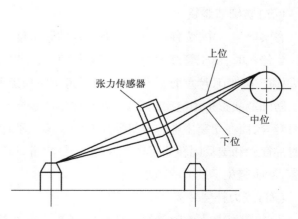

图 7 - 49　CCD 张力检测示意图

第三节 粗纱机工艺分析

一、牵伸工艺分析

粗纱机的牵伸工艺参数主要包括粗纱定量、锭速、牵伸倍数及其分配、罗拉握持距、罗拉加压、胶圈原始钳口和上销弹簧起始压力、集合器口径等。

（一）粗纱定量

粗纱定量应根据熟条定量、细纱机牵伸能力、成纱线密度、纺纱品种、产品质量要求以及粗纱设备性能和供应情况等各项因素综合选择。一般纺细特纱，定量轻；纺粗特纱，定量重。在双胶圈牵伸中，粗纱定量过重时，往往因中上罗拉打滑使上下胶圈间速度差异较大而产生胶圈间须条分裂或分层现象。所以，双胶圈牵伸形式不宜纺定量过重的粗纱。一般粗纱定量在 2 ~ 6g/10m，纺特细特纱时，粗纱定量以 2 ~ 2.5g/10m 为宜。粗纱定量选用范围见表 7 - 2。

表 7 - 2 粗纱定量选用范围

纺纱线密度（tex）	32 以上	20 ~ 30	9.0 ~ 19	9.0 以下
粗纱干定量（g/10m）	5.5 ~ 10.0	4.1 ~ 6.5	2.5 ~ 5.5	1.6 ~ 4.0

注 表中所列范围包括化纤纯纺、混纺和纺中长纤维。

（二）锭速

锭速主要与纤维特性、粗纱卷装、捻系数、锭翼形式和粗纱机设备性能等因素有关。在工艺设计时，应首先考虑锭速，然后根据粗纱捻度计算前罗拉速度。一般纺棉纤维的锭速可略高于纺涤棉混纺纤维的锭速，纺涤棉混纺纤维的锭速又略高于纺中长化纤锭速；卷装较小的锭速可高于卷装较大的锭速。化纤纯纺、混纺，由于粗纱捻系数较小，锭速将比表 7 - 3 中数据降低 20% ~ 30%。

表 7 - 3 纯棉粗纱锭速选用范围

纺纱线密度（tex）		32 以上	11 ~ 30	10 以下
锭速范围 （r/min）	托锭式	600 ~ 800	700 ~ 900	800 ~ 1000
	悬锭式	800 ~ 1000	900 ~ 1100	1100 ~ 1200

（三）牵伸倍数及分配

1. 总牵伸倍数 粗纱机的总牵伸倍数主要根据细纱线密度、细纱机的牵伸倍数、熟条及粗纱定量、粗纱机的牵伸形式与效能决定。目前，新型细纱机的牵伸能力普遍提高，采用大牵伸，而粗纱趋于重定量，在细纱牵伸能力较高时，粗纱机可配置较低的牵伸倍数以有利于成纱质量，一般纺粗特纱 5 ~ 8 倍，纺中细特纱 6 ~ 9 倍，纺特细特纱 7 ~ 12 倍。目前，双胶圈牵伸装置粗纱机的牵伸范围为 4 ~ 12 倍，一般常用 5 ~ 10 倍。粗纱机在采用四罗拉（D 型）牵伸形式时，对重定量、大牵伸倍数有较明显的效果。

2. 牵伸分配 粗纱机的牵伸分配主要根据粗纱机的牵伸形式、喂入品质量及总牵伸倍数等相关因素决定,同时参照熟条定量、粗纱定量和所纺品种等合理配置。粗纱机的前牵伸区采用双胶圈及弹性钳口,对纤维的运动控制良好,所以牵伸倍数主要由前牵伸区承担;后区牵伸是简单罗拉牵伸,控制纤维能力较差,牵伸倍数不宜过大,采用张力牵伸,牵伸倍数一般为1.12~1.48倍,通常情况下以偏小为宜,使具有结构紧密的纱条喂入主牵伸区,有利于改善条干。一般化纤混纺、纯纺包括中长纤维的后区牵伸配置应大些,以使后区牵伸力与握持力相适应。当喂入熟条定量过重时,为防止须条在前区产生分层现象,后区可采用较大的牵伸倍数;四罗拉双胶圈牵伸较三罗拉双胶圈牵伸的后区牵伸倍数可略大一些。四罗拉双胶圈牵伸前部为整理区,由于该区不承担牵伸任务,所以只需1.05倍的张力牵伸,以保证纤维在集束区中的有序排列。

(四)罗拉握持距

粗纱机的罗拉握持距主要根据纤维品质长度 L_p 而定,并参照纤维的整齐度和牵伸区中牵伸力的大小综合考虑,以不使纤维断裂或须条牵伸不开为原则。主牵伸区握持距的大小对条干均匀度影响很大,一般等于胶圈架长度加自由区长度。胶圈架长度指胶圈工作状态下,胶圈夹持须条的长度,即上销前缘至小铁辊中心线间的距离,由所纺纤维品种而定。自由区长度指胶圈钳口到前罗拉钳口间的距离,弹簧摆动销双胶圈牵伸的自由区长度一般控制在 15~17mm,在不碰集合器的前提下以偏小为宜;D 型牵伸中集合区移到了整理区,则自由区长度可较小些。后区为简单罗拉牵伸,故采用重加压、大隔距的工艺方法;由于有集合器,握持距可大些,一般为 L_p + (12~16)mm。当熟条定量较轻或后区牵伸倍数较大时,因牵伸力小,握持距可小些;当纤维整齐度差时,为缩短纤维浮游动程,握持距应小些,反之应大。握持距的大小应根据加压和牵伸倍数来选择,使牵伸力与握持力相适应。整理区握持距可略大于或等于纤维的品质长度。不同牵伸形式的罗拉握持距见表 7-4。

表 7-4　不同牵伸形式的罗拉握持距　　　　单位:mm

牵伸形式	整理区			主牵伸区			后牵伸区		
	纯棉	棉型化纤	中长	纯棉	棉型化纤	中长	纯棉	棉型化纤	中长
三罗拉双短胶圈	—	—	—	胶圈架长度+(14~20)	胶圈架长度+(16~220)	胶圈架长度+(18~22)	L_p+(16~20)	L_p+(18~22)	L_p+(18~22)
四罗拉双短胶圈	35~40	37~42	42~57	胶圈架长度+(22~26)	胶圈架长度+(24~28)	胶圈架长度+(24~28)	L_p+(16~20)	L_p+(18~22)	L_p+(18~22)

注　纤维品质长度或化纤公称长度,单位为 mm。

(五)罗拉加压

在满足握持力大于牵伸力的前提下,粗纱机的罗拉加压主要根据牵伸形式、罗拉速度、罗拉握持距、牵伸倍数、须条定量及胶辊的状况而定。罗拉速度慢、隔距大、定量轻、胶辊硬度低、弹性好时加压轻,反之则重。原则上是使罗拉钳口握持力大于牵伸力。不同牵伸形式的粗纱机罗拉加压量见表 7-5,四罗拉双短胶圈牵伸较三罗拉双短胶圈牵伸多一个整理区,使牵伸与集合分开进行,主牵伸区的牵伸力相应减少,所以罗拉加压较三罗拉双短胶圈牵伸小,为了适应较大的可纺范围,主牵伸区和后牵伸区的罗拉加压可分档进行调节,并以不同的色块显示。

表7-5 粗纱机罗拉加压量

牵伸形式	纺纱品种	罗拉加压(N/双锭)			
		前罗拉	二罗拉	三罗拉	四罗拉
三罗拉	纯棉	166.6~215.6	98~166.6	78.4~137.2	—
双短胶圈	化纤混纺、纯纺	196~254.8	117.6~166.6	137.2~166.6	—
四罗拉	纯棉	137.2~205.8	88.2~117.6	88.2~117.6	68.6~98
双短胶圈	化纤混纺、纯纺	156.8~225.4	88.2~147	88.2~147	78.4~117.6

注 纺中长化纤时,罗拉加压可按上列配置加重10%~20%。

(六)胶圈原始钳口隔距和上销弹簧起始压力

胶圈原始钳口隔距是上、下销弹性钳口的最小距离,其大小依据粗纱定量以不同规格的隔距块来确定,见表7-6。

表7-6 胶圈原始钳口隔距与粗纱定量

粗纱干定量(g/10m)	2.0~4.0	4.0~5.0	5.0~6.0	6.0~8.0	8.0~10.0
胶圈原始钳口隔距(mm)	3.0~4.0	4.0~5.0	5.0~6.0	6.0~7.0	7.0~8.0

上销弹簧起始压力是上销处于原始钳口位置时的片簧压力。上销弹簧起始压力以7~10N为宜,起始压力过大,形成死钳口,上销不能起弹性摆动的调节作用;起始压力过小,上销摆动频繁甚至"张口",起不到弹性钳口的控制作用。在弹簧压力适当的条件下,配以较小的原始钳口,对条干均匀有利。但应定期检查弹簧变形情况,如果各锭弹簧压力不一致,将造成锭与锭间的质量差异,如果钳口太小,有时会出硬头。

(七)集合器

粗纱机上使用集合器,主要是为了防止纤维扩散,它也提供了附加的摩擦力界。集合器口径的大小,前区与输出定量相适应,后区与喂入定量相适应。集合器规格可参考表7-7、表7-8。

表7-7 前区集合器规格

粗纱干定量(g/10m)	2.0~4.0	4.0~5.0	5.0~6.0	6.0~8.0	9.0~10.0
前区集合器口径: 宽×高(mm)	(5~6)×(3~4)	(6~7)×(3~4)	(7~8)×(4~5)	(8~9)×(4~5)	(9~10)×(4~5)

表7-8 后区集合器、喂入集合器规格

喂入干定量(g/5m)	14~16	15~19	18~21	20~23	22~25
后区集合器口径: 宽×高(mm)	5×3	6×3.5	7×4	8×4.5	9×5
喂入集合器口径: 宽×高(mm)	(5~7)×(4~5)	(6~8)×(4~5)	(7~9)×(5~6)	(8~10)×(5~6)	(9~10)×(5~6)

二、加捻工艺分析

粗纱经过加捻,获得一定的强力,以承受卷绕和退绕时的张力。粗纱捻系数的选择主要根据所纺品种、纤维长度和粗纱定量而定,还要参照温湿度条件、细纱用途、细纱后区工艺、粗纱断头情况等多种因素来合理选择。

当纤维长、整齐度好时,采用的捻系数小,反之宜大。化纤由于长度长、纤维之间的联系力大,须条的强力比纯棉纺时大,故纺化纤的粗纱捻系数一般较纺纯棉时小一些,纺棉型化纤时为纺纯棉的50%~60%,纺中长化纤时约为纺纯棉的40%~50%,具体数据应视原料种类和定量而定。当粗纱线密度大、粗纱内纤维伸直度差时,捻系数应小。精梳棉纱的粗纱捻系数比同线密度普梳纱的粗纱捻系数小些;为了减少针织纱的细节,加强细纱机后牵伸区的摩擦力界作用,针织纱的粗纱捻系数应高于同线密度机织纱的捻系数,以提高条干。细纱后区工艺和粗纱捻系数关系密切,直接影响成纱质量的好坏。因调整粗纱捻系数比调整细纱后区工艺简单,因此,生产上往往调整粗纱捻系数以协助细纱机后区工艺的调整。如果细纱机的牵伸机构完善、加压条件好,粗纱捻系数一般可偏大掌握,以改善细纱质量和降低粗纱断头,但粗纱产量将有所降低。

粗纱捻系数对气候季节非常敏感,需根据当地的具体条件正确调整。有些地区,夏季潮湿,粗纱发涩,捻系数应小;冬季干燥,纤维发硬,捻系数应大。但有些地区,在黄梅季节,当发现前罗拉至锭翼顶端的纱条下坠严重、粗纱发烂时,捻系数增加后生产正常;而在寒冷季节,当发现粗纱发硬时,捻系数减少后生产正常。粗纱捻系数由实践得出,表7-9、表7-10为粗纱捻系数范围,可供参考。

表7-9 纯棉粗纱捻系数的选择

纯棉线密度(tex)	200~325	325~400	400~770	770~1000
粗纱捻系数(粗梳)	105~120	105~115	95~105	90~92
粗纱捻系数(精梳)	90~100	85~95	80~90	75~85

表7-10 几种不同品种粗纱捻系数的选择

细纱品种	纯棉机织纱	纯棉针织纱	棉型化纤混纺纱	涤棉(65/35~45/55)	棉腈(60/40)混纺针织纱	黏棉(55/45)混纺纱	中长涤黏(65/35)混纺纱
粗纱捻系数	86~102	104~115	55~70	63~70	80~90	65~70	50~55

三、卷绕成形工艺分析

(一)粗纱张力

粗纱自前罗拉输出至筒管过程中,必须克服锭翼顶端、空心臂及压掌等处对粗纱的摩擦力;另外,为形成良好的卷装,筒管的卷绕速度应比前罗拉输出的线速度略大,为实现正常卷绕,使粗纱在卷绕过程中始终保持一定的紧张程度,此即粗纱张力。粗纱张力的大小和均匀对粗纱和细纱的条干和重量不匀率及断头率有很大影响。因粗纱的捻度较小,当粗纱张力太大时易产生意外伸长,使粗纱的条干不匀,断头增多;当粗纱张力太小时,粗纱在筒管上卷绕得很松,成形不好,容易在粗纱卷装的两端产生冒头,使搬运、储存和退绕困难;当纺纱段张力过小时,易引起粗纱飘头,甚至断头。小纱、中纱、大纱间或不同机台之间、同一机台不同排之间、同一排不同锭之间的粗纱张力要尽量均匀一致,否则,断头率上升,粗纱不匀率增大,从而直接影响细纱的重量不匀率和重量偏差。因此,应合理设置粗纱张力。

当粗纱捻度一定时,粗纱张力大,粗纱的伸长率就大。因此,粗纱伸长率的大小就反映了粗纱张力的大小。粗纱伸长率是以同一时间内,筒管上卷绕的实测长度与前罗拉输出的计算长度之差对前罗拉的计算长度之比的百分数表示。因前罗拉转速较快,不易掌握开关车时间,故前罗拉输出的计算长度以后罗拉一定转数传动系统计算求得。这样,也包含了由于牵伸部分所造成的不正常牵伸。采用粗纱测长法检验的平均粗纱伸长率,一般要求在 1% ~ 2.5% 范围内。前后排间或大、小纱间的伸长率差异要不大于 1.5% 。

(二)粗纱轴向卷绕密度

粗纱轴向卷绕密度调整不好会使粗纱径向卷绕直径发生变化,导致粗纱伸长率剧增。正常的粗纱轴向密度,应使小纱时相邻纱圈之间留有 0.5mm 的缝隙,即用肉眼观察,可在绕第一层纱时能隐约见到筒管的表面为宜。

四、粗纱机传动与工艺计算

粗纱机的机型很多,但其传动系统和变换齿轮的配置基本相同,因而工艺计算方法也大同小异,以下以 FA458A 型粗纱机代表有锥轮粗纱机,JWF1416 型粗纱机代表无锥轮粗纱机,分别讨论其传动及工艺计算。

(一)FA458A 型粗纱机传动及工艺计算

FA458A 型粗纱机传动图如图 7 – 50 所示。

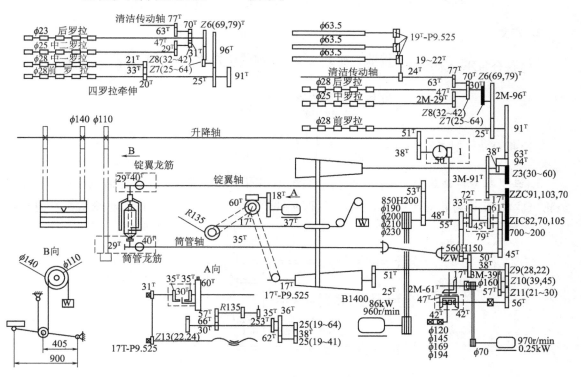

图 7 – 50　FA458A 型粗纱机传动图

1. 主要速度 电动机—前罗拉传动系统如图7-51所示。采用变频器调速时0~50Hz情况下相应电动机速度为0~960r/min。

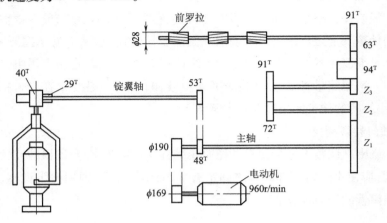

图7-51 电动机—前罗拉传动系统

$$主轴转速\ n_{主} = \frac{电动机转速 \times 电动机皮带轮节径\ D_{动}}{主轴皮带轮节径\ D_{主}} = \frac{169}{190} \times (0 \sim 960)(r/min)$$

$$锭翼转速\ n_{锭} = \frac{48}{53} \times \frac{40}{29} \times 主轴转速\ n_{主} = 1.2492 n_{主}$$

$$前罗拉转速\ n_{前} = \frac{Z_1}{Z_2} \times \frac{72}{91} \times \frac{Z_3}{94} \times \frac{94}{63} \times \frac{63}{91} n_{主} = \frac{72}{91 \times 91} \cdot \frac{Z_1 Z_3}{Z_2} n_{主}$$

2. 产量

(1)每台每小时米产量 $= \dfrac{锭数 \times 前罗拉转速 \times 前罗拉直径 \times \pi \times 60}{1000} \times (1 - 停车率)$

$\qquad\qquad\qquad\quad = \dfrac{锭数 \times 锭翼转速 \times 60}{每米捻度} \times (1 - 停车率)$

(2)每台每小时千克产量 $= \dfrac{台时米产量}{粗纱线密度(tex) \times 1000}$

3. 三罗拉牵伸倍数 三罗拉牵伸传动系统图如图7-52所示。总牵伸倍数与总牵伸阶段齿轮、总牵伸变换齿轮对照见表7-11。后区牵伸倍数与后区牵伸变换齿轮对照见表7-12。

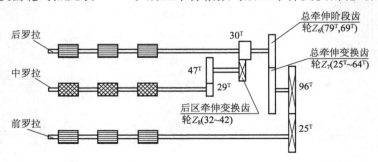

图7-52 三罗拉牵伸传动系统图

表7-11 总牵伸倍数与总牵伸阶段齿轮、总牵伸变换齿轮对照表

$E_{总}$ ╲ Z_6 ╱ Z_7	79	69	$E_{总}$ ╲ Z_6 ╱ Z_7	79	69
25	12.13	10.60	45	6.74	5.89
26	11.17	10.19	46	6.59	5.76
27	11.24	9.81	47	6.45	5.64
28	10.83	9.46	48	6.32	5.52
29	10.46	9.14	49	6.19	5.41
30	10.11	8.83	50	6.07	5.30
31	9.79	8.55	51	5.95	5.20
32	9.48	8.28	52	5.83	5.10
33	9.19	8.03	53	5.72	5.00
34	8.92	7.79	54	5.62	4.91
35	8.67	7.59	55	5.52	4.82
36	8.43	7.36	56	5.42	4.73
37	8.20	7.16	57	5.32	4.64
38	7.98	6.97	58	5.23	4.57
39	7.78	6.79	59	5.14	4.49
40	7.58	6.62	60	5.06	4.42
41	7.40	6.46	61	4.97	4.34
42	7.22	6.31	62	4.89	4.27
43	7.05	6.16	63	4.82	4.20
44	6.89	6.02	64	4.74	4.14

表7-12 后区牵伸倍数与后区牵伸变换齿轮对照表

Z_8	32	33	34	35	36	37	38	39	40	41	42
$E_{后}$	1.48	1.43	1.39	1.35	1.31	1.28	1.24	1.21	1.18	1.15	1.12

（1）总牵伸倍数：

$$E_{总} = \frac{96 \times Z_6 \times \pi d(前罗拉)}{25 \times Z_7 \times \pi d(后罗拉)} = 总牵伸常数 \frac{Z_6}{Z_7}$$

式中：Z_6——总牵伸阶段齿轮（69^T、79^T）；

Z_7——总牵伸变换齿轮（25^T～64^T）；

d（前后罗拉）——前后罗拉直径，28mm。

$$总牵伸常数 = \frac{96\pi d(前罗拉)}{25\pi d(后罗拉)} = 3.84$$

（2）后区牵伸倍数：

$$E_{后} = \frac{30 \times 47\pi d(中罗拉)}{Z_8 \times 29\pi d(后罗拉)} = \frac{后区牵伸常数}{Z_8}$$

式中：Z_8——后区牵伸变换齿轮（$32^T \sim 42^T$）。

$$d_{中罗拉} = 中罗拉直径 + 2 \times 下胶圈厚度 = 25 + 2 \times 1.1 = 27.2(mm)$$

$$d_{后罗拉} = 28mm$$

$$后区牵伸常数 = \frac{30 \times 47 \times 27.2}{29 \times 28} = 47.2315$$

4. 四罗拉牵伸倍数　四罗拉牵伸传动系统图如图 7 – 53 所示。后牵伸倍数与后区牵伸变换齿轮对照见表 7 – 13。

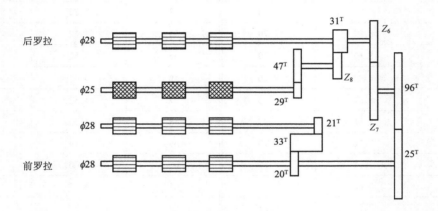

图 7 – 53　四罗拉牵伸传动系统图

表 7 – 13　后牵伸倍数与后区牵伸变换齿轮对照表

Z_8	32	33	34	35	36	37	38	
$E_{后}$	1.53	1.48	1.44	1.39	1.36	1.32	1.28	
Z_8	39	40	41	42	43	44	45	46
$E_{后}$	1.25	1.22	1.19	1.16	1.14	1.11	1.08	1.06

（1）总牵伸倍数：

$$E_{总} = \frac{96 \times Z_6 \times \pi d_{前罗拉}}{25 \times Z_7 \times \pi d_{后罗拉}} = 总牵伸常数 \times \frac{Z_6}{Z_7}$$

式中：Z_6——总牵伸阶段齿轮（69^T、79^T）；

　　Z_7——总牵伸变换齿轮（$25^T \sim 64^T$）；

　$d_{前罗拉}$——前罗拉直径（$\phi 28mm$）；

　$d_{后罗拉}$——后罗拉直径（$\phi 28mm$）。

$$总牵伸常数 = \frac{96\pi d_{前罗拉}}{25\pi d_{后罗拉}} = 3.84$$

总牵伸倍数 $E_{总}$ 与总牵伸阶段齿轮、总牵伸变换齿轮对照见表 7 – 11。

（2）后区牵伸倍数：

$$E_{后} = \frac{31 \times 47 \times \pi d_{中罗拉}}{Z_8 \times 29 \times \pi d_{后罗拉}} = \frac{后区牵伸常数}{Z_8}$$

式中：Z_8——后区牵伸变换齿轮（$32 \sim 46^T$）。

$$d_{中罗拉} = 中罗拉直径 + 2 \times 下胶圈厚度 = 25 + 2 \times 1.1 = 27.2（mm）$$

$$d_{后罗拉} = 28mm$$

$$后区牵伸常数 = \frac{31 \times 47 \times 27.2}{29 \times 28} = 48.8059$$

5. 捻度　前罗拉—锭翼传动示意图如图 7 – 54 所示。

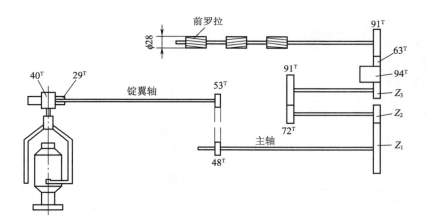

图 7 – 54　前罗拉—锭翼传动示意图

$$每米捻度 = \frac{锭翼转速}{前罗拉转速 \times \dfrac{前罗拉直径 d \times \pi}{1000}} = \frac{\dfrac{48 \times 40}{53 \times 29} \times n_{主}}{\dfrac{Z_1 \cdot Z_3}{Z_2} \cdot \dfrac{72}{91 \times 91} \cdot n_{主} \dfrac{\pi d}{10^3}}$$

$$= \frac{48 \times 40 \times 91^2 \times 10^3 \times Z_2}{53 \times 29 \times 72 \times 28 \times \pi \times Z_1 \cdot Z_3} = 1633.3142 \frac{Z_2}{Z_1 \cdot Z_3}$$

式中：Z_1——捻度阶段变换齿轮（70^T、82^T、103^T）；

Z_2——捻度阶段变换齿轮（70^T、91^T、103^T）；

Z_3——捻度变换齿轮（$30^T \sim 60^T$）。

$$\text{每米捻度} = 1633.3142\frac{Z_2}{Z_1 \cdot Z_3} = \frac{\text{捻度常数}}{Z_3}$$

当 $Z_2/Z_1 = \dfrac{91}{82}$ 时,捻度常数 $= \dfrac{91}{82} \times 1633.3142 = 1812.580$。

当 $Z_2/Z_1 = \dfrac{103}{70}$ 时,捻度常数 $= \dfrac{103}{70} \times 1633.3142 = 2403.305$。

当 $Z_2/Z_1 = \dfrac{70}{103}$ 时,捻度常数 $= \dfrac{70}{103} \times 1633.3142 = 1110.019$。

6. 筒管轴向卷层数 下龙筋升降机构示意图如图 7-55 所示。升降变换齿轮和筒管轴向卷层数对照见表 7-14。

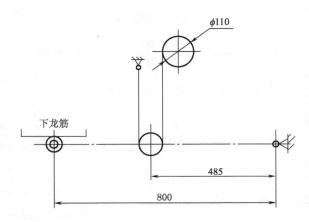

图 7-55 下龙筋升降机构示意图

表 7-14 升降变换齿轮和筒管轴向卷层数对照表

Z_{11} \ Z_{10}/Z_9	39/28		45/22	
	圈(cm)	圈(英寸)	圈(cm)	圈(英寸)
轴向卷层数	85.2898		125.2508	
21	4.0614	10.3160	5.9643	15.1494
22	3.8768	9.8471	5.6932	14.4608
23	3.7083	9.4190	5.4457	13.8320
24	3.5537	9.0265	5.2188	13.2558
25	3.4116	8.6654	5.0100	12.7255
26	3.2804	8.3322	4.8173	12.2360
27	3.1589	8.0236	4.6389	11.7829
28	3.0461	7.7370	4.4732	11.3620
29	2.9410	7.4702	4.3190	10.9702
30	2.8430	7.2212	4.1750	10.6046

筒管卷绕一圈下龙筋升降距离 =

$$\frac{29 \times 45 \times 1485 \times 55 \times 50 \times Z_9 \times 39 \times Z_{11} \times 42 \times 1 \times 38 \times \pi \times 110 \times 800 \times 1}{40 \times 61 \times 493 \times Z_{13} \times 38 \times Z_{10} \times 51 \times 56 \times 47 \times 50 \times 51 \times 2 \times 485 \times 10}(\text{cm}/\text{圈})$$

筒管轴向卷层数 =

$$\frac{40 \times 61 \times 493 \times Z_{13} \times 38 \times Z_{10} \times 51 \times 56 \times 47 \times 50 \times 51 \times 2 \times 485 \times 10}{29 \times 45 \times 1485 \times 55 \times 50 \times Z_9 \times 39 \times Z_{11} \times 42 \times 1 \times 38 \times \pi \times 110 \times 800 \times 1}(\text{圈}/\text{cm})$$

$$= 61.2337\frac{Z_{10}}{Z_9 \times Z_{11}}(\text{圈}/\text{cm}) = \frac{\text{轴向卷层常数}}{Z_{11}}$$

式中：Z_{13}——卷绕变换齿轮（36^T、37^T、38^T），式中取 37^T；

$\quad Z_{11}$——升降变换齿轮（$21^T \sim 30^T$）；

$\quad Z_9$、Z_{10}——升降阶段变换齿轮（$Z_9 = 28^T$、22^T，$Z_{10} = 39^T$、45^T）。

当 $Z_{10}/Z_9 = 39/28$ 时，轴向卷层常数 = 85.2898。

当 $Z_{10}/Z_9 = 45/22$ 时，轴向卷层常数 = 125.2508。

7. 筒管径向卷层数及锥轮皮带每次移动量

（1）锥轮皮带每次移动量：

$$\frac{1 \times 1 \times 36 \times Z_4 \times 30}{2 \times 25 \times 62 \times Z_5 \times 57}\pi \times (270 + 2.5) = 5.2324319 \times \frac{Z_4}{Z_5}(\text{mm})$$

式中：Z_4——成形变换齿轮（一），$Z_4 = 19^T \sim 41^T$；

$\quad Z_5$——成形变换齿轮（二），$Z_5 = 19^T \sim 46^T$。

（2）锥轮皮带移动范围：700mm 左右。

（3）径向卷层数：

$$\text{径向卷层数} = \frac{\text{锥轮皮带移动范围}}{\text{锥轮皮带每次移动量} \times \text{纱厚半径}} = \frac{700}{5.23243 \times \frac{Z_4}{Z_5} \times \frac{152 - 45}{2} \times \frac{1}{10}}$$

$$= 25.0058\frac{Z_5}{Z_4}$$

（二）JWF1416 型粗纱机传动及工艺计算

JWF1416 型粗纱机传动图如图 7 - 56 所示。

1. 主要速度

（1）锭翼转速：JWF1436 型粗纱机可在计算机屏幕上直接设定锭翼转速 $n_\text{锭}$。

（2）前罗拉转速：

$$n_R = \frac{n_\text{锭}}{T(\text{捻度}) \times \pi \times 28 \times 10^{-3}}$$

2. 产量

（1）长度产量[m/(台·h)] = $\dfrac{\text{锭数} \times \text{前罗拉转数} \times \text{前罗拉直径} \times \pi \times 60}{1000} \times (1 - \text{停车率})$

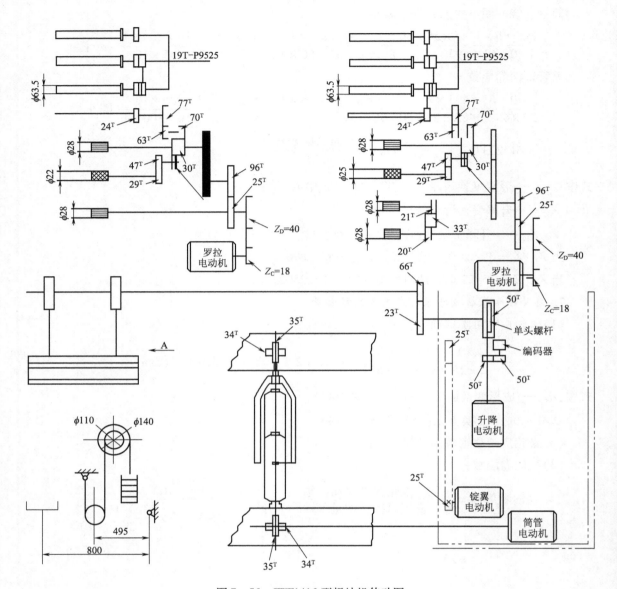

图 7－56　JWF1416 型粗纱机传动图

（2）质量产量［kg/（台·h）］$= \dfrac{台时米产量}{粗纱线密度（tex）\times 1000}$

3. 三罗拉牵伸倍数　计算方法如 FA458A 型粗纱机。

4. 四罗拉牵伸倍数　计算方法如 FA458A 型粗纱机。

5. 导条辊至后罗拉间张力牵伸　后罗拉—导棉辊传动系统图如图 7－57 所示。喂条张力变换齿轮与喂条张力牵伸倍数对照见表 7－15。喂条张力变换齿轮与喂条张力牵伸倍数对照见表 7－16。

（1）三罗拉导条辊至后罗拉间张力牵伸：

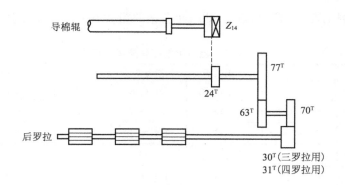

图 7-57　后罗拉—导棉辊传动系统图

$$喂条张力牵伸倍数 = \frac{70 \times 77 \times Z_{14} \times \pi d_{后罗拉}}{30 \times 63 \times 24 \times \pi \times d_{辊}} = 张力牵伸常数 \times Z_{14}$$

式中：Z_{14}——喂条张力变换齿轮（$19^T \sim 22^T$）；

　　　$d_{辊}$——导条辊直径（$\phi 63.5mm$）。

$$张力牵伸常数 = \frac{70 \times 77 \times 28}{30 \times 63 \times 24 \times 63.5} = 0.0524$$

表 7-15　喂条张力变换齿轮与喂条张力牵伸倍数对照表

Z_{14}	19	20	21	22
喂条张力牵伸倍数	0.996	1.048	1.100	1.153

表 7-16　喂条张力变换齿轮与喂条张力牵伸倍数对照表

Z_{13}	19	20	21	22
喂条张力牵伸倍数	0.963	1.014	1.065	1.115

（2）四罗拉导条辊至后罗拉间张力牵伸：

$$喂条张力牵伸倍数 = \frac{70 \times 77 \times Z_{14} \times \pi \times d_{后罗拉}}{31 \times 63 \times 24 \times \pi \times d_{辊}} = 张力牵伸常数 \times Z_{14}$$

式中：Z_{14}——喂条张力变换齿轮（$19^T \sim 22^T$）；

　　　$d_{辊}$——导棉辊直径（$\phi 63.5mm$）。

$$张力牵伸常数 = \frac{70 \times 77 \times 28}{31 \times 63 \times 24 \times 63.5} = 0.0507$$

第四节　粗纱工序质量评价

一、粗纱的主要质量指标

粗纱的主要质量指标有粗纱回潮率、重量和重量不匀率、条干不匀率、伸长率与捻度等。粗纱质量控制指标示例见表7-17,乌斯特2007年公报的粗纱条干不匀率见表7-18。

表7-17　粗纱质量控制参考指标

纺纱类别		回潮率(%)	萨氏条干不匀率(%)	乌斯特条干不匀率(%)	重量不匀率(%)	粗纱伸长率(%)	捻度(捻/10cm)
纯棉纱	粗	6.8~7.4	≤40	6.1~8.7	1.1	1.5~2.5	以设计捻度为准
	中	6.7~7.3	≤35	6.5~9.1	1.1	1.5~2.5	
	细	6.6~7.2	≤30	6.9~9.5	1.1	1.5~2.5	
精梳纱		6.6~7.2	≤25	4.5~6.8	1.3	1.5~2.5	
化纤混纺纱		2.6±0.2	≤25	4.5~6.8	1.2	0.5~1.5	

表7-18　乌斯特粗纱条干不匀率(%)(2007年公报)

水平	5%	25%	50%	75%	95%
纯棉普梳粗纱	4.32~5.46	4.98~6.01	5.75~6.80	6.62~7.48	7.68~8.15
纯棉精梳粗纱	2.95~3.52	3.35~3.92	3.83~4.35	4.40~4.91	5.28~5.62

(一)粗纱回潮率

温湿度调节不当或不稳定,将会引起粗纱回潮率不稳定,从而影响粗纱条干、强力并增加断头。因为纤维吸湿后横截面膨胀、延伸性增加、纤维柔软、黏附性和摩擦因数增加,纤维容易被牵伸机构控制,致使纱线均匀、纤维伸直平行度提高从而增加纤维间的抱合力和摩擦力,粗纱强力提高。而且,由于纤维在回潮率增大时,绝缘性能下降、介电系数上升、纤维的电阻值下降,有利于消除纤维在纺纱过程中因摩擦而引起的静电排斥现象,从而增加纤维间的抱合力。另外,回潮率高时,棉纤维强力有所增加,并利于牵伸后纤维内应力的消失,使纤维保持伸直平行状态,有利于细纱条干均匀度的提高,从而降低成纱单强CV。但是,如果回潮率太大,须条易缠胶辊、胶圈与罗拉,增加纺纱中的断头,同样会使粗纱条干和强力下降。一般在粗纱工序,纯棉中细特纱回潮率控制范围为6.6%~7.2%,纯棉中粗特纱回潮率控制范围为6.8%~7.3%,涤棉纱回潮率控制范围为2.6%±0.2%。

(二)粗纱重量和重量不匀率

粗纱重量影响细纱的重量偏差,粗纱的重量不匀率影响细纱重量不匀、单强不匀、条干CV值和细纱强力。一般,粗纱的重量不匀率应控制在0.7%~1.1%,较差的粗纱重量不匀率应控制在1.2%~1.7%。重量不匀率低,说明纱条内单位长度的质量比较均匀,这就为优良的细纱条干均匀度奠定了较好的基础。

(三)粗纱条干不匀率

粗纱条干CV值与重量不匀率同等重要,粗纱条干虽好,若粗纱重量不匀率高,则对细纱条干等指标极为不利。若要求细纱条干达到乌斯特公报25%水平,粗纱条干往往要达到乌斯特公报5%~10%水平。

（四）粗纱伸长率

粗纱伸长率是影响粗纱重量不匀率及细纱重量不匀率的重要因素。粗纱机台与台之间或一落纱内大、中、小纱间的伸长率差异过大，将影响细纱重量不匀率，使其增大；伸长率过大易使粗纱条干不匀率恶化；伸长率过大或过小都会增加粗纱机的断头率。粗纱机牵伸差异率也能反映粗纱伸长率的大小。粗纱机的牵伸差异率与牵伸、加捻、卷绕部分都有关，且在很大程度上取决于粗纱在卷绕过程中的伸长、喂入部分的意外牵伸和粗纱在加捻后的捻缩，与化纤的弹性回缩也有关系，一般不包括导条的张力牵伸。粗纱机牵伸差异率还能反映喂入部分意外牵伸情况。一般粗纱牵伸差异率应为负值，即实际牵伸小于机械牵伸，若出现正值均属不正常。粗纱牵伸差异率：纯棉为 $-0.5\% \sim 1.5\%$，涤棉混纺为 $-1\% \sim 2\%$。

（五）粗纱捻度

粗纱的捻度还用作粗纱在细纱机上牵伸时的附加摩擦力界，以改善细纱条干。但捻系数过大，捻度过高，不仅降低粗纱的生产率，而且增加在细纱机上的牵伸力，易引起胶辊打滑出硬头，造成条干不匀和断头增加。捻系数过小，捻度过低，粗纱卷绕和退绕时易产生意外伸长，同样造成条干不匀和断头增加，在细纱机上牵伸时，须条松散，也不利于成纱条干和强力。因此，粗纱捻度对细纱质量有很大影响。粗纱捻度参考指标以粗纱工艺设计的捻度为标准。

二、提高粗纱质量的主要措施

（一）粗纱回潮率

粗纱回潮率的大小，除纤维自身的性质以外，主要取决于其所处车间的空气环境、历史回潮率的大小以及在细纱车间放置的时间长短等。车间的空气环境包括车间空气温度、相对湿度及空气的流动速度。熟条的回潮率越高，粗纱的回潮率越高，因此历史回潮率直接影响粗纱的回潮率。粗纱在细纱车间存放时，其与外界空气接触不多，除与空气接触的表面层外，回潮率变化很小，如使其含水趋于稳定，需要相当长的时间，一般粗纱需要六七天才能趋于平衡回潮率。

有效控制粗纱回潮率的措施有以下几项。

1. 保证生产车间微正压，防止温湿度产生波动　由于纺织厂维护结构的密封性较差，当车间的压力小于大气压力时，外界空气就会从维护结构的缝隙进入生产车间，使温湿度产生波动。因此，为了确保车间不受室外空气的影响，就必须使车间保持正压状态。

2. 认真做好预防调解工作　严格控制门窗的开启。掌握空气调节的规律，采取措施稳定各季节空调系统的机器露点，以实现车间温湿度的稳定。在管理上应尽可能使车间各个区域的温湿度分布均匀，做到车间温湿度适宜而稳定。

3. 粗纱车间控制较高的相对湿度为提高粗纱回潮率的主要环节　从细纱的工艺角度出发，粗纱应从放湿状态达到平衡。这样，粗纱车间应保持较低的温度和较高的湿度。

4. 细纱车间应保持较低温度和较高相对湿度　按照细纱工艺要求，粗纱在细纱车间应处于放湿状态，同时又要求粗纱在细纱机上具有较高的回潮率。因此，在满足工艺要求的条件下，细纱车间有较低的温度和较高的相对湿度，使粗纱保持较高的稳定的回潮率。

5. 对回潮率进行全面控制　在粗纱回潮率的控制上，应该结合生产工艺要求和原棉的不同性能,从前到后,全面稳定,不能只注意一个工序的回潮率的控制。控制粗纱的回潮率应从两方面入手:一是稳定粗纱以前工序半制品回潮率;二是提高稳定粗纱车间的相对湿度。

6. 粗纱在细纱车间的保湿 粗纱在细纱车间未上机前的放置期中,如果发生大量的散湿,对生产极为不利。因此,上机前的粗纱保湿是提高粗纱回潮率相辅相成的重要环节。保湿可以采用以下措施:一是严格控制粗纱在车板上的存放量;二是控制适当的细纱车间的相对湿度和粗纱车间的温度。

(二)粗纱重量和重量不匀率

在粗纱工序,引起粗纱重量不合格或粗纱重量不匀的主要因素有:喂入熟条重量不正确;牵伸变换齿轮齿数调错;粗纱飘头,双纱不自停,造成重特纱;粗纱机锭翼严重不良,压掌重量差异大,弧度不一致,回转不灵活造成意外伸长,并且在正常卷绕中不能有效地在径向产生压力使粗纱紧密卷绕,从而产生松纱、胖纱;粗纱个别机台张力严重失控。

除改变品种外,一般粗纱的牵伸变换齿轮不作调整,则粗纱对于由并条机带来的重量偏差和重量不匀率是不能改变的。在粗纱工序应力求对上道出条的指标不恶化或少恶化。为此,可以采取下列措施。

1. 减少前、后排粗纱张力的差异 由于粗纱机前后排锭子距前罗拉钳口的距离即纺纱角的不同,因而造成前后排粗纱的伸长不等。伸长差异过大时,会使粗纱长片段不匀增加,直接影响细纱的重量不匀率。实践证明,锭翼顶孔加装假捻器效果较好,前后排假捻器上的槽数不等,前排多于后排,使前排假捻数多于后排。纺粗纱时,前后排分别用不同色头的粗纱管,到细纱机架上将上下排分色排列,粗纱机前排的放在细纱机下排(意外牵伸较小),也可起到互补的效果。

2. 减少锭间粗纱伸长的差异 由于筒管直径大小的差异以及筒管孔径或底部磨灭,锭子凹槽与锭翼销子配合不良,压掌的弧形或位置不当以及粗纱压掌的卷绕圈数不一,锭子高低不一,或因其他原因引起锭子运转不平稳等,都会造成同一排锭子粗纱的伸长率不等。为了降低粗纱重量不匀率,应该加强经常性维修工作,实行锭子与锭翼对号制度,不合格的筒管应修理或报废。

3. 减少大、中、小纱之间的伸长差异 就同一锭子来说,也可能因卷绕条件不当,使大、中、小纱间的伸长产生很大差异。为了正常纺纱,前罗拉钳口至筒管间的纱条要有适当的张力。按照正常的卷绕条件,应当在一落纱中张力保持恒定。但是,由于种种原因,如齿轮齿数不当,会使粗纱的张力随卷绕直径的增大或减少,从而造成大、中、小纱间的伸长不一致,致使重量不匀率增加。下面列举几种大、中、小纱控制不正常的现象和调节方法。

(1)大、中、小纱张力均大:这种现象说明在开始卷绕时筒管的卷绕速度大,应首先调整好小纱筒管的卷绕速度,使其与前罗拉输出速度相适应。如小纱张力大,应调节铁炮皮带起始位置向主铁炮的小直径方向移动一定距离;如小纱张力大,应调节卷绕齿轮齿数,使其齿数减少,或铁炮皮带起始位置和卷绕齿轮齿数两者结合调节,使筒管的卷绕速度与前罗拉输出速度相适应。小纱张力调好后,如中、大纱张力还大,说明筒管在卷绕每一层后变速慢了,即铁炮皮带每次移动量小了,应调节成形齿轮齿数使其减少,从而使筒管速度随着卷绕直径的增加与前罗拉输出速度相适应。

（2）小、中纱张力大，大纱张力小：小纱张力大的调节方法同上。中纱张力大，大纱张力小，说明在小纱张力合适的情况下，筒管在卷绕每一层后变速较快了，即铁炮皮带每次移动量略大了，应调节成形齿数使其适当增加，即使铁炮皮带每次移动量略小。

（3）小纱张力大，中纱张力小、大纱张力更小：小纱张力大的调节方法同上。中纱张力小、大纱张力更小，说明在小纱张力合适的情况下，筒管在卷绕每一层后变速过快了，即铁炮皮带每次移动量过大了，应调节成形齿数使其增加，即使铁炮皮带每次移动量减小。

（4）大、中、小纱张力均小：这种现象说明在开始卷绕时筒管的卷绕速度小，应首先调整好小纱筒管的卷绕速度，使其与前罗拉输出速度相适应。如小纱张力略小，应调节铁炮皮带起始位置向主铁炮的大直径方向移动一定距离；如小纱张力小的较多，应调节卷绕齿轮齿数，使其齿数增加，或铁炮皮带起始位置和卷绕齿轮齿数两者结合调节，使筒管的卷绕速度与前罗拉输出速度相适应。小纱张力调好后，如中、大纱张力还小，说明筒管在卷绕每一层后变速快了，即铁炮皮带每次移动量大了，应调节成形齿轮齿数使其增加。

（5）小、中纱张力小，大纱张力大：小纱张力小的调节方法同上。中纱张力小，大纱张力大，说明在小纱张力合适的情况下，筒管在卷绕每一层后变速较慢了，即铁炮皮带每次移动量略小了，应调节成形齿轮齿数使其适当减少，即使铁炮皮带每次移动量略大。

（6）小纱张力小，中纱张力大、大纱张力更大：小纱张力小的调节方法同上。中纱张力大、大纱张力更大，说明在小纱张力合适的情况下，筒管在卷绕每一层后变速过慢了，即铁炮皮带每次移动量过小了，应调节成形齿数使其减少，即使铁炮皮带每次移动量增大。

4. 其他措施　合理设置粗纱捻度、粗纱轴向卷绕密度等，减少粗纱意外伸长，保证粗纱重量及重量不匀率；控制前道熟条重量，加强检查，确保喂入熟条准确；对上机牵伸变换齿轮加强检查。

（三）粗纱条干不匀率

在粗纱工序，引起粗纱条干不匀的主要因素有以下几个。

（1）牵伸元件不正常：胶辊轴承缺油、损坏导致回转失灵，胶辊中凹、表面损坏、回转不灵、歪斜，摇架加压弹簧失效、压力差异过大，上下胶圈偏移过大、隔距块碰下胶辊，胶圈断缺、过松过紧，集合器跑偏或破损，牵伸齿轮爆裂、缺齿、键销松动，严重的缠罗拉、缠胶辊，使罗拉弯曲偏心、隔距走动。

（2）工艺设计不合理：罗拉隔距过大或过小与上下销钳口隔距过大或过小都会使牵伸过程中纤维发生不规则的运动，造成移距偏差，产生附加条干不匀，罗拉加压不足造成牵伸力小于握持力，使须条在罗拉钳口下打滑，粗纱伸长率太高或伸长率差异太大、粗纱捻度过大或过小。

（3）操作不当：粗纱接头不良，棉条跑出胶辊控制范围，喂入棉条打褶或附有飞花。

（4）其他：车间相对湿度过低，锭翼严重摇头，喂入棉条条干严重不匀。

为使纺出的粗纱条干均匀，合理确定粗纱喂入、牵伸、加捻、卷绕成形工艺参数，要定期检查罗拉隔距、罗拉加压是否符合工艺要求，严格控制粗纱伸长率，使大、中、小纱张力基本一致，并减少前后排及机台间的差异。加强牵伸部件检修,对个别易损耗的牵伸部件应及时修复,及时消除粗纱工序产生的机械波。控制前道熟条质量,机前接头应符合操作规范。注意控制车间温湿度。

(四)粗纱伸长率

粗纱伸长率控制中更为重要的一方面就是纺纱过程中张力的均匀性,大、中、小纱张力的控制与条件与上述提高粗纱重量和重量不匀率措施相同。控制粗纱伸长率的其他措施有以下几个方面。

1. 改善粗纱伸长率过大的其他措施

(1)锭速过高:由锭速提高引起的粗纱伸长率增大,是因为前罗拉至锭翼顶端一段纱抖动加剧所致。可适当增加粗纱捻系数,以增大粗纱强力,使粗纱伸长率减小。

(2)温湿度不当:温度偏高、湿度偏大引起的粗纱伸长率增大,是因为锭翼顶端及压掌处的摩擦阻力增大,引起卷绕张力及锭翼空心臂内纱条增大所致。可以减少锭翼顶端、压掌处的粗纱卷绕圈数,以减少这两段纱条的张力。也可适当增加粗纱捻度,以增大粗纱强力,减小粗纱伸长率。

2. 减少粗纱伸长率差异的其他措施

(1)台与台之间的伸长率差异:车间温湿度不均匀、机台工艺混乱,都可以造成机台之间伸长率差异过大,因此各机台的变换齿轮的齿数应该统一,铁炮皮带的松紧程度力求一致。对伸长率超过规定的个别机台,可以调整铁炮起始位置或者调换张力齿轮,使其伸长率控制在规定范围内。

(2)前、后排间伸长率差异:因前排锭翼至前罗拉的距离大于后排,前排的抖动及捻陷现象比较严重,以致前排伸长率较后排大。为减少这种差异,可采取如下措施。

①使前排纱条在锭翼顶端绕 3/4 圈,或在压掌上绕 3 圈,后排纱条在锭翼顶端绕 1/4 圈,或在压掌上绕 2 圈,从而使前排的卷绕张力增加,纺纱张力减小,即减小锭翼顶端以上的纱条的伸长,又使每层纱管卷绕直径的增量少一些,以降低卷绕的线速度,从而使前排粗纱的伸长率减小。

②粗纱机采用高架喂入时,后排棉条意外牵伸大,供应后排锭子;前排棉条意外牵伸小,供应前排锭子,以减少前后排的伸长率差异。

③调整前、后排假捻器规格。前排采用假捻效果比较明显的假捻器,以增加纺纱段条的捻度,从而增加其强力,以减少前排粗纱伸长率。

(3)锭与锭间的伸长率差异:这种差异主要是锭子、锭翼、筒管的不正常引起的。如个别锭子弯曲,个别锭翼两臂不平衡,引起锭子回转晃动;压掌的弧度不一致,压纱力产生差异以致纱管的卷绕直径不同;筒管外径有差别,导致卷绕线密度不同;个别筒管内径磨损过多,回转晃动;个别锭翼空心臂通道不光洁,摩擦阻力增加,引起粗纱伸长。为减少这种差异,应加强锭子锭翼的检修工作,使筒管外径一致,如果筒管内孔磨损过多,应立即更换。

(4)降低铁炮速度:在不影响粗纱捻度与正常卷绕条件下,降低铁炮速度可减小皮带滑溜,达到降低大、中、小纱间伸长率差异的目的。尤其在锭速较高时,采取这种措施效果更显著。具体调试时,可减少捻度变换齿轮齿数或增加上铁炮齿轮齿数,为保持捻度不变,须同时加大上铁炮至前罗拉的传动比。

（5）修改铁炮外形曲线和消除不一致系数:一些老机型,铁炮外形曲线不合理,筒管恒速部分与锭翼速度也不相等,造成所谓的不一致系数不为零,破坏了粗纱机正确卷绕的要求。关于改变铁炮外形曲线,应经过精确测定与典型试验后进行修改。

（6）粗纱张力补偿原理:在生产中,粗纱张力调整一直是件不容易的事。尽管采取以上措施,但往往仍难达到要求。因为,实际生产中,使用的原件不同、粗纱的线密度不同、捻系数不同、锭翼顶端绕1/4或3/4圈以及压掌上绕的圈数不同、环境的温湿度不同、回潮率的不同等,都影响粗纱张力。因此,过去的调节方法难以适应生产的要求,在此情况下,张力补偿装置逐渐发展起来。新型粗纱机在前罗拉与锭翼之间的前后排粗纱上各安装 CCD 张力传感器,检测粗纱张力,以 CCD 光点全景图像摄像系统作为张力自动测控,判别粗纱通过时所处的位置线（上位、中位、下位）反映张力大小。经 A/D 转换反馈给计算机,经放大、比较等过程,将调整结果由计算机输出,控制变频器,改变筒管转速和龙筋升降速度。在整个纺纱过程中,严格按数学模型控制粗纱张力,实现对纱线的近似恒张力卷绕控制。

（五）粗纱捻度

粗纱捻系数的选用在实际生产中与纤维的物理性能、粗纱定量、温湿度以及细纱的工艺能力有关,考虑的因素有:粗纱捻回在细纱后区的重分布,同时兼顾粗纱的脉动张力对细纱的影响;满足减少细节、改善条干均匀度的要求;根据粗纱卷绕直径大小选用不同的捻系数,大卷装采用大捻系数;根据粗纱定量选用,较重的粗纱用较大的粗纱捻系数,以保持一定的强力;在精梳流程中,纤维间的离散度小,粗纱捻系数增大会造成细纱的牵伸力过大,影响成纱质量,所以精梳粗纱捻系数偏小掌握,但根据细纱牵伸的自调匀整和捻回重分布能力可偏大掌握,但不能过大;在普梳工艺流程中,纤维排列离散度大,采用大的捻系数,纤维的损失小,有利于纤维的排列,纱线对表面纤维的圈结能力进一步增强,对成纱质量有一定的改善作用。

第五节　粗纱工序加工化纤

一、化纤的特点及对粗纱工序的要求

在粗纱机机上加工化纤时由于工艺特性与棉纤维并不完全相同,必须采用不同的工艺进行加工,才能达到高产、优质、低耗的目的。棉型和中长型纤维在粗纱机上加工时的工艺性能,可概括为如下几点。

（一）牵伸工艺

化纤的长度较长,长度整齐度好,摩擦因数大,牵伸区的牵伸力较纺纯棉时大,有时出现打滑、绕胶辊现象,甚至产生拉断胶圈等问题,因此在纺化纤时粗纱牵伸工艺上宜采用"大隔距、重加压"等原则,粗纱定量和牵伸倍数比纺纯棉时应适当减小。

(二)加捻卷绕工艺

由于化纤长度长、纤维之间的联系力大,须条的强力与回弹性较纺纯棉时大,故纺化纤时粗纱加捻卷绕工艺易采用"小张力、小捻系数"等原则。

(三)其他

化纤的弹性远较棉好,回弹力强,回潮率比棉小得多,与金属机件间的摩擦因数又大,在加工过程中易产生静电,而且化纤对温湿度的影响较敏感,因此易产生缠罗拉、胶辊、胶圈现象,因而应针对这一特性采取相应的措施。

二、粗纱工序加工化纤的主要工艺参数设置

(一)牵伸工艺

为了合理控制牵伸力,并使罗拉握持力与牵伸力相适应,当棉型化纤纯纺或与棉混纺,以及中长化纤纺纱时,粗纱机的牵伸工艺,应采用"大隔距、重加压"的原则。

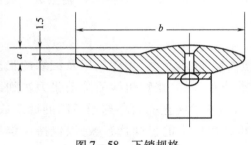

图7-58　下销规格

1. 牵伸形式　双胶圈牵伸形式进行棉型化纤纯纺和混纺时,由于化纤长度长、长度整齐度好和摩擦因数大等原因,牵伸区的牵伸力较纯棉纺时大。为了缓和牵伸区的牵伸力,双胶圈牵伸装置的阶梯下销以改为平销为宜。用在中长纺的粗纱机上,其上销长度为60mm,下销规格如图7-58所示,$a = 5mm$,$b = 38mm$的规格适纺51～60长度的纤维;$a = 6mm$,$b = 50mm$的规格的下销适纺65～76mm长度的纤维。

一般来说双胶圈的牵伸力大,条干好,成纱质量好,但若纺重定量的中长纤维,尤其在高温、高湿环境下,粗纱的牵伸力太大,会出现打滑、绕胶辊,甚至拉断胶圈等问题,粗纱质量不稳定。因此,如纺中长纤维,在粗纱定量较重,粗纱牵伸倍数不大的情况下,可采用三上四下曲线牵伸。

2. 粗纱定量和牵伸倍数　由于化纤须条的牵伸力大,粗纱定量应比纺棉适当减轻。采用双胶圈牵伸时,以2～5g/10m为宜,为保证质量,牵伸倍数也不宜过大,双胶圈牵伸的牵伸倍数控制在10倍以下。对于三上四下曲线牵伸,粗纱定量在4～7g/10m,牵伸倍数也不宜超过7倍。

3. 罗拉隔距和胶辊加压　化纤混纺时,确定粗纱机的罗拉握持距,一般以主体成分的纤维长度为基础,适当考虑混合纤维的加权平均长度。当棉型化纤与棉混纺,化纤长度一般为38mm,长于棉纤维。为了减少纤维损伤,应主要考虑化纤的长度,又因化纤的牵伸力大,罗拉握持距大于纤维长度的数值,应比纺纯棉时适当放大。为了使罗拉握持力适应牵伸力,胶辊加压一般比纯棉纺时重20%～30%。具体工艺参数见表7-19。其中L表示主体成分纤维长度。a表示上销的控制长度。用于棉型化纤纺的胶圈销及钳口隔距,一般可与纯棉纺相同。

表 7 - 19　化纤混纺工艺参数

牵伸形式	罗拉握持距(mm)			胶辊加压(kg/双锭)	
三上三下 双胶圈牵伸	牵伸区	棉型化纤	中长化纤	棉型化纤	中长化纤
	前牵伸区	$a + (15 \sim 17)$	$a + (20 \sim 22)$	前×中×后	前×中×后
	后牵伸区	$L + (12 \sim 16)$	$L + (15 \sim 20)$	$(20 \sim 22) \times 15 \times 10$	$(22 \sim 24) \times 15 \times 10$

(二)加捻卷绕工艺

1. 粗纱捻系数　化纤混纺的粗纱捻系数,视混合原料和粗纱定量而定,一般应比纺纯棉小一些。棉型化纤混纺时约为纯棉的 50% ~ 70%。中长化纤混纺时约为纯棉的 40% ~ 60%,具体数值如表 7 - 20 所示。

表 7 - 20　纯纺和混纺的粗纱捻系数

混合原料	40mm 以下化纤纯纺和混纺	混合原料	51 ~ 76mm 化纤混纺
纯棉普梳	85 ~ 110	涤黏	45 ~ 60
纯涤	62 ~ 64	黏锦	45 ~ 60
纯维	67 ~ 72	涤腈	40 ~ 55
纯黏	62 ~ 81	涤腈黏	40 ~ 55
纯腈	57 ~ 76	腈锦黏	40 ~ 55
涤棉	48 ~ 67		
棉维	81 ~ 86		
黏棉	63 ~ 76		
棉黏	73 ~ 86		
涤黏	50 ~ 60		
黏锦	48 ~ 68		
黏腈	48 ~ 60		

2. 粗纱张力　由于多数化纤的回弹性比较大,在牵伸过程中,纤维受到引导力和控制力的作用而伸长,但由于前罗拉输出后,就发生急性回缩。如果粗纱的张力太大,则容易产生意外牵伸而恶化条干。因此,回弹性比较大的化纤和涤纶,在纯纺或混纺时,配置的纺纱张力,应低于纯棉纺,原则上只要保持前罗拉到锭翼顶端的须条不下坠,尽可能采用小张力。一般情况下,满纱时张力伸长为负值,张力伸长率掌握在 - 1.5% ~ +1% 的范围内较适宜。

因化纤摩擦系数大,为了使压掌至筒管一段的张力不致过大,可以调整粗纱在压掌上的卷绕圈数。如涤棉与棉混纺,当涤纶含量在 50% 以下时,压掌绕数与纯棉相同绕 3 圈,涤纶含量在 50% 以上绕 2 圈,纯涤纶纺纱则绕 1 圈,锭翼顶端一般都绕 3/4 圈。

3. 粗纱的成形角　由于化纤的弹性较好,卷绕力较大,粗纱两端的成形锥角如与纯棉纺相同,则容易出现滑脱或塌边,不利于搬运和退绕。因此,应增加升降渐减齿轮的齿数,以减少成形锥角,但锥角也不能过小,以免影响粗纱容量。如图 7 – 59 所示,θ_1、θ_2 分别为纺棉和纺化纤时的粗纱成形半锥角,纺棉时粗纱成形半锥角一般为 45°,纺棉型化纤时一般取 42°,纺中长化纤时一般取 38°左右。

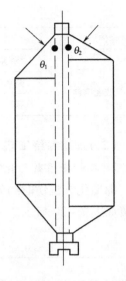

图 7 – 59　粗纱成纱锥角

(三)纱疵的形成原因和防治方法

1. 粗纱工序造成纱疵的种类和原因　由于化纤的导电性差,对温湿度的影响较敏感,如果管理不好,容易出现粘(条子或粗纱互相粘连)、缠(罗拉、胶辊和胶圈表面缠花)、挂(锭翼等通道挂花)和带(纱条中代入飞花等)四种弊病,造成竹节纱、粗经粗纬和突发性条干不匀等纱疵。粗纱工序形成竹节纱的主要原因有粗纱接头不良,绒板花带入,机后条子粘连;粗纱工序形成粗经粗纬的主要原因有粗纱接头时搭头过长或包卷过紧,罗拉、胶辊、胶圈缠花,粗纱飘头,加压不足,胶辊是中凹或有大小头;突发性条干不匀,常在气候突变、原料成分改变或牵伸部件损坏等情况下发生,机械因素主要有胶辊或胶圈芯子缺油,牵伸部分的齿轮磨灭,隔距走动,中罗拉抖动以及齿轮啮合不良等。

2. 罗拉、胶辊与胶圈的防缠措施

(1)提高胶辊胶圈的光洁度:由于化纤摩擦因数大,导电性差,又因在加工化纤时必须重加压,故在纺纱过程中,胶辊、胶圈容易绕花、中凹和断胶圈,影响正常生产。因此,用于加工化纤的胶辊,要求表面光洁、颗粒细、硬度大、耐磨性好。对胶辊、胶圈定期进行化学涂料、酸表面处理等,可增加胶辊、胶圈的光滑性、抗静电性和适应温湿度变化的能力,减少绕花现象,但应注意不要降低胶辊的硬度,保持对纤维应有的握持力。

(2)加强温湿度控制:温湿度对化纤的蓬松性、表面摩擦性和带电性都有密切的关系。涤纶等化纤,一般吸湿性较差,回潮率较低,水分仅吸附在纤维表面,对周围环境的温湿度变化特别敏感。温湿度高时,纤维表面发黏,对牵伸不利,且易缠绕胶辊、胶圈;温湿度低时,静电现象严重,同样容易缠绕胶辊、胶圈。因此,粗纱工序的相对湿度一般控制在 55% ~65% 的范围内,温度控制在 20 ~30℃ 的范围内。

(3)加强保全保养控制:保证胶圈调换周期;保持导条辊、条筒边沿、喇叭口、集合器以及锭翼纱条通道的光洁;提高上下绒板对胶辊、胶圈和罗拉表面的清洁效能;定期检查牵伸部分的齿轮啮合、轴承磨损,检查是否缺油,加压是否适当,上、下胶圈销是否正常,以及隔距是否走动等。

(四)粗纱工序加工化纤示例

为了适应棉型化纤及中长化纤的纺纱,现在粗纱机的罗拉中心距有较大的可调范围。FA401型粗纱机中,三罗拉双短胶圈牵伸形式的前、中罗拉中心距为 48 ~90mm,中、后罗拉中心距为 50 ~100mm,可纺棉型及 65mm 以下的中长化纤;四罗拉双短胶圈牵伸形式的前罗拉与第二罗拉中心距为 35 ~75mm,第二与第三罗拉中心距为 47 ~60mm,第三罗拉与后罗拉中心距为 48 ~73mm,可纺棉型及 51mm 以下的中长化纤。对于 51 ~76mm 的中长化纤还有专用粗纱机,如 A456 型、A456MA 型粗纱机,采用三上三下双短胶圈牵伸形式,前后罗拉中心距可达 177 ~227mm。

下面是 FA425 型粗纱机生产 T/C 65/35(18.4 tex)的纺纱工艺设计举例,FA425 型粗纱机纺化纤纱生产实践见表 7-21。

1. 胶辊加压 FA425 型粗纱机加压方式为弹簧摇架加压,每对胶辊的加压均有 3 个档次可选用:前罗拉~二罗拉加压可选 9daN、12daN、15 daN;二罗拉~三罗拉加压可选 15daN、20daN、25 daN;三罗拉~四罗拉加压可选 10daN、15daN、20daN。生产实践表明,化纤混纺时,由于粗纱定量相对较大,为避免胶圈的溜滑牵伸失去对纤维的控制,主牵伸区中、后罗拉选用最大的加压,为 25daN×20daN,使牵伸区内对纤维的牵伸力和握持力均较大,保证半成品的条干均匀。

2. 罗拉隔距 FA425 型粗纱机的罗拉直径和罗拉中心距设置范围见表 7-21。对 T/C 65/35 化纤混纺纱的纺纱实践表明,由于粗纱定量较大,纤维长度长,牵伸过程中纤维之间产生的摩擦力较大,同时罗拉加压较重,牵伸区摩擦力界较强,为避免须条在罗拉钳口下打滑,牵伸效率降低,甚至出硬头等不良后果,选用的罗拉隔距稍大。

3. 捻系数 捻系数的配置一般视混合原料和粗纱定量而定,根据粗纱定量(5.4 g/10m),T/C 65/35 化纤混纺纱捻系数的配置一般原则在 55.8~58。但是随着现代粗纱机向高速大卷装的方向发展,并且细纱机牵伸能力的提高,化纤粗纱捻系数的选择可偏高配置,以减少毛羽,避免纱条在喂入下道工序时产生意外牵伸,降低粗纱断头。

表 7-21 FA425 型粗纱机纺化纤纱生产实践

原料	棉	品级	主体长度(mm)		品质长度(mm)		短绒率(%)		细度(dtex)		成熟度系数
		1.50	29.42		32.82		13.72		1.78		1.71
	涤纶	平均长度(mm)		细度(dtex)		超长纤维率(%)			卷曲率(个/cm)		
		38.3		1.4		5.7			0.42		

纺纱工艺流程	开清棉梳理	棉	A300DS 型自动抓棉机 ⟶ SFA035 型混开棉机(附 A045) ⟶ FA025 型多仓混棉机 ⟶ FA111B 型锯齿开棉机 ⟶ FT201 型输棉风机 ⟶ FA172A 型喂棉箱 ⟶ FA201B 型梳棉机 ⟶ A272 型并条和 ⟶ A191 型条卷机 ⟶ FA201D 型精梳机
		涤纶	A002 型抓棉机 ⟶ A013 型高效棉箱 ⟶ A013 型总给棉箱 ⟶ A036 型豪猪开棉机(附 A045 型凝棉器) ⟶ A031 型豪猪开棉机 ⟶ A092A 型双棉箱给棉机(附 A045 型凝棉器) ⟶ A073 型成卷机 ⟶ A186 型梳棉机
	并条		FA311 涤预并 ⟶ FA311(三道混并)

FA425 粗纱机	粗纱定量(g/10m)	牵伸倍数	罗拉隔距(mm)	罗拉加压(daN)	钳口隔距(mm)	粗纱捻度(捻/10cm)	锭速(r/min)
	5.4	6.50	12.5×25.5×27.5	12×25×20×20	6.5	2.88	1 200

粗纱质量	伸长率(%)					重量不匀率(%)	条干不匀率(%)
	大纱	中纱	小纱	前排	后排	0.87	3.6
	0.71	1.52	1.33	1.06	1.27		

细纱质量	重量不匀(%)	条干不匀(%)	单强 CV(%)	断裂强度(cN/tex)	细节(个/km)	粗节(个/km)	棉结(个/km)
	1.3	13.2	8.4	22.9	5	43	40

第六节　粗纱机新技术

一、传动系统的技术创新

传统粗纱机多采用机械传动与控制,其控制系统包括一对较长的锥轮、多组变换齿轮以及由弹簧、棘轮与杠杆组成的机械式控制系统。粗纱机的传动系统非常复杂和笨重,传动链长,传动零件多,仅齿轮就达 500 多只。由于机械传动链中的非线性误差较大,使粗纱张力的控制很不稳定,调速精度不高,动态响应差;另外,工艺计算、品种变换非常麻烦,品种的变换范围较小,生产值与理论给定值有一定的偏差,使粗纱机产量、质量的进一步提高受到限制。为了改变这种状况,提高粗纱机的机电一体化水平,对粗纱机传动系统的改造取得了显著效果。将变频调速技术应用到粗纱机传动中,而且实现了多电机传动粗纱机,新型粗纱机的传动系统具有控制精度高、机构更加简单、自动化程度高等优点。根据同步运行的电动机数量,有采用二台、三台、四台、七台电动机的多种形式,国外以四台电动机传动的粗纱机居多。

(一)四电动机同步传动系统

新型四单元传动的粗纱机取消了许多轮系,速度变化由变频调速来完成,传动机构大大简化,减小动力消耗和噪声。新型粗纱机上由电子计算机控制的 4 个变频调速电动机,分别传动牵伸系统、锭子系统、锭翼系统及龙筋升降系统,使粗纱的牵伸、卷绕成形完全受控于电子计算机,如图 7−60 所示。计算机根据粗纱工艺及卷绕成形的软件指令控制各电动机的速度,精确完成粗纱的卷绕。这种新式四单元传动技术具有如下优点。

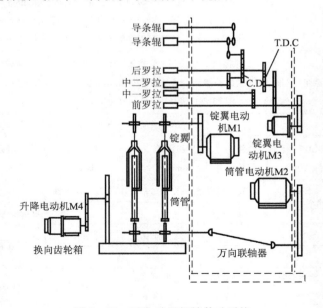

图 7−60　四电动机粗纱传动系统

1. 简化了粗纱机传动的机构　传统的粗纱机单机传动方式是由一个主电动机通过若干轮系分别传动牵伸机构、锭子、锭翼及龙筋升降系统,并经过锥轮、差微等机械变速系统完成对粗纱机的卷绕成形,各种轮系传动都需要许多齿轮,机构十分复杂。一方面传动效果并不精确,另一方面耗用较多的动力。新型四电动机粗纱机取消了差速、变速、成形等装置,大量简化了机械传动装置。与传统机械式传动粗纱机相比,四电动机粗纱机不仅能耗减少了30%,而且还大幅度减少了机械故障,提高了设备的生产效率。粗纱机原有的慢速气动、防细节装置、张力微调等也均被取消,使粗纱机的结构简洁,整个机台震动大大减小,噪声低,可更高速纺纱。

2. 消除粗纱开关车细节　以往由于粗纱机前罗拉引出线速度与粗纱卷绕线速度在机械传动系统中不同步,瞬间差异大而产生细节,而且关车细节比开车细节要严重,尤其在传统粗纱机上为了调整断头后的锭翼后掌位置,便于生头或接头,机上设有微动开头,从而造成的细节十分严重,这些细节使纱线存在许多强力弱环。

虽然在传统粗纱机上加装防细节装置,用机械或电气控制来调整粗纱卷绕与前罗拉线速度之间的差异;如加装电磁离合器,使前罗拉线速度与卷绕线速度趋于一致;也有在主电动机上加装变频调速系统,使主电动机软启动,从而缓冲两种线速度的差异;此外,有些企业通过加强粗纱以前半制品质量控制,减少断头甚至不断头,以此来消除落纱中粗纱开关车及点动的发生,杜绝由此产生的开关车细节;还有采用高效假捻器及适当提高粗纱捻系数;也有采用液力耦合器技术,以延缓机器升降造成的前罗拉线速度与卷绕线速度之间的差异传动。但是总不能很好地解决粗纱开关车细节问题。

新型四单元传动技术使前罗拉引出线速度与卷绕速度在电子计算机控制下始终保持同步,使粗纱机纺纱正常,开关车不会产生细节。四单元传动粗纱机对品种线密度的适应性很好,改变品种时纺纱卷绕张力不必重新设定,能自动选择最佳的纺纱张力;开关车时能保持卷绕线速度与牵伸前罗拉线速度同步,关车时卷绕机构先停,牵伸机构后停,使前罗拉至锭翼之间的粗纱略有松弛,开车时张力又恢复正常。新型粗纱机彻底消除了粗纱细节,这是重大的进步。

3. 精确调节卷绕张力　新型粗纱机由于采用四单元传动技术,卷绕速度与前罗拉线速度之间始终保持一定值,卷绕速度略大于引出线速度1%。不论大纱、中纱、小纱或车间相对湿度的变化,经计算机控制的卷绕张力始终保持恒定。

普通单电动机传动、带有锥轮变速的粗纱机的张力调节比较麻烦,而且也不准确。在正常状态下,铁炮皮带基本上是等距离移动,不能因粗纱卷绕直径变化而对卷绕张力进行相应调整,像青泽660型,瑞士立达(Rieter)F1/1A型及一些国产新型粗纱机A456型、A458型等,都属单电动机传动的粗纱机,张力调节靠不等距移动铁炮皮带在铁炮上的位置来补偿。RieterF1/1A型粗纱机采用轨道式张力补偿装置,我国FA401型或日本粗纱机应用调节轮或张力补偿系统来进行张力调节,日本丰田FL16型粗纱机应用偏心齿轮或张力补偿装置,日本RMK-2型粗纱机采用差动模板式调节装置等。所有这些张力调节装置的基本原理都是采用移动铁炮皮带的位置来进行张力调节的。此外,在无级变速的粗纱机上还采用了电子脉冲式微调装置,各有优缺点,但归根结底是张力调节不精确。粗纱条干平均CV值为5.54%,大、中、小纱伸长差异率为0.26%;电子式微调条干CV值为4.63%,大、中、小纱伸长率差异较小。新型粗纱机上应用了张力传感器自动控制与调节卷绕张力控制系统（CCD 装置），它采用自动调整粗纱动态张力的张力微调技术，可在线主动控制大、中、小纱及卷绕高低位置的粗纱张力，张力调节效果明显。

粗纱机前后排的粗纱张力也存在差异，因为前后排粗纱导纱角不同，伸长也不同，意大利的一些毛纺粗纱机把粗纱牵伸机构由水平位置改为垂直位置，使牵伸罗拉与卷绕装置在一条直线上，以此来消除锭与锭，特别是前后排锭子的张力差异。棉纺粗纱机也有将后排锭翼抬高，消除由前后排导纱角差异而引起的卷绕张力差异。实践证明，粗纱锭翼上加装高效假捻器，提高了粗纱抗伸长能力，前后排粗纱张力差异已基本满足要求，尤其在新型四罗拉双胶圈牵伸形式的粗纱机上引出粗纱宽度小，由于加装了小开口集合器及高效假捻器，前后排粗纱张力差异问题已基本上得到解决。

总之，由于四单元传动粗纱机的出现，在杜绝粗纱开关车细节，精确控制卷绕张力，严格控制大、中、小纱伸长率差异等方面取得了令人满意的效果。因此，可认为当代新型粗纱机技术进步的重要特征是实现了四单元变频电动机传动，不仅提高本工序生产效率、产品质量，更重要的是为下游工序高速运行及提高产品质量创造了有利的条件。

（二）其他类型多电动机传动系统

1. 三电动机同步传动系统 三电动机同步传动系统的主电动机传动罗拉、锭翼、筒管；锭翼、筒管之间的变速由变速电动机通过差动机构传动；升降电动机带动万向联轴节传动。取消了传统粗纱机的铁炮无级变速器、成形装置及部分辅助机构，如铁炮皮带复位机构、张力微调机构等，其相应的功能由工业控制计算机或可编程序控制器（PLC）控制电动机的变速，实现粗纱机同步卷绕成形的工艺要求，简化了粗纱机的结构。其传动系统如图 7-61 所示。另外还有一种二电动机传动粗纱机，其主电动机传动罗拉、锭翼、筒管、升降；锭翼、筒管之间的变速由变速电动机通过差动机构传动；升降由摆动机构或电磁离合器控制。

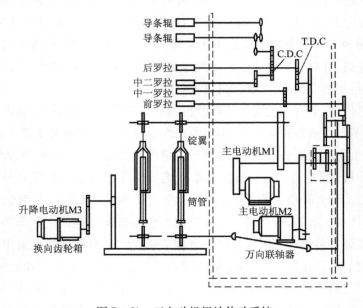

图 7-61　三电动机粗纱传动系统

这两种粗纱机介于传统传动与多电动机传动之间,其优点是可降低可编程序控制器控制精度,但其保留了精度高、制造难度大的差动机构,使机械运转速度提高受限,一般纺纱极限转速为1100r/min左右。

2. 七电动机同步传动系统　此种机型是在四台电动机同步传动的基础上,增加了以下功能。

(1)采用了七台电动机同步传动技术。采用七台电动机分别传动前罗拉、中罗拉、后罗拉、锭翼、筒管、下龙筋升降、导条辊和清洁器轴等,取消了全部变换齿轮,牵伸罗拉间的牵伸倍数可无级调节,牵伸倍数的调整精度更高,范围更广;组成随动控制系统。七部分完全独立的传动,替代了传统粗纱机复杂的机械传动,用现代驱动、控制技术组成的随动控制系统,精度较高,操作、维护更加方便,减少了机器的故障率,同时,提高了机器的灵活性和适应性,适合品种及工艺多变的市场需求。

(2)采用了断电保护技术,避免了突然断电而造成整台车断头或产生细节。

(3)采用车前安全防护罩,确保安全,车后为全封闭。

(4)采用德国TEXParts公司的气动加压摇架,纺纱质量稳定。

(5)预留了以太网接口,可实现车间多机台生产的网络控制和管理。

二、牵伸及加压系统的技术进步

牵伸与加压系统的配置,是保证粗纱质量的关键,20世纪后半期国内外新型粗纱机已普遍采用双胶圈牵伸形式,淘汰了罗拉式牵伸。胶圈牵伸形式能更有效地控制纤维运动,获得优良的产品质量。加压方式由杠杆重锤式改为弹簧摇臂加压。牵伸部件也相应采用了许多新技术,提高了牵伸倍数和产品质量。

(一)牵伸形式的改进

目前新型粗纱机采用三罗拉双短胶圈、三罗拉长短胶圈及四罗拉双短胶圈等牵伸形式,国外像青泽660型、668型及我国FA401型、日本FL16型、FL100型等粗纱机均有以上牵伸形式的配置。

1. 三对罗拉组成两个牵伸区　以FA401为例,前区为主牵伸区,罗拉中心距46~90mm,有由上下销、上下胶圈、隔距块等组成的胶圈控制元件,后区牵伸1.12~1.48倍,全牵伸5~12倍,适纺长度22~65mm。其他还有国产粗纱机如FA454系列等。双短胶圈的摩擦力界分布较合理,比三罗拉式牵伸优异,但不宜生产定量过重的粗纱,定量过重,胶圈控制不好,纤维须条容易分层。

2. 三罗拉长短胶圈牵伸　瑞士F1/1A型粗纱机属三罗拉长短胶圈牵伸,与青泽660型,日本FL16型及国产A454G型、A451G型等三罗拉双短胶圈相比,三罗拉长短胶圈运转较平稳,对产品质量改善有利,但容易发生吊胶圈现象,清洁机构(吸尘管)失去应有的空间位置,设计比较困难。

3. 四罗拉双短胶圈牵伸　国产FA421型粗纱机属于双短胶圈牵伸,其他如日本FL16型、青泽668型等也有四罗拉双短胶圈的应用,也称D型牵伸,我国新开发FA491粗纱机也采用四罗拉双短胶圈牵伸,实质上四罗拉双胶圈有 3 个牵伸区,但 1、2 罗拉之间的牵伸倍数只有 1.05 倍,为整理区;主牵伸区在 2、3 罗拉之间,前集棉器放置在整理区,主牵伸区不放置集棉器,实现牵伸不集束、集束不牵伸的要求,以达到提高条干均匀度的目的。四罗拉牵伸整理区使主牵伸区牵伸后的纤维在整理凝聚区起到集束作用。普通三罗拉双胶圈的总牵伸倍数为 4～18 倍,因此,一般 5～12 倍的工艺效果好;当牵伸倍数为 18 倍以上时四罗拉双胶圈的牵伸形式比较适应。四罗拉双胶圈形式对于定量重的粗纱,经过集束作用可使生产出来的粗纱毛羽少而光洁;但生产定量轻的粗纱,在牵伸倍数不大的情况下,三罗拉双胶圈牵伸倍数不大,已能满足要求,不必再增加一个整理区,使机构复杂。

4. 四罗拉长短胶圈配置 双短胶圈中的下胶圈尺寸要求十分严格,其过松、过紧对粗纱均匀度都产生影响。由于下胶圈无张力控制,再加上胶圈长度误差及其他零部件制造装配误差使下胶圈运动线速度不一致,从而造成粗纱锭间的误差,并产生纤维分层现象。而在长短胶圈牵伸机构中,长胶圈有张力控制,其运动线速度均匀正常,对纤维控制能力好,纤维运动比较稳定,纺纱质量较好。但双短胶圈比长短胶圈维护保养方便,吸尘设置空间较大。此外,长胶圈在使用过程中,还易发生吊胶圈问题。双短胶圈与长短胶圈形式相比较各有优缺点,主要在于安装维护及相关配件(如上、下销等)质量的好坏。

5. 五罗拉牵伸系统 在 2014 年中国国际纺织机械展览会暨 ITMA 亚洲展览会上赛特环球机械(青岛)有限公司展出了最新研制的 FA4981 型粗纱机,该机采用五罗拉牵伸系统,在现有四罗拉牵伸基础上增加一根罗拉,主牵伸区仍采用双短皮圈牵伸,在棉条进入主牵伸区前增加了一个整理区,该区对喂入棉条有一个 1.042 倍左右的牵伸,使第一罗拉与第五罗拉间的牵伸倍数达到 15 倍,高出传统牵引系统的 12 倍。

6. 其他 胶辊、胶圈质量在牵伸部件中占重要地位,胶圈要有一定弹性,厚度要均匀,上、下胶圈搭配厚度要合适,否则会影响粗纱 CV 值。一般下胶圈是主动件,上胶圈是被动件,上胶圈线速度小于下胶圈线速度,会使胶圈间的纤维分层滑移,破坏条干,因此要尽力做到上、下胶圈间滑溜率要小,并保持线速同步。长短胶圈线速差小,产品质量要优于双短胶圈。

此外,胶辊硬度要适当,目前大多采用软弹胶辊,尤其前胶辊硬度在 65 度至 72 度之间时,粗纱 CV 值优于硬度 85 度的胶辊,无套差胶辊优于小套差的胶辊。

像上销弹簧压力及胶圈钳口也很关键,尤其皮圈钳口隔距对粗纱条干 CV 值影响较为显著,应慎重选择开口隔距。

集棉器口径也对粗纱 CV 值影响显著,前区集棉器对粗纱 CV 值的影响更显著,工艺配置时,选用要妥当,应认真设定。

(二)加压机构的改进

目前国内外加压形式有 SKF 弹簧摇臂加压、瑞士 R2P 气动加压、Suessen 公司的 HP 型板簧加压等 3 种。

1. 弹簧加压 国产粗纱机大都采用 YJ1－150 型、YJ2－190 型及 YJ4－190 型等 SKF 型、PK1500 型、PK589 型弹簧摇架加压;国外 SKF 型、PK1500 型、PK589 型弹簧加压应用较普遍。SKF 型弹簧摇臂加压创于 20 世纪 50 年代,经过不断改进已趋成熟,FL16 型、意大利马佐里

BC16 型、青泽 660 型等也都应用 SKF 系列弹簧加压。我国三罗拉、四罗拉双短胶圈及长短胶圈牵伸都应用 SKF 系列的国产摇架加压。SKF 型弹簧摇臂的优点是结构轻巧,支承简单,加压卸压方便,加压机构趋于系列化、通用化,互换性很强,如国产 PK1500 - 962 型、PK1500 - 614 型用于三罗拉双短胶圈牵伸系统,PK1500 - DW938 型用于四罗拉双短胶圈牵伸装置。三罗拉加压重量分布:前 20daN、25daN、30daN;中 10daN、15daN、20daN;后 15daN、20daN、25daN。罗拉直径 28mm × 25mm × 28mm。四罗拉加压重量分布:前:9daN、12daN、15daN;二:- 15daN、20daN、25daN;三:- 10daN、15daN、20daN;四:- 10daN、15daN、20daN。下罗拉直径从前到后分别为 28mm × 28mm × 25mm × 28mm,也有 30mm × 30mm × 25mm × 30mm。

　　国内外实践证明,弹簧加压工艺性能完善,产品质量优良。弹簧加压的最大缺点是使用一定周期后,弹簧的弹性变形转换为缓弹性变形及塑性变形,使加压力减小,会造成锭子之间加压差异,并恶化条干。因此,使用一定时间后的弹簧要予以更换,否则牵伸不匀率增加。

　　2. 气动加压　Rieter 公司生产的粗纱机为气动加压,如 F1/1A 型粗纱机。采用气动加压的压力均匀,锭差很小,压力调节方便,停车时(总电源切断)会自动释压,保持摇架呈半释压状态,再开车时不会造成粗细节,还可减少胶辊变形,半释压压力控制在 0.2 ~ 0.3Pa。气动加压形式不会因使用时间的长短而产生压力衰减,造成压力锭差,保证了产品质量,但粗纱机必须配备气源贮气柜及气路。气动加压相对于 SKF 加压形式增加了一些附属系统和加压系统的配置。气动加压产生的效果优于 SKF 加压,但气动加压对摇架加压的要求较高,如精度高、互换性强,以免造成压力分配和各锭之间的差异。此外,当相邻摇架释压后,压力产生变化,不可能恒定一致,增加了其他锭子的压力,从而影响粗纱的条干均匀度。

　　3. 板簧加压　20 世纪 80 年代 Suessen 公司研制开发了 HP 型板簧加压机构,粗纱板簧加压摇架为 HPA410 型,应用在棉纺翼锭粗纱机上的双胶圈牵伸系统上。四罗拉双胶圈牵伸系统国外应用较多。HPA10 型摇架包括摇架体加压杆、3 或 4 个压力组合件及清洁绒辊托架等。四罗拉双短胶圈牵伸系统带有集束区。加压力,前罗拉 18.5daN、23daN、28daN;二罗拉 17.5daN、22daN、27daN;三罗拉 10.5daN、13.5daN、16.5daN;后罗拉 17.5daN、22daN、27daN。每个胶辊上由加压组合件握持,加压组合件包括弹簧架板簧及上胶辊握持座,这种握持座有较宽的握持区,以保证上胶辊有可靠的平行度,且定向性好,加压组合件使胶辊处在直接而无摩擦的压力下,板簧可防止胶辊侧间运动,上胶辊握持座是整个加压件,在组装后再进行精细机械加工,以保证上胶辊与下罗拉平行,而且不需要调整。在摇架加压的情况下,只要松开固定螺丝,就能把加压件调到所需要的位置。此外,全部上胶辊均可进行部分卸压,只要将加压杆打开到一半位置即可实现半卸压,使上胶辊压力减小到 8 ~ 18daN,半卸压可防止胶辊在长时间停车时产生变形。

　　与 SKF 圈式弹簧加压相比,HP 板簧加压效率高,持久耐用,尤其 4 个罗拉(或 3 个罗拉)钳口线平行度比 SKF 摇架好;板簧加压的压力不易产生衰退,在相同压力下,板簧变形只有圈簧变形的 8.27%。而即便国外的优质圈式弹簧应用 4 年后,弹簧压力也会出现衰退,会使粗纱不匀率增加。与气动加压相比较,HP 加压系统的加压机构比较简单,机面容易清洁,而且每个摇架的压力比气动加压稳定,锭与锭之间压力不相互干扰。

　　Suessen HP - C 式上销及 HP - R 上胶辊都是专门设计的,具有很好的功能。Suessen 公司设计的 HP－A410 摇架,主要特点是板簧加压,加压稳定,弹性比 SKF 圈式弹簧经久,长时间不会产生缓弹性或塑性变形,真正实现了重加压、强控制、控制精确的要求,HP 系列板簧加压可保持 4 个罗拉握持线的精确平行以及浮游区距离最小,这种牵伸机构的牵伸倍数可高达 18 倍以上(四罗拉),纺纱质量好。Suessen 公司生产的 Ringcan 超大牵伸细纱机的加压机构也是板簧加压,牵伸倍数超过 100 倍以上。HP 板簧加压机构应当成为我国粗细纱机乃至并条机摇架加压形式的研究与推广应用方向。目前,我国 FA506 细纱机改装成紧密纺技术的牵伸部分及加压部件均由 Suessen 公司配套供应成套专件,也是板簧加压机构。

三、加捻卷绕系统的技术进步

(一)翼导卷绕方式

棉纺粗纱机诞生以来,均采用管导卷绕方式:

$$v_{管} - v_{翼} = kv_{罗} \qquad k > 1$$

翼导卷绕方式则为:

$$v_{翼} - v_{管} = kv_{罗} \qquad k > 1$$

两式相比,翼导卷绕方式筒管的回转速度较管导卷绕方式低。有研究就表明:在粗纱承受的离心张力相同,40 捻/m 和卷绕直径为 $\phi120mm$ 的条件下,用翼导方式较管导方式锭翼转速可提高 12.5%;卷绕直径为 $\phi150mm$ 的条件下,锭翼转速可提高 11.2%。相对而言,翼导方式纱管大纱时的最高转速比管导方式大纱时的纱管最低转速低,对降低筒管的驱动功率有利。

现代棉纺粗纱机大都采用牵伸、锭翼、筒管、筒管升降四电动机驱动,筒管由单独电动机直接驱动。为了克服大纱启动时纱管的惯性,使纱管与锭翼、牵伸罗拉同步启动,筒管驱动电动机的功率不得不随着大卷装与高速化而越来越增加,达到 15kW 以上。其控制系统的电器容量也随之增大,使粗纱机制造和使用成本增加。采用翼导卷绕方式降低筒管转度,可降低筒管驱动功率,并有利于降低纱管上粗纱所承受的离心张力,大纱减速可延迟,有利于粗纱机产量提高。多电动机驱动粗纱机改变锭翼与筒管的转向十分方便,因此新型粗纱机多采用翼导卷绕方式。

(二)封闭式吊锭锭翼

粗纱锭翼制约了粗纱锭速的提高,我国 FA400 系列平锭粗纱机锭速在 800r/min 以下,这是因为锭翼材料较差,不适于高速。速度高锭翼会扩张变形,而且托锭翼设计的方式在高速时锭翼很不稳定。改为吊锭后,锭翼可加装滚珠轴承以适应高速,但速度超过 1000r/min 时,锭翼会出现扩张变形,因此,锭翼材料及几何尺寸的设计必须进行相应改进。日本 FL16 型、RMK 型粗纱机的吊锭锭翼,引纱臂为开槽形式,接头时必须用尼龙钩操作,德国 FB11 型粗纱锭翼也为悬吊锭翼,引纱臂为全封闭式。我国在吸收消化国外先进技术基础上设计的 GDY 型锭翼也属封闭式吊锭锭翼。

新型封闭式吊锭锭翼有以下优点。

(1)锭翼材料选用高强度合金钢。

(2)锭翼外形设计合理,锭翼臂上端刚度大,并采用斜肩式,翼臂长度缩短,弹性变形小,抗高速扩张力强。

（3）流线型翼臂断面，符合空气动力学要求，回转时阻力小，气流稳定适于高速。

（4）锭端都配有高效假捻器，假捻效果明显。

（5）锭翼表面涂有极光滑的特殊材料，减小空气阻力和挂花。

（6）锭翼内腔表面十分光滑，为不锈钢材料，光滑耐磨，不挂花，粗纱进入内腔不用导纱工具即可从锭翼下端出头，运转时粗纱阻力很小，减小不必要的纺纱张力。

（7）全封闭式锭翼上下端都有支承，锭翼两臂封闭成环，高速回转时不易变形，运转平稳。

新型粗纱机已全部采用吊锭锭翼，国外青泽 660 型、日本 FL16 型、意大利 BC16 型、英国泼拉脱 FH 型、FG 型、FJ 型及国产 FA400 系列粗纱机也都采用吊锭，托锭已被淘汰。目前新型粗纱机的吊锭锭翼都适于高速，一般在 1400～1800r/min。

卷绕密度恒定是采用四单元传动技术的现代粗纱机的又一个优势。采用这种技术，粗纱机的卷绕速度与前罗拉引出线速度之间可以始终保持一定的张力值；同时该设备还能根据大纱、中纱、小纱或车间相对湿度的变化，使粗纱设备的卷绕张力始终保持恒定。

（三）大卷装

大卷装粗纱可以提高粗细纱的工效，减小落纱、换纱周期，但在高速卷绕成形时，随着粗纱直径的加大，离心力相应增加，对粗纱品质产生负面影响，另外过大的粗纱成形，会使粗纱锭距加大、细纱机上的粗纱排列产生问题，因此，粗纱卷装容量的大小要兼顾一些相关问题。目前最大锭速为 1800r/min，粗纱卷装尺寸由 $\phi130\text{mm}\times320\text{mm}$ 提高到 $\phi152\text{mm}\times406\text{mm}$（6 英寸×16 英寸）、$\phi178\text{mm}\times356\text{mm}$（7 英寸×14 英寸）、$\phi178\text{mm}\times508\text{mm}$（7 英寸×20 英寸），其最大卷装容纱体积增加了 3 倍，粗纱最大重量达 5kg/只。

四、清洁装置的技术进步

旧式粗纱机上下绒辊、绒板积聚的大量短绒，要靠人工定期清除，此外，车弄里飞花很多，生产环境差，锭壳上挂花现象严重，所有这些都影响产品质量及工作环境。

清洁装置在粗纱技术进步中不断改进。新型粗纱机增加了许多负压吸尘点。清洁系统的设立，能及时清除罗拉、胶辊、胶圈等处的短绒及杂质，防止纤维缠绕罗拉等部件，并保证不出现由于积花短绒及飞花造成的纱疵。此外，新式粗纱机具有自身净化环境的能力，降低生产区的空气含尘、含飞花量，随着粗纱机车速的不断提高，清洁工作更要加强，以保证产品质量的稳定提高，减轻挡车工清洁工作的劳动强度。

我国 FA400 系列、日本 FL16 型粗纱机除了配备积极回转式清洁绒布外，还配有自动负压吸风系统，及时清洁上下绒板绒布的棉尘及短绒。青泽、立达等粗纱机都配有负压吸尘系统，在上下罗拉、胶圈等处加装吸风口，将这些部位的棉尘、短绒吸走，并在粗纱机机尾处配有过滤网箱，使过滤后的清洁空气循环回到生产区。由于采用连续负压吸风，牵伸及卷绕系统的飞花、短绒及棉尘等都能及时被吸走，车间生产区含尘量很低。

新型粗纱机上还配有断头吸棉及自停装置。在前罗拉下面装有断头吸棉装置，可解决断头后飘头造成的双纱及其他纱疵。国外新型粗纱机都配有这种技术系统。此外还配有吸棉电感自停系统,一方面将断头吸入管道,另一方面可使机器停车待处理。新型粗纱机的上下清洁装置与断头吸棉装置构成一个清洁系统,使粗纱质量及生产环境的净化水平得到提高。

环锭纺纱系统对粗纱质量的要求及评价,主要取决于纺纱最终产品质量,因此要求粗纱机上要有一套能够对牵伸区进行连续清洁的联合巡回清洁系统,使粗纱生产达到高度净化。Rieter 公司研制开发了一种对牵伸、锭翼部分及地板的联合直接吹吸清洁体系,能稳定有规律地自动巡回,并对粗纱机进行自动清洁,这种粗纱联合清洁体系(uniclean – F)可对牵伸区的飞花及尘屑等自动连续吸取并送入固定的汇集箱中。结构紧凑、精巧,其实现人机对话控制的空气导流装置,可与全自动或半自动落纱机及粗细联相结合,形成粗纱机生产内部自我清洁体系。吸尘管道的轨道,装在导条架上或单独从地板竖立的支架上,进入飞花接收站的气流与中央风扇相连接。配有电子式自动控制系统的联合清洁系统,可保证粗纱机发生断头时,吹风停止向机台吹风而转向天花板方向,断头飞花由吸风吸入负压管道内。因此,吹吸风联合机构不会损坏或干扰粗纱正常纺纱。如果将自动落纱机体系或管纱自动运输线与自动吹吸风装置相联接,设立特殊结点的传感器,当粗纱机满纱准备落纱时,吹吸风自动进入停止位置,不会妨碍落纱动作顺利进行。机上还可配有紧急故障及转换开关、键盘式按钮开关等。

我国新生产的 FA400 系列粗纱机,如 FA421 型、FA481 型等新型粗纱机,尤其新近通过国家鉴定的 FA491 型粗纱机的清洁系统,十分完善,已达到国际先进水平,产品质量得到保障。

五、粗纱工序自动化

(一)功能自动化

早期粗纱机的功能自动化围绕纺纱过程正常进行及安全操作而设置,如断头、断条自停装置;龙筋超位安全自停装置;车头门、安全罩打开自停,人体靠近锭翼安全自停;牵伸部分清洁及巡回吹吸风装置等。随着粗纱技术的进步又出现为提高粗纱机效率和降低操作工劳动强度的半自动落纱:包括落纱三定(定长、定向、定位)和锥轮三自动(锥轮自动抬起、锥轮传动带自动复位、锥轮自动复位)装置;其后,由于控制技术的进步出现了以提高粗纱质量为目的的线阵CCD 摄像传感器在线粗纱张力检测及控制系统,以简化调整和进行实时管理为目的的人机对话触摸屏系统,其采用触键检查机器各部的运行状况,输入或显示有关工艺技术参数及故障部位等。通过屏幕显示和键盘操作,操作人员可以很方便地重新设定、储存和传递各类生产参数,减少了换批时间。简明的操作提示诊断系统,能显示保养和维修信息。系统还可以对输入数据进行合理性检验。屏幕显示机器的性能和落纱情况,有利于监视和调节系统状态,使机器高效率地运转。

(二)落纱自动化

粗纱机自动落纱技术是提高自动化程度,提高生产率,降低劳动强度,实现传统纺纱连续化及自动生产线的关键技术。

自动落纱技术分为半自动落纱和自动落纱两种。粗纱机的半自动落纱技术比较成熟,尤其四单元传动的新型粗纱机,其半自动或自动落纱操作上要简便得多,不需要再考虑铁炮皮带的复位等问题。国产新型粗纱机,大都是半自动落纱,当粗纱卷绕到一定长度后,计算机指令停车,下龙筋降至落纱位置,人工取纱换上空管,下龙筋再上升至生头位置,搭头重新启动纺纱。带有铁炮锥轮的老式粗纱机还有皮带自动复位的动作。全自动落纱机的技术特点是当纺满一定长度的粗纱,自动停车,下龙筋降到落纱位置,自动落纱及换管后下龙筋复位,粗纱自动搭头,形成新一轮纺纱,落纱时间4~5min,落下的粗纱集中运到粗纱运输系统待运。像青泽670型、Rowemat型粗纱机为内置式全自动落纱装置,整个落纱插管过程约需5min。日本丰田公司FRD型静止式粗纱落纱装置,能同时握住满纱纱管和空筒管,停车时间只有3min,这是目前世界上最短的落纱时间。

从降低工人劳动强度、减少用工的角度考虑,自动落纱设备是今后的发展趋势;但鉴于目前我国国内用工的实际情况,半自动落纱设备可能会在一段时间内仍占据主导地位。目前,国内粗纱设备的半自动落纱技术已经成熟。四单元传动粗纱机半自动操作与老式设备相比落纱工作简便了许多,同时还节约了落纱时间、降低了工人的劳动强度。半自动落纱设备有效解决了过去锥轮皮带复位不良引起的质量问题。除了半自动落纱粗纱机之外,目前国内一些粗纱设备制造企业的全自动落纱机制造技术也已经基本成熟,初步具备了商业化运作的条件。自动落纱技术的成熟为实现粗纱无人操作、粗细联设备的研制创造了有利条件。

(三)粗细联合化

目前国外许多国家的粗细联设备制造技术已经比较成熟,而国内企业一些企业也已经开始了这方面的研究。天津宏大自主创新研制的内置式全自动落纱粗纱机与JWF9561型粗细联输送系统、JWF0121型尾纱清除机组成的系统可实现粗纱自动落纱、换管、自动输送粗纱和粗纱管等功能,这种设备的研制成功为粗细联设备的生产制造扫清了技术障碍。河北太行机械工业有限公司的THFA4461自动落纱机和THCXL01粗纱输送机也具备自动落纱和粗细联自动传输功能。THCXL01粗纱输送机很好地解决了纱厂粗纱工序到细纱工序粗纱锭输送过程的技术难题。这套粗细联系统具有高度灵活性,从简单的运输系统到精细的多轨道系统都可以适用。赛特环球机械(青岛)FAD1802粗纱输送系统,充分利用客户厂房空间,取消了运纱车和仓库,避免了粗纱表面损伤,提高了成品率,并可根据客户需求设计成自动和手动两种。

粗细联设备的稳定运转需要有成熟的粗纱自动落纱技术和粗纱自动换纱技术。而粗纱机自动落纱技术是提高设备自动化程度、提高纺织企业生产率、降低劳动强度、实现传统纺纱连续化及自动生产线的关键技术。有关专家认为,目前国内外粗纱全自动落纱的方案已经可行,但落纱可靠性还有待进一步提高。粗纱机自动换纱技术是提高自动化程度、提高生产率,降低劳动强度、实现传统纺纱连续化及自动生产线的关键技术,但目前一些粗细联设备的粗纱换纱环节成功率不高,给进一步推行造成了困难,2009年出台的《装备制造业调整和振兴规划》指出要结合实施《纺织工业调整和振兴规划》,以粗细联、细络联、高速织造设备,非织造成套设备、专用织造成套设备,高效、连续、短流程染整设备等为重点,推进纺织机械自主化。可见粗细联设备发展仍然是一种不可逆转的发展趋势,值得我们拭目以待。

思考题

1. 粗纱工序的任务是什么？试述粗纱机的工艺过程。

2. 试比较粗纱机三罗与四罗拉、短皮圈与长皮圈牵伸装置的特点。

3. 粗纱机牵伸机构的主要元件有哪些？对其工艺性能有何要求？

4. 粗纱机卷绕机构由哪些机件组成？说明这些机件之间的运动关系。

5. 粗纱加捻的目的及加捻的实质是什么？

6. 什么是捻回、捻回角及捻向？

7. 什么是捻度、捻系数？它们与捻回角的关系如何？

8. 什么是假捻？举例说明假捻在粗纱机上的运用？

9. 在粗纱机上，捻陷是如何形成的？如何消除捻陷的危害？

10. 对粗纱卷绕的基本要求是什么？粗纱卷绕与细纱卷绕的方式有何不同？

11. 试述粗纱卷绕的基本条件与卷绕方程。

12. 已知粗纱机的锭速为798r/min，前罗拉直径为28mm，前罗拉转速为256r/min，试计算粗纱捻度（捻/10cm）。

13. 已知粗纱的捻系数为98，粗纱的线密度为784，求粗纱的捻度。

14. 已知粗纱机的前罗拉转速为306r/min，前罗拉直径为28mm，粗纱空管直径为44mm，满纱时直径为150mm，求粗纱空管及满纱时的卷绕速度。

15. 已知粗纱机的前罗拉直径为28mm，前罗拉转速为280 r/min，粗纱卷绕圈距为4mm，当粗纱的直径卷绕至100mm时，求龙筋的升降速度（mm/min）。

16. 试分析FA401型粗纱机筒管的变速回转运动及龙筋的升降运动是如何实现的。

17. 试述FA401型粗纱机成型机构的铁炮皮带移动、龙筋换向及铁炮皮带位移的动作是如何实现的。

18. 在确定粗纱定量、粗纱锭速及粗纱捻系数时应考虑哪些因素？

19. 粗纱机牵伸装置的牵伸倍数、罗拉隔距、罗拉加压等参数确定的依据是什么？

20. 粗纱有哪些质量指标？其控制范围如何？

21. 什么是粗纱张力及粗纱伸长率？粗纱张力过大、过小有何危害？在生产中如何进行控制？

参考文献

[1] 郁崇文. 纺纱学[M]. 北京:中国纺织出版社,2009.

[2] 郁崇文. 纺纱实验教程[M]. 上海:东华大学出版社,2009.

[3] 杨锁廷. 纺纱学[M]. 北京:中国纺织出版社,2004.

[4] 徐少范. 棉纺质量控制[M]. 北京:中国纺织出版社,2002.

［5］秦贞俊．现代棉纺纺纱新技术［M］．上海：东华大学出版社,2008.

［6］陆再生．棉纺工艺原理［M］．北京：中国纺织出版社,1995.

［7］郁崇文．纺纱系统与设备［M］．北京：中国纺织出版社,2005.

［8］郁崇文．纺纱工艺设计与质量控制［M］．北京：中国纺织出版社,2005.

［9］赵书林,耿伟．纺纱质量分析与控制［M］．长春：吉林科学技术出版社,2009.

［10］史志陶．棉纺工程［M］3 版．北京：中国纺织出版社,2004.

［11］刘国涛．现代棉纺技术基础［M］．北京：中国纺织出版社,1999.

［12］张喜昌．纺纱工艺与质量控制［M］．北京：中国纺织出版社,2008.

［13］魏雪梅．纺纱设备与工艺［M］．北京：中国纺织出版社,2009.

［14］《棉纺基础》编委会．棉纺基础［M］．3 版．北京：中国纺织出版社,2007.

［15］缪定署．我国现代粗纱机的发展及应用［J］．纺织导报,2008,6:66-70.

［16］刘国涛．论提高粗纱牵伸质量问题(I):牵伸形式、牵伸部件与牵伸质量［J］．无锡轻工业学院学报,1992,11(1):77-87.

［17］张镇．几种粗纱机假捻器的改进［J］．棉纺织技术,2008,36(7):19.

［18］袁景山．对粗纱卷绕成形工艺的再认识［J］．国际纺织导报,2010(6):30-36.

［19］吉宜军．FA401 型粗纱机纺化纤纱的使用体会［J］．棉纺织技术,2000,28(10):38-40.

［20］陈玉峰．优选粗纱工艺提高成纱质量的实践［J］．上海纺织科技,2011,39(1):30-32.

［21］张威,沈恒根,朱晖．粗纱回潮率的影响因素及有效控制［J］．北京纺织,2004,25(4):20-22.

［22］过明言．棉纺粗纱机的变迁和分组驱动粗纱机的优越性［J］．上海纺织科技,2009,39(11):6-9.

［23］袁景山．粗纱技术创新的进展与思考［J］．纺织导报,2008,3:40-47.

第八章　细纱

● 本章知识点 ●

1. 细纱工序的任务及各任务实现的方式。细纱质量的评价及提高的措施。
2. 细纱机的机构组成，工艺原理、牵伸形式及特点、各部分工艺调节的参数与调整方法。
3. 细纱主牵伸区摩擦力界的合理布置。
4. 细纱后牵伸区的型式、摩擦力界的布置和粗纱捻回的利用。
5. 细纱加捻卷绕的高速元件的结构、技术参数和作用原理及特点。
6. 细纱加捻的目的、要求。细纱卷绕的目的、要求、实现卷绕的条件和卷绕方程。
7. 细纱断头的实质，细纱张力的变化规律及影响张力大小的因素。
8. 减少细纱断头的措施。
9. 细纱工序加工化纤的特点。
10. 环锭细纱新技术。

第一节　概　述

一、细纱工序的任务

细纱工序是将粗纱或条子纺成符合国家或用户质量标准要求的、具有一定细度的纱线，供机织或针织使用，其主要任务包括以下几项。

1. 牵伸　将喂入的粗纱或者条子抽长拉细到要求的细度。

2. 加捻　为牵伸后的须条加上一定的捻度，使细纱具有一定的强力、弹性、光泽和手感等物理力学性能。

3. 卷绕成形　将纺成的细纱按照一定的成形要求卷绕在筒管上，便于运输、贮存和后道工序的继续加工。

二、细纱机的工艺流程

环锭纺是传统纺纱方法，工艺技术十分成熟，尽管目前发展了很多生产效率高、工艺流程短的新型纺纱技术，如转杯纺、气流纺等，但是这些新型纺纱方法获得的纱线结构及性能不如环锭纱,所以在相当长的时期内不可能完全取代环锭纱。因此,环锭纺仍然是现代纺纱生产中最主要的纺纱方式。

图 8-1 是 DTM199 型普通环锭细纱机的截面图,其工艺过程如下:粗纱从上部吊锭 1 上的粗纱管 2 上退绕,经过导纱杆 3 和慢速往复运动的横动导纱喇叭口 4,喂入牵伸装置 5 完成牵伸

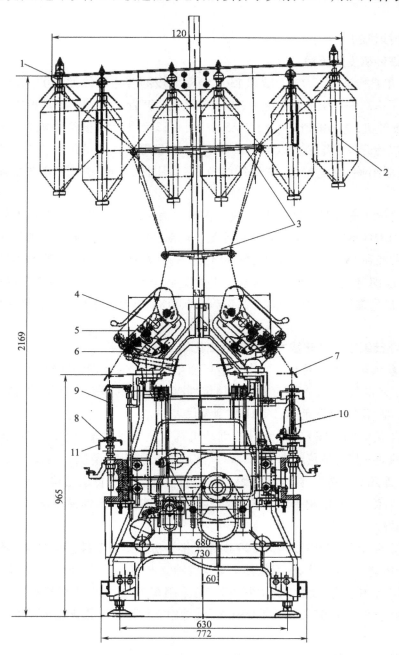

图 8-1 DTM199 型环锭细纱机截面图

1—吊锭 2—粗纱管 3—导纱杆 4—横动导纱喇叭口 5—牵伸装置 6—前罗拉

7—导纱钩 8—钢丝圈 9—锭子 10—筒管 11—钢领

过程。牵伸后的须条由前罗拉 6 输出,经导纱钩 7 穿过钢丝圈 8,绕到锭子 9 上的筒管 10。锭子的高速回转使张紧的纱条带动钢丝圈在钢领上高速回转,钢丝圈转一圈,牵伸后的须条加上一个捻回。由于钢丝圈的回转速度落后于筒管回转速度,前罗拉输出的纱条卷绕到纱管上,依靠成型机构的控制,钢领板有规律地做升降运动,保证卷绕成符合形状要求的管纱。

三、国产细纱机的发展

(一)环锭细纱机发展历程

我国 1954 年自行研发了 1291 型和 1301 型双短皮圈普通牵伸细纱机,牵伸倍数较低,为 14~20 倍。为了提高细纱机的牵伸能力,1956 年又先后开发了 1293 型和 1293M 型的四罗拉长短皮圈大牵伸细纱机,这为国产第二代以 A512 型、A513 型为代表的细纱机开发提供了宝贵的经验。1980 年以后开发了第三代以 FA501 型、FA502 型等为代表的细纱机,FA 系列的细纱机在传动系统、机器结构、制造精度、适纺纤维范围、通用性、自动化程度等方面都有了很大的提高。

近年来环锭纺纱技术有了很大进步,我国在吸收消化国外先进技术的基础上,先后研制出了 JWF1566 型、EJM198JL 型和 DTM149 型等新一代细纱机,细纱机锭速达到 25000r/min,一台细纱机锭数已发展到 1800 多锭,牵伸倍数 80 倍左右,在牵伸形式、加压、锭子、钢领、钢丝圈、吸棉、筒管、胶辊、胶圈、传动技术等方面都有了很大发展,在细纱与自动络纱联合技术上也有了新的突破,有不少机型都形成了细络联,在高速、高效、节能、机电一体化及自动化控制方面都已达到很高水平。

(二)典型环锭细纱机工艺技术特征及性能比较

1. 环锭细纱机工艺技术特征 国内制造厂商生产的普通环锭细纱机在机电一体化、自动化结构上均有了新的发展,生产的可靠性和稳定性有了显著的提高,与国外设备的差距逐渐缩小,以 JWF1566 型、EJM198JL 型和 DTM149 型为代表。

经纬公司自主开发的 JWF1566 型环锭细纱机是自主研发的整节装箱集体落纱细纱机,是面向高端客户的新一代集体落纱细纱机。可以满足用户对高速、节能、高稳定性、高可靠性的要求,可以进一步提升安装精度,减少在纺织厂的安装时间。该机自动化程度高、性能良好,能满足普通环锭纺、赛络纺、赛络集聚纺等多种纺纱方式,能满足生产纯棉及新型纤维等品种的要求,成纱质量较好。

上海二纺机推出的 EJM198JL 型 1800 锭超长细纱机为全数字控制的带集体落纱功能的超长细纱机,锭子传动、钢领板传动、罗拉传动等均为独立电动机驱动;前、中、后罗拉采用完全单独的电子牵伸传动,中间增加独立的中罗拉驱动;采用车头、车尾两头风机吸风;集体落纱时间少于 3min,插、拔管率达 100%,留头率≥98%(纯棉中支纱);可配集聚纺纱装置、赛络集聚纺纱装置等。

东飞马佐里公司 DTM149 型紧密纺细纱机的重要特点是:车头采用油浴齿轮箱结构传动,管纱的成形能够适应自动络筒机高速退绕,牵伸部分配置紧密纺装置,集体落纱,稳定可靠。可以与粗纱机、络筒机任意联接,自动化程度高。锭子传动采用专用变频器变速,可根据纺纱张力设定纺纱过程中各阶段的锭速。

以上机型与 FA 系列的具体工艺技术参数如表 8 - 1 所示。

表 8 - 1　典型国产环锭细纱机的工艺技术参数

机型	经纬公司 JWF1566 型	上海二纺机 EJM198JL 型	东飞马佐里 DTM149 型	山东同大 FA538 型
锭距(mm)	70	70	70	70
锭数	1200	1296 ~ 1800	1200	1008
钢领直径(mm)	38,40,42,45	36,38,42,45	38,42,45	35,38,40,42,45
升降动程(mm)	165,180 (铝套管锭子)	165,180 (铝套管锭子)	—	180,200(铝套管锭子) 180,205(光杆锭子)
筒管长度(mm)	190,210	210	200,220,230	—
适纺线密度(tex)	2.92 ~ 96.2	5 ~ 49	5 ~ 98.5	4.86 ~ 97.2
适纺捻度(T/m)	162 ~ 2325	—	510 ~ 1850	230 ~ 1740
适纺纤维	≤60mm 纯棉或化纤的纯纺或混纺	棉及棉型化纤	棉及棉型化纤,<51mm 化纤的纯纺或混纺	—
牵伸形式	三罗拉,长短皮圈	三罗拉,长短皮圈	三罗拉,长短皮圈	三罗拉,长短皮圈
牵伸倍数	10 ~ 90	10 ~ 80	10 ~ 70	5
机械锭速(r/min)	25000	25000	25000	12000 ~ 22000
锭子传动	锭带传动(4 锭 1 组)	锭带传动(4 锭 1 组)	锭带传动(4 锭 1 组)	锭带传动(4 锭 1 组)
捻向	Z 或 S	Z	Z 或 S	Z 或 S
集聚纺纱装置型号	Rocos	—	四罗拉	—
吸棉装置	笛管	笛管	单吸嘴	笛管
集聚部件	机械式	—	四罗拉异形管和网格圈	—
集聚部件传动方式	—	—	主动	—
集聚吸风部位	大截面风管、风管纱架顶置	—	大截面风管、风管纱架顶置	—
理管装置	全自动理管机	全自动理管机	全自动理管机	半自动理管机
集体落纱	配置	配置	配置	配置

2. 新型与普通环锭细纱机技术特征比较　DTM129 型细纱机机电一体化程度高,采用 V 型牵伸形式的气动摇架,前区罗拉中心距小,后区浮游纤维动程小,与前区摩擦力界形成了良好的配合。与后区采用普通的平面牵伸细纱机相比,该机独特的后区曲线牵伸结构可减少粗纱须条在后区牵伸中的捻回重分布,并保留较多的剩余捻回,使喂入前牵伸区的须条结构比较紧密均匀。与传统环锭细纱机 FA507 型对同品种、同原料的纺纱性能相比,DTM129 型细纱机的成纱

条干不匀、常发性疵点均明显降低,见表 8 - 2。

表 8 - 2　DTM129 型与 FA507 型细纱机纺纱性能比较

纺纱工艺流程:A002D 型抓棉机━━→ A035A 型混开棉机 ━━→ FA106A 型开棉机 ━━→ A092AST 型双棉箱给棉机━━→ A076F 型单打手成卷机━━→ FA201 型梳棉机━━→ FA317 型并条机(两道)━━→ FA411A 型粗纱机━━→ DTM129 型细纱机(FA507 型细纱机)

原料	品级	主体长度(mm)		品质长度(mm)		短绒率(%)		马克隆值		含杂率(%)
	3	29.96		31.99		15.18		4.0		1.69
	机型	捻度不匀率(%)	条干 CV(%)	细节(个/km)	粗节(个/km)	棉结(个/km)	断裂强度(cN/tex)	单强 CV(%)		
C14.6tex	DTM129	2.98	13.87	3	131	282	18.22	7.37		
	FA507	3.54	14.66	8	193	333	17.65	9.62		
C9.7tex	DTM129	3.02	17.93	98	670	776	16.33	9.45		
	FA507	3.83	18.59	142	748	804	15.37	10.62		

F1510 型细纱机也是目前国内性能较先进、自动化程度较高的一种环锭细纱机,其牵伸配置为:三罗拉长短胶圈,气动摇架加压,V 形曲线牵伸。与传统的 FA506 环锭细纱机(牵伸基本配置为:德国 SKF 罗拉,德国 SKF 弹簧摇架加压,直线牵伸)相比,除了后区特有的曲线牵伸外,罗拉直径由 25mm 增加到 27mm,增加了与胶辊的接触面积,且气动加压稳定可靠,调压方便,维修简便,使用寿命长。在 F1510 型中体现出来的新型细纱机的结构特点,均有利于降低传统环锭纺纱线的条干不匀,减少偶发性疵点,提高成纱质量,见表 8 - 3。

表 8 - 3　F1510 型与 FA506 型细纱机纺纱性能比较

C15.4tex 针织纱					
机　型	条干 CV(%)	细节(个/km)	粗节(个/km)	棉结(个/km)	毛羽指数
F1510	14.67	6	163	288	5.18
F506	14.90	7	195	331	5.19

第二节　细纱机的机构及作用

根据细纱机的工艺过程,全机分为喂入机构、牵伸机构、加捻卷绕机构和卷绕成形机构四个部分。现代新型细纱机在上述四个主要机构方面都有了一些新的进展,已经发展成为高速、高效、高质量的纺纱机械。

一、喂入机构

细纱机喂入机构由粗纱架、粗纱支持器、导纱杆和横动装置组成,其主要作用是将粗纱架上的粗纱在均匀的张力下退绕,并顺利进入牵伸机构,防止粗纱断裂或产生意外牵伸。

1. 粗纱架和粗纱支持器　粗纱架用于支承粗纱,粗纱支持器分为托锭和吊锭两种,其中吊锭支持器回转灵活,粗纱退绕张力均匀,意外伸长少,装取方便,粗纱管尺寸适应性广。现代新型细纱机的粗纱喂入多采用单层四列或者六列吊锭形式。DTM199 型环锭细纱机采用的是六列单层吊锭。

2. 导纱杆　导纱杆作用是引导退绕的粗纱进入喇叭口,保证粗纱退绕均衡,减小张力,防止意外牵伸。

3. 横动装置　横动装置是细纱机喂入机构的主要组成部分之一,其作用是引导粗纱在喂入牵伸装置时,粗纱在一定范围内缓慢连续地往复横动,不断改变喂入点的位置,使胶辊表面磨损均匀,保证钳口对纤维的有效握持。

二、牵伸机构

细纱机的牵伸机构与成纱质量有直接的关系,其结构和工艺配置的不同,将导致细纱机牵伸装置的牵伸能力和细纱质量水平产生显著的差异,因此细纱牵伸机构可称为细纱机的心脏,应尽量满足牵伸能力高、品种适应性广、成纱质量满足下游工序要求、零部件精度高、耐用以及结构简单等要求。现代新型细纱机对牵伸加压形式、罗拉、上胶辊、胶圈以及上、下销等专件的性能都进行了一定程度的改进,以提高纺纱质量,减少纱疵,改善纱线条干均匀度。

(一)主要牵伸专件

1. 牵伸罗拉　罗拉是纺纱牵伸机构的重要基础部件之一,与胶辊、胶圈、上下销等共同组成罗拉钳口,握持纱条,对其进行牵伸。对牵伸罗拉的主要质量要求有以下几点。

(1)罗拉直径应与所纺纤维的长度、罗拉加压量、罗拉轴承的形式相适应。

(2)罗拉的表面应具有正确的沟槽齿形,符合要求的光洁度,即表面光滑无碰痕,无锋利的棱边,以保证既能有效握持纤维,又不损伤纤维。

(3)具有较高的设计标准和制造精度,罗拉节与节间具有互换性,减少因罗拉偏心、弯曲等机械因素产生的不匀。导柱和导孔的螺纹尺寸的制造公差与配合间隙、圆柱度、罗拉轴承镶接处端面公差要小,罗拉表面处理工艺优良且耐用。

(4)具有足够的扭转刚度和弯曲刚度,耐磨并能承受较大的负荷。罗拉中部柔韧性要好,便于校正维修。

为保证牵伸罗拉对纤维的握持效果并有效地传动胶圈,罗拉的设计通常分为沟槽罗拉和滚花罗拉。FA506 型细纱机的两种罗拉设计横截面如图 8－2 所示。

沟槽罗拉的前后两列罗拉为梯形等分斜沟槽。为了使罗拉与胶辊表面组成的钳口线对纤维连续均匀的握持,并防止胶辊在快速回转时产生跳动,同档罗拉分别采用左右旋向沟槽。滚花罗拉在传动胶圈的牵伸罗拉中使用,其目的是保证罗拉对胶圈的有效传动。滚花罗拉的横截面是等分角的轮齿形状,圆柱表面是均匀分布的菱形凸块,以防止胶圈打滑。菱形凸块不宜过尖,避免损伤胶圈。

应用新型优质的无机械波罗拉,有利于降低成纱的条干不匀。新型无机械波罗拉的主要特

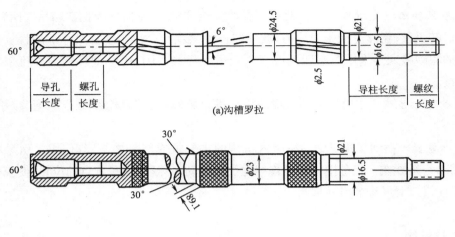

(a)沟槽罗拉

(b)滚花罗拉

图 8 - 2　FA506 型细纱机的牵伸罗拉

点如下。

①采用优质特定钢,经独特的热处理校直技术及表面镀铬,罗拉抗弯强度提高 10%,在重加压牵伸情况下,运转平稳、不变形、不走调,使用寿命长。

②采用特殊的齿形加工方式和表面光整加工技术,使罗拉工作表面光滑、细腻、无毛刺、不挂花。

③罗拉单节制造精度高,工作面外圆跳动≤0.01mm。

④罗拉不需在车下预校调,直接上机联结并紧,不经校调,做好敲空后,每锭跳动 96%,均在 0.02mm 范围内,最大不超过 0.05mm。

(5)罗拉纺纱无机械波率:拉网检测 96% 以上达到平波幅,最大相对振幅不超过基波的 1/6。

2.罗拉座　罗拉座的作用是放置罗拉,由固定部分和活动部分组成,如图 8 - 3 所示。前罗拉放在固定部分,活动部分由 2 ~ 3 只滑座组成,中罗拉放在滑座 2 内,后罗拉和横动导杆放在滑座 3 内。松动螺丝 4、5 可分别改变中、后罗拉座的位置,以调节前、后区罗拉的中心距。罗拉座与车面 7 用螺钉 6 相连,松动螺钉可以调节罗拉座的前后、左右位置。

相邻两只罗拉座之间的距离称为节距,考虑到罗拉加压后的挠度以不超过 0.25mm 为宜,每节的锭子数为 6 ~ 8 锭,FA506 型细纱机设计为每节 6 锭。罗拉座与车面形成一定的倾角 α 称为罗拉座倾角,其作用是减小须条在前罗拉上的包围弧,以利于捻回的向上传递,α 对挡车工的生产操作也有一定的影响,通常取 35° 或 45°,FA506 型细纱机的 α 角为 45°。在前罗拉离地面高度一定的情况下,前罗拉中心距离机面的高度称为罗拉座高度。H 值大,有利于清洁、保全、保养的操作。FA506 型细纱机的 H 为 95mm。

3.胶辊　细纱胶辊每两锭组成一套,由胶辊铁壳、包覆物(丁腈胶管)、胶辊芯子和胶辊轴承组成。采用机械的方法使胶管内径胀大后,套在铁壳上,并在胶管内壁和铁壳表面涂抹黏合剂,使胶管与铁壳粘牢。芯子和铁壳由铸铁制成,铁壳表面有细小沟纹,使铁壳与胶管之间的连

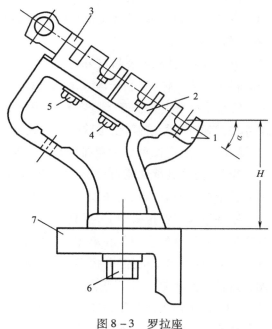

图 8 - 3　罗拉座

1—固定部分　2、3—滑座　4、5—螺丝　6—螺钉　7—车面

接力加强,防止胶管在加压回转时脱落。

　　胶辊的硬度对纺纱质量影响极大,一般把硬度为邵氏 A72°以下的称为低硬度胶辊,A73°～A82°的称为中硬度胶辊,A82°以上的称为高硬度胶辊。近几年,国内纺织橡胶生产企业研制了各种新型的丁腈胶辊,典型代表见表 8 - 4。经纺纱实验证明,新型胶辊具有优良的弹性和耐磨性,成纱质量较美国 J463 型胶辊好,抗缠绕性能明显增强。但在硬度变化及成纱质量的长期稳定性方面,与美国 J463 型胶辊尚存在一定的差距,还需进一步改进。

表 8 - 4　典型的国产丁腈胶辊

胶辊类型	邵氏硬度(°)
WRC - 565	A(65 ±3)
NFR - 0358	A(58 ±2)
BYC - 2175	A75,纺化纤微处理,混纺产品不处理
BYC - 2166	A(65 ±1),纺纯棉不处理,回磨周期达超过 8 个月
MS - 65	A(65 ±3)
NDC - 63S8	A(63 ±3)
TRV - 2065AL	A(65 ±3)

　　上罗拉轴承直接与丁腈胶管相匹配,是组成丁腈胶辊的最基础部件,分为滑动轴承和滚动

轴承两类。早期的细纱机采用滑动罗拉轴承,随着现代细纱机高速度、重负荷、高质量的要求,滑动罗拉轴承逐步向滚动轴承发展。滚动轴承可以较长时期不需加油(一般半年至一年加油一次),可节省大量工时,减少对纱线的污染。

根据轴承外环的形式进行分类,滚动轴承上罗拉可分为有外壳和无外壳两种。无外壳型上罗拉滚动轴承将轴承外环与胶辊壳合为一体,有利于增大滚珠直径,常用于胶辊外径较小的场合。有外壳型上罗拉滚动轴承在轴承外环的外面套上胶辊壳,常用于胶辊外径较大和需要调换胶辊壳的场合。外壳与轴承外环用弹性卡圈连接,使运转时不致脱出,但稍微用力即可脱卸。

根据滚动体的种类划分,滚动轴承上罗拉可分为单排滚珠、双排滚珠和滚针等。单排滚珠的优点是具有一定程度的调心作用,但是其承载能力较小,双排滚珠可以增加承载能力,常用于并条机等重负荷的场合。滚针轴承的径向直径比滚珠轴承小,较易适应纺纱工艺所规定的罗拉直径与罗拉中心距的要求,FA 系列细纱机罗拉采用 LZ 系列滚针轴承。

4. 胶圈及控制元件　胶圈及控制元件的作用是在牵伸时利用上、下胶圈工作面的接触产生附加摩擦力界,加强对牵伸区内浮游纤维运动的控制,提高细纱机的牵伸倍数,并提高成纱的质量。胶圈控制元件是指胶圈支持器(上、下销)、钳口隔距块和张力装置等。在双胶圈牵伸装置中,下胶圈套在有滚花的中罗拉上,由下销支持和张力装置使下胶圈张紧;上胶圈套在中上罗拉(活芯小铁辊)上,由弹簧摆动销支持。胶圈一般是上薄下厚;上、下销组成扁形胶圈钳口,易于伸向前罗拉钳口,达到缩短浮游区长度的目的。

(1)胶圈销:胶圈上销的作用是支持上胶圈处于一定的工作位置,胶圈下销的作用是支撑下胶圈并引导下胶圈稳定回转,同时支持上销,使之处于工艺要求的位置。固定胶圈位置,把上、下胶圈引向前钳口,保证胶圈钳口能有效地控制浮游纤维运动。FA506 型细纱机采用三罗拉长短胶圈牵伸形式,弹性钳口由弹簧摆动上销和固定曲面阶梯下销组成。

图 8-4 所示为双联式叶片状弹簧摆动上胶圈销。上销在片簧的作用下与下销保持紧贴,并施加一定的起始压力于钳口处。上销后部借叶片簧的作用卡在中罗拉(即小铁辊芯轴)上,并可绕小铁辊芯轴在一定的范围内摆动。当通过的纱条粗细变化时,钳口隔距可以自行上下调节,故称为弹簧摆动钳口,简称弹性钳口。为防止因销子上下反复摆动而产生的塑性变形影响钳口压力的稳定,片簧材料一般选用优质锰钢。

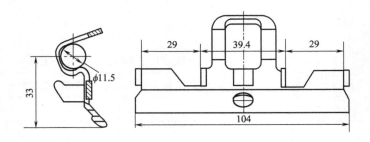

图 8-4　双联式叶片状弹簧摆动上胶圈销

图 8-5 所示为曲面阶梯下销。下销用普通钢材制成,表面镀铬,以减少胶圈与销子的阻

力。下销是六锭一根的统销,固定在罗拉座上。下销最高点上托 1.5mm,使上、下胶圈的工作面形成缓和的曲面通道,从而使胶圈中部的摩擦力界强度得到适当加强。下销前端的平面部分宽 8mm,不与胶圈接触,使之形成拱形弹性层,与上销配合,较好发挥胶圈本身的弹性作用。下销的前缘突出,尽可能伸向前方钳口,使浮游区长度缩短。

(2)隔距块:上销板中央装有锦纶隔距块,如图 8-6 所示,其规格见表 8-5。隔距块的作用是确定并使上、下销间的最小间隙(钳口隔距)保持统一和准确。上、下销原始钳口隔距由隔距块的厚度确定,隔距块可根据不同的纺纱线密度进行调换,以改变上、下销间的原始隔距,适应不同的纺纱需要。

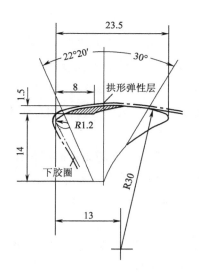

图 8-5　曲面阶梯下销

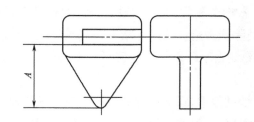

图 8-6　隔距块

表 8-5　隔距块规格(mm)

件号	A456-21334A	A456-21335A	A456-21336A	A456-21337A	A456-21338A	A456-21339A
A	5.5	6	6.5	7.5	8.5	9.5
隔距	3.5	4	4.5	5.5	6.5	7.5
颜色	棕	红	绿	白	蓝	黄

(3)胶圈张力装置:为了保证下胶圈(长胶圈)在运转时保持良好的工作状态,在罗拉座的下方装有张力装置。张力装置利用弹簧把下胶圈适当拉紧,从而使下胶圈紧贴下销回转。

5. 集合器　集合器位于细纱机的前牵伸区,其主要作用是收缩牵伸过程中带状须条的宽度,减少加捻三角区,使成纱结构紧密、光滑、毛羽少、强力高。并且集合器可以阻止须条边纤维的散失,减少飞花,有利于减少绕胶辊、绕罗拉现象,从而降低细纱断头并节约用棉。

按照外形和截面的不同,集合器可分为木鱼形、梭子形、框形等;按照挂装方式的不同,集合器分吊挂式和搁置式两种;按照胶辊摇架单双锭方式的不同,集合器分单锭用和双锭用。如图 8-7 所示。其中,图 8-7(a)为梭子形集合器,单锭两边吊挂;图 8-7(b)为框形集合器,双锭联用,挂在摇架前铁皮钩上,用于弹性钳口摇臂加压。

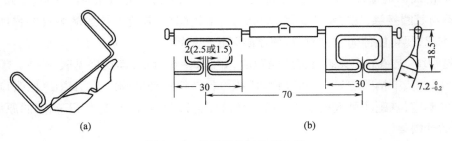

图8-7 细纱机前区的集合器

梭形集合器易跳动和翻转,影响成纱条干均匀度和强力,纱疵多,断头增加;框形集合器中部为空心状,易积聚飞花,影响条干且不易被挡车工发现。为提高成纱条干质量,国内开发了一系列的新型细纱机集合器,包括带筋抗静电集合器、厚梭型集合器、封闭式集合器、自动导入式集合器。与传统集合器相比,新型集合器在形状、尺寸、质量、散热孔大小等方面均有所不同,有利于降低条干不匀率,减少粗细节和纱线毛羽,节约用棉。

6.断头吸棉装置 细纱在生产中出现断头时,断头吸棉装置能够立即吸走前罗拉钳口吐出的须条,消除飘头造成的连片断头,减少绕罗拉绕胶辊现象,使细纱断头大大降低;减少了毛羽纱和粗节纱,提高了成纱质量;降低了车间的空气含尘量,改善了劳动条件,减轻了挡车工劳动强度。

在纺纱过程中,吸棉笛管的负压一般要求控制在490Pa以上,因此要注意控制车尾储棉箱风箱花的积聚,确保前罗拉钳口前下方的笛管内呈一定的负压而能正常工作。

(二)加压机构

与并条和粗纱过程相同,细纱工序的加压机构是牵伸装置的重要组成部分,其作用是有效地控制纤维的牵伸。加压机构质量的优劣,与牵伸后纱条的条干均匀度、设备的保全保养维护工作有着密切的关系。

根据压力的性质进行划分,加压机构可分为重力加压、磁性加压、弹簧加压和流体加压等四类。但是随着化学纤维在棉纺设备上纺纱实践的增加,以及喂入细纱机半制品定量的加重,简单的重力加压(包括大铁辊自重加压和老机采用的重锤杠杆加压)和磁性加压已逐渐被取代。新型细纱机大都采用弹簧摇架加压和气动摇架加压。

1.弹簧摇架加压 弹簧摇架加压结构轻巧,惯性小,吸震,能够产生较大的压力,加压卸压方便,不受罗拉座倾斜角的影响,工艺适应性强,尤其使牵伸装置趋向于系列化和通用化,在现代牵伸装置中得到了广泛的采用。加压摇架是牵伸装置中最基础的元件,对牵伸罗拉实施加压,对上罗拉、上销实施握持定位。弹簧加压摇架由加压元件、加压组件、锁紧组件和紧固机构组成。

(1)圈簧加压摇架:圈簧加压摇架的压力源为圆柱螺旋压簧,代表性的加压摇架有 SKF 公司的 PK2000 型、PK2100 型,以及国产的 YJ2 系列、YJ20 型。圈簧加压摇架的加压组件采用杠杆间接式加压方式,包括圆柱螺旋弹簧(压簧)、加压杆(含上罗拉夹爪)、加压座(加压匣)、夹簧等,如图 8-8(a)所示。螺旋压缩弹簧装在加压匣内,置于加压杆的中部,加压杆头端钳爪握持上罗拉轴芯,每根加压杆都可绕其支销轴回转,因此,具有自调平行功能。

圈簧加压摇架的锁紧机构为由摇架体、手柄、锁紧件和摇架座组成的四连杆后锁紧结构,具有加压、卸压操作轻便,锁紧可靠等优势。卸压后摇架体相对牵伸平面可掀起 45°刚性定位。摇架体高度可用支承在摇架支杆缺凹处的调节螺钉进行调节,有利于同台摇架体工作位置的准确和一致。摇架座与摇架支杆用两只螺钉固定,在运转中不易走动。

圆柱螺旋压簧取材、制造加工和调整均较简便,成熟,但是其压缩变形压力的持久性、稳定性和可靠性直接影响加压效果,使用日久可能会产生压力"衰退"现象。因此,对材料的选择、绕制、热处理工艺、分选均有较高要求,并且必须要加强日常的测定和检修保养工作。

(2)板簧加压摇架:板簧加压摇架的压力源为板簧,最新的代表性加压摇架有绪森公司的 HP-GX3010 型,以及国产的 YJB2145 型、YJB2125V 型。板簧加压摇架的加压组件采用直接加压方式,由支架、板簧、胶辊握持座和胶辊夹簧组成,如图 8-8(b)所示。板簧的后端通过支架固定在摇架体上,前端与握持座铆接,与夹簧共同握持胶辊,并将压力直接作用到胶辊上,没有横向分力。加压组件中每个上罗拉握持座宽度达 26mm,为高精度精密铸造铝合金材料,握持弧是整个加压组件组装精确定位后再研磨加工,前胶辊在摇架体上位置可在工厂设定,是各种加压摇架中唯一可调节前胶辊定位的摇架,可以满足精密的技术要求。因此,板簧加压摇架具有结构简洁,精度高,无压力损失,锭差压力小,刚度大等特点。

板簧加压摇架的锁紧组件为由摇架体、手柄、锁紧件和滑槽杆组成的四连杆机构。HP-GX3010 型摇架体(座)孔为带小突缘圆形的断面,摇架支杆为带缺口的圆断面,摇架座与摇架支杆轴用上、下两只紧固螺钉顶紧,以使摇架体可靠地紧固在摇架支杆上,提高摇架紧固的稳定性。摇架体高度可用支承在摇架支杆下缺凹处的高低调节螺钉进行调节,有利于同台摇架体工作位置的准确和一致。

成形板簧的截面积一般比圈簧钢丝的截面积大得多,使成形板簧的刚度高得多,应变力扩大,挠度变形量缩小,加压的持久性、可靠性、稳定性显著提高。但是板簧摇架的板簧刚度显大,对胶辊直径差异适应性差,当胶辊直径由 31mm 减到 29mm 时,其胶辊压力变化达 20N 以上,对生产不利。板簧材料选用高级优质合金弹簧钢、成形精度和热处理水平有着极高的特殊要求、制造加工精度要求高、难度大。

2. 气动摇架加压 气动摇架加压在弹簧摇架加压的基础上,配备了一套气路系统,以压缩空气作为压力源,吸振能力强,适应机器高速运转的要求,不会产生疲劳衰退;加压充分,适应"重加压"工艺的要求;压力大小由压力表直接显示,配置稳压自动保护装置,停车时可保持半释压或全释压状态,调压简便,管理方便。常见的气动摇架加压有整体气囊间接式气动摇架加压和独立气囊直接式气动摇架加压。

(1)整体气囊间接式气动加压摇架:气囊是气体加压摇架中最关键、最核心的部件。最新的整体气囊间接式气动加压摇架如立达(Rirter)公司的 P3-1 型,NA 的 DA2122P 型,以及国产的 QYJ3 系列、QYJ-142G、YJQ145V 系列、SDD2122P 系列、QYJV-145 系列等。上罗拉握持爪直接固定在压力分配杆上,采用四连杆变形类的锁紧机构,加压时以四连杆机构保证可靠锁紧,卸压时四连杆脱离不再牵连,便于摇架掀起。摇架体和摇架支杆轴采用上、下摇架座握持支管轴紧固。摇架支管轴有圆钢管型和六角管型两种。为提高摇架座与摇架支管轴紧固形式的可靠性,国产早期的整体气囊杠杆式气动加压摇架由上、下摇架座握持空心圆支管轴更换为空心六角支管轴,制造加工精度要求较高。

整体气囊杠杆式气动加压摇架的加压组件采用杠杆传递分配式结构,易产生压力摩擦损耗,相邻摇架部分气囊变形存在相互干涉区域,给安装、调试和使用带来相当麻烦。并且杠杆的累积误差也会造成压力差异,罗拉隔距变化引起的压力变化给工艺调节带来不便。

(2)独立气囊直接式气动加压摇架:独立气囊直接式气动加压摇架的典型代表如 SKF 公司的 PK3000 型,以及国产的 QYJ200 型、QYJ20 型、QY155 型等,其加压组件由承压板、夹簧、胶辊滑座和胶辊握持爪等组成,如图 8 – 8(c)所示。由气囊将压力直接作用在承压板上,通过胶辊滑座、胶辊握持爪传递到上胶辊和中上罗拉。

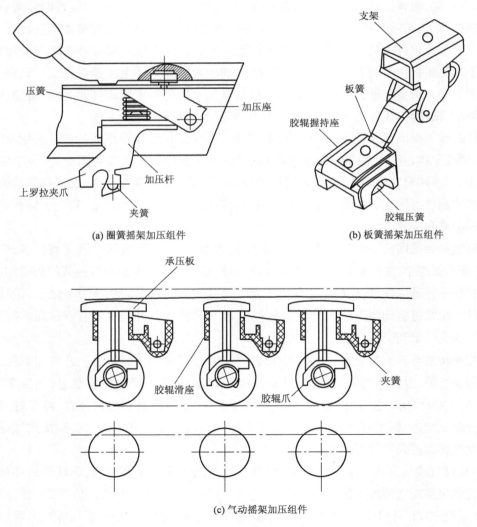

(a) 圈簧摇架加压组件　　　　　　　　(b) 板簧摇架加压组件

(c) 气动摇架加压组件

图 8 – 8　摇架加压组件

独立气囊直接式气动加压摇架的锁紧机构改变了传统的四连杆结构,摇架的锁紧和开启采用连杆锁紧片机构。通过上、下摇架座握持空心方形支管轴,以上摇架座为固定基准直接定位,下摇架座夹紧,再通过固紧螺钉固紧定位,不承担微调摇架体的工作高度。在摇架座侧面有偏心微调轴机构来实现摇架体高度调节。这种摇架座与摇架支管轴的紧固机构和摇架体调节机构功能分离方式,不仅提高了摇架固定方式的可靠性,也方便了摇架体高度调节,减轻安装调试的工作量,简便且先进。

独立气囊气动加压摇架取消了压力传递杠杆机构,采用各档压力组件独立的直压方式,结构简洁,压力正确、稳定和可靠,缩小了锭间和台间的压力差异。并可实现前、中、后三挡牵伸罗拉压力各自独立设计,工艺适应性强。但是必须重视气压元件的选择,维护好气压控制系统的正常运行。

(三)牵伸形式

细纱机普遍采用的是三罗拉长短胶圈牵伸机构,分为前区牵伸和后区牵伸,根据后区牵伸形式的不同,又可分为双区直线牵伸和双区曲线牵伸。

细纱机后区牵伸的主要作用是使喂入前区的纱条具有一定的紧密度和平行伸直度,使之与前区形成合理的摩擦力界分布,达到减少粗节、细节和提高成纱条干均匀度的目的。后区牵伸形式主要有两种,分别为直线牵伸和曲线牵伸。

1. 直线牵伸　图 8 - 9 示出细纱机三罗拉普通直线牵伸形式。SKF、HP、R2P 及国产 YJ2 系列的后区牵伸均属于三罗拉双区直线牵伸,但是他们都具有自身的特点。

从加压形式看,SKF 和 YJ2 系列牵伸装置为弹簧摇架加压,随着弹簧摇架的不断发展,前罗拉加压值可以提高 2 ~ 2.5 倍,后罗拉的加压值可以提高 3 ~ 5 倍,前、中、后罗拉的加压值(N/双锭)由 80 × (47 ~ 64) × (34 ~ 54) 发展到目前的 (115 ~ 205) × (100 ~ 160) × (115 ~ 205),基本能适应"重加压"工艺的发展。HP 系列牵伸装置为板簧摇架加压,自德国绪森公司推出后,已由最初的 UT200 演变到全新的 HP - GX 系列,前、中、后罗拉的加压值(N/双锭)由 (70 ~ 80) × (40 ~ 60) × (30 ~ 50) 发展到最新推出的 120 (160) × 140 × 140。R2P 系列牵伸装置为气动摇架加压,由瑞士立达公司推出的 G33 型、G35 型细纱机,采用了经改进设计的 P3 - 1 型气动加

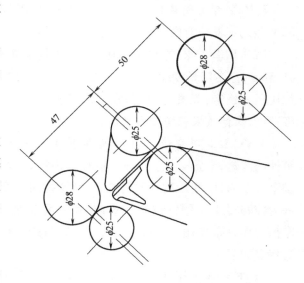

图 8 - 9　三罗拉普通直线牵伸

压摇架,前、中、后罗拉的压力分布为 180N × 100N × 180N(无级调节),可在机器运转过程中进行整体无级调压,能适应"重加压"工艺不断发展的要求。

从罗拉形式看,罗拉直径及前后罗拉中心距的比较见表 8 - 6,所以 R2P 后区牵伸形式属于

大罗拉、大隔距直线牵伸,并且前区采用小罗拉中心距(42.5mm),具有较大前、后区摩擦力界强度,从而提高了成纱质量。

表8-6 双区直线牵伸罗拉形式的比较(mm)

罗拉形式	SKF	HP	R2P
直径(前×中×后)	25×25×25	25×24×25	27×25×27
中心距(前×中×后)	44×52	46×54	42.5×(6~65)

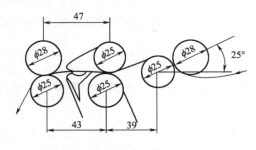

图8-10 INA-V型双区曲线牵伸

2. INA-V型曲线牵伸 INA-V型牵伸加压机构由德国制造,属于三罗拉长短胶圈双区曲线牵伸,如图8-10所示。后罗拉抬高12.5~13.5mm,并适当前移,使后罗拉握持点前移,缩短中、后罗拉中心距,增大了后区罗拉握持距长度,从而制造出良好的摩擦力界,适宜于整齐度差的纤维纺纱;后胶辊沿其下罗拉后摆65°,至上、下罗拉中心连线与水平面成夹角为25°~31°,喂入后区的纱条在后罗拉上形成一段曲线包围弧。由于后区的有捻粗纱呈V形进入前牵伸区,因此又可称为V型牵伸。V型牵伸因曲线包围弧产生的附加摩擦力界对后区纤维的积极控制,可提高细纱牵伸倍数30%~50%,产品质量好。

3. R2V型曲线牵伸 我国在吸收消化R2P及INA-V型牵伸加压技术基础上,研发了R2V型的三罗拉双区曲线牵伸气动加压形式。

R2V型牵伸装置的前区吸收R2P紧隔距的优点,将前、中罗拉中心距由43mm改为41.5mm,浮游区长度缩小到12.6mm;后区采用V型曲线牵伸,对喂入纱条的控制能力好;气动加压压力稳定,无衰退,锭差小。R2V型牵伸适纺中、细特纱,牵伸效果和纺纱质量好。

4. VC型曲线牵伸 VC型牵伸是V型和R2V型牵伸的改进,配置一根控制辊(俗称压力棒)在后区V型牵伸中部,使细纱后区牵伸由V型罗拉曲线牵伸发展为控制辊式V型罗拉曲线牵伸,其后区牵伸形式和摩擦力界分布如图8-11所示。VC型曲线牵伸的主要特点如下。

(1)控制辊下压纱条产生接触包围弧cd,形成后区中部附加摩擦力界M,同时扩展了纱条在罗拉表面包围弧长度ab,使后罗拉包围弧的摩擦力界B向前移动,与中部摩擦力界M联成一片(VC),显著增强了后牵伸区摩擦力界强度分布,有利于对牵伸纱条和纤维运动的控制,使变速点向中钳口前移、集中和稳定,从而有

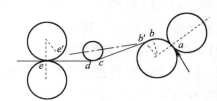

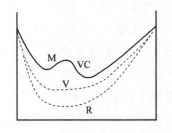

图8-11 VC型曲线牵伸和
摩擦力界分布

利于控制后区牵伸。

（2）控制辊处在牵伸区中部位置,使后区牵伸非控制区长度比 VC 牵伸更短,减少了非控制区中浮游纤维(主要是短纤维)数量,并使纤维在后控制区的摩擦长度增加,控制浮游纤维能力显著增强,特别适宜整齐度较差的棉型纤维纺纱。

（3）控制辊下压纱条,使牵伸纱条直接呈水平方向进入中钳口,消除了中上罗拉反包围弧,增大了后区牵伸潜力,减少了牵伸附加不匀。

（4）增强了 V 型牵伸的效果。喂入粗纱在后罗拉 ab 包围弧上被压扁,在捻回配合下向控制辊 c 处拉紧时形成第一次 V 型效应,经控制辊 cd 压扁的纱条在向中钳口 e 处张紧时形成第二次 V 型效应。后区增加控制辊后,牵伸力显著增大,所以,VC 牵伸的 V 型效应要比原来 V 型牵伸大得多。

总之,VC 型牵伸使前区有了更完善的总摩擦力界强度分布形态,牵伸潜力继续增大,总牵伸能力可以达到 50～100 倍,成为当前实现细纱第三代大牵伸较为合适的形式。

VC 型曲线牵伸与普通牵伸环锭细纱机纺制 14.5tex 精梳棉纱的性能见表 8-7。可见,普通环锭纺纱机上采用曲线牵伸时,能够有效降低条干 CV 值,减少粗节、细节和棉结,达到改善成纱条干均匀度的目的,同时成纱强伸性能也得到了明显改善。

表 8-7　牵伸形式对 14.5tex 精梳棉纱成纱性能影响

成纱性能	环锭纺纱类别		成纱性能	环锭纺纱类别	
	普通牵伸	曲线牵伸		普通牵伸	曲线牵伸
条干 CV(%)	13.66	13.08	断裂强力(cN)	308.5	317.2
细节(-30%)(个/km)	4	4	断裂伸长率(%)	5.3	5.6
粗节(+35%)(个/km)	60	46	断裂伸长率 CV(%)	4.6	7.1
棉结(+140%)(个/km)	30	24	断裂功(cN·cm)	433.0	453.1

三、加捻卷绕机构

在加捻卷绕机构的作用下,前罗拉输出的须条能够形成具有一定物理力学性能的细纱,并卷绕在筒管上。

（一）加捻卷绕过程

细纱机的加捻过程:细纱机是靠钢丝圈回转对纱条进行加捻的。如图 8-12 所示,从前罗拉输出的纱条经导纱钩,穿过骑跨在钢领上的钢丝圈,卷绕到紧套在锭子上的筒管上。锭子带动筒管回转时,由纱条张力拖动钢丝圈沿钢领回转,此时,纱条一端被前罗拉握持,另一端由钢丝圈带动绕其本身轴线自转,钢丝圈回转一周,使前罗拉钳口到钢丝圈的一段纱条上获得一个捻回。钢丝圈以下的细纱,只绕锭子中心线公转,不绕本身轴线自转,没有加捻。

正常卷绕时,如果不计纱条加捻所产生的长度变化,则同一时间内前罗拉实际输出长度应和细纱筒管上的卷绕长度相等,即:

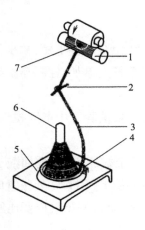

图 8 – 12　细纱机加捻卷绕过程

1—前罗拉　2—导纱钩　3—纱条　4—钢丝圈

5—钢领　6—筒管　7—加捻三角区

$$v = \pi D_{\mathrm{X}}(n_{\mathrm{s}} - n_{\mathrm{t}}) \text{ 或 } n_{\mathrm{t}} = n_{\mathrm{s}} - \frac{v}{\pi D_{\mathrm{X}}} \qquad (8-1)$$

式中：v——前罗拉输出速度，cm/min；

　　　D_{X}——纱管卷绕直径，cm；

　　　n_{s}——锭子转速，r/min；

　　　n_{t}——钢丝圈转速，r/min。

设某一时刻管纱上的捻度为 T_{t}，它决定于钢丝圈的回转速度，则：

$$T_{\mathrm{t}} = \frac{n_{\mathrm{t}}}{v}$$

将式（8 – 1）代入上式得：

$$T_{\mathrm{t}} = \frac{n_{\mathrm{s}}}{v} - \frac{1}{\pi D_{\mathrm{X}}}$$

因细纱管是锥形卷绕，则钢丝圈对纱条所加的捻度随纱管卷绕直径的不同而不同。卷绕大直径比卷绕小直径时所加的捻度多。但是，当成纱由轴向退绕时，每退绕一圈将补偿捻度 $\frac{1}{\pi D_{\mathrm{X}}}$。因此，成纱的最终捻度为 $T = \frac{n_{\mathrm{s}}}{v} - \frac{1}{\pi D_{\mathrm{X}}} + \frac{1}{\pi D_{\mathrm{X}}}$，即：

$$T = \frac{n_{\mathrm{s}}}{v} \qquad\qquad (8-2)$$

因锭速和前罗拉转速一旦设定就不变动，故成纱捻度是一个不变的定值。

（二）管纱的卷绕成形

环锭细纱机的加捻与卷绕是同时进行的。卷绕是依靠钢丝圈的转速滞后于纱管的转速实现的，二者的转速差即是管纱单位时间内的绕纱圈数。卷绕的升降运动则是钢丝圈随钢领板的运动而作上下升降，使细纱沿筒管的长度方向进行上下往复而形成圆锥形卷绕。

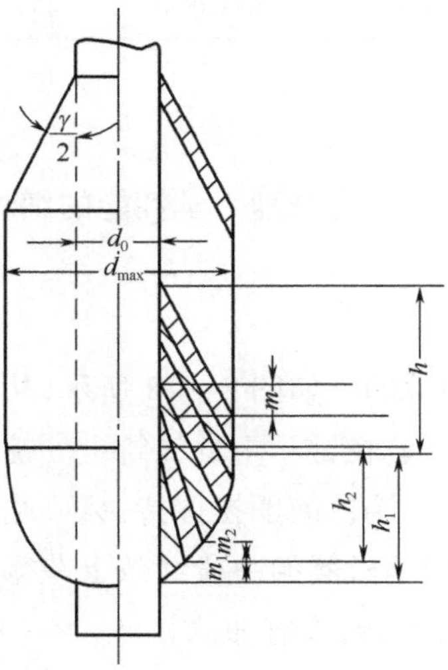

管纱的卷绕成形必须使卷绕紧密，层次分清，不相互纠缠，后工序高速轴向退绕时不脱圈，以及便于搬运和储存等。管纱卷装尺寸和容量，除纬纱受梭子内腔大小限制外，其余都应尽量大一些，以减小落纱和后工序退绕时的换管次数，提高设备生产率和劳动生产率。因此，细纱及纬纱管纱都采用圆锥形交叉卷绕形式，如图 8 – 13 所示，截头圆锥形的大直径即管身的最大直径 $d_{\max}$（比钢领直径小 3mm 左右），小直径 d_0 就是筒管的直径，每层纱的绕纱高度为 h，管纱成形角为 $\gamma/2$。为了完成管纱的全程卷绕，每卷一层纱后要有一个很小的升距 m（称为级升）。

细纱在卷绕纱管底部时，为了增加管纱的容纱量，每层纱的绕纱高度和级升均较管身部分卷绕时为小。从空

图 8 – 13　细纱管圆锥形交叉卷绕

管卷绕开始,绕纱高度由小逐层增大,直至管底卷绕完成,才转变为常数 h,即 $h_1 < h_2 < h_3 \cdots < h_h = h$,级升也是逐层增大,直至管底卷绕完成,即 $m_1 < m_2 < m_3 < \cdots < m_n$。为了层次分清,不相互重叠纠缠,防止退绕时脱圈,一般向上卷绕密,称绕纱层,向下卷绕稀,称束缚层。由此可见,要完成细纱管的圆锥形卷绕,钢领板的运动应满足下列要求。

(1)钢领板短动程升降 h,一般上升慢,下降快,由成形凸轮完成。

(2)每次升降后应有级升 m。

(3)管底成形。

(三)管纱的卷绕方程

1.细纱卷绕速度 因为细纱的卷绕速度 n_w 等于锭子速度 n_s 与钢丝圈速度 n_t 之差,即:

$$n_w = n_s - n_t = \frac{v}{\pi D_X}$$

那么:

$$n_t = n_s - n_w = n_s - \frac{v}{\pi D_X} \tag{8-3}$$

此式即为细纱卷绕方程。

2.钢领板运动规律 由于钢丝圈随钢领板升降速度即为卷绕往复运动速度,为保持圆锥面各处卷绕密度相同,钢丝圈随钢领升降的速度应满足式(8-4)所示要求。

$$v_H = \Delta \times \frac{v}{\pi D_X} \tag{8-4}$$

式中:v_H——钢领板的升降速度,m/min;

Δ——细纱的卷绕圈距,mm/圈。

细纱机上钢领板的升降速度变化是用一个成形凸轮来控制的,如图 8-14 所示。凸轮的上升部分角度为 270°,下降部分角度为 90°,这样形成的上升卷绕层较密,下降束缚层较稀。

根据细纱成形的小动程往复式及管底成形卷绕要求,钢领板除应满足上升和下降速度的变化外,还应满足级升和管底成形的要求。其运动规律如图 8-15 所示。

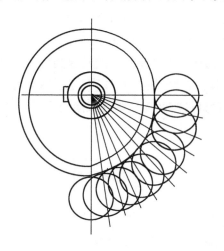

图 8-14 成形凸轮

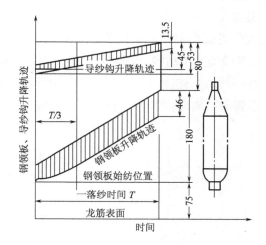

图 8-15 钢领板和导纱钩升降轨迹

(四)加捻卷绕高速元件

细纱机加捻卷绕的高速元件主要有锭子、筒管、钢领、钢丝圈等,这些元件是否能够适应高速是细纱机实现高速生产的关键。

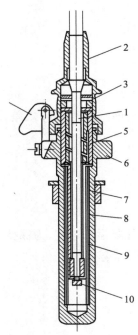

图 8 - 16　D12 系列锭子

1—锭杆　2—锭盘　3—滚动轴承　4—锭钩
5—上支承　6—锭脚　7—弹性圈
8—中心套管　9—卷簧　10—锭底

1. 锭子　锭子由锭杆、锭盘、锭胆、锭脚和锭钩组成,图 8 - 16 是 D12 系列锭子的结构图,采用分离锭胆结构,上轴承固定,上、下支承分离,特殊材料制成的弹性圈使得下支承具有良好的自调中心作用,并有吸振圈簧借助多层油膜的阻尼作用,抑制锭子的振动。锭杆镀铬,表面光滑、防锈,有利于清理回丝,是目前国内大量生产和使用的主导产品之一,适宜于中等速度和较小卷装。

随着环锭细纱机纺纱速度的不断提高,锭子在结构上也有了很大的技术进步。国际上比较先进的锭子主要有 Novibra 的 HP - S68、HP - S68/3 系列,TEXPART 的 CSI 系列和 Rotorcraft 的 MM58 系列,锭速可达 25000 ~ 30000r/min,采用动力减振双振动系统,噪声比普通锭子低 6% ~ 7%,能耗低,单锭节能 2 ~ 4W,使用寿命在 10 年以上。国内在 D1200 系列锭子的基础上,先后开发了 D32、D42 和 D52 系列的锭子,经纬纺织机械有限公司与德国 Rotorcraft 公司合作,开发了系列高速节能的棉纺锭子,一定程度上适应了我国环锭细纱机高速发展的要求。现代新型细纱机高速锭子的技术发展可归纳为以下几点。

(1)上轴承小型化:采用更小的纺锭轴承,为细纱机高速节能创造条件。锭子上轴承由原直径 7.8mm 改为 6.8mm,Rotorcraft 的 MM58 系列锭子上轴承直径甚至可以进一步缩小为 5.8mm,锭子下支承轴径由原来的 4.5mm 减小到 3.0mm,因此锭盘带轮直径可减少至 17mm,锭子上下支承距离由 120mm 减少为 100mm。

(2)弹性型支承结构(锭胆):上、下支承的连接结构从原来的刚性连接转变为各种各样的下支承弹性(单弹性)连接,甚至上、下支承均带弹性的双弹性连接,如图 8 - 17 所示。双弹性型锭胆采用双层锭脚结构,内锭脚柔性支承在外锭脚上,并在内外锭脚的夹层中充以阻尼介质,使原来固

(a) 双刚性支承　　　　(b) 下支承(单)弹性支承　　　　(c) 双弹性支承

图 8 - 17　支承结构形式

定安装的上轴承有一定的可挠性,进一步减少上轴承受力,改善锭子的振动性能,提高锭子的降噪功能,可适应 25000～30000r/min 的极高速运转。但是由于双弹性型锭底的精度要求高,制造难度较大,目前除用于对环境噪声有特殊要求的场合外,实际使用仍多以单弹性型锭胆为主。

（3）径向支持和轴向承载分离的分体式锭底:普通的锭子采用锥窝式锭底,即锭底构件融径向和轴向支承功能为一体,径向以锥形盲孔与锭杆下锥部配合,轴向以内球面支持锭尖小球面的整体式锭底。高速锭子采用分体式锭底,即把锭底支撑分为径向圆筒形滑动轴承支撑件和轴向平面止推锭尖大球面支撑,如图 8－18 所示。径向圆筒形支承可克服锥窝式锭底中径向间隙较大,锭尖在不平衡力的作用下沿圆锥面上爬引起锭子窜动的问题;大球面轴向支承可减少锭尖表面接触力,大大提高锭子的承载力,延长锭子使用寿命;支承件和锭底球面支承之间有很大空间,锭尖处如有污物可随时甩出,不易产生磨粒磨损,而锥窝式锭底中如有污物,一般无法甩出,易造成磨损。

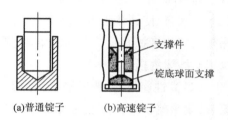

（4）铝套管锭杆:铝套管锭杆可采用薄壁筒管,握持纱管的方式是靠三个弹性支持器(滚珠)撑紧纱管上端,握持直径约为 14mm,有利于手拔或集体落纱,可以适应自动集体落纱拔管松的要求。与光锭杆

图 8－18　锭底

支撑件

锭底球面支撑

(a)普通锭子　　(b)高速锭子

相比,铝套管锭杆的锭子和筒管配合更精密,改进的各零件压配方式(先将锭杆与铝套管压配结合好以后,再将锭盘压在铝套管外圆上)进一步提高了锭杆盘的刚性及铝套管—筒管的整体抗弯强度,缩小了运转过程中的动不平衡,适应了高速运转时的振动要求。

2. 筒管　细纱机锭子的高速回转要求锭子与筒管要尽量保持同心,所以筒管质量以及筒管与锭子的配套使用,对保证正常纺纱生产、延长锭子使用寿命很重要。常见的筒管材料有木质、塑料和纸质三种,其中塑料筒管应用最为广泛,管身材料一般为 ABS(苯乙烯－丁二烯－丙烯腈共聚体)、PC(聚碳酸酯)、PP(聚丙烯),锭衬材料为 PF(酚醛压塑粉),管箍材料为 H62 黄铜带、1Cr18Ni9 不锈钢带。

使用塑料筒管不仅可以节约大量的木材资源,而且制造工艺简单,结构均匀,规格一致,耐磨性好。目前,国外将生产纱管的新型合成材料 PBTB 与聚碳酸酯合成为新的细纱管材料,新材料制成的细纱管可满足高速细纱运行的要求,可承受紧张的压力,并保持长期稳定。新型细纱管内部与锭子配合处,比普通细纱管光滑,可减少落纱过程中的故障发生。新型筒管的应用,保证了细纱锭子的高速运行。

3. 钢领与钢丝圈　钢领与钢丝圈是环锭细纱机加捻卷绕机构中的关键部件,二者在运转过程中的配合对纺纱效率和纱线质量有着直接的影响。为适应高速环锭细纱机的开发,国内外在提高钢领钢丝圈质量方面做了很多的研究,国际上比较先进的代表性产品有由瑞士立达(Rieter)、瑞士布雷克(Bracker)及意大利普罗喜(Prosino)三家公司共同研制开发的 Orbit 钢领钢丝圈系统,德国 Ceram Tec 公司研制的 Ceratwine 陶瓷钢领钢丝圈系统等。其中,Orbit 钢领钢丝圈系统的接触面积是普通平面钢领钢丝圈系统的 4～5 倍。普通钢领的使用寿命仅为 6～12 个月,钢丝圈约为 1周。而 Orbit 钢领的使用寿命可达 8～10 年,钢丝圈可使用 2 个月。国内相继开发的代表性品种有 PG 型平面钢领、ZM 型棉纺锥面钢领和 BC9 型下支承钢领钢丝圈,这也是环锭细纱机技术进步的重要标志之一。现代新型细纱机钢领钢丝圈的技术发展可归纳为以下几点。

(1)锥面钢领:传统的平面钢领与钢丝圈的接触面积小,散热性差,磨损快,已无法适应环锭纺细纱机的高速运行,20 世纪 90 年代初开发的锥面钢领是环锭细纱机上的一项重大技术革新,是实现高速、增大卷装直径的有效措施。钢领内跑道的几何形状为双曲线的近似直线部分,一般与水平面呈 55°倾角。钢丝圈为非对称的几何形状,内脚长,高速回转时与钢领内跑道近似直线接触,有效地降低了跑道所承受的接触压,钢领钢丝圈的使用寿命有了较大幅度的提高。另外,钢丝圈在钢领上飞行速度最高达到 50m/s,自身温升很快,达到 300℃左右,在普通平面钢领上运行时,不仅缩短钢丝圈使用寿命,而且钢丝圈上一些金属物熔化在钢领跑道会严重影响二者的啮合,使纺纱张力波动增大,导致纱线断头和毛羽相应增加。采用锥面钢领后,由于钢丝圈与钢领的接触面积加大,系统的散热能力增强,使运转中的钢丝圈能始终保持较低的温度,减少了对纱线的损伤。

(2)高性能材料:普通钢领钢丝圈大多采用低碳钢(20 号钢),金属经过切削后再渗碳、渗氮、磁化渗硫、淬火、低温回火处理而成。新型的高速钢领钢丝圈通常采用表面硬度高达 800 ~ 1000HV 的轴承钢、高级合金钢等高硬度耐磨材料,并在金属加工、热处理及动力学理论等方面做了很多突破性的研究与开发,推出了耐磨、使用寿命长、散热性好、抗楔性好的新型钢领。如瑞士立达公司应用的高速钢领采用高科技合金材料泽尼特(Zenit),钢领钢丝圈在高速运转下无磨损现象,纺纱张力稳定。

德国 Ceram Tec 公司推出了一款 Ceratwine 陶瓷钢领钢丝圈,在锭速达 17500r/min 的条件下运转 105 天,钢丝圈飞行路程为 300000km,相当于绕地球 7.5 周而没有磨损,大大减少调换钢丝圈的次数,细纱断头减少 5%,产量可提高 10%。鉴于高性能陶瓷材料耐高温、耐腐蚀、耐磨损的性能优势,用其制造的钢领钢丝圈有可能在不久的将来取代钢质材料生产的钢领钢丝圈。但高性能陶瓷钢领、钢丝圈的开发应用还存在一些问题,如制造成本较高,陶瓷工件较难达到净尺寸成形等,有待于进一步解决。

(3)滚动钢领钢丝圈技术:1999 年由俄罗斯发明的 Super 滚动钢丝圈纺纱系统,使钢领钢丝圈之间的滑动摩擦运动改为滚动摩擦运动,锭子速度得以进一步提高,这是环锭纺技术的重大突破。

滚动钢丝圈体系由静止的内外两个钢领组成,内钢领有一个斜槽,细纱由此进入钢领。球形或圆柱形的钢丝圈在内外钢领之间受到纱线的推动后,在 0.1 ~ 0.5s 内启动,在外钢领跑道上作行星式运动,即钢丝圈在离心力作用下沿外钢领绕锭子中心高速回转的同时又绕自身中心旋转。由于是滚动摩擦,系统的摩擦因数小,钢丝圈的运转速度可达 100m/s,比传统方式提高约 1 倍,且工作时系统能维持在较低的温度水平,钢领钢丝圈间的热疲劳磨损和粘着磨损很少,大大延长了使用寿命。

(4)钢丝圈表面处理技术:钢丝圈不仅是完成细纱加捻卷绕的必需元件,而且其型号(几何形状)、号数(重量)对控制和稳定纺纱张力、实现良好卷绕成形、降低断头都有着重要的作用。在选配钢丝圈时,除了要考虑与钢领型号的配合、接触面积的提高,钢丝圈自身的表面对系统的稳定运行也很重要。适当的表面处理可以保持与钢领的稳定摩擦,延长钢领和钢丝圈的使用寿命,提高纺纱速度。

但是,普通镀镍钢丝圈已无法适应纺纱速度不断提高的发展变化。近年来,国内广泛采用且效果较好的钢丝圈表面技术是镀氟处理。镀氟钢丝圈提高了自润滑性能,使用寿命约为 1 个月,比未经镀氟处理的钢丝圈寿命延长 3~5 倍,纺纱断头和纱线毛羽也得到了有效控制。此外,布雷克公司运用宝石渗透技术生产的蓝宝石钢丝圈的使用效果也很好。

(5)近无摩擦钢领钢丝圈技术:近年,有研究者提出将磁悬浮技术应用于环锭纺纱的加捻卷绕机构,用以取代传统的钢领钢丝圈。该系统的钢领由内外两个环组成,球形的钢丝圈位于内外环中间,基本的设计原理是利用可控电磁场将钢丝圈悬浮于内外环间的预定位置,理论上,钢丝圈与内外环间几乎没有机械接触,不存在摩擦,可实现超高速运转,因而具有精度高、寿命长、能耗低、噪声小等传统纺纱系统无法比拟的优点。

磁悬浮纺纱是集纺纱学、机械学、电磁学、动力学、控制工程、信号处理等诸多学科为一体的典型机电一体化技术,系统的设计和控制十分复杂,实现起来并不容易,但是,这种近无接触、无摩擦的高新技术为未来环锭纺纱系统的设计开发提供了崭新的思路。

四、成形机构

细纱管纱采用圆锥形交叉卷绕形式,对其成形的要求包括:卷绕紧密,层次清晰,后工序高速轴向退绕时不脱圈,便于搬运和贮存等,这些要求通过细纱机的卷绕成形机构来实现。

传统的 A、FA 系列的环锭细纱机采用牵吊式卷绕成形机构,钢领板和导纱板的短动程升降运动依靠卷绕异步电动机带动机械桃形凸轮控制,每次升降后的逐层级升运动由成形锯齿轮或撑头牙控制,管底成形采用凸钉式成形机构。现代新型环锭细纱机的钢领板升降及换向机构采用先进的电子伺服传动系统,取代了传统的卷绕异步电动机、凸轮和齿轮传动。

传统细纱机(以 FA506 型为例)和现代细纱机(以 EJM138JLA 型为例)在传动路线上的区别如图 8－19 所示。

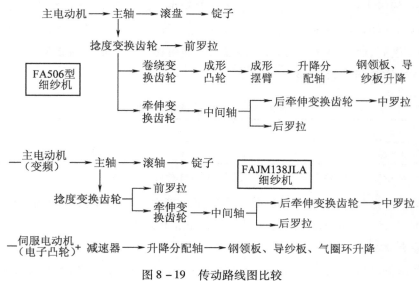

图 8－19　传动路线图比较

第三节　细纱机工艺分析

在确定细纱工艺时,应考虑以下一些方面。

(1)细纱机在向大牵伸方向发展。为了加大细纱机的牵伸倍数,可以采用不同的牵伸机构,以改善对须条的控制;目前加压多数采用弹簧摇架加压和气动加压的方式;工艺上注意各牵伸区牵伸倍数的合理分配;各牵伸区握持力要与牵伸力相适应;注意改进喂入半制品的质量。

(2)在加强机械保全保养工作的基础上,最大限度地提高车速。选择合适的钢领、钢丝圈和筒管,选用适当的胶辊、胶圈和钳口隔距块。

(3)细纱捻度直接影响成纱的强力、捻缩、伸长、光泽、毛羽和手感,而且捻度对细纱机的产量和用电等经济指标的关系都很大,因此,必须全面考虑,合理选择捻度。

(4)加大细纱管纱卷装可以有效地提高劳动生产率。在确定管纱卷装时,避免或减少络筒时发生的脱圈现象下,应最大限度地增加卷绕密度。

(5)为了改善细纱的短片度不匀率,除改革牵伸机构外,还可缩小前区自胶圈钳口到胶辊前罗拉钳口间的距离,采用高弹胶辊,以有效地控制短纤维。

一、牵伸工艺分析

(一)细纱总牵伸倍数

在保证和提高产品质量的前提下,提高细纱机的牵伸倍数,可以在经济上获得较大的效益。目前细纱机的牵伸倍数一般在30~50倍。后区牵伸的任务是为前区做准备,尽量使喂入前区的须条紧密,为前区创造良好的条件。

细纱机的总牵伸倍数主要根据细纱机的机械工艺性能和所纺细纱线密度而定。线密度越小,牵伸倍数一般越大;线密度越大,牵伸倍数一般越小。因为总牵伸倍数为前后区牵伸倍数的乘积,所以一旦后区牵伸倍数确定,前区牵伸倍数也就确定了。在纺精梳棉纱时,由于粗纱结构均匀、纤维伸直度好,所含短绒率较低,牵伸倍数一般可比纺同线密度的非精梳棉纱高。细纱机的总牵伸倍数参考范围见表8-8。

表8-8　细纱机的总牵伸倍数

纱线线密度(tex)	9以下	9~19	20~30	32以上
摇架加压牵伸倍数	40~50	25~50	20~35	12~25

注 纺精梳纱或化纤时,牵伸倍数可偏上限选用;固定钳口式的牵伸倍数偏下限选用。

总牵伸倍数的选择要适当。过高,条干不匀率会加大,细纱的断头率会增加;过小,又会增加前纺的负担,对产品质量未必有利,反而会造成经济上的损失。

(二)前区的牵伸工艺

细纱机前区的纤维不规则运动是影响成纱条干不匀率的重要原因,因此合理布置前区的摩擦力界,加强对浮游纤维的有效控制,是降低细纱条干不匀的关键问题。目前细纱机的前区多采用双胶圈牵伸。双胶圈牵伸中,上下胶圈的工作面以中罗拉速度运动,与纱条直接接触,增强了牵伸区内须条的中部摩擦力界强度和扩展幅度,加强了对浮游纤维的控制,能阻止纤维提前变速。在胶圈销处,形成一个稳定而又柔和的胶圈钳口,既能控制纤维运动,又能使胶圈钳口握持的纤维顺利抽出。

1. 浮游区长度　浮游区长度是指胶圈钳口与前钳口之间的距离,常以上销或下销前缘与前罗拉中心线之间的最小距离表示。实际的浮游区长度要比计算的稍大些。缩短浮游区长度一方面可以减少浮游区中未被控制的短纤维数量,另一方面使得胶圈钳口可以向前伸展,加强对浮游纤维的控制。表 8 - 9 为在同一牵伸装置上以不同的浮游区长度进行纺纱的质量对比结果。可以看出,细纱黑板条干和 25mm 短片段不匀率随着浮游区长度的减少而得到改善。

浮游区长度过小,会引起牵伸力的增大,一方面可以适当增加前钳口的压力,增大握持力,缓解二者矛盾;另一方面也可以适当放大浮游区长度,否则会造成不良后果。如精梳棉纱或涤棉混纺纱,因纤维长度长,整齐度好,短纤维少,浮游区长度可适当放大。

生产中一般选用范围见表 8 - 10。

表 8 - 9　不同浮游区长度的质量对比

浮游区长度(mm)	12	13	15.5	16
黑板条干(一等块数)	8.0	7.2	5.7	5.0
25mm 片段不匀率(%)	13.1	12.9	13.9	14.2

表 8 - 10　前区罗拉中心距与浮游区长度的常用范围

牵伸形式	纤维长度	胶圈架或上销长度	前区罗拉中心距	浮游区长度
双短胶圈	棉纤维(31 以下)	25	36~39	11~14
	棉纤维(32 以上)	29	40~43	11~14
长短胶圈	棉及化纤混纺(40 以下)	33(34)	42~45	11~14
	棉及化纤混纺(50 以下)	42	52~56	12~16
	中长化纤混纺(60 以下)	56	62~74	14~18
	中长化纤混纺(80 以下)	70	82~90	14~20

2. 胶圈中部摩擦力界　双胶圈使前区中后部的摩擦力界强度增强和扩展幅度增大,但是销子形式不同,牵伸能力和成纱质量可能会有很大差异。

双短胶圈在运行中受到胶圈销摩擦阻力的作用,易出现中凹现象,如图 8 - 20 所示。由于中凹是不稳定的,造成中部摩擦减弱而且不稳定。如果该处纱条的结构较松散,便有可能承受不了由前方传来的张力,造成纱条条干不匀率高。在长短胶圈弹簧摆动销牵伸装置中,适当加强胶圈中部的摩擦力界,使上销下压、下销上托,改善了胶圈的中凹现象。如图 8 - 21 所示,在 FA506 型细纱机中采用曲面阶梯下销上托,其最高点比前部的平面部分高出

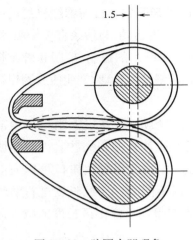

图 8-20 胶圈内凹现象

1.5mm,故可将胶圈上托 1.5mm,上下胶圈形成一个缓和的曲线通道,解决了胶圈中凹的问题。有的采用上销下压 1.5mm,通常使销子上托或下压点的位置在胶圈工作段的中部为好。

3. 胶圈钳口的摩擦力界强度 为了使牵伸区内纤维的变速点集中并靠近前钳口,除了缩小浮游区长度和加强胶圈中部摩擦力界外,胶圈钳口是纤维变速最激烈的部位,钳口处摩擦力界的强度及其稳定性对纤维运动的影响最大。胶圈钳口既要有效地控制浮游纤维,又要保证快速纤维的顺利抽出。胶圈钳口是由一对胶圈与上下销组合而成的,根据上下销形式的不同,可分为固定钳口和弹性钳口两种。

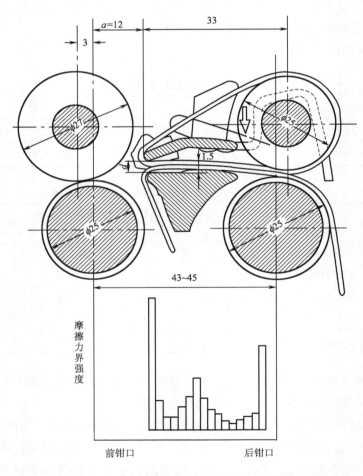

图 8-21 长短胶圈弹簧摆动销牵伸区的摩擦力界分布

（1）固定钳口：由固定胶圈销组成的钳口为固定钳口。其上、下销之间的距离，称为钳口隔距或销子开口。销子开口应大于上下胶圈的厚度之和。如销子开口过大，则钳口部分压力过小，胶圈失去控制纤维运动的作用，造成明显的粗细节。反之，如果销子开口过小，胶圈钳口弹性差，厚薄不匀的胶圈和粗细不匀的纱条通过胶圈钳口时，轻则引起钳口压力和牵伸力的激烈波动，使得纤维变速紊乱，纱条条干差；重则使胶圈在钳口处遇到过大的阻力而回转不匀，出现打顿现象，甚至由于牵伸力过大，造成竹节或出"硬头"。因此，合适的销子开口，既要使钳口处有一定的压力，又要是压力波动小。

（2）弹性钳口：由弹簧摆动上销和固定下销组成的钳口为弹性钳口。弹性上销支撑上胶圈处于一定的工作位置，借助上销片簧的作用压向下销。弹性钳口上下销子间的原始隔距较小，钳口压力波动也较小。当某种原因使钳口压力增大，则上销向上摆动，使须条上压力增加没有固定销那么大；反之上销会下摆而起到对钳口压力的弹性自动调节作用。胶圈钳口隔距可根据纺纱线密度、喂入定量、胶圈弹性、纤维性能及罗拉加压等条件而定，选用范围见表 8 - 11。

表 8 - 11　圈钳口隔距

纺纱线密度（tex）	固定钳口隔距（mm）	弹性钳口隔距（mm）	纺纱线密度（tex）	固定钳口隔距（mm）	弹性钳口隔距（mm）
<9	3.3 ~ 3.8	2.5 ~ 3	20 ~ 30	3.8 ~ 4.5	3 ~ 4
9 ~ 19	3.5 ~ 4	2.5 ~ 3.5	>30	4.2 ~ 5.5	3 ~ 4.5

4. 罗拉加压　为了使牵伸顺利进行，罗拉钳口必须有足够而可靠的握持力，以适应牵伸力的变化。如果后罗拉握持力不足，纱条就会在后罗拉钳口下打滑，影响成纱的重量不匀率，甚至产生重量偏差。中罗拉握持力不足，影响成纱的重量不匀率和条干不匀率。前罗拉握持力不足，须条就会在钳口下打滑，造成牵伸效率低和条干不匀，甚至出现"硬头"等不良后果。增加胶辊的加压量，是生产上增大握持力的常用方法。但是胶辊加压不能过重，否则会引起胶辊严重变形、罗拉弯曲、扭振等周期性不匀，严重时会引起牵伸齿轮的爆裂。不同的机型和加压机构，能承受的最大加压量也不同，FA 系列细纱机在纺棉及 65mm 以下化纤时的钳口加压范围已增大到（130 ~ 200）×（80 ~ 140）×（120 ~ 180）（N/双锭），使罗拉钳口的握持力与牵伸力相匹配。

胶辊加压要视纤维品种的不同而不同。如加工化纤，由于牵伸力较大，需要足够的握持力加强对纤维运动的控制，同时加工化纤的胶辊也要比纺棉时更为光滑，避免化纤缠绕胶辊。

根据上述分析，细纱机前区牵伸配置工艺应满足"三小"要求，即前、中罗拉中心距小，浮游区小以及胶圈钳口隔距小。

（三）后区牵伸工艺

在细纱两个牵伸区中，后区牵伸是细纱总牵伸的一个组成部分，前区由于采用双胶圈牵伸，控制纤维能力强，总牵伸倍数主要靠前区来承担。后区除为前区承担部分牵伸外，主要作用是为前区提供结构均匀的纱条，与前区配合形成稳定的摩擦力界分布，达到即能提高前区牵伸，又能充分控制纤维，保证成纱质量。细纱机的后区牵伸一般为简单罗拉牵伸。近年来也有采用曲线牵伸的，称为依纳 V 型牵伸。

1. 罗拉握持距 罗拉握持距与喂入粗纱定量、纤维长度、粗纱捻系数、温湿度等因素有关。握持距与牵伸力的大小有密切关系。握持距大,牵伸力小;握持距小,牵伸力大。在生产中如果所用的纤维细而长,喂入粗纱定量重,粗纱捻系数大,车间温湿度高,为了减小牵伸力,应增大握持距。

为了解决牵伸力和握持力的矛盾,一般采用"紧隔距"和"重加压"相配合的工艺。"紧隔距"有利于控制牵伸区内的纤维运动,"重加压"可以增加握持力,避免须条在钳口下打滑,从而改善输出须条的条干均匀度。

2. 后区牵伸倍数 实际使用时,后区牵伸一般偏小掌握,所以细纱工艺必须增强胶圈控制作用。由于后区牵伸倍数小,牵伸力大而且不匀率小。为了保证牵伸顺利进行,防止须条在罗拉钳口打滑,还应适当放大后区罗拉隔距和适当加重加压。同时可利用粗纱捻度来增大后区与前区牵伸纱条的紧密度,这样既有利于后区控制纤维运动,又有利于前区发挥胶圈控制纤维运动的作用,从而改善成纱均匀度。

当喂入须条纤维整齐度好、条干均匀时,可采用较大的后区牵伸倍数。后区隔距必须与纤维长度适应,一般为纤维品质长度加 2～4mm,中、后罗拉加压必须相应加重。

3. 粗纱捻系数 对于后区采用简单罗拉的牵伸区,利用粗纱捻回产生的附加摩擦力界控制纤维运动是有效的,使纤维不提早变速,纤维变速点可前移而且稳定。实践经验得出,当后区采用较小的牵伸倍数时,适当提高粗纱捻系数,对降低细纱断头,提高成纱均匀度是有利的。在双胶圈牵伸时,对于捻度较多的粗纱,经后区牵伸后,捻度尚未完全解开,部分剩余的捻回进入胶圈牵伸区。由于胶圈对纱的有效控制,纱条在胶圈间不会发生翻动,消除了捻度重分布现象。这部分剩余捻回在须条牵伸时,受到张力的作用产生向心压力,增强了须条中部摩擦力界,从而有助于控制纤维运动。

粗纱捻系数的具体应用,需结合喂入粗纱定量、后区牵伸倍数、中后罗拉隔距和加压,以及温湿度等来确定。表 8－12 为后区牵伸工艺参数的参考范围。

表 8－12　后区牵伸工艺参数的参考范围

项　　目		纯棉		化纤纯纺及混纺	
		机织用纱	针织用纱	棉型化纤	中长化纤
后牵伸倍数	双短胶圈	1.20～1.40	1.04～1.15	1.14～1.50	1.20～1.60
	长短胶圈	1.25～1.50	1.08～1.20		
后区罗拉中心距(mm)		44～56	48～60	50～65	60～86
后区罗拉加压(daN/双锭)		8～14	10～14	14～18	14～20
粗纱捻系数		90～105	105～120	56～86	48～68

二、加捻工艺分析

(一)捻系数的选择

在选择捻系数时,必须根据成品要求综合考虑、全面平衡。各种棉纱因用途不同,所用原棉的质量各异,产品的要求又经常地变化,因此可根据国家标准规定的范围适当选择。常用细纱捻系数的范围见表 8 - 13。

表 8 - 13 常见细纱捻系数的选择

细纱品种	纱线线密度(tex)	捻系数范围
普梳机织用纱	8.4 ~ 11.6	经纱:400 ~ 340 纬纱:360 ~ 310
	11.7 ~ 30.7	经纱:390 ~ 300 纬纱:350 ~ 300
	32.4 ~ 194	经纱:380 ~ 320 纬纱:340 ~ 290
精梳机织用纱	4.0 ~ 5.3	经纱:400 ~ 340 纬纱:360 ~ 310
	5.3 ~ 16	经纱:390 ~ 330 纬纱:350 ~ 300
	16.2 ~ 36.4	经纱:380 ~ 320 纬纱:340 ~ 290
普梳针织、起绒用纱	9.7 ~ 10	一般不大于330
	32.8 ~ 83.3	不大于310
	98 ~ 197	不大于310
精梳针织、起绒用纱	13.7 ~ 36	不大于310
涤/棉混纺纱	单纱织物用纱	380 ~ 330
	股线织物用纱	360 ~ 320
	针织内衣用纱	330 ~ 300
	经编织物用纱	400 ~ 370

生产实际中,机织物的经纱捻系数比纬纱捻系数要大一些,因为在织造工序中要求经纱具有较高的强力、弹性好;而且要经过络筒、整经、浆纱等工序,在织造过程中要承受较大的摩擦力和反复的拉伸变形,因此捻系数要大一些;而纬纱经过的工序少而且引纬张力小,为避免纬纱扭结,捻系数要小一些。针织用纱的捻系数与纬纱捻系数接近或更小一些;汗衫要求具有凉爽感,捻系数稍大一些;起绒织物及捻线用纱的捻系数较小。在保证成纱品质的前提下,细纱捻系数偏小掌握,以提高细纱机产量。

(二)捻向

捻向有 Z 捻和 S 捻两种,俗称反手纱和顺手纱。一般习惯用 Z 捻,当织制隐条闪光的特殊效应织物时,其中的经纱同时使用反手纱和顺手纱间隔排列。

三、卷绕成形工艺分析

(一)锭速

锭子是细纱机加捻卷绕机构的主要部件,细纱机锭速的选择与纺纱线密度、纤维特性、钢领直径、钢领板升降动程、捻系数等有关。随着新型细纱机的发展,锭速一般为 14000 ~ 17000r/min,最高可达 25000r/min。

锭子的振动和磨灭常常在高速时比较突出。当锭子速度过高时,跳筒管现象增多使纱条产生突变张力,细纱断头率增高。同时锭子振动较大,锭子的上下支撑都受到额外的动载荷,从而加速了锭子锭胆的磨损,又使锭子振动进一步加剧。因此锭子锭胆本身的防振吸振、自调中心等结构完善与否,以及锭子与简管的配合良好与否,直接关系到锭子的速度水平。

当所纺纱为细特纱,且纤维长度长时,则应适当降低锭速,可以减少离心力作用和静电对成纱质量的不良影响。对于纺同样线密度的纱,若锭速高,则纱条张力大,此时的钢丝圈宜偏轻掌握。

(二)钢领的选择

钢领是钢丝圈回转的轨道,纱条拖着钢丝圈在钢领的上部边缘上高速回转。钢领与钢丝圈的几何形状配合良好与否,常成为高速和增大卷装时的主要问题。对钢领的要求是:钢领截面几何形状要适合钢丝圈的高速回转;钢领跑道表面要有较高的硬度和耐磨性能,使用寿命长;钢领跑道表面应进行适当处理,使钢丝圈和钢领间具有均匀而稳定的摩擦因数,有利于控制纱线张力和气圈形状。

钢领分平面钢领和锥面钢领两种,平面钢领又分为普通钢领和高速钢领,它们又分为狭边和宽边两种。如普通钢领边宽3.2mm,型号为PG1;普通钢领边宽为4mm,型号为PG2;高速钢领边宽为2.6mm,型号为PG1/2;高速钢领边宽为3.2mm,型号为PG1。

普通钢领抗楔性差,钢丝圈允许的线速度低。高速钢领与普通钢领的区别主要是内跑道由多种曲率圆弧相接组成,边宽较窄、颈壁薄和内跑道深,具有使钢丝圈在运行中平稳、散热快、不易楔住和操作接头轻的特点。因此高速钢领抗楔性好,钢丝圈允许的线速度高,如图8-22所示。

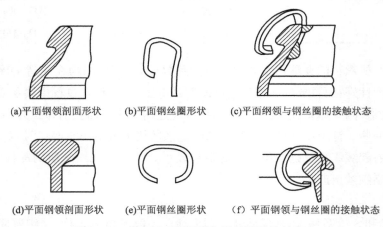

(a)平面钢领剖面形状　(b)平面钢丝圈形状　(c)平面纲领与钢丝圈的接触状态

(d)平面钢领剖面形状　(e)平面钢丝圈形状　(f)平面钢领与钢丝圈的接触状态

图8-22　锥面和平面钢领、钢丝圈的接触状态

锥面钢领与锥面钢丝圈配合使用,可以在锭速和卷装不变的情况下,细纱断头降低20%~40%;可以在锭速不变和断头稳定的情况下,卷装直径加大3~4mm。可以在卷装不变和断头稳定的情况下,锭速提高3%左右。对于锥面钢领来说,因上支承面容易磨损,高速性能易衰退,容易失去控制气圈的能力,导致中纱、小纱阶段气圈爆炸断头,影响钢领的使用寿命,所以增强上支承面的压强和磨损将变得至关重要。

(三)钢丝圈的选择

钢丝圈是加捻卷绕的重要元件之一,一般情况下钢丝圈的重心过高或过低,或是纱线通道不宽畅,钢丝圈的运转不稳定,或是钢丝圈磨损等原因,都有可能造成拎头困难,钢丝圈飞脱断头,气圈波动大或炸断头等。这时应该重新选配钢丝圈的型号或重量,以致调换或修理钢领。

1. 钢丝圈的选配要求

（1）钢丝圈运转平稳，并且有足够的纱线通道。所谓运转平稳，是指作振幅较小的跳跃运动，不要有突变的撞击震动。所谓纱线通道通畅，是指钢丝圈倾斜后纱线实际通道通畅，并且使纱线通道距钢丝圈的磨损位置要有恰当的距离。一般情况，钢丝圈重心位置高，纱线通道通畅，钢丝圈拎头轻，但磨损位置低，容易飞钢丝圈，并且可能碰钢领外壁而引起纺纱张力突变。相反，如果钢丝圈重心位置低，运转稳定，但纱线通道小而拎头重。

（2）钢丝圈和钢领间应保持适当的摩擦力，用以控制纺纱张力和卷绕张力，维持正常的气圈形态和保持良好的管纱成形。

另外还应考虑钢丝圈的材料、硬度以及表面状态等因素。

2. 钢丝圈的重量 钢丝圈重量用钢丝圈号数表示，以100只钢丝圈的重量克数为标准，重于1号的依次为2、3、4、…、30号，号数越大，钢丝圈越重；轻于1号的依次为1/0、2/0、3/0、…、30/0号，依次类推，逐渐减轻，见表8-14。

表8-14 部分钢丝圈的重量　　　　　　　　　　　　　　　单位:g/100只

号数 系列	30	…	3	2	1	1/0	2/0	3/0	30/0
G型	48.6	…	7.78	6.82	5.83	5.18	4.53	4.05	—
O型	46.7	…	7.78	7.13	5.83	5.18	4.54	3.89	0.45
GS型	—	…	7.78	7.13	6.48	5.83	5.18	4.86	0.32

棉纱线密度小，钢丝圈轻。钢领直径大，锭速高，钢丝圈宜轻。新钢领摩擦力大，钢丝圈宜轻2~5号。锥面钢领和钢丝圈是两点接触，钢丝圈宜轻1~2号。如果纱线强力高，导纱钩与锭端的距离大，钢丝圈宜重。气候干燥、湿度低，钢丝圈和钢领的摩擦因数小，钢丝圈宜重。另外除了纺制富有弹性的棉纱外，只要在细纱可以承受的张力范围内，一般选用稍重的钢丝圈，使得气圈保持稳定，减少断头。当然钢丝圈过重，断头反而会增加。纯棉纱钢丝圈号数选用范围见表8-15。

表8-15 纯棉纱钢丝圈号数选用范围

钢领型号	纱线线密度(tex)	钢丝圈号数	钢领型号	纱线线密度(tex)	钢丝圈号数	钢领型号	纱线线密度(tex)	钢丝圈号数
PG2	96	16~20	PG1	29	1/0~4/0	PG1/2	19	4/0~6/0
	58	6~10		28	2/0~5/0		18	5/0~7/0
	48	4~8		25	3/0~6/0		16	6/0~10/0
	36	2~4		24	4/0~7/0		15	8/0~11/0
	32	2~2/0		21	6/0~9/0		14	9/0~12/0
				19	7/0~10/0		10	12/0~15/0
				18	8/0~11/0		7.5	16/0~18/0
				16	10/0~14/0			

3. 钢丝圈的型号 钢丝圈的型号可以分为普通、高速和锥边钢丝圈三种,如普通钢丝圈包括 G 型、O 型、GS 型和 OS 型等。高速钢丝圈包括新 GS 型、FO 型、6802 型、6701 型、CO 型、OSS 型、FU 型等。锥边钢丝圈包括 ZB－1 型、ZB－8 型、ZB 型等。对于钢丝圈型号的选择,可先在少量锭子上试纺,通过对比选择合适的钢丝圈型号,然后逐步推广使用。

一般有如下的规律:钢丝圈重心位置高,纱线通道通畅,钢丝圈拎头轻,但因磨损位置低,易飞钢丝圈,并且可能碰钢领外壁而引起纺纱张力突变;反之,钢丝圈重心位置低,运转稳定,但纱线通道小而拎头重。

四种不同型号的平面钢领,目前对钢丝圈作如下的搭配。

(1)边宽 3.2mm 的 PG1 型配用 GS 型、OS 型普通钢丝圈。由于钢丝圈和钢领配合半径较小,钢丝圈重心高,抗楔性能差。如采用新 GS 型、FO 型、6802 型高速钢丝圈,重心低,运转稳定,与钢领接触位置较高,散热和飞钢丝圈情况改善,钢丝圈线速度可提高。

(2)边宽 4mm 的 PG2 型配用 G 型、O 型普通钢丝圈。钢丝圈重心高,高速运转不稳定,但纱条通道宽畅,适宜纺粗特纱,使用寿命较长。

(3)边宽 2.6mm 的 PG1/2 型可以配用小圈形钢丝圈,在纺制细特纱和特细特纱时,选用 OSS 型高速钢丝圈,高速效果显著。但在纺制 18～20tex 纱时,由于纱条直径较粗,纺纱张力也较大,纱线通道存在问题,高速运行中,断头虽不多,但拎头重,甚至要重复接头。此时宜配用 CO 型钢丝圈,因这种钢丝圈重心位置略高,纱线通道较宽畅。

(4)边宽 3.2mm 的 PG1 型配用 6701 型、6802 型及 FO 型高速钢丝圈,最适宜于纺 32tex 以下中特纱。但这三种钢丝圈形状各异,可根据不同情况选配。6701 型钢丝圈的纺纱张力小,纱线通道好,但重心偏高,磨损位置低,不易散热;FO 型钢丝圈纺纱张力大,纱线通道小,但耐磨性相对较好;6802 型钢丝圈介于两者之间。一般选用时,新钢领上车先选用 6701 型钢丝圈,经一定时间后,内跑道已有磨损,钢丝圈摩擦力减低,气圈膨大,纱发毛,就需加重钢丝圈。如果加重后,效果不显著,或小纱断头恶化,或钢丝圈调换周期要缩短,就可改用 6802 型或 FO 型,以调节与钢领之间的摩擦力。

(5)ZM－6 锥面钢领可配用 ZB－1 型钢丝圈,纺 13tex 涤棉纱;或用 ZB－8 型钢丝圈,纺 13.9tex 纱和 18.2tex 纱;或用 ZB 型钢丝圈,纺 28.29tex 纱。

四、细纱断头分析

(一)纺纱张力

纺纱时,纱线在加捻卷绕时要克服钢丝圈与钢领间的摩擦力,导纱钩的摩擦阻力和气圈段回转时受到的空气阻力等,因此,纱线的轴向承受相当大的张力。适当的张力是保证正常卷绕的必要条件,但张力过大,既增加动力消耗又会增加断头。张力过小,卷绕密度降低,影响细纱强力,且因为气圈膨大而碰隔纱板,使纱条毛羽增多,光泽变差,同时,因钢丝圈运行不稳定而增加断头。故张力的大小要适当,要与纱条的粗细、强力大小相适应,以实现既提高卷绕质量,又降低断头率的目的。

如图 8－23 所示,在加捻卷绕过程中,纱线的张力可分为三段:前罗拉钳口至导纱钩区间的纱线受到的张力称为纺纱张力 T_S，导纱钩至钢丝圈间的纱线受到的张力称为气圈张力（T_0 为导纱钩处气圈顶端张力，T_R 为钢丝圈处气圈张力），钢丝圈至管纱间的纱线受到的张力称为卷绕张力 T_W。

上述 T_W、T_0、T_R、T_S 的绝对数值随产品、设备等是不同的，即使品种相同，随时间也有差异，但它们间的变化规律一致，且相互联系，相互影响。表达式可推导如下所示。

$$T_0 = T_S e^{\mu_1 \theta_1} \tag{8-5}$$

$$T_W = T_R e^{\mu_2 \theta_2} = K T_R \tag{8-6}$$

$$T_R = \frac{C_t}{K\left(\cos\gamma_X + \dfrac{1}{f}\sin\gamma_X \cdot \sin\theta\right) - \sin\partial_R} \tag{8-7}$$

$$T_0 = T_R + \frac{1}{2}mR^2\overline{\omega}_t^2 \tag{8-8}$$

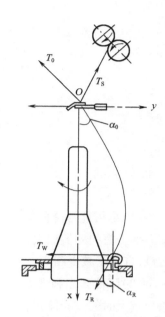

图 8-23　细纱上的张力分布

式中：μ_1——纱条与导纱钩间的摩擦因数；

$\quad\quad\theta_1$——纱条在导纱钩上的包围角；

$\quad\quad\mu_2$——纱条与钢丝圈间的摩擦因数；

$\quad\quad\theta_2$——纱条对钢丝圈的包围角；

$\quad\quad\gamma_X$——卷绕张力 T_W 与 y 轴间的夹角；

$\quad\quad\theta$——钢领对钢丝圈的反力与 x 轴间的夹角；

$\quad\quad\partial_R$——气圈低角；

$\quad\quad C_t$——丝圈离心力；

$\quad\quad R$——钢丝圈回转半径，近似为钢领半径；

$\quad\quad\overline{\omega}_t$——钢丝圈回转角速度，近似为锭子回转的角速度。

由以上分析可以看出，在卷绕过程中的张力分布规律为：$T_W > T_0 > T_R > T_S$。为了获得各张力的实际数值，一般采用实测和计算相结合。采用动态应变仪测量 T_S，通过 T_S 和 T_0 之间的欧拉公式进行计算。

（二）张力与断头

1. 细纱断头实质　前罗拉到导纱钩之间的纱段一般称为纺纱段，它所具有的强力称为纺纱强力。它所承受的张力称为纺纱张力。在纺纱过程中，当纱线某断面处的强力小于在该处的张力时，就发生断头。细纱断头影响产量、质量和消耗。如图 8-24 所示为纺纱张力 T_S 和纺纱强力 P_S 的变化曲线。可知，纺纱张力的平均值比纺纱强力的平均值小得多，一般为平均强力的 $1/3 \sim 1/4$；纺纱张力和纺纱强力都是随时间而变化的；当纱线某一点的纺纱张力大于该点的纺纱强力时，就产生断头。如图中的 A、B 点。不难看出，细纱断头实质是发生在纺纱张力波动的波峰和纱线强力波动的波谷的交叉点。为了降低断头，采取的主要措施有以下几项。

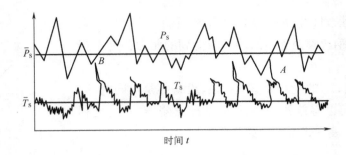

图 8-24　纺纱张力 T_s 和纺纱强力 P_s 的变化曲线

（1）尽可能地降低纺纱张力的平均值或者尽量提高纺纱强力的平均值,使纺纱强力与纺纱张力平均值的差值加大,差值加大减少了纺纱张力波动的波峰和纱线强力波动的波谷的交叉点数量,有利于减少断头。

（2）降低张力和强力的波动范围,使其尽可能的均匀,同样有利于减少断头。特别是降低张力较大时的波峰值或者提高强力较小时的波谷值。总之,降低断头的主要措施是控制、稳定张力与提高纺纱强力、降低强力不匀率。尤其是如何减少张力突变和强力的薄弱环节,以减少张力与强力波峰、波谷交叉的概率,以利于减少断头。

2. 纱线张力变化规律　在一落纱中,纺纱品种与线密度确定后,锭子速度、钢领半径、钢丝圈型号等也随之确定,纺纱张力将随着气圈高度和卷绕直径的变化而变化。如图 8-25 所示为固定导纱钩时一落纱过程中张力的变化规律。可以看出,小纱时的纺纱张力最大,随着纱的增大,逐渐减小,当大纱时,又有增大的趋势。小纱时纺纱张力大是因为气圈纱段长,离心力大,凸形大;中纱时气圈高度适中,凸形正常,张力小;而大纱时张力略有增大。

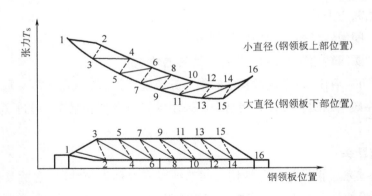

图 8-25　一落纱过程中的张力变化规律

特别在管底成形过程中,因气圈长、气圈回转的空气阻力大,且卷绕直径偏小,故张力大。管底成形完成以后,卷绕直径变化起主导作用,故张力在钢领板每一升降动程中有较大变化。在大纱满管前,钢领板上升到小直径卷绕部位,因气圈短而过于平直,失去弹性调节作用,造成张力剧增。

3. 减少细纱断头

（1）稳定张力的措施。

①钢丝圈的重量：合适的钢丝圈重量可以控制纺纱张力。在管底成形刚结束时，在卷绕大直径的条件下，选择钢丝圈重量的主要原则是气圈不应过大，而大纱卷绕小直径时，气圈又不应过小。

如新钢领或修复后的钢领上车时，由于钢领或钢丝圈间的摩擦因数大，钢丝圈要偏轻选用。随着钢领使用时间的增加或钢领的衰退，摩擦因数逐渐减小，生产中会出现气圈膨大、纱发毛、断头增加的情况，此时应加重钢丝圈；如纺纱线密度小，钢丝圈应选择轻的；如钢领直径大，锭速快，钢丝圈选择轻的；锥面钢领和钢丝圈是两点接触，钢丝圈宜减轻 1～2 号；纱线强力高，管纱长，导纱钩至锭端的距离大，钢丝圈可加重；如气候干燥、湿度低，钢丝圈和钢领的摩擦因数小，钢丝圈可加重。

②钢丝圈的使用日期：细纱高速度生产中，钢丝圈的寿命普遍缩短，使用几个班或几天后，或因钢丝圈磨损而飞圈增多，或因磨损后与纱线通道发生交叉，使断头显著增加。为减少断头与稳定生产，除纺细特纱采用自然换圈外，一般都采用定期换圈。由于新钢丝圈上车后运行不稳定，易引起断头，最好选在中纱时换圈，以减少纺大纱或落纱后小纱时的断头，特别是小纱飞圈的情况大大减少。

③提高钢丝圈的抗楔能力：可以降低钢丝圈的重心；提高钢领和钢丝圈的接触位置，稳定钢丝圈的运动状态；加深钢领内跑道，在不影响刚度和强度的条件下，减薄颈壁厚度，防止钢丝圈内脚碰钢领颈壁。

④锭子变速：锭子变速传动是减少断头和均衡一落纱中断头分布的有力措施。锭子在恒速传动时，一落纱的断头分布是小纱最多，大纱次之，中纱最少。小纱断头高，限制了锭速提高，中纱的锭速潜力得不到发挥，影响了机器生产率的提高。若大、小纱采用较低的锭速，中纱用较高的锭速，就会均衡张力和断头的分布。除大、小纱变速外，还可进一步用逐层变速的调速方法，如图 8－26 所示。

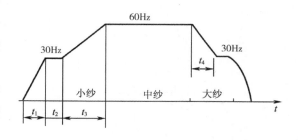

图 8－26　锭子变速

（2）提高动态强力：在细纱加捻卷绕过程中，大部分断头发生在导纱钩与前罗拉之间的纺纱段上，该段为弱环，而且有过大的突变张力大于纺纱强力而断头。从动态强力的测定结果可知，动态强力比管纱强力低得多，所以提高动态强力对降低断头率的意义重大。

①增加弱捻区纱段的动态捻度：纱线上的捻度分布由钢丝圈到前罗拉钳口是逐渐减小的，这是由于钢丝圈回转产生的捻回，首先传递到气圈，然后绕过导纱钩向前罗拉钳口传递。在捻回传递过程中，导纱钩对纱线摩擦阻力引起的捻陷及捻回传递的滞后现象，使纺纱段的捻度逐渐减小。

因罗拉钳口握持纱条，导纱钩对纱线的摩擦，纺纱段长度越长，则该段的捻度也越小。同时因钢丝圈对纱线的摩擦阻力,使气圈部分纱段的捻度也较管纱上的平均捻度多。如图 8-27 所示为对一落纱的纺纱捻度的分布情况。可知:一落纱过程中,随着卷绕直径的变化和大、中、小纱对纺纱捻度都有显著影响。小纱上捻度较少,中纱时捻度居中,大纱时捻度较多。其中卷绕直径的变化影响较大,在一落纱过程中,小纱卷绕小直径时捻度多,大直径时纺纱捻度最小,比管纱平均捻度要少 22% 左右,致使纺纱强力明显降低,这也是小纱管底完成阶段卷绕大直径时断头较多的原因之一。

②减少无捻纱段的长度:如图 8-28 所示,纱条在前罗拉上的包围角 γ 与导纱角 β 及前罗拉座倾角 α 间的几何关系为:

$$\gamma = \beta - \alpha \tag{8-9}$$

罗拉包围角 γ 的大小影响加捻三角区的无捻纱段长度,即影响罗拉钳口握持的须条纤维伸入已加捻的纱线中的数量和长度,它对纺纱动态强力颇有影响。

欲减小 γ,就必须减小导纱角 β,或增大罗拉座倾角 α,α 在细纱机设计中已定。且若 α 过大,会给接头操作带来不便,故在 β 与 α 已定的条件下,生产上一般采用胶辊前冲来减小包围弧长度,即从 ab′ 减小为 ab。但胶辊前冲使浮游区长度增加,胶辊前冲过大,会影响罗拉加压的有效压力,因此,影响牵伸效果。故一般胶辊的前冲量只有 2~3mm。

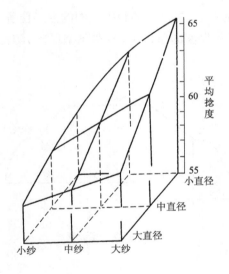

图 8-27　一落纱过程中纺纱段捻度的分布

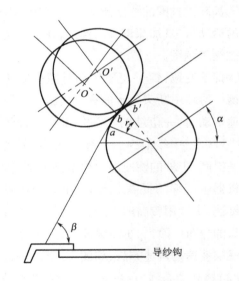

图 8-28　胶辊前冲罗拉包围弧

③增加前罗拉对须条的握持力:根据一落纱或卷绕大小直径的纺纱段捻度分布,在大纱卷绕小直径时,纺纱段的捻度一般较大,这时的动态强力也较高,但是大纱断头反而比中纱多。一方面是张力造成的,另一方面也是由于罗拉握持力远小于管纱上的单纱张力造成的。因此,增加罗拉握持力对降低断头有着现实的意义。

五、FA506 型细纱机传动与工艺计算

（一）FA506 型细纱机的传统系统

FA506 型细纱机的传动图分别如图 8 – 29 所示。该机适纺线密度范围较广,牵伸倍数较大,为满足工艺需要及细调和粗调之用,变换齿轮除级升轮 Z_{12} 外,总牵伸倍数、捻度和卷绕圈距等调节,都安排 2～4 个变换齿轮。传统系统中安排有捻度成对变换齿轮 Z_1/Z_2 和捻度变换齿轮 Z_3,牵伸成对变换齿轮 Z_4/Z_5 和牵伸变换齿轮 Z_6、Z_7,后牵伸变换齿轮 Z_8、Z_9,卷绕成对变换齿轮 Z_{10}/Z_{11}。

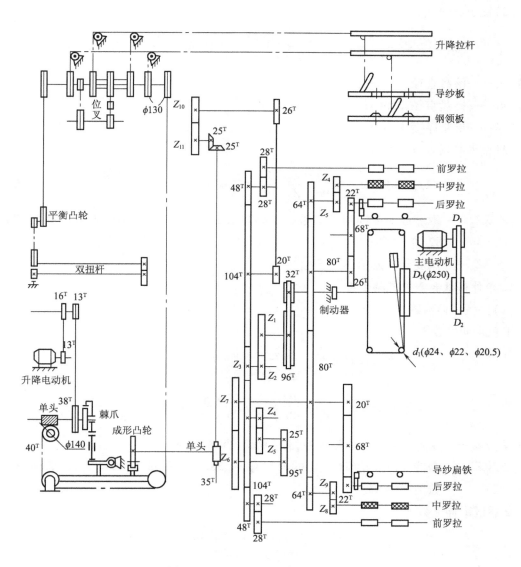

图 8 – 29　FA506 型细纱机的传动图

(二) FA506 型细纱机的工艺计算

1. 速度

(1) 主轴转速 n_m(r/min):

$$n_m = n \times \frac{D_1}{D_2} = 1460 \times \frac{D_1}{D_2} \tag{8-10}$$

式中: D_1——主电动机胶带轮直径,有 170mm、190mm、200mm、210mm 四种;

D_2——主轴胶带轮直径,有 180mm、190mm、200mm、210mm、220mm、230mm、240mm 数种。

(2) 锭子转速 n_s(r/min):

$$n_s = n_m \times \frac{D_3 + \delta}{d_1 + \delta} = 1460 \times \frac{D_1}{D_2} \times \frac{250 + 0.8}{22 + 0.8} = 16060 \times \frac{D_1}{D_2} (未记滑溜率) \tag{8-11}$$

式中: D_3——滚盘直径,250mm;

d_1——锭盘直径,22mm;

δ——锭带厚度,0.8mm。

(3) 前罗拉转速 n_f(r/min):

$$n_f = 1460 \times \frac{D_1}{D_2} \times \frac{32}{96} \times \frac{Z_1}{Z_2} \times \frac{Z_3}{48} \times \frac{28}{28} = 10.14 \times \frac{D_1}{D_2} \times \frac{Z_1 \times Z_3}{Z_2} \tag{8-12}$$

式中: Z_1 / Z_2——捻度成对变换齿轮齿数,有 32/88,38/82,45/75,52/68,60/60,68/52,75/45,82/38 数种;

Z_3——捻度变换齿轮,31～39。

2. 牵伸倍数和牵伸变换齿轮

(1) 机械牵伸倍数。

①总牵伸倍数 E:

$$E = \frac{前罗拉表面速度}{后罗拉表面速度} = \frac{前罗拉转速 \times \pi \times 25}{后罗拉转速 \times \pi \times 25}$$

$$= \frac{22}{26} \times \frac{Z_7}{Z_6} \times \frac{95}{25} \times \frac{Z_5}{Z_4} \times \frac{104}{48} \times \frac{28}{28} \times \frac{25 \times \pi}{25 \times \pi} = 6.9667 \times \frac{Z_7}{Z_6} \times \frac{Z_5}{Z_4} \tag{8-13}$$

式中: Z_4 / Z_5——牵伸成对变换齿轮齿数,有 44/62、25/81 两种;

Z_6 / Z_7——牵伸变换齿轮齿数,Z_6 的齿数有 34、38、42、47、52、58、64、71、79 数种,Z_7 的齿数为 79～87。

②后区牵伸倍数 E_B:

$$E_B = \frac{中罗拉表面速度}{后罗拉表面速度} = \frac{中罗拉转速 \times \pi \times 25}{后罗拉转速 \times \pi \times 25}$$

$$= \frac{22}{26} \times \frac{80}{64} \times \frac{Z_9}{Z_8} = 1.0577 \times \frac{Z_9}{Z_8} \tag{8-14}$$

Z_8 / Z_9——后牵伸成对变换齿轮齿数,Z_8 有 20,22,27 三种,Z_9 为 27～37。

(2)牵伸效率和牵伸配合率:在细纱机上由于喂入粗纱的意外伸长、胶辊胶圈滑溜、加捻后的捻缩等因素,使实际牵伸 E_P 与机械牵伸 E 产生差异,一般以牵伸效率 η 表示。

$$\eta = \frac{E_P}{E} \times 100\% \tag{8-15}$$

根据生产经验或生产统计资料,纺纯棉时,因加捻产生捻缩、胶辊胶圈滑溜等原因,以及化纤因纤维弹性回缩,细纱机的实际牵伸小于机械牵伸。

(3)牵伸倍数和牵伸变换齿轮的确定。

①根据喂入粗纱线密度和要求纺出细纱线密度计算实际牵伸倍数 E_P,在实际操作时,又换算为粗纱定量(g/10m)和细纱定量(g/100m)。

②根据经验选取牵伸效率计算机械牵伸倍数 E。

③将 E 带入总牵伸倍数的式(8-13),先选取牵伸成对变换齿轮,再计算 Z_6 和 Z_7 的值。然后圆整并确定 Z_6 和 Z_7,再计算总牵伸倍数 E。

④生产中如纺出定量或细纱线密度不符合设计要求时,应调整 Z_6 和 Z_7,在其他条件不变时,要注意 Z_7 和 E 成正比, Z_6 和 E 成反比。

⑤根据粗纱线密度和捻度,确定后牵伸倍数 E_B,并计算出 Z_8 和 Z_9,然后圆整并确定 Z_8 和 Z_9,再计算后牵伸倍数 E_B。

3. 捻度和捻度变换齿轮

(1)计算捻度 T'(捻/10cm):

$$T' = \frac{锭子转速}{前罗拉转速 \times \pi \times 前罗拉直径} \times 100 = \frac{28}{28} \times \frac{48}{Z_3} \times \frac{Z_2}{Z_1} \times \frac{96}{32} \times \frac{D_3 + \delta}{d_1 + \delta} \times \frac{1}{\pi \times 25} \times 100$$

$$= 2017.8 \times \frac{1}{Z_3} \times \frac{Z_2}{Z_1} \tag{8-16}$$

(2)实际捻度 T:根据细纱线密度、用途、品质要求、原料特性等确定细纱捻系数 α_t,然后根据 $T = \alpha_t / \sqrt{Tt}$,计算细纱的实际捻度 T,T' 和 T 的关系如下。

$$T = T' \times \frac{1 - 锭带滑溜率}{1 - 捻缩率} \times 加捻效率 \tag{8-17}$$

(3)捻度及捻度变换齿轮的确定。

①根据选取的细纱捻系数 ϵ_t 和所纺细纱线密度,计算实际捻度 T,再根据实际捻度和计算捻度的关系式,计算 T'。

②根据计算捻度 T' 的计算公式,选取捻度成对变换齿轮 Z_2 / Z_1,代入式(8-16),求出 Z_3,圆整后再修正 T' 和 T。

③当实验测出的捻度与实际捻度的差异大于3%时,应调整 Z_3。

4. 卷绕圈距和卷绕变换成对齿轮

(1)卷绕圈距 Δ(mm):Δ 是指卷绕层的圈距,如图8-30所示,其大小与绕纱密度及退绕时脱圈有关,一般取细纱直径的4倍。

$$r = \sqrt{\frac{\text{Tt}}{\pi\delta \times 10^5}} \qquad\qquad (8-18)$$

式中：r——纱线半径；

$\quad$ Tt——纱线线密度；

$\quad\delta$——纱线单位体积重量，g/cm^3。

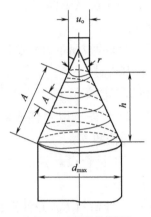

图 8-30　卷绕圈距

设纱条单位体积重量为0.8g/cm^3，则细纱直径 $d = 0.004\sqrt{\text{Tt}}$，于是可以得出：

$$\Delta = 0.016\sqrt{\text{Tt}}$$

（2）卷绕变换成对齿轮 Z_{10}/Z_{11}：Z_{10}/Z_{11} 是调整成形凸轮转速和钢领板一次升降时间的，直接影响卷绕圈距 Δ 的大小。Z_{10}/Z_{11} 的计算是基于钢领板一次升降前罗拉输出纱条的长度 L 应等于同一时间内管纱的绕纱长度 L'，即：

$$L = \text{成形凸轮转一周时前罗拉转数} \times \text{前罗拉直径} \times \pi$$

$$= \frac{28}{28} \times \frac{104}{48} \times \frac{26}{20} \times \frac{Z_{11}}{Z_{10}} \times \frac{25}{25} \times \frac{35}{1} \times 25\pi = 7742.72 \times \frac{Z_{11}}{Z_{10}} \qquad (8-19)$$

$$L' = \text{纱圈平均长度} \times \text{卷绕层纱圈数} \times (1 + \text{凸轮升降比}) \qquad (8-20)$$

①当凸轮升降比为 1:3 时：

纱圈平均长度 $= \pi\dfrac{d_{max} + d_0}{2}$；卷绕层纱圈数 $= \dfrac{A}{\Delta}$；$A = \dfrac{d_{max} - d_0}{2\sin\dfrac{r}{2}}$；因此得出：

$$L' = \pi \times \frac{d_{max} + d_0}{2} \times \frac{A}{\Delta} \times \left(1 + \frac{1}{3}\right) = \frac{\pi \times (d_{max}^2 - d_0^2)}{3\Delta \times \sin\dfrac{r}{2}} \qquad (8-21)$$

根据 $L' = L$，则：

$$\frac{Z_{10}}{Z_{11}} = 7349 \times \frac{\Delta \times \sin\frac{r}{2}}{d_{max}^2 - d_0^2} \tag{8-22}$$

②当凸轮升降比为 1:2 时：

$$L' = \pi \times \frac{d_{max} + d_0}{2} \times \frac{A}{\Delta} \times \left(1 + \frac{1}{2}\right) \tag{8-23}$$

则：

$$\frac{Z_{10}}{Z_{11}} = 6572 \times \frac{\Delta \times \sin\frac{r}{2}}{d_{max}^2 - d_0^2} \tag{8-24}$$

式中：Z_{10}、Z_{11}——配备有 38～74 间的双数齿数和 33、45、47、75、77、80、82、86、89 数种，但是 $Z_{10} + Z_{11} = 122$。

在生产中，除了修改线密度外，一般卷绕成对变换齿轮很少变换。在其他条件不变时，因 Z_{10}/Z_{11} 与 Δ 或 $\sqrt{\mathrm{Tt}}$ 成正比，所以在需要修改线密度时，可利用这种关系直接求出所需的卷绕成对变换齿轮的齿数比。

5. 钢领板级升距和级升轮

（1）钢领板级升距 m_2：钢领板每升降一次，级升轮 Z_{12} 间歇地被撑过一定的齿数，钢领板卷绕链轮间歇地卷取链条，使钢领板产生一次级升 m_2。

①当凸轮的升降比为 1:3 时，可知钢领板一次升降绕纱长度 L'（mm）为：

$$L' = \pi \times \frac{d_{max} + d_0}{2} \times \frac{A}{\Delta} \times \left(1 + \frac{1}{3}\right)$$

对应 L' 的重量 G（g）为：

$$G = \frac{L'}{10^3 \times 10^3} \times \mathrm{Tt} \tag{8-25}$$

由于钢领板一次升降的绕纱重量 G（g）又等于阴影部分面积的回转体积 V（cm^3）乘以管纱绕纱密度 ρ（g/cm^3）。

$$G = V \times \rho = \pi \times \frac{d_{max} + d_0}{2} \times A \times m_2 \times \sin\frac{r}{2} \times \frac{1}{1000} \times \rho \tag{8-26}$$

把上述两式整理得出：

$$m_2 = \frac{\sqrt{\mathrm{Tt}}}{120 \times \rho \times \sin\frac{r}{2}} \tag{8-27}$$

②当凸轮的升降比为 1:2 时，可知：

$$m_2 = \frac{3\sqrt{\mathrm{Tt}}}{320 \times \rho \times \sin\frac{r}{2}} \tag{8-28}$$

在一般的卷绕张力下, ρ 为 0.55g/cm^3 。

(2) 级升轮:钢领板每升降一次,级升轮 Z_{12} 撑过一定的齿数,获得的级升值为 m_2 ,如图 8 – 31 所示。

$$m_2 = \frac{n}{Z_{12}} \times \frac{1}{40} \times \frac{140}{130} \times \pi \times 130 = 10.995 \times \frac{n}{Z_{12}} \tag{8-29}$$

$$\frac{Z_{12}}{n} = \frac{10.995}{m_2} \tag{8-30}$$

式中: Z_{12} ——级升轮的齿数,有 43、45、48、50、55、60、65、70、72、75 数种;

n ——级升轮每次撑过的齿数,一般为 $1 \sim 3$ 。

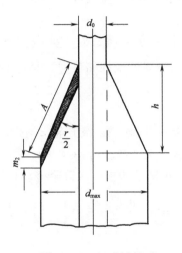

图 8 – 31 级升计算

在纺纱线密度和卷装确定后,可将 Tt、$r/2$、ρ 代入式(8 – 27)或式(8 – 28)中,求出 m_2 的值。然后将 m_2 代入式(8 – 30)中,求出 Z_{12}/n 的比值,选取 Z_{12} 和 n 。

根据 $\frac{n}{Z_{12}} \propto m_2 \propto \sqrt{\text{Tt}}$,在修改纱线线密度时,可根据这种关系求出 Z_{12} 和 n 。由于实际纺出的 ρ 与计算时有差异,所以上机后还需调整,使管纱的最大直径要小于钢领直径 3mm。

6. 产量 细纱的产量以 1000 枚锭子 1h 的生产纱量 kg 来表示。

(1)理论产量 $G_1[\text{kg/(千锭} \cdot \text{h)}]$:

$$G_1 = \frac{\pi \times d_f \times n_f}{1000} \times 60 \times 1000 \times \frac{\text{Tt}}{1000} \times \frac{1 - 捻缩率}{1000}$$

$$= \frac{\pi \times d_f \times n_f \times 60 \times \text{Tt} \times (1 - 捻缩率)}{1000 \times 1000} \tag{8-31}$$

(2)定额产量 $G_2[\text{kg/(千锭} \cdot \text{h)}]$:

$$G_2 = G_1 \times 时间效率 \tag{8-32}$$

一般情况,细纱工序的时间效率为 $95\% \sim 97\%$ 。

(3)实际产量 $G_3[\text{kg}/(千锭 \cdot \text{h})]$：

$$G_3 = G_2 \times (1 - 计划停车率) \qquad (8-33)$$

一般情况，细纱工序的计划停车率在3%左右。

第四节 细纱工序质量评价

一、细纱的主要质量指标

（一）纱线不匀

1. 纱线不匀的定义 纱线不匀是反映成纱质量的重要标志。广义上可分为纱条的粗细不匀、强力不匀等。其中纱条的粗细不匀属于基本不匀，是研究纱条不匀的重点，而强力不匀是从属不匀。

纱条不匀通常与被测纱条的片段长度有关。一般纱条片段长度为纤维平均长度的 $1 \sim 10$ 倍的不匀称短片段不匀；纱条片段长度为纤维平均长度的 $11 \sim 100$ 倍的不匀称中片段不匀；纱条片段长度为纤维平均长度的 100 倍以上的不匀称长片段不匀。

纱条的粗细不匀是指纱条单位长度内的重量差异。纺纱工艺上反映纱条单位长度重量差异的主要有平均差系数 H 或 U、均方差系数 CV 和极差系数 η。

（1）平均差系数：设 n 段等长纱条重量分别为 $X_1, X_2, \cdots, X_n$，则：

$$U = \frac{d}{\overline{X}} = \frac{\sum_{i=1}^{n} (X_i - \overline{X})}{n\overline{X}} \times 100\% \qquad (8-34)$$

式中：d——平均差；

$\overline{X}$——试样平均重量，g。

平均差系数也可用下列左密尔公式来计算。常用 H 来代替 U。

$$H = \frac{2(\overline{X} - X)}{m\overline{X}} \times 100\% \qquad (8-35)$$

式中：X——小于平均值 $\overline{X}$ 的试样重量平均值，g；

m——小于平均值 $\overline{X}$ 的试样个数（不包括 $\overline{X}$ 本身）。

（2）均方差系数（变异系数）CV：设 n 段等长纱条重量分别为 $X_1, X_2, \cdots, X_n$，则：

$$CV = \frac{\sigma}{\overline{X}} = \frac{1}{\overline{X}} \sqrt{\frac{\sum_{i=1}^{n} (X_i - \overline{X})^2}{n}} \times 100\% \qquad (8-36)$$

式中：σ——均方差。

（3）极差系数 η（萨氏条干不匀率）：

$$\eta = \frac{R}{\bar{X}} \times 100\% = \frac{X_{\max} - X_{\min}}{\bar{X}} \times 100\% \qquad (8-37)$$

式中:R——极差;

$X_{\max}$——试样中重量最大的试样重量值,g;

$X_{\min}$——试样中重量最小的试样重量值,g。

极差系数一般当测试的试验个数较少时使用。

(4)黑板条干:这是评定纱线短片段条干不匀的感官检验指标。分为优级板、一级板、二级板、三级板等。

一般反映纱条长片段粗细不匀成为重量不匀率,反映短片段粗细不匀称条干不匀率。

2. 纱线不匀的测试方法 纱线不匀的测试方法主要有测长称重法、目光检测法和仪器测定法。

(1)测长称重法:测长称重法也称为切断称重法,是测定纱线粗细不匀的最基本、简便、准确的方法之一。目前纺纱厂中的纤维、条子、粗纱、细纱和线密度不匀,普遍采用测长称重法测定。所取片段长度条子为1m或5m、粗纱为10m、细纱和捻线各为100m。

切断称重法可以测量各种片段长度的重量不匀率,片段可短到0.01m、0.025m、0.1m、0.3m、1m等,也可长到100m或以上。当切取短片段时,切取数量需要很多,这样的切割和称重工作量很大,因此,短片段的切断称重法仅对要求准确度较高的研究工作或校正其他测定不匀率仪器的读数时才被采用。

(2)目光检验法:用目光检验法来评定纱线的短片段条干不匀率被列为国家标准检验项目之一。这种方法是先将被检验的纱线均匀地绕在黑板上,在一定的温度和距离下,和标准样照进行对比评定。这种检验虽然是以目测为依据,但在检验过程中能清楚地反映出纱线中不匀的具体内容和性质,如粗节、细节、阴影、云斑、竹节及白点等,有助于帮助寻找造成不匀的原因,以便在工艺中进行改进。

这种方法简便易行,能快速得到检验结果,但评定结果的正确性与检验人员的目光有关,所以需要定期核对和统一检验人员的目光。

(3)仪器测定法:目前用于测量纱线不匀的仪器有Y311型条粗条干均匀度试验仪和乌斯特均匀度试验仪。

①Y311型条粗条干均匀度试验仪:该仪器按纱条密度利用杠杆原理而设计,纱条通过一对凹凸圆轮时,被压缩在一定宽度的槽内,其厚度随纱条粗细的不同而变化,即定宽测厚法,这种变化经加压杠杆和指针杠杆两级放大了100倍左右,再通过笔尖在等速运动记录纸上描绘出纱条厚度变化曲线,即纱条条干均匀度的变化情况。

试验数据的计算方法,除特殊需要可以用面积仪或积分仪计算不匀率外,一般均用目测曲线在一定长度内的最高点及最低点,用极差系数表示该片段长度的条干不匀率。

用极差不匀来表示条子或粗纱的条干不匀率存在较大的不足,因为它只与计算长度内两个极端的大小有关,而不能反映中间各厚度的变异情况。为了弥补这一缺陷,在专题对比试验等较重要的场合,应尽可能计算每米片段的条干不匀率。

除计算条干不匀率外,还须仔细观察条干记录曲线,如果发现曲线有一定规律性或有突高、突低等异常情况,即使条干不匀率没有超出规定范围,也应立即停止实验并检修,以减少纱疵,特别是防止突发性纱疵的产生。

②乌斯特均匀度试验仪:乌斯特均匀度试验仪是应用电容原理检测纱线不匀率的一种电子仪器,是目前世界各国测量纱线不匀率应用最广泛的仪器。

电容式均匀度仪的检测原理:由于纤维的介电系数大于空气的介电系数,纱线试样进入由两平行金属极板组成的空气电容器,会使电容器的电容量增大,当试样连续从电容器的极板间通过时,随着极板间一段纱条的质量变化,电容器的电容量也相应变化,电容量的微小变化通过灵敏度较高的放大电路和记录仪,即可得到纱线的线密度不匀率曲线和相关数据。

乌斯特均匀度试验仪可读出被测纱线条干粗细的变异系数数值及细纱上粗节、细节、结粒的数值,并可画出连续的不匀率曲线图和波谱图,判断周期不匀产生的原因,便于及时检验和调整纺纱工艺,修正损坏的机件。

(二)纱线强力

纱线强力是衡量产品质量的重要指标。纱的强力高,使加工过程中断头率降低,有利于纺纱过程、后加工和织造工艺的顺利进行,且织物具有较高的强力和坚牢度,使产品耐穿耐用,延长使用寿命。因此纱线强力高,不仅产品质量好,而且能降低工人的劳动强度,提高企业的经济效益。纱线断裂强度变异系数和纱线断裂强度为纱线评等的技术指标。单纱断裂强力不匀是影响后道加工的关键,是纱线内在质量的一个重要指标。因此,单强 CV 值更能反映纱线实际内在质量,体现织造对纱线的要求。

1. 绝对强力　绝对强力是指纱线受外力直接拉伸到断裂时所需的力,也叫断裂强力。单位是牛顿(N)或厘牛(cN)。拉断一根单纱所需的力,叫单纱强力,用 cN 表示。目前测试单纱强力的仪器,可用摆锤式单纱强力仪、自动单纱强力仪、Instron 万能强力机。需在恒温 20℃ ±3℃和恒湿65% ±3%的条件下进行,试验数据个数不少于 50 个,以保证试验结果的可比性和正确性。

2. 相对强力　纱线强力的大小不仅与纱线中纤维性能有关,而且与试样的状态,特别是与纱线的粗细有着密切的关系。为了便于不同线密度纱线之间进行强度方面的比较,可将绝对强力折算为相对强力。

(1)单纱断裂强度(cN/tex):它一般采用电子强力仪测试,每批试样取 20 只管纱,每管试 5 次,共试 100 次。试验结束后,一般应将样纱称重(不小于50g),测试其回潮率,供计算修正强力用。如调湿后在标准恒温恒湿条件下测试,则断裂强度不需要进行修正。

$$单纱断裂强度(cN/tex) = \frac{单纱的绝对强力(cN)}{纱线线密度(tex)} \qquad (8-38)$$

(2)单纱断裂强度变异系数:它是反映纱线强力不匀率的指标,用均方差系数即 CV 值表示。用上述试验数据求得:

$$单纱断裂强度\ CV = \frac{\sigma}{\overline{X}} \times 100\% \tag{8-39}$$

式中:σ——均方差;

$\overline{X}$——纱线平均断裂强力,cN。

(三)纱线的棉结杂质

1g棉纱内棉结杂质总粒数和棉结粒数是棉纱评等的技术标准,棉纱上的棉结杂质不仅直接影响成纱外观,也影响成纱条干质量。须条中的棉结杂质在牵伸过程中会带动周围的纤维成束或成团地变速,使条干恶化,还会和周围的纤维集聚而形成粗节,棉结杂质在现代高速整经机、无梭高速织机工作时易产生断头,并易在坯布上产生棉结疵点和在印染加工中因染色不匀而产生白星等疵点。因此,采取相应措施来减少棉结杂质,是提高产品质量和机器生产效率的一个重要问题。

根据 GB/T 398—1993 标准,成纱棉结杂质试验方法为:在不低于 400lx 的照度下,光线从左后射入;检验面的安装角度与水平成 45°±5°,检验者的视线与纱条成垂直线,检验距离以检验人员的目力在辨认疵点时不费力为原则。检验时,先将浅蓝色底板插入试样与黑板之间,然后用如图 8-32 所示的深色压片压在试样上,进行正反面的每格内棉结杂质检验,应逐格检验并不得翻拨纱线,棉结、杂质分别记录。将全部样纱检验完毕后,算出 10 块黑板的棉结杂质总粒数,再根据式(8-40),计算 1g 棉纱线内的棉结杂质粒数。

$$1\text{g 棉纱线内棉结杂质粒数} = \frac{\text{棉结杂质总粒数}}{\text{棉纱线公称线密度}} \times 100\% \tag{8-40}$$

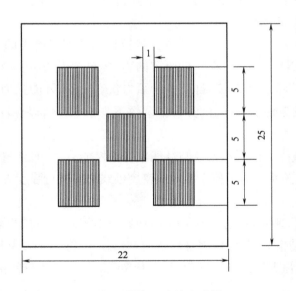

图 8-32　深色压片放在试样上

1. 棉结的定义　棉结是由纤维、未成熟棉或僵棉,因轧花或纺纱过程中处理不完善集结而成的,是由纤维纠缠而成的纤维结。大的棉结称为丝团,又分为正常成熟纤维形成的丝团和未成熟纤维形成的丝团之分。小的棉结又称白星,白星大多是未成熟的纤维纠缠而成。白星与棉结的结构区别见表8-16。

表8-16 白星与棉结的结构区别

项 目	白星	棉结
可见性	在白坯布上难以看到	在白坯布上可观察到
形状	有圆形、长形、丝状的	表面是圆形
附着情况	有的附着在纱的表面;有的平平整整嵌在纱和织物的组织里,用手不能剥掉	突出在织物表面,用手去刮布面,部分联系较弱的棉结可被刮掉
印染后情况	印染后布面上显现明显的白点,其显现率随染色深度的加深而增加	印染后大部分为吸色较深的点子,只有小部分棉结转化为白星

我国对棉结进行检验时,对棉结的确定是这样定义的。

(1)成纱中棉结不论黄色、白色,圆形、扁形,或大或小,以检验有的目力所能辨认的即计入。

(2)纤维聚集成团,不论松散与紧密,均以棉结计。

(3)未成熟棉、僵棉形成棉结(成块、成片、成条),以棉结计。

(4)黄白纤维,虽未成棉结,但形成棉束,且有一部分缠于纱线上的,以棉结计。

(5)附着棉结以棉结计。

(6)棉结上附有杂质,以棉结计,不计杂质。

(7)凡棉纱条干粗节,按条干检验,不算棉结。

2. 杂质的定义 杂质是附有或不附有纤维(或毛绒)的籽屑、碎叶、碎枝杆、棉籽软皮、毛发及麻草等杂物。

对杂质的确定是这样定义的。

(1)杂质不论大小,凡检验者目力所能辨认的即计。

(2)凡杂质附有纤维,一部分缠于纱线上的,以杂质计。

(3)凡1粒杂质破裂为数粒,而聚集在一团的,以1粒计。

(4)附着杂质以杂质计。

(5)油污、色污、虫屎及油纱、色纱纺入,均不算杂质。

3. 棉结的分类 棉结主要分为三种类型。

(1)机械棉结:在多数情况下,那些仅有纤维材料构成的棉结,主要由于机械和操作而形成的。

(2)生物棉结:棉结中含有外来材料,即在枯叶或棉籽壳一类杂质周围形成的生物或杂质核心的棉结。

(3)起绒性棉结:在染过色的织物表面明显分布的棉结。

4. 杂质与疵点的分类 杂质与疵点主要分为七种类型。

(1)僵片:即死纤维,又称光片,是未成熟或受病虫害的带僵籽棉,通过轧棉而成僵片,僵片无纺纱价值。

（2）不孕籽：不孕籽色白，扁圆形，表面附有短绒的小籽。因其成熟度差，强力低，加工过程中易搓成棉结。

（3）软籽表皮：是棉籽外面的一层表皮与棉纤维连在一起，当籽棉成熟度差，含水高时，棉籽表皮与棉籽附着差，在轧棉过程中就会连同纤维一起从棉籽壳上拉下，形成带纤维的软籽表皮。在纺纱中不易清除。

（4）带纤维与不带纤维的破籽与籽屑：轧棉过程中将棉籽或籽棉轧破而成不带纤维和带纤维的破籽；面积在 $2mm^2$ 以下的细小破籽称为籽屑。在纺纱过程中较易去除，而籽屑十分细小，特别是带有纤维时，与其他纤维的附着力更大而难以去除。

（5）索丝：轧棉过程中由于籽棉过湿或轧棉机机械状态不良，纤维之间摩擦过多，使纤维相互扭结而成索丝。在纺纱过程中很难去除。锯齿棉中含索丝多。

（6）黄根：是棉籽表皮上的短绒，呈黄褐色，其长度在 3～6mm，纺纱过程中难以去除。黄根在皮辊棉中较多。

（7）尘屑杂质：包括碎叶、铃片、泥沙等，由于它们的形状和比重与纤维都有较大的不同，在加工中易于清除。

总之，凡体积大、重量重，不带纤维的杂质和疵点在纺纱过程中都比较容易清除；反之，质轻、细小、易碎，带有纤维的杂质和疵点，在纺纱过程中不易清除，对质量有影响。

（四）纱线的毛羽

毛羽是衡量纱线质量好坏的标志之一。纱线毛羽较少，使得织物表面光洁，手感滑爽，具有较好的透明性和清晰度。毛羽影响纱线条干均匀和表面光洁；影响纤维的强力利用系数，使成纱强力降低。毛羽多使纱线的耐磨性差。毛羽对织造影响极大，其数量是高速无梭织机中影响织造的重要参数，如喷气织机会因纬纱毛羽多，使喷射受阻而造成引纬失败。过多的毛羽会影响上浆后正常分绞。织造过程中因相邻毛羽粘贴缠绞，使织机开口不清，产生"假吊经""三跳"疵点，或造成经纱断头。毛羽多的纱线在后加工序中表面容易受磨损而使布面起球。毛羽不匀会导致染色不均匀。其多的地方颜色较深，少的地方颜色较浅。若两根纬纱上的毛羽不同，会因为反光程度的差别在布面上形成横档。毛羽的长短、数量及其分布影响机织、针织等后工序的生产的生产效率，并影响最终产品的外观质量。织物需烧毛处理时，会增加烧毛损耗率和影响烧毛质量。

纱线毛羽是指当纱条加捻成纱或细纱加捻成线时，一些暴露在纱线主干外的纤维头端和尾端。毛羽按其形成状态可分为三种类型，如图8－33所示。

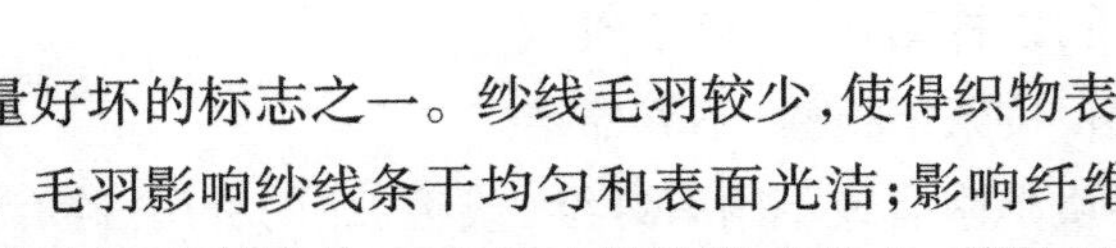

(a)端毛羽　　　　(b)圈毛羽　　　　(c)浮游毛羽

图8－33　毛羽的基本形态

1. 端毛羽　纤维的一端伸出纱线主体表面,而其余部分则卷入纱线主体。端毛羽又分为单向端毛羽(纤维的一端在纱线主干内,另一端暴露在纱线主干外)和双向端毛羽(纤维的中间部分在纱线主干内,而两端暴露在纱线主干外)。端毛羽是纱线毛羽的主体,占毛羽总数的82%~87%。

2. 圈毛羽　纤维的两端同时卷入纱线主体,而纤维的中部拱出纱线主体表面而形成圈状或环状。占毛羽总数的9%~12%。

3. 浮游毛羽　指附着于纱线主体表面的松散纤维所造成的毛羽。占毛羽总数的4%~6%。

纱线毛羽可通过纱线毛羽仪进行测量,另外纱线的多数性能也可以通过 CTT 纱线多功能测试仪进行测量。

二、提高细纱质量的主要措施

(一)提高纱线条干均匀度

1. 细纱牵伸工艺

(1)合理确定罗拉握持距:罗拉握持距的确定原则,是在不损伤纤维并能保持牵伸力和握持力相平衡的条件下,偏小掌握。一般情况下,罗拉握持距大于纤维平均长度的一定数值,至于大多少,视具体情况而定。在保证牵伸力和握持力相平衡的条件下,罗拉握持距大时,因浮游动程的增加以及牵伸区中部摩擦力界强度减弱,将削弱对纤维控制的能力。罗拉握持距与牵伸附加不匀率间存在近似直线关系,如式(8-41)所示。

$$CV_E^2 = \frac{R - R_0}{R_0} \qquad (8-41)$$

式中:CV_E^2——E 倍牵伸时的牵伸附加不匀;

$\quad\quad R$——实际罗拉握持距;

$\quad\quad R_0$——最佳罗拉握持距(其值略大于纤维平均长度)。

可以看出,实际罗拉握持距与最佳罗拉握持距差异越大,经牵伸后的成纱条干均匀度越差。

前罗拉握持距直接影响胶圈的浮游区长度。缩小浮游区长度不仅可以增加受控制纤维量,同时可使牵伸区内纤维变速点分布向前钳口集中,有利于纤维变速稳定。当纺纯棉纱或加工长度整齐度差的纤维时,在前罗拉握持力能够适应牵伸力的基础上,应尽量减少前中罗拉中心距。当加工化纤或长度整齐度好的纤维时,为防止纱条在前钳口滑溜,应适当加大浮游区长度,否则纱条条干恶化严重。

中后罗拉握持距一般不能小于原料成分中长度最长一组纤维的长度,以免拉断纤维或造成牵伸不匀。通常比纤维的品质长度大5~10mm。当粗纱捻系数大,后区牵伸倍数偏小,后罗拉加压较轻,及粗纱定量偏重时,中后罗拉握持距应偏大掌握。

(2)胶圈钳口隔距:胶圈钳口隔距一方面要控制浮游纤维运动,另一方面又要使纤维能顺利通过。实践证明,胶圈钳口隔距较小时,牵伸力的不匀小,对改善条干有利。如纺纱线密度大,隔距应放大,以缓解牵伸力和握持力的矛盾。如加工纤维长度长和长度整齐度好时,一般也是减小胶圈钳口隔距,但要偏大掌握浮游区长度。虽然钳口隔距的减少增加了牵伸力,但是浮游区长度的增加减少了牵伸力,综合调节使握持力和牵伸力相适应。而且由于纤维长度长和长度整齐度好,大部分纤维比浮游区长度长,不会失控,不会提前变速,使纤维的变速点集中并靠近前钳口,提高了输出纱条的条干均匀度。

(3)合理配置细纱总牵伸倍数和后区牵伸倍数:由于目前细纱机控制纤维的能力强,适合大牵伸。一般在输出定量不变的条件下,提高细纱机的总牵伸倍数,增加粗纱喂入定量,即可起到增大作用在浮游纤维整个长度上的静摩擦与动摩擦的比值,推迟了浮游纤维的变速。因此细纱采取"重定量、大牵伸"的特点。

细纱后区牵伸一般为简单罗拉牵伸,一般采用较小的牵伸倍数,同时采用较大的后罗拉握持距、较大的中后罗拉加压和较大的粗纱捻系数,即三大一小的牵伸工艺,容易满足牵伸力和握持力的关系。

(4)合理利用粗纱捻回:粗纱捻回可以改善粗纱机牵伸装置输出纱条的内在结构与紧密度差异。由于粗纱加捻使细节段捻回多,细节段粗纱紧密度由小变大,纤维抱合力也由小变大。而粗节段正好相反,这样可减少细节段的粗纱在牵伸中出现细节的可能。同时由于粗纱捻系数较大,当粗纱经后牵伸区小牵伸后,保留一部分捻回进入前区的胶圈牵伸,可以有效地控制纤维的浮游。因此后区一般采用小的牵伸倍数,大的粗纱捻系数,以改善条干和降低断头。另外大的粗纱捻回,有利于粗纱机伸长率的控制及退绕时的意外伸长。但是当后区采用大的牵伸倍数时,由于捻回重分布现象不利于控制纤维运动,应采用较小的粗纱捻系数和较紧隔距来改善条干均匀度。

(5)合理确定罗拉加压:罗拉加压的大小决定了罗拉钳口对纱条握持能力的大小。提高罗拉钳口握持力,特别是输出罗拉钳口握持力,一方面可防止纱条在罗拉钳口处打滑,另一方面可以允许增大作用于须条的牵伸力,对改善成纱条干与纤维平行伸直度均有利。提高喂入罗拉钳口握持力,可防止对纱条握持的失效,也能改善成纱不匀率。但罗拉加压过大,一方面使得传动罗拉的机件负荷加大,增加了耗能量,机件易损坏;另一方面易造成罗拉与胶辊变形,使输出纱条产生机械波,恶化了条干均匀度。因此罗拉加压要适当,加压值不能超过牵伸机件所能承受的极限。

2. 采用先进的牵伸形式 采用先进的牵伸形式,能显著降低成纱条干 *CV* 值。目前代表国际纺机先进水平的棉纺环锭细纱机牵伸装置的是德国的 SKF 型牵伸、INA – V 型牵伸、绪森 HP 型牵伸和瑞士立达公司的 R2P 型牵伸。

四种先进牵伸装置的前牵伸区工艺均贯彻"重加压、小隔距"的工艺原则,主要体现"三小"工艺——小浮游区长度、小胶圈钳口隔距和小罗拉中心距。四种牵伸装置的浮游区长度短,前区摩擦力界分布广而强,非控制面短,有利于控制浮游纤维和提高条干均匀度。对于 INA—V 型牵伸来说,它的后区采用曲线牵伸,有较长的钳口握持距和较短的非控制区长度,既增大了后区摩擦力界强度,加强了对牵伸纱条和纤维运动的控制,又有对长短不匀的纤维适应性好的特点,减小了位移牵伸产生的牵伸波,这是 V 型牵伸后区牵伸范围较大的原因。在粗纱捻回配合下,后区位移牵伸不仅不扩散纱条宽度,反而形成狭长 V 型牵伸纱条,明显增大纱条内摩擦力界强度和纱条紧密度。由于 V 型纱条特性,粗纱捻系数适当提高,综合利用了曲线牵伸和粗纱捻回对纤维的控制能力,使后牵伸区的牵伸倍数可适当提高,从而加大了细纱机的牵伸能力,为纺制细特纱和提高条干均匀度打下了良好的基础。

(二)降低重量不匀率

1. 同一品种使用同一机型　同一品种使用同一机型,尽可能做到所有变换齿轮的齿数统一。

2. 合理使用粗纱　挡车工加强巡回,将过粗、过细、接头不良等不合理的粗纱及时换下。

3. 加强设备维修和保养工作

(1)在大小平车时,对摇架弹簧压力进行全面测试,保持摇架压力的统一。胶辊制作或保养时,要做好保养工作,防止少加或漏加,及时发现和更换缺油胶辊。保证加压的实在性、回转机件的灵活性。

(2)做好细纱锭子的保养工作,及时修复或更换锭杆弯曲或锭尖磨灭超过限度的。对锭脚进行定期清洗,加油要适当,保持锭子的高速运转。

4. 适当配置粗纱捻度　如果细纱机加压过轻,而粗纱捻度又大,在细纱后区解捻不充分易造成特粗纱。粗纱吊锭回转不灵活,粗纱捻系数配置过小,退绕时容易产生意外伸长,恶化重量不匀率。因此合适的粗纱捻系数对降低重量不匀率非常重要。

(三)提高纱线强力

细纱工序是成纱的最后工序,对成纱强力影响最大。

1. 细纱牵伸工艺　细纱的牵伸工艺主要目的是提高细纱的条干均匀度。经实践证明,细纱的条干均匀度与成纱强力和强力不匀率关系密切。一般细纱条干均匀度恶化,细纱强力也会显著下降,强力不匀率也会恶化。

如图8-34所示为细纱机的牵伸倍数、隔距和粗纱捻度与成纱强力的关系。可以看出,随着细纱机牵伸倍数和隔距的增加,成纱强力随之下降。随着粗纱捻度的增加,成纱强力先增加后减少。之所以发生这样的变化,是由于改变细纱牵伸工艺后,细纱的条干不匀率也在发生变化造成的。当然影响成纱强力的因素很多,图8-34只能作为一种变化趋势。如细纱机上前牵伸区使用集合器时,细纱短片段不匀一般略有增加。原因是集合器会使须条紧密,不但使纱条光滑,而且会改善纱条中纤维相互间的接触情况,对强力有益。因此虽然集合器使细纱的短片段不匀增加了,会减少强力,但是集合器同时改善了纱条结构,总体纱线的强力增加了。由此可见,前罗拉输出纱条的结构对提高强力很重要。

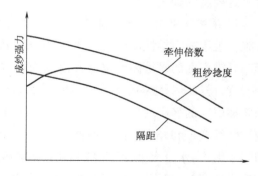

图8-34　细纱机的牵伸工艺和成纱强力的关系

2. 细纱捻系数　环锭纺纱的纱线结构对成纱强力影响较大。除了纱线中纤维排列的平行程度、伸直程度和内外层转移次数之外,最重要的就是纱线的捻度。

从前罗拉输出的纱条呈扁平状,纤维可看作平行纱轴方向,加捻使扁平状纱条成为近似圆柱形的细纱,使纤维发生倾斜和扭转。即使纱条的机构发生了变化,这种变化直接影响纱线的强力。环锭纺纱由于在加捻过程中,加捻区的纱线具有一定的纺纱张力,纱线中纤维呈圆锥螺旋状,因而纤维平行伸直和内外层专一的机会增多,故对成纱强力有利。

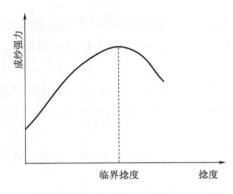

图8-35 细纱捻度与成纱强力的关系

细纱捻系数和捻度不匀率对细纱强力均有影响。图8-35为细纱捻度与成纱强力之间的关系。随着捻度的增加,细纱强力也随着增加,当到达临界捻度后,细纱强力反而下降了。

对应临界捻度处,细纱强力最大。捻度对细纱强力的影响有两方面。一方面,随着捻度的增加,纤维间的摩擦阻力增加,则细纱在拉断过程中增加了断裂纤维根数,同时也增加了滑脱纤维的滑脱阻力。另一方面,随着捻度的增加,纤维的捻回角增大,使纤维在细纱轴向承受的有效分力降低,捻度过大还会增加纱条内外层纤维的应力分布不匀,加剧纤维断裂的不同时性,降低了纤维的断裂强力。可以得出,在临界捻度之前,有利因素占据了主要地位,加捻作用主要表现在减少拉断纱线时的滑脱纤维根数。因此纱线强力随捻度的增加而增加。当超过临界捻度后,捻度对强力的不利因素占据了主要地位,加捻作用减少了纤维的轴向分力,纱线强力随捻度的增加而减少。生产中使用的捻系数小于临界捻系数,而且较大的捻系数会降低细纱设备的生产率和成纱强力。因此在保证细纱强力符合要求的前提下,选用较小的捻系数,可以提高细纱设备的生产率。

3. 钢丝圈的选用 为了使纤维保持伸直和纱条紧密,纺纱时需保持一定的张力,以增加纱线强力。通过选用合适的钢丝圈重量可以控制纺纱张力。如纺纱张力大,当纱条走出前罗拉钳口后,纤维加捻三角区可获得一定的伸直,故用较重的钢丝圈时成纱结构紧密,成纱强度可以获得一定程度的提高。

4. 车间温湿度 车间温湿度不当,会引起细纱回潮率不稳定,影响成纱强力和细纱断头。纤维在吸湿后力学性能会发生变化,如棉纤维吸湿后横截面膨胀,刚度降低,纤维变得柔软易变形。纤维表面的摩擦因数也增大,纤维容易被牵伸机构控制,使得纱条均匀,提高了纤维的伸直平行度,增加了纤维间的抱合力和摩擦力,使得强力提高。同时纤维在回潮率高时,有利于消除因摩擦引起的静电现象。所以在回潮率适当偏高的情况下纺纱,不但能提高纱线强力,而且能改善细纱条干和外观。回潮率低,水分少,则纤维和纱线的刚性大而易脆,易发生断裂。但如果回潮率太大,水分太多,纤维容易缠绕罗拉和胶辊。纱线与钢领、钢丝圈的摩擦力增大,增加了纺纱中的断头,强力下降。细纱车间的温湿度以加工时处于放湿状态为好。

(四)降低纱线的强力不匀率

从提高织机的运转效率来看,在纺纱过程中,对纱线强力不匀率的控制要比提高强力重要得多。即使纱线的平均强力大,由于纱线的强力不匀率大,纱线存在较多的低强段,会导致织造效率低。因此降低强力不匀率是纺纱过程中的一项重要的任务。

1. 后区牵伸 后区牵伸倍数对纱线的强力不匀率CV值影响非常显著(表8-17)。

表 8-17　细纱后区牵伸倍数与单纱强力 *CV* 值的关系

项　目	后牵伸倍数		
	1.42	1.35	1.29
单纱条干 *CV* 值(%)	16.05	15.51	14.73
单纱强力 *CV* 值(%)	13.19	10.23	8.99

可以看出,随着后区牵伸倍数的降低,成纱条干 *CV* 和单纱强力 *CV* 值明显降低。这主要是由于当后区牵伸倍数小时,纱条紧密度大,牵伸力大,而牵伸力不匀率小。而且对后区粗纱的牵伸处于张力牵伸阶段,粗纱的粗细片段具有一定程度的匀整作用,即喂入粗纱的粗段容易伸长,细段则相反,从而改善了条干均匀度和单纱强力 *CV* 值。但是后区的牵伸倍数也不能太小,否则牵伸力会加大,一般采取放大后区隔距和适当增加罗拉加压的方法。

2. 细纱捻度不匀率　细纱捻度的大小和不匀对细纱强力和强力不匀率会有较大的影响。产生捻度不匀的原因,一方面,由于纱线存在粗细不匀,在纱线细的地方捻度多,粗的地方捻度少,因而导致捻度不匀;另一方面,细纱锭子与锭子之间和卷绕小纱与大纱之间速度差异较大或锭速不匀等,也会产生捻度不匀。

(1)锭速不匀:除了纱线的条干均匀度对捻度不匀有影响外,纱线的加捻卷绕部件工作不稳定,也会造成捻度不匀。由于纱线的捻度决定于锭速和前罗拉速度,国内使用的细纱锭子多数采用滚盘锭带摩擦传动,由于锭带张力存在差异,锭带与滚盘、锭盘之间存在滑溜等,使锭速存在差异,造成了捻度的差异和强力的差异。

(2)钢领和钢丝圈的配置:钢丝圈受纱条张力的作用在钢领上高速运转,二者的配合程度影响着钢丝圈的运行状态。新钢丝圈走熟期运行不平稳,运转一定时间磨损后又易飞圈,质量差的钢丝圈在较短的使用周期内力学性能波动较大,影响捻度不匀。表 8-18 为钢丝圈重量与单纱强力 *CV* 值的关系。

表 8-18　钢丝圈重量与单纱强力 *CV* 值

钢丝圈号数	5/0	6/0	7/0
单纱强力 *CV* 值(%)	12.65	10.45	11.55

从表 8-18 中可以看出,钢丝圈重量对单纱强力 *CV* 值有一定的影响。使用重量合适的 6/0 钢丝圈,其单纱强力 *CV* 值最低。这是由于钢丝圈重量适中时,纺纱张力适中而稳定,使纱线片段间的强力差异较小所致。

表 8-19 所示为钢丝圈使用时间与单纱强力 *CV* 值的关系。

表 8-19　钢丝圈使用时间与单纱强力 *CV* 值

项　目	纱线种类	使用时间		
		满一天	满五天	满七天
单纱强力 *CV* 值(%)	T/CJ(65/35)13tex	11.07	12.01	12.89
	T/CJ(90/10)13tex	10.02	10.61	11.42
	T/CJ(80/20)13tex	12.11	12.12	12.25

从表 8-19 中可以看出,钢丝圈使用满七天后,单纱强力 CV 值明显增大。这是由于钢丝圈磨损后,一方面对气圈形态及纺纱张力的控制能力差,使张力波动;另一方面使细纱表面部分纤维在通过钢丝圈时受到磨损,从而造成强力下降和波动。钢领在使用一段时间后,与钢丝圈的跑道处产生磨损,导致钢丝圈运行不平稳,使张力波动,造成细纱断头,强力下降和波动。

(五)降低棉结杂质的措施

1. 车间温湿度 车间温湿度的管理,对于减少棉纤维棉结杂质是一个不可忽视的因素。棉纤维在高温高湿下的塑性大,抗弯性能差,纤维间易粘连,易形成棉结。高温高湿下的纤维弹性差,特别是成熟度差得原棉,更容易吸收水分子,易成棉结。因此调节车间温湿度是纤维处于放湿状态,增大纤维的弹性,减少纤维的抱合力。

2. 牵伸工艺 在牵伸过程中应尽量提高纤维的伸直平行度,控制浮游纤维,防止纤维松散、杂乱。牵伸工艺的好坏,是控制好棉结生产量多少的主要因素,关键是控制好弯钩纤维合理变速。牵伸虽然对弯钩纤维有伸直作用,但对弯钩纤维也创造了产生棉结的机会。牵伸倍数越大,产生棉结的概率越高。

3. 防止纱条扩散 牵伸会使纱条扩散,扩散的纱条边缘纤维与机件摩擦后,易产生棉结。因此为防止纱条扩散,应选用密集程度较好的集棉器、喇叭口,并做好纱条通道光滑、清洁,可减少棉结和毛羽的产生。

4. 加强机台的维护保养与清洁工作 加强日常管理,做好机台保全和保养及清洁工作,防止牵伸机件的粘、缠、带也是不可缺少的环节。

(六)降低纱线的毛羽

1. 适当提高粗纱捻系数 在细纱工序,有许多毛羽在纱条离开前罗拉时就已存在。因此,加强纤维在牵伸区内的凝聚作用,减少牵伸时纤维的扩散作用对减少毛羽很有利。为此,适当提高粗纱捻系数,放大细纱后区罗拉中心距,减小后区牵伸倍数,让须条留有一定的捻回进入前牵伸区,有利于防止纤维的过分扩散以减少毛羽。

2. 选用恰当开口的集棉器 在细纱机主牵伸区的胶圈与前罗拉之间使用集棉器,能压缩须丛宽度,使须条密集,减少边纤维扩散有利于减少毛羽。但集棉器开口应与纺纱线密度相适应,过小将不利于边纤维的密集,反之会使毛羽增加。

同时缩小前区中心距和减小前钳口至胶圈钳口的距离,可减少纤维的扩散程度,有利减少毛羽数。

3. 防止纱条扩散 软胶辊受压变形后其表面覆盖的面积较大,横向握持力较均匀,对须条的边纤维控制好,毛羽数有所减少。使用内外花纹胶圈时,毛羽比平光胶圈少。其原因是内外花纹胶圈内层有细小花纹,能加强与罗拉的啮合,减少滑溜,使胶圈运转灵活;外花纹可使上下胶圈更有效地控制纤维运动,特别是对边纤维的控制更为有效,因而有利于减少细纱毛羽。

4. 前胶辊位置适当前移 前胶辊向钳口线前移 3mm,可减少须丛在前罗拉上的包围弧,使加捻力矩更接近前罗拉钳口,因此,能使毛羽数显著减少。

5. 合理选择锭速 在纺纱线密度和纤维细度一定的前提下,锭速超出一定范围后,毛羽数随着锭速的增加而增加。这是因为锭速越高,纱条受到的离心力越大,离心力的作用促使已捻入纱中的纤维或正在加捻的纤维被甩出形成毛羽。纤维的头尾端及中部往往因捻入不牢形成毛羽，且各种方向的形态都有，以双向圈形居多，并受到各接触件光洁度的影响。

在纺制合成纤维纱和混纺纱时，毛羽数随着锭速的增加而急剧增加，这除了离心力的原因外，还因高锭速造成的高发热导致了静电的产生，从而加速了毛羽的形成。

6. 合理选择气圈环　使用气圈环可稳定纺纱张力，减少断头，同时对减少毛羽也有利。但环的直径大小对纱的摩擦程度不同，直径小则纱摩擦严重，成纱毛羽多。一般气圈环的选用在考虑锭距的条件下，以偏大为宜。

7. 合理选择钢丝圈

（1）钢丝圈截面形状：选择钢丝圈截面形状要从减少纱线与钢丝圈的摩擦和钢丝圈运转平稳两个角度综合考虑。从减少纱线与钢丝圈动摩擦因数考虑，动摩擦因数小，可减少成纱毛羽，但从运转平稳性考虑，动摩擦因数过小，钢丝圈运转不平稳，气圈控制不住，一方面增加断头率，另一方面成纱毛羽也会增加。因此对钢丝圈的截面形状选择要满足以上两个要求。

（2）钢丝圈的圈形及与钢领的配合：圈形的大小，实质是影响纱线通道的空间位置。圈形大些，空间大，轧纱情况减小，运转平稳，有利于减少毛羽。

一般使用抗楔钢领配合椭圆直角型钢丝圈，其钢丝圈形状是椭圆形钢丝圈的承受表面与C形钢丝圈上部纱线通道间隙相结合，在锭速较低情况下能生产无瑕的优质纱，产生毛羽较少。采用浅边型抗楔钢领和平顶钢丝圈配合，纱的通道大，钢丝圈的重心低，钢丝圈能适应高速。由于平顶钢丝圈加大了肩部间隙，可防止细纱的起毛和摩擦，加上钢丝圈是采用半圆形薄钢丝制成，使钢丝圈在高速下运转平稳，因而钢丝圈在高速运转下产生的毛羽较少。

（3）钢丝圈的重量：钢丝圈重量轻，会使气圈控制不住，钢丝圈运转不平稳，致使纱圈与隔纱板摩擦产生大量毛羽，特别是小纱时更为严重。因此，在考虑断头情况下，对于钢丝圈重量的选择，以细纱管底成形时不碰隔纱板为宜。

（4）钢领、钢丝圈的寿命：钢丝圈如已磨损，易使纱条通道与磨损通道交叉，纱线将在磨损缺口处刮毛，产生毛羽纱。钢领衰退后气圈不易控制，气圈凸形大，运转不平稳，造成细纱断头增加及成纱毛羽增加。因此注意钢领、钢丝圈使用周期，钢领要定期修复或更换，钢丝圈也定期更换。

一般钢领、钢丝圈的使用周期要视纺纱线密度、锭速及纺纱品种综合考虑，纺纱线密度大，钢领、钢丝圈的使用周期短；锭速高及纱线与钢领、钢丝圈的摩擦因数大，钢领、钢丝圈的使用周期短。

除此之外，对加捻卷绕零部件的保养工作也很重要，如锭子偏心会导致气圈偏移而增加毛羽，锭子和筒管振动会导致钢丝圈运转不稳，致使毛羽增加等。

第五节　细纱工序加工化纤的特点

一、化纤的特点及对细纱工序的要求

化纤长度长、整齐度好。在细纱机上进行棉型化纤的纯纺和混纺时，只需将牵伸部分的加压和隔距作适当调整。纺51~65mm中长纤维时，罗拉直径、加压等需作较大改动，工艺需进行调整。化纤在牵伸时牵伸力较大,牵伸效率较低,牵伸工艺应采用较大的罗拉隔距,较重的胶辊加压,并适当减小附加摩擦力界。

二、细纱工序加工化纤的主要工艺参数设置

(一)牵伸部分

由于化纤长度长、长度整齐度好、纤维间的摩擦因数大、加工中易带静电等特性,因而在牵伸过程中受到的牵伸力较大,牵伸效率较低。所以在加工化纤时,部分应采取较大的罗拉隔距、较重的胶辊加压以及适当减小附加摩擦力界等牵伸工艺措施,以适应加工化纤的要求。

1. 罗拉隔距 当化纤长度为38mm时,前罗拉与中罗拉之间的中心距比化纤长度大3~5mm,中罗拉与后罗拉之间的中心距比化纤长度大13~15mm。纺51~65mm中长纤维时,前罗拉与中罗拉之间的中心距为62~90mm,中罗拉与后罗拉之间的中心距为60~88mm。

2. 胶辊加压 化纤纯纺或混纺时,由于纤维长度较长,在牵伸过程中纤维与纤维接触面积达,且合成纤维的摩擦因数较大,致使牵伸力较大。因此胶辊需要较重压力才能保证有足够的握持力。为了保证足够的握持力,胶辊加压比纺棉时大20%~30%,而且胶辊要比纺棉时更光滑,防止缠绕胶辊。对于滑溜牵伸的前、后罗拉加压略偏重,因为有中罗拉的滑溜控制,使牵伸区中的牵伸力偏大,所以必须有较重的加压才能与之相适应。

3. 总牵伸倍数 纺涤棉混纺时,比纺棉时的牵伸倍数稍大,一般在30~50倍。纺中长纤维时,总牵伸倍数在27~45倍。纺中特纱时,总牵伸倍数在30~35倍。

4. 后牵伸区工艺与粗纱捻系数 在后牵伸区要增大后罗拉加压,放大中后罗拉之间的隔距,粗纱捻系数偏小掌握。纺涤棉混纺时,为纯棉的60%左右。后牵伸区的牵伸倍数为1.2~1.5倍,常用1.35倍或更小。

5. 前牵伸区摩擦力界 因化纤的牵伸力较大,摩擦力界如果太强会对加压提出更高要求。因此胶圈钳口的隔距比纺棉时略大,减小摩擦力界。纺中长纤维时,下胶圈销的弧形可略平缓。

6. 罗拉、胶辊直径 由于加压增大,而且化纤容易产生静电缠绕罗拉、胶辊,所以直径适当加大为好。纺中长纤维时前后罗拉的直径一般采用30mm,前后胶辊的直径一般采用35mm。

7. 吸棉装置 提高吸棉真空度,可以减少绕罗拉、绕胶辊的现象。涤棉短纤维混纺时,吸棉真空度为590~680Pa为宜,机头、机尾真空度差异不宜大于200Pa。纺中长纤维时,为了克服断头后由于纤维倒吸现象而造成的粗节纱疵,除了可将吸棉真空度提高到780~1080Pa外,吸棉装置以采用单独吸嘴式较为合适。

(二)加捻部分

如涤棉混纺织物为了达到滑、挺、爽的特点,且要求耐磨性好,捻系数一般选择在360~390之间,较棉纱高。而且涤棉混纺时,捻度损失率平均达10%左右,因此实际捻度与计算捻度差异较大。维纶容易发脆,捻系数比纺纯棉时低5%~10%。

(三)卷绕部分

1. 钢领与钢丝圈型号的选配

(1)由于化纤与钢丝圈的摩擦因数大,在同样条件下张力小、气圈凸形大,钢丝圈的重量应

偏重选择。纺中长化纤时,更应重些。

(2)使用于化纤混纺的钢丝圈,在圈形、截面设计及材料选用方面必须保证钢丝圈在高速运行时仍具有良好的散热条件。钢丝圈运行温度不能太高,这不仅是保证钢丝圈有一定使用寿命的需要,而且由于多数化纤是属于低熔点纤维。化纤在高温下熔融,不仅影响纱线质量,而且熔结物凝附在钢领跑道上,阻碍钢丝圈的正常运行,易造成钢丝圈运行中楔住而产生突变张力,增加细纱断头。

(3)钢丝圈的纱线通道要光滑,并且一定要避免钢丝圈的磨损缺口与纱线通道交叉,否则会引起纱线发毛,破坏成纱强力和在钢领旁出现落白粉现象,染色后会呈现出规律性的色差。

实践证明,FE 型钢丝圈能适应涤棉混纺的高速运转。首先该型由于采用了宽薄型瓦楞形截面,纱线通道光滑,并且宽薄型截面钢丝圈有利于散热。由于钢丝圈与钢领接触的内表面呈弧形,钢丝圈的磨损缺口能保证与纱线通道错开不交叉。而且 FE 型钢丝圈的圈形设计合理、重心低、与钢领接触位置高、散热性能好、接触弧段的曲率半径较大,因此保证了钢丝圈上机走熟期短,具有良好的抗楔性能。

2. 胶辊、胶圈的处理和涂料　化纤的摩擦因数大,纺纱过程中牵伸部分加压重,因而胶辊、胶圈容易磨损,为此对胶辊的硬度要求应比纺纯棉时为高,以肖氏硬度85°~90°为宜,颗粒要更细,耐磨性要更好。由于涤纶的回潮率低,导电性能差、易产生静电,同时纤维中含有油剂,因而生产中容易引起缠绕胶辊、胶圈的现象。因此需要对胶辊和胶圈进行适当处理。

3. 温湿度　温度在22~32℃,相对湿度在55%~65%。由于化纤吸湿性差,加工前需加油剂,增加回潮,避免静电现象。

(四)橡皮纱、小辫子纱、煤灰纱形成原因及防止措施

1. 橡皮纱　当化纤原料中含有超长纤维时,在牵伸过程中,当这种超长纤维的前端已到达前罗拉钳口时,其尾部尚处于较强的中部摩擦力界控制下。如果此时纤维所受的控制力超过前罗拉给予的握持力,纤维则以中罗拉的速度通过前罗拉钳口形成纱条的瞬时轴心,而以前罗拉速度输出的其他纤维则围绕此轴心而加捻成纱,超长纤维输出前罗拉后由于它的弹性而回缩,即形成橡皮纱;如果纺纱张力足以破坏此瞬时轴心,则将不致形成橡皮纱。为了防止橡皮纱的产生,除改进化纤原料本身质量外,采取适当增大前胶辊的加压量,调整前、中胶辊压力比;消除胶辊中凹,采用直径较大的前胶辊;加重钢丝圈等。

2. 小辫子纱　由于涤纶回弹性强,在细纱捻度较多的情况下,当停车时,由于机器转动惯性,罗拉、锭子不能立即停止回转而慢速转动一段时间,此时气圈张力逐渐减小,气圈形态也逐渐缩小,纱线由于捻缩扭结而形成小辫子纱。为消除小辫子纱,开车时要一次开出,不打慢车;关车时掌握在钢领板下降时关车。关车后逐锭检查并将纱条拉直盘紧;主轴采用刹车装置,以便及时刹车。

3. 煤灰纱　由于空气过滤不良,化纤表面有油剂易被灰尘沾污而形成煤灰纱,尤其在气压低多雾天气时更易沾污,从而影响印染加工。因此对洗涤室空气要给予足够重视,对空气净化应有更高的要求。

第六节　环锭纺纱新技术

现代新型环锭细纱机采用自动落纱装置后,细纱机每台锭数可大幅增加,可节省占地面积,减少用工,提高劳动生产率,缓解纺纱速度和细纱卷装的矛盾,特别适用于生产批量稳定的中高支纱。国际新型环锭细纱机生产厂家有德国青泽、瑞士立达、日本丰田、意大利马佐里、印度郎维等公司,国内有经纬纺机、常州同和、晋中贝斯特、苏州卓朗、湖北天门等公司。

一、纺纱智能化

(一)粗细联技术

粗细联指以全自动落纱粗纱机为中心或发起点,完成全自动纺纱、自动落纱、自动生头的系统;具有满纱与空管自动交换、自动输送至纱库储存、粗纱到细纱自动输送、粗纱尾纱自动在线清理、纱管尾纱筛选、纱管颜色识别、射频品种识别等功能。多台粗纱机可共用一个智能纱库,纱库可以存放不同品种的满纱和空管,采用 RFID 射频识别,纱管可不区分颜色,从而大量减少纱管数量。用户可以根据实际生产需要,通过触摸屏设置每台细纱机所用的粗纱品种。细纱工序可从纱库中按需取用满管粗纱,适应小批量、多品种的生产管理。

粗细联所需的设备包括自动落纱粗纱机、换纱机械手、粗纱输送系统、尾纱清除机、空管筛选系统等。图 8-36 和图 8-37 分别为粗纱到纱库的输送和粗纱到细纱机的输送。

图 8-36　粗纱到纱库输送

系统由计算机集中控制,可根据不同生产工艺的设置进行全自动运行,通过网络通信系统实时监控粗纱供需,进行生产运行、统计分析和管理,实现设备的远程控制和诊断。最终实现粗纱纺制和输送的自动化、连续化,满足纺纱厂多品种生产的自动化需求。

1. 粗细联系统类型　粗细联系统连接形式目前主要分为封闭式和开放式两大类。

图 8 - 37　粗纱到细纱机输送

（1）封闭式：一台或两台粗纱机固定和一组细纱机联接（图 8 - 38）。

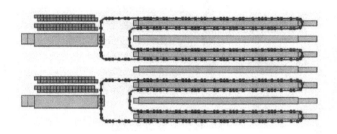

图 8 - 38　封闭式粗细联系统

（2）开放式：任何一台粗纱机可向每一台细纱机供应粗纱，输送灵活（图 8 - 39）。

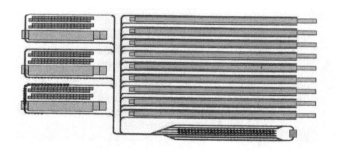

图 8 - 39　开放式粗细联系统

2. 粗细联系统依据　按自动化程度可以分为手动式、半自动式、全自动式三类。

（1）手动式：粗纱空筒管输送、粗纱满纱到纱库输送、纱库到细纱机输送这三个过程均采用人工完成（图 8 - 40）。

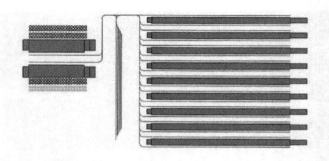

图 8-40　手动式示意图

（2）半自动式：粗纱空筒管输送、粗纱满纱到纱库输送这两个过程均采用自动化方式完成，纱库到细纱机输送采用人工完成（图 8-41）。

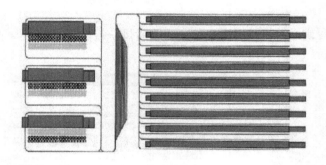

图 8-41　半自动式示意图

（3）全自动式：粗纱空筒管输送、粗纱满纱到纱库输送、纱库到细纱机输送这三个过程均采用自动化方式完成，同时尾纱实现自动化清理，确保了生产的连续性（图 8-42）。

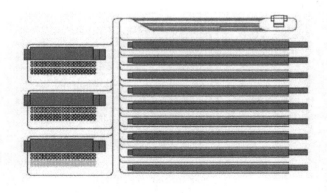

图 8-42　全自动式示意图

（二）细络联技术

细络联是在细纱机和络筒机之间增加一个连接系统，将经细纱机自动落纱装置落下的管纱自动运输到自动络筒机,并将空管自动运回细纱机,实现自动重启、自动生头、自动落纱输送等连续化生产。改善了纱线的清洁情况,避免了纱线接触损伤,减少了毛羽增量,使纺纱工序的产品质量与劳动生产率进一步提高,从而提高了细纱机的生产效率。

　　目前,细络联形式主要有以下三种形式:一对一单连、多对一连接和组对组群联,国内目前应用最多的为第一种形式。图8-43为三种细络联连接示意图,图8-44为一对一单连接工作图。

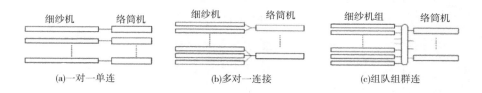

(a)一对一单连　　　　　　(b)多对一连接　　　　　　(c)组队组群连

图8-43　细络联连接示意图

图8-44　细络联一对一连接工作图

(三)在线监测技术

在线监测技术目前主要包含断纱检测、粗纱自停装置两大主要技术。

1. 断纱检测　断纱检测分为巡回式断头检测装置和固定式检测装置两种形式。

(1)巡回式断头检测装置:沿着细纱机往返,巡回检测传感器对每一个锭位进行检测。

(2)固定式检测装置:在每一锭位设置固定的检测传感器。当细纱断头后,钢丝圈停止运动,传感器即可检测到断头信号。

　　主要检测参数有产量、停机时间、落纱时间、生产效率、断头率、接头时间、落后锭子和打滑锭子等;同时还可以对细纱机的实际功率和牵伸效率进行实时监测。应用断纱检测技术可使挡车工巡回路径缩短,工作效率提升。图8-45所示为断纱检测应用前后挡车工挡车路线对比实线为必走路线,虚线为根据断纱检测系统指示选走路线。

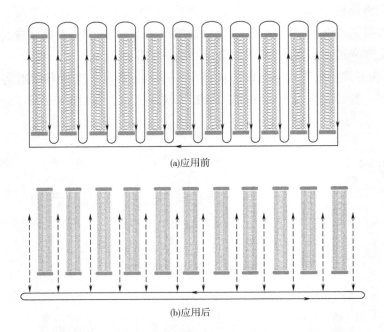

(a)应用前

(b)应用后

图 8 – 45　断纱检测应用前后挡车工挡车路线对比示意图

　　目前,国内外断纱检测装置主要有印度普瑞美(图 8 – 46)、我国浙江浩铭机械科技有限公司(图 8 – 47)、西班牙品特、瑞士乌斯特等。

图 8 – 46　普瑞美工作状态图

　　2. 粗纱自停装置　粗纱自停装置是当出现断头时,自动停止粗纱喂入,减少粗纱浪费,并避免断头后纤维缠绕罗拉和胶辊,减少了配件损耗。

　　(四)数字化的牵伸、卷捻系统

　　1. 数控牵伸系统　在传统环锭细纱机的牵伸传动机构中,车尾主电动机驱动主轴,主轴进入车头后经一系列的齿轮啮合来传动车头的牵伸机构。在 600 锭以上的环锭细纱长机中,增加了车尾的同步牵伸机构,由前罗拉从车头传动,驱动源来自车尾主电动机,纺纱工艺调整依靠一系列的变换齿轮来完成,操作不便,车尾的同步牵伸机构由前罗拉从车头传动,增加了前罗拉的负荷,易产生前罗拉扭曲变形。

现代环锭细纱机的牵伸传动与主传动分离,三组罗拉分别由变频调速同步或异步电动机按照工艺牵伸设计的要求传动(图8-48);长车的牵伸传动靠车头车尾同步驱动,前罗拉不再传动中后罗拉,避免了传统细纱机前罗拉负载过重;配备的纺纱专家系统,能进行纺纱过程中的人机对话。

2. 数控卷捻系统 传统细纱机的钢领板升降运动与锭子、牵伸罗拉共同由主轴传动,其中钢领板升降由棘轮机构和凸轮机构控制,锭子和牵伸罗拉传动之间有捻度变换齿轮,前后牵伸罗拉之间有总牵伸变换齿轮,牵伸罗拉和成形凸轮机构之间有卷绕密度变换齿轮,成形凸轮也是变换零件。

图8-47 浙江浩铭机械科技有限公司工作状态图

现代环锭细纱机的钢领板升降运动由交流伺服电动机通过油浴齿轮减速箱传动,取消了棘轮机构、凸轮机构、卷绕密度变换齿轮等,系统传动及控制方式如图8-48所示。其中,锭子由变频器调速的主电动机 M1 通过主轴、滚盘传动;前罗拉、中后罗拉分别采用交流伺服电动机 M2 和 M3 传动,取消了捻度变换和总牵伸变换齿轮。

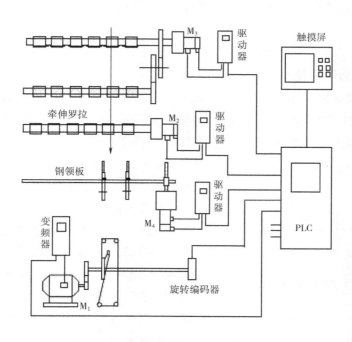

图8-48 细纱机系统传动及控制示意图

二、纺纱高速化

高速纺纱是现代环锭细纱机技术发展的必然趋势。现代加捻卷绕机构普遍采用高速节能防震锭子、高速钢领钢丝圈和高速细纱管，使纺纱速度显著提高。现代新型细纱机的锭速可以达到25000r/min，纺纱效率显著提高。

1. 锭子新技术 随着棉纺环锭细纱机的发展，细纱锭子的支承结构形式也经历了由刚性支承向弹性支承（下支承弹簧）及向双弹性支承（上下支承均有弹性）的发展进程。像德国绪森公司 NASA 型锭子，HP368 型锭子及 SKF 公司的 Csis 锭子，锭速可开到30000r/min，噪声比普通锭子低6%~7%。耗能低，每锭每年可节能2~4W，使用寿命达10年以上。

锭子新技术的发展归纳为如下几点。

（1）采用更小的纺锭轴承（$\phi6.8$mm 或 $\phi5.8$mm）使锭盘做得更小（$\phi18.5$mm 或 $\phi17$mm），为细纱机高速节能创造条件。

（2）采用双弹性支承结构，利于防震，降低噪声，减少磨损。

（3）采用双油腔结构，使润滑油与阻尼油分离，以增强锭子的阻尼，降低锭子的振动。

（4）采用径向支持和轴向承载分离的分体式锭底，克服原锥形底条件下锭杆盘的窜动、吸振作用滞后的现象。

（5）锭尖大球面支持有利于减小下支承的接触应力，提高承载能力和耐磨寿命。

2. 钢领钢丝圈新技术 国外钢领材料主要选用轴承钢、高级合金钢等表面硬度在600~800HV 的高硬度耐磨材料，并在金属加工、热处理及动力学理论等方面做了许多突破性的研究与开发，推出了耐磨、寿命长、散热性好、抗楔性好的新型高速钢领。此外，出现了新型滚动钢领钢丝圈。

三、环锭紧密纺纱新技术

1999 年巴黎展览会上，瑞士立达、德国绪森等公司展出了紧密纺环锭细纱机，这是环锭纺纱技术新的突破，紧密环锭纺纱技术是在细纱牵伸区以外，增加了凝聚细纱须条的机构，消除了加捻三角区，成纱质量更为优越；减少了细纱毛羽，提高细纱强力，改善了细纱条干，为下游工序提高织物质量，减少上浆负担、取消烧毛等创造了条件，与此同时，细纱制成率提高，飞花减少，对提高经济效益及改善生产环境都有明显作用。

1. 基本原理 紧密纺纱技术以前钳口线和控制钳口线为标记，实现了牵伸区、集聚区和加捻卷绕区的分离，使纤维可以在平行、紧密的状态下实现加捻，如图8-49所示。紧密纺纱技术就是一种减少或消除传统纺纱加捻三角区纤维分散的纺纱技术。可有效减少成纱毛羽，提高成纱强力。

2. 技术特征 经过近10年的努力，国内的紧密纺纱技术已日趋成熟，以 JWF1530 型、EJM971 型和 DTM149 型为典型代表。由于紧密纺纱多数

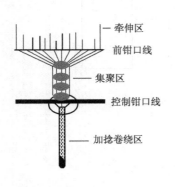

图8-49 紧密纺环锭细纱机的加捻三角区

牵伸区
前钳口线
集聚区
控制钳口线
加捻卷绕区

是采取负压来集聚纤维,所以保证细纱长车上锭与锭之间的负压一致是技术难题,经纬公司的JWF1530型紧密纺环锭细纱机配置了与绪森公司合作的紧密纺系统,采用分段电动机控制负压,安装锭数为1008锭仍能基本保持锭间的负压一致;上海二纺机公司的EJM971紧密纺细纱机属于短机,最大锭数为516锭,负压均匀,与常州同和公司合作推出的紧密纺细纱机采用集体负压系统,安装锭子也可以超过1008锭,锭间负压差异小于2Pa;东飞马佐里公司的DTM149型紧密纺细纱机采用优化设计的牵伸系统,可以稳定地生产7.3tex以下(80英支以上)的优质高支纱,配备集体落纱装置,可以与粗纱机、络筒机任意连接,具有很高的自动化程度。

典型国产紧密纺环锭细纱机工艺技术参数见表8-20。

表8-20 典型国产紧密纺环锭细纱机的工艺技术参数

机 型	经纬公司 JWF1530 型	上海二纺机 EJM971 型	东飞马佐里 DTM149 型
锭距(mm)	70	70	70
锭数(锭)	600~1 008 以24锭为基数递增	516~456,420~384 以12锭为基数递增	624~1 008 以12锭为基数递增
升降动程(mm)	180,205	—	—
钢领直径(mm)	35,38,40,42,45	35,38,40,42	38,42,45
筒管长度(mm)	—	205,230	200,220,230
总牵伸倍数	10~50	—	10~70
后区牵伸倍数	1.06~1.5	—	—
捻度范围(捻/m)	230~1740	—	510~1850
适纺线密度(tex)	4.9~97.2	7.4~32	5~98.5
适纺纤维类型	棉及化纤的纯纺或混纺	38mm的100%精梳棉	棉、棉型化纤、51mm以下中长化纤
牵伸形式	三罗拉长短胶圈摇架加压紧密纺	三罗拉上短下长胶圈	—
锭速范围(r/min)	12000~20000	—	12000~22000
捻向	Z捻/S捻	—	Z捻/S捻
粗纱卷装(mm)	φ152×406	—	φ135×320;φ152×406

四、其他环锭纺纱新技术

(一)赛络纺纱新技术

1. 赛络纺纱原理 赛络纺纱原理如图8-50所示。两根保持一定间距的粗纱1平行喂入环锭细纱机的同一牵伸机构,经牵伸后的两根须条由前罗拉3输出,在汇聚点4处复合,然后在锭子6和钢丝圈7的回转作用下,纱线加上所需的捻度。由于捻度自下而上传递直至前罗拉3的握持处,所以两根纤维束上也带有少量捻度,汇合后进一步加捻形成了类似股线的赛络纱。

　　赛络菲尔纺(Sirofil)是在赛络纺环锭细纱机上安装一套长丝喂入装置的基础上发展起来的,如图8-51所示。用一根长丝代替赛络纺纱系统中的一根粗纱,该长丝不经过细纱机牵伸装置。长丝筒子垂直向上放置,引出的第一导丝眼位于筒子轴线上方,使得长丝退绕张力均匀,并且使得长丝与毛纱走向始终分离,不会互相缠绕。经过张力装置和导纱器后,在汇聚点处与经过正常牵伸的须条复合,并加捻成纱。由于纱线易断头,对于长丝应安装断头检测与自动切断装置,以及时打断长丝。

　　赛络纺中,两根粗纱的原料、色彩等可以相同,也可以不同,由此可以纺出多种风格特征的纱线。成纱具有股线的特征。

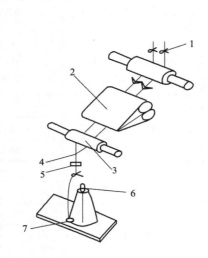

图8-50　赛络纺环锭细纱机纺纱原理
1—粗纱导纱器　2—胶圈牵伸　3—前罗拉　4—汇聚点
5—单纱断头打断器　6—锭子　7—钢丝圈

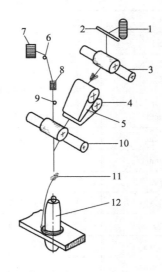

图8-51　赛络菲尔纺环锭细纱机纺纱原理
1—粗纱　2—导纱杆　3—后罗拉　4—中罗拉
5—双胶圈　6—导丝杆　7—长丝　8—张力装置
9—导丝轮　10—前罗拉　11—导丝钩　12—管纱

　　2. 赛络纺纱的技术特征　对FA502型细纱机进行改造,采用纺纱工艺流程为:PX2型精梳机——FA322型并条机(7根并合)——FA421型粗纱机——FA502型细纱机。纺制的14.5tex精梳棉赛络纱和环锭纱的成纱性能见表8-21。可见,赛络纱的条干CV值、单纱断裂强力、断裂伸长率等指标优于环锭纱。

表8-21　赛络纺和环锭纺精梳纱性能

纺纱方法	条干CV值(%)	细节(个/km)	粗节(个/km)	棉结(个/km)	断裂强力(cN)	强力CV值(%)	断裂伸长率(%)	伸长CV值(%)
赛络纺	12.84	6	25	65	19.6	6.69	5.84	5.62
环锭纺	13.50	5	27	49	15.8	8.43	5.50	10.23

（二）环锭索罗纺纱新技术

1. 索罗纺纱原理　索罗纺纱工艺是由澳大利亚 CSIRO 试验室、新西兰羊毛研究所和国际羊毛局(IWS)共同研究的另一种新型环锭纺纱工艺,其纺纱原理如图 8 - 52 所示。在传统环锭细纱机前罗拉的前下方加装一个分梳装置,使前钳口下输出的扁平须条在此处被分割为 3 ~ 5 束纤维束,随着锭子和钢丝圈的回转,捻度自下而上传递使须条带有少量捻度,汇聚加捻后,形成类似多股纱条捻成的缆绳纱,故国内将索罗纺纱线也称为缆型纺纱线。

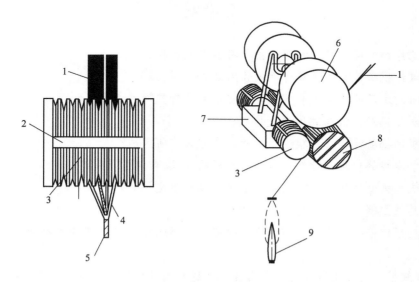

图 8 - 52　索罗纺环锭细纱机纺纱原理
1—须条　2—过渡段　3—分割辊　4—分割后的纤维束　5—纱段
6—前胶辊　7—弹簧架　8—前罗拉　9—管纱

索罗纺的关键是分束,分割辊的直径、槽距、材质和分割槽的形状与尺寸直接关系到纺纱线密度和质量。

2. 技术特征　在 EJM128K 型环锭纺细纱机上加装分割辊,将 4g/10m 的粗纱分别纺制得到不同线密度的纱线,使用未经改造的 EJM2128K 型环锭纺细纱机,对相同规格的粗纱进行试纺,两种设备所纺纱线的性能见表 8 - 22。

表 8 - 22　索罗纺与普通环锭纺纱线性能

项　目		牵伸倍数(倍)								
		12			15			18		
捻度(捻/10cm)		541	664	780	541	664	780	541	664	780
强度 （cN/tex）	环锭纺	14.7	17.1	17.1	14.7	15.4	17.2	12.6	14.8	16.2
	索罗纺	15.5	17.9	17.6	15.6	16.5	18.9	13.7	13.6	14.0
7mm 毛羽 （个/10m）	环锭纺	30.8	40.2	29.2	16.8	13.6	35.6	20.8	25.8	19.9
	索罗纺	10.1	14.2	9.5	3.2	7.4	3.4	1.7	0.8	2.0

由表 8-22 可知,索罗纺技术采用先弱捻、后强捻的特殊加捻原理,使得纤维排列紧密,纤维之间的抱合力和摩擦力增大,纤维之间不易产生滑脱,因此,索罗纺纱强度平均提高约2.6%;并且索罗纺纱线的部分纤维卷入纱线的内部,从而纱线表面长毛羽的数量平均减少约78%。可见,缆型纺纱线强力高,长毛羽少,表面光洁。但是,受牵伸倍数和捻度的限制,纱线过细或者捻度太高,不易形成索罗纱线,所以索罗纺技术目前还不适宜开发高支和强捻纱。

思考题

1. 细纱工序的任务是什么? 简述细纱机的工艺过程。

2. 试述细纱机牵伸机构主要专件的作用及工艺要求。

3. 细纱机的加压机构主要有哪几种方式? 试分析其特点。

4. 试述细纱机牵伸机构的种类及其特点。

5. 细纱机加捻卷绕方式与粗纱机加捻卷绕方式有何区别?

6. 对细纱卷绕的要求是什么? 解释钢领板的级升、卷绕层及束缚层。

7. 细纱机加捻卷绕机构由哪些元件组成? 其作用是什么?

8. 什么是锥面钢领? 试分析其优越性。

9. 细纱机牵伸倍数的大小对纺纱经济效益有何影响? 在确定细纱的牵伸倍数时应考虑哪些因素?

10. 什么细纱机的自由区长度? 自由区长度过大或过小时对成纱质量有何影响?

11. 什么是皮圈钳口隔距? 皮圈钳口隔距过大或过小时对成纱质量有何影响?

12. 细纱机后区牵伸工艺包括哪些内容? 确定后区牵伸工艺参数的主要依据是什么?

13. 在选择细纱后区捻系数时应考虑哪些因素?

14. 试解释钢领的边宽、钢丝圈的号数、钢丝圈的型号。如何进行钢领、钢丝圈的选择?

15. 什么是纺纱张力、气圈张力及卷绕张力? 它们之间的关系如何?

16. 在纺纱过程中为什么会产生断头? 什么是细纱断头率? 细纱断头的危害是什么?

17. 细纱断头的规律是什么?

18. 如何降低细纱头率?

19. 细纱有哪些质量指标? 其评价方法是什么?

20. 提高纱线的条干均匀度应采取哪些技术措施?

21. 试述提高纱线强力及降低纱线强力不匀的技术措施。

22. 如何减少纱线的毛羽?

参考文献

[1]郁崇文. 纺纱学[M]. 北京:中国纺织出版社,2009.

[2]郁崇文. 纺纱实验教程[M]. 上海:东华大学出版社,2009.

［3］杨锁廷．纺纱学［M］．北京：中国纺织出版社，2004.

［4］徐少范．棉纺质量控制［M］．北京：中国纺织出版社，2002.

［5］秦贞俊．现代棉纺纺纱新技术［M］．上海：东华大学出版社，2008.

［6］陆再生．棉纺工艺原理［M］．北京：中国纺织出版社，1995.

［7］郁崇文．纺纱系统与设备［M］．北京：中国纺织出版社，2005.

［8］郁崇文．纺纱工艺设计与质量控制［M］．北京：中国纺织出版社，2005.

［9］赵书林，耿伟．纺纱质量分析与控制［M］．长春：吉林科学技术出版社，2009.

［10］史志陶．棉纺工程［M］．3 版.北京：中国纺织出版社，2004.

［11］刘国涛．现代棉纺技术基础［M］．北京：中国纺织出版社，1999.

［12］张喜昌．纺纱工艺与质量控制［M］．北京：中国纺织出版社，2008.

［13］魏雪梅．纺纱设备与工艺［M］．北京：中国纺织出版社，2009.

［14］《棉纺基础》编委会．棉纺基础下册［M］．3 版.北京：中国纺织出版社，2009.

第九章　后加工

● **本章知识点** ●

1. 后加工的任务、各任务实现的方式，以及后加工的工艺流程。
2. 并纱的任务、要求、机构组成、工作原理和主要工艺原则。
3. 捻线的任务、要求、机构组成、工作原理和主要工艺原则，倍捻的原理。
4. 捻幅的定义；双股线同向与反向加捻捻幅变化的特点。
5. 合股加捻及加捻强度对股线性质的影响，股线捻系数及捻向的选择。
6. 摇纱与成包的任务，绞纱、团、小包、中包的定义。

第一节　概　述

一、后加工工序的任务

棉纺原料经各道工序纺成细纱后，还需要经过后加工工序，以满足对成纱各品种不同的要求。后加工工序在整个生产流程中占有重要地位，包括络筒、并纱、捻线、烧毛、摇纱、成包等加工过程。根据需要可选用部分或全部加工工序。后加工的任务如下。

1. 改善产品的外观质量　细纱机纺成的管纱中，仍含有一定的疵点杂质、粗细节等，后加工工序中常有清纱、空气捻结、毛刷及吹吸风等设备，可以清除较大的疵点、杂质、粗细节等。为使股线光滑、圆润，有的捻线机上装有水槽进行湿捻加工。有些高级股线还要经过烧毛除上表面毛羽，改善纱线光泽。对纱线要求光滑的产品可进行上蜡处理。

2. 改善产品的内在性能　经过股线加工，能改变纱线结构，从而改变其内在性能。将单纱经一次或两次合股加捻，配以不同工艺过程和工艺参数，可改善纱线物理性能，如强力、耐磨性、条干等，也可以改善纱线的光泽、手感。

花式捻线能使纱线结构、形式多样化，形成外、圈、结、点、节以及不同颜色、不同粗细等具有各种效果的异形纱线。

3. 稳定产品结构状态　经过后加工，可以稳定纱线的捻回和均匀股线中单纱张力。如纱线捻回不稳定，易引起"扭结""小辫子""纬缩"等疵点。对捻回稳定性要求高或高捻的纱线，有时要经过湿热定型。如股线中各根单纱张力不匀，会引起股线的"色芯"结构，导致股线强力、弹性和伸长率下降。

4. 制成适当的卷装形式 为了满足后道工序的需要,还要将纱线制成不同的卷装形式。卷装形式必须满足后道加工中对卷装容量大,易于高速退绕,且适合后续加工的要求,并且便于贮存和运输。

二、后加工的工艺流程

根据产品要求、用途不同,有不同的后加工工序。

1. 单纱的工艺流程

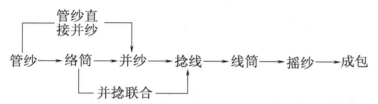

2. 股纱的工艺流程

3. 较高档股线的工艺流程 有时采用下面的流程:管纱——→络筒——→并纱——→捻线——→线筒——→烧毛——→摇纱——→成包。

根据需要,可进行一次烧毛或两次烧毛。有时需定型,一般在单纱络筒后或股线线筒后进行。

4. 缆线的工艺流程 所谓"缆线"是经过超过一次并捻的多股线。第一次捻线工序称为初捻,而后的捻线工序称为复捻。如多股缝纫线、绳索工业用线、帘子线等,一般多在专业工厂进行复捻加工。

三、对后加工纱线质量的要求

经过后加工,纱线质量必须满足后道工序的要求。筒子成形有以下要点。

(1)筒子卷绕结构应保证后续工序高速退绕时,不脱圈、不纠缠。

(2)筒子成形良好,密度均匀,表面和端面平整,没有脱圈、塌边、重叠、松烂等。

(3)筒子上纱线接头小而牢,尽量清除纱线上疵点。

(4)对于需进行染色的卷装,要求筒子结构松软,使染液能顺利均匀地渗透卷装的整体。

筒子纱的质量考核指标与细纱、股线的评等、评级的标准相同。一般以细纱、股线的试验数据为准,但100km纱疵数应以检验筒子为准,并应注意络筒后纱线原有的物理力学性能不受过多的破坏。对于股线,还要考核重量偏差和重量不匀率、捻度和捻度不匀率、强力和强力不匀率等,条子一般不作考核。

第二节　并　纱

一、并纱工序的任务

并纱是捻线的准备工序,其任务一般是将两根或三根,最多不超过5根单纱并合后卷绕成筒子。经过并纱工序,可以保证单纱股数,均衡各单纱张力,减少股线捻不匀,提高股线强力,改善外观。

对并纱工序有下列要求。

(1)筒子卷绕应满足捻线工序对筒子尺寸以及退绕的要求,并尽量少损伤原纱的物理性能。

(2)筒子表面纱线分布均匀,在适当卷绕张力下,具有一定的密度,并尽可能增加筒子容量。

(3)筒子应大小一致,成形良好。

(4)确保并纱股数与单纱张力均匀。

二、并纱机的机构组成及工艺过程

1. 槽筒式并纱机　图9-1为槽筒式并纱机工艺过程,喂入单纱筒子2放在插杆1上,经过导纱钩3、张力装置4、落针5(断头自停)、罗拉6及7、由导纱装置8导向卷绕筒子9。

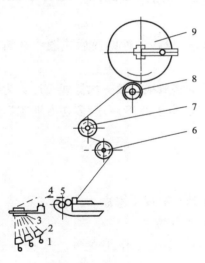

图9-1　槽筒式并纱机

国产并纱机的技术特点有以下几个。

(1)卷装喂入有管纱与宝塔筒子两种,宝塔筒子又有立式与卧式之分。

(2)并合数通常为2~3根,最多不超过5根。当6根以上单纱同时捻合时股线的结构会不稳定,当其中一根纱占据中心位置,加捻时这根纱的张力较其他几根纱小,有可能被拉伸力最大的一根挤出中心位置,从而破坏了股线的结构,而且这种现象将会多次重复。

(3)并纱筒子主要有圆锥形筒子与圆柱形筒子。为了适合特种需要,也有做成有边筒的。

(4)并纱机的防叠方法有周期性改变滚筒转速、周期性改变导纱往复速度、周期性移动筒子托架以及采用防叠槽筒等。

(5)为了维持单纱一定的张力,采用多种形式的张力装置,如重力圆盘式或弹簧圆盘式张力装置等。

(6)并纱机上使用清纱装置,以清除粗节、杂质等。

清纱装置有机械式和电子式两种。并纱机上常用的机械式清纱装置有清纱板式和梳针式等。电子式清纱器多用于络筒机上,有光电式电子清纱器和电容式电子清纱器两种。光电式检测纱疵侧面的投影与纤维种类和湿度变化无关,但对扁平形的纱疵可能漏切。电容式检测单位长度的纱线质量与纤维种类和湿度变化有关,检测头是由两块金属板组成的空气电容器,对扁平形的纱疵漏切的可能性小。两种电子式清纱器的主要区别在于检测机构的转换特性。光电式检测器在纱线通过时产生的电信号与纱线直径成正比;电容式纱线通过时产生的电信号与纱线截面积的质量成正比。

(7)为保证并纱不缺股,每根单纱均装有断头自停装置。

2. 精密卷绕并纱机 图9-2为精密卷绕并纱机工艺过程,该机构主要有导纱、清纱、张力装置、断头探测、切纱、卷取等装置。喂入单纱筒子1放在搁架上,纱筒间装有隔纱器。纱线由筒子退绕后,经气圈控制器2、导纱器3、机械式预清纱器4、纱线张力装置6、断头探测器5、切纱与夹纱装置7,由支撑罗拉10支撑,最终由导纱装置8导向卷绕成筒子9。

精密卷绕并纱机技术特点 国外的精密卷绕并纱机,大多采用定长(定径)自停、空气打结、变频电动机直接传动、变频防叠、精密卷绕等技术,使并纱质量达到较好的水平。

(1)定长(定径)自停技术:新型并纱机,每个锭子均有定长(定径)装置,当卷绕至一定长度(直径)时,传感器发出信号,纱被切断并被夹纱装置夹持保留。卷绕筒管被刹停并拾起,信号灯发出信号,通知挡车工落筒。

图9-3为定径停车装置,在络制并纱筒子的过程

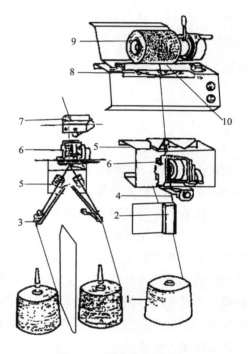

图9-2 精密卷绕并纱机

中,并纱筒子与支撑罗拉密切接触。随卷绕直径增加,筒锭与支撑罗拉的距离也逐渐增大,同时摆臂与接近开关的距离逐渐缩小,当卷绕筒子的直径达到一定尺寸,摆臂触及接近开关便电动机停转,指示灯亮。定长停车装置有许多不同的类型,有根据纱来回往复次数计算长度,也有按照卷绕筒子直径和转速计算长度,也有按槽筒速度计算长度,长度误差一般在±1%左右。

(2)空气打结:由于并纱机一般以络纱筒子喂入,且卷绕张力较小,故在并纱机上出现的断头较络筒机少,需要打结的机会也较少,所以,在并纱机上一般只配备可移动的空气捻接器。该捻接器安装在轨道上,沿机器长度方向可以移动。压缩空气通过管道供给捻接器,需要接头时,由挡车工将捻接器移动至需接头的锭位操作。一般20~40锭配备一只空气捻接器。

(3)精密卷绕机构:并纱机的卷绕机构可分为两种,一种是采用两只转向相反的桨叶完成横向导纱,克服槽筒导纱所产生的重叠卷绕问题,保证纱线的精密卷绕,提高并纱筒子的质量;另一种是槽筒横向导纱,在这类并纱机上,除了有用高精密度特殊设计槽筒外,还采用变频电动机直接安装在槽筒轴上,保证了电动机和槽筒之间的传动无任何滑移,并通过变频器随时进行变速传动,来

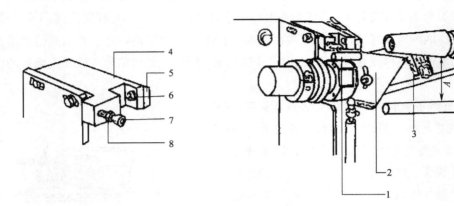

图 9-3 定径停车装置

1—开关 2—设定板 3—设置刻度 4—开关支撑 5—接近开关
6—固定螺母 7—调节螺丝 8—紧固螺丝

达到防叠的目的。前者的机型主要有 Hacoba 公司的 2000P 型、SSM 公司的 PSF 型,后者的机型有 Hacoba 公司的 2000Z 型等。

下面着重介绍 SSM 公司的 PSF 型叶片导纱精密卷绕系统。该精密卷绕系统包括导叶箱齿轮、导叶箱、带校正板的桨叶纱线张力器、导纱板、支撑罗拉等。导叶桨外由导叶箱齿轮传动,导叶箱齿轮与摆臂齿轮共由一条齿形带传动。当绕纱筒管进行卷绕时,按预定的卷绕比,由一对反向旋转的螺旋式叶片非常柔和地推动纱线进行卷绕,如图 9-3 所示。由于两个反方向旋转的桨式叶片和绕纱筒管的芯轴,都是由同一齿形带传动,使往复导纱和卷绕同时进行。由于支承纱管的芯轴固定,芯轴的传动采用积极传动,纱线按照一致的精确度被均匀地卷绕成筒子,这与传统的槽筒络纱是不同的。导叶箱齿轮与摆臂齿轮都有变换齿轮,根据卷绕系数决定它们的齿致,其传动比即为卷绕系数,分一级和二级,一般定为 1:2.914,它是精密卷绕的重要工艺参数。

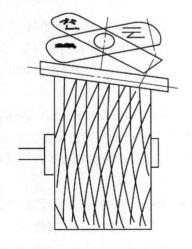

图 9-4 精密卷绕导纱示意图

精密卷绕从卷绕筒管的裸管直径到满管时,每层的卷绕圈数保持恒定,如图 9-4 所示。而在传统的往复槽筒式卷绕少,每层圈数是不恒定的,开始卷绕圈数较多,以后一层接一层逐渐减少,如图 9-5 所示。由两图可知,在精密卷绕成形过程中,每一圈的斜率和节距保持恒定,交叉角则逐渐减少(图9-6),而在槽筒式卷绕的筒子卷装中,斜率是一层接一层增加,而卷绕圈数则减少,交叉角度保持恒定(图9-7)。为了保持卷装中每一层卷绕圈数相同,绕线长度应一层接一层地增加;往复槽筒式卷绕总是输出相同的纱线长度,使得卷绕圈数一层接一层减少,两种卷绕方式各具特点。

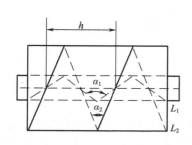

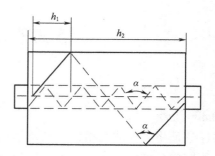

图9-5　精密卷绕每层圈数　　　　图9-6　槽筒卷绕每层圈数

精密卷绕装置上纱线的返回点不是位于前一动程返回点的前面,即超前卷绕,如图9-7(a)所示,就是位于前一动程返回点的后面,即滞后卷绕,如图9-7(b)所示,在返回点处有一个整数值的位移,从而完全消除了叠圈的形成。

带校正板的桨叶在卷绕过程中起横向往复作用,每一动程都与桨叶的设置和校正有关。上下片桨叶是相同的,可以互换使用。在精密卷绕系统中纱线由导纱罗拉支撑,在转向相反的两只桨叶的拨动下沿导纱板曲线作横向往返运动。纱线张力器可限制纱线的横向动程,稳定纱线的卷绕张力。

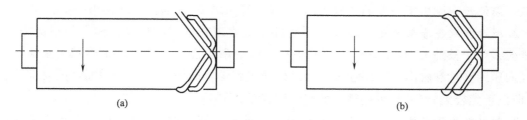

图9-7　超前卷绕与滞后卷绕

两片桨叶的导叶箱适用于动程为 130~250mm 的筒子,三片桨叶的导叶箱适用于薄型筒子,动程为 75mm 和 90mm 的平行筒子。在每一横动卷绕周期中,两只桨叶轮流交替完成往复导纱。两只两片桨叶每转一周完成两次横动往复导纱,两只三片桨叶每转一周完成三次横向往复导纱。

三、并纱机主要工艺

并纱机的工艺主要有以下两个方面。

1. 张力　并纱时各根单纱的张力要均匀一致,这样才能保证并纱后的筒子卷绕紧密、成形良好。并纱张力的大小一般与卷绕速度、纱线品种等因素有关。

2. 卷绕速度　并纱机的卷绕速度与单纱的品种、细度、强力,单纱筒子的卷绕质量,并纱的股数及车间温湿度有关。

第三节　捻　线

一、捻线的任务

捻线的任务是将两根或两根以上的单纱捻合在一起,并给予股线较高的品质。由于单纱加捻时处于不同层的纤维应力不平衡,使得单纱不能满足某些工业用品和高级织物的要求。故要经过并纱、捻线加工。这样可改善纱线中纤维的受力状况来提高纱线的品质,以满足不同用途的要求。

捻线的实质就是通过改善纱线中纤维的受力状况来提高纱线的品质。经捻线后股线的品质有以下几个方面的变化。

1. 条干及强伸性的变化　根据并合原理,n 根单纱并合后其条干不匀率可降低到 $\dfrac{1}{\sqrt{n}}$,因此股线的条干优于单纱。与单纱相比,由于股线的加捻作用,使纤维及单纱之间的向心压力增大,从而提高了纱线的抗断裂性能。因此,股线的条干比较均匀,强力提高与并合根数有关。n 根单纱并合后的强力一般达不到原来单纱强力的 n 倍,并合根数越大,强力利用系数越低。总伸长率则由于股线的结构较均匀、滑动纤维减少,反而比单纱要小一些。

2. 耐磨性及手感的变化　纱线的耐磨性主要表现在纱线在长度方向上的耐磨损性能,由于股线条干较均匀,股线织物在使用中有较好的耐磨性能。纱线的手感则主要取决于它的径向压缩弹性和轴向挠曲刚性等方面。外松里紧结构的股线,径向弹性较好,轴向刚性较差,所以手感较柔软,外紧里松结构的股线则相反,手感坚实。

3. 弹性及光泽的变化　加捻使股线中各单纱相互扭成螺旋线状,在较大张力下表现出更大的弹性伸长,但总伸长率则由于滑动纤维减少,比单纱要小。股线的光泽则取决于表面纤维的轴向平行程度。单纱捻度越多,纤维的轴向倾斜越大,光泽越暗淡。而反向加捻可使表面纤维的轴向平行度提高,得到良好的光泽。另外,条干均匀也可使股线的外观和光泽获得改善。

二、捻线机的机构组成及工艺过程

(一)环锭捻线机

1. 环锭加捻的工艺过程　图9-8是国产FA721-75型环锭捻线机,本机有纯捻和并捻联合两种纱架。左边喂入并纱筒子纯捻捻线;右边喂入圆锥形单纱筒子,并捻联合专用。以右面为例,从圆锥形筒子引出的纱,通过导纱杆,在导纱器处并纱并进入下罗拉下方,经上下罗拉钳口,绕过上罗拉引出,通过断头自停器,穿过导纱钩,再绕过钢领上回转的钢丝圈,最后绕在管纱上。

2. 国产新型环锭捻线机的技术特征　国产 FA721 型捻线机主要有下列技术特点:

（1）有两种机型可供选择，即 FA721 – 75 型和 FA721 – 100 型。75 型适用于纯棉、棉与化纤混纺的捻线加工，有纯捻和并捻联合两种纱架可供选择；100 型不仅适用于棉、棉与化纤混纺纱的捻线加工，还可加工纯涤纶、涤棉和纯棉缝纫线，只能以并纱筒子喂入，可加工三股线。

（2）采用高速度大卷装。如 FA721 – 100 型，钢领内径达 75mm，升降行程达 250mm，最高锭速达 12000r/min。加工 9.7tex 三股缝纫线的绕纱长度可达 12000m 以上。

（3）适应性强，应用范围广。它既可加工纯棉、混纺，也可加工纯化纤纱线，可捻制机织、针织用双股线、三股线，且适纺线密度范围广。

（4）自动化程度高，主要表现在以下方面。

①满管绿灯预告，自动停车。

②满管后钢领板自动降至落纱位置并停车。

③冒纱自动停车。

④始纺开车，钢领板自动适位。

⑤始纺慢速，自动延时升至正常锭速。

⑥中途落纱具有自动化程序。

⑦调整机器时，可使用钢领板电动升降，减少人工操作。

⑧前车门未关牢，不能开车。

（二）倍捻机（图 9 – 9）

1. 倍捻加捻原理　倍捻加捻时，锭子一转，对纱线加上两个捻回。图 9 – 10 为倍捻加捻原理。在图 9 – 10 中，加捻器 C 两侧的纱段 AC 与 CB 旋转方向相反，当 C 加捻时，AC 和 BC 获得捻向相反的等量捻回，其结果捻度为零，即假捻。但如果加捻器位于两个握持点 A、B 的同侧旋转，那么 AC 纱段与 BC 纱段均以 AB 为轴线作同向旋转，两个纱段均获得了等量的同向捻回，即加捻器每旋转一周，AB 纱段施加了两个捻回，因此，AB 纱段获得了倍捻。

2. 倍捻机特点　和环锭捻线机比较，倍捻机具有下列特点。

（1）采用倍捻锭子加捻，锭子一转，在纱线上施加两个捻回，实现了相对较低的速度和较高的产量。一般国产倍捻机在加工棉时，锭速高达 11000r/min，每分钟加捻 22000 捻，而引进倍捻机在加工棉时，可达到每分钟 30000 捻。

（2）纱线采用上行式走向，由摩擦槽筒传动卷取加捻后纱线，卷取筒子容量大，无结头纱线长。一般筒子卷装可达 250mm×152mm，甚至更大，是环锭加捻的数十倍。

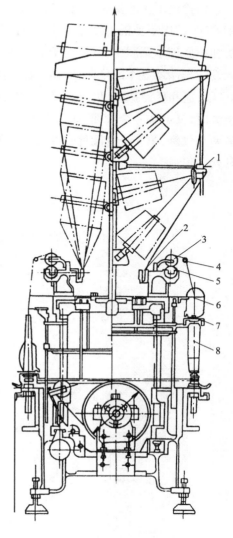

图 9 – 8　捻线机

倍捻机不仅产量高,可直接做成大卷装筒子,省去络筒工序。与环锭捻线机相比,不用钢领钢丝圈,锭速不受钢丝圈速度的限制。但倍捻机的锭子结构复杂,造价较高。在图9-10倍捻机加捻原理示意图中,并纱筒子1套在静止的空心管3上,并纱由筒子顶端引出,经空心管3进入锭管与储纱盘4的径向孔,储纱盘4随锭子回转,纱线则随锭子每转一转加一个捻回,如图中 AC 段,这和环锭捻线机加捻原理基本相同。但当已获捻回的 AC 纱段从储纱盘4的径向孔引向上方时,又追加一个捻回,如图中 BC 段。由此,锭子转一转就加上两个捻回。加捻过程中纱线成两个气圈,第一个气圈处于并纱筒子的退绕处到空心管入口处,第二个气圈在储纱盘引向导纱钩2形成。

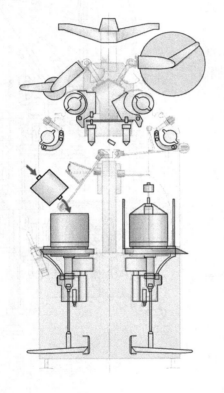

图9-9　倍捻机

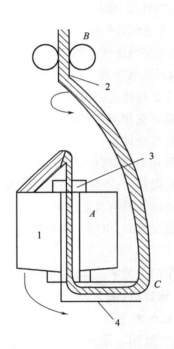

图9-10　倍捻机加捻原理示意图

三、纱线加捻分析

股线的性质,主要取决于股线中纤维所受应力的分布状态和结构上的相互关系。要了解股线性质,通常用捻幅的概念来描述股线中纤维应力分布和结构的变化。

(一)单纱中的捻幅

股线加捻的程度可用捻幅表示。

单位长度的纱线加捻时,截面上任意一点在该截面上相对转动的弧长,称为捻幅。设单纱内的纤维都是平行的,如图9-11所示,纤维 AA_1 因加捻而倾斜至 AB_1 位置,纤维 AB_1 与纱条轴线构成捻回角 β,截取一段长度为 h 的纱条,则 A_1B_1 就是该纤维 A_1 点在截面上的相对位移。若截取的纱段为单位长度时，即 $h=1$，则 A_1B_1 称为 A_1 点在截面上的捻幅，以 P_0 表示。为计算方便起见，假设弧线长等于直线长，即 $\overparen{A_1B_1} = \overline{A_1B_1}$，则：

$$\tan\beta = \frac{\overline{A_1B_1}}{h} = P_0$$

这里 $P_0 = \tan\beta$，故捻幅 P_0 与捻回角一样能表达加捻的程度，并且对于纱线截面内任意一点的加捻程度都可用捻幅表示。

取纱线横断面如图 9－12 所示，则截面中任意一点捻幅 P_x 为：

$$\frac{P_x}{r_x} = \frac{P_0}{r_0}$$

$$P_x = P_0 \frac{r_x}{r_0} \tag{9-1}$$

可见，捻幅 P_x 与该点距纱的中心距离 r_x 成正比。

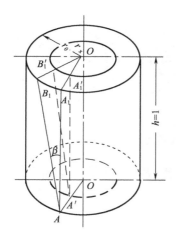

图 9－11　单纱加捻示意图

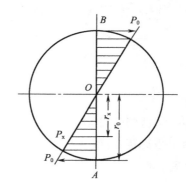

图 9－12　任一点捻幅示意图

实际生产中，股线的加捻程度虽然也用捻系数来衡量，但在研究股线结构及讨论纱线捻度与股线物理力学性能的关系时常用捻幅分析的方法。捻幅的分析可以近似表示纱线截面内捻度与应力的分布状态，方法简便，分析结果接近实际。

（二）双股线反向加捻时捻幅的变化

为简化分析，假定股线中单纱仍为圆形，双股纱反向加捻时股线捻幅的变化如图 9－13 所示，图 9－13（a）表示单纱中原有的捻幅，图中外层的捻幅为 P_0，半径为 r 处纤维的捻幅为 P'_0；图 9－13（b）表示股线加捻时形成的捻幅，外层纤维的捻幅为 P_1，距 O_2 点 R 处的捻幅为 P'_1；图 9－13（c）表示单纱捻幅和股线加捻的捻幅综合后的捻幅 P_x。

$$P_x = P'_0 - P'_t$$

因为：
$$P'_0 = P_0 \frac{r}{r_0} \qquad P'_1 = \frac{r_0 + r}{2r_0}$$

所以：
$$P_x = P_0 \frac{r}{r_0} - P_1 \frac{r_0 + r}{2r_0}$$

因为：
$$R = r + r_0$$

$$P_x = \frac{R}{2r_0}(2P_0 - P_1) - P_0 \qquad\qquad (9-2)$$

式中：r_0——椭圆的小半径。

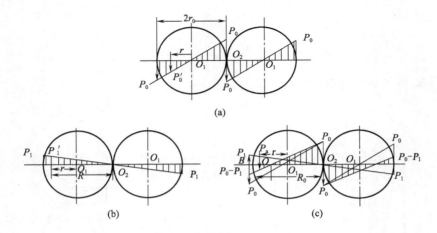

图 9 – 13　股线加捻时捻幅的变化

在 B 点，$R = 2r_0$，则综合捻幅 $P_B = P_0 - P_1$；在 O_2 点，$R = 0$，则综合捻幅 $P_{O_2} = -P_0$，即股线中心的捻幅与单纱捻幅相同。

当 $P_x = 0$ 时，则：

$$R = \frac{2r_0 P_0}{2P_0 - P_1}$$

在上式中 r_0、P_0、P_1 均为常数，令上式的值为 R_0，则：

$$R = R_0 = \frac{2r_0 P_0}{2P_0 - P_1} \qquad\qquad (9-3)$$

即 R_0 点的综合捻幅等于零，此点称为"捻心"，如图 9 – 13（c）中 O 点。

按式（9 – 2）计算的捻幅 P_x 只是 $O_2 B$ 线上各点的捻幅分布，通过股线轴心 O_2 的其他直线上各点的捻幅，须用矢量相加。

当股线的捻幅等于单纱的捻幅，即 $P_1 = P_0$ 时，股线最外层纤维都直立平行，捻幅为零。股线只是内层纤维倾斜，此时股线获得最佳光泽，手感柔软，纵向耐磨。

当股线捻幅为单纱的两倍，即 $P_1 = 2P_0$ 时，股线内外层各处的捻幅都相同，股线的强力、弹性、手感等都达较佳的程度。

（三）双股线同向加捻时捻幅的变化

双股纱同向加捻时，股线捻幅变化的分析方法与反向加捻相同，只是股线加捻的方向与反向加捻时相反，故只需改变式（9－2）中 P_1 的符号即可得综合捻幅 P_x，如图9－14所示。

$$P_x = \frac{R}{2r_0}(2P_0 + P_1) - P_0 \tag{9-4}$$

在 B 点，$R = 2r_0$，则综合捻幅 $P_B = P_0 + P_1$；在 O_2 点，$P_{O_2} = -P_0$

同理，捻心为：

$$R_0 = \frac{2r_0 P_0}{2P_0 + P_1} \tag{9-5}$$

由式（9－4）可知，当 $R < R_0$ 时，股线 P_x 为负值，且随 R 的增大而逐渐减小；当 $R > R_0$ 时，P_x 为正值，且随着 R 的增加而增加。小于 R_0 处的综合捻幅较单纱原有的捻幅小，大于 R_0 处的综合捻幅较单纱原有的捻幅大。因此内外层纤维的捻幅差异很大，其应力与变形的差异亦很大，外层纤维的捻幅增加，股线的手感较硬。

双股纱反向加捻能使内外层纤维的捻幅差异减小。由式（9－2）知，当 $P_1 = 2P_0$ 时，$P_x = -P_0$，即 O_2B 线上各点捻幅相等，如图9－15所示。

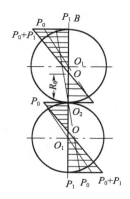

图9－14　双股纱同向加捻时的综合捻幅

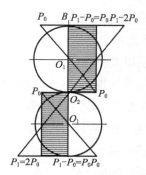

图9－15　双股纱反向加捻 $P = 2P_0$ 时捻幅分布

同向加捻股线强力增加很快，所用捻系数较小，故对要求不高的股线可用同向加捻。当同向加捻时外层纤维捻幅增加，内外层纤维捻幅差异大，应力与变形的差异亦很大，使得股线结构外紧内松，手感较为坚实，光泽及捻回稳定性较差，但具有回挺性高及渗透性差的特点，可用于编造花结网及一些装饰织物。

而反向加捻可获得较均匀的捻幅，纤维的应力与变形差异小，股线的强力较好、光泽和手感好，捻回稳定、捻缩也小，故绝大多数双股线是反向加捻。

（四）合股加捻对股线性质的影响

1. 改善条干不匀　按并合原理，n 根单纱并合后，其条干不匀率降低到 $\frac{1}{\sqrt{n}}$ 倍，但合股各自分离,外观仍能分辨出各股的条干水平。捻合成股线后才能起到并合的效果,有时甚至外观的股线条干比理论计算的更好些,因为纱上的粗节或细节总有部分隐藏在芯腔里面,外观不易察觉。

2. 增加强力 n 根单纱并合后未经加捻的强力一般达不到原来的单纱强力的 n 倍,见表 9 - 1。这是因为各单纱伸长率不可能一致,伸长率小的应力较集中的缘故。股线是一个整体而且条干比较均匀,因此在加捻过程中,纤维和纱线之间的捻合压力增大,从而提高了抗断裂性能。所以股线的强力常超过组成它的单纱强力总和,一般双股线中的单纱平均强力是原单纱强力的 1.2 ~ 1.5 倍(增强系数),三股线的增强系数为 1.5 ~ 1.7 倍。增强系数决定于捻度大小、捻向、单纱的线密度、加捻方法和捻合股数等。

表 9 - 1 并合后单纱强力的利用率

并合数	1	2	3	4	5
单纱强力利用率(%)	100	92.5	86.8	81.3	76.5

3. 弹性及伸长率变化 单纱中的纤维排列多为螺旋线状,在拉伸力不大时能表现出一定的弹性伸长。股线的捻合使各单纱相互扭成螺旋线状,在较大张力下能表现出更大的弹性伸长,但总伸长率则因股线的结构较好、滑动纤维减少,反而比单纱要小一些。

4. 增加耐磨性 在加工过程中,纱线的耐磨性主要表现在轴向运动时,纱线与机件接触的耐磨程度。由于股线条干均匀、截面圆整,与各种导纱器、综筘等的摩擦较小,对股线织物,即使表面纤维局部磨损,但因其结构紧密,仍有一定强度,因此织物有较好的耐磨性能。

5. 光泽变化 纱线的光泽与表面纤维的轴向平行程度有关。单纱捻度越多,纤维的轴向倾斜越大,所以光泽较暗淡。反向加捻的股线可使表面纤维的轴向平行度提高,可改善股线光泽,同时股线条干均匀、截面圆整、表面光洁,同样可使外观和光泽获得改善。

6. 手感变化 纱线的手感主要反映在它的径向压缩弹性和轴向挠曲刚性等方面。一般说来外松里紧结构的股线,径向弹性较好,轴向刚性较差,所以手感较柔软;外紧里松结构的股线则相反,手感坚实。

(五)加捻强度对股线性质的影响

股线的性质,与单纱物理性能、股线合股数、捻向、加捻方法以及加捻强度等有关。当单纱物理性能、合股数、捻向、加捻方法确定后,加捻强度就是影响股线性质的主要因素。

1. 股线的强力 加捻使捻幅发生变化,改变了纤维间受力时的应力分配,从而影响股线强力。图 9 - 16 为股线对单纱反向加捻时,股线捻系数和股线强力的关系曲线,开始时股线强力随捻系数增加而增加,到达极大值后,则随捻系数的增加而降低。这是因为反向加捻捻度较小时,股线内部与外部捻幅差异减少,使纤维的压力与变形较均匀,有利于股线强力增加。但超过极大值后,由于捻幅进一步增加,纤

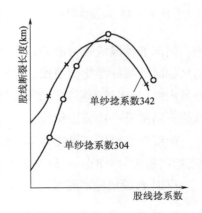

图 9 - 16 股线捻系数与强力关系

维受的压力与变形增加,对股线强力不利。图 9 – 16 还表示当单纱捻系数较小时,最大强力时的捻系数较高,最大强力也较大。

由图 9 – 15 知,当双股纱反向加捻 $P_1 = 2P_0$ 时,O_2B 线上各点纤维捻幅相等,纤维的应力与变形均匀,因而能得到较好的强力。

因为: $$\tan\beta = P \quad \tan\beta = 2\pi rT$$

所以: $$P = 2\pi rT$$

又: $$P_1 = 2P_0$$

$$2\pi r_1 T_1 = 4\pi r_0 T_0$$

$$2\pi r_1 \frac{\alpha_1}{\sqrt{\text{Tt}_1}} = 4\pi r_0 \frac{\alpha_0}{\sqrt{\text{Tt}_0}}$$

又: $$r_1 = 2r_0 \quad \text{Tt}_1 = 2\text{Tt}_0$$

所以: $$\frac{\alpha_1}{\sqrt{2\text{Tt}_0}} = \frac{\alpha_0}{\sqrt{\text{Tt}_0}}$$

$$\alpha_1 = \sqrt{2}\,\alpha_0 \approx 1.414\alpha_0$$

式中:T_1、T_0——股线与单纱捻度;

α_1、α_0——股线与单纱捻系数;

r_1、r_0——股线与单纱半径;

Tt_1、Tt_0——股线与单纱线密度。

三股线反向加捻系数 α_1 为单纱捻系数 α_0 的 1.732 倍时,强力较好。

股线对单纱同向加捻时,股线捻系数和强力的关系,开始时由于并合作用和股线结构的变化,强力随捻系数增加而增加,强力增加较反向加捻快,而且最大强力时的捻系数较反向低,这是因为同向加捻时股线内外层纤维捻幅差异比单纱大,增加了纤维所受应力与应变差异,外层纤维捻幅大,内应力大,所以强力随系数增加而迅速下降。

2. 股线伸长、弹性及承受反复载荷的能力 股线捻系数与伸长的关系,如图 9 – 17 所示,当股线反向加捻时,由于外层纤维捻幅减小,伸长稍有下降。随捻系数增加,当 $P_1 > P_0$ 时,外层纤维捻幅开始增加,故伸长又开始增加。当股线同向加捻时,纤维平均捻幅随捻系数增加而增加,所以股线的伸长也增大,在数值上比反向加捻时大。

股线加捻,改善了纱线结构,改变了捻幅分布,使股线的弹性得到改善。股线经受多次反复载荷而断裂,是因为外力作用后,股线伸长并逐渐积累引起的,股线弹性越好,承受反复载荷的能力也越强。

3. 股线手感与光泽 股线的光泽与手感,取决于股线表面纤维的倾斜程度。股线表面纤维捻幅越大,光泽越差,纤维受到的应力也越大,向内压紧,使股线发硬;反之股线光泽越好,手感也柔软。

双股线反向加捻,如表面纤维趋于轴向排列(即 $\beta \longrightarrow 0°$),则股线反射光泽和谐,如图 9 – 18 所示。如 α_1 与 α_0 适当的配合,不仅股线光泽良好,而且手感也能改善。

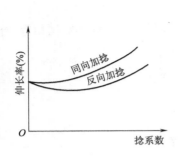

图9-17　股线捻系数与伸长关系

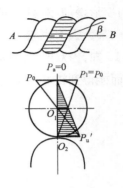

图9-18　股线反向加捻时表面
纤维轴向排列

当双股线反向加捻 $P_1 = P_0$ 时,B 点纤维综合捻幅为零,即纤维轴向与股线轴向平行,能得到较好的光泽与手感。

因为:
$$P_1 = 2\pi r_1 \alpha_1 \sqrt{\mathrm{Tt}_1} \qquad P_0 = 2\pi r_0 \alpha_0 \sqrt{\mathrm{Tt}_0}$$

所以:
$$\alpha_1 = \frac{\alpha_0}{\sqrt{2}} \approx 0.707 \alpha_0$$

三股线捻系数为单纱捻系数的 0.82 倍时,可得到较好的光泽和手感。

4. 股线的耐磨性能　纱线与另一物体发生摩擦时,纱线结构会逐渐磨损松散,更多的纤维头端伸出,纤维间联系减弱,强力降低。反向加捻的股线,捻幅分布较均匀,纤维应力分布也较均匀,当股线表面纤维受到摩擦时,内部纤维仍保持联系,股线结构不致立即解体而遭到破坏。

5. 股线的捻伸和捻缩　股线的捻伸和捻缩,可以近似用股线内纤维平均捻幅来表示,当股线内纤维平均捻幅大于单纱内纤维平均捻幅,则产生捻缩,反之,则产生捻伸。如图9-19所示,双股反向加捻时,股线平均捻幅开始减小,因而股线伸长,图中 t 点为股线伸长达到极大值。继续增加股线的捻系数,达 t_0 点时,股线平均捻幅与单纱相同,这时,股线的捻缩为零。以后,捻系数增加,股线平均捻幅逐渐增加,捻缩也随着增加。同向加捻时,股线平均捻幅始终是增加的,所以捻缩一直是随捻系数的增加而增加。三股线同向加捻的捻缩比双股线大。

四、捻线机主要工艺

(一)股线的股数和捻向

衣着用线,采用两股并合就能达到要求,股数太多既不经济,又粗厚,服用性能并非最佳。对强力及圆整度要求高的股线,须用较多的股数,如缝纫线一般用 2~3 股。超过五股,容易使某根单纱形成芯线,使单纱受力不均匀,降低了并捻效果,因此,常用复捻方式制成细线,如渔网线等。

股线具有结构紧密、耐磨、抗挠、抗压等性能,捻回也较稳定。但有些场合,如帆布、水龙带,由于要求厚而紧密的织物,对强力、圆整度要求不高,也采用单捻方式,取其工艺简单,织物紧密且有挠曲性。

股线的捻向对股线性质有影响。绝大多数单捻股线采用反向加捻。因为反向加捻可使捻幅均匀,纤维应力和变形差异小,并能得到较好强力、光泽、手感,捻度稳定,捻缩小。

单捻同向加捻时,股线比较坚实、光泽及捻回稳定性较差,股线伸长,若单纱与股线捻系数配合恰当,也能得到较高强力。同向加捻的股线,外层捻幅大于内层,外紧内松,回挺性高,渗透性差,用于编制花边、结网及一些装饰性织物。同向加捻股线强力增加较快,所用捻系数较小,生产率较高,故要求不高的股线可采用同向加捻。

由于细纱机接头一般为左手拔管,右手接头,因此,单纱多用 Z 捻。在加工股线时,常采用 ZZS 或 ZSZ 捻向。复捻捻度较小时,ZZS 方式的纤维强力利用系数较好;而在捻度较大时,ZSZ 方式好。在实际生产中应根据股线的用途确定捻向。

(二)股线的捻系数

捻系数对股线性质影响很大。一般根据股线不同用途选用捻系数。股线捻系数选择应结合单纱捻系数综合考虑,强捻单纱,股线与单纱的捻系数比(简称捻比)可小些,弱捻单纱,捻比可大些。

捻比和强力的关系如图 9 – 20 所示,强捻单纱,股线最大强力出现较早,弱捻单纱,股线最大强力出现较迟;同样强度的股线,弱捻单纱捻比较大,强捻单纱捻比较小。

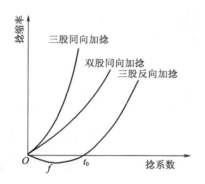

图 9 – 19　股线捻向、系数与捻缩的关系

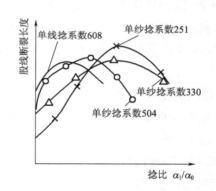

图 9 – 20　股线与单纱捻比同强力的关系

在股线捻系数选择时,不仅要考虑强力,还要考虑股线结构、手感、光泽以及产量等。一般股线不用它的最高强力点,因为这时股线捻系数偏大,股线呈里松外紧的结构,除强力较好外,手感、耐磨、渗透性能不佳。衣着用纱要求股线结构内外松紧一致、强力较高。一般双股线捻比选择在 1.2 ~ 1.4 范围内。同样强度的股线,弱捻单纱应选用较大捻比,这对细纱机产量有利,对捻线机产量不利,但由于 α_1/α_0 虽大,而 α_0 较小,故综合考虑,采用弱捻单纱有利于提高产量。

在要求光泽、手感较好的场合,应设法使表面纤维轴向排列,这时,股线结构外松里紧,手感柔软,液剂渗透性较好。实际上,捻比在 0.7 ~ 0.9 时,外层纤维轴向性能较好。纬纱用线,虽要求手感柔软,也要求较高的强力,捻比不宜过低,一般取 1.0 ~ 1.2。

(三)股线定量的设计

股线定量一般是根据单纱定量,并同时考虑络筒伸长、捻伸(缩)而决定,如需烧毛,还需考虑烧毛损失。

$$股线设计干燥定量(g/100m) = \frac{股线线密度}{10.85} \times \frac{1}{1 \pm 络筒或筒摇伸(缩)率}$$

其中,伸长率用"−"号,回缩率用"+"号。

后加工过程中纱线定量的变化较为复杂,很难准确计算,生产中应根据长期积累的经验确定。

第四节 摇纱与成包

一、摇纱与成包的任务

摇纱是将筒子纱摇成规定重量的绞纱。因此,摇纱的任务是将络好的筒子纱按照规定摇成一定重量的绞纱,以便成包。

将绞纱或筒子纱按规定的质量包装起来,称为成包。成包的任务是压缩纱线的体积,防止纱线受到损伤,便于计量、搬运和存放。

二、摇纱机的机构组成及工艺过程

摇纱机主要有纱框、断头自停、绞纱满绞自停装置等。如图9-21所示,纱线自筒子1上引出,经过导纱钩3、落针3、玻璃杆4,经导纱器最终卷绕在纱框5上。

三、摇纱机主要工艺

摇纱机按定重成绞时,每一绞纱的重量为50g(回潮率为8.5%)。根据纱特不同,可分为单绞(50g)、双绞(100g)、四绞(200g)、四分之一绞(12.5g)和二分之一绞(25g)。

若按长度成绞(如A731型摇纱机),纱框周长为1.5码(1371mm),摇满560圈纱框即为一亨克(840码)。

绞纱线的质量同管纱的质量评定。在经摇纱后要求绞纱仍能保持管纱的质量。

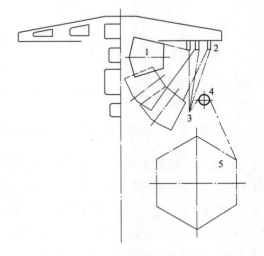

图9-21 摇纱机工艺过程

四、绞纱成包规格

1. 小包 在公定回潮率时,每小包的重量为5kg。若干单绞合并为一个大绞(又称团),小包内的团数因每团的重量不同而变化。

2. 中、大包 每20个小包为一中包(100kg),每100kg为1件纱。每40个小包为一大包,大包重量200kg。

五、筒子成包

在公定回潮率条件下，每50kg为一袋包，每100kg为一件包。

思考题

1. 后加工工序的任务是什么？

2. 试述单纱、股线、高档股线及缆线后加工的工艺流程？

3. 对后加工纱线的质量有何要求？

4. 试述并纱工序的任务、并纱的工艺要求及并纱的工艺过程。

5. 什么是捻线？经捻线后产品的品质有何变化？试述捻线机的工艺过程。

6. 倍捻机的加捻过程与环锭倍捻机有何区别？

7. 什么是捻幅？双股线反向加捻与同向加捻相比捻幅及产品性能有何变化？

8. 试述合股加捻对股线性质的影响。

9. 股线的股数、捻向及捻系数如何选择？

10. 摇纱与成包的任务是什么？摇纱机的成绞方式有哪两种？成包过程中小包、中包及大包是如何划分的？

参考文献

[1]刘国涛. 现代棉纺技术基础[M].北京:中国纺织出版社,1999.

[2]上海纺织控股(集团)公司 棉纺手册[M].北京:中国纺织出版社,2004.

[3]郁崇文. 纺纱系统与设备[M]. 北京:中国纺织出版社,2005.

第十章　纺纱原理与工艺参数调节实验

第一节　纺纱机械与工艺参数调节实验

实验一　开清棉工作原理与工艺调节实验

（一）实验目的

（1）了解开清棉工艺流程。

（2）了解开清棉流程中抓棉机械、混棉机械、开棉机械、清棉机械的结构和工作原理。

（3）了解开清棉流程中各单机上主要工艺参数的调节方法和工艺影响。

（4）了解开清棉流程中各单机的传动和工艺计算。

（二）实验设备、仪器和用具

开清棉流程一套或抓棉机、混棉机、开棉机、清棉机典型机台各 1 台。

（三）实验内容

1. 开清棉工序的设备及工艺流程　开清棉设备是一个由抓棉机、混棉机、开棉机、清棉机等单机台构成的联合机组,各单机的组合顺序及作用过程构成了开清棉的工艺流程,针对不同的原料性能及产品要求,开清棉工序可以采用不同的工艺流程。

（1）了解开清棉流程设置的原则和各单机组合的一般顺序。

（2）了解针对棉和化纤两种原料,开清棉工艺流程有什么区别。

（3）比较成卷型和清梳联两种工艺流程的特点。

（4）了解目前国内新型开清棉设备及工艺流程,并举例。

（5）了解开清棉各单机连接、联动的设备和方法。

2. 抓棉机结构与工艺参数的调节

（1）了解抓棉机的结构和工作原理。

① 了解抓棉小车、抓棉打手是如何运动的。

② 了解抓棉打手的结构特征。

③ 绘制抓棉机的结构简图并标示各主要部件。

（2）结合抓棉机的结构和作用过程,了解抓棉机的主要可调工艺参数及调节方法。

① 打手刀片伸出肋条的距离。

② 抓棉打手间歇下降距离。

③ 抓棉小车的运行速度。

④ 抓棉打手的转速。

（3）了解抓棉作用对棉包排列方式的要求,就 6~7 种配棉成分绘制在圆盘式抓棉机上的棉包排列图。

（4）抓棉机的工艺参数测试：针对具体机型，完成表10-1。

表10-1　抓棉机的主要工艺参数测试

项　目	选　择　依　据	参考范围	实测值	调节方法
打手刀片伸出肋条的距离	锯齿刀片插入棉层浅，抓取棉块的平均重量小（打手刀片缩进肋条内，即不伸出肋条）	1～6mm		
抓棉打手间歇下降动程	下降动程小，抓取棉块的平均重量小（该动程应和打手刀片伸出肋条的距离相适应，即打手刀片伸出肋条的距离小时该动程也小）	2～4mm		
抓棉打手的转速	打手高转速，开松作用强烈，棉块平均重量小，但对打手的动平衡要求高	740～900r/min		
抓棉小车的运行速度	小车低速运行，抓棉机产量低，单位时间抓取的原料成分少	0.59～2.96r/min		

3. 自动混棉机结构与工艺参数的调节

（1）了解自动混棉机的结构和工作原理。

①了解输棉帘、压棉帘、角钉帘、剥棉打手、清棉罗拉、回击罗拉、尘格、尘棒的结构。

②了解摆斗铺层机构的组成。

③了解摇栅与摇板或光电管的结构、组成和作用。

④了解V形帘的结构和作用。

⑤了解凝棉器与棉箱的结构及其连接方式。

⑥绘制自动混棉机的结构简图并标示各主要部件。

（2）结合自动混棉机的结构和作用过程，了解自动混棉机的主要工艺参数及调节方法。

① 两角钉机件间的隔距。

② 角钉帘和均棉罗拉的速度。

③ 角钉倾斜角和角钉密度。

④ 尘棒间的隔距。

⑤ 剥棉打手和尘棒间的隔距。

⑥ 剥棉打手的转速。

⑦ 尘格包围角与出棉形式。

（3）自动混棉机的工艺参数测试：针对具体机型，完成表10-2。

4. 多仓混棉机结构与工艺参数的调节

（1）熟悉多仓混棉机的结构与作用。

①了解多仓混棉机的喂给方式。

②了解各仓储棉高度的调节方法和原理。

表 10 – 2　自动混棉机的主要工艺参数测试

项　目	选择依据	参考范围	实测值	调节方法
两角钉机件间的隔距	隔距小,开松效果好,有利于均匀给棉	角钉帘与压棉帘的隔距:40～80mm 角钉帘与均棉罗拉的隔距:20～60mm		
角钉帘和均棉罗拉的速度	提高角钉帘的速度,产量增加;均棉罗拉速度增加,开松效率提高	角钉帘速度:60～100m/min 均棉罗拉转速:200 r/min		
尘棒间的隔距	尘棒间的隔距应大于棉籽的长直径	10～12mm		
剥棉打手和尘棒间的隔距	一般采用进口小、出口大的配置原则	进口隔距:8～15mm 出口隔距:10～20mm		
剥棉打手的转速	转速过高,会出现返花,且因棉块在打手处受重复打击和过度打击,易形成索丝和棉团	400～500r/min		

③了解多仓混棉机的出棉方式。

④绘制多仓混棉机的结构简图并标示各主要部件。

(2)结合多仓混棉机的结构和作用过程,了解多仓混棉机的主要工艺参数及调节方法。

①换仓压力。

②光电管的高低位置。

③喂入量和输出量。

④给棉罗拉的速度。

⑤输棉风机转速。

⑥开棉打手转速。

(3)多仓混棉机的工艺参数测试:针对具体机型,完成表 10 – 3。

表 10 – 3　多仓混棉机主要工艺参数测试

工艺参数	选择依据	参考范围	实测值	调节方法
换仓压力	高压力能使各仓容量大,对片段混合有利	196～230Pa		
光电管的高低位置	低位置的光电管可以延时,混合效果好,并可增加混合时间差,但过低易出现空仓现象	根据后方机台的供料产量调整		
开棉打手转速	给棉量一定时,打手转速高,开松作用强	260～330r/min		
给棉罗拉速度	给棉罗拉的速度低,产量低,开松作用强,落棉率增加	0.1～0.3r/min		
输棉风机转速	适当的转速,保证输送原棉,保持畅通	1200～1700r/min		

5. 开棉机结构与工艺参数的调节

(1)熟悉开棉机的结构和工作原理。

①了解豪猪打手、梳针打手的结构。

②了解尘棒的结构:尘棒工作面、底面、顶面的相对位置和作用。

③了解给棉罗拉的结构。

④了解尘箱的结构,前后箱与前后进风的位置。

⑤了解轴流开棉机滚筒结构及特点以及除杂的方式。

⑥绘制豪猪式开棉机的结构简图并标示各主要部件。

（2）结合豪猪式开棉机的结构和作用过程,了解豪猪式开棉机的主要工艺参数及调节方法。

①打手转速。

②给棉罗拉转速。

③打手与给棉罗拉间的隔距。

④打手与尘棒间的隔距。

⑤打手与剥棉刀之间的隔距。

（3）豪猪式开棉机的工艺参数测试:针对具体机型,完成表10-4。

表10-4 豪猪式开棉机的工艺参数测试

工艺参数	选择依据	参考范围	实测值	调节方法
打手速度	给棉量一定时,打手转速高,开松、除杂作用强,落棉率高	FA106型:480r/min,540r/min,600r/min FA107型:720r/min,800r/min,900r/min		
给棉罗拉转速	较低给棉速度,产量低,开松作用强,落棉率增加	14~70r/min		
打手与给棉罗拉间的隔距	隔距小,刀片进入棉层深,开松作用强,但较长的纤维易损伤。 隔距最大限度应小于棉层厚度,最小限度应使打击点距棉层握持线的距离大于纤维主体长度	6~7mm		
打手与尘棒间的隔距	随着棉块的松解,其体积逐渐增大。隔距小,棉块受尘棒阻扯作用强,在打手室内停留时间长,受打手与尘棒的作用次数多,故开松作用强,落棉增加	进口隔距:10~14mm 出口隔距:14.5~18.5mm		
尘棒之间的隔距	入口部分隔距较大,便于大杂先落,补入气流;随着杂质颗粒的减小,中间部分可适当减小尘棒间隔距;出口部分的尘棒间隔距在允许范围内可适当放大或反装尘棒,以便补入气流回收可纺纤维	进口一组:11~15mm 中间两组:6~10mm 出口一组:4~7mm		
打手与剥棉刀之间的隔距	防止打手返花	1.5~2mm		

6. 成卷机结构与工艺参数的调节

（1）熟悉成卷机的结构和工作原理。

①了解天平调节装置的结构和作用,棉卷偏轻、偏重时天平调节装置如何调整。

②了解综合打手的结构,刀片与梳针的形状、植针方向,打手臂的形状。

③了解尘笼的结构和网眼的形式,并与凝棉器尘笼进行比较。

④了解尘笼吸风道的结构。

⑤了解加压装置、制动装置及安全装置等。

⑥绘制成卷机的结构简图并标示各主要部件。

（2）结合成卷机的结构和作用过程,了解成卷机的主要工艺参数及调节方法。

①综合打手速度。

②综合打手和天平罗拉表面的隔距。

③综合打手与尘棒的隔距。

④尘棒之间的隔距。

（3）成卷机的工艺参数测试:针对具体机型,完成表 10 - 5。

表 10 - 5　单打手成卷机的工艺参数测试

工艺参数	选 择 依 据	参考范围	实测值	调节方法
打手速度	较高的打手速度可增加打击强度,提高开松、除杂效果。加工的纤维长度长、含杂少或成熟度差时,易采用较低转速	800~1000r/min		
综合打手和天平罗拉表面的隔距	较小的隔距使梳针刺入棉层的深度深,开松效果好	7~10mm		
综合打手与尘棒的隔距	打手与尘棒间的隔距小,尘棒阻滞纤维的能力强,开松、除杂效果好(适应纤维开松后体积增大的情况)	进口隔距:8~10mm 出口隔距:16~18mm		
尘棒之间的隔距	尘棒间隔距大,可使除杂作用加强(根据喂入原棉的含杂种类和含杂量来确定)	5~8mm		

（4）绘制成卷机传动图,进行各工艺参数的计算。

实验二　梳棉工作原理与工艺调节实验

（一）实验目的

（1）了解梳棉机工艺过程。

（2）了解梳棉机的结构、工作原理和各机件的主要作用。

（3）了解梳棉机上可调工艺参数的调节方法和工艺影响。

（4）了解梳棉机的传动和工艺计算。

（二）实验设备、仪器和用具

梳棉机 1 台。

（三）实验内容

1. 梳棉机的原理和各机件的作用　FA 系列梳棉机由给棉、刺辊部分,锡林盖板和道夫部分,剥棉、成条和圈条部分共同组成。

（1）给棉、刺辊部分:由棉卷架、棉卷罗拉、给棉板、给棉罗拉、刺辊、除尘刀、分梳板、小漏底等组成。了解各部件的机构和作用。

（2）锡林盖板和道夫部分:由锡林、盖板、前上/下罩板、大漏底、道夫等组成。了解各部件的机构和作用。

（3）剥棉、成条和圈条部分:由剥取罗拉、转移罗拉、上下轧辊、喇叭头、大压辊、圈条器等组成。了解各部件的机构和作用。

2. 在初步了解机构组成的基础上,仔细观察了解

（1）棉卷架、棉卷罗拉、给棉板的形状和给棉罗拉表面沟槽形状。

（2）刺辊、道夫、锡林的针布结构、规格、针齿方向、回转方向和相对运动速度。

（3）除尘刀、分梳板、小漏底、大漏底的形状。

（4）剥棉机构中罗拉的表面状态。

（5）圈条器。

（6）全机传动并绘制传动图。

3. 梳棉机工艺参数的调节

（1）速度。

①刺辊速度:刺辊速度较低时,在一定范围内增加刺辊转速,握持分梳作用增强,残留的棉束重量百分率降低;刺辊转速增加,由给棉罗拉喂入刺辊的每根纤维受到刺辊锯齿的作用齿数增加,分梳后棉束百分率降低。但刺辊速度过高,棉束减少的幅度不大,反而会增加纤维的损伤,而且过快的刺辊转速会影响锡林与刺辊的速比,若速比太小,则刺辊上的纤维不容易转移到锡林上。如刺辊速度增加,锡林速度不变或不能按比例增加,会影响锡林顺利剥取刺辊表面纤维的作用。

刺辊转速范围一般控制在 600 ~ 1900r/min。加工的纤维长度较长时（如化纤）,刺辊速度应采用较低的转速;加工的纤维长度较短时,刺辊转速可采用较大的转速。

锡林与刺辊表面的速比,在纺棉时宜控制在 1.6 ~ 2.1 以上;纺化纤时宜控制在 2.0 以上;纺中长化纤时比值还应提高。

表 10 – 6　锡林和刺辊表面速比的范围及调节方法

项　　目	锡林（r/min）	刺辊（r/min）	锡林与刺辊表面的速比	刺辊速度的调节方法	锡林速度的调节方法
成熟好、等级高的原棉	360 ~ 480	980 ~ 1100	1.8 ~ 2.2		
成熟差、等级低的原棉	295 ~ 315	800 ~ 930	1.6 ~ 2.1		
一般棉型和中长化纤	285 ~ 330	700 ~ 850	2.0 ~ 2.5		

②锡林速度:锡林速度增加,使锡林盖板工作区内每根纤维受到锡林针齿梳理的次数增加,针面对纤维的分梳作用增强,同时纤维向道夫转移的能力也增加,有利于提高梳理效果。

表 10 −7　锡林和刺辊速度的控制范围与实测值

机　型	A186C,A186D,A186E,A186F,A186G	FA201,FA202	FA231A	FA224,FA225	实测值
锡林(r/min)	330 ~365	320 ~400	325 ~425	330 ~500	
刺辊(r/min)	900 ~1100	800 ~1050	650 ~960	600 ~1900	

③盖板速度:盖板速度提高,盖板针面上的纤维量减少,每块盖板带出分梳区的斩刀花少,但单位时间走出工作区的盖板根数多,盖板花的总量增加且含杂率降低,而除杂率稍有增加。盖板速度控制范围与调节方法及实测值,见表 10 −8、表 10 −9。

表 10 −8　盖板速度的控制范围与调节方法

纱线密度(tex)	32 以上	20 ~30	19 以下	调节方法
盖板速度(mm/min)	150 ~200	90 ~170	80 ~130	

表 10 −9　盖板速度的选择与实测值

机　型	A186C,A186D,A186E,A186F,A186G	FA201,FA202	FA231A	FA224,FA225	实测值
盖板(mm/min)	棉65 ~275 化纤85 ~145	70 ~350	75 ~315	100 ~420	

④道夫速度:降低道夫速度,在一定范围内能提高梳理效能,可以提高棉网质量,但是直接关系到梳棉机的生产率,导致落棉率增加,因而是不经济的。提高道夫速度,能够提高生产率,但必须与锡林、刺辊等速度以及有关工艺相配合,以达到一定的分梳和除杂效能。过高的道夫速度,会影响棉网质量。道夫速度的选择,要根据棉卷质量、定量、梳棉机的分梳除杂效能等因素综合考虑(表 10 −10)。

表 10 −10　道夫速度的控制范围、调节方法与实测值

机　型	A186C,A186D,A186E,A186F,A186G	FA201,FA202	FA231A	FA224,FA225	调节方法	实测值
道夫速度(r/min)	15 ~40	20 ~45	25 ~65	40 ~75		

(2)隔距:梳棉机上共有 30 多个隔距,隔距和梳棉机的分梳、转移、除杂作用有密切关系。分梳隔距主要有刺辊—给棉板、刺辊—预分梳板、盖板—锡林、锡林—固定盖板、锡林—道夫等机件间的隔距。转移隔距主要有刺辊—锡林、锡林—道夫、道夫—剥棉罗拉等机件间的隔距。除杂隔距主要有刺辊—除尘刀、刺辊小漏底、前上罩板上口—锡林等机件间的隔距。

　　分梳和转移隔距小有利于分梳转移。隔距较小,梳理长度增加,针齿易抓取和握持纤维,使纤维不易游离,不宜搓擦成棉结。纺化纤时由于纤维较长,其分梳隔距较纺棉时大。梳棉机隔距和设定见表 10 – 11。调节方法和测定值见表 10 – 12。

表 10 – 11　FA201B 梳棉机主要隔距的配置范围

机 件 部 位		隔 距 范 围	
		mm	英寸
给棉罗拉—给棉板	进口	0.31	0.012
	出口	0.13	0.005
刺辊—给棉板		0.18 ~ 0.31	0.007 ~ 0.012
刺辊—除尘刀		0.31 ~ 0.43	0.012 ~ 0.017
刺辊—小漏底	进口	4.76 ~ 9.52	3/16 ~ 3/8
	进口	0.40 ~ 2.38	1/64 ~ 3/32
	第五点	0.40 ~ 2.38	1/64 ~ 3/32
刺辊—锡林		0.13 ~ 0.18	0.005 ~ 0.007
锡林—后罩板	进口	0.48 ~ 0.66	0.019 ~ 0.026
	出口	0.25 ~ 0.56	0.010 ~ 0.022
盖板—锡林	进口	0.13 ~ 0.25	0.005 ~ 0.010
	第二点	0.130 ~ .23	0.005 ~ 0.009
	第三点	0.13 ~ 0.20	0.005 ~ 0.008
	第四点	0.13 ~ 0.20	0.005 ~ 0.008
	出口	0.13 ~ 0.23	0.005 ~ 0.009
锡林—前上罩板	上口	0.43 ~ 0.84	0.017 ~ 0.033
	下口	0.79 ~ 1.09	0.031 ~ 0.043
锡林—前下罩板	上口	0.79 ~ 1.09	0.031 ~ 0.043
	下口	0.43 ~ 0.66	0.017 ~ 0.026
锡林—道夫		0.11 ~ 0.13	0.004 ~ 0.005
锡林—大漏底	进口	3.17	1/8
	中部	0.79 ~ 1.59	1/32 ~ 1/16
	出口	0.56 ~ 0.66	0.022 ~ 0.026
道夫—剥棉罗拉		0.125 ~ 0.225	0.005 ~ 0.009
剥棉罗拉—转移罗拉		0.125 ~ 0.225	0.005 ~ 0.009
转移罗拉—上压辊		0.125 ~ 0.225	0.005 ~ 0.009
盖板—盖板斩刀		0.48 ~ 1.09	0.019 ~ 0.043

表10-12　隔距调节方法和实测值

机件部位	隔距调节方法	实测值
给棉罗拉—给棉板		
刺辊—给棉板		
刺辊—除尘刀		
刺辊—小漏底		
刺辊—锡林		
锡林—后罩板		
盖板—锡林		
锡林—前上罩板		
锡林—前下罩板		
锡林—道夫		
锡林—大漏底		
道夫—剥棉罗拉		
剥棉罗拉—转移罗拉		
转移罗拉—上压辊		
盖板—盖板斩刀		

（3）梳棉机变换齿轮调整。

①梳棉机压辊齿轮的作用：调节梳棉机棉网张力大小。齿数增加，棉网张力小，纺出重量重；齿数减少，棉网张力大，纺出重量轻。

②梳棉机快慢齿轮的作用：调节道夫速度。齿数增加，道夫速度加快；齿数减少，道夫速度减慢。

③梳棉机轻重齿轮的作用：调节纺出重量轻重。齿数增加，纺出重量重，牵伸倍数小；齿数减少，则反之。

根据理论设计要求，上机安装梳棉机有关变换齿轮，并调整其他工艺参数。试纺后，测定有关参数，当发现有较大的差异时，要重新调整变换齿轮的齿数，再试纺，直至生条的质量达到规定的要求。

（4）绘制梳棉机传动图，进行各工艺参数的计算和变换轮的配备。

实验三　精梳工序工作原理与工艺调节实验

（一）实验目的

（1）了解精梳工序的工艺流程。

（2）了解开精梳流程中条卷机、并卷机、条并卷联合机、精梳机的结构和工作原理。

（3）了解精梳流程中各单机上可调工艺参数的调节方法和工艺影响。

（4）了解精梳机的传动和工艺计算。

（二）实验设备、仪器和用具

精梳机一台，精梳准备流程一套。

（三）实验内容

1. 精梳准备工序的工艺流程　目前按偶数准则配置的精梳准备工艺流程有以下三种。

（1）条卷准备工艺：并条机——→条卷机。

（2）并卷准备工艺：条卷机——→并卷机。

（3）条并卷准备工艺：并条机——→条并卷联合机。

要求学生掌握：各机台的机构特点；各机台生产小卷的横向均匀度（条痕）比较。

2. 精梳机的原理和各机件的作用　FA 系列精梳机由给棉机构、钳板及其传动机构、梳理机构、分离结合机构、落棉排除机构、输出机构、牵伸机构和圈条机构等共同组成。学生应熟悉并掌握以下内容。

（1）给棉机构包括承卷罗拉、给棉罗拉及其传动机构，了解各部件的机构和作用。

（2）钳板及其传动机构包括钳板摆轴传动机构、钳板传动机构、钳板加压机构、钳板开闭口机构及上、下钳板等，了解各部件的机构和作用。

（3）梳理机构包括精梳锡林结构组成和顶梳的结构及其传动机构，了解各部件的机构和作用。

（4）分离结合机构包括分离罗拉、分离胶辊及其传动机构，了解各部件的机构和作用。

（5）落棉排除机构包括毛刷及其传动机构、风斗及其气流吸落棉机构等，了解各部件的机构和作用。

（6）输出机构包括导棉板、输出罗拉、喇叭头、压辊、导条凸钉等，了解各部件的机构和作用。

（7）牵伸机构包括罗拉、胶辊、加压机构，了解各部件的机构和作用。

（8）圈条机构包括集束器、压辊、圈条盘、圈条底盘、棉条筒等，了解各部件的机构和作用。

3. 精梳机的运动配合

（1）打开车头，指导教师用手盘动皮带盘，慢动作观看精梳机个机构的运动及其配合。

（2）观察分度盘的结构，对照 JSFA288 型精梳机各主要机件的工作周期和运动配合（图 10 - 1）。手盘动皮带盘使分度盘位于各关键定时位置，观察各机构的状态。

（3）记录一个钳次中锡林梳理阶段、分离前准备阶段、分离结合阶段、锡林梳理前准备这四个阶段中各机件的运动状况。

4. 精梳机工艺参数的调节　精梳工序的工艺参数主要包括锡林速度、毛刷转速、小卷定量、精梳条定量、总牵伸、部分牵伸、落棉隔距、锡林梳理隔距、牵伸罗拉中心距、给棉方式和给棉长度、分离罗拉顺转定时、弓形板定位等。

（1）锡林速度：精梳机的生产水平通常用锡林速度表示，它直接影响精梳机的产量和质量，是一个重要的工艺参数。一般规律是：当产品质量要求高时，锡林速度适当慢些；当产品质量要求一般时，锡林速度可快些。不同机型的锡林速度及调节见表 10 - 13。

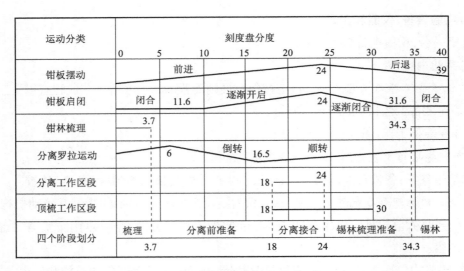

图 10 – 1　JSFA288 精梳机运动配合图

表 10 – 13　不同型号精梳机速度范围及调节

机　型	锡林速度（钳次/min）	锡林速度调节方法	毛刷转速（r/min）	毛刷速度调节方式
A201 系列	145～165		1000～1200	
FA251	180～215		1100～1300	
FA261	180～300		1000～1200	
FA266/ FA269	最高 350		905、1137	
JSFA288	最高 400		950、1200	

（2）毛刷速度：毛刷转速影响锡林针面的清洁工作，对锡林梳理作用关系很大，需要根据锡林转速、原棉纤维长度以及毛刷直径等因素决定。若锡林转速快、纤维长度长、毛刷直径小，毛刷转速应适当加快。一般要求锡林表面速度和毛刷表面速度之比 $V_C : V_M = 1:6 \sim 1:7$。不同机型的毛刷速度见表 10 – 13。

（3）总牵伸。

①实际总牵伸：精梳机的实际总牵伸由小卷定量、车面精梳条的并合数、精梳机定量决定。

精梳机的实际总牵伸 =（小卷定量 g/m ×5）/（精梳条定量 g/5m）× 车面精梳条并合数

精梳机的实际总牵伸一般在 40～60（并合数为 3～4）、80～120（并合数为 8）。

②机械总牵伸：机械总牵伸由实际总牵伸、精梳落棉率决定。

机械总牵伸 = 实际总牵伸 ×（1 - 精梳落棉率）

精梳落棉率：前进给棉，一般为 8%～16%；后退给棉，一般为 14%～20%。调节变换轮，即可改变总牵伸。

（4）部分牵伸：精梳机的主要牵伸区为给棉罗拉与分离罗拉之间的分离牵伸以及车面的罗拉牵伸。

①分离牵伸:分离牵伸的定义:给棉罗拉与分离罗拉之间的牵伸倍数称为分离牵伸,由于给棉罗拉与分离罗拉都是周期性变速运动,所以,分离牵伸的数值就用有效输出长度与给棉长度的比值来表示,即分离牵伸等于有效输出长度/给棉长度。

分离牵伸的大小:对于一定型号的精梳机,有效输出长度是一定值,所以,当给棉长度决定后,分离牵伸的数值就可以确定了。国产精梳机的分离牵伸值参见表10−14。

表10−14　国产精梳机的分离牵伸值

精梳机型号	有效输出长度(mm)	给棉长度(mm)	分离牵伸值
A201 系列	46.5(B型),37.24(D型)	5.72,6.68	5.575 ~ 8.129
FA251 系列	33.78	5.2 ~ 7.1	4.758 ~ 6.496
FA261	33.71	4.2 ~ 6.7	4.733 ~ 7.550
FA266	33.71	4.7 ~ 5.9	5.375 ~ 6.747
FA269	26.48	4.7 ~ 5.9	4.488 ~ 5.634
JSFA288	26.68	4.28 ~ 5.89	4.53 ~ 6.23

②车面罗拉牵伸:新型精梳机的车面罗拉牵伸普遍采用了曲线牵伸,多为三上五下。

车面罗拉总牵伸与牵伸分配三上五下曲线牵伸,分为前后两个牵伸区。后区牵伸区牵伸倍数有三档,分别为1.14、1.36、1.50;前牵伸区为主牵伸区,根据不同纤维长度、不同品种的需求,总牵伸倍数可在9~19.3范围内调整。车面罗拉总牵伸不宜太大,以免影响精梳条条干,常以16倍以下。计算实验机台车面罗拉牵伸区牵伸倍数。

(5)落棉隔距:落棉隔距在钳板最前24分度时调整(图10−2)。

①取下分离胶辊。

②松开所有顶梳托脚结合件。

③松开4只螺钉1。

④调大落棉隔距时:松开螺钉3旋入螺钉2,直到定位块4上的刻线0位置对准定位标牌上所需的刻度。

⑤调小落棉隔距时:松开螺钉2旋入螺钉3,直到定位块4上的刻线0位置对准定位标牌上所需的刻度。

⑥注意:落棉隔距调整以后,必须重新校准顶梳位置。

落棉隔距越大,锡林对棉丛的梳理效果越好,棉网质量提高,但精梳落棉率高。落棉隔距对于落棉率和精梳条质量有很大的影响,隔距大,落棉多。在原棉和工艺条件不变时,落棉隔距每增减1刻度,落棉率变化为2%~2.5%。落棉隔距是调节落棉和锡林梳理的重要手段,落棉隔距的大小主要根据纺纱线密度、纺纱的质量、原棉性能和落棉要求等因素决定。

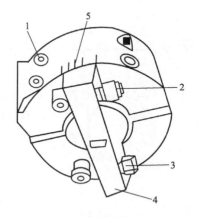

图10−2　落棉隔距的调节
1、2、3—螺丝　4—定位块
5—定位标牌

(6)锡林定位:JSFA288型精梳机的锡林弓形板定位常用37分度,调节方法如图10−3所示。

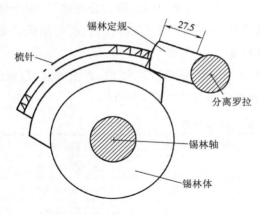

图10-3 锡林弓形板定位调节

①在35分度时将锡林从机器后面推入。

②在37分度时,在锡林针面和分离罗拉间放入锡林定规,紧固锡林针面定位螺钉。

③如弓形板定位改36分度,则在分度盘指示36分度时进行上述操作。

弓形板定位大,对分梳较有利,但落棉中的长纤维的含量有可能会增加。

(7)分离罗拉顺转定时:分离罗拉顺转定时通过定时调节盘调节。

①分度盘在20分度时松开第一只螺丝。

②在35分度时松开第二只螺丝。

③在8分度时松开第三只螺丝(注意:不能首先松开8分度时的那只螺丝)。将定时调节盘调节到所需刻度(由-2~+2之间调节,基本位置是"-0.5"),然后逐个拧紧开始松开的三只螺丝。

(8)顶梳的进出与高低。

①顶梳进出调节。

a.分度盘在24分度时将分离胶辊打开,以此松开所有顶梳托脚结合件上的固定螺丝。

b.利用图10-4中的专用工具1先调节第一眼顶梳右端进出,确保顶梳3与分离罗拉2进出间隔不小于1.5mm,并轻轻紧固螺钉。

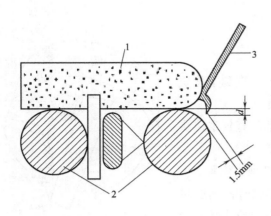

图10-4 顶梳进出调节

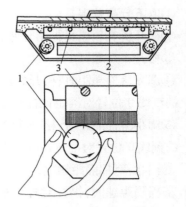

图10-5 顶梳高低的调节

1—偏心轮 2—顶梳 3—螺丝

c.同样方法调节第一眼顶梳左端和第二眼右端。检查第一眼和第二眼右端进出后紧固螺钉。

d.以此类推,逐个调节。

e.在机器运行到39分度时,确保顶梳与锡林之间的间隔不小于0.5mm。

②顶梳高低(插入须丛的深度)的调节。

a.将专用工具上的偏心轮 1 调节至所要的位置(共有 5 档,分别标以 -1、-0.5、0、+0.5、+1。标值越大,顶梳插入须丛越深;推荐正常调节刻度为 +0.5)。

b.松开顶梳架上固定针板的螺丝 2。

c.将顶梳放入专用工具,使顶梳架底部凸缘紧靠工具侧面,将顶梳针板轻轻推到两个偏心轮上(注意不要把针碰弯)并紧固螺丝 3。

(9)给棉长度:给棉长度的选择要与小卷的定量结合起来考虑。采用短给棉时,锡林对小卷的梳理作用强,可提高棉网质量,但影响精梳机的产量;采用长给棉时,产量增加,但若小卷中纤维的伸直平行度差时,将会增加锡林梳理负荷,使落棉增多。所以,当纤维长度长,小卷的定量轻,准备工艺好时,可以采用长给棉。一般情况下,采用短给棉和小卷定量重的工艺。

(10)给棉方式:精梳机有前进给棉和后退给棉两种方式,一般在相同给棉长度时,后退给棉较前进给棉落棉多,梳理效果好,所以适用于纺制质量要求较高的精梳纱。

5. 精梳机的传动与工艺计算 绘制 JSFA288 型精梳机的传动图,并进行工艺计算。

实验四 并条工作原理与工艺调节实验

(一)实验目的

(1)了解并条机组成和工艺流程。

(2)了解并条机的结构和工作原理。

(3)了解并条机上可调工艺参数的调节方法和工艺影响。

(4)了解并条机的传动和工艺计算。

(二)实验设备、仪器和用具

并条机典型机台 1 台。

(三)实验内容

1. 并条机的原理和各机件的作用

(1)FA 系列并条机由喂入部分,牵伸部分和圈条部分共同组成。

①喂入部分:由导条台、导条罗拉、导条凸钉、给棉罗拉等组成。

②牵伸部分:由罗拉、胶辊、加压装置、清洁装置、罗拉座、罗拉轴承及其滑座等组成。

③圈条部分:主要是圈条机构。

(2)在初步了解机构组成的基础上,仔细观察并了解以下内容。

①并条机牵伸装置的结构和形式。

②牵伸罗拉的表面沟槽形式和胶辊结构。

③清洁装置的结构和作用。

④圈条机构的机构。

⑤全机传动,并绘制传动图。

2. 并条机工艺参数的调节

(1)罗拉隔距的调节:罗拉隔距的大小要适应加工纤维的长度和纤维的整齐度,同时又必须适应各牵伸区内纱条牵伸力的需要,过小的隔距会因牵伸力过大而造成条干严重不匀;过大的隔距不利于控制纤维的运动。化纤与棉混纺时,由于化纤长度长,整齐度好,主要以化纤长度为主来调节,且由于混纺棉条牵伸力大,故隔距要比纯棉纺时的隔距稍大些。罗拉隔距的选用范围及调节见表10-15。

表 10-15　罗拉隔距的控制范围及调节

牵伸形式	罗拉握持距(mm)		调节方法
	前区	后区	
三上四下曲线牵伸	$L_P + (3 \sim 5)$	$L_P + (10 \sim 16)$	
五上三下曲线牵伸	$L_P + (2 \sim 6)$	$L_P + (8 \sim 15)$	
三上三下压力棒曲线牵伸	$L_P + (6 \sim 12)$	$L_P + (8 \sim 14)$	

(2)罗拉加压的调节:罗拉加压的目的是防止胶辊滑溜和跳动,要求各牵伸区的握持力大于牵伸力,以有效地控制纤维。罗拉的加压量与罗拉速度和喂入棉层的厚度等因素有关。一般情况下,罗拉速度越快,则加压量越重;喂入棉层越厚,则加压量越重;罗拉隔距越小,则加压量越重。在化纤与棉混纺时,由于化纤在牵伸过程中的牵伸力较大,所以罗拉加压必须相应增大,一般比加工纯棉纺时增加20%~30%。罗拉加压的选用范围及调节见表10-16。

表 10-16　罗拉加压的控制范围及调节

牵伸形式	出条速度(m/min)	罗拉加压(N)					加压调节方法
		前罗拉	中罗拉	三罗拉	后罗拉	压力棒	
三上四下曲线牵伸	150 以下	150 ~ 200	250 ~ 300		200 ~ 250		
四上四下压力棒	150 ~ 250	200 ~ 250	300 ~ 350		200 ~ 250	30 ~ 50	
五上三下曲线牵伸	200 ~ 500	260	450		400		
三上三下压力棒	200 ~ 600	300 ~ 380	350 ~ 400		350 ~ 400	50 ~ 100	

(3)牵伸倍数的调节:根据绘制的并条机传动图,计算各区牵伸倍数和总前伸倍数,记录牵伸变换齿轮的齿数。

实验五　粗纱工作原理与工艺调节实验

(一)实验目的

(1)了解粗纱机的工艺过程。

(2)了解粗纱机的结构和工作原理。

(3)了解开粗纱机上可调工艺参数的调节方法和工艺影响。

(4)了解粗纱机的传动和工艺计算。

(二)实验设备、仪器和用具

粗纱机典型机台1台。

（三）实验内容

1. 粗纱机的原理和各机件的作用　FA 系列粗纱机由喂入机构、牵伸机构、加捻机构、卷绕成形机构、辅助机构等组成。

（1）喂入机构由喂入架、导条罗拉、导条辊、导条器和集合器等组成，了解各部件的结构和作用。

（2）牵伸机构主要由罗拉、胶辊、胶圈、钳口隔距块、横动喇叭、集合器、加压装置、清洁装置及胶圈控制元件（上下胶圈或上下胶圈架、胶圈张力装置及隔距块）等组成，共同完成对须条的牵伸。了解各部件的结构和作用。

（3）加捻机构主要由锭子、锭翼以及假捻器等组成，根据锭翼的设置形式不同，粗纱机加捻机构可分为托锭式、悬锭式和封闭式三类。锭翼主要由空心臂、实心臂、中管和压掌组成，其作用是对粗纱进行加捻，并将粗纱引导到筒管上。比较托锭锭翼、悬吊式锭翼、无锭杆式锭翼的结构特点。了解锭子和假捻器的结构和作用。

（4）卷绕机构：粗纱机的卷绕成形是靠粗纱机的变速机构、差动装置、摆动机构、升降机构及成形机构等协同实现的。根据图 10-6，上机了解并实地观察变速机构、差动装置、摆动机构、升降机构及成形机构的结构及工作过程。

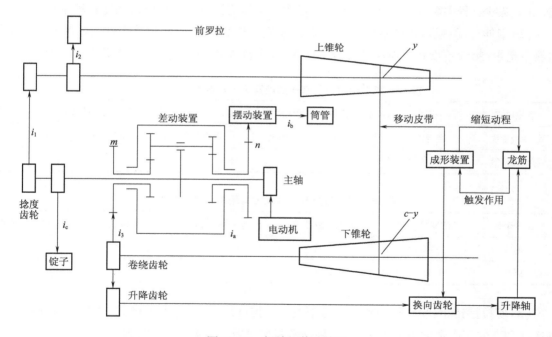

图 10-6　粗纱机传动简图

（5）辅助机构：辅助机构包括清洁装置、光电自停装置、防细节装置和张力补偿装置。

①清洁装置：用于去除罗拉、胶辊、胶圈等处将积聚大量的短绒和杂质，由回转绒带的上下罗拉清洁盖板装置、巡回式吹吸风清洁器及吸风风道等组成。

②光电自停装置：包括一个光电控制箱和 8 组光束的发射接收头，其中光源位于车尾部分，

光源接收器位于车头机架上。

③防细节装置:采用电磁离合器,装在被动铁炮至差动装置的传动路线中。该离合器在机器运转时啮合,而在停机时,在切断主电源至机器完全停止这一段时间内脱开,使输入装置的变速为零,从而使此时的筒管和锭翼同转而不产生卷绕,于是前钳口至锭翼顶端间的粗纱呈松弛并略有微量下垂状态,从而避免了细节的产生。

④张力补偿装置:用来补偿一落纱中由于内外层卷绕直径的增量不同;铁炮皮带的松紧不同,铁炮的负荷不同,皮带的滑溜率也不同;车间温湿度的变化、纺纱原料的变化,而引起一落纱中卷绕张力的变化。了解并掌握辅助机构各装置的结构、作用原理和调节方式。

(6)对照本实验用粗纱机,现场绘制实验粗纱机全机传动图。

2. 粗纱机工艺参数的调节

(1)总牵伸倍数:粗纱机的总牵伸倍数主要根据细纱线密度、细纱机的牵伸倍数、熟条定量、粗纱机的牵伸效能等决定。由于目前新型细纱机的牵伸能力普遍提高,粗纱机可配置较低的牵伸倍数,以利于保证成纱质量。

目前,双胶圈牵伸装置粗纱机的牵伸范围为 4 ~ 12 倍,一般常用 5 ~ 10 倍,见表 10 - 17。粗纱机在采用四罗拉(D 型)牵伸形式时,对重定量、大牵伸倍数有较明显的效果。在化纤混纺时,由于纺纱过程中牵伸能力较大,故粗纱定量与牵伸倍数应比纺棉时适当减轻和减小。

(2)牵伸分配:粗纱机的牵伸分配主要根据粗纱机的牵伸形式和总牵伸倍数确定,同时参照熟条定量、粗纱定量和所纺品种等合理配置,配置范围和实测机台总牵伸见表 10 - 18。

表 10 - 17 粗纱机总牵伸的配置范围及实测机台总牵伸

牵伸形式	三罗拉双胶圈牵伸、四罗拉双胶圈牵伸			牵伸调节实测及计算值		
纺纱线密度	粗特纱	中特、细特纱	超细特纱	牵伸变换齿轮	后牵伸齿轮	总牵伸
总牵伸倍数	5 ~ 8	6 ~ 9	7 ~ 12			

表 10 - 18 部分牵伸分配及实验机台各区牵伸

部分牵伸	三罗拉双胶圈	四罗拉双胶圈	牵伸变换齿轮	后牵伸齿轮	实验机台各区牵伸
前区	主牵伸区	1.05			
后区	1.15 ~ 1.4	1.2 ~ 1.4			

(3)罗拉握持距:粗纱机的罗拉握持距主要根据纤维品质长度 L_p 确定,并综合考虑纤维的整齐度和牵伸区中牵伸力的大小,以不是纤维断裂或须条牵伸不开为原则。

主牵伸区握持距的大小对条干均匀度影响很大,一般等于胶圈架长度加自由区长度。胶圈架长度是指胶圈工作状态下胶圈夹持须条的长度,即上销前沿至小铁棍中心线间的距离,根据所纺纤维品种而定,胶圈架长度有 30mm 和 40mm 两种。自由区长度是指胶圈钳口到前罗拉钳口间的距离,再不碰集合器的前提下以偏小为宜,D 型牵伸中集合区移到了整理区,则自由区长度可较小些。

后区为简单罗拉牵伸,故采用重罗拉、大握持距的工艺方法;由于有集合器,握持距可大些。当熟条定量较轻或后区牵伸倍数较大时,因牵伸力小,握持距可小些;当纤维整齐度差时,为缩短纤维浮游动程,握持距应小些,反之应大些。

握持距的大小应根据加压和牵伸倍数来选择,使牵伸力和握持力相适应。总牵伸倍数较大,加压较重时,罗拉握持距应小些。整理区握持距可略大于或等于纤维的品质长度。不同牵伸形式罗拉握持距的控制范围及实验机台实际罗拉握持距见表 10-19。

表 10-19　不同牵伸形式罗拉握持距的控制范围及实验机台实际罗拉握持距

牵伸形式	罗拉握持距(mm)			实测罗拉握持距(mm)		
	集束区	主牵伸区	后牵伸区	集束区	主牵伸区	后牵伸区
三罗拉双胶圈牵伸		胶圈架长度 + (14~20)	L_P + (16~20)			
四罗拉双胶圈牵伸	35~40	胶圈架长度 + (22~26)	L_P + (16~20)			

(4)罗拉加压:罗拉加压主要根据牵伸形式、罗拉速度、罗拉握持距、须条定量及胶辊的状况等而定。当罗拉速度高、握持距小、定量重、胶辊硬度高时,则加压应重,使钳口握持力小于牵伸力;反之则轻。粗纱机罗拉加压量的控制范围及实验机台实际值见表 10-20。

表 10-20　罗拉加压量的控制范围及实验机台实际值

牵伸形式	罗拉加压(daN/双锭)				实验机台罗拉加压(daN/双锭)
	集束罗拉	前罗拉	中罗拉	后罗拉	集束罗拉/前罗拉/中罗拉/后罗拉
三罗拉双胶圈牵伸		20~25	10~15	15~20	
四罗拉双胶圈牵伸	9~12	15~20	10~15		10~15

(5)集合器:粗纱机上使用集合器,可防止纤维扩散、收拢牵伸后的须条边纤维、增加纱条密度,同时也会产生附加的摩擦力界,减少毛羽和飞花的作用。集合器口径的大小,前区集合器应与输出定量相适应,后区集合器应与喂入定量相适应。集合器规格和实验机台实际值见表 10-21、表 10-22。

表 10-21　前区集合器规格的控制范围

粗纱干定量(g/10m)	2.0~4.0	4.0~5.0	5.0~6.0	6.0~8.0	9.0~10.0	实验机台口径
前区集合器口径(mm):宽×高	(5~6)× (3~4)	(6~7)× (3~4)	(7~8)× (4~5)	(8~9)× (4~5)	(9~10)× (4~5)	

表 10-22　后区集合器、喂入集合器规格

喂入干定量(g/5m)	14~16	15~19	18~21	20~23	22~25	实验机台口径
后区集合器口径(mm):宽×高	5×3	6×3.5	7×4	8×4.5	9×5	
喂入集合器口径(mm):宽×高	(5~7)× (4~5)	(6~8)× (4~5)	(7~9)× (5~6)	(8~10)× (5~6)	(9~10)× (5~6)	

（6）胶圈原始钳口隔距：胶圈钳口的原始隔距由隔距块决定，其大小主要取决于粗纱定量。调节原始隔距时可更换不同规格的隔距块。一般使用的原始隔距控制范围实验机台钳口隔距见表10－23。

表10－23　双胶圈钳口隔距的控制范围及实验机台钳口隔距

粗纱定量(g/10m)	2.0～4.0	4.0～5.0	5.0～6.0	6.0～8.0	8.0～10.0	实验机台值
钳口隔距(mm)	3.0～4.0	4.0～5.0	5.0～6.0	6.0～7.0	7.0～8.0	

（7）粗纱张力调整。

①实验中首先在小纱时观察纺纱段纱条的松紧情况，如果发现纱条过于松散，要马上关车，将铁炮皮带位置向主动铁炮的大端移动。

②如果发现纱条过于张紧，要将铁炮皮带位置向主动铁炮的小端移动，直到纺纱段纱条松紧适当时为止。

③在实际生产调整过程中，如果铁炮皮带移动量太大，此时要通过改变卷绕齿轮的齿数来调整小纱的张力。

④在实验过程中，如果发现在大纱时纺纱段纱条过松或者过紧时，可以通过改变张力齿轮的齿数，使纺纱段纱条松紧适当，以确保大纱张力稳定。

（8）粗纱伸长率调节。

①将铁炮皮带返回起始位置，分别在车头、车中和车尾的前后排锭子上各生一个头，开车纺两层粗纱后停车，分别在六只锭翼顶孔处用红线作记号，同时在后罗拉齿轮上作记号。开车待后罗拉转过50转后关车，再用红线分别在六只锭翼顶孔处作记号。

②用同样的方法分别在中纱和大纱都作同样长度的记号。

③取下六只粗纱管，分别在滚筒测长器上摇取大、中、小纱各两个红色记号之间的长度，称为实际长度，测量时，如果纱尾部不足1m长的部分，用尺子测量，精确到1cm，并做好记录。根据后罗拉转数和粗纱机上实际罗拉牵伸倍数，计算出前罗拉输出长度，称为计算长度。

④根据实验结果，计算出粗纱伸长率。

$$粗纱伸长率 = （粗纱实际长度 - 粗纱计算长度）/粗纱计算长度 \times 100\%$$

（9）粗纱锭速及捻度：锭速主要与纤维特性、粗纱定量、捻系数、粗纱卷状和粗纱机设备性能等有关。纺棉纤维的锭速相对较高，粗纱定量较大的锭速可低于定量较小的锭速，捻系数较大的粗纱采用较大锭速，卷装较小的锭速可高于卷装较大的锭速，控制范围及实验机台实测锭速见表10－24。

表10－24　纯棉粗纱锭速的控制范围与实测值

纺纱粗细	粗特纱	中特、细特纱	超细特纱	实验机台锭速	实验机台捻度
锭速范围(r/min)	800～1000	900～1100	1000～1200		

实验六 细纱工作原理与工艺调节实验

（一）实验目的

（1）了解细纱机工艺流程。

（2）了解细纱机的结构和工作原理。

（3）了解细纱机上可调工艺参数的调节方法和工艺影响。

（4）了解细纱机的传动和工艺计算。

（二）实验设备、仪器和用具

细纱机典型机台1台。

（三）实验内容

1. 细纱机的原理和各机件的作用 FA系列环锭细纱机主要由喂入机构、牵伸机构、加捻卷绕机构和卷绕成形机构四个部分。

（1）喂入机构：细纱机喂入机构由粗纱架、粗纱支持器、导纱杆和横动装置组成，其主要作用是将粗纱架上的粗纱在均匀的张力下退绕，并顺利进入牵伸机构，防止粗纱断裂或产生意外牵伸。

（2）牵伸机构：细纱机的牵伸机构与成纱质量有直接的关系，其结构和工艺配置的不同，将导致细纱机牵伸装置的牵伸能力和细纱质量水平产生显著的差异，因此细纱牵伸机构可称为细纱机的心脏。

牵伸机构主要由罗拉、胶辊、胶圈、胶圈销、集合器、加压装置、清洁装置及胶圈控制元件（上下胶圈或上下胶圈架、胶圈张力装置及隔距块）等组成，共同完成对须条的牵伸。牵伸机构主要由罗拉及罗拉轴承、罗拉座、胶辊及胶辊轴承、胶圈及胶圈控制元件（上下胶圈或上下胶圈架、胶圈张力装置及隔距块）、钳口隔距块、横动喇叭、集合器、加压摇架、清洁装置及断头吸棉装置等组成，共同完成对须条的牵伸，了解各部件的结构和作用。

（3）加捻卷绕机构：细纱机加捻卷绕机构包括锭子、筒管、钢领、钢丝圈、钢领板、导纱钩、隔纱板、锭带盘、张力盘等组成。了解各部件的结构和作用。

（4）卷绕成形机构：各环锭细纱机的卷绕成形规律基本相同，管底成形为凸钉式，管纱卷绕成圆锥形，因此，要求钢领板应具有三大运动，即钢领板短动程升降、钢领板级升、管纱管底成形。了解各部件的结构和作用，及三大运动完成的原理与过程。

（5）全机传动：现场绘制实验机台传动图。

2. 细纱机工艺参数的调节

（1）总牵伸倍数：纺纱时细纱机总牵伸倍数大小的确定，不仅取决于所纺细纱的线密度和喂入粗纱的线密度，而且还受纤维性质、粗纱质量、细纱机牵伸形式和机械工艺性能等的影响。总牵伸倍数的范围及实验机台总牵伸见表10-25。

表10-25 总牵伸倍数的范围与实验机台实测值

纱的线密度（tex）	小于9	9~19	20~30	大于32	实验机台总牵伸
双短胶圈牵伸倍数	30~50	20~40	15~30	10~20	
长短胶圈牵伸倍数	30~60	22~45	15~35	12~25	

（2）后区牵伸倍数：细纱机的后区牵伸与前区牵伸有着密切的关系。因此，后区牵伸的主要作用是为前区做准备，以便能够充分发挥胶圈控制纤维运动的作用，不仅能提高前区牵伸倍数，而且又能保证成纱质量的目的。提高细纱机的牵伸倍数，有两类工艺路线可选择：一是保持后区较小的牵伸倍数，主要提高前区牵伸倍数；二是增大后区牵伸倍数。后牵伸区工艺参数及实验机台后牵伸见表 10 - 26。

表 10 - 26　后牵伸区工艺参数的范围及实验机台实测值

工艺类型	机织纱工艺	针织纱工艺	实验机台实测值
后区牵伸倍数	1.20 ~ 1.40	1.04 ~ 1.30	
粗纱捻系数（线密度制）	90 ~ 105	105 ~ 120	

（3）罗拉中心距。

①前区罗拉中心距与浮游区长度：前牵伸区是细纱机的主要牵伸区，为适应高倍牵伸的需要，应尽量改善对各类纤维运动的控制，并使牵伸过程中的牵引力和纤维运动摩擦阻力配置得当。

在前区牵伸装置中，上、下胶圈间形成曲线牵伸通道，收小该钳口隔距，并采用重加压和缩短胶圈钳口至前罗拉钳口之间的距离，可大大改善在牵伸过程中对各类纤维运动的控制，从而具有较高的牵伸能力。

表 10 - 27　前牵伸区罗拉中心距与浮游区长度及实验机台实测值

牵伸形式	纤维及长度（mm）	上销（胶圈架）长度（mm）	前区罗拉中心距（mm）	浮游区长度（mm）
双短胶圈	棉，31 以下	25	36 ~ 39	11 ~ 14
	棉，31 以上	29	40 ~ 43	11 ~ 14
长短胶圈	棉	33	43 ~ 47	11 ~ 14
实验机台实测值				

②后区罗拉中心距：后区为简单罗拉牵伸，故采用重加压、大隔距的工艺方法，由于有集合器，中心距可大些。当粗纱定量较轻或后区牵伸倍数较大时，因牵伸力小，中心距可小些；当纤维整齐度差时，为缩短纤维浮游动程，中心距应小些，反之应大些。

中心距的大小应根据加压和牵伸倍数来选择，使牵伸力与握持力相适应。后牵伸区罗拉中心距的参考范围与实验机台实测值见表 10 - 28。

表 10 - 28　后牵伸区罗拉中心距的控制范围与实测值

工艺类型	机织纱工艺	针织纱工艺
后区牵伸倍数（倍）	1.20 ~ 1.40	1.04 ~ 1.30
后区罗拉中心距（mm）	44 ~ 56	48 ~ 60
实验机台实测值		

（4）钳口隔距：胶圈钳口是纤维变速最激烈的部位，钳口处的摩擦力界强度及其稳定性对

纤维运动的影响最大,胶圈钳口不仅能控制浮游纤维的运动,而且能保证快速纤维的顺利抽出。适当缩小胶圈钳口隔距,能增大钳口处的摩擦力界强度,有利于加强对纤维运动的有效控制;如果钳口隔距过小,会是牵伸力增大,影响成纱的质量。一般纺不同线密度细纱时的钳口隔距也不相同,线密度小时,钳口隔距小,有利于提高成纱质量。

表 10 – 29　纱线密度与钳口隔距的控制范围与实测机台值

纱的线密度(tex)	32 以上	20 ~ 30	9 ~ 19	9 以下
钳口隔距(mm)	3.0 ~ 4.5	2.5 ~ 4.0	2.5 ~ 3.5	2.0 ~ 3.0
实验机台实测值				

(5)罗拉加压:为了使牵伸顺利进行,罗拉钳口必须具有足够的握持力,以适应牵伸力的变化。如果钳口握持力小于牵伸力,则须条在罗拉钳口下就会打滑,使细纱长片断不匀(即百米重量 CV 值)增大,甚至会产生重量偏差;中罗拉加压不足,影响细纱的中长片段和短片段不匀率;前罗拉加压不足,就会造成牵伸效率低,细纱条干不匀,甚至出现"硬头"。当罗拉隔距小、纺纱线密度大时,罗拉加压应当增大。罗拉加压参考范围及实验机台实测值见表 10 – 30。

表 10 – 30　罗拉加压的控制范围及实验机台实测值

原　料	牵伸形式	前罗拉加压(N/双锭)	中罗拉加压(N/双锭)
棉	双短胶圈	100 ~ 150	60 ~ 80
	长短胶圈	100 ~ 150	80 ~ 100
棉型化纤	长短胶圈	140 ~ 180	100 ~ 140
中长化纤	长短胶圈	140 ~ 220	1001 ~ 80
实验机台实测值			

(6)集合器:集合器的作用在于收缩须条宽度,减小前钳口处的加捻三角区,使须条在比较紧密的状态下加捻,可使成纱紧密、光滑、毛羽减少、强力提高。集合器的使用还能防止须条两边的纤维散失,减小缠罗拉和胶辊的现象,并能节约用棉。

表 10 – 31　前区集合器口径的控制范围与实验机台实测值

纱线密度(tex)	32 以上	20 ~ 30	9 ~ 19	9 以下
前区集合器口径(mm)	2.5 ~ 3.0	2.0 ~ 2.5	1.5 ~ 2.0	1.0 ~ 1.5
实验机台实测值				

(7)锭速:锭子是加捻机构中的重要机件之一。锭速的选择与纺纱线密度、纤维特性和细纱捻系数等因素有关。锭速一般范围为:纺纯棉粗特纱时控制在 10000 ~ 14000r/min;纺纯棉中特纱时控制在 14000 ~ 16000r/min;纺纯棉细特纱时控制在 14500 ~ 17000r/min;纺中长化纤时控制在 10000 ~ 13500r/min。国外最高锭速可达 30000r/min 左右,因此,对锭子要求振动小、运转平稳、功率小、磨损小、结构简单。实验机台实测锭子速度见表 10 – 32。

表 10 -32   实验机台锭速实测值

机　型	纱　号	锭速变换轮	锭子速度

（8）捻系数：细纱捻系数的选择主要取决于产品的用途。在选择捻系数时，需根据成品对细纱品质的要求综合考虑。细纱因用途不同，其捻系数也应有所不同。一般情况下，普梳棉经纱的捻系数控制在 290～390 之间；涤棉纱的细纱捻系数一般较棉纱为高；经纱的捻系数一般较纬纱要大些。

表 10 -33   实验机台捻度实测值

机　型	纱　号	捻度变换齿轮	捻　度

3. 钢丝圈　钢丝圈重量与纱线张力成正比，这是因为钢丝圈的离心力与钢丝圈重量成正比。钢丝圈重量重，纺纱张力大；反之纺纱张力小。钢丝圈重量太轻，气圈形态不稳定，从而影响钢丝圈的稳定回转。在日常生产中，通常利用调节钢丝圈的重量（号数）来调节纱线张力。纺织厂主要根据所用的钢领型号选配钢丝圈型号。

生产时通常选用合适的钢丝圈号数以控制纺纱张力，使之在最大、最小气圈高度和最大气圈直径不超过隔纱板间距的条件下，能维持一个正常的气圈形态并降低细纱断头。各种线密度细纱所用的钢丝圈号数可参见《棉纺手册（第三版）》。在选择钢丝圈号数时应考虑的因素有：纱线的线密度越小时，钢丝圈应越轻；钢领直径大、锭速高时，钢丝圈应较轻；使用新钢领时，钢丝圈可稍轻；气候干燥、湿度小时，钢丝圈应稍重。纯棉纱钢丝圈号数选用范围及实验机台情况见表 10 -34。实验机台开车，变换钢丝圈型号观察气圈形态与纺纱张力变化。

表 10 -34   纯棉纱钢丝圈号数选用范围及实验机台情况

钢领型号	线密度（tex）	钢丝圈号数	钢领型号	线密度（tex）	钢丝圈号数
	7.5	16/0～18/0		21	6/0～9/0
	10	12/0～15/0		24	4/0～7/0
	14	9/0～12/0	PG1	25	3/0～6/0
PG1/2	15	8/0～11/0		28	2/0～5/0
	16	6/0～10/0		29	1/0～4/0
	18	5/0～7/0		32	2～2/0
	19	4/0～6/0		36	2～4
	16	10/0～14/0	PG2	48	4～8
PG1	18	8/0～11/0		58	6～10
	19	7/0～10/0		96	16～20
实验机台					

第二节 纺纱原理实验

实验一 梳棉机自由纤维量与锡林、道夫纤维转移率测定实验

（一）实验的目的与要求

（1）通过本实验加深对道夫转移率的理解。

（2）学会测定自由纤维量和道夫转移率的方法。

（二）基础知识

生产过程中，锡林携带的纤维进入锡林与道夫组成的梳理作用区后，锡林仅将针面上的一部分纤维转移给道夫，这种纤维的转移能力用道夫转移率表示。在盖板梳棉机上，道夫转移率是锡林每转向道夫转移的纤维量占锡林盖板中自由纤维量的百分率，以 r 表示。

$$r = \frac{g}{Q} \times 100\%$$

式中：g——锡林每转转移给道夫的纤维量；

　　Q——锡林盖板中的自由纤维量。

锡林每转转移给道夫纤维量 g：

$$g = \frac{\pi d_\mathrm{d} \cdot n_\mathrm{d} \cdot e \cdot G}{5 n_\mathrm{c}} \times 60$$

式中：d_d——道夫直径，mm；

　　n_d——道夫转数，r/min；

　　e——道夫至小压辊之间的牵伸倍数；

　　G——梳棉条实际定量，g/5m；

　　n_c——锡林转速，r/min。

锡林盖板中的自由纤维 Q 的测定一般是在停止喂给纤维的同时，在喇叭口处快速做颜色标记。收集标记后所有输出纤维，扣除喇叭口至锡林与道夫隔距点一段纤维条，所余纤维的量即为 Q。

道夫转移率表示锡林向道夫转移纤维的能力。其能力大小与棉网质量关系密切。转移率过大，纤维分梳不充分，转移率过小，纤维在锡林盖板工作区中反复梳理次数过多，易损伤纤维，易产生棉结。故道夫转移率过大或过小对生条质量不利，转移率大小应根据实际生产情况而定。在金属针布的高产梳棉机上，道夫转移率一般在 6% ~15%。

（三）实验设备与用具

梳棉机一台、圆筒测长器一台、天平一台和转速表一只。

（四）实验内容

（1）清扫试验机台。

（2）测定并记录有关工艺参数。

①锡林、道夫速度。

②计算道夫到小压辊间的张力牵伸倍数。

（3）开车喂棉，正常运转 20min 后开始实验。

①取棉条。摇取 10 个 5m 条子称重，填入表 10-35，并计算平均重量。

表 10-35 实验条子的重量

序　号	1	2	3	4	5	6	7	8	9	10	$\Sigma\chi/10$
定量（g/5m）											

②同时进行的工作。

a. 停止给棉。

b. 停止盖板传动。

c. 在大压辊喇叭口前放入有色记号。

（4）仔细收集停止给棉后的棉条和不成条的全部棉网并称重。此重量为收集总重量。

（5）计算或通过实验比较准确地得到停止给棉前已形成的棉条长度，即锡林道夫隔距点到大压辊一段棉条的长度，并称其重量。此重量为停止给棉前已形成的棉条重量。

（6）用收集总重量减去停止给棉前已形成的棉条重量，即为自由纤维重量 Q。

（7）以上述相同方法做 10 次。将测试数据填入表 10-36，求其平均值。

表 10-36 10 次实验值

名　称 顺　序	收集总重量（g）	停车以前形成棉条重量（g）	自由纤维重量（g）
1			
2			
3			
4			
5			
6			
7			
8			
9			
10			
$\Sigma\chi_i$			
$\Sigma\chi_i/10$			

实验二 梳棉机的均匀混合实验

（一）实验目的

通过改变喂入棉卷的组成（不同厚度、不同颜色），观察制成生条的重量和颜色的变化，了解梳棉机均匀混合的过程和特征。

（二）实验设备与仪器

（1）梳棉机一台。

（2）本色棉卷一只、有色棉卷一段、滚筒侧长器、天平、钢卷尺、台称和剪刀。

（三）实验方法与步骤

（1）记录实验机台的工艺参数，包括棉卷定量、生条定量、牵伸倍数、主要机件的速度及针布型号。开车给棉，待机器运转 20min 后停车。

（2）在棉卷上加铺一层棉卷长度 200mm，放置时应注意首尾平齐，开车运转，待双层棉卷喂入完毕后立即停车，将棉条取出后逐米称重后记录。

（3）开车给棉，待机器运转 15min 后移出侧轴 15s，再继续给棉，观察棉条的粗细变化情况。然后再中断喂棉 20s，观察棉条是否中断。

（4）停车后，先将给棉板上的棉卷剪去 100mm，然后在接上 100mm，的有色棉卷，而后开车给棉。观察棉条的颜色变化，并测定有色棉条长度。在实验中注意观察有色棉卷喂入时是否立即出现有色棉条；当有色棉卷喂完后，棉条颜色是否马上复原，同时观察盖板花颜色的变化。

（四）实验作业

1. 当有色棉卷和本色棉卷接替喂入时，棉条的颜色变化有何特点？这种变化说明了什么问题？

2. 根据有色棉卷和本色棉卷接替喂入时的有色棉条长度，分析梳棉机混合作用的大小？

（五）思考题

1. 为什么梳棉机中断喂棉后仍有棉条继续输出？

2. 梳棉机能否将不均匀的棉卷加工成均匀的棉条？为什么？

3. 影响梳棉机均匀混合作用的因素有哪些？

实验三 梳棉机生条中纤维形态的观测实验

（一）实验目的

（1）了解生条中各类纤维的形态及其所占的比例。

（2）学习试样的制备及纤维形态的观察方法。

（二）实验设备与仪器

（1）梳棉机一台。

（2）荧光灯、绒板、天平和棉卷等。

（三）实验原理

将少量经过增白剂处理过的荧光纤维混入棉卷中并喂入到梳棉机，制备带有荧光纤维的生条。将试样放在紫外灯管下照射，被激发成可见的光谱，从而使荧光纤维变成晶莹的蓝紫色发光体在生条中清晰可见,可用肉眼直接观测其形态。

(四)实验方法与步骤

(1)试样的制备按以下步骤进行。

①将棉卷喂入梳棉机正常运转后,生好头后不停止给棉关车。

②从经过增白剂处理过的 10g 小棉块上,选取 8 束,每束重约 3mg 的荧光纤维,以束距为 40mm,总间距为 280mm 横向铺放在棉卷上,而后距前排荧光纤维 160mm 处铺上另一排,以同样的方式铺上数排,铺放排数的多少以所需试样的多少而定。

③开机运转,待荧光纤维全部进入生条内关停机器。

④收集带有荧光纤维的生条,即得所需试样。

(2)将生条放在黑绒板上并置于紫外灯下,观测荧光纤维的形态。

(3)将示踪纤维分前弯钩、后弯钩、两端弯钩、屈曲纤维和其他五类。依次记录各类纤维根数,计算各类纤维所占百分率。

(4)观察时应注意生条头、尾的区分,以免计错。

(五)实验作业

画出生条中各类纤维的弯钩形态。

(六)思考题

1. 生条中哪类纤维所占的比例最多?原因是什么?

2. 观察和分析生条中纤维形态有何意义?

实验四　并条机纤维变速点的分布实验

(一)实验目的

(1)观察牵伸过程中纤维变速前后的移距变化。

(2)学习用示踪纱法测定纤维在牵伸区内的变速点的分布。

(3)观察了解不同长度纤维变速点分布规律。

(二)工艺与并条熟条质量的关系

要提高熟条质量,必须选择合适的并条工艺道数,有足够的并合数;选择合理的牵伸倍数及牵伸分配;并根据纤维长度,正确配置罗拉握持距和足够的胶辊加压,有利于改善纤维伸直平行,混合均匀,以提高熟条条干均匀度和降低重量不匀率。在生产过程中,要合理选用并条工艺参数、并合数、牵伸倍数、牵伸分配和罗拉隔距等,以达到改善熟条的条干均匀度,提高纤维的伸直平行度,降低熟条的重量不匀率。

(三)实验设备与仪器

(1)并条机一台。

(2)测量板、丁字尺、钢卷尺、镊子、夹子和染色示踪纱等。

(四)实验方法与步骤

(1)调整并条机的牵伸机构,要求该牵伸区有 6 倍左右的牵伸,隔距为 $L_P + (3 \sim 4)\,\text{mm}$,$L_P$ 为示踪纱的切段长度,胶辊压力为正常纺纱时的压力。测定和记录实验设备牵伸区的牵伸倍数、罗拉速度和罗拉握持距等工艺参数。

（2）在本实验中，将细号染色示踪纱剪成长度分别为 15mm、25mm 和 35mm 的纱线，各取 50～100 根。最好采用相应规格的切断器切取示踪纱。

（3）取棉条约 1m 长，平铺在测量板上，取等长的 40 根示踪纱，每 5 根为一组，头端并齐，按 10～15mm 等移距，依次排列在棉条中。排示踪纱时，试样棉条头端留出 20～30cm 的棉条长度，可将棉条适当剥开，使 5 根示踪纱比较均匀地排列在棉条中。

（4）距离最后 5 根示踪纱头端 120mm 处，作一参考点 O。

（5）开动机器，当机器速度正常后，将试样棉条喂入牵伸区，在前罗拉出口处用测量板接取输出的须条直到最后一根示踪纱走出前罗拉，在 O 点还未进入后钳口时关车。

（6）取下前胶辊，在前钳口握持点处作记号线，细心取下试样，尽量避免意外伸长。

（7）将试样轻放在测量板上铺平，测量参考点 O 至前钳口线的距离，并测量出各根纤维头端至前钳口线的距离。

（五）实验作业

1. 实验中所采用的牵伸倍数和实际不同时，对实验有什么影响？
2. 实验操作中须条产生意外伸长时，对实验结果有什么影响？
3. 在实验时如果胶辊压力不足时，对实验结果有什么影响？

（六）思考题

1. 牵伸倍数和罗拉握持距对纤维变速点的分布有什么影响？
2. 纤维变速点的分布与须条的条干不匀率有什么关系？

实验五　并条机牵伸过程中纱条变细曲线的实验

（一）实验目的

（1）观察牵伸区内纤维变细的过程。
（2）学习用切断称重法作出纱条实际变细曲线和三种纤维的数量分布。

（二）实验设备与仪器

（1）并条机一台。
（2）扭力天平一台、剪刀、夹子、梳子、黑绒板、坐标尺和棉条。

（三）实验方法与步骤

（1）在并条机上，牵伸倍数设计为 6～8 倍，在正常的罗拉隔距和加压状态下进行实验。

（2）开车正常后，喂入棉条两分钟后停车，取下胶辊，作好前后钳口标记，用坐标纸托起须条，再用两个夹子分别夹住两个钳口线。

（3）用剪刀将坐标纸和须条一起切断 2mm 称重，一次记录，求出各截面的纤维数量分布变细曲线 $N(x)$。

（4）重新开车试验，用两个夹子和两条坐标纸分别在前后钳口线处夹住须条，两手握住两个夹子，将须条拉开，用梳子分别梳去前后浮游纤维，收集在黑绒板上。

（5）留下的前、后纤维分别切断 2mm 称重，依次记录，画出牵伸区中各截面内前纤维数量的

分布曲线 $N_1(x)$ 和后纤维数量的分布曲线 $N_2(x)$。

(6)改变牵伸倍数,重作一次。

(四)实验作业

根据实验数据,画出不同牵伸倍数时的纤维变细曲线和三类纤维数量的分布。

(五)思考题

分析纤维变细曲线的变化规律。

实验六　并条机牵伸区内纤维移距的实验

(一)实验目的

在牵伸过程中,由于浮游纤维运动不规则,破坏了纤维在牵伸区内的正常位移,产生移距偏差而形成牵伸波,影响纱条均匀度。对纤维运动的实验,总以纤维的头端为准,故纤维移距实际上指出的是纤维的头端移距。为了获得均匀的产品,就要研究纤维在牵伸区内的运动特性,进而设法控制纤维的运动。

(1)测定牵伸前后的纤维移距变化规律。

(2)分析不同长度纤维所产生的移距偏差大小。

(二)实验设备与仪器

(1)并条机一台。

(2)测量板、丁字尺、高支染色示踪纱、棉条和切断器等。

(三)实验方法与步骤

(1)在并条机上,牵伸倍数设为 $6 \sim 8$ 倍,在正常的罗拉隔距和加压状态下进行实验。隔距为 $L_P + (3 \sim 4)\,\mathrm{mm}$,$L_P$ 为示踪纱的长度,在正常压力下进行实验。

(2)取高支染红色示踪纱,分别切断长度为 15mm、25mm 和 35mm 的纱线,各取 25 根。

(3)取 1m 长的棉条一根,平直放在测试板上。

(4)将三种长度示踪纱各取两根为 1 组,每组有 6 根示踪纱,头端平齐地排列在棉条中,共分 11 组,每组头端距离为 10mm,依次将 11 组示踪纱排列完,即为试验棉条。

(5)并条机开车正常后,将含有不同长度示踪纱的试验棉条喂入,用测试板在前钳口处接取须条。

(6)分别测量须条中三种长度的示踪纱之间的移距值,并按每行顺序记录下来。

(四)实验作业

根据实验结果,分析纤维长度对移距偏差和纱条条干有何影响?

(五)思考题

如何计算理论移距、最大正移距偏差、最大负移距偏差和平均移距偏差?

实验七　精梳机分离纤维丛长度和接合长度的实验

(一)实验目的

(1)学习实测和观察精梳条分离纤维丛长度和接合长度的实验方法。

（2）联系理论学习分析影响纤维丛长度和接合长度的各项因素，以掌握工艺调整和控制产品质量的方法。

（二）实验设备与仪器

（1）精梳机一台。

（2）钢尺、精梳小卷、直尺、复写纸、描图纸和天平等。

（三）实验方法与步骤

（1）观察输出网中纤维丛的接合情况。取下分离胶辊，将复写纸半张从机后锡林上方送入，铺在分离罗拉上，复写纸后端超出后分离罗拉约100mm。

（2）装分离胶辊，并加上压力。盘动皮带盘，当分离盘分度值转到一定的分度时，即可停止盘动。

（3）取出分离纤维丛进行测量，测量时可将整个纤维丛从沿宽度分别量取五次分离丛长度，求出须丛长度得平均值。量取长度时，其起点和终点应从纤维头端和尾端比较均匀平齐的地方量起，对于个别超前或滞后的纤维应舍去，要作到每次测量的标准一致。

（4）将复写纸放在描图纸上，而后放在分离胶辊和分离罗拉之间，使纸条尾部紧贴分离罗拉表面并穿入锡林和分离罗拉之间。用手盘动手轮使锡林轴转动一个工作循环，分离一个纤维丛在复写纸上，拆除分离胶辊取出复写纸，用尺子测定纸上的纤维丛长度并作好记录。

（5）再用一张复写纸仍放在描图纸上，用手盘动手轮使锡林轴作两个工作循环，分离两个纤维丛在复写纸上。取出复写纸用尺子测量其总长度并作好记录。

（6）取出前后两个周期的分离纤维丛，仔细观察接合情况，并用钢尺测量接合部分的长度，重复做两次。

（四）实验作业

（1）分离胶辊为什么要前后摆动？它对分离接合有什么影响？

（2）分离接合开始点过早或过迟，对分离质量有什么影响？

（五）思考题

分离罗拉的顺转定时的迟早对棉网的接合质量有什么影响？

实验八 粗纱张力测定实验

（一）实验目的与要求

（1）学习粗沙伸长率的测定方法。

（2）观察一落纱过程中的张力变化。

（3）了解粗纱张力的调节方法。

（二）基础知识

粗纱在卷绕过程中的紧张程度叫作粗纱张力，由张力引起的伸长称为粗纱伸长，工艺上通过测定粗纱伸长率来间接反映粗纱张力的大小。为保证粗纱的正常卷绕，在生产实际中，粗纱管的卷绕线速度应略大于前罗拉输出的线速度，使粗纱在卷绕过程中始终保持一定的张力。按纺纱定量要求，粗纱平均伸长率不超过3%。如果粗纱的伸长率及其差异较大，必然恶化纺出细纱的重量不匀率。张力过大,伸长也大,致使粗纱断头增多,粗、细纱的条干恶化。张力过小,致使锭翼顶端至前罗拉的纱条松弛,粗纱易产生飘头现象,断头也会增多。所以,生产过程中,应保持适当的粗纱张力,不能太大或太小,应使伸长及其差异控制在合理范围内。

纺纱过程中,由于前后排锭翼顶端至前罗拉的距离不同,纱条与锭翼顶端的包围角大小不同,以及纱线与锭翼摩擦发生抖动的程度不同,致使捻回传递存在差异,从而引起前后排粗纱的张力与伸长也不同。在一落纱中,影响大、中、小纱张力变化的因素比较复杂。如铁炮外形曲线不适当、张力变换齿轮齿数不恰当、压掌在一落纱过程中对纱管压力的变化及机械状态不良等,都将影响粗纱伸长率。在测试调整张力的过程中,要具体分析其原因。

大、小纱之间及前、后排之间的张力差异控制在1.5%以内为宜。

铁炮皮带起始位置与张力牙的齿数是否恰当,对粗纱张力影响最为显著,前者决定空管卷绕的起始张力大小,也即一落纱的张力大小。后者影响一落纱张力的变化趋势。新型粗纱机采用了张力补偿装置、以解决纺纱中的粗纱张力微调及对中纱张力的调节。粗纱伸长率计算公式为:

$$e = \frac{L_1 - L_2}{L_2} \times 100\%$$

式中:e——粗纱伸长率;

L_1——实测粗纱长度;

L_2——计纬线纱长度。

(三)实验设备与仪器

(1)粗纱机一台。

(2)圆筒测长器一台。

(3)钢卷尺一只。

(4)棉条、粗纱和张力变换齿轮。

(四)实验步骤与方法

(1)将铁炮皮带调至起始位置,调查所用张力变换齿轮齿数。

(2)分别在车头、车中、车尾的前后排各生一个头,共六个粗纱,开车纺至2~3层后关车,分别在六只锭翼顶端纱条上用红粉笔作记号,同时在后罗拉轴头与固定托脚处作记号,开车并计数后罗拉转至第50转时关车,再分别在六只锭翼顶端同样用红粉笔作记号,开车。两个记号之间的纱段即为后罗拉50转的小纱试样纱长度。采用同样方法作大纱的试样纱长。

(3)落纱前作好区别前后排及车头、车中、车尾部分纱管的记号,取下六只纱管。

(4)分别在圆筒测长器上实测大、小纱各两个红色记号之间的粗纱长度,即为后罗拉50转时粗纱实测长度。

(5)根据后罗拉50转时,按传动图计算出前罗拉曲线速度,即为粗纱的计算长度L_2。

(五)实验报告与思考题

(1)分别计算大、小粗纱的伸长率及平均伸长率。

(2)根据实验结果,分析粗纱伸长率是否符合要求?若不符合如何调整?

（3）如果根据实验观察到小纱时纱条松紧适当,在纺纱过程中纱条越来越松,直至纺到大纱时,产生飘头现象而断头增多,分析是什么原因,如何解决?

实验九　细纱机胶辊表面速度差异测定实验

（一）实验目的与要求

（1）了解加压对胶辊速度不匀率及其滑溜率的影响。

（2）在同一加压条件下比较不同型号胶辊对速度不匀率和滑溜率的影响。

（3）通过对所纺细纱的乌斯特均匀度检验,了解速度不匀率和滑溜率对成纱质量的影响。

（二）基础知识

在细纱机牵伸机构中,胶辊是由下罗拉通过牵伸纱条对它的摩擦而消极传动的,故胶辊和罗拉之间总是存在一定的速度差异。胶辊对下罗拉的速度差异包括:滑溜率,即胶辊和罗拉之间的速度差异平均值;速度不匀率,即胶辊本身的速度变化。滑溜率主要影响牵伸效率和纱条重量偏差,速度不匀率主要影响纱条的条干不匀率。当其他工艺条件不变时,合理调整牵伸配合率和合理选择加压重量,可以减轻滑溜率对产品定量的影响程度。但胶辊速度不匀率难以控制,故后者较前者对纱条质量的影响更大。

（三）测试原理

一般情况下,罗拉瞬时速度是不等的,即存在罗拉速度不匀,但其数值很小,故在本实验中设罗拉为恒速转动。实验时,在胶辊端面装上具有反光面和非反光面相间隔的十等分反光盘,调整光电传感器的焦点至反光盘上,反光面每经过一次,焦点就向测头反射一次光,测头内的光敏元件接受反射光后形成的电信号,经传感器内部电路放大,整形后输入计数器。

实验中使用计数器“周期”档。计数器接收到第一个信号后开始计时,接收到第二个信号后停止计时,两信号间的时间间隔（即计数器上的读数）,就是胶辊转动十分之一转所需时间。计数器停止计数后,即向数字记录仪发出信号,数字记录仪打印出计数器上所显示的读数。

虽然反光盘被均匀地分成十等分,但各等分之间仍存在一定差异,如将所取得的数据不予分组而一次全部处理,必然产生较大的系统误差。故在进行数据处理前,一定要分组。

因反光盘被分成十等分,故胶辊转一周记录 10 个周期数据。全部数据分为五组,开始记录的第一个数据填入第一组,第二个数据填入第二组,一直到第六个数据再填入第一组,依次循环,直到全部数据填完。所采数据量最好是 5 的倍数。

计算胶辊运转周期的公式如下:

$$\overline{T} = \frac{\sum \overline{X}}{5} \times 10$$

式中:$\overline{X}$——每组平均周期,s;

$\overline{T}$——胶辊一转时的平均周期,s。

计算胶辊线速度的公式如下:

$$v_P = \frac{\pi D_P \times 60}{T}$$

式中：v_P——胶辊平均线速度，mm/min；

D_P——胶辊直径。

$$\eta = \frac{v_L - v_P}{v_L} \times 100\%$$

式中：η——胶辊滑溜率，%；

v_L——罗拉平均线速度，mm/min；

v_P——胶辊平均线速度，mm/min。

（四）实验设备与仪器

（1）细纱机（机上）胶辊压力测量仪一台。

（2）SZGS – Ⅱ型光电传感器一台。

（3）细纱机一台。

（4）E323 型通用计数器一台。

（5）E831 型数字记录仪一台。

（6）内六角扳手一把。

（7）游标卡尺一把。

（8）WRC – 513 型、WRC – 830 型和 WRC – 846 型的胶辊各一只。

（五）实验步骤与方法

（1）将胶辊头端的塑料堵头去掉，安上专用反光盘。反光盘上均布十条沟槽将反光盘均匀地分成十等分。槽内贴有反光带。

（2）用游标卡尺测量胶辊和罗拉直径。

（3）按图 10 – 7 联接各仪器，开机预热。A513 型细纱机（机上）胶辊压力测量仪的电源选用开关，在开机前一定要检查是否置于交流档。

图 10 – 7　胶辊滑溜率测定仪器连接图

（4）检查和调整各仪器的工作状态，然后将通用计数器功能键中"周期"键、时标键中"1ms"键和适当的倍乘周期键按下。

（5）取下前胶辊，换上胶辊压力测量仪的"假胶辊"。安装"假胶辊"时，带标记的槽口必须向上，使其正对压力中心，否则会产生测量误差。

（6）放下摇架，加压后开动细纱机。用内六角扳手调整摇架的加压调整螺钉，观察压力测量仪表头读数指针，调整到所需压力为止。记录其压力值。

（7）抬起摇架，取下"假胶辊"，换上装有反光盘的测试胶辊，加压使其正常运转。将光电传感器放在适当的位置,使其焦点对准反光盘。此时应有信号输入计数器。

(8)喂入粗纱进行试纺。当机器速度正常后,按下数字记录仪的"连续"键,开始记录。当纺纱10min后,取样作相应部分细纱的乌斯特条干均匀度。

(9)改变胶辊的加压,重复上述步骤(5)~步骤(8)共三次,以比较加压对成纱条干的影响。

(10)测量前罗拉转速,计算出前罗拉线速度。

(六)主要仪器测试原理和使用方法

1. E323A 型通用计数器 本仪器为直接计数 50MHz 的通用计数器,采用稳定度为 10^{-8} 量级的 5MHz 石英晶体振荡器为时基信号基准,供实验室作为测量频率、周期、频率比和累加计数之用。因本实验只用周期档,故只对仪器的自检及周期档部分进行简单介绍。

(1)工作原理:周期测量的逻辑原理如图 10 - 8。被测信号从 B 输入端输入,经放大,整形后由时基分频电路分成 10:1、100:1、1000:1、10000:1 的倍乘信号,由面板周期倍乘选择开关选择所需要的倍乘数,来控制主门的开和关。因通过主门的时标信号是预知的,所以计数器所显示出的数字可直接表示出被测信号的周期,它的频率就等于周期的倒数 $f = \dfrac{1}{T}$。使用倍乘后,可提高测量精度。

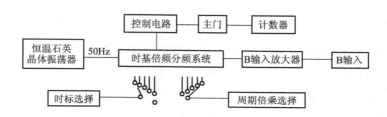

图 10 - 8 E323A 型通用计数器周期测量逻辑原理

(2)使用方法。

①面板控制器的作用。

a. 电源:按键释放时电源断(恒温石英晶体振荡器电源除外)。按下不记忆键,仪器处于不记忆工作状态,按下记忆键,仪器处于记忆工作状态。测量时按需要选择。

b. (恒温石英晶体振荡器)指示灯:本机恒温石英晶体振荡不受"电源"开关控制,当电源接头接通电源,此指示灯就亮,恒温石英晶体振荡器开始工作。

c. 闸门指示灯:此灯亮,表示主门被打开,输入信号可以通过主门进行计数。在正式测量之前,一定要检查闸门和恒温石英晶体振荡器指示灯是否已亮。

d. 显示时间:旋钮向上方旋到底,显示时间最短,约 0.1s。向下方旋转到底,显示时间为 ∞,中间可以在 0.1 ~ 10s 内任意调节。

e. 复原:按此键可以使仪器回到原始工作状态。

f. 功能:按下不同的键,可选择仪器的各种功能。

g. 闸门时间、周期倍乘:当"功能"键置于"频率"和"自检"时,按下任一键可选择相应的闸门时间,当"功能"键置于"A/B"或"周期"时,按下任一键,可使周期倍乘相应拉长 10^N 倍($N =$

$1,2,3,\cdots$)。

h.时标:当"功能"键置于"自检""周期"或"时间"时,按下任一键,可选用相应的时标信号。

②在作"周期"测量之前,首先要作"自检"。自检步骤如下。

a.按下"电源"不记忆键(此时后盖板上"内接""外接"开关置于"内接")。

b.按下"自检"键,将显示时间旋钮向上旋到底,然后同时按下"闸门时间"和"时标"中的任一键。计数器显示结果见表10-37。

表10-37 计数器显示结果

显示数据 时标 \ 闸门显示 (kHz)	1ms	10ms	0.1s	1s	10s
1ms	00000001	0000001.0	000001.00	00001.000	0001.0000
1μs	00001000	0001000.0	001000.00	01000.000	1000.0000
0.1μs	00010000	0010000.0	010000.00	10000.000	0000.0000
20ns	00050000	0050000.0	050000.00	50000.000	0000.0000
			上述显示允许±1的变化		

c.按下"电源"记忆键,重复上述工作过程,计数器显示结果见表10-37。

d.将"显示时间"旋钮向下旋到底,按一次"复原"键,计数器工作一次。

③进行自检后,证实仪器工作正常便可进行"周期"测量。"周期"测量步骤如下。

a.按下"电源"键,使仪器处于适当的工作状态。

b."功能"键置于"周期","时标"键选在适当位置。

c.将被测信号接入B输入端,在B输入端监视输入信号电平,保证仪器正常工作所要求的电平。

d.选择所需"周期倍乘"时间,以提高测量精度。

2.E831型数字记录仪(图10-9) E831型数字记录仪是与E323A型配套使用的自动记录外部设备。可将测量数据直接打印记录在折叠式力感应纸上。本仪器将数字式测量仪器的测量数据以十进制的数字形式打印在记录纸上,最高纪录速度为1200行/min。

(1)工作原理:本机是由机头、线路、电源三部分组成,在字轮圆周面上均匀分布有12个符号,从左到右共13位,每位下面有13个锤头与此12个符号对准,锤头由电磁铁控制动作。在字轮与锤头中间有力感应纸。字轮由同步电动机经皮带传动而旋转。当需要打印某一个字符时,线路使电磁铁线圈通电,从而使锤头发生位移与字轮上需要打印的字符接触。纸受锤头的撞击而印出相应的字符。

(2)使用方法。

①本机接入220V交流电中,电源插座在后面板上。

②"打印"和"自检"键均不按下,打开电源开关,此时电源指示灯亮。

③按"走纸"钮,打印纸输出。

④将机后面板的"正负逻辑"开关拨向正逻辑,然后按下"自检"键进行自检。此时,本仪器自动打印出 1、2、3、4、5、6、7、8、9 字样,没有小数点和工程单位。

⑤与 E323A 型通用计数器联接,在正式开始记录时按下"连续"键,本机随主机速率开始打印。

⑥如打印周期较长,可使用"随机"键。

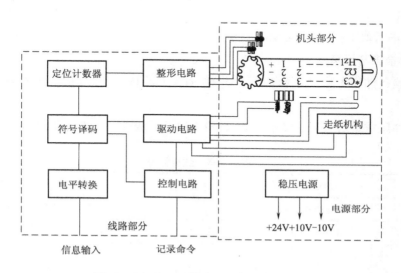

图 10 - 9　E831 型数字记录仪工作原理图

(3)装纸步骤:如打印纸用完,应按以下步骤装打印机。

①把在"走纸"按钮右边的长方板键向左按(即向尖形方向按),把右半边的抽斗拉出打印机头。

②用联接电缆把机头和本仪器联接起来。

③把纸装入机头后的盒子内,并把纸插到橡皮滚轮的下方。

④按"走纸"钮,打印纸自动输出。把机头装入机内。

3. A513 型细纱机(机上)压力测量仪　本仪器主要用作在细沙机上测定胶辊对罗拉的加压重量。通过仪表可直接读出加压重量的大小。

(1)工作原理:A513 型细纱机压力测量仪(机上)是由假胶辊和仪表组成。假胶辊实际上为一半导体应变片传感器。传感器是由四片应变片组成全桥。桥路的输入端按电源,输出端按仪表。测量前将仪表调整平衡,电桥无输出。测量时应变梁受到外力作用发生变形,电桥失去平衡,电桥有电压输出。仪表显示读数的单位是 kgf/双锭。应变梁变形的大小和外力成正比,因此,组成电桥桥臂的应变片的电阻变化率也与外力成正比,故输出电信号的大小也与外力成正比。

(2)操作步骤。

①接通电源,假胶辊和仪器联接(通过仪器后部的四芯插座)。

②将"交流～直流"选择开关置于相应的位置上(本是实验用"交流"档)。

③打开电源开关。

④把"校正～测量"开关打到"校正"位置。此时,仪表应指示在满度25kg。如不在满度上,旋动"满度"旋钮,使仪表指向满度。再将"校正～测量"开关置于"测量"位置,仪表指针应指在零位。如不在零位,应旋动"调零"旋钮,调整到零。

⑤取下机上的胶棍,换上"假胶辊",压下摇架,应使压力中心和假胶辊上红色槽子对准,并使槽子向上,就能从仪表中读出该胶辊对罗拉的加压重量(双锭值)。若压力不符合要求,按要求调整。

⑥测置完毕后取下假胶辊,关闭电源开关。

(七)实验报告与思考题

(1)将实验条件和实验中所采集的数据分组计算(表10－38,直接用所采集的打印数据进行计算)。

(2)分析加压重量对胶辊速度不匀率、打滑率以及对成纱条干均匀度的影响。

表10－38　数据计算

胶辊型号:		加压重量(kgf/双锭):	
罗拉平均转速(r/min):		罗拉平均线速度(mm/min):	
组数	平均周期 $\overline{X}$	数据个数 n	标准差	胶辊速度不匀率 CV 值
1				
2				
3				
4				
5				
胶辊一转平均周期 T		胶辊速度不匀率平均值(CV 值)	
胶辊平均转速度(mm/min)			
打滑率(%)		细纱条干均匀度(CV 值)	

实验十　细纱机纺纱张力测定与气图形态观察实验

(一)实验目的与要求

(1)观察不同工艺条件下(钢领直径、钢丝圈重量或锭子速度)的气圈形态(气圈的直径和高度)。

(2)学习有关仪器的使用方法和张力测试方法。

(3)通过纺纱张力的测定,了解大、中、小纱的张力变化,以及钢领板一个升降动程内的张力变化。

(二)基础知识

环锭纺纱过程中,纱条拖动钢丝圈高速回转时,需要克服钢丝圈与钢领之间的摩擦力,克服导纱钩和钢丝圈对纱线的摩擦阻力,以及克服气圈张力等。因比,在纺纱过程中,纱条要承受一定的纺纱张力。适当的纺纱张力将增加成纱强力,对提高纱线均匀度,减少毛羽都有一定作用。

但是,纺纱张力过大或过小均对生产不利。过大容易引起断头,过小卷绕密度松,管纱容量小。尤其突变张力,它是引起细纱断头的重要因素。例如,钢丝圈和钢领之间产生"楔"摩擦,或钢丝圈运动不平稳时,往往产生突变张力。但应指出,正常生产中,纺纱张力随卷绕直径的变化作周期性的变化。钢丝圈转一圈时,纱线与导纱钩包围角的变化,也会引起张力的周期性脉动。以上两种情况所引起的张力变化是在正常卷绕工艺条件下产生的,不一定对断头造成威胁。

在一落纱中,小纱张力最大,大纱张力次之,中纱张力最小。在卷绕同一层纱时,卷绕小直径张力大,卷绕大直径张力小。

本实验主要测定大、中、小纱及卷绕直径不同时的纺纱张力,计算平均张力、峰值张力与张力不匀率。同时用数字式闪光测速仪观察气圈形态与钢丝圈倾角。

（三）实验设备仪器与试样

（1）细纱机一台。

（2）数字式闪光测速仪或高速摄影仪一台。

（3）Y6D-3A型动态电阻应变仪一台。

（4）手提式张力仪一台。

（5）粗纱管若干。

手提式电子张力仪的测试端由圆柱金属体制成,有一中心测量棒和两个相对的导纱器(导纱器具有沟槽)来完成对纱线的导向。中心测量棒具有很高的张力敏感效应,固定在圆柱金属体中心。实验开始需要调整它的显示器初始值为零。纱线在测量棒上运动,使之受力产生微量运动,从而引起张力仪上数值的变化,即作为纺纱张力的变化,观察其最大值并记录。

（四）实验步骤与方法

（1）选定机台的牵伸倍数、罗拉隔距、钢领直径,钢丝圈型号,粗纱定量等工艺参数。

（2）准备好大纱、中纱、小纱三种纱管,并用色笔在起始位置做好记号,以保证纺纱位置的统一。

（3）确定实验方案,并按计划改变工艺参数,对大纱、中纱、小纱的纺纱张力进行测试(每次测定钢领板五个升降动程),并分别记录上升、下降时张力的最大值和最小值。

（4）在张力测定的同时,用闪光测速仪动态分别观察大、小直径时和大、中、小纱时的气圈形态变化。当闪光测速仪的频率是被测物速度的整数倍时,被测物被"固定"下来,即可动态观察其形态变化,测量气圈最大凸形尺寸并记录。若采用高速摄影仪,首先要找好焦点,使高速摄影仪显示器上显示纱管和细纱的位置,然后设置拍摄速度参数、记录并运行,最后建立新文件夹保存,回放即可获得所要的图片,从而可进行气圈形态的观察。

（5）改变钢领直径或钢丝圈重量或锭子速度,分别观察气圈形态及气圈最大直径的变化。

（6）观察钢丝圈的各个倾角。

（五）实验报告与思考题

（1）实验方案:实验方案中要设定锭子速度、钢领直径、钢丝圈重量等参数(表10-39)。

表 10 – 39　实验方案

工艺参数	锭子速度(r/min)	钢领直径(mm)	钢丝圈重量(mg)
方案一			
方案二			
方案三			

（2）纺纱张力：整理分析大、中、小纱时的平均张力、最大张力、最小张力和极差系数（表 10 – 40）。

表 10 – 40　大中小纱纺纱张力的变化

方案	钢领板上升过程									钢领板下降过程								
	小纱			中纱			大纱			小纱			中纱			大纱		
	P_{max}	P_{min}	ΔP	P_{max}	P_{min}	ΔP	P_{max}	P_{min}	ΔP	P_{max}	P_{min}	ΔP	P_{max}	P_{min}	ΔP	P_{max}	P_{min}	ΔP
1																		
2																		
3																		

（3）分析并说明气图形态的变化规律。

（4）分析说明钢丝圈各种倾角的产生原因及其对钢丝圈楔住的影响。

附录

SSC－1型数字式闪光测速仪测试原理和使用方法

1.测试原理 数字式闪光测速仪,是一种电子式转速测量仪器,采用频率可变的白炽闪光管,照射在贴有标记的被测机械转动件上,当闪光频率调试到与机械转动频率一致时,被光照射转动部件上的标记好像静止在一定位置上,这时被测件转动频率值由荧光数码管显示出来,并采用石英晶体振荡器作为时间标记,即为被测物件的每分钟转速。

测定范围分为四档,可连续调节:100～400闪次/min、400～1500闪次/min、1500～6000闪次/min、6000～24000闪次/min。测速前先了解被测件速度范围,然后将测速仪钮拨到相应的档上。

2.使用方法

(1)在被测物体上作好白色标记,以便观察。

(2)接好闪光灯管与仪器的连线以及仪器与电源的连线。

(3)将工作开关拨在自校1位置上,开启电源,预热5min,面板数字显示10000,仪器工作正常。

(4)将工作开关拨在自校2位置上,闪光灯产生闪光,数字显示16或17,闪光灯工作正常。

(5)根据被测件速度范围,确定转速分档开关的位置,并将工作开关拨至测速档或相对位置,观察被测物件的白色标记,同时转动频率调节旋钮粗调、细调,直到被测物件出现单定像为止,此时荧光数码显示的数字为被测物件每分钟转数。

3.定像分析

(1)当测定某一转速时,单定像已出现,但还在缓慢移动,定像移动方向与物体实际旋转方向相同,说明这时闪光速度小于物体回转速度;如果相反,说明闪光灯速度稍大于物体回转速度,用调节频率微调旋钮使之稳定。如果单定像左右缓慢移动,说明闪光灯没照在物体的同一位置上。闪光灯位置应尽量稳定。

(2)当闪光频率相当于物体回转速度的1/2、1/3或1/4时,同样会出现单定像,但光照度较暗。当闪光频率相当于物体速度的二倍、三倍或四倍时,又可出现二重定像、三重定像或四重定像。在测速时,如果不知道速度范围时,就从高速开始调到四定像、三定像。直到单定像出现后,就是所要测的速度。

4.使用注意事项

(1)电源电压为220V。

(2)仪器在预热时,为保护闪光灯,工作开关放在自校1上。

(3)为避免闪光灯温度过高被烧坏,每次连续使用闪光灯不要超过20min,低速挡可连续工作1h。

表 2-2　配棉实例

纱的线密度 16tex×2

配棉排队表

产地	等级	成分(%)	包数	未熟籽	破籽	带纤维籽屑	不带纤维籽屑	总计粒数	技术品级	技术长度	甲乙含杂(%)	成熟度	未熟棉率(%)	强力(cN)	线密度(dtex)	公支	右半部长度(mm)	主体长度(mm)	短绒(%)	基数(%)
湖北孝感	〰329	20	203	290	40	200	760	1290	2.25	28.58	2.2	1.79	24.64	4.15	1.77	5661	30.16	27.91	10.74	41.32
湖北黄陂	〰329		215	250	180	190	750	1370	2.5	27.93	2.2	1.75	24.97	4.02	0.173	5785	29.43	26.30	13.92	35.18
湖北孝感	〰329	23	164	320	70	320	1080	1790	2.5	28.70	2.1	1.76	22.88	4.10	1.77	5655	30.62	27.78	10.14	39.12
湖北孝感	〰329		59	540	160	700	1000	2400	2.5	29.20	2.9	1.75	29.08	4.02	1.77	5650	29.32	26.86	13.20	43.01
湖北孝感	〰429	20	66	280	160	400	900	1740	3.25	28.50	3.3	1.75	27.65	4.03	1.70	5871	28.02	25.21	14.15	41.78
湖北孝感	〰429		56	440	140	240	1500	2320	3.25	28.28	2.9	1.79	23.69	4.15	1.76	5686	29.83	27.06	11.63	38.14
湖北黄陂	429		58	500	180	840	900	2420	3.75	29.50	4.3	1.73	25.89	3.51	1.71	5851	30.94	28.01	15.30	31.74
河南商丘	〰227	22	500	293	47	460	453	1253	1.75	28.58	1.7	1.74	25.07	4.04	1.84	5440	29.86	26.85	12.83	36.28
河南商丘	〰327	15	495	365	15	500	595	1475	3.0	28.00	2.0	1.77	25.28	4.47	1.90	5251	30.55	27.96	12.23	39.55

用棉进度(以虚线表示)　11月　12月

		技术品级	2.51			2.51			2.61		2.61	2.66
平均长度(mm)	上期 28.40	技术长度(mm)	28.51			28.47			28.71		28.80	28.67
		含杂率(%)	2.26			2.18			2.46		2.64	2.64
	本期 28.26	含水率(%)										
		未熟籽	30			339			351		402	394
		破籽	69			65			73		94	122
平均品级	上期 2.58	不孕籽										
		带纤维籽屑	370			338			458		545	543
		不带纤维籽屑	769			889			769		750	748
	本期 2.98	合计粒数	1515			1631			1651		1791	1807
		成熟度	1.76			1.77			1.76		1.76	1.75
		未熟棉率(%)	25.02			24.23			23.67		25.10	25.17
混棉差价率(%)	上期 121.12	强力(cN)	4.14			4.16			4.03		4.01	3.98
		线密度(dtex)	1.79			1.80			1.79		1.79	1.78
		公支	5592			5555			5588		5587	5612
		右半部长度(mm)	29.83			30.19			30.41		30.11	29.96
	本期 119.07	主体长度(mm)	27.11			27.48			27.67		27.46	27.14
		短绒(%)	11.97			11.47			12.20		12.90	13.54
		基数(%)	39.53			38.81			37.53		38.42	37.19

（百克粒数／各项指标逐日平均）

说明: